TI 杯全国大学生电子设计竞赛系列教材

U0269754

MSP430 单片机原理
与创新设计

李胜铭　吴振宇　孙　焘　编著

电子工业出版社

Publishing House of Electronics Industry

北京·BEIJING

内 容 简 介

本书根据作者多年 MSP430 单片机开发设计经验，从实用性和先进性出发，遵循由浅入深、循序渐进的原则，较全面地讲解了 MSP430 单片机的知识体系。全书主要内容包括：单片机的基本概念、单片机应用系统与学习步骤及建议，MSP430 单片机的特点及硬件结构与工作原理、通用输入/输出端口、时钟系统、工作模式、中断系统、定时/计数器、看门狗、实时时钟、常用通信接口（串口、IIC 总线、SPI 总线）、模拟接口（模数转换 ADC、数模转换 DAC、比较器）、内部存储系统（RAM、Flash、DMA）、电源管理模块、乘法器 MPY32、循环冗余校验 CRC16、USB 接口、基于驱动库的 MSP430 程序设计、基于 MSP430 的电动小车动态无线充电系统（2019 年全国大学生电子设计竞赛全国一等奖作品）。

本书在讲解 MSP 单片机开发的必要理论知识的同时，结合各种应用及经典的设计案例，并均经过实际电路验证测试。本书配套设计有课件、视频教程、硬件平台。此外，本书还介绍了 MSP430 单片机 C 程序设计的开发平台 CCS（Code Composer Studio），并基于 CCS 设计了本书程序，部分样例还有 IAR（IAR Embedded Workbench，另一个 MSP430 单片机 C 程序设计开发平台）工程。

本书以培养学生的 MSP430 单片机的应用能力为目标，理论知识与系统设计并重，并引入 MSP430 单片机的新技术，理论联系实际，可作为高等学校自动化、电气工程、电子信息、仪器仪表、机电一体化及计算机相关专业的单片机课程基础教材，也可供相关领域的工程技术人员学习、参考。

图书在版编目（CIP）数据

MSP430 单片机原理与创新设计 / 李胜铭，吴振宇，孙焘编著. —北京：电子工业出版社，2021.6

ISBN 978-7-121-41398-8

Ⅰ. ①M… Ⅱ. ①李… ②吴… ③孙… Ⅲ. ①单片微型计算机—高等学校—教材 Ⅳ. ①TP368.1

中国版本图书馆 CIP 数据核字（2021）第 123317 号

责任编辑：王羽佳　　文字编辑：底　波
印　　刷：北京七彩京通数码快印有限公司
装　　订：北京七彩京通数码快印有限公司
出版发行：电子工业出版社
　　　　　北京市海淀区万寿路 173 信箱　邮编　100036
开　　本：787×1 092　1/16　印张：26.75　字数：791 千字
版　　次：2021 年 6 月第 1 版
印　　次：2024 年 12 月第 3 次印刷
定　　价：80.00 元

凡所购买电子工业出版社图书有缺损问题，请向购买书店调换。若书店售缺，请与本社发行部联系，联系及邮购电话：（010）88254888，88258888。

质量投诉请发邮件至 zlts@phei.com.cn，盗版侵权举报请发邮件至 dbqq@phei.com.cn。

本书咨询联系方式：（010）88254535，wyj@phei.com.cn。

前　　言

单片机自问世以来，因其具有体积小、质量轻、抗干扰能力强、对环境要求不高、价格便宜、可靠性高、灵活性好等优点，被广泛应用于工业控制、智能仪器仪表、机电一体化产品、家用电器等领域中。

MSP430 系列单片机是美国德州仪器公司（TEXAS INSTRUMENTS，简称 TI）于 1996 年开始推向市场的一种 16 位超低功耗、精简指令集（RISC）的混合信号处理器（Mixed Signal Processor）。该系列单片机将多个不同功能的模拟电路、数字电路模块和微处理器集成在一块芯片上，仅需简单的外围电路，即可实现芯片的多种模块功能，从而提供多功能的单片解决方案。

目前，MSP430 单片机已具备丰富的产品线，继续朝着高性能和多品种方向发展，在当前及以后相当长的时间内会持续活跃在市场上。MSP430 单片机的学习已经成为电子信息相关专业，特别是设计低功耗项目或产品的专业设计人员的不二选择。

本书的特色如下。

（1）为达到快速入门的目的，本书从基础知识开始讲解，由浅入深、系统全面、重点突出，并提供了大量详细的实例。从介绍单片机开始，第 1 章节讲解了如何进行 MSP430 单片机设计的第一个实例，介绍了 MSP430 单片机最小系统的设计、CCS 软件的安装与使用。本书理论联系实际，改善了单片机教材难懂，入门困难的问题，能够让读者快速上手，学以致用。

（2）为降低学习难度与提高后期设计开发能力，本书在内容编排上，从 MSP430 的基本外设到复杂外设，从寄存器基础编程到库函数高级编程，对于基础部分尽可能详细，对于复杂部分尽可能重点突出，读者可充分打牢基础，为后期的系统设计提供助力。

（3）为达到实用性强、易于操作的目的，本书对 MSP430 单片机的汇编指令未进行详细阐述，而是以 C 语言为软件编程基础，系统地介绍了 MSP430 单片机 C 语言程序设计的基本知识与原理，通俗易懂、结构清晰，符合教学内容的要求。

（4）为提高引导性和完整性，本书每章的前端有导读，为不同层次的读者提供阅读学习参考；每章的后端进行本章内容的小结与思考，并给出习题（除了第 15 章），可让读者兼顾实践与理论思考，从而更好地掌握 MSP430 单片机技术。

（5）本书对程序代码进行了详细注释，并提供 PPT 课件，配套视频教程与硬件实验平台。不仅可让读者掌握 MSP430 单片机的基本原理、程序的编写方法及结构，更可通过丰富的样例与教程资料加深读者对开发设计的理解。硬件平台可让读者通过修改程序实现其他功能，进行单片机系统的设计与开发。

本书分为 15 章，从易学和易用的角度出发，较全面地介绍了 MSP430 单片机的基本理论和设计应用，主要内容如下。

第 1 章是概述，除介绍单片机的一些基本概念及相关特性外，还介绍了笔者建议的单片机学习方法和接触体验 MSP430 单片机开发的第一个实例（最小系统设计、CCS 软件平台使用）。引导读者在初期避免过多枯燥的理论学习，能够快速、有效地进行单片机学习。

第 2 章介绍单片机 C 语言基础，包括标识符、关键字、数据基本类型、运算符、程序基本结构、函数等内容。针对 MSP430 单片机程序设计时的 C 语言扩展特性介绍了扩展关键字、内联函数、头文件与预定义内容，并针对 MSP430 单片机对其程序框架与编程时应注意的规范问题进行介绍。

第 3 章介绍 MSP430 单片机通用输入/输出端口。作为 MSP 单片机最基本的外围模块，本章详细阐述了 MSP430 单片机端口的结构、原理，包括端口的特性介绍、详细的寄存器描述，以及配置为输入、输出状态的实例，并对复用功能进行了编程举例。

第 4 章介绍 MSP430 单片机时钟系统与低功耗模式，对各个时钟源与各个时钟信号进行了详细阐述，并给出了时钟源的选择、分频、输出等配置实例，并结合时钟系统对 MSP430 单片机的各低功耗模式进行阐述与举例。

第 5 章介绍 MSP430 单片机中断系统，介绍了中断的基本概念、单源中断和多源中断及中断优先级，讲述了中断的触发过程和返回过程；介绍了与中断相关的寄存器的功能和使用方法，并以外部中断为例介绍了中断服务函数的书写格式，以及如何进行中断嵌套。

第 6 章介绍 MSP430 单片机定时器，介绍了增计数、连续计数和增减计数三种定时器的计数方式，并说明了捕获、比较及输出功能；介绍了定时器中断的使用方法，演示了使用定时器实现间隔定时、脉冲计数、捕获中断及 PWM 输出功能。

第 7 章介绍 MSP430 单片机看门狗定时器与实时时钟，讲述了看门狗定时器和实时时钟的配置与使用；介绍了如何选择看门狗定时器的时钟源和定时时间，如何配置其复位功能和中断功能；举例说明了实时时钟的日历模式与计数器模式。

第 8 章介绍 MSP430 单片机通信接口，介绍了 USCI_A 模块的 UART 和 SPI 功能，UART 部分又介绍了 IrDA 通信、多机通信等；介绍了 USCI_B 的 IIC 和 SPI 通信，其中 USCI_A 与 USCI_B 的 SPI 类似；也介绍了使用硬件和模拟 IIC、SPI 通信来实现对外围器件的访问。

第 9 章介绍 MSP430 单片机模拟接口，介绍了 ADC12_A 模块、DAC12 模块、比较器，具体包括如何配置 ADC12_A 的转换单元，进行了单通道单次转换、单通道多次转换、序列通道单次转换和序列通道多次转换实例；介绍了 ADC 芯片 ADS1118 的使用；介绍了如何使用 DAC12 模块输出模拟电压信号，以及外部 DAC 芯片 DAC8571 的使用；介绍了比较器 B 模块，进行了比较器中断和滞后比较实例。

第 10 章介绍 MSP430 单片机存储系统，包括 RAM、FRAM 和 Flash 存储器，介绍了各个存储器的功能和特点，给出了读写应用实例；介绍了 DMA 控制器，并给出了模数转换与串口传输的实例。

第 11 章介绍 MSP430 单片机电源管理与供电监督，包括电源管理模块（PMM）的原理与使用，介绍了 PMM 在设备供电波动状况下的行为，并通过实例介绍如何提升设备的核心电压及工作在低功耗模式。

第 12 章介绍 MSP430 单片机乘法器与循环冗余校验，介绍了使用 MPY32 进行 16 位有符号乘法、无符号乘法，32 位有符号乘法、无符号乘法、乘加等运算；介绍了如何使用 CRC16 模块生成校验码。

第 13 章介绍 MSP430 单片机驱动库，主要介绍 MSP430 单片机的库函数编程，介绍了官方驱动库（DriverLib），并对部分功能外设的库函数进行了举例说明，给出了采用库函数编程的实例。

第 14 章介绍 MSP430 单片机的 USB 模块，介绍了 USB 基本知识，对 MSP430 所使用的 USB 驱动库进行了详细介绍，并给出了 USB-CDC、USB-HID、USB-MSC、USB-BSL 应用实例。

第 15 章以 2019 年全国大学生电子设计竞赛赛题为例，介绍了基于 MSP430 单片机的电动小车动态无线充电系统（全国一等奖作品）。

本书语言简明扼要、通俗易懂，案例清晰、示例引导，实用性与专业性兼而有之，不仅可作为高等学校自动化、电气工程、电子信息等专业的单片机课程基础教材，也适合作为高等学校开展创新实践训练相关专业的实践课程的教材。对于从事单片机技术、嵌入式设计的初学者，本书也可帮助他们快速跨越 MSP430 单片机开发的门槛。对于参加全国大学生电子设计竞赛等创新创业竞赛的高校学生，本书也具有借鉴指导意义。

在本书编写过程中，吴振宇、孙焘老师分别承担了部分章节内容的编写及校核工作。全书由李胜铭负责整体大纲制定与具体内容编写，并进行最终的整理与统稿。学生兼好友张泽之为书中实例的验证做了大量工作，在此表示衷心的感谢！

本书得到德州仪器公司大学计划部谢胜祥的宝贵建议，感谢德州仪器公司大学计划部的王承宁、潘亚涛、王沁，以及电子工业出版社王羽佳编辑对本书创作的支持与帮助。

本书的编写参考了大量近年来出版的相关著作、文献及技术资料，吸取了许多专家和同仁的宝贵经验，在此向他们深表谢意。

由于 MSP430 单片机技术发展迅速，作者学识有限，书中难免有不完善和不足之处，敬请广大读者批评指正。

李胜铭

目　录

第 1 章 概 述

单片机自问世以来，因为具有体积小、质量轻、抗干扰能力强、对环境要求不高、价格便宜、可靠性高、灵活性好等优点，被广泛应用于工业控制、智能仪器仪表、机电一体化产品、家用电器等领域中。

本章除对单片机的一些基本概念及相关特性进行简要阐述外，还介绍了笔者建议的单片机学习方法和感受 MSP430 单片机的第一个实例，从而使读者在初期避免进行过多枯燥的理论学习，能够快速、有效地进行单片机学习。

本章导读：学过相关知识的读者可以适当略过或简要翻阅相关章节，初学者建议粗读 1.1 节与 1.2 节，细读 1.3 节，动手实践 1.4 节，并且做好笔记、完成习题。

1.1 单片机的基本概念

1.1.1 单片机的定义

单片机是什么？以日常生活中所使用的计算机为例，计算机内部可分为硬件系统与软件系统。而对于硬件系统的主机而言，其包括中央处理器 CPU、存储器、输入/输出端口电路等部分，每一部分都是集成电路，然后各个部件通过主板连接组成计算机的主机。微型计算机系统组成示意图如图 1.1.1 所示。

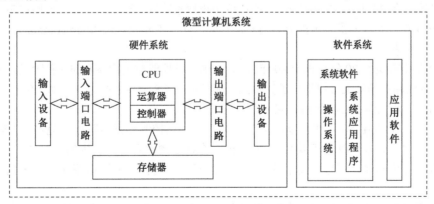

图 1.1.1 微型计算机系统组成示意图

单片机是微型计算机（Monolithic Microcomputer 或 Single Chip Microcomputer）的一个分支，也可以认为是单片微型计算机。其采用技术手段把具有数据处理能力（如算术运算、逻辑处理、数据传送、中断响应）的微处理器（CPU）、随机存取数据存储器（RAM）、只读程序存储器（ROM）、输入/输出端口电路（I/O 口）。定时器/计数器、串行通信口（SCI）、模拟/数字转换器（ADC）等电路集成到单块芯片上，构成一个完整的计算机系统。单片机早期的含义为单片微型计算机（Single Chip Microcomputer），直接翻译为单片机，并一直沿用至今。如图 1.1.2 所示为单片机的内部结构。

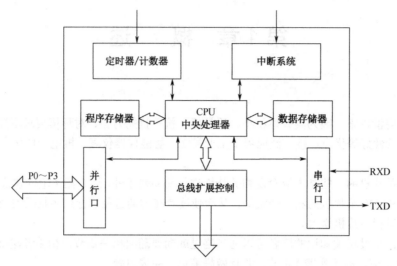

图 1.1.2　单片机的内部结构

　　通俗地说，读者也可以在初期不去过多地探究单片机的内部构成，而是浅显地认为单片机是一个具备一些特殊功能的集成芯片。通过用户的编程来实现其内部的运算控制与外部的输入/输出，进而实现对所连接外部电路或设备的智能控制。

　　单片机在自动化生产控制领域中应用得十分广泛，因此单片机也称为微控制器（Micro Controller Unit，MCU）。

1.1.2　单片机的发展与分类

1．单片机的发展

　　单片机的发展非常迅速，从其发展的历程来看，大致可以分为 4 个阶段。

　　第一阶段（至 20 世纪 70 年代末）：单片机初级探索阶段。因工艺限制，此时的单片机功能比较简单。1974 年，美国仙童公司推出名为 F-8 的单片机，"Single Chip Microcomputer" 诞生，单片机一词即由此而来。

　　第二阶段（20 世纪 70 年代末至 80 年代初）：单片机性能与结构体系的完善阶段。Intel 公司在 MCS-48 探索成功的基础上很快推出了完善的、典型的 MCS-51 系列单片机。MCS-51 系列单片机的推出，标志单片机体系结构的基本完善。

　　第三阶段（20 世纪 80 年代至 90 年代）：单片机向微控制器发展阶段。随着 MCS-51 系列单片机的广泛应用，许多厂商竞相以 8051 为内核，将许多测控系统中使用的电路技术、接口技术、多通道 ADC 转换部件、可靠性技术等应用到单片机中，增强了外围电路功能，强化了智能控制的特征。

　　第四阶段（20 世纪 90 年代至今）：单片机的百花齐放阶段。单片机已成为工业控制领域中普遍采用的智能化控制核心。为满足不同的要求，出现了高速、强运算能力和多机通信能力的 8 位、16 位、32 位通用型单片机，小型廉价型、外围系统集成的专用型单片机，以及各具特色的现代单片机。

2. 单片机的分类

按照单片机基本操作处理的二进制位数主要分为：4 位单片机、8 位单片机、16 位单片机、32 位单片机、64 位单片机，在这些单片机中应用最广的是 8 位单片机，可以说是单片机初期应用的主流。

单片机从用途上可分为通用型单片机和专用型单片机两大类。我们通常使用的是通用型单片机，通用型单片机具备最常用的资源，如存储器、定时器、中断、I/O 等，用户通过对通用型单片机进行不同的外围扩展来实现不同的功能需求。随着应用领域的扩大与分工的细化，在一些专门的应用领域（如电子测量、无线通信），为了简化系统结构，提高可靠性，出现了专门为某些用途而设计的专用型单片机，如电子秤单片机和带无线功能的单片机等。

单片机根据对温度的适应能力可分为民用级（商业级）、工业级和军用级三种。

（1）民用级或商用级。

温度适应能力在 0～70℃之间，适用于一般的实验室、办公环境。

（2）工业级。

温度适应能力在-40～85℃之间，适用于工厂和工业控制中，对环境的适应能力较强。

（3）军用级。

温度适应能力在-65～125℃之间，运用于环境条件苛刻、温度变化很大的野外。主要用在军事上。

1.1.3　单片机的特点与应用

单片机独特的结构决定了它具有如下特点。

（1）高集成度。

单片机将各个功能部件集成在一块晶体芯片上，集成度很高，体积非常小。

（2）抗干扰、高可靠性。

单片机芯片本身是按工业测控环境要求设计的，内部布线很短；程序指令、常数等固化在 ROM 中，不易被破坏，许多信号通道均在一块芯片内，可靠性高。

（3）控制功能强。

单片机的指令系统具有分支转移能力、端口的逻辑操作及处理能力，能够很好地满足对对象的控制要求。

（4）低电压、低功耗。

为了降低能耗，针对便携式系统，如今许多单片机的工作电压为 1.8～3.6V，甚至更低，而工作电流仅为微安级别，待机功耗更低。

（5）优异的性价比。

单片机的性能强大，为了提高速度和运行效率，如今的很多单片机已开始使用先进的寻址技术与系统架构，其内部存储与功能等资源也愈发强大。此外，由于单片机应用广泛、销量极大，各大公司的商业竞争使其价格十分低廉，其性价比极高。

（6）使用方便，开发周期短，易于产品化。

随着单片机技术的发展，其开发工具与开发平台都得到了很大的进步。一方面用户能够简单便捷地进行单片机开发，另一方面单片机厂家也提供了很多技术支持与服务。因此，对于单片机使用者来说，单片机开发的门槛逐步降低，不再是难事，有经验的开发者可以快速方便地完成单片机系统设计。

由于单片机具有如上优点，所以被广泛地应用于各种控制系统和分布式系统中。下面列举单片机应用的几个常见领域。

（1）自动化控制。

在自动化技术中，单片机广泛应用在各种过程控制、数据采集、测控系统等方面，如机电一体化设备、自动生产线控制、电动机控制和温度控制等。

（2）家电产品。

单片机广泛应用于智能家用电器，如在电视、空调、冰箱、洗衣机、报警器等产品中实现智能控制。

（3）仪器仪表。

单片机具有强大的可编程和扩展能力，可用于设计新一代的智能化仪表，使得原有的测量仪器向数字化、智能化、多功能化和综合化发展，如各类高性能数字万用表、示波器等。

（4）计算机控制和智能接口。

通过单片机的通信与处理功能，在计算机系统中，很多外部设备（外设）用到了单片机，如打印机、键盘、扫描仪等。

（5）智能玩具。

单片机价格低廉、功能强大，因此广泛应用于智能玩具的控制，如发声玩具、玩具机器人、遥控电动车等。

值得一提的是，在大型控制系统或复杂产品设计中，可能一个单片机难以完成，或者出于方案的考虑，可以采用多个单片机结合处理的方式。例如，将整个系统分成多个子系统，每个子系统由一个单片机来完成本子系统的工作，然后再由上级的主单片机来实现综合功能。

1.2　单片机应用系统与学习

1.2.1　单片机应用系统的结构

单片机应用系统是以单片机为核心，搭配外围电路和软件，能实现一种或多种功能的实用系统。常见的外围电路包括输入、输出、显示、控制电路等。根据实际的单片机应用场合及系统控制的要求不同，在结构设计、规模大小上存在很大不同。一般而言，根据所需要使用器件的功能种类和数量，可分为基本系统和扩展系统。

1. 基本系统

基本系统即单片机工作的最基础核心的系统部分，主要基于单片机内部资源的应用。在此系统中，只包含让系统能够正常运行的基本部件，如单片机芯片、时钟电路、电源电路、配置电路等。单片机基本系统如图 1.2.1 所示。

图 1.2.1　单片机基本系统

从基本系统的构成可知，其功能主要是围绕单片机芯片本身，功能的实现也只是局限于单片机的内部资源。基本系统作为单片机应用系统的基础核心，可以胜任一般简单的应用场合。

2. 扩展系统

单片机芯片内部的资源是有限的，在绝大多数应用系统中，由于功能的需要，需要扩展外围功能电路，从而弥补单片机内部资源的不足。因此对于单片机应用系统而言，更多的时候，工作的是其扩展系统。单片机扩展系统如图 1.2.2 所示。

单片机扩展系统在单片机基本系统的基础上，扩展了程序存储器、数据存储器、模数转换、数模转换、放大电路等特殊功能部件，从而能够实现单片机本身资源所完成不了的功能。所有的复杂的单片机系统都是以单片机基本系统为基本电路进行的扩展设计，单片机应用系统的层次结构如图 1.2.3 所示。

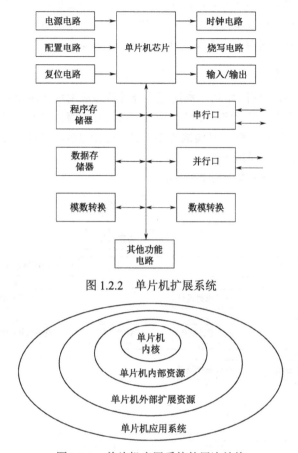

图 1.2.2　单片机扩展系统

图 1.2.3　单片机应用系统的层次结构

单片机应用系统是由硬件和软件组成的，硬件是应用系统的基础，软件则在硬件的基础上对其资源进行合理调配和使用，从而完成应用系统所要求的任务，二者相互依赖，缺一不可。

1.2.2　单片机应用系统的开发流程

从前文可知，单片机应用系统包括硬件和软件两大部分，但对于一个出厂的单片机芯片而言，其内部没有软件，也需要用户设计配套的硬件。因此，对于一个单片机系统而言，要实现一定项目功能或产品应用，需要进行软件、硬件开发。一般而言，除了项目/产品确立之初的总体评估与后期系统优化外，主要包括硬件设计、应用程序设计、仿真调试和系统脱机运行检查四部分。

1．硬件设计

硬件设计主要包括针对所选用单片机进行核心电路与扩展电路的原理图设计、PCB 设计。在硬件电路设计制作完成后，还要进行功能调试验证，应使用相应的测试手段或测试软件对硬件进行测试，测试正确，满足要求，硬件设计才算合格。

2．应用程序设计

应用程序设计环节可以按照任务进行模块划分，编写对应的子程序与功能程序。所有的程序都应在软件开发平台上进行编辑、编译，检查语法错误。直到没有编写错误，编译通过才能进入仿真调试。

3．仿真调试

在硬件测试合格、应用程序通过编译合格后，可以进入仿真调试。仿真调试是利用仿真调试工具对所进行的开发装置执行在线实时模拟。通过仿真，可以对功能进行测试验证，从而得到可执行的目标烧写文件。在调试过程中，应不断地修改，从而完善功能。

4．系统脱机运行检查

系统应用程序仿真调试合格后，可以利用程序烧写器将应用程序编译所得到的目标烧写文件固化到单片机的程序存储器中，然后将开发装置进行上电运行检查。由于单片机实际运行环境和仿真调试环境可能存在差异，因此即使仿真调试合格，脱机运行也可能出错。此时应分析检查，针对可能出现的问题，修改硬件、软件或方案。

单片机应用系统的开发流程如图 1.2.4 所示。

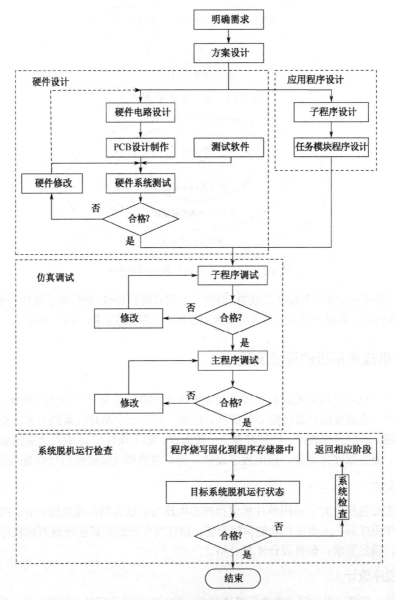

图 1.2.4　单片机应用系统的开发流程

在实际应用设计时，可以在总体设计完成后，同时对硬件和应用程序进行设计，从而提高效率。也可以根据实际情况，对其中的环节进行简化或进一步细化。在这里，笔者提出单片机应用系统开发中应注意的一些问题。

（1）合理规划与分配单片机项目的硬件资源与软件资源分配。功能的实现可以通过硬件的方式，也可以通过软件的方式。一般而言，硬件实现的方式工作稳定，但成本较高；软件实现的方式灵活性强，但稳定性稍差。因此要根据自己的能力特点与功能要求，适当地分配硬件资源与软件资源。

（2）如果所选单片机的硬件资源丰富且性能指标达到要求，则应尽量使用其内部集成的硬件资源来实现，这样可以减少额外的器件费用，同时可以提高系统的集成度和降低电路的复杂性。

（3）合理规划和使用单片机的硬件资源，充分发挥单片机的性能。在扩展电路的设计上，尽量选择一些标准化、模块化的典型电路，这样可以加快电路设计速度，提高设计的灵活性及成功率等。

（4）硬件电路上最好将不用的引脚留为扩展的接口，以方便后期的电路维护及硬件升级。在对扩展电路的连接上，应考虑驱动匹配能力，确保具有足够的驱动能力，当然，也要考虑扩展电路内部器件之间的驱动能力，否则将导致系统无法正确运行。

（5）在程序的设计上，要考虑可维护性，对程序进行模块化，做好封装并留好接口，以方便调用。对于每一个硬件功能模块，最好有单独的程序测试功能是否正确。

（6）如果条件允许，可以选择一款和单片机型号匹配的硬件仿真器，从而可以在线仿真调试，可以实时观察程序中的各个变量，对程序进行测试，提高程序设计的效率。

（7）单片机程序在实际使用前，考虑时间或条件的限制，也可以不进行在线代码仿真，直接生成目标烧写文件，烧写进单片机后运行。但这需要考虑硬件电路是否会因程序不当引起不可恢复的损坏，因此需要先测试好单片机芯片及单元电路之后再进行扩展。

1.2.3　单片机学习步骤

了解了单片机应用系统开发流程后，在具体到如何进行单片机开发的问题上，笔者认为单片机学习主要分为 4 个步骤。

1．基础知识掌握

单片机技术是一门专业性的课程。要想实现入门，进行单片机开发，首先应掌握相关的基础知识，包括计算机基本硬件知识、数字电路、开发语言（推荐 C 语言）等。此外，还应理解单片机硬件结构及内部资源，拥有一定基础的电路设计能力与编程语言实践能力。

基础知识的掌握适用于基础薄弱者，如只有初中、高中文化水平的学员，对于接受过高职高专或本科教育的电子计算机类专业的学员可以略过本步骤。

2．搭建软件平台与掌握软件开发流程

搭建软件平台包括单片机软件开发平台的安装与软件使用。单片机的开发语言分汇编语言与 C 语言，笔者推荐使用 C 语言编程。编程语言要掌握编程语法，学会各种功能程序的初始化设置，以及具体实现各种功能的程序编制。完成程序的编制开发后，可以采用软件仿真的方式对所编程序进行初步验证。

3．结合硬件进行入门及验证

单片机软件编写之后，除可以进行软件仿真验证外，更多的应该结合硬件进行实际功能的验证。初期可以基于单片机的最小系统来进行实验，通过实践深化理解单片机的内部资源，如内部结构与原理、输入/输出端口、中断系统等，进一步熟练编程语言的基本应用及功能编程。至此，单片机的

基本开发流程已经完成。

4．项目实践提高

单片机开发入门之后，为了提高单片机开发水平，应通过外部电路扩展，逐渐掌握单片机接口技术、串行总线，以及模数转换、数模转换等技术。通过设计制作实际项目的方式深入理解编程语言与电子硬件技术相关知识。

对单片机技术的掌握，第 3 步与第 4 步最为重要，否则会一直停留在理论层面或看代码层面，无法解决实际问题，难以设计可靠电路与编写可用代码。本书根据以上学习步骤，对单片机学习开发的内容由浅入深，从大概了解单片机的结构开始到配套简要基础理论的讲解，然后配套大量的实例练习，从最基本的端口开始到系统设计，为读者提供学习参考。

1.2.4　单片机学习建议

1．学习兴趣

对于单片机这种工程性比较强的技术而言，入门是最大的难题。在传统的教学中，大量的理论原理学习与指令操作很容易让人厌烦。鉴于此种情况，笔者建议采取实践中学习理论的方式，通过实验去验证与理解理论。步骤为：初步的理论学习→实验学习→加深理论学习。通过实验中看得见与听得着的直观现象，激发兴趣，深刻理解原理。

2．适当投资购买实验器材及书籍资料

单片机技术是一门实践性很强的技术，仅靠理论教材是不够的，还需要进行软件编程与配套的硬件电路进行实验。不同的单片机系统设计需要用到不同的外围电路与器件，在此过程中，可能还要不断地尝试与验证。因此，如果想掌握并设计好单片机系统，适当投资购买实验器材及书籍是不可避免的。

3．遇到问题的态度

单片机的学习过程离不开调试工作。不仅要描述想法，还要对想法进行实际验证，因此涉及理论与实践的诸多问题。例如，自认为理论理解正确的地方，但实际效果却不好，此时需要保持耐心，从基础环节找起，摸索问题解决方法，自我尝试解决问题。一定要迎难而上，找出问题所在并解决问题，而不是轻易放弃。问题的解决对提高成就感与激发兴趣有很大帮助，否则一直停留在单片机学习的低层次。

4．学习过程中做好总结与记录

单片机学习重实践，但理论的总结与调试时的笔记心得同样重要。一方面可以将学习中遇到的问题进行记录整理，为后续的查阅提供依据和帮助；另一方面知识的总结整理过程也是再学习的过程，便于对知识的进一步掌握。同时，好的总结也便于和他人交流，共同提高。

5．学习过程中的恒心

单片机的学习是一个相对漫长的过程。知道流程与简易入门可以较快，但真正掌握单片机技术是需要较多精力投入的，是有时间过程积累的。为了能够温故而知新，笔者建议对学过的内容，过一段时间之后（一般在 2 周左右）再重新学习一遍。将之前用过的知识反复运用，从而达到熟能生巧、彻底消化吸收的地步。

1.3　MSP430 单片机简介

1.3.1　MSP430 单片机的主要特点

MSP430 系列单片机是美国德州仪器公司于 1996 年开始推向市场的一种 16 位超低功耗、具有精简指令集（RISC）的混合信号处理器。该系列单片机将多个不同功能的模拟电路模块、数字电路模块和微处理器集成在一块芯片上，仅需简单的外围电路，即可实现芯片的多种模块功能，从而提供多功能的单片解决方案。其主要特点如下。

1．超低功耗

功耗低是 MSP430 单片机最核心的特点，MSP430 单片机主要通过以下几个方面来保持其超低功耗的特性。

（1）大部分型号电源电压采用 1.8～3.6V 低工作电压，在 RAM 数据保持方式时，耗电在 μA 级，在活动模式时耗电为 100μA/MIPS 左右，I/O 口的漏电流最大仅 50nA。铁电存储器（FRAM）系列单片机具有更低的功耗：RAM 数据保持仅耗电 320nA，活动模式耗电 82μA/MIPS。以 MSP430F5529 为例，在 RAM 数据不丢失情况下耗电仅为 0.18μA，激活模式为 3.0V，8MHz 闪存程序执行时为 290μA/MHz，RAM 程序执行时为 150μA/MHz。

（2）MSP430 单片机具有灵活的时钟系统，MSP430 的统一时钟系统符合超低功耗原则，通过配置时钟控制寄存器，可以为单片机选择片外低功耗晶体振荡器、高频振荡器和内部数控时钟源等。合理配置时钟频率及时钟源的开启与关闭，可以使单片机功耗降至最低。在 MSP430 系统中，通过配置时钟源的开启状态，来使单片机进入不同的工作模式，从而完成不同种类的任务。在该时钟系统下，用户不仅可以通过软件设置时钟分频和倍频系数，为不同速度的设备提供不同速度的时钟，而且可以随时将某些暂时不工作模块的时钟关闭。这种灵活独特的时钟系统还可以实现系统不同程度的休眠，让整个系统以间隙方式工作，最大限度地降低功耗。

（3）MSP430 单片机采用向量中断，支持十多个中断源，并可以嵌套。利用中断将 CPU 从休眠模式下唤醒只需 3.5μs，平时让单片机处于低功耗状态，需要运行时通过中断唤醒 CPU，这样既能降低功耗，又可以对外部中断请求做出快速反应。

2．强大的处理能力

MSP430 单片机采用颇受学术界好评的精简指令集（RISC）结构，一个时钟周期可以执行一条指令。目前 MSP430 单片机指令速度可高达 25MIPS。某些内部带有硬件乘法器的 MSP430 单片机，结合 DMA 控制器甚至能够完成某些 DSP 的功能，大大增强了 MSP430 单片机的数据处理和运算能力，可以有效地实现一些数组信号处理的算法（如 FFT、DTMF 等）。部分 MSP430 具有集成式低功耗加速器（LEA）模块，它是一种 32 位硬件引擎，专为涉及基于矢量的信号处理（如 FIR、IIR 和 FFT）的操作而设计。这些操作无须 CPU 干预即可完成。

3．高性能模拟技术及丰富的片上外设

MSP430 单片机结合 TI 公司的高性能模拟技术，具有非常丰富的片上外设，主要包含功能模块：时钟模块（UCS）、Flash 控制器、RAM 控制器、DMA 控制器、通用 I/O 口（GPIO）、CRC 校验模块、定时器（Timer）、实时时钟模块（RTC）、32 位硬件乘法控制器（MPY32）、LCD 段式液晶驱

动模块、10 位/12 位模数转换器（ADC10/ADC12）、12 位数模转换器（DAC12）、比较器（COMP）、UART、SPI、IIC、USB 模块等。不同型号的单片机，实际上即为不同片上外设的组合，丰富的片上外设不仅给系统设计带来极大的方便，同时也降低了系统成本。

4．系统工作稳定性

MSP430 单片机绝大部分满足工业级器件需求，工作温度在-40～85℃之间。此外，其内部集成了数字控制振荡器（DCO）。系统上电复位后，首先由 DCO 的时钟（DCO_CLK）启动 CPU，以保证程序从正确的位置开始执行，保证晶体振荡器有足够的起振及稳定时间。然后可通过设置适当的寄存器控制位来确定最终的系统运行时钟频率。如果晶体振荡器在用作 CPU 时钟 MCLK 时发生故障，DCO 会自动启动，以保证系统正常工作。另外，MSP430 单片机还集成了看门狗定时器，可以配置为看门狗模式，让单片机在出现死机时能够自动重启。部分 MSP430 型号还具有掉电保护（Brown Out Reset，BOR）模块，可让单片机在电压较低时自动复位。

5．高效灵活的开发环境

MSP430 单片机有 OTP 型、Flash 型、ROM 型和 FRAM 型 4 种器件，现在大部分使用的是 Flash 型和 FRAM 型，可以多次编程。MSP430 单片机具有十分方便的开发调试环境，这是由于其内部集成了 JTAG 接口和 Flash 存储器，可以在线实现程序的下载和调试。TI 官方也提供了驱动程序库、演示样例等诸多在线资源。开发人员只需一台计算机、一个具有 JTAG 接口的调试器和一个软件开发集成环境，即可完成系统的软件开发。目前针对 MSP430 单片机，推荐使用 CCS 软件开发集成环境。CCS 功能强大、性能稳定、可用性高，是 MSP430 单片机软件开发的理想工具。

1.3.2　MSP430 单片机的应用场合

MSP430 单片机作为 RISC 的 16 位混合信号处理器，专为满足超低功耗需求而设计。自问世以来，以其强大的处理能力和超低的功耗获得越来越多用户的认可，如今已在全球范围内得到广泛应用。MSP430 单片机将智能外设、易用性、低成本及业界最低功耗等优异特性完美结合在一起，能满足数以万计应用的需求，除可以替代传统单片机外，在如下低功耗场合的应用也十分广泛。

1．计量领域

MSP430 单片机超低功耗与模拟集成是计量应用的理想选择。例如，部分 MSP430 单片机提供了专为支持单相至三相电能计量而预先配置的型号，部分型号则集成了面向流量计量应用的特殊扫描外设。

2．便携式医疗

MSP430 单片机的集成型模拟信号链路与超低功耗性能是众多医疗应用（特别是便携式测量设备）的完美选择。此外，采用 MSP430 单片机进行设计还可实现价格竞争力的成本优势，从而使医疗设备的成本降低。

3．数据记录

将采用 FRAM 存储的 MSP430 单片机的速度、灵活性和耐用性与单片机的模拟外设及灵活定时相结合，可为诸如结构监测、安全访问接入和楼宇自动化等数据记录应用提供一种理想平台。

4．无线通信

MSP430 单片机家族中的 CC430 系列与 RF430 系列是外形小巧、性能优异的低成本解决方案，其在 MSP430 单片机中集成了射频通信功能。该系列低功耗无线处理器适用于那些可用空间与成本受到限制的应用领域，如远程传感应用等。

5．电容式触摸

MSP430 单片机可在无须外部组件的情况下通过片上振荡器和电容式触摸感应端口实现按钮、滚轮或滑块等电容式触摸接口。此外，官方还提供免费的电容式触摸软件工具套件（Cap Touch Software Tool Suite）和低成本的硬件工具，可使用户无须了解烦琐的基础理论即可快速进行应用开发。

6．个人健康

MSP430 单片机的小尺寸、低功耗和集成型模拟外设与射频通信功能完美地结合在一起，使设备能够监测从心率、跑步速度到潜水气瓶中的氧气量等各种信号。例如，集成于手表中的 eZ430-Chronos™无线开发系统。

7．能量收集

MSP430 单片机的超低功耗与功能强大的模拟和数字接口能从周围环境中采集被浪费的能量，从而可实现无须更换电池的自供电型系统。例如，eZ430-RF2500-SEH 是一款完整的能量收集开发套件。MSP430 单片机通过设计可以实现超过 20 年的电池寿命。例如，它可以使用一粒葡萄为时钟供电，也可以利用车辆振动为桥梁上的传感器供电，还可以控制农场或酒厂中用于无线监控的太阳能供电传感器。

8．电机控制

集成型通信外设和高性能模拟外设使 MSP430 单片机成为控制打印机、风扇、天线及玩具等众多应用中的步进电动机、无刷电动机和直流电动机的理想选择。例如，部分 MSP430 单片机具有集成式低功耗加速器（LEA）模块，它是一种 32 位硬件引擎，专为涉及基于矢量的信号处理（如 FIR、IIR 和 FFT）的操作而设计。这些操作无须 CPU 干预即可完成，并且操作完成时会触发中断。LEA 模块可支持由 CPU 发出的多个命令，并且可执行矢量数学运算，速度最高比运行 CMSIS DSP 库的 Arm Cortex-M0+ MCU 快 40 倍，且功耗较低。

9．安全保护

MSP430 单片机不仅拥有可使关键设备实现尽可能长的连续工作时间的超低功耗，而且还能支持针对安全应用的特性，如 JTAG 熔断器、定制编程、智能电源监视、专用看门狗定时器、LCD 及高性能模拟外设。

1.3.3 MSP430 单片机产品系列概况

经过几十年的发展，TI 公司的 MSP430 产品不断推陈出新，芯片型号众多。从目前流行的 MSP430 单片机来看，根据其存储工艺分为 Flash 系列与 FRAM 系列。根据其用途又主要分为通用检测和测量系列、电容式触控感应与超声波检测等专用场合系列。下面介绍主要的 MSP430 系列。

1．1xx 系列（通用型）

该系列为基于 Flash 的超低功耗单片机，在 1.8～3.6V 的工作电压范围内最高可以提供 8MIPS 的处理速度；具有高达 60KB 的 Flash 容量、10KB 的 RAM 容量及各种高性能模拟和智能数字外设，基本特征如下。

（1）超低功耗：

0.1μA——RAM 保持模式。

0.7μA——实时时钟模式。

200μA/MIPS——工作模式。

（2）待机唤醒时间在 6μs 之内。

（3）Flash 容量 1～60KB；ROM 容量 1～16KB；RAM 容量 512B～10KB。

（4）GPIO 引脚数量：14、22、48 引脚。

（5）ADC：10 位和 12 位斜率 SAR。

（6）其他集成外设：模拟比较器、DMA、硬件乘法器、BOR、SVS、12 位 DAC。

2．2xx 系列

（1）通用型（F2xx）。该系列为基于 Flash 的超低功耗单片机，在 1.8～3.6V 的工作电压范围内可提供高达 16MIPS 的处理速度。内部包含极低功耗振荡器（VLO）、内部上拉/下拉电阻和低引脚数选择，基本特征如下。

① 超低功耗：

0.1μA——RAM 保持模式。

0.3μA——待机模式（VLO）。

0.7μA——实时时钟模式。

220μA/MIPS——工作模式。

② 待机唤醒时间小于 1μs。

③ Flash 容量 1～120KB；RAM 容量 128～8KB。

④ GPIO 引脚数量：10、16、32、48、64 引脚。

⑤ ADC：10 位和 12 位斜率 SAR、16 位 Σ-ΔADC。

（2）经济型（G2xx）。MSP430Gxx 超值系列在 1.8～3.6V 的工作电压范围内性能高达 16MIPS。包含极低功耗振荡器（VLO）、内部上拉/下拉电阻和低引脚数选择。目前，该系列主要有 G2xx1、G2xx2 和 G2xx3 三个系列，基本特征如下。

① 超低功耗：

0.1μA——RAM 保持模式。

0.4μA——待机模式（VLO）。

0.7μA——实时时钟模式。

220μA/MIPS——工作模式。

② 待机唤醒时间小于 1μs。

③ Flash 容量 0.5～2KB；RAM 容量 128B。

④ GPIO 引脚数量：10、16、24 引脚。

⑤ ADC：10 位斜率 SAR。

⑥ 其他集成外设：模拟比较器。

（3）专用型（AFE2xx）。TI 公司针对计量与智能电网应用推出 MSP430AFE2xx 系列计量模拟前端（AFE）超低功耗 16 位微控制器。该系列为基于 Flash 的超低功耗单片机，在 1.8～3.6V 的工作电压范围内性能高达 12MIPS。其中：

MSP430AFE2x3 器件是超低功耗混合信号微控制器，集成了三个独立的 24 位 Σ-ΔADC、一个 16 位计时器、一个 16 位硬件乘法器、USART 通信接口、看门狗计时器和 11 个 I/O 引脚。

MSP430AFE2x2 器件与 MSP430AFE2x3 器件基本相同，唯一的差异是前者仅集成了两个 24 位 Σ-ΔADC。

MSP430AFE2x1 器件与 MSP430AFE2x3 器件基本相同，唯一的差异是前者仅集成了一个 24 位

Σ-ΔADC。

3．3xx 系列

该系列是 TI 公司最早推出的单片机型号，属于旧款的 ROM 或 OTP 器件系列，目前已经停产。

4．4xx 系列

该系列为基于 Flash 的超低功耗单片机，特殊外设为 LCD 控制器，提供 8～16MIPS 的处理能力，工作电压为 1.8～3.6V，具有 FLL 和 SVS，是低功耗测量和医疗应用的理想选择，基本特征如下。

（1）超低功耗：

0.1μA——RAM 保持模式。

0.7μA——实时时钟模式。

200μA/MIPS——工作模式。

（2）待机唤醒时间小于 6μs。

（3）Flash/ROM 容量 4～120KB；RAM 容量 256B～8KB。

（4）GPIO 引脚数量：14、32、48、56、68、72、80 引脚。

（5）ADC：10 位和 12 位斜率 SAR、16 位 Σ-ΔADC。

（6）其他集成外设：LCD 控制器、模拟比较器、12 位 DAC、DMA、硬件乘法器、运算放大器、USCI 模块等。

5．5xx 系列

该系列为基于 Flash 的超低功耗单片机，在 1.8～3.6V 的工作电压范围内性能高达 25MIPS，包含优化功耗的创新电源管理模块和 USB，基本特征如下。

（1）超低功耗：

0.1μA——RAM 保持模式。

2.5μA——实时时钟模式。

165μA/MIPS——工作模式。

（2）待机唤醒时间小于 5μs。

（3）Flash 容量高达 256KB；RAM 容量高达 18KB。

（4）GPIO 引脚数量：29、31、47、48、63、67、74、87 引脚。

（5）ADC：10 位和 12 位 SAR。

（6）其他集成外设：USB、模拟比较器、DMA、硬件乘法器、RTC、USCI 等。

6．6xx 系列

该系列为基于 Flash 的超低功耗单片机，在 1.8～3.6V 的工作电压范围内性能高达 25MIPS 并具有 LCD 控制器，包含优化功耗的创新电源管理模块、USB。

（1）超低功耗：

0.1μA——RAM 保持模式。

2.5μA——实时时钟模式。

165μA/MIPS——工作模式。

（2）待机唤醒时间小于 5μs。

（3）Flash 容量高达 256KB；RAM 容量高达 18KB。

（4）GPIO 引脚数量：74 引脚。

（5）ADC：12 位 SAR。

（6）其他集成外设：USB、LCD、DAC、模拟比较器、DMA、硬件乘法器、RTC、电压管理模块等。

7. FRAM 系列

该系列是 TI 公司推出基于 FRAM 存储功能的单片机，是具备动态分区功能的统一存储器，且存储器访问速度比 Flash 快 100 倍。FRAM 还可在所有功率模式下实现零功率状态保持，这意味着即使发生功率损耗的情况也可以保证写入操作。由于写入寿命能实现 100M 个周期，所以不再需要 EEPROM。所有这些功能可在低于 100μA/MHz 工作功耗的条件下实现。目前主要包括 MSP430FR2X、MSP430FR4X、MSP430FR5X、MSP430FR6X 系列。其功能外设与 Flash 型单片机类似。

8. 特殊系列

（1）低电压系列。

该系列单片机专门为低电压场合应用设计。目前主要有 MSP430C09x 和 MSP430L092 两个系列。该系列单片机可以工作在 0.9～1.65V 低压范围内，能够提供高达 4MPIS 的处理能力。

（2）无线系列。

CC430 系列单片机将微处理器内核、外设、软件和射频收发器紧密集成，从而创建出真正简便易用的适用于无线应用的片上系统解决方案。它具有低于 1GHz 的射频收发器，工作电压为 1.8～3.6V，可以提供高达 20MIPS 的处理能力。

RF430 系列单片机主要面向工业、医用无线传感器。例如，RF430FRL15xH 器件经过优化可在完全无源（无电池）或单节电池供电（半有源）模式下运行，从而延长便携式和无线传感应用中电池的使用寿命。

MSP430BT5190：专为与基于 CC2560 TI Bluetooth® 的解决方案配合使用而设计的 16 位微处理器。

（3）其他系列。

① 面向汽车等工业行业的增强型单片机。这些系列单片机的型号后带有-Q1（汽车）、-EP（增强型产品）或-HT（高温）等标识符。

② 电容触摸系列：采用 CapTIvate 技术的 MSP430 单片机提供高集成度和自主性的电容式触控解决方案，具有高可靠性和抗噪能力及最低功耗。支持在同一设计方案中同时使用自电容式和互电容式电极，最大限度地提高了灵活性。例如，MSP430FR267x 系列具有 16 个电容式触控 I/O，支持高达 64 个电容按钮。

③ 超声波测量系列：该系列适用于高精度水量、热量和燃气流量测量。采用了集成式超声波检测前端和 DSP 功能，且具有低功耗加速器。均具有实时时钟、LCD 驱动器、比较器等功能。例如，MSP430FR6043 超声波感应单片机专为超声波水表、热量计和燃气表而设计。

读者可以在 TI 公司官网了解其他特性系列的 MSP430 单片机。例如，MSP430i204x 系列单片机具有集成的智能模拟设置，包括多达 4 个集成式 Σ-Δ 模数转换器（ADC），所提供的准确度可在 2000∶1 的动态范围内将智能型计量产品的误差降低至 0.5%。此外，包括无须外部晶体的内部数控振荡器（DCO），小型封装尺寸还能使设计人员减小电路板占用空间并降低系统成本，同时提高准确度，可满足工业和智能电网应用所需的-40～+105℃ 宽泛温度范围要求，非常适用于占位传感器、远程温度与压力变送器、电源监控等各种成本敏感型工业领域。

1.3.4　MSP430 单片机架构与资源

MSP430 单片机架构如图 1.3.1 所示。MSP430 单片机采用冯·诺依曼架构，中央处理器、多种外设和时钟系统通过存储器地址总线（MAB）和存储器数据总线（MDB）相连。故其内部的特殊功能寄存器、外设、随机存储器（RAM）和 Flash 共用一个地址空间。

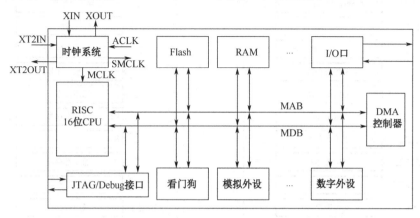

图 1.3.1　MSP430 单片机架构

其中，时钟系统可以产生三种时钟信号供设备选用，16 位 CPU 通过总线连接存储器和外围模块，16/20 位的数据宽度可以大大提高数据的处理速度。DMA 控制器直接连接总线，可以直接获取总线的控制权。MSP430 单片机嵌入了 JTAG 接口，可以方便在线调试和仿真。MSP430 单片机的主要资源有 CPU、存储器和外围模块。

程序通常被下载到 Flash 中，设备复位后，会读取和执行 Flash 中的程序指令，执行过程中遇到的变量则会存储在 RAM 中。设备掉电后，RAM 中的内容会全部丢失，Flash 中的内容不会丢失，故在下一次上电后，设备会从头开始执行之前下载的程序，但程序中定义的变量会全部丢失。若不希望数据丢失，则可以通过 Flash 操作将数据写入 Flash 来保存。

MSP430 单片机的中央处理器分 16 位寻址的 CPU 与 20 位寻址的 CPUX，其结构如图 1.3.2 所示。对于 16 位寻址 CPU 而言，其具有 16 个高度灵活、可完全寻址的单周期操作 16 位 CPU 寄存器（R0～R15），其中 4 个（R0～R3）为专用寄存器，其余的为通用寄存器。CPU 采用精简指令集，仅采用 27 条指令与 7 种统一寻址模式。其寻址空间为 64KB。CPU 接口是按照精简指令集和高透明的宗旨而设计的，使用的指令有硬件执行的内核指令和基于现有硬件接口的仿真指令，可以提高指令执行的速度和效率，增强 MSP430 单片机的实时处理能力。

CPUX 的寄存器宽度扩展到 20 位，寻址空间达到 1MB。其结构与 16 位 CPU 基本相同，只是在设计上采用了面向控制的结构和指令系统，集成了专门为现代编程技术设计的特性，如计算分支、表处理等。CPUX 可以在不分页的情况下处理 1MB 的地址范围，完全向后兼容 CPU。

CPUX 的特性如下。

· RISC 体系结构。

· 正交架构。

· 完整的寄存器访问，包括程序计数器（PC）、状态寄存器（SR）和堆栈指针（SP）。

· 单周期寄存器操作。

· 大寄存器文件减少对内存的读取。

· 20 位地址总线允许在整个内存范围内直接访问和分支，而不需要分页。

· 16 位数据总线允许直接操作字节宽度参数。

· 常量生成器提供了 6 个最常用的即时值，并减少了代码量。

· 直接内存到内存传输，不需要中间寄存器。

· 字节、字和 20 位地址-字地址。

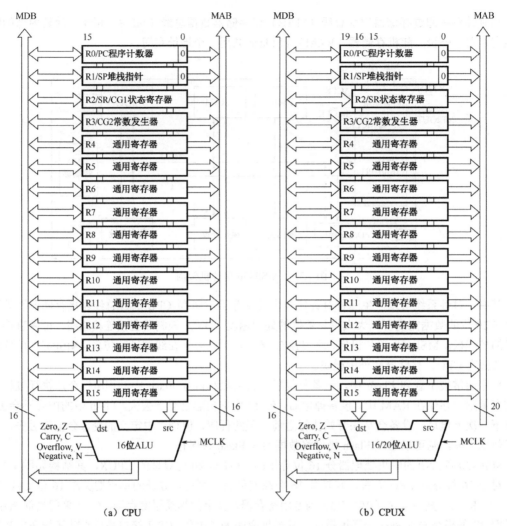

图 1.3.2　MSP430 单片机 CPU 结构

更多关于 MSP430 单片机的 CPU 寄存器功能与指令描述请参阅器件的应用指南。

MSP430 单片机包含外围模块的种类和数量可能因设备型号不同而有所区别，具体可以查看特定型号的单片机的数据手册。MSP430 单片机一般包含的外围模块有：时钟模块、看门狗、定时器、串行口、32 位硬件乘法器、液晶驱动器、数模转换器、模数转换器、通用 I/O 口、DMA 控制器、比较器等。其中大部分功能模块会在本书介绍。

以 MSP430F5529 单片机为例，其所具备的资源与特点如下。

（1）工作电压：

3.6～1.8V。

（2）功耗模式：

- 活跃模式（AM）：所有系统时钟活跃。

　　——290μA/MHz，8MHz，3.0V，Flash 编程执行（典型值）。

　　——150μA/MHz，8MHz，3.0V，RAM 编程执行（典型值）。

- 待机模式（LPM3）：

实时时钟晶振、看门狗、电源管理、RAM 保持、快速唤醒。

　　——1.9μA 在 2.2V，2.1μA 在 3.0V（典型值）。

低功耗晶振（VLO），通用计数器、看门狗、电源管理、RAM 保持，快速唤醒。

　　——1.4μA 在 3.0V（典型值）。
- 关闭模式（LPM4）。
　　RAM 保持，电源管理，快速唤醒。
　　——1.1μA 在 3.0V（典型值）。
- 关机模式（LPM4.5）。
　　0.18μA 在 3.0V（典型值）。

（3）3.5μs 内从待机模式唤醒（典型值）。

（4）16 位 RISC 架构，扩展内存，最高 25MHz 系统时钟。

（5）灵活的电源管理系统。
- 具有可编程调节核心电源电压的全集成 LDO。
- 供电电压监督、监测和断电。

（6）统一时钟系统。
- 频率稳定的 FLL 控制回路。
- 低功耗低频内部时钟源（VLO）。
- 低频修整内部参考源（REFO）。
- 32kHz 手表晶振（XT1）。
- 高频晶振最高 32MHz（XT2）。

（7）16 位定时器 TA0，定时器 A 有 5 个捕获比较器。

（8）16 位定时器 TA1，定时器 A 有 3 个捕获比较器。

（9）16 位定时器 TA2，定时器 A 有 3 个捕获比较器。

（10）16 位定时器 TB0，定时器 B 有 7 个捕获比较影子寄存器。

（11）两个通用串行口。
- USCI_A0 和 USCI_A1 支持：
　增强型 UART 支持自动波特率检测；
　IRDA 编码器和解码器；
　同步 SPI。
- USCI_B0 和 USCI_B1 支持：
　IIC 通信；
　同步 SPI。

（12）全速通用串行总线（USB，从机）。
- 集成 USB-PHY。
- 集成 3.3V 和 1.8V USB 电源系统。
- 集成 USB-PLL。
- 8 个输入和 8 个输出端点。

（13）12 位模数转换器（ADC），具有内部参考电压、采样和保持、自动扫描特性。

（14）比较器。

（15）硬件乘法器支持 32 位操作。

（16）串行板载编程，无须外部编程电压。

（17）三通道内部 DMA。

（18）带 RTC 功能的基本计时器。

　　上述特点均摘自 MSP430F5529 数据手册，通过以上特点，读者可以大概了解到该单片机具备的功能，并考虑该单片机是否能够完成项目的开发。

　　值得说明的是，在单片机的开发中，用户指南和数据手册是单片机开发最重要的文件。阅读数据手册是获取该单片机电气参数和功能的最直观有效的手段。例如，单片机的外围模块、供电电压、工作频率、功耗等，均可通过数据手册获取。用户指南则告诉读者如何使用单片机的外围模块。用户指南是该系列单片机通用的文件，故特定的单片机可能不具备用户指南上介绍的所有外围模块。因此，需要先阅读设备的数据手册，了解设备的外围模块数量和种类，再根据这些信息阅读用户指南，学习如何使用这些模块。

以 MSP430F5529 为例，图 1.3.3 所示为 TI 公司官网上 MSP430F5529 单片机的介绍页面，其显著位置的 3 个文件就是数据手册、用户指南和勘误表，这些是开发该单片机最基本的文件。

图 1.3.3　MSP430F5529 单片机的介绍页面

1.4　MSP430 单片机第一个实例

1.4.1　MSP430 最小系统与上电初始化

最小系统也叫最小应用系统，是指能够使微处理器正常工作的最少元器件构成的硬件系统。传统的微处理最小系统至少应包括电源电路、晶振电路和复位电路，有些还需要存储器扩展电路。对于 MSP430 单片机而言，其最小系统更为简洁，只需外加电源即可正常工作。这主要是由于 MSP430 单片机内部集成了掉电复位模块、内部高频时钟源及存储系统等。但考虑到实际应用时的复杂性，这里以 MSP430F5529 为例介绍 MSP430 单片机基本外围电路。

1. 电源电路

MSP430F552x 系列单片机具有较宽的工作电压，只要不低于 1.8V，不高于 3.6V，单片机均能稳定工作。但是部分片上外设对电源的要求较高。例如，对 Flash 进行擦写操作的最低电压是 2.2V，ADC 模块需要 2.2V 以上的电压才可以正常工作。这里以常见的 3.3V 为该单片机供电，MSP430F5529 单片机最小系统供电电路如图 1.4.1 所示。

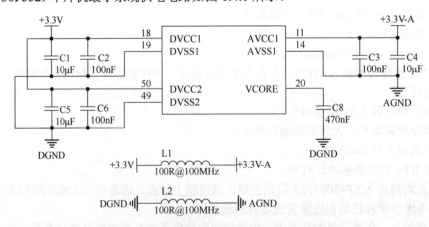

图 1.4.1　MSP430F5529 单片机最小系统供电电路

其中数字电源部分（DVCC、DVSS）、模拟电源部分（AVCC、AVSS）均用电容 10μF、100nF 进行滤波，考虑到电源隔离，数字电源与模拟电源通过磁珠 L1、L2 进行连接。此外，MSP430F5529 还具有内部核心稳压输出，接输出电容 470nF（用户手册中建议值）。其余电源引脚接法类似。

2. 复位电路

复位电路的基本功能是系统上电时提供复位信号，直至系统电源稳定后，撤销复位信号。为可靠起见，电源稳定后还要经一定的延时才撤销复位信号，以防电源开关或电源插头分、合过程中引起的抖动而影响复位。MSP430F5529 单片机的外部复位信号为 $\overline{\text{RST/NMI}}$ 引脚输入超过 2μs 的低电平信号。由于 MSP430F5529 单片机内部已经集成了掉电保护电路，正常情况下，只需在单片机 $\overline{\text{RST/NMI}}$ 引脚处外接一电阻与 VCC 端相连，单片机即可正常工作，如图 1.4.2（a）所示。另一种常见的复位电路是由电阻与电容构成的 RC 复位电路，如图 1.4.2（b）所示。调节电阻、电容的大小可以改变延时长度，从而满足最小复位时间。在实际电路设计中，如图 1.4.2（c）所示电路更为常用。该电路与 1.4.2（b）相比，增加了一个二极管和一个按键开关。二极管的作用是在电源电压瞬间下降时使电容迅速放电，一定程度的电源毛刺也可令系统可靠复位。按键开关可对单片机进行手动复位。若需要更为稳定可靠的复位电路，则可以使用专门的复位芯片，如 TPS383x 等。

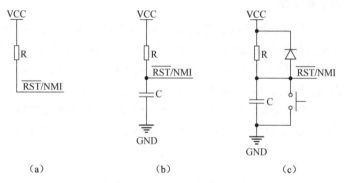

图 1.4.2　MSP430F5529 单片机最小系统复位电路

复位引脚置为高电平，MSP430 单片机进入工作状态。值得注意的是，不同 MSP430 单片机上电复位与调试复位时所需要的低电平时间不一致，要留意所采用 MSP430 型号的数据手册，从而选择合适的上拉电阻与充电电容。

3. 晶振电路

晶振全称为晶体振荡器（Crystal Oscillators），其作用是为单片机系统提供基本的时钟信号。晶振可以提供稳定、精确的单频时钟信号，在通常工作条件下，普通的晶振频率绝对精度可达 20×10^{-6}。MSP430F5529 单片机可以同时外接两个外部晶振（XT1 和 XT2）为单片机提供精确的时钟信号。其中，XT1 晶振与引脚 XIN、XOUT 相连，XT2 与引脚 XT2IN、XT2OUT 相连。

在这两个晶振中，XT1 通常用于连接低频晶振，如 32.768kHz 的晶振。由于 MSP430 单片机内部已集成了与低频晶振相匹配的电容，因此低频晶振可以直接与相应引脚相连，通过配置内部电容即可正常工作，如图 1.4.3（a）所示。低频晶振提供的时钟信号通常用于向片内低速外设提供时钟，并作为定时唤醒 CPU 使用。除外接低频晶振外，还可以外接高频晶振。当引脚 XIN、XOUT 外接高频晶振时，内部集成的电容已无法与之匹配。因此，需要起振 20～30pF 的匹配电容，接法如图 1.4.3（b）所示。XT2IN 与 XT2OUT 引脚只能外接高频晶振，同时又因为 XT2IN 与 XT2OUT 引脚内部无内置电容，所以也需要自备电容，连接方法如图 1.4.3（c）所示。

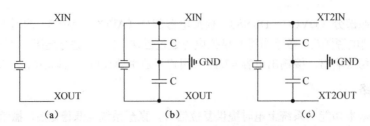

图 1.4.3　MSP430F5529 单片机最小系统晶振电路

需要注意的是，匹配电容的大小与晶振输出的频率成反比，即对于同一个晶振电容值越大，晶振输出的频率越低；反之则越高。因此，只有在合适的范围内才能输出标称频率。若匹配电容选择不当，则可导致晶振无法起振。

如果系统对时钟信号要求不太严格，也可以使用内置时钟源。在 MSP430F5529 单片机中，不但内置了用于产生高频时钟信号的数控振荡器 DCO，还集成了一个低频振荡器用于产生低频时钟信号。由于内置振荡器易受温度等外界因素影响，所以误差相对较大，只适合为 CPU 运算提供时钟或在对时间误差要求较宽松的场合使用。

4．程序仿真与下载电路

MSP430 单片机一般具备 3 种下载电路 JTAG、Spy-Bi-Wire 和 BSL。其中前两种可以实现在线仿真调试，后一种只能进行程序的烧写。MSP430 单片机上电时，会先运行一段引导代码，引导代码通过判断 TEST 和 $\overline{\text{RST}}$ 引脚上的电平时序确定当前的下载方式或运行 Flash 中的程序。

JTAG 是一种国际标准测试协议，MSP430 系列支持标准 JTAG 接口，它需要 4 个信号（TCK、TMS、TDI、TDO）来发送和接收数据。JTAG 接口与 MSP430 单片机共享 I/O 口。设备上电时，在TEST/SBWTCK 和 $\overline{\text{RST}}$/NMI/SBWTDIO 上的特定时序会触发 JTAG 下载模式，MSP430 单片机JTAG 信号如表 1.4.1 所示。

表 1.4.1　MSP430 单片机 JTAG 信号

设 备 信 号	方　向	功　能
PJ.3/TCK	输入	JTAG 时钟输入
PJ.2/TMS	输入	JTAG 状态控制
PJ.1/TDI/TCLK	输入	JTAG 数据输入，TCLK 输入
PJ.0/TDO	输出	JTAG 数据输入
TEST/SBWTCK	输入	使能 JTAG 引脚
RST/NMI/SBWTDIO	输入	外部复位
VCC		电源
VSS		地

Spy-Bi-Wire 是 MSP430 单片机支持的两线调试接口，MSP430 单片机开发工具可以通过Spy-Bi-Wire 对单片机进行在线调试和开发。Spy-Bi-Wire 信号如表 1.4.2 所示。

表 1.4.2　MSP430 单片机 Spy-Bi-Wire 信号

设 备 信 号	方　向	功　能
TEST/SBWTCK	输入	Spy-Bi-Wire 时钟输入
RST/NMI/SBWTDIO	输入，输出	Spy-Bi-Wire 数据输入/输出
VCC		电源
VSS		低

　　BSL（Bootstrap Loader）指引导加载程序。单片机的程序一般存储在 Flash 中，通过代码可以修改 Flash，所以可以通过预先在单片机里下载一个程序，该程序的功能就是按特定的格式读取或写入 Flash 中的内容，即通过特定方式对单片机进行编程。如通过 USB、UART 均可对单片机进行编程。这种编程方式适合工厂大批量生产，灵活性较高，可定制。对于 MSP430F5xxx、MSP430F6xxx 和 MSP432 单片机来说，允许用户自定义工厂编程的 BSL。但是，大多数 MSP430单片机的 ROM 中都有无法更改部分。对于这些设备，需要使用备用的 BSL 解决方案（如主内存引导加载程序）来定制引导加载过程。下面以 MSP430F5529 单片机的 USB、UART 两种方式的 BSL 进行说明。

（1）USB BSL。

　　USB BSL 在 BOR 重置后评估 PUR 引脚的逻辑电平。如果被外部电源拉高，则 BSL 被唤醒。因此，除非应用程序是调用 BSL 的，否则需要在 BOR 重置后将 PUR 拉低，从而不适用 BSL 或 USB功能。PUR 引脚建议通过 1MΩ 电阻接地。

　　MSP430F5529 单片机通过 USB BSL 进行了预编程。进行 USB BSL 需要使用表 1.4.3 中所列的信号。除这些信号外，应用程序还必须支持正常 USB 操作所需的外部组件。例如，XT2IN 和XT2OUT 上的合适晶体、正确去耦等。

表 1.4.3　MSP430F5529 进行 USB BSL 所需信号

设 备 信 号	BSL 功能
PU.0/DP	USB 数据终端 DP
PU.1/DM	USB 数据终端 DM
PUR	USB 上拉电阻中断
VBUS	USB 总线电源
VSSU	USB 地线

（2）UART BSL。

　　UART BSL 是除带 USB 功能模块以外的 MSP430 单片机最常见的 BSL 方式，采用串行口的方式也可以实现对 MSP430F5529 单片机的 BSL，此时需要修改 BSL 存储区的程序。进行 UART BSL所需信号如表 1.4.4 所示。

表 1.4.4　MSP430F5529 进行 UART BSL 所需信号

设 备 信 号	BSL 功能
$\overline{\text{RST}}$/NMI/SBWTDIO	BSL 时序信号
TEST/SBWTCK	BSL 时序信号
P1.1	数据发送
P1.2	数据接收
VCC	USB 总线电源
VSS	USB 地线

5. USB 电路

　　标准的 USB 连接线使用 4 芯电缆：5V 电源线（V_{BUS}）、差分数据负端（D−）、差分数据正端（D+）和地线（GND）。在 USB OTG 中，使用 5 线制，多出的那根线是身份识别（ID）线。

　　USB 集线器的每个下游端口的 D+和 D−上，分别接了一个 15kΩ 的下拉电阻到地。这样，当集线器的端口悬空（即没有设备插入）时，输入端就被这两个下拉电阻拉到低电平。而在 USB 设备端，在 D+或 D−上接了一个 1.5kΩ 的上拉电阻到 3.3V 电源。对于全速和高速设备，上拉电阻接 D+。

当设备插入集线器时，D+线的电压由 1.5kΩ 和 15kΩ 的电阻决定，为 3V 左右，接收端检测到这个高电平，就向 USB 主控制器报告设备插入。对于 MSP430F5xxx 系列单片机的 USB 模块，这个上拉电阻已经集成，并由 USB 模块的相关寄存器控制，可通过软件编程随时接入上拉电阻。MSP430F5529 单片机最小系统 USB 接口电路如图 1.4.4 所示。

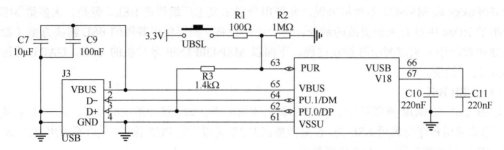

图 1.4.4　MSP430F5529 单片机最小系统 USB 接口电路

其中，除了 USB 全速接口的四根线连接外，加入了 USB BSL 电路。当按下按键时，连接 USB，即可进入 USB BSL 状态。USB 部分的稳压输出 VUSB 引脚及 USB 内部电压 V18 引脚外接电容到地，确保 USB 模块电压稳定。

6. MSP430 单片机上电初始化过程

上电是指单片机接通电源的瞬间。在该过程中，单片机处于十分恶劣的供电状态，电源毛刺、纹波十分严重。为使单片机上电过程保持稳定，单片机内部一般会有掉电复位（Brown Out Reset，BOR）模块。在设备上电瞬间，掉电复位模块开始工作，产生复位信号，使单片机所有模块复位并保持复位状态；当电压升高至稳定值时，复位释放，单片机开始执行用户程序。

对于 MSP430 单片机而言，随着电源电压的上升，掉电复位模块 BOR 开始工作，当电压值升至某个给定值后，触发上电复位信号（Power On Reset，POR），上电复位信号又触发上电清零信号（Power Up Clear，PUC）。上电清零信号再次复位所有寄存器，并使程序指针指向首地址，开始执行代码。MSP430 单片机上电复位图如图 1.4.5 所示。

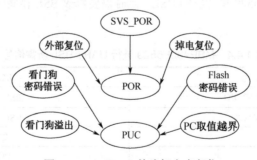

图 1.4.5　MSP430 单片机上电复位

POR 信号一般通过复位引脚处于低电平或设备掉电上电来触发，一般称 POR 为硬复位。除了 POR 信号可以产生 PUC 信号外，其他一些内部事件如看门狗溢出、Flash 密码错误等也可以产生 PUC，所以由 PUC 信号引起的复位也称为软复位。

系统复位后的设备初始状态如下。

- $\overline{\text{RST}}$/NMI 引脚被配置为复位模式。
- I/O 口被配置为输入模式。
- 其他外围模块寄存器被配置为用户指南中的默认值。
- 状态寄存器（SR）复位。

·看门狗定时器上电激活，工作在看门狗模式。

·程序计数器（PC）载入启动代码地址并寻址执行该地址的启动代码。启动代码完成后，PC 将加载 SYSRSTIV 复位位置中包含的地址（0FFFE，16 位寻址时）。

系统重置后，用户软件必须根据应用程序要求初始化设备，必须包含的步骤如下。

·初始化堆栈指针（SP），一般将其初始化为 RAM 首地址。

·根据应用程序的要求初始化看门狗。

·根据应用程序的要求配置外围模块。

对于用户 C 语言编程开发而言，在前期设计开发时，一般不使用看门狗，所以需要对其关闭。

1.4.2　CCS 软件安装与工程建立

CCS（Code Composer Studio）是 TI 嵌入式处理器的集成开发环境（IDE）。CCS 对 TI 设备具备非常好的兼容性，是编程和调试 TI 系列产品的工具。目前 CCS 软件版本已更新到 V10.0，各版本的安装步骤大同小异。这里以 V8 版本为例，CCS 安装包可从 TI 官方网站中下载，具体步骤如下。

（1）下载 CCS 软件。可通过网页浏览器，前往 www.ti.com，单击"Design resources"菜单，即可发现"Code Composer Studio IDE & development tools"选项，单击该选项，按照要求获取并下载即可。下载完成后，将压缩包解压，并运行 ccs_setup 应用程序进行安装，出现如图 1.4.6 所示界面。

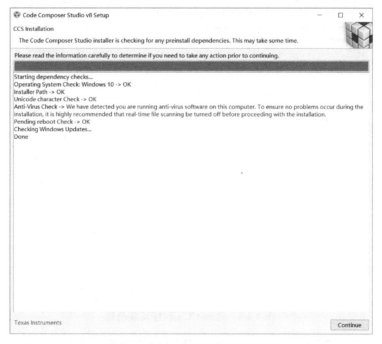

图 1.4.6　CCS 软件下载并进行安装

（2）选择同意 CCS 软件安装协议，继续安装，如图 1.4.7 所示。若计算机打开了防病毒软件，则有可能在安装过程中出错。为了避免安装错误，建议在计算机安全的前提下暂时关闭防病毒软件，继续安装，阅读许可协议。

（3）选择 CCS 软件安装路径，进行下一步安装。阅读并接受许可协议后，继续安装，选择安装路径，建议使用英文路径安装，如图 1.4.8 所示。

图 1.4.7 　选择同意 CCS 软件安装协议

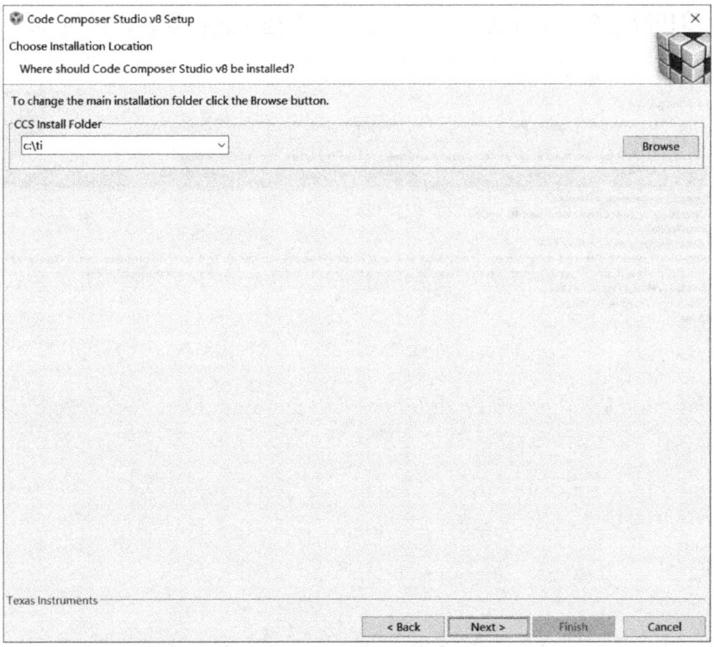

图 1.4.8 　选择 CCS 软件安装路径

CCS 安装占用磁盘空间较大，建议选择较大剩余空间的磁盘安装（2GB 以上，与选择安装处理器支持软件包的多少有关）。若找不到文件夹路径，则 CCS 会在该位置自动创建该文件夹。选好地址后继续安装。

（4）选择 CCS 软件所支持的处理器，继续安装，如图 1.4.9 所示。

该界面选择 CCS 支持的处理器类型。若计算机的磁盘空间较充足，则可以选择全部安装以防不时之需。或者仅选择 MSP430 单片机超低功耗 MCU 系列设备，该选项支持对全部 MSP430 单片机的编程和调试。

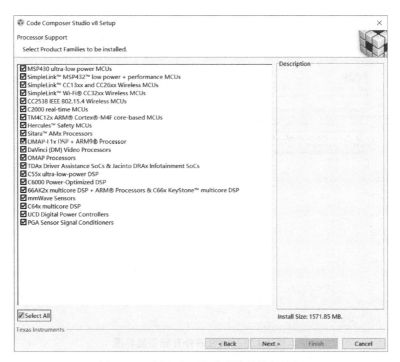

图 1.4.9　选择 CCS 软件所支持的处理器

（5）选择 CCS 软件相关调试工具，继续安装，如图 1.4.10 所示。

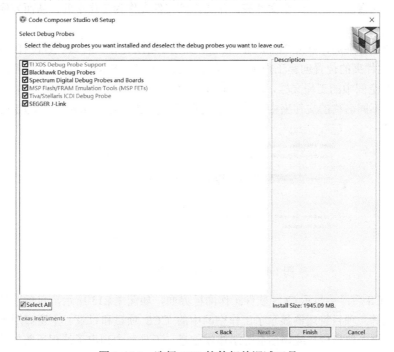

图 1.4.10　选择 CCS 软件相关调试工具

调试工具功能需要根据自己手上所有的调试工具来进行安装，否则选择默认选项即可。若希望获得 CCS 的全部调试工具功能，避免后续再安装相关调试工具驱动，则可以将其全部选中。选择完毕后，出现图 1.4.11 所示的安装界面，立刻开始安装 CCS。安装完毕后可选择添加快捷方式和运行 CCS。

图 1.4.11　CCS 软件开始安装界面

MSP430 单片机的 CCS 工程建立步骤如下。

（1）运行 CCS 后，首先会出现选择 CCS 的工作空间界面，CCS 会有一个默认的工作空间。使用者可以根据个人情况，建立一个文件夹，并选择该文件夹作为工作空间，从而方便查找建立的工程和文件。

选择了一个文件夹后，单击"Launch"按钮，如图 1.4.12 所示。若该位置没有创建过工作空间，则 CCS 会在该文件夹的位置创建工作空间。若该位置已有工作空间，则 CCS 会打开该工作空间。CCS 会扫描工作空间中的工程文档，并包含在工程目录栏内。一个工作空间里可以有多个工程，不同的工程保存在不同名称的文件夹中，CCS 的文件目录会根据文件的路径实时更新。

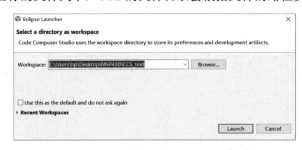

图 1.4.12　CCS 软件工作空间选择界面

（2）打开 CCS 后，会显示 CCS 软件工作面板界面，如图 1.4.13 所示，包括项目管理器、主窗口和错误信息栏等。项目管理器显示了工作空间中的 CCS 项目和目录。主窗口用于显示代码、网络资源等内容。错误信息栏在编译后会提示错误信息。工具栏中列出了编程所需的编译、调试按钮等。这些模块可以根据自己的需要在菜单栏的视图"View"菜单中关闭。

（3）单击项目"Project"菜单，选择新的 CCS 工程"New CSS Project"选项，如图 1.4.14 所示。在弹出的对话框中配置目标器件的型号为 MSP430F5529，填写工程名称（注意 CCS 只支持英文字符的工程名，不要使用中文命名）。

选择工程模板，一般选择带有 main.c 的空模板作为工程模板，工程模板中也有 LED 闪烁等范例模板，有兴趣的读者可以选择该模板并下载程序观察现象。其余选项可暂不修改，CCS 工程配置如图 1.4.15 所示。

图 1.4.13　CCS 软件工作面板界面

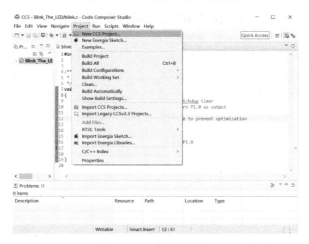

图 1.4.14　新建工程

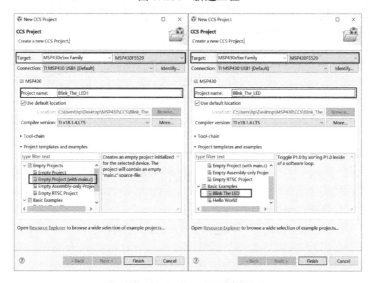

图 1.4.15　CCS 工程配置

（4）单击"Finish"按钮，即可建立针对 MSP430F5529 的 LED 闪烁工程，如图 1.4.16 所示。

图 1.4.16   CCS 工程完成界面

若建立了空工程，则可以在 main.c 中输入自己的函数代码。将 main.c 中的内容替换为：

```c
#include <msp430.h>
void main (void)
{
    WDTCTL = WDTPW | WDTHOLD;
    P1DIR |= 0x01;
    volatile unsigned int i;
    while (1)
    {
        P1OUT ^= 0x01;
        for (i=10000; i>0; i--);
    }
}
```

上述代码的含义为循环反转 P1.0 输出状态并延时，产生的效果即为 LED 不断闪烁。若建立了 LED 闪烁范例工程，其 LED 闪烁函数已经编写完整，则可以直接对其进行编译，无须再编写程序。CCS 闪烁灯工程界面如图 1.4.17 所示。

图 1.4.17   CCS 闪烁灯工程界面

1.4.3　CCS 软件编译与调试

程序编写完整之后，单击工具栏中的编译按钮✎，即可对工程进行编译，编译结果会自动弹出并显示。该工程由于没有遵循最低功耗原则，所以会出现 ULP 警告，提示用户该代码不遵循低功耗原则，如图 1.4.18 所示。目前先不用对其采取措施。

图 1.4.18　对工程进行编译

若编写的代码有错误，如删去了代码第 9 行的"；"，则单击编译按钮后，将提示工程由于出现错误而无法编译。错误所在行前面会出现红色的错误符号，双击错误信息栏的红色高亮行，光标会自动定位到该错误所在的位置，如图 1.4.19 所示。将所有错误全部改正后，代码才可以完成编译，并能够下载到单片机。

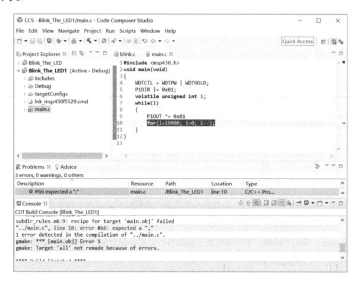

图 1.4.19　工程编译检查错误

编译无误后，可以连接单片机开发板，单击🐝按钮对工程进行下载。下载过程中会弹出进度条，如果采用仿真器连接单片机下载程序，则由于版本不同，可能会提示需要对仿真器固件进行更新，如图 1.4.20 所示，单击"Update"按钮即可。

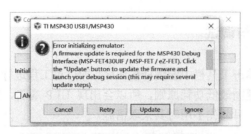

图 1.4.20　对仿真器固件进行更新

下载完成后，单击全速运行按钮⏵，即可观察到开发板上红色 LED 闪烁。单击暂停按钮⏸，即可观察到 LED 停止闪烁，程序暂停位置前有箭头指示。程序暂停后，可以查看单片机中所有存储器（如 Flash、RAM 和特殊寄存器等）或各种函数、表达式的值，如图 1.4.21 所示。

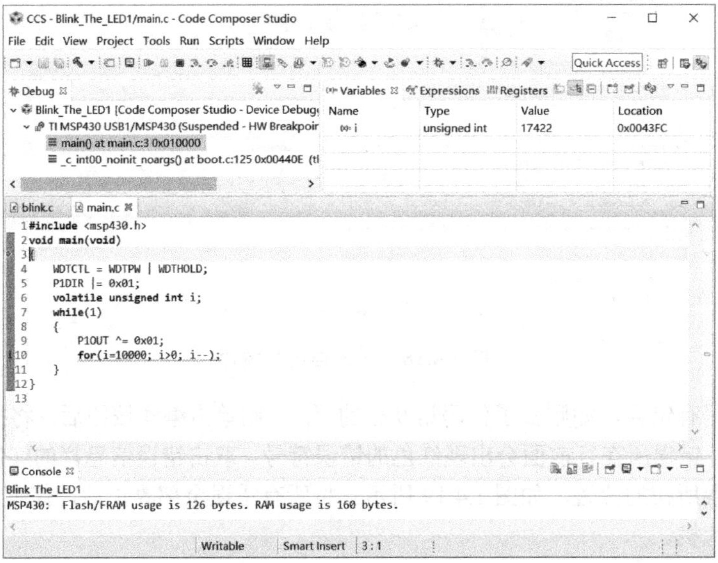

图 1.4.21　下载后仿真调试界面

在调试工具栏中，部分按钮的作用如表 1.4.5 所示。

表 1.4.5　部分按钮的作用

按　钮	作　用
⏵	Resume，从暂停处继续运行
⏸	Suspend，暂停运行
■	Terminate，终止调试过程
⤼	Step Into，跳入。单步执行遇到子函数就进入，并且继续单步执行
⤻	Step Over，跳过。单步执行时，在函数内侧遇到子函数时不会进入子函数内单步执行，而是将子函数整个执行完再停止，也就是把子函数作为单独的语句来执行
⤴	Step Return，跳出子函数。单步执行到子函数内时，可以执行完子函数余下的部分，并返回上一层函数
🐞	Reset CPU，复位目标 CPU
↻	Reset，重新启动程序
⤼	Assembly Step Into，单步调试汇编语句跳入
⤻	Assembly Step Over，单步调试汇编语句跳出
🔄	Refresh，刷新

　　在每行代码的最前端空白部分双击可以设置断点，也可以通过工具栏上的设置断点按钮来设置断点。程序运行至断点位置会自动停止，方便使用者对程序进行调试。使用者可使用上述调试功能，并查看存储器中的变量值来熟悉 CCS 环境。

1.5　小结与思考

　　本章简要介绍了单片机的定义、功能和应用场所，单片机的开发流程与学习步骤、学习建议，详细介绍了 MSP430 单片机的特点、结构和功能，并介绍了 CCS 开发软件的安装和调试方法。

　　学习完本章内容后，读者应该对单片机有了大致的了解，对 MSP430 单片机的资源和功能有简单的认识，并学会使用 CCS 建立工程、编译工程、下载工程和调试工程。初步认识开发板的各项功能指标。

习题与思考

　　1-1　简述单片机与传统计算机的相同点和不同点。

　　1-2　基于单片机与计算机的异同，分析两者适合的应用场所的特点。

　　1-3　简述 MSP430 单片机与其他单片机不同的地方。若读者未曾学过单片机，则简述 MSP430 单片机的主要特点和功能模块。

　　1-4　是否可以在数据查看窗口查看表达式的值？是否可以查看单片机中寄存器的值？

　　1-5　简述按钮 🔧、🔍 和 📟 的功能。

第 2 章　单片机 C 语言基础

本章主要介绍 C 语言的基础知识，包括标识符、关键字、数据基本类型、运算符、程序基本结构、函数等内容。针对 MSP430 单片机程序设计时的 C 语言扩展特性进行了扩展关键字、内联函数、头文件与预定义内容的介绍。单片机编程规范是衡量单片机开发水平很重要的一个指标，对于编程习惯的养成也很关键，因此本章针对 MSP430 单片机对其程序框架与编程时应注意的规范进行了介绍。

本章导读：本章应重点掌握 C 语言的基础知识和编程技巧。具体而言，需要掌握 C 语言的基本知识，如关键字、数据基本类型、函数、指针等。掌握使用 C 语言编写 MSP430 单片机程序的扩展特性，并编程规范。学过 C 语言知识的读者可以简要翻阅本章，重点注意 C 语言在 PC 和单片机上代码编写和运行的区别。初学者建议粗读 2.1 节，细读其他小节并做好笔记，结合习题来更好地入门 MSP430 单片机。

2.1　C 语言基础知识

2.1.1　标识符与关键字

1. 标识符

C 语言的标识符是指用来识别某个实体（如变量、数组、结构体、指针、函数等）的一个符号。标识符由用户自己定义，如 i、j、data1、LED_blink 等。简单来说就是对变量、函数等命名所用到的字符串或字符。标识符只能由字母（A~Z、a~z）、数字（0~9）和下画线（_）组成，并且第一个字符必须是字母或下画线，不能是数字。例如：

```
char num=10;              //定义一个字符型的变量num，该变量初值为10
int _num[2]={0,1};        //定义一个整型数组_num，该数组有两个元素0和1
double num1=20.0;         //定义一个双精度浮点变量num1，该变量初值为20.0
```

使用标识符需要注意以下几点。

（1）C 语言虽然不限制标识符的长度，但是它受到不同编译器和操作系统的限制。若某个编译器规定标识符前 128 位有效，则当两个标识符前 128 位相同时，会被认为是同一个标识符。

（2）C 语言标识符有大小写区分，如 LED 和 led 是两个不同的标识符。

（3）标识符虽然可以由用户自定义，但是标识符的命名应尽量有意义，命名尽量贴合对象的功能和特点，以便于阅读和理解。对于使用次数较少或较为直观的变量，可以简单命名。

2. 关键字

C 语言的关键字是 C 语言中规定的具有特定意义的字符串，通常也称为保留字，如 int、char 等。用户定义的标识符不可以与关键字相同，否则会出现错误。标准 C 语言一共规定了 32 个关键字，如表 2.1.1 所示。

表 2.1.1 关键字列表

关 键 字	说 明	关 键 字	说 明
auto	声明自动变量	static	声明静态变量
short	声明短整型变量或函数	volatile	说明变量在程序执行中可能被隐含地改变
int	声明整型变量或函数	void	声明函数无返回值或无参数，声明无类型指针
long	声明长整型变量或函数	if	条件语句
float	声明浮点型变量或函数	else	条件语句否定分支（与 if 连用）
double	声明双精度变量或函数	switch	用于开关语句
char	声明字符型类型	case	开关语句分支
struct	声明结构体变量或函数	for	一种循环语句
union	声明共用数据类型	do	循环语句的循环体
enum	声明枚举类型	while	循环语句的循环条件
typedef	用以给数据类型取别名	goto	无条件跳转语句
const	声明只读变量	continue	结束当前循环，开始下一轮循环
unsigned	声明无符号类型变量或函数	break	跳出当前循环
signed	声明有符号类型变量或函数	default	开关语句中的"其他"分支
extern	声明变量在其他文件已经声明	sizeof	计算数据类型长度
register	声明寄存器变量	return	子程序返回语句（可以带参数也可以不带）

每个关键字有其独特的用法和作用，会在后面逐步介绍。例如：

```
unsigned int a=10;          //定义一个无符号整型变量a，a的初值为10
long int b=sizeof（a）;       //定义一个长整型变量b，b的初值为a所占用的字节数，对于32位单片机该值为4
```

2.1.2 数据基本类型

C 语言的数据基本类型分为数值类型和字符类型，数值类型又分为整型和浮点型。不同位数的系统（如 16 位或 32 位），其数据类型的大小是不同的。32 位系统的数据类型分类见表 2.1.2，其他位数系统的数据类型可查阅相关资料。

表 2.1.2 32 位系统的数据类型分类

分 类			定 义	大小/B	表示的数字范围
C语言数据基本类型		字符类型	（signed）char	1	$-2^7 \sim 2^7-1$
			unsigned char	1	$0 \sim 2^8-1$
	数值类型	整型 / 短整型	（signed）short int	2	$-2^{15} \sim 2^{15}-1$
			unsigned short int	2	$0 \sim 2^{16}-1$
		整型	（signed）int	4	$-2^{31} \sim 2^{31}-1$
			unsigned int	4	$0 \sim 2^{32}-1$
		长整型	（signed）long int	4	$-2^{31} \sim 2^{31}-1$
			unsigned long int	4	$0 \sim 2^{32}-1$
		超长整型	（signed）long long	8	$-2^{63} \sim 2^{63}-1$
			unsigned long long	8	$0 \sim 2^{64}-1$
	浮点型	单精度浮点	float	4	$\pm 1.401298E-45 \sim \pm 3.402823E+38$
		双精度浮点	double	8	$\pm 2.23E-308 \sim \pm 1.79E+308$

其中，圆括号中的内容可以省略，其表示的意义不变。在某些情况下，"int"也可以省略，如

"short int"与"short"均代表定义有符号短整型。E 是指数（Exponent），表示 10 的多少次方。如
7.896E5=789600，54.32E-2=0.54320。

在运算过程中，每个数据都要转换为标准类型以提高运算精度。例如，如果一个数据是 float
型，则首先应转换为 double 型。如果一个数据是 short 型或 char 型，则首先应转换为 int 型。通过
上述转换后，如果参与运算的数据类型仍不同，则不同类型的数据要先转换为同一类型的数据，然
后进行运算。转换的规则是"由低向高"，也就是说一个表达式的值的类型是其中各个参与运算的
数据中级别最高的类型。表 2.1.3 说明了类型转换的标准和级别。

表 2.1.3　类型转换的标准和级别

一 般 类 型	转换为标准类型	级 别
char、short int、int	int	低
unsigned int、unsigned short int	unsigned int	
long int	long int	
unsigned long	unsigned long	
float、double	double	高

上述运算过程中的数据自动转换称为隐式类型转换。还有一种转换称为强制类型转换（即显式
数据类型转换）。强制类型转换一般形式为：（类型说明符）表达式。使用强制类型转换要注意运算
符的优先级，在适当位置加圆括号防止运算出错。例如：

```
int k; double x, y;
(double) k;          //将k的值转换为double型
(int) (x+y);         //将表达式（x+y）的值转换为int型
(int) x+y;           //将x的值转换为int型，然后和y的值相加，最后结果是double型
(int) x%k            //将x的值转换为int型，然后和k的值求余，最后结果是int型
```

2.1.3　运算符

运算是对数据进行处理和操作的过程，描述各种处理和操作的符号称为运算符（也称操作符）。
C 语言把除了控制语句和输入、输出以外的几乎所有的基本处理和操作都作为运算符处理，因此 C
语言的运算符的作用范围很宽泛。按照运算符的作用将其分为 11 类，如表 2.1.4 所示。

表 2.1.4　运算符列表

序 号	类 别	运 算 符
1	算术运算符	*、/、%、+、－ 自增运算符++、自减运算符—
2	关系运算符	>、<、==、>=、<=、!=
3	逻辑运算符	!、&&、||
4	位运算符	<<、>>、~、|、^、&
5	赋值运算符、复合赋值运算符	=、+=、-=、*=、/=、%= <<=、>>=、&=、^=、|=
6	条件运算符	?:
7	逗号运算符	,
8	指针运算符	*、&
9	强制类型转换运算符	（类型），如（int）、（double）等
10	分量运算符	->、.、[]
11	其他运算符	如函数调用运算符（）等

通过运算符将操作对象连接起来，组成符合 C 语言语法的式子称为表达式。任何一个常量和变量都可称为表达式，运算符的类型对应表达式的类型，每一个表达式都有自己的值。表达式在运算过程中要遵循优先级和结合性，从而避免表达式中出现多个运算符引起的矛盾。运算符的优先级和结合方向如表 2.1.5 所示，其中同一优先级运算次序由结合方向决定。

表 2.1.5 运算符的优先级和结合方向

优 先 级	运 算 符	运算符功能	运 算 类 型	结 合 方 向
最高 15	（ ） [ ] -> .	圆括号、函数参数表 数组元素下标 指向结构体成员 结构体成员		从左至右
14	! ~ ++、-- + - * & （类型名） sizeof	逻辑非 按位取反 自增1、自减1 求正 求负 取内容运算符 取地址运算符 强制类型转换 求所占字节数	单目运算	从右至左
13	*、/、%	乘、除、整数求余	双目算术运算	从左至右
12	+、-	加、减	双目算术运算	从左至右
11	<<、>>	左移、右移	移位运算	从左至右
10	<、<=、>、>=	小于、小于或等于、大于、大于或等于	关系运算	从左至右
9	==、!=	等于、不等于	关系运算	从左至右
8	&	按位与	位运算	从左至右
7	^	按位异或	位运算	从左至右
6	|	按位或	位运算	从左至右
5	&&	逻辑与	逻辑运算	从左至右
4	||	逻辑或	逻辑运算	从左至右
3	?:	条件运算	三目运算	从右至左
2	=、+=、-=、*=、/=、%=、 &=、^=、|=、<<=、>>=	赋值、运算且赋值	双目运算	从右至左
1	,	顺序求值	顺序运算	从左至右

1. 算术运算符

算术运算符中，+、-、*与数学中的意义相同。除法运算中，两个整数相除的结果为靠近 0 的整数，即向 0 取整（如 9/2 的结果为 4），舍弃小数部分，4 比 4.5 更靠近 0，故结果为 4。-9/2 的运算结果是-4。

%是取余运算符或取模运算符，该运算只能作用于两个整型数，运算结果是两个整数相除后的余数，运算结果为整数。同时，规定运算结果的正负号与被除数的正负号一致，如果被除数小于除数，则运算结果等于被除数。例如，9%2 的运算结果为 1，2%9 的运算结果为 2，-9%2 的运算结果为-1，9%-2 的运算结果为 1，而 9.5%2 是不合法的。

自增运算符++和自减运算符--是 C 语言特有的单目运算符，它们只能和一个单独的变量组成表达式。其一般形式为："++变量或变量++""--变量或变量--"。其作用是使变量的值增 1 或减 1。经过 x++或++x 后，x 的值均会加 1，但 x++与++x 作为表达式时，两个表达式的结果不同。表达式 ++x 的值等于 x 的原值加 1，表达式 x++的值等于 x 的原值。自减运算与自增运算类似，只是把加 1 改成减 1 而已。例如：

```
int i=1,j=1;
int a=i++;              //定义变量a，其初值为1
int b=++j;              //定义变量b，其初值为2
```

2. 赋值运算符

赋值运算符是符号"="，它的作用是将一个数据赋给一个变量。由赋值运算符将一个变量和一个表达式连接起来的式子称为赋值表达式。赋值表达式的一般形式为"变量=表达式"。其作用是把赋值运算符右边表达式的值赋给赋值运算符左边的变量。

赋值表达式的值也就是赋值运算符左边变量得到的值，若右边表达式的值的类型与左边变量的类型不一致，则以左边变量的类型为基准，将右边表达式的值的类型无条件地转换为左边变量的类型，相应的赋值表达式的值的类型与被赋值变量的类型一致。例如：

```
int i;                  //定义变量i
i=1;                    //将1赋值给变量i。赋值操作后，变量i的值为1
```

3. 复合赋值运算符

为使程序书写简洁和便于代码优化，可在赋值运算符的前面加上其他常用的运算符，构成复合赋值运算符。复合赋值运算符如表 2.1.6 所示。

+=、-=、*=、/=、%=（与算术运算有关）

&=、^=、|=、<<=、>>=（与位运算有关）

表 2.1.6　复合赋值运算符

序　号	表达式（算术运算）	等　价　于	序　号	表达式（位运算）	等　价　于
1	a+=b	a=a+b	6	a<<=b	a=a<<b
2	a-=b	a=a-b	7	a>>=b	a=a>>b
3	a*=b	a=a*b	8	a&=b	a=a&b
4	a/=b	a=a/b	9	a^=b	a=a^b
5	a%=b	a=a%b	10	a|=b	a=a|b

例如：

```
int a=1,b=1,c=3;        //定义整型变量a=1，b=1，c=3
a+=c;                   //a的值为a+c=4
b=b+c;                  //b的值为4
```

4. 逗号运算符

在 C 语言中，逗号不仅可以作为分隔符出现在变量定义、函数的参数表中，还可以作为一个运算符把多个表达式连接起来，形成逻辑上的一个表达式。逗号表达式的一般形式如下。

表达式1,表达式2,表达式3,…,表达式n

逗号运算符的优先级是所有运算符中最低的，结合方向为"从左到右"。逗号运算符的功能是使得逗号表达式中的各个表达式从左到右逐个运算一遍，逗号表达式的值和类型就是最右边的"表达式 n"的值和类型。例如：

```
int a=1,b=2,c=3,d=4;    //定义4个变量a、b、c、d，初值分别为1、2、3、4
a=(b+c,b++,b-c);        //从左到右运算圆括号中的内容，b+c、b++和b-c
```

	//在运算b++后，b=2+1=3，则b-c=0。故a的值为0
a=d+c,b++,b-c;	//因为逗号优先级最低，故a=d+c=4+3=7，其余两式各自计算

5. 位运算符

C 语言提供了操作二进制数的功能，即位运算。位运算只适用于整型数据。

（1）按位取反运算符～。

· 一般形式：～A。

· 功能：把 A 的各位都取反（0 变 1、1 变 0）。

· 举例：int A=179（十六进制 0x00B3、二进制 0000000010110011），则～A 的值等于 1111111101001100（0xFF4C），A 的低 8 位如下。

A=	1	0	1	1	0	0	1	1
～A	0	1	0	0	1	1	0	0

（2）按位与运算符&。

· 一般形式：A&B。

· 功能：将 A 的各位与 B 的对应位进行比较，如果两者都为 1，则 A&B 对应位上的值为 1，否则为 0。

· 举例：若 char A=179（十六进制 0xB3、二进制 10110011），char B=169（十六进制 0xa9、二进制 10101001），则 A&B 值等于 10100001（0xA1 或 161）

A=	1	0	1	1	0	0	1	1
B=	1	0	1	0	1	0	0	1
A&B	1	0	1	0	0	0	0	1

（3）按位或运算符|。

· 一般形式：A|B。

· 功能：将 A 的各位与 B 的对应位进行比较，如果两者中至少有一个为 1，则 A|B 对应位上的值为 1，否则为 0。

· 举例：char A=179（十六进制 0xB3、二进制 10110011），char B=169（十六进制 0xA9、二进制 10101001），则 A|B 的值等于 10111011（0xBB 或 187）。

A=	1	0	1	1	0	0	1	1
B=	1	0	1	0	1	0	0	1
A|B	1	0	1	1	1	0	1	1

（4）按位异或运算符^。

· 一般形式：A^B。

· 功能：将 A 的位与 B 的对应位进行比较，若两者不同，则 A^B 对应位上的值为 1，否则为 0。

· 举例：char A=179（十六进制 0xB3、二进制 10110011），char B=169（十六进制 0xA9、二进制 10101001），则 A^B 的值等于 00011010（0x1A 或 26）。

A=	1	0	1	1	0	0	1	1
B=	1	0	1	0	1	0	0	1
A^B	0	0	0	1	1	0	1	0

（5）左移运算符<<。

- 一般形式：A<<n，其中 n 为一个整型表达式，且大于 0。
- 功能：把 A 的值向左移动 n 位，右边空出的 n 位用 0 填补。当左移移走的高位中全都是 0 时，这种操作相当于对 A 进行 n 次乘以 2 的运算。
- 举例：如 char A=27（二进制 00011011），则 A<<2 的值等于 108（二进制 01101100）。

A=	0	0	0	1	1	0	1	1
A<<2	0	1	1	0	1	1	0	0

（6）右移运算符>>。

- 一般形式：A>>n，其中 n 为一个整型表达式，且大于 0。
- 功能：把 A 的值向右移动 n 位，左边空出的 n 位用 0（或符号位，因设备而不同）填补。
- 举例：若 char A=0xB3（二进制 10110011），则 A>>3 的值等于 22（二进制 00010110）。

A=	1	0	1	1	0	0	1	1
A>>3	0	0	0	1	0	1	1	0

6．关系运算符

所谓"关系运算"就是进行"比较运算"，关系运算符的功能是对两个操作数进行比较产生运算结果 0（假）或 1（真）。关系运算符常用于程序中选择结构的判断条件。C 语言提供的关系运算符有">、>=、<、<=、==、!="，说明如下。

（1）在以上 6 种关系运算符中，前 4 种（>、>=、<、<=）的优先级相同，后 2 种（==、!=）的优先级也相同，前 4 种的优先级高于后 2 种。例如，a>=b!=b<=3 等价于(a>=b)!=(b<=3)。

（2）关系运算符的结合性为从左到右。

（3）在 C 语言中，使用等号"="代替关系运算符"=="进行关系相等判断是常见的错误。

7．逻辑运算符

C 语言提供了 3 种逻辑运算符：&&、||、!。逻辑运算符通常也用于程序中选择结构的判断条件，说明如下。

（1）"&&"和"||"为双目运算符，要求有两个操作数（运算量）。当"&&"两边的操作数（运算量）均为非 0 时，运算结果为 1（真），否则为 0（假）。当"||"两边的操作数（运算量）均为 0 时，运算结果为 0（假），否则为 1（真）。

（2）"!"为单目运算符，只要求有一个操作数（运算量），其运算结果是使操作数（运算量）的值为非 0 的变为 0，为 0 的变为 1。

2.1.4　程序基本结构

在 C 语言程序中，一共有 3 种程序结构：顺序结构、选择结构（分支结构）、循环结构。顺序结构就是从头到尾一句接着一句往下执行。顺序结构很简单，一般我们遇到的除选择结构和循环结构外，都是顺序结构。

1．选择结构

选择结构就是在计算机程序设计过程中，通过判断特定的条件，从多个分支中选择一个分支执行。选择结构包括 if 语句和 switch 语句。

（1）if 语句。

if 语句是条件选择语句，它能够根据对给定条件的判断（结果为真或假）来决定所要执行的操作。if 语句的一般形式为：

```
if（表达式）
{
    语句序列1；
}
else
{
    语句序列2；
}
```

if 语句执行流程如图 2.1.1 所示。其执行过程是：首先计算表达式的值，然后判断表达式的值，若表达式的值为真（非 0）则执行语句 1，然后退出整个 if 语句；否则执行语句 2，然后退出该语句，接着执行选择语句下面的语句。例如：

```
int a=1,b=0;
if（a==b）  a++;
else  b++;
```

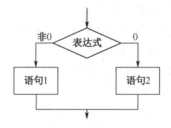

图 2.1.1　if 语句执行流程

该代码功能为：定义 a=1 和 b=0；如果 a 等于 b，则执行 a++，否则执行 b++。显然 a 不等于 b，故程序会运行 else 语句，执行 b++。

使用 if 语句有 4 点注意事项和拓展，说明如下。

① 使用 if 语句时，可以不使用 else 语句。当没有 else 语句时，其执行过程是：当表达式的值为真（非 0）时，执行语句 1，并退出选择语句；否则直接跳过语句 1，执行后面的程序。

② if 后面圆括号里的表达式可以为关系表达式、逻辑表达式、算术表达式等。

③ 在 if 语句中，语句 1 和语句 2 均可以为一条或多条语句，当为多条语句时，需要用 "{}" 将这些语句括起来，构成复合语句，否则将导致程序逻辑错误。

④ 阅读程序时，常遇到如下格式的 if 语句。

```
if（表达式1）          {语句序列1；}
else if（表达式2）     {语句序列2；}
else if（表达式3）     {语句序列3；}
    ……              ……
else if（表达式n）     {语句序列n；}
else                  {语句序列n+1；}
```

该结构为 if 语句的多层嵌套，其程序流程是，从上至下判断表达式的值，一旦某个表达式的值为真（非 0），则执行该表达式后的语句，然后跳出整个选择结构，执行选择结构之后的内容。若表达式的值均为 0，则执行 else 后的语句。例如：

```
int a=20;
if（a<15）            a+=10;
```

```
    else if（a<25）    a+=20;
    else if（a<35）    a+=30;
    else              a=0;
```

该代码功能为，定义 a=20，并判断 a 的值，若 a<15，则执行 a+=10，退出选择结构；若 a<25，则执行 a+=20……。故程序最终运行到 else if（a<25），执行 a+=20，然后退出选择结构。

（2）switch 语句。

上面介绍的 if 语句常用于两种情况的选择结构。要表示两种以上的条件选择，可采用 if 语句的嵌套形式，但如果 if 语句嵌套层次太多，会使得程序的可读性大大降低。C 语言中的 switch 语句，给多分支的条件选择带来了极大的方便。switch 语句的一般形式为：

```
switch（表达式）
{
    case 常量表达式1: [语句序列1]
    case 常量表达式2: [语句序列2]
    ……
    case 常量表达式n: [语句序列n]
    [default: 语句序列n+1]
}
```

其中，方括号"[]"括起来的内容是可选项。

switch 语句的执行过程是：首先计算 switch 后表达式的值，然后将其结果值与 case 后常量表达式的值依次进行比较，若此值与某 case 后常量表达式的值一致，则转去执行该 case 后的语句序列；若没有找到与之相匹配的常量表达式，则执行 default 后的语句序列。

使用 switch 有 7 点注意事项和拓展，说明如下。

① switch 后的表达式和 case 后的常量表达式必须为整型、字符型或枚举类型。

② 同一个 switch 语句中的各个常量表达式的值必须互不相等。case 后的常量表达式一定不能带有变量。

③ case 后的语句序列可以是一条语句，也可以是多条语句，此时多条语句不必用花括号括起来。

④ 由于 case 后的"常量表达式"只起语句标号的作用，而不进行条件判断，故在执行完某个 case 后的语句序列后，将自动转移到下一个 case 继续执行，直到遇到 switch 语句的右花括号或 break 语句为止。因此通常在每个 case 执行完毕后，增加一个 break 语句来达到终止 switch 语句执行的目的。例如：

```
int a=10;
switch（a）
{case 5: a=a+6;
case 10: a=a+1;
case 20: a=a-9;
default: a=0;}
```

该程序的执行顺序为，执行 case 10 之后的 a=a+1；然后执行 a=a-9；a=0；最终得到 a=0。若每一个 case 和 default 都加上 break，如

```
int a=10;
switch（a）
{case 5: a=a+6;break;
case 10: a=a+1; break;
case 20: a=a-9;break;
default: a=0;;break;}
```

则程序执行完 a=a+1 后，运行 break 并退出。最终 a 的值为 11。

⑤ case 和 default 的次序可以交换，也就是说，default 可以位于 case 前面。并且，改变 case 后常量出现的位置，也不影响程序的运行结果，但从执行效率考虑，一般将发生频率高的 case 常量放在前面。

⑥ 多个 case 可以执行同一个语句序列，在合适位置放置 break 即可。

⑦ switch 语句可嵌套使用，其执行过程与简单 switch 语句类似。值得注意的是，嵌套 switch 语句中的 break 语句仅对当前的 switch 语句起作用，并不会跳出外层的 switch 语句。

2．循环结构

编写实用程序时，一般会遇到一个语句或一段程序被重复执行的问题。重复执行一个语句或一段程序，称为循环。C 语言提供了解决此类问题的方法，可以利用 goto 语句（也称无条件转向语句）与标号的配合使用、while 循环语句、do-while 循环语句和 for 循环语句实现一个语句或一段程序的重复执行。

（1）goto 语句与标号。

goto 语句与标号配合使用的一般形式为：

```
goto 标号;
……
标号: 语句序列;
……
```

功能：当程序执行到 goto 语句时，改变程序自上而下的执行顺序，执行语句标号指定的语句，并从该语句继续往下顺序执行程序。例如：

```
int i=1; sum=0;
L:if (i<=10)
{
    sum=sum+i;
    i++;
    goto L;
}
```

该代码功能为：判断 i 是否小于或等于 10，若是，则进入 if 语句，执行 sum=sum+i;i++，然后执行 goto L，跳到 if 语句，再次判断 i，直到 i 大于 10 为止，最后得到 sum=1+2+3+…+10。

使用 goto 语句和标号有 5 点注意事项和拓展，说明如下。

① 标号与 goto 语句配合使用才有意义，单独存在没有意义，不起作用。

② 标号的构成规则与标识符相同。

③ 与 goto 语句配合使用的标号只能存在于该 goto 语句所在的函数内，并且唯一；不可以利用 goto 语句将执行的流程从一个函数中转移到另一个函数中去。

④ 允许多个 goto 语句转向同一标号。

⑤ 结构化程序设计方法限制 goto 语句的使用，但 goto 语句使用灵活，有时可简化程序，因此不应排斥 goto 语句的使用。

（2）while 循环语句。

while 循环语句的一般形式为：

```
while (表达式)
{
    语句序列;
}
```

while 循环语句执行流程如图 2.1.2 所示，其执行过程如下。

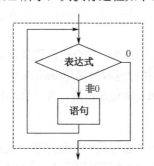

图 2.1.2　while 循环语句执行流程

① 计算表达式并检查表达式的值是否为 0，如果为 0，则 while 循环语句结束执行，接着执行 while 循环语句的后继语句；如果表达式的值为非 0，则执行②。

② 运行 while 循环语句的内嵌语句，然后执行①。例如：

```
int i=5, j;
while (i--)
  j+=i;
```

该代码功能为：初始化整型变量 i=5 和 j。运行 while 循环，先检查 i-- 的值，之后执行 j+=i；往复循环，直到 i-- 的值为 0，跳出循环。最终 j=4+3+2+1。

使用 while 循环语句有 3 点注意事项和拓展，说明如下。

① while 循环语句中的内嵌语句也称为循环体，内嵌语句可以是单语句，也可以是复合语句。多条语句要用 {} 括起来。

② 执行 while 循环语句时，如果表达式的值第一次计算就等于 0，则循环体一次也不被执行。

③ 发生下列情况之一时，while 循环结束执行。

· 表达式的值为 0。

· 循环体内遇到 break 语句。

· 循环体内遇到 goto 语句，且与该 goto 语句配合使用的标号所致的语句在本循环体外。

· 循环体内遇到 return 语句。

前两种情况退出 while 循环后，执行循环体下面的后继语句。第三种情况退出 while 循环后，执行与 goto 语句配合使用的标号所指定的语句。第四种情况退出 while 循环后，执行的流程从包含该 while 循环语句的函数返回到调用函数，从调用函数的调用点处继续执行调用函数。

（3）do-while 循环语句。

do-while 循环语句的一般形式为：

```
do
{
  语句序列;
}
while (表达式);
```

do-while 循环语句的执行过程如下。

① 执行夹在关键字 do 和 while 之间的内嵌语句。

② 计算表达式，如果该表达式的值为非 0，则转到①继续执行；如果表达式的值为 0，则 do-while 循环语句结束执行，执行 do-while 循环语句的后继语句。do-while 循环语句执行流程如图 2.1.3 所示，程序举例如下。

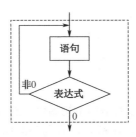

图 2.1.3　do-while 循环语句执行流程

```
int i=5,j=0;
do
j+=i;
while (i--) ;
```

该代码功能为：初始化整型变量 i=5 和 j=0。运行 do 之后的内容，执行 j+=i；再检查 i--的值，之后往复循环，直到 i--的值为 0，跳出循环。最终 j=5+4+3+2+1。

使用 do-while 循环语句有 3 点注意事项和拓展，说明如下。

① 在关键字 do 和 while 之间的语句，也称为循环体，可以是单语句，也可以是复合语句。

② do-while 循环语句首先执行循环体，然后计算表达式并检查循环条件，所以循环体至少被执行一次。

③ 退出 do-while 循环的条件与退出 while 循环的条件相同。前两种情况，退出 do-while 循环后继续执行"while(表达式)"后面的语句；后两种情况，退出 do-while 循环后继续执行的语句与退出 while 循环后继续执行的语句相同。

（4）for 循环语句。

for 循环语句的一般形式为：

```
for（表达式1；表达式2；表达式3）
{
    语句序列；
}
```

for 循环语句的执行过程如下。

① 计算表达式 1。

② 计算表达式 2，如果表达式 2 的值为非 0，则执行内嵌语句，计算表达式 3，然后重复②；如果表达式 2 的值为 0，则结束执行 for 循环语句，执行 for 循环语句的后继语句。for 循环语句执行流程如图 2.1.4 所示，程序举例如下。

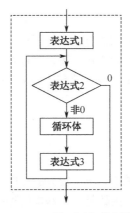

图 2.1.4　for 循环语句执行流程

```
int j=0;
for (int i=5;i>0;i--)
{
    j+=i;
}
```

该代码功能为：初始化 j=0，在 for 的语句 1 初始化 i=5，运行 j+=i；之后运行 i--，然后检查 i>0 是否为真，若结果为真，则循环运行 j+=i 和 i--，直到 i>0 不成立。

使用 for 循环语句有 5 点注意事项和拓展，说明如下。

① "表达式 3"后面的内嵌语句也称为循环体，循环体可以是单语句，也可以是复合语句。

② 三个表达式都可以省略，但是起分隔作用的两个分号不可省略。可以把"表达式 1"放在 for 循环语句之前，把"表达式 3"放在循环体中。如省略"表达式 2"，则计算机默认其值非 0，for 循环语句将循环不止（称为"死循环"）。为防止产生"死循环"，循环体中应有退出循环的语句。

③ "表达式 1"只被执行一次，可以是设置循环控制变量初值的赋值表达式，也可以是与循环控制变量无关的其他表达式。"表达式 2"的值决定是否继续执行循环。"表达式 3"的作用通常是不断改变循环控制变量的值，最终使"表达式 2"的值为 0。

④ 退出 for 循环的条件与退出 while 循环的条件相比，除 for 循环是"表达式 2"的值等于 0 而 while 循环是"表达式"的值等于 0 外，其余都是相同的。退出 for 循环后继续执行的语句与退出 while 循环后继续执行的语句相同。

⑤ 由于第一次计算"表达式 2"时，其值可能就等于 0，所以 for 循环语句的循环体可能一次也不被执行。

（5）break 语句和 continue 语句。

break 语句的一般形式为：

```
break;
```

功能：终止执行包含在该语句的最内层的 switch、for、while 或 do-while 语句。

使用 break 语句有 3 点注意事项和拓展，说明如下。

① break 语句只能出现在 switch、for、while 或 do-while 四种语句中。

② 若循环嵌套，则 break 语句只能终止执行该语句所在的一层循环，并使执行流程跳出该层循环体。

③ 当 break 语句出现在循环体中的 switch 语句体内时，其作用只是使执行流程跳出该 switch 语句体；若循环体中包含有 switch 语句，当 switch 语句出现在循环体中，但并不在 switch 语句体内时，则在执行 break 语句后，使执行流程跳出本层循环体。

continue 语句的一般形式为：

```
continue;
```

功能：终止循环体的本次执行，继续进行是否执行循环体的检查判定。对于 for 循环语句，跳过循环体中 continue 语句下面尚未执行的语句，转去执行表达式 3，然后执行表达式 2；对于 while 和 do-while 循环语句，跳过循环体中 continue 语句下面尚未执行的语句，转去执行关键字 while 后面圆括号中的表达式。

2.1.5　函数

程序设计应遵循模块化程序设计原则，一个较大的程序一般要分为若干个小模块，每个模块实现一个比较简单的功能。在 C 语言中，函数是一个基本的程序模块。为了提高程序设计的质量和效率，C 语言提供了大量的标准函数，供程序设计人员使用。根据实际需要，程序设计人员也可以自已定义一些函数来完成特定的功能。

1. 函数的定义

函数由函数名、参数和函数体组成。函数名是用户为函数起的名字，用来唯一识别一个函数；函数的参数用来接收调用函数传递给它的数据。函数体则是函数实现自身功能的一组语句。函数定义的一般形式为：

```
类型说明符 函数名（形式参数声明）
{
    [说明与定义部分]
    语句序列；
}
```

举例如下：

```
int addx_y(int x,int y)    //定义一个函数addx_y
{
    int z;
    z=x+y;
    return z;                //返回z的值
}
int main()
{
    int a=1,b=5,c;
    c=addx_y(a,b);          //调用addx_y
}
```

该代码功能为：定义一个返回值为整型的 addx_y 函数，对输入到该函数的两个参数进行加和运算，然后返回加和的值。主函数定义了变量 a、b、c，调用函数 addx_y 计算出 a 加 b 的值并赋值给 c。

函数的定义有 4 点注意事项和拓展，说明如下。

① 类型说明符用来说明函数的返回值的类型。

② 函数名是用户自定义的用于标识函数的名称，其命名规则与变量的命名规则相同。为便于识别，通常将函数名定义为函数体完成的功能的概括性单词，且在同一个编译单元中不能有重复的函数名。函数名本身也有值，它代表了函数的入口地址。

③ 形式参数声明（简称形参表）用于指明调用函数和被调用函数之间的数据传递，传递给函数的参数可以有多个，也可以没有。当函数有多个参数时，必须在形参表中对每个参数进行类型说明，每个参数之间用逗号隔开。形参的主要作用是接收来自函数外部的数据，一般情况下，函数执行需要多少个原始数据，函数的形参表中就有多少个形参，每个形参存放一个数据。一个函数可以定义的形参并无明确的数量限制，用户可以根据需要定义。若函数没有参数，则形参表为空，此时函数名后的圆括号不能省略。

④ 用{}括起来的部分是函数体，即函数的定义主体，由说明部分、定义部分及语句组成。在函数体中，可以有变量定义，也可以没有，在函数体中定义的变量只有在执行该函数时才起作用。函数体中的语句描述了函数的功能。

2. 函数的调用

所谓函数调用，是指一个函数（调用函数）暂时中断本函数的运行，转去执行另一个函数（被调用函数）的过程。被调用函数执行完毕后，返回到调用函数中断处继续调用函数的运行，这是一个返回过程。函数的一次调用必定伴随着一个返回过程。在调用和返回这两个过程中，两个函数之间通常发生信息的交换。函数调用的一般形式为：

> 函数名（实际参数表列）；　//用于独立的语句

或

> 函数名（实际参数表列）　　//用于表达式

函数的调用有 4 点注意事项和拓展，说明如下。

① 第一种调用格式是以语句形式调用函数，用于调用无返回值的函数，如"nop();"。第二种调用格式是以表达式的形式调用函数，用于调用有返回值的函数，通过调用函数的表达式接收被调用函数送回的返回值，如"y=cube(x);"。

② 实际参数表列（简称实参表）中实参的类型与形参的类型相对应，必须符合赋值兼容的规则，实参个数必须与形参个数相同，并且顺序一致，当有多个实参时，参数之间用逗号隔开。

③ 实参可以是常量、有确定值的变量或表达式及函数调用。当函数调用时，系统计算出实参的值，然后按顺序传给相应的形参。

④ 在进行函数调用时，要求实参与形参个数相等，类型和顺序也一致。但在 C 语言的标准中，实参表的求值顺序并不是确定的。有的系统按照自右向左的顺序计算，而有的系统则相反。

3. 函数参数的传递方式

（1）值传递。

在函数调用时，实参将其值传递给形参，这种传递方式即为值传递。C 语言规定，实参对形参的数据传递是"值传递"，即单向传递，只能由实参传递给形参，而不能由形参传回给实参。这是因为，内存中实参与形参占用不同的存储单元。在调用函数时，给形参分配存储单元，并将实参对应的值传递给形参，调用结束后形参单元被释放，实参单元仍保留并维持原值。因此，在执行一个被调用函数时，形参的值如果发生变化，并不会改变调用函数中的实参值。上述 addx_y 中的参数传递就是值传递。

（2）地址传递。

地址传递指的是调用函数时，实参将某些量（如变量、字符串、数组等）的地址传递给形参。这样实参和形参指向同一个内存空间，在执行被调用函数的过程中，对形参所指向的空间中内容的改变，就是对调用函数中对应实参所指向内存空间内容的改变。

举例如下：

```
    void move_x2y(int *x,int *y)        //定义一个函数move_x2y,其形参为指针变量
    {
      int z;
      z=*x;
      *x=*y;
      *y=z;
    }
    int main()
    {
      int a=1,b=5;
      move_x2y(&a,&b);                    //调用move_x2y
```

该代码功能为：定义函数 move_x2y，其形参为指针变量，函数内容为将 x 和 y 所指向的地址存储的数值进行互换操作。在主函数中，定义了变量 a 和 b，并调用了函数 move_x2y，将 a 和 b 的地址赋值给了指针变量 x 和 y。对*x 和*y 的赋值操作均是对 a 和 b 存储地址处的值（即 a 和 b 的值）进行的操作。

4．函数的返回值

有时，通过函数调用希望得到一个确定的值。在 C 语言中，是通过 return 语句来实现的。例如，上述例子中的函数 addx_y 的"return z"语句，就使用了返回值。

return 语句的一般形式：

```
return（表达式）；
```

函数的返回值有 6 点注意事项和拓展，说明如下。

① return 语句有双重作用：从函数中退出，返回到调用函数中并向调用函数返回一个确定的值。return 语句也可以没有表达式，此时它的作用仅是使执行的流程返回到调用函数的调用位置继续执行调用函数。

② return 语句后表达式两边的圆括号可以省略。

③ 当函数有返回值时，凡是允许表达式出现的地方，都可以调用该函数。

④ 一个函数中可以有多个 return 语句，执行到哪一个 return 语句，哪一个语句起作用。

⑤ 在定义函数时应当指定函数值的类型，并且函数的类型一般应与 return 语句中表达式的类型一致，当二者不一致时，应以函数的类型为准，即函数的类型决定返回值的类型。对于数值型数据，可以自动进行类型转换。

⑥ 若函数中无 return 语句，则函数也并非没有返回值，而是返回一个不确定的值。为了明确表示函数没有返回值，可以用 void 将函数定义为"空类型"。

5．函数的原型声明

C 语言要求函数先定义后使用，就像变量应先定义后使用一样。如果被调用函数的定义位于调用函数之前，可以不必声明。如果自定义的函数被放在调用函数的后面，就需要在调用函数之前，加上函数原型声明。如果在调用该函数之前，既不定义也不声明，则程序编译就会给出错误信息。

函数声明的主要目的是通知编译系统所定义的函数类型，也就是函数的返回值类型及函数形参的类型、个数和顺序，以便在遇到函数调用时，编译系统能够判断对该函数的调用是否正确。函数原型声明的一般形式：

```
类型说明符 函数名（参数表）；
```

举例如下：

```
int addx_y（int x,int y）;        //声明一个函数addx_y
int main（）
{
    int a=1,b=5,c;
    c=addx_y（a,b）;              //调用addx_y
}
int addx_y（int x,int y）         //定义一个函数addx_y
{
    int z;
    z=x+y;
    return z;                    //返回z的值
}
```

函数的原型声明有 4 点注意事项和拓展，说明如下。

① 要注意函数"定义"和"声明"的区别。函数"定义"是指对函数功能的确定，包括指定函数名、函数值的类型、形参及其类型、函数体等，它是一个完整的、独立的函数单位。而"声明"则是对已定义函数的函数名、函数类型及形参的类型、个数和顺序进行说明，其功能是在调用函数中根据此信息进行相应的语法检查。

② 函数声明中函数名后的圆括号内可以只给出形参类型，省略形参的变量名字：

> 类型说明符 函数名(类型说明符 [形参1]，…，类型说明符 [形参n])；

③ 如果所用函数定义之前，在源程序文件的开头，即在函数的外部已经对函数进行了声明，则在各个调用函数中不必对所调用函数进行声明。

④ 函数的声明一般写在程序的开头或放在头文件中。当被调用的函数与调用的函数不在一个文件中时，必须使用函数声明，以保证程序编译时能够找到该函数，并使程序正确运行。通常将多文件编译时的函数声明放在自定义的.h 文件中，然后在调用函数头部包含该.h 文件。此外，各种 C 语言都提供了许多标准库函数，当程序中调用 C 语言提供的库函数时，也应对所要调用的库函数进行声明。对库函数的声明，已写在 C 语言提供的相应扩展名为.h 的文件中，故在调用函数时，也应在源程序文件的开头部分，用文件包含命令将含有被调用函数声明的头文件包含到源程序文件中。

2.1.6　数组与指针

数组是具有相同数据类型的变量的集合，每一个数组元素都用同一个数组名和相应下标来标识。数组的维数是指数组元素的下标个数，而下标代表元素在数组中的位置序号。当程序需要对一组类型相同的数据进行操作时，采用数组是一种方便可行的办法。

1．一维数组的定义

数组在引用之前，必须事先定义。定义的作用是通知编译程序在内存中分配连续的存储单元供数组使用。一维数组定义的一般形式：

> 类型说明符 数组名[正整型常量表达式]

一维数组的定义有 4 点注意事项和拓展，说明如下。

① 正整型常量表达式也可以是符号常量和字符常量。

② 数组名后面的下标用方括号括起来，而不用圆括号。

③ 数组名的命名规则与变量名的命名规则相同。

④ 数组定义中常量表达式的值表示数组元素的个数。

2．一维数组的引用

定义数组后就可以使用它了。C 语言规定，只能引用单个元素，而不能一次性引用整个数组。引用数组元素的形式为：

> 数组名[下标]

举例如下：

```
int a[3]={0,1,2};
int b;
b=a[0]+a[1];
```

该代码功能为：定义一维数组 a，数组 a 中有 3 个元素，即 3 个整型变量，这 3 个变量存储在连续的内存地址中，执行 b=a[0]+a[1]，其中 a[0]=0，a[1]=1。故 b 的值为 0+1=1。

一维数组的引用有 3 点注意事项和拓展，说明如下。

① 下标是整型表达式，可以是数值常量、符号常量、字符常量、变量、算术表达式、函数返回值。若是实型常量，系统将自动按舍弃小数位保留整数位处理。

② 下标变量的下标值就是数组元素在数组中的序号，且系统默认下标变量的下标值从 0 开始。对于 n 个元素的数组，系统默认下标值变化范围为 0～$n-1$，下标最大值为 $n-1$。使用过程中要注意数组下标不能越界，若下标越界，则系统会生成警告，执行程序时，下标越界的数组元素会指向其他内存区域，引起程序混乱。

③ 在使用数组时，注意区分数组定义和数组元素的引用，在定义数组时出现在数组名后面的方括号中的数值是定义数组元素的个数，即数组的长度，在程序运行中是不可以改变的。而在其他语句中出现在数组名后面方括号中的数值是下标，指出该元素在数组中的位置。

3. 一维数组的初始化

定义数组是给数组赋值，称为数组的初始化，具体实现的方法如下。

（1）定义时初始化，例如：

```
int a[3]={1,2,3};            //其中a[0]=1,a[1]=2,a[2]=3
```

（2）给数组中部分元素置初值，其他元素则系统默认其值为 0，例如：

```
int b[5]={4,5};              //a[0]=4,a[1]=5,a[2]～a[4]均为0
```

（3）初值的个数不允许大于定义数组时限定的元素个数，否则系统会报错。

（4）对数组全部元素的赋值，可以不指定数组的长度，例如：

```
int c[5]={1,2,3,4,5};        //定义有5个元素的数组，元素分别为数值1、2、3、4、5
int c[]={1,2,3,4,5};         //与上一条语句意义相同
```

4. 二维数组的定义和引用

具有两个下标的数组元素构成的数组称为二维数组。二维数组的元素在内存中的存储顺序是"按行优先原则顺序存放"。二位数组定义的一般形式为：

```
类型说明符 数组名[正整型常量表达式][正整型常量表达式]
```

例如：

```
int a[2][3]={{1,2,3},{4,5,6}};
```

该代码功能为：定义了具有 6 个元素的二维数组，这些元素在内存中的存储顺序为 a[0][0]、a[0][1]、a[0][2]、a[1][0]、a[1][1]、a[1][2]，这些元素的初值依次为 1、2、3、4、5、6。

5. 二位数组引用的一般形式

```
数组名[下标1][下标2]
```

其中，下标 1 和下标 2 对本身值的范围和类型的要求与一维数组的下标一致，要注意数组的下标不能越界，例如：

```
int a[2][2]={{0,1},{2,4}};
a[1][1]=a[0][1]+a[1][0];
```

该代码功能为：定义一个二维数组 a[2][2]，并进行元素之间的相加和赋值运算。其中，a[0][1] 就是第 1 行第 2 列的元素，其值为 1；a[1][0] 是第 2 行第 1 列的元素，其值为 2；a[1][1] 是第 2 行第 2 列的元素，其初值为 4，经过赋值运算后，其值为 3。

6. 二维数组的初始化

（1）按行给二维数组赋初值，在赋值号后边的一对花括号中，第一对花括号代表第一行的数组元素，第二对花括号代表第二行的数组元素，例如：

```
int a[2][3]={{1,2,3},{4,5,6}};
```

（2）将所有的数组元素按行顺序写在一个花括号内，系统会按照定义的数组自动排列下标，例如：

```
int a[2][3]={1,2,3,4,5,6};
```

（3）对部分数组元素赋初值，其中没有被赋值的数组元素初值为 0，例如：

```
int a[2][3]={{1,2,},{4}};    //其中a[0][0]=1, a[0][1]=2, a[1][0]=4,其余元素均为0
```

（4）如果对全部数组元素赋初值，则二维数组的第一个下标可以省略，但第二个下标不能省略。系统会按照定义的数组自动排列下标，例如：

```
int a[][3]={1,2,3,4,5,6};    //该代码的效果与第1、2种初始化方法效果相同
```

7. 指针

计算机或单片机的内存是以字节为单位的连续的存储空间，每个字节都有一个编号，这个编号称为地址。一个变量的内存地址称为该变量的指针。如果一个变量用来存放指针（即内存地址），则称该变量是指针类型的变量（一般也简称为指针变量或指针）。

（1）指针变量的定义方法。

指针变量定义的一般形式：

```
类型说明符 *标识符；
```

功能：定义了名为"标识符"的指针变量；该指针变量只可以保存类型为"类型说明符"的变量地址，例如：

```
int a=10;      //定义一个整型变量（假设该变量存储位置的地址编号为0xFFFA）
int *b=a;      //定义一个指向整型变量的指针变量，并将其初始化为指向整型变量a
```

该代码功能为：定义整型变量 a，初值为 10，定义指针 b，并指向 a，则指针 b 的数值为 0xFFFA，即整型变量 a 的地址。而*b 则表示 a 的地址处所储存的数据，也就是 10。之后对该指针进行操作就可以间接对 a 进行操作了。

指针变量的定义有 3 点注意事项和拓展，说明如下。

① 指针变量定义形式中的星号"*"不是变量名的一部分，它的作用是说明该变量是指针变量。

② 如果一个表达式的值是指针类型的，也就是内存地址，则称这个表达式是指针表达式。指针变量是指针表达式。数组名代表数组的地址，是地址常量，所以数组名也是指针表达式。

③ 无论指针变量指向何种类型，指针变量本身也有自己的地址，占 2B 或 4B 存储空间（具体根据程序运行的软件、硬件环境而定）。

（2）指针运算。

赋值运算的一般形式：

```
指针变量=指针表达式；
```

功能：将指针表达式的值赋给指针变量，即用指针表达式的值取代指针变量原来存储的地址值。例如：

```
int a[3]={1,2,3};     //定义数组a
int *b;               //定义指向整型变量的指针变量b
b=a;                  //将a赋值给b，即将数组a的第一个元素所在的地址赋值给b
```

该代码功能为：定义数组 a 和指针变量 b，经过赋值操作后，b 指向了 a 的第一个元素。

说明：进行赋值运算时，赋值运算符右侧的指针表达式指向的数据类型和左侧指针变量指向的数据类型必须相同。

（3）取地址运算。

取地址运算的一般形式：

```
&标识符
```

其中，"&"是取地址运算符。

功能：执行该表达式后，返回"&"后面名为"标识符"的变量（或数组元素）的地址。例如：

```
int *a,*b;            //定义指向整型变量的指针变量a和b
int c=2;              //定义整型变量c
int d[3]={0,1,2};     //定义数组d
b=d;                  //将数组d的首地址赋值给b
a=&c;                 //将整型变量c的地址赋值给a
```

该代码功能为：定义指针变量 a 和 b，定义整型变量 c=2，数组变量 d。运行指针运算，将 a 指向 c，将 b 指向数组 d 的第一个元素。运行完上述代码，则"*a"的值为 2，"*b"的值为 0。

取地址运算有 3 点注意事项和拓展，说明如下。

① "标识符"只能是一个除 register 类型之外的变量或数组元素。

② 表达式"&标识符"的值就是取地址运算符"&"后面变量或数组元素的地址，因此"&标识符"是一个指针表达式。

③ 取地址运算符"&"必须放在运算对象（即"标识符"）的左边。若将指针表达式"&标识符"的值赋给一个指针变量，则运算对象（即"标识符"）的数据类型与被赋值的指针变量所指向的数据类型必须相同。

（4）取内容运算。

取内容运算的一般形式：

```
*指针表达式
```

其中，"*"是取内容运算符，"指针表达式"是取内容运算符的运算对象。

功能："*指针表达式"的功能与"*"后面"指针表达式"所指向的变量或数组元素等价。例如：

```
int a=10,c=0;        //定义整型变量a和c
int *b;              //定义指针变量b
b=&a;                //将a的地址赋值给b
c=*b;                //将b所指变量的值赋给c，即将a的值给c。经过该运算后，c的值为10
*b=5;                //将数值5赋给b所指变量，经过该运算后，a的值为5
```

取内容运算有 5 点注意事项和拓展，说明如下。

① 取内容运算符"*"是单目运算符，也称为指针运算符或间接访问运算符。

② 取内容运算符"*"必须出现在运算对象的左边，其运算对象可以是地址或存放地址的指针变量。

③ 取内容运算符"*"与乘法运算符"*"的书写方法相同，但二者之间没有任何联系。由于二者出现在程序中的位置不同，所以编译系统会自动识别"*"是指针运算符还是乘法运算符。同理，位运算符"&"和取地址运算符"&"之间也没有任何联系。

④ 设 m 是一个指针表达式，如果"*m"出现在赋值运算符"="的左边，则代表 m 所指向的那块内存区域，即表示给 m 所指向的变量赋值；如果"*m"不出现在赋值运算符"="的左边，则"*m"代表 m 所指向的那块内存区域中保存的值，即表示 m 所指向的变量的值。

⑤ 指针进行定义和赋初值时，会使用如"int *a=&b"的形式，这里的"*"只是声明 a 是一个指针变量，然后将 b 的地址赋值给 a，这里的"*"不是取内容运算符。

（5）指针表达式与整数相加减运算。

指针表达式与整数相加减运算的一般形式：

```
p+n或p-n
```

其中，p 是指针表达式，n 是整型表达式。

指针表达式与整数相加减运算的规则如下。

① 表达式 p+n 的值等于 p 的值+p 所指向的类型长度乘以 n。

② 表达式 p-n 的值等于 p 的值-p 所指向的类型长度乘以 n。

指针表达式与整数相加减运算的结果值：从所指向的位置算起，内存地址值大或地址值小方向上第 n 个数据的内存地址。例如：

```
int a[5]={1,2,3,4,5};    //定义数组a
int x,y;                 //定义整型变量x和y
int *b=a,*c=&(a[2]);     //定义指针变量b和c并赋初值
x=*(b+1);                //b+1的值是b的值再加int型变量所占的字节数
y=*(c-1);
```

　　该代码功能为：定义数组 a，定义整型变量 x 和 y。定义指针变量 b，并指向数组 a 的首地址。定义指针变量 c，并指向数组 a 的第 3 个元素，则当前*b 的值就是 1，*c 的值就是 3。经过指针的加减运算后，x 的值是 b 所指地址向增方向移动 1 个整型变量所占内存字节数，即 x=a[1]。同理，y=a[1]。

　　指针表达式与整数相加减运算有 3 点注意事项和拓展，说明如下。

　　① C 语言规定，p+n 与 p-n 都是指针表达式，p+n 与 p-n 所指向的类型与 p 所指向的类型相同。

　　② 只有当 p 和 p+n 或 p-n 都指向连续存放的同类型数据区域时，如数组，指针加减整数才有意义。

　　③ 自增自减运算 p++、++p、p--、--p 运算的结果值：p++或 p--运算使 p 增或减了一个 p 所指向的类型长度值，即与赋值表达式 p=p+1 等价。表达式 p++的值等于没有进行加 1 运算前的 p 值，表达式++p 的值等于进行加 1 运算后的 p 值。p--和--p 同理。

　　同类型指针相加减的一般形式：

```
m-n
```

　　其中，m 与 n 是两个指向同一类型的指针表达式。同类型指针相加减运算的结果值是 m 与 n 两个指针之间数据元素的个数。

　　（6）关系运算。

　　关系运算的一般形式：

```
指针表达式 关系运算符 指针表达式
```

　　结果值：若关系式成立（为真），则其值为 int 型的 1，否则其值为 int 型的 0。例如：

```
int a[5]={3,3,3,3,3};
int x;
int *b=&a[2];*c=&a[4];
x=(b==c);
```

　　该代码功能为：将 b 和 c 的值进行比较，将比较结果 0 或 1 赋值给 x。

　　说明：==（相等）和! =（不相等）是比较两个表达式是否指向同一个内存单元，地址值是否相同；<、<=、>=、>是比较两个指针所指向内存区域的先后顺序。

　　（7）强制类型转换运算。

　　强制类型转换运算的一般形式：

```
(类型说明符*) 指针表达式
```

　　功能：将"指针表达式"的值转换成"类型说明符"类型的指针。例如：

```
char a[5]={0x01,0x02,0x03,0x04,0x05};    //定义字符型数组
int*c;                                    //定义整型指针变量
c=(int *) a;                              //强制类型转换
```

　　该代码功能为：将字符型数组的首地址转换为整型变量地址，并赋值给指针 c。经过该运算后，*c 的值就是 0x0102，*(c+1)的值就是 0x0304。即将数组 a 存储区域连续的 2B（int 型数据所占字节数，在不同的系统中，int 型数据所占字节数有所不同）作为一个 int 型变量来处理。

　　（8）空指针。

　　在没有对指针变量赋值（包括赋初值）之前，指针变量存储的地址值不是确定的，它存储的地址值可能是操作系统程序在内存中占据的地址空间里的一个地址。因此，没有对指针变量赋地址值而直接使用指针变量 p 进行"*p=表达式;"形式的赋值运算时可能会产生不可预料的后果，甚至导致系统不能正常运行。

　　为了避免发生上述问题，通常给指针变量赋初值 0，并把值为 0 的指针变量称作空指针变量。例如：

```
p='\0';          //将p定义为空指针
p=0;             //将p定义为空指针
p=NULL;          //将p定义为空指针
```

以上三种定义空指针的方式等价。空指针变量表示不指向任何地方，而表示指针变量的一种状态。如果给空指针变量所指内存区域赋值，则会得到一个出错的信息。

2.1.7　预处理

预处理是 C 语言编译程序的组成部分，它用于解释处理 C 语言源程序中的各种预处理命令。如常用的#include 和#define 命令等。该功能不是 C 语言的组成部分，而是在 C 语言编译之前对程序中的特殊命令进行的"预处理"，处理的结果和程序一起再进行编译处理，最终得到目标代码。使用预处理功能，可以增强 C 语言的编程功能，提高程序的可读性，改进 C 语言设计的环境，提高程序设计效率。

C 语言提供的预处理功能主要有宏定义、文件包含和条件编译 3 种，为了与其他语句区分，所有的预处理命令均以"#"开头，语句结尾不使用分号"；"，每条预处理命令需要单独占一行。

1．宏定义

宏定义是指用一个指定的标识符来定义一个字符序列。宏定义是由源程序中的宏定义命令完成的，宏替换是由预处理程序完成的。宏定义分为无参宏定义和带参数宏定义两种。

（1）无参宏定义。

无参宏定义的一般形式：

```
#define 宏名 替换文本
```

如果程序中使用了宏定义，则在对源程序进行编译预处理时，自动将程序中所有出现的"宏名"用宏定义中的文本替换，通常称之为宏替换或宏展开，宏替换是纯文本替换。例如：

```
#define LED0 BIT0   //将C语言中所有标识符为LED0的文本替换成BIT0
```

无参宏定义有 7 点注意事项和拓展，说明如下。

① 宏名按标识符书写规定进行命名，为区别于变量名，宏名一般习惯用大写字母表示。无参宏定义常用来定义符号常量。

② 替换文本是一个字符序列，也可以是常量、表达式、格式串等。为保证运算结果的正确性，在替换文本之中若出现运算符，则通常需要在合适的位置加圆括号。

③ 宏名用于替换，文本之间用空格隔开。

④ 宏定义可以出现在程序的任何位置，但必须是在引用宏名之前。

⑤ 在进行宏定义时，可以引用之前已定义过的宏名。

⑥ 如果程序中用双直撇括起来的字符串内包含有与宏名相同的名字，则预处理时并不进行宏替换。

⑦ 宏定义通常放在程序开头、函数定义之外，其有效范围是从宏定义语句开始至源程序文件结束。

（2）带参数宏定义。

C 语言允许宏带有参数，在宏定义中的参数称为形式参数，简称形参。在宏调用中的参数称为实参，对带参数的宏，在调用时，不仅要将宏展开，而且要用实参去替换形参。

带参数宏定义的一般形式：

```
#define 宏名(形参表) 替换文本
```

如果定义带参数的宏，在对源程序进行预处理时，将程序中出现宏名的地方均用替换文本进行替换，并用实参代替替换文本中的形参。例如：

```
#define delay_us(x)__delay_cycles(x*1000)
```

该代码功能为：使用宏定义的方法进行延时，其中 "__delay_cycles(参数)" 是内联函数，功能为延时 "参数" 个主时钟周期。对于主时钟为 1MHz 的系统，上述代码 delay_us 则可以实现延时 x 微秒个时钟周期。

带参数宏定义有 7 点注意事项和拓展，说明如下。

① 函数在定义和调用中所使用的形参和实参都受数据类型的限制，而带参数宏的形参和实参可以是任意数据类型。

② 函数有一定的数据类型，且数据类型是不变的。而带参数的宏一般是一个运算表达式，它没有固定的数据类型，其数据类型就是表达式运算结果的数据类型。同一个带参数的宏，随着使用实参类型的不同，其运算结果的类型也不同。

③ 函数调用时，先计算实参表达式的值，然后替换形参。而宏定义展开时，只是纯文本替换。

④ 函数调用是在程序运行时处理的，进行分配临时的存储单元。而宏定义展开是在编译时进行的，展开时不分配内存单元，不传递值，也没有返回值的概念。

⑤ 函数调用影响运行时间，源程序无变化。宏展开影响编译时间，通常使源程序加长。

⑥ 对于宏定义的形参要根据需要加上圆括号，已免发生运算错误

⑦ 定义带参数的宏时，在宏名和带参数的圆括号之间不应该有空格，否则空格之后的字符序列都将被作为替换文本。

2. 文件包含

文件包含也是一种预处理语句，它的作用是使一个源程序文件将另一个源程序文件全部包含进来，其一般形式为：

```
#include <文件名>或#include"文件名"
```

文件包含有 6 点注意事项和拓展，说明如下。

① 一个#include 命令只能包含一个执行文件，若要包含多个文件，则需要使用多个#include 命令。

② 采用<>形式，C 语言编译系统将在系统指定的路径（即 C 库函数头文件所在的子目录）下搜索<>中执行文件，称为标准方式。

③ 采用双直撇" "形式，系统首先在用户当前工作的目录中搜索要包含的文件，若找不到，再按系统指定的路径搜索包含文件。

④ 在 C 语言编译系统中，有许多扩展名为.h（h 为 head 的缩写）的头文件。设计程序时，所用到的系统提供的库函数，通常需要在程序中包含相应的头文件。

⑤ 根据需要，用户可以自定义包含类型声明、函数原型、全局变量、符号常量等内容的头文件，采用这种方法包含到程序中，可以减少不必要的重复工作，提高编程效率。若需要修改头文件内容，则修改后所有包含此头文件的源文件都要重新进行编译。用户自己定义的文件与系统头文件本质上是一样的，都是为编译提供必要的信息来源，使编译能够正常进行下去。通常习惯将自己所编写的包含文件放在自己所建立的目录下，所以一般采用标准方式。

⑥ 文件包含可以嵌套，嵌套多少层与预处理器的实现有关。如果文件 1 包含文件 2，而文件 2 要用到文件 3 的内容，则可以在文件 1 中用两个#include 命令分别包含文件 2 和文件 3，但包含文件 3 的命令必须在包含文件 2 的命令之前。

3. 条件编译

一般情况下，C 源程序的所有行都参与编译过程，所有的语句都生成到目标程序中，如果只想把源程序中的一部分语句生成目标代码，则可以使用条件编译。

利用条件编译，可以方便地调试程序，增强程序的可移植性，从而使程序在不同的软硬件环境

下运行。此外，在大型应用程序中，还可以利用条件编译选取某些功能进行编译，生成不同的应用程序，供不同用户使用。

条件编译命令主要有两种形式。

① if 格式。

```
#if 表达式
程序段1;
#else
程序段2;
#endif
```

功能：首先计算表达式的值，如果为非 0（真），就编译"程序段 1"，否则编译"程序段 2"。如果没有#else 部分，则当"表达式"的值为 0 时，直接跳过#endif。

② ifdef 格式。

```
#ifdef 宏名
程序段1;
#else
程序段2;
#endif
```

功能：首先判断"宏名"在此之前是否被定义过，若已被定义，则编译"程序段 1"，否则编译"程序段 2"。如果没有#else 部分，则当宏名未定义时直接跳过#endif。

2.1.8　结构体

1. 结构体类型的定义

结构体类型由不同类型的数据组成。组成结构体类型的每一个数据称为该结构体类型的成员。在程序设计中使用结构体类型时，首先要对结构体类型的组成（即成员）进行描述，这就是结构体类型的定义。其一般形式：

```
struct 结构体类型名
{
    数据类型 成员名1;
    数据类型 成员名2;
    ......
    数据类型 成员名n
};
```

其中"struct"是定义结构体类型的关键字，其后是所定义的"结构体类型名"，这两部分组成了定义结构体类型的标识符。在"结构体类型名"下面的花括号中定义组成该结构体的成员项，每个成员项由"数据类型"和"成员名"组成。例如：

```
struct abc
{
    int a;
    char b;
    double c;
}
```

结构体类型的定义有 2 点注意事项和拓展，说明如下。

① 结构体类型定义以关键字 struct 开头，其后是结构体类型名，结构体类型名由用户自定义，命名规则与变量名的命名规则相同。每个成员项后用分号结束，整个结构体的定义也用分

号结束。

② 定义一个结构体类型只是描述结构体数据的组织形式，它的作用只是告诉 C 语言编译系统所定义的结构体类型由哪些类型的成员构成，各占多少字节，按什么形式存储，并且把它们当成一个整体来处理。

2. 结构体变量的定义

当结构体类型定义之后，就可以指明使用该结构体类型的具体对象了，即定义结构体类型的变量，简称结构体变量。结构体变量的定义可以采用以下三种方法。

（1）先定义结构体类型再定义结构体变量，一般形式为：

```
struct 结构体变量名 结构体变量名表;
```

例如，前面已经定义了结构体类型 abc，则通过如下代码可以定义两个结构体变量。

```
struct abc abc1,abc2;         //定义两个abc类型的结构体变量：abc1和abc2
```

（2）在定义结构体类型的同时定义结构体变量，一般形式为：

```
struct 结构体类型名
{
    数据类型 成员名1;
    数据类型 成员名2;
    ……
    数据类型 成员名n;
}结构体变量名表;
```

举例如下：

```
struct abc
{
    int a;
    char b;
    double c;
}abc1,abc2;
```

该代码功能为：定义了结构体类型 abc 和两个结构体变量 abc1 和 abc2。

（3）直接定义结构体变量，该方法不需要定义结构体类型名，而是直接给出结构体类型并定义结构体变量。

```
struct
{
    数据类型 成员名1;
    数据类型 成员名2;
    ……
    数据类型 成员名n;
}结构体变量名表;
```

举例如下：

```
struct
{
    int a;
    char b;
    double c;
}abc1,abc2;
```

结构体变量的定义有 3 点注意事项和拓展，说明如下。

① 结构体中的成员可以单独使用，它的作用和地位相当于普通变量。成员名也可以与程序中的变量名相同，但二者不代表同一对象，互不干扰。

② C 语言编译系统只对变量分配单元，不对类型分配单元。因此，在定义结构体类型时，不分配存储单元。

③ 结构体成员也可以是一个结构体变量，即一个结构体的定义中可以嵌套另一个结构体的结构。

3．结构体变量的引用

在定义了结构体变量后，就可以引用结构体变量了，如赋值、存取和运算等。结构体变量的引用应遵循以下规则。

（1）在程序中使用结构体变量时，不能将一个结构体变量作为一个整体进行处理。"."运算符是分量运算符，它在所有运算符中的优先级最高，例如：

```
abc1.a=100;        //将abc1中的a成员赋值为100
```

（2）如果结构体变量成员又是一个结构体类型，则访问一个成员时，应采用逐级访问的方法，即通过成员运算符逐级找到底层的成员时再引用。

（3）结构体变量成员可以像不同的变量一样进行各种运算。

（4）可以引用结构体成员地址和结构体变量地址。

4．结构体变量的初始化

结构体类型是数组类型的扩充，只是它的成员项可以具有不同的数据类型，因此，结构体变量的初始化和数据的初始化一样，在定义变量的同时对其成员赋初值。其方法是通过将成员的初值置于花括号内完成。

结构体数组就是数组中的每一个数组元素都是结构体类型的变量，它们都是具有若干个成员的项。定义和引用与数组及结构体特征相同，例如：

```
struct abc
{
  int a;
  char b;
  double c;
}abc1={120,'a',10.5};
```

5．结构体变量指针

结构体变量指针就是指向结构体变量的指针，一个结构体变量的起始地址就是这个结构体变量的指针。该指针与之前所述指针特性和用法完全相同。对于结构体变量指针，有指向运算符 "->"。

6．结构体指针变量

其一般形式为：

```
struct 结构体类型 *结构体指针;
```

举例如下：

```
struct abc abc1;
*p=&abc1;
```

对于结构体指针变量的引用，以下三种形式等价：

```
结构体变量名.成员名
*(p).成员名
p->成员名
```

举例如下：

```
abc1.a=100;          //将结构体abc1中的成员a赋值为100
(*p).a=100;          //将结构体abc1中的成员a赋值为100
```

```
p->a=100;                  //将结构体abc1中的成员a赋值为100
```

7. 共用体类型的定义

union 称为共用体，又称联合、联合体。它是一种特殊的类，也是一种构造类型的数据结构。在一个共用体内能够定义多种不同的数据类型。共用体的定义方式与结构体的定义方式一样，但二者有根本的区别。结构体中各成员有各自的内存空间，一个结构变量的总长度是各成员长度之和。而共用体变量从同一起始地址开始存放各个成员的值，所有成员共享同一段内存空间，在某一时刻只有一个成员起作用。共用体所占内存的大小为最大的成员项的大小。

```
union 共用体类型名
{
    数据类型 成员名1;
    数据类型 成员名2;
    ......
    数据类型 成员名n;
};
```

举例如下：

```
union abc
{
    int a;
    char b;
    float c;
};
```

8. 共用体变量的定义

共用体变量的定义形式与结构体变量的定义形式类似，可采用以下三种方法。

（1）先定义共用体类型再定义共用体变量，一般形式为：

```
union 共用体变量名 共用体变量名表;
```

例如，前面已经定义了共用体类型 abc，则通过如下代码可以定义两个共用体变量。

```
union abc abc1,abc2;
```

（2）在定义共用体类型的同时定义共用体变量，该定义方法的一般形式为：

```
union 共用体类型名
{
    数据类型 成员名1;
    数据类型 成员名2;
    ......
    数据类型 成员名n;
}共用体变量名表;
```

举例如下：

```
union abc
{
    int a;
    char b;
    double c;
}abc1,abc2;
```

该代码功能为：定义了共用体类型 abc 和两个共用体变量 abc1 和 abc2。

（3）直接定义共用体变量，该方法不需要定义共用体类型名，而是直接给出共用体类型并定义共用体变量。

```
union
{
    数据类型 成员名1;
    数据类型 成员名2;
    ……
    数据类型 成员名n;
}共用体变量名表;
```

举例如下：

```
union
{
    int a;
    char b;
    double c;
}abc1,abc2;
```

9．共用体变量的引用

共用体变量的引用方式如下。

（1）引用共用体变量的一个成员：

```
共用体变量名.成员名
共用体指针变量->成员名
```

例如，引用 abc1 中的 a，代码如下：

```
union abc abc1,*p=&abc1;
abc1.a=100;          //通过共用体变量名引用成员a
p->a;                //通过共用体变量指针引用成员a
```

（2）共用体变量的整体引用。

可以将一个共用体变量作为一个整体赋给另一个同类型的共用体变量。注意两个变量成员类型必须完全相同。例如：

```
union abc abc1,abc2;
abc1=abc2;
```

10．共用体变量的初始化

在共用体变量定义的同时只能用第一个成员的类型值进行初始化，并给共用体变量的第一个成员进行赋值。共用体变量初始化的一般形式：

```
union 共用体类型名 共用体变量={第一个成员的类型值};
```

举例如下：

```
union abc abc1={10};//定义一个abc型共用体变量abc1，并将abc1的成员a赋值为10
```

共用体变量的初始化有 4 点注意事项和拓展，说明如下。

① 对成员进行一系列赋值后，只有最近的那次赋值生效。共用体不能在初始化时赋值。

② 共用体变量的地址及其各成员的地址都是同一地址，因为各成员地址的分配都是从同一地址开始的。

③ 不能使用共用体变量作为函数参数，也不能使用函数返回共用体变量，但可以使用指向共用体变量的指针。

④ 共用体变量可以出现在结构体类型定义中，也可以定义共用体数组。

11．枚举类型

当一个变量的取值只限定为几种可能时，如星期几，就可以使用枚举类型。枚举是将可能的取值一一列举出来，那么变量的取值范围也就在列举值的范围之内，枚举类型不占用空间，但枚举类型的数据占用整型的内存空间。

声明枚举类型的一般形式：

```
enum 枚举类型名{枚举值1,枚举值2,…}
```

举例如下：

```
enum weekday{sun,mon,tue,wed,thu,fri,sat};
```

枚举类型的声明只是规定了枚举类型和该类型只允许的几个值，它并不分配内存。若不进行特殊声明，枚举类型的第一个成员的值为 0，第二个成员的值为 1，以此类推。

枚举类型变量定义的一般形式：

```
enum{枚举值1,枚举值2,…}变量名表;
```

包括以下几种合法定义。

（1）进行枚举类型说明的同时定义枚举类型变量。

```
enum flag{true,false}a,b;
```

（2）用无名枚举类型。

```
enum {true,false}a,b;
```

（3）枚举类型说明和枚举变量定义分开。

```
enum flag{true,false};
enum flag a,b;
```

枚举类型的说明和定义有 4 点注意事项和拓展，说明如下。

① 枚举类型说明中的枚举值本身就是常量，不允许对其进行赋值操作。

② 在 C 语言中，枚举值被处理成一个整型常量，此常量的值取决于说明时各枚举值排列的先后次序，第一个枚举值序号为 0，因此它的值为 0，以后依次加 1。

③ 枚举值可以进行比较。

④ 整数不能直接赋给枚举变量，但可以经过类型转换后赋值。

12. 用 typedef 定义类型

在 C 语言中，可以用 typedef 定义新的类型名来代替已有的类型名。定义的一般形式为：

```
typedef 类型名 新名称;
```

其中"typedef"是类型定义的关键字，"类型名"是 C 语言中已有的类型（如 int、float），"新名称"是用户自定义的新名称，"新名称"习惯上用大写字母表示。例如：

```
typedef struct
{
   char month;
   char day;
   int year;
}DATE;
DATE d1,d2;              //定义两个DATE类型的变量d1和d2
typedef int ARR[10];
ARR m,n                 //定义两个ARR类型的变量，即定义两个一维数组，都含有10个元素
```

用 typedef 定义类型有 3 点注意事项和拓展，说明如下。

① 用 typedef 可以声明各种类型名，但不能用来定义变量。

② 用 typedef 只是对已经存在的类型增加一个类型的新名称，而没有构造新的类型。

③ 如果在不同源文件中使用同一类型数据，常用 typedef 说明这些数据类型，并把它们单独放在一个文件中，当需要时，用#include 命令把它们包含进来。

2.1.9　位段定义

C 语言允许在一个结构体中以位为单位来指定其成员所占内存长度，这种以位为单位的成员称为"位段"或"位域"（bit field）。利用位段能够用较少的位数存储数据，方便程序对位进行操作，在单片机中可以极大地简化端口的操作和配置。

位段的声明和结构类似，但它的成员是一个或多个位的字段，这些不同长度的字段实际存储在一个或多个整型变量中。在声明时，位段成员必须是整型或枚举类型（通常是无符号类型），且在成员名的后面是一个冒号和一个整数，整数规定了成员所占用的位数。位段不能是静态类型，不能使用&对位段做取地址运算，因此不存在位段的指针。位段声明如下：

```
struct bitn
{
  unsigned int bit0: 1;
  unsigned int bit1: 1;
  unsigned int bit2: 1;
  unsigned int bit3: 1;
  unsigned int bit4: 1;
  unsigned int bit5: 1;
  unsigned int bit6: 1;
  unsigned int bit7: 1;
}
struct bitn a
```

该方法声明了一个由 8 个位组成的结构体类型。并定义了 a，之后可以利用 a.bit0～a.bit7 来表示 a 的各个位，并对位进行相关的操作。

2.2　MSP430 C 语言扩展特性

2.2.1　扩展关键字

通过 C 语言编写单片机程序时，通常需要包含其头文件。单片机编程都遵循 C 语言的基本语法规范，而且具有很多扩展功能。不同单片机具有不同的扩展特性，如宏定义、预定义函数等，不能通用，但 C 语言的编程语言完全一致。对于 MSP430 单片机而言，其具备的主要扩展关键字如下。

1. asm

该关键字也可以写成 __asm，其功能是在 C 语句中直接嵌入汇编语言，使用方法如下：

```
asm("string");
```

其中，string 必须是有效的汇编语句。例如：

```
asm("NOP");
```

该代码功能为：在 C 语句中插入一个 NOP 指令，即一个空指令。

2. __interrupt

该关键字放在函数前面，标志中断函数。例如：

```
#pragma vector=UART0RX_VECTOR
__interrupt void UART_ISR(void)
```

{ ...... }

该代码功能为：声明 UART_ISR 为中断函数，并将 UART_ISR 存储到单片机地址为 UART0RX_VECTOR 的区域，若触发串口中断，则单片机会执行 UART0RX_VECTOR 位置的程序，从而运行中断服务函数。

3. __monitor

该关键字放在函数前面，其功能是声明当这一函数执行时自动关闭中断。应该尽量缩短这样的函数，否则，中断事件无法及时得到响应。

4. __no_init

该关键字放在全局变量前面，其功能是使程序启动时不被变量赋初值。

5. __raw

编译中断函数时，编译器会自动生成一段代码，首先保存当时所用到 CPU 内寄存器的内容，退出中断函数时再进行恢复。将 __raw 放在中断函数前可禁止保存 CPU 内寄存器的过程，当然退出时也不会恢复。是否为中断函数使用此关键字需要具体情况而定。

6. __regvar

该关键字放在变量前面，其作用是声明变量为寄存器变量。可以用于整数、指针、32 位浮点数及只含有一个元素的结构和联合体。寄存器变量的地址只能为 R4 或 R5，不能使用指针指向这个寄存器变量，而且必须用 __no_init 禁止初始化。

7. sfrb

该关键字用于声明单字节 I/O 数据类型对象。即用于定义寄存器的地址。该关键字在单片机头文件中大量使用，用来定义寄存器的地址。类似的还有 sfrw。这些关键字用户一般不会使用。

2.2.2　内联函数

以定义在 intrinsics.h 中的内联函数为例，该头文件在 MSP430.h 中进行声明。通过观察 intrinsics.h 中的函数可知，该头文件中只对函数名进行了声明，而没有具体的函数体内容，但这些函数仍可以使用并通过编译，这些函数称为内联函数。只要包含了 intrinsics.h，其中的内联函数便可以直接使用。MSP430 单片机的内联函数如表 2.2.1 所示。

表 2.2.1　MSP430 单片机的内联函数

__no_operation		
定义	void __no_operation(void);	
功能	执行 NOP 指令，一个空指令	
__enable_interrupt		
定义	void __enable_interrupt(void);	
功能	执行 NINT 指令，打开全局中断。允许可屏蔽中断源请求中断	
__disable_interrupt		
定义	void __disable_interrupt(void);	
功能	执行 DINT 指令，关闭全局中断。禁用所有可屏蔽中断	
__get_interrupt_state		
定义	__istate_t __get_interrupt_state(void);	
功能	返回当前的中断状态。返回值 __istate_t 为一结构体，通过此函数可以获得当前的中断状态并保存，将来可以使用 __set_interrupt_state 恢复中断状态	

	__set_interrupt_state	
定义	void __set_interrupt_state(__istate_t);	
功能	恢复 __istate_t 中保存的中断状态	

	__op_code	
定义	void __op_code(unsigned short);	
功能	在指令流中插入一个常数，对与参数对应的任何指令进行编码	

	__swap_bytes	
定义	unsigned short __swap_bytes(unsigned short);	
功能	一个 16 位的无符号整数，高 8 位与低 8 位进行交换，如 0x1234 交换后为 0x3412	

	__bic_SR_register	
定义	void __bic_SR_register(unsigned short);	
功能	将 CPU 内 SR 寄存器中某些位清零。SR 寄存器中对应实参标记为 1 的位被清零	

	__bis_SR_register	
定义	void __bis_SR_register(unsigned short);	
功能	将 CPU 内 SR 寄存器中某些位置 1。SR 寄存器中对应实参标记为 1 的位被置 1	

	__get_SR_register	
定义	unsigned short __get_SR_register(void);	
功能	返回 CPU 内状态寄存器 SR 的值	

	__bic_SR_register_on_exit	
定义	void __bic_SR_register_on_exit(unsigned short);	
功能	用于一个中断函数或不可中断函数（标志为 __monitor）返回时，将 CPU 内 SR 寄存器中的某些位清零。SR 寄存器中对应实参标记为 1 的位被清零	

	__bis_SR_register_on_exit	
定义	void __bis_SR_register_on_exit(unsigned short);	
功能	用于一个中断函数或不可中断函数（标志为 __monitor）返回时，将 CPU 内 SR 寄存器中的某些位置 1。SR 寄存器中对应实参标记为 1 的位被置 1	

	__get_SR_register_on_exit	
定义	unsigned short __get_SR_register_on_exit(void);	
功能	用于一个中断函数或不可中断函数（标志为 __monitor）返回时，返回状态寄存器 SR 的值。只在中断函数或不可中断函数中有效	

	__bcd_add_short	
定义	unsigned short __bcd_add_short(unsigned short,unsigned short);	
功能	两个 16 位 BCD 格式的数字相加，返回和	

	__bcd_add_long	
定义	unsigned long __bcd_add_long(unsigned long,unsigned long);	
功能	两个 32 位 BCD 格式的数字相加，返回和	

	__bcd_add_long_long	
定义	unsigned long long __bcd_add_long_long(unsigned long long,unsigned long long);	
功能	两个 64 位 BCD 格式的数字相加，返回和	

	__saturated_add_signed_char	
定义	signed char __saturated_add_signed_char(signed char,signed char);	
功能	将两个有符号 8 位二进制数进行相加运算，并防止溢出。若加和后的结果没有溢出，则返回加和结果，若结果上溢，则返回最大值，若结果下溢，则返回最小值	

	__saturated_add_signed_short	
定义	short __saturated_add_signed_short(short, short);	
功能	将两个有符号16位二进制数进行相加运算，并防止溢出。若加和后的结果没有溢出，则返回加和结果，若结果上溢，则返回最大值，若结果下溢，则返回最小值	
	__saturated_add_signed_long	
定义	long __saturated_add_signed_long(long, long);	
功能	将两个有符号32位二进制数进行相加运算，并防止溢出。若加和后的结果没有溢出，则返回加和结果，若结果上溢，则返回最大值，若结果下溢，则返回最小值	
	__saturated_add_signed_long_long	
定义	long long __saturated_add_signed_long_long(long long, long long);	
功能	将两个有符号64位二进制数进行相加运算，并防止溢出。若加和后的结果没有溢出，则返回加和结果，若结果上溢，则返回最大值，若结果下溢，则返回最小值	
	__saturated_sub_signed_char	
定义	signed char __saturated_sub_signed_char(signed char, signed char);	
功能	将两个有符号8位二进制数进行相减运算，并防止溢出。若相减后的结果没有溢出，则返回相减结果，若结果上溢，则返回最大值，若结果下溢，则返回最小值	
	__saturated_sub_signed_short	
定义	short __saturated_sub_signed_short(short, short);	
功能	将两个有符号16位二进制数进行相减运算，并防止溢出。若相减后的结果没有溢出，则返回相减结果，若结果上溢，则返回最大值，若结果下溢，则返回最小值	
	__saturated_sub_signed_long	
定义	long __saturated_sub_signed_long(long, long);	
功能	将两个有符号32位二进制数进行相减运算，并防止溢出。若相减后的结果没有溢出，则返回相减结果，若结果上溢，则返回最大值，若结果下溢，则返回最小值	
	__saturated_sub_signed_long_long	
定义	long long __saturated_sub_signed_long_long(long long, ong long);	
功能	将两个有符号64位二进制数进行相减运算，并防止溢出。若相减后的结果没有溢出，则返回相减结果，若结果上溢，则返回最大值，若结果下溢，则返回最小值	
	__saturated_add_unsigned_char	
定义	unsigned char __saturated_add_unsigned_char(unsigned char, unsigned char);	
功能	将两个无符号8位二进制数进行相加运算，并防止溢出。若相加后的结果没有溢出，则返回相加结果，若结果上溢，则返回最大值	
	__saturated_add_unsigned_short	
定义	unsigned short __saturated_add_unsigned_short(unsigned short, unsigned short);	
功能	将两个无符号16位二进制数进行相加运算，并防止溢出。若相加后的结果没有溢出，则返回相加结果，若结果上溢，则返回最大值	
	__saturated_add_unsigned_long	
定义	unsigned long __saturated_add_unsigned_long(unsigned long, unsigned long);	
功能	将两个无符号32位二进制数进行相加运算，并防止溢出。若相加后的结果没有溢出，则返回相加结果，若结果上溢，则返回最大值	

	__saturated_add_unsigned_long_long
定义	unsigned long long __saturated_add_unsigned_long_long(unsigned long long,unsigned long long);
功能	将两个无符号 64 位二进制数进行相加运算，并防止溢出。若相加后的结果没有溢出，则返回相加结果，若结果上溢，则返回最大值
	__saturated_sub_unsigned_char
定义	unsigned char __saturated_sub_unsigned_char(unsigned char, unsigned char);
功能	将两个无符号 8 位二进制数进行相减运算，并防止溢出。若相减后的结果没有溢出，则返回相减结果，若结果下溢，则返回最小值
	__saturated_sub_unsigned_short
定义	unsigned short __saturated_sub_unsigned_short(unsigned short, unsigned short);
功能	将两个无符号 16 位二进制数进行相减运算，并防止溢出。若相减后的结果没有溢出，则返回相减结果，若结果下溢，则返回最小值
	__saturated_sub_unsigned_long
定义	unsigned long __saturated_sub_unsigned_long(unsigned long, unsigned long);
功能	将两个无符号 32 位二进制数进行相减运算，并防止溢出。若相减后的结果没有溢出，则返回相减结果，若结果下溢，则返回最小值
	__saturated_sub_unsigned_long_long
定义	unsigned long long __saturated_sub_unsigned_long_long(unsigned long long, unsigned long long);
功能	将两个无符号 64 位二进制数进行相减运算，并防止溢出。若相减后的结果没有溢出，则返回相减结果，若结果下溢，则返回最小值
	__even_in_range
定义	unsigned short __even_in_range(unsigned short __value, unsigned short __bound);
功能	只能与 switch 语句结合使用，判断 value 是否为偶数且小于或等于 upper_limit。可以提高判断的效率，常用于判断多源中断
	__delay_cycles
定义	void __delay_cycles(unsigned long __cycles);
功能	延时函数，延时 cycles 个主时钟（MCLK）周期
	__get_R4_register
定义	unsigned short __get_R4_register(void);
功能	返回寄存器 R4 的值，只在 R4 被锁定时有效
	__set_R4_register
定义	void __set_R4_register(unsigned short);
功能	将 unsigned short 值赋给寄存器 R4，只在 R4 被锁定时有效
	__get_R5_register
定义	unsigned short __get_R5_register(void);
功能	返回寄存器 R5 的值，只在 R5 被锁定时有效
	__set_R5_register
定义	void __set_R5_register(unsigned short);
功能	将 unsigned short 值赋给寄存器 R5，只在 R5 被锁定时有效
	__get_SP_register
定义	unsigned short __get_SP_register(void);
功能	返回堆栈指针寄存器 SP 的值

	__set_SP_register		
定义	void __set_SP_register(unsigned short);		
功能	给堆栈指针寄存器 SP 赋值		
	__data20_write_char		
定义	void __data20_write_char(unsigned long __addr, unsigned char __value);		
功能	向地址为 addr 的存储区写入 8 位二进制数 value，addr 大于 16 位（64KB）		
	__data20_write_short		
定义	void __data20_write_short(unsigned long __addr, unsigned short __value);		
功能	向地址为 addr 的存储区写入 16 位二进制数 value，addr 大于 16 位（64KB）		
	__data20_write_long		
定义	void __data20_write_long(unsigned long __addr, unsigned long __value);		
功能	向地址为 addr 的存储区写入 32 位二进制数 value，addr 大于 16 位（64KB）		
	__data20_read_char		
定义	unsigned char __data20_read_char(unsigned long __addr);		
功能	返回地址为 addr 的存储区的一个 8 位二进制数，addr 大于 16 位（64KB）		
	__data20_read_short		
定义	unsigned short __data20_read_short(unsigned long __addr);		
功能	返回地址为 addr 的存储区的一个 16 位二进制数，addr 大于 16 位（64KB）		
	__data20_read_long		
定义	unsigned long __data20_read_long(unsigned long __addr);		
功能	返回地址为 addr 的存储区的一个 32 位二进制数，addr 大于 16 位（64KB）		
	__data16_write_addr		
定义	void __data16_write_addr(unsigned short __addr, unsigned long __value);		
功能	向地址为 addr 的存储区写入 32 位二进制数 value，addr 小于 16 位（64KB）		
	__data16_read_long		
定义	unsigned long __data16_read_addr(unsigned short __addr);		
功能	返回地址为 addr 的存储区的一个 32 位二进制数，addr 小于 16 位（64KB）		

2.2.3　头文件与预定义

一个 C 语言工程一般包含源文件和头文件。头文件一般进行宏定义、结构体和函数的声明。源文件则定义具体的变量，并编写函数体具体内容。函数只能在声明之后才能使用，因此，调用函数最简便的方法就是在头文件中声明，在源文件中包含该头文件，然后再进行调用。在许多个包含了该头文件的源文件中，只要有一个源文件中编写了该函数的函数体即可。

1．头文件

在对 MSP430 单片机进行编程的过程中，首要的一行代码就是#include <msp430.h>，即包含名为 msp430.h 的文件。该文件包含了所有 MSP430 单片机的型号。并通过条件编译的方法选择具体的单片机头文件。从 msp430.h 中部分代码摘抄如下：

```
#if defined (__MSP430C111__)
   #include "msp430c111.h"
   #elif defined (__MSP430C1111__)
   #include "msp430c1111.h"
```

```
     ……
     #endif
```

其中，以#if 和#elif 等开头带#的语句是条件编译的内容，即如果条件成立，则包含该头文件。在建立工程时，已经定义了单片机的型号，故包含 msp430.h 后，程序会自动找到合适的单片机型号对应的头文件并进行编译。最后#endif 的作用是结束该#if 语句。

另一种条件编译语句如下：

```
     #ifndef __msp430
     #define __msp430
     ……
     #endif
```

该语句的意义为：如果没有定义 msp430.h，那么就定义 msp430.h，而所定义的 msp430.h 的内容截止到#endif 语句。

以 MSP430F5529 为例，在配置工程时，选择了 MSP430F5529 作为目标器件，则 msp430.h 会执行#include "msp430f5529.h"语句，msp430f5529.h 中定义了 MSP430F5529 的所有寄存器的地址，并通过宏定义体现出来。

2. 预定义

为了便于开发和调试，单片机制造商和编程工具制造商一般会将单片机内对应功能模块的寄存器地址编写为头文件。编程时，只需调用对应芯片型号的头文件即可完成对整个单片机功能模块的配置。在 CCS 开发环境中，包含 MSP430 所有型号的单片机头文件，其头文件中预定义了一些单片机常用的寄存器、寄存器配置等。列举说明如下。

端口相关定义：PxIN、PxOUT、PxDIR、PxSEL，其中 x 为端口号。

PxIN：端口输入寄存器，读取该寄存器可以获取端口的电平信号，P1IN 的每一位代表 Port1 的每一个引脚的电平。

例如，P1.1 端口的电平为高电平，其余位是低电平，则 P1IN 的值就是 0x02（00000010b），读取 Port1 所有 8 个端口的输入值：

```
     data=P1IN;
```

PxOUT：端口输出寄存器，写入该寄存器可使端口 x 对应位输出高电平或低电平。先将端口设置为输出状态才可以使端口输出电平。

例如，设置 P1.0 输出高电平，P1.1～P1.7 输出低电平：

```
     P1OUT = 0x01;
```

PxDIR：端口方向控制寄存器，控制端口作为输入还是输出。

例如，设置 P1.1 输出状态：

```
     P1DIR = 0x02;
```

PxSEL：端口复用寄存器，选择端口的复用功能。

例如，设置 P1.2 为端口复用功能：

```
     P1SEL = 0x04;
```

位定义：BITx。

其中，x 取值范围为 0～F，BIT0～BITF 分别代表寄存器的第 0～F 位。MSP430 是不支持位操作的，如果想对位操作，最好的方法就是通过位屏蔽来实现，通过查看宏定义可以发现，BIT0=00000001b、BIT1=00000010b，以此类推。使用该宏定义可以非常简单地对寄存器进行配置。

例如，设置 P1.0 端口为输出状态，其余端口保持其原有的状态，代码如下：

```
     P1OUT|=BIT0;
```

通过该方式为寄存器赋值，不会影响该寄存器其他位的配置，语句方便直观。使用"|="可以

实现寄存器置位操作，使用"&=～"则可以实现寄存器清零操作。

例如，设置 P1.0 输出低电平，其余端口保持其原有的状态，代码如下：

```
P1OUT&=~BIT7;
```

低功耗模式：LPMx。

其中，x 的取值范围为 0～4，分别代表进入 MSP430 的 5 种低功耗模式。这些是可以执行的代码，在 MSP430 的头文件中通过一系列宏定义来实现。

例如，使单片机进入低功耗模式 3，代码如下：

```
LPM3;
```

退出低功耗模式：LPMx_EXIT。

其中，x 的取值范围为 0～4，分别代表退出低功耗模式 0～4。这些是可以执行的代码，在 MSP430 的头文件中通过一系列宏定义来实现。

例如，退出低功耗模式 3，代码如下：

```
LPM3_EXIT;
```

头文件中还定义了所有与单片机外围模块相关的寄存器。

ADC12CTL0：ADC_12（数模转换器模块）控制寄存器 0。

ADC12MEM：ADC_12 转换结果存储寄存器。

UCSCTL0：统一时钟系统（UCS）控制寄存器 0。

头文件中还定义了大量寄存器的配置位。

ADC12ENC：该宏定义的意义是控制 ADC12CTL0 中的第 2 位，查看该寄存器的解释，可以得知该位的作用为启动 ADC_12 模块。使用方法如下：

```
ADC12CTL0|= ADC12ENC;        //启动ADC_12模块
```

ADC12BUSY：该宏定义的意义是控制 ADC12CTL1 中的第 1 位，查看该寄存器的解释，可以得知该位是只读的，即通过读取该位就可以知道 ADC_12 模块是否处于忙碌状态。

SELM__DCOCLKDIV：该宏定义定义了 UCSCTL4 中的第 0～2 位，查看寄存器的解释，可以得知这些位控制了 MCLK（主时钟）的时钟源选择。使用方法如下：

```
UCSCTL4|= SELM__DCOCLKDIV  //将MCLK时钟源选为DCOCLKDIV（数控分频时钟源）
```

部分可执行代码、关键字等宏定义介绍如下。

_DINT()：这是"__disable_interrupt()"的宏定义名称，在 2.2.2 节中已经介绍，其功能是禁用可屏蔽中断。

_EINT()：使能可屏蔽中断。

_NOP()：空指令。

_OPC(x)：在指令流中插入一个常数，对与参数对应的任何指令进行编码。

_SWAP_BYTES(x)：一个 16 位的无符号整数，高 8 位与低 8 位进行交换，如 0x1234 交换后 0x3412。

monitor：这是关键字"__monitor"的宏定义，该关键字放在函数前面，其功能是声明当这一函数执行时自动关闭中断。应该尽量缩短这样的函数，否则，中断事件无法及时得到响应。

no_init：这是关键字"__no_init"的宏定义，该关键字放在全局变量前面，其功能是使程序启动时不为变量赋初值。

注意，本节的程序语句只是简单的例子，若想正确进行 MSP430 单片机外围模块的配置操作，还需要详细学习单片机的各个模块。查看单片机的寄存器介绍最直接的方法就是参阅具体单片机的用户指南，用户指南上详细介绍了单片机的全部寄存器及其每个位的功能和意义。

2.3 规范化编程

2.3.1 单片机基本程序框架

最常见的单片机程序框架为主循环顺序执行，其程序框架如图 2.3.1 所示。

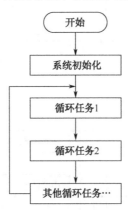

图 2.3.1 主循环顺序执行程序框架

主循环中各任务依次或通过查询相关标志位的方式执行，其基本伪代码框架如下：

```
void main ()
{
    Init ();/*模块初始化*/
    while (1)
    {
      Fun1 ();          //执行函数1
      Fun2 ();          //执行函数2
      ……              //执行其他函数模块
    }
}
```

其中，main 函数先完成一些初始化操作，然后在主循环里周期性地调用一些函数。Fun1()、Fun2()等完成简单功能，顺序执行组合完成系统功能。while(1)循环称为"主循环"，main 函数及其调用的所有子函数，以及子函数调用的函数等都在一个"主进程"里。

这类顺序执行程序的代码有如下特点。

（1）任务之间的运行顺序固定不变，没有优先级区别，只适合完成周期性循环工作。

（2）在某个任务运行时，其他任务得不到运行。并且如果该任务由于某种原因停止，则它将阻塞整个主进程运行。例如，某一个任务中的延时函数会造成整个进程被延时。

为了能够及时响应相关任务，主循环加入了中断系统。让需要马上响应的任务可通过中断方式来实现。主循环加中断系统程序框架如图 2.3.2 所示。

此时程序的框架包括一个主循环和若干个中断服务函数：主循环中调用各功能函数完成所需任务，称之为后台。中断服务函数用于处理系统的异步事件，称之为前台。前台是中断级，后台是任务级。其中任务的优先级，可通过中断嵌套方式来实现，高优先级的任务中断优先级别高。在不考虑使用操作系统时，前后台是单片机程序框架最常用的方式。

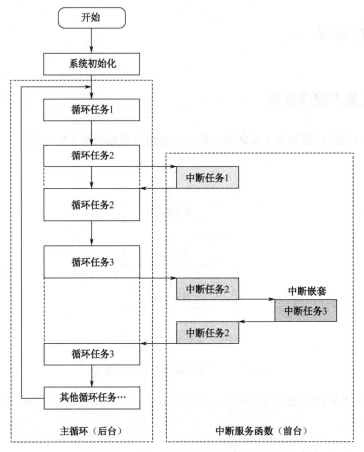

图 2.3.2 主循环加中断系统程序框架

编写程序时，需要打开相关中断及设置中断优先级，主循环中各任务依次执行的同时可响应相关中断请求，进而进入相关中断服务函数，其基本伪代码框架如下：

```
void main ()
{
    Init ();/*模块初始化*/
    while (1)
    {
    Fun1 ();                //执行函数1，响应相关中断
    Fun2 ();                //执行函数2，响应相关中断
    Fun3 ();                //执行函数3，响应相关中断
     ……                   //执行其他函数模块，响应相关中断
    }
}
IRQHandler_1 ()             //中断服务函数1
{
                            //执行中断任务处理
}
IRQHandler_2 ()             //中断服务函数2
{
    //执行中断任务处理
```

```
}
IRQHandler_...()              //其他中断服务函数
{
                              //执行中断任务处理
}
```

对于 MSP430 单片机而言，其拥有出色的低功耗性能，因此为节省功耗，其程序框架中一般还加入低功耗（LPM）模式进程，其程序框架如图 2.3.3 所示。

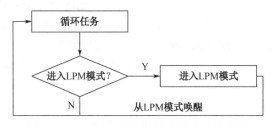

图 2.3.3　MSP430 加入低功耗模式程序框架

具体编程实现时，MSP430 单片机的低功耗模式一般从主循环中进入，通过中断的方式退出。

此外，MSP430 单片机的开门狗功能默认是开启状态，若未在规定时间内执行喂狗操作（对计数寄存器清零），则会触发复位。因此在一般程序设计中，在主函数执行功能之前，均会先编写关闭看门狗语句。

2.3.2　编程规范

良好的编程习惯是编写质量优良代码的前提，初学者如果在编程风格、程序文件工程管理方面养成良好的习惯，对于后续的学习会有非常大的帮助。对于单片机程序设计而言，其需要遵循的两个基本原则如下。

（1）可读性强：程序设计者要对程序每一步有精准的把握，知道每一条程序的执行内容及其结果。程序（代码）的可读，不仅对自己可读，也要对他人可读。可读性强的代码，不仅方便移植与修改，更给调试带来便利。以采用 C 语言为例，其提供有限的 32 个关键字，为变量、函数等的命名提供了极大的自由度，因此需要将代码进行可读性处理，如代码能够望文生义（如采用主谓宾结构），即使不懂编程的人，也能明白代码的功能。这正是代码可读性强所带来的好处。

（2）可移植性好：为避免重复性工作，程序设计中代码的可移植性也是代码设计时很关键的一个因素。质量优良的代码要求模块化封装，只留出必要的输入/输出端口，代码与代码之间尽可能减少耦合性。例如，在跨平台移植操作时，希望只修改部分的底层代码，而且修改的代码量越少越好。

编程习惯的养成在项目设计与管理时尤为关键，通常一个项目由多个成员共同完成，需要进行分工与协作。在调用其他成员代码时，如果彼此编程风格与习惯差异显著，则将极大地影响工作效率，甚至无法进行对接。

编程规范并没有绝对统一的标准，不同厂家或机构有自己单独的一套编程规范要求。单片机程序设计以 C 语言为主，其主要要求如下。

（1）文件夹管理：因为目前绝大部分嵌入式编程平台采用国外英文软件，不默认支持中文甚至没有中文版本，所以尽可能采用英文来管理文件夹。例如，采用纯英文盘符，将编程软件、程序源文件、工作目录等均放入该盘符中，进而避免使用英文软件时所带来的中文兼容性问题。

每个不同集成开发环境（IDE）、项目、程序包均应进行独立文件夹管理。文件夹的命令应合理且精准，能够望文生义，避免混乱以方便查找，如只是对发光二极管的操作，文件夹可命名为 LED。自己编写的第一个程序，可命名为 First 或 Hello World。必要时可通过记录文档的方式进一步管理文件夹。

（2）命名风格与习惯：使用英文进行命名，养成良好的书写习惯。常见命名方式有驼峰命名法、下画线命名法等。命名中不能以数字开头，建议以英文字母开头，不能出现英文字母、下画线、数字外的其他字符，如 LED on.c 文件需要将空格要用下画线"_"代替，写成 LED_on.c（下画线命名法）。具体而言，命名规则建议如下。

① 编程文件命名。

文件名要精确地反映文件内容，一律使用小写字母。如键盘文件采用 keyboard.c。缩写单词使用大写，如 LED_flash.c、UART.c。其中 LED 是 Light-Emitting Diode（发光二极管）缩写，UART 是 Universal Asynchronous Receiver/Transmitter（通用异步收发器，串口）缩写。对于有约定俗成的术语或缩写单词可使用缩写。文件名尽可能使用名词，而不应该使用动词或形容词。例如，LED_flash.c 而非 LED_ flashy.c。

② 变量与数组命名。

变量命名一律小写，缩写词汇用大写，且全部使用名词，可以使用形容词修饰，用"_"表示从属关系。指针变量用"p_"开头，后面接指向内容。

局部循环体控制变量可使用 i、j、k，如 for(i=0;i<200;i++)。但在局部或全局变量时，应坚决不使用 i、j、k 或 a、b、c 等简单字母来命名，而是使用一个单词表达其含义。

全局变量往往跨文件调用，命名时建议先写所属模块名称。例如，传感器文件 sensor.c 中的一个全局变量代表温度，则命名为 sensor_temperature。

数组命名建议单词首字母大写，其他的与变量相同。数组名作为实参传递数组首地址时，往往会省略[]符号，此时数组名就是数组的首地址。数组首字母大写，这样可与变量区分。

③ 函数命名。

函数命名建议单词首字母大写，写成主谓语形式，主语用名词，谓语用动词，缩写词汇用大写，用"_"表示从属关系。主语通常为模块名，谓语是描述模块的动作。

如串口发送函数命名 UART_TXD()（发送数据 Transmit Data 简写为 TXD），调用时：UART_TX(temperature)；显而易见，该语句的意思为串口发送温度数据。

主谓格式的命名大大增加了代码的可读性，必要时可出现宾语，多用于函数没有参数情况下。例如，一个函数的功能是 LCD 显示温度，而温度是全局变量，该函数不需要参数，此时可直接定义成 void LCD_Display_Temperature(void)。

④ 宏定义命名。

宏定义命名全部使用大写字母，单词数不限，但也不建议太长。可以加入数字和下画线，但不能以数字开头。由于宏定义的特殊性，所以建议宏定义函数时，采用动词性质，而宏定义常数时，采用名词性质。

⑤ 自定义类型命名。

自定义类型命名主要包括 typedef 定义新类型及结构体、共用体的类型名（非该类型变量名）。自定义的新类型名，建议首字母大写，只使用一个单词。定义该新类型变量时，命名规则参照变量命名规则。

（3）表达式编写风格：表达式编写最重要的问题是意义明确。C 语言中的不同运算符有不同结合顺序与优先级，为避免歧义导致运算不正常，建议用优先级最高的括号来明确运算顺序。为增加代码阅读性，运算符与其操作数之间建议添加空格。如"a=a+b;"写成"a ＝ a ＋ b;"，但需注意复合赋值运算符的两个运算符不能分开，如"+="不能写成"+ ="。

（4）源程序文件编写：单个函数代码量过长及单个文件中代码量过多严重影响阅读，因此应根据所设计的功能进行模块划分。一个模块对应一个源文件（.c 文件）与一个或多个库文件（.h 文件），一个函数只完成单一功能。

库文件起到对外接口的作用，因此常使用预处理指令如宏定义（#define）、条件编译（#ifdef、#ifndef、#endif）、头文件包含（#include），源文件与库文件程序设计内容如表 2.3.1 所示。

表 2.3.1 源文件与库文件程序设计内容

源文件（.c）	库文件（.h）
库文件包含指令（#include）	库文件包含指令（#include）
条件编译	条件编译
根据实际需要使用宏定义	宏定义（#define）
所有函数定义（必须有函数体） 内部函数声明（static，没有函数体）	外部函数声明（extern，不定义，没有函数体）
外部变量定义（必须赋初值） 静态外部变量定义（static，必须赋初值） 外部数组定义 静态内部数组定义（static）	外部变量声明（extern，不能赋值） 不定义内部变量 外部数组声明（const）
	自定义类型（typedef）

从表 2.3.1 中可知，库文件存放对外可见的变量、函数、数组等的声明。为防止多次包含库文件导致编译出错，库文件必须在文件开头和末尾加入条件编译，格式如下：

```
#ifndef  __全大写文件名_H__
#define  __全大写文件名_H__
…（库文件内容）
#enif
```

在定义外部变量、数组和函数时，不需要写 extern，因为默认是 extern。而在声明外部变量、数组和函数时，必须使用 extern 显式声明，这样做是为了让代码更直观。

其中，函数均应添加注释，写清楚函数入口、出口参数及其功能，甚至应用举例说明。

2.4 小结与思考

本章简要介绍了 C 语言的编程方法及使用 C 语言对 MSP430 单片机编程的特点，C 语言的标识符与关键字、数据的基本类型、运算符、程序基本结构、函数、数组与指针、预处理和结构体、位段定义以及 MSP430 的 C 语言编程特性等内容。

学习完本章内容，读者应该对使用 C 语言编程有所了解，学会查看 MSP430 单片机的头文件，并结合以下章节对 MSP430 单片机进行深入的学习和探讨。

习题与思考

2-1 叙述 16 位系统中的数据类型种类，以及各种数据类型在内存中所占的空间和可以表达的数值范围。

2-2　分析以下代码：

```
int i=10;
if (i<5) i=12;
if (i<15) i=22;
if (i<25) i=32;
```

说明该代码运行后，i 的值为多少？

若代码改为：

```
int i=10;
if (i<5) i=12;
else if (i<15) i=22;
else if (i<25) i=32;
```

则代码运行后，i 的值为多少？

2-3　若在程序中书写预处理代码，则程序编译并运行时，预处理命令是否会占用内存空间？解释其原因。

2-4　若想设置 MSP430 单片机的端口 P1.0 输出高电平，请写出实现该功能的完整语句，并解释这样写的原因。

第 3 章　MSP430 单片机通用输入/输出端口

输入/输出端口是单片机最基本的外围模块，是数据交互的基本途径。与单片机的大部分数据交换都是通过输入/输出端口实现的。同时输入/输出端口也是学习单片机首先要掌握的内容，掌握了输入/输出端口的使用后，才能进一步对单片机进行编程和调试。

本章导读：主要掌握 MSP430 通用输入/输出端口的配置，学会将端口配置为输入状态、输出状态。学会配置上下拉电阻、配置端口的推挽输出，并且可以根据外围电路适当调整 LED 驱动和按键检测程序。了解端口的复用功能，并学会编程使用。初学者建议细读 3.1 节，动手实践 3.2 节，并做好笔记，完成习题。

3.1　端口概述

单片机端口是单片机与外界交换信息基本的途径。根据所连接外部信号的性质，可分为数字端口与模拟端口。数字端口操作开关量，模拟端口操作模拟量。通常所讲的单片机端口泛指数字通用输入/输出端口（General-Purpose I/O，GPIO），是单片机学习过程中要掌握的最基础的资源。端口工作在输出状态时，通过编程使单片机端口输出高或低电平，从而向外部设备传输开关信息。例如，使用单片机控制外部的发光二极管（LED）的亮灭。端口工作在输入状态时，通过编程检测单片机端口高、低电平的状态，实现外部设备向单片机传输开关信息的功能，如使用单片机检测按键的按下与抬起。

端口除最基本的数字输入/输出功能外，MSP430 单片机还具有内部上拉、下拉和推挽输出等功能。此外，为了减少单片机端口数量，MSP430 单片机的一些特定外设资源端口（如定时器捕获、IIC 通信、串口、ADC 等）会与数字端口复用。通过编程配置相应寄存器，同一个端口可以工作在不同模式，给不同端口使用，实现相应的功能。

3.1.1　数字输入/输出端口介绍

单片机与外接的大部分数据交换都是通过数字信号完成的。对于 MSP430 单片机而言，其数字输入/输出端口（I/O 口）具有如下特点。

- 每个 I/O 口相互独立，可编程配置。
- 每个 I/O 口均可设置为输入、输出方向的任意组合。
- Port1 和 Port2 的所有端口具有独立可配置的中断功能，一些设备还包含额外中断端口。
- 每个端口具有独立的输入、输出数据寄存器。
- 每个 I/O 口都具有独立可配置的上拉或下拉电阻。

以 MSP430F5529 为例，其除去 USB 口（PU.0 和 PU.1）外，共有 9 组 I/O 口（Port1～Port8 和

PortJ）。其中，Port1～Port7 的每组端口都包含 8 个 I/O 口，即 Pin0～Pin7。Port8 和 PortJ 的每组端口包含 4 个 I/O 口，即 Pin0～Pin4。其中，PortJ 一般用作调试器端口，其余端口可被用户任意使用。我们通常所说的 P1.0，就是指端口 1 的 0 号引脚，即 Port1.Pin0。

以 MSP430F552x 为例，其 80 脚的 PN 封装下的引脚分布如图 3.1.1 所示。

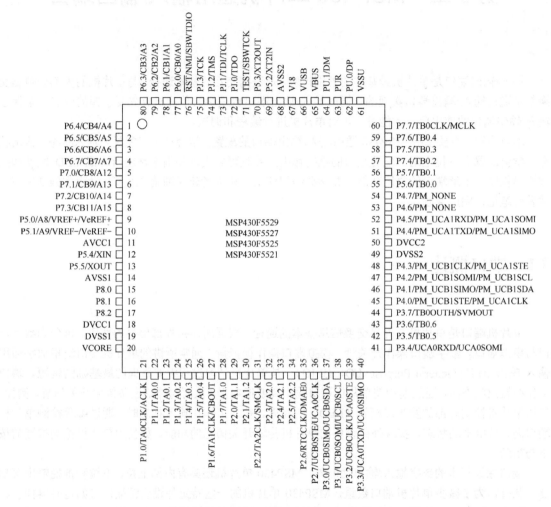

图 3.1.1　MSP430F552x 单片机 80 脚的 PN 封装下的引脚分布

表 3.1.1 列出了 MSP430F5529 单片机引脚的功能。

表 3.1.1　MSP430F5529 单片机引脚的功能

引 脚 名 称	输入/输出	功 能 描 述
P6.4/CB4/A4	I/O	通用数字 I/O 口 比较器 B 输入通道 CB4 ADC 模拟输入通道 A4
P6.5/CB5/A5	I/O	通用数字 I/O 口 比较器 B 输入通道 CB5 ADC 模拟输入通道 A5
P6.6/CB6/A6	I/O	通用数字 I/O 口 比较器 B 输入通道 CB6 ADC 模拟输入通道 A6

引 脚 名 称	输入/输出	功 能 描 述
P6.7/CB7/A7	I/O	通用数字 I/O 口 比较器 B 输入通道 CB7 ADC 模拟输入通道 A7
P7.0/CB8/A12	I/O	通用数字 I/O 口 比较器 B 输入通道 CB8 ADC 模拟输入通道 A12
P7.1/CB9/A13	I/O	通用数字 I/O 口 比较器 B 输入通道 CB9 ADC 模拟输入通道 A13
P7.2/CB10/A14	I/O	通用数字 I/O 口 比较器 B 输入通道 CB10 ADC 模拟输入通道 A14
P7.3/CB11/A15	I/O	通用数字 I/O 口 比较器 B 输入通道 CB11 ADC 模拟输入通道 A15
P5.0/A8/VREF+ /VeREF+	I/O	通用数字 I/O 口 ADC 模块参考电压输出 ADC 外部参考源输入 ADC 模拟输入通道 A8
P5.1/A9/VREF− /VeREF−	I/O	通用数字 I/O 口 两个参考源的 ADC 负端参考电压、内部参考电压或外部施加的参考电压 ADC 模拟输入通道 A9
AVCC1		模拟电路电源
P5.4/XIN	I/O	通用数字 I/O 口 晶体振荡器 XT1 的输入端
P5.5/XOUT	I/O	通用数字 I/O 口 晶体振荡器 XT1 的输出端
AVSS1		模拟电路地
P8.0	I/O	通用数字 I/O 口
P8.1	I/O	通用数字 I/O 口
P8.2	I/O	通用数字 I/O 口
DVCC1		数字电路电源
DVSS1		数字电路地
VCORE		稳压核心电源输出（仅内部使用）
P1.0/TA0CLK /ACLK	I/O	具备端口中断的通用数字 I/O 口 TA0 时钟信号输入 ACLK 输出（可被 1、2、4、8、16 或 32 分频）
P1.1/TA0.0	I/O	具备端口中断的通用数字 I/O 口 TA0 CCR0 捕获模式：CCI0A 输入 比较器模式：输出通道 0 BSL 数据输出

引脚名称	输入/输出	功能描述
P1.2/TA0.1	I/O	具备端口中断的通用数字 I/O 口 TA0 CCR1 捕获模式：CCI1A 输入 比较器模式：输出通道 1 BSL 数据接收
P1.3/TA0.2	I/O	具备端口中断的通用数字 I/O 口 TA0 CCR2 捕获模式：CCI2A 输入 比较器模式：输出通道 2
P1.4/TA0.3	I/O	具备端口中断的通用数字 I/O 口 TA0 CCR3 捕获模式：CCI3A 输入 比较器模式：输出通道 3
P1.5/TA0.4	I/O	具备端口中断的通用数字 I/O 口 TA0 CCR4 捕获模式：CCI4A 输入 比较器模式：输出通道 4
P1.6/TA1CLK /CBOUT	I/O	具备端口中断的通用数字 I/O 口 TA1 时钟信号 TA1CLK 输入 比较器 B 输出
P1.7/TA1.0	I/O	具备端口中断的通用数字 I/O 口 TA1 CCR0 捕获模式：CCI0A 输入 比较器模式：输出通道 0
P2.0/TA1.1	I/O	具备端口中断的通用数字 I/O 口 TA1 CCR1 捕获模式：CCI1A 输入 比较器模式：输出通道 1
P2.1/TA1.2	I/O	具备端口中断的通用数字 I/O 口 TA1 CCR2 捕获模式：CCI2A 输入 比较器模式：输出通道 2
P2.2/TA2CLK /SMCLK	I/O	具备端口中断的通用数字 I/O 口 TA2 时钟信号 TA2CLK 输入 SMCLK 输出
P2.3/TA2.0	I/O	具备端口中断的通用数字 I/O 口 TA2 CCR0 捕获模式：CCI0A 输入 比较器模式：输出通道 0
P2.4/TA2.1	I/O	具备端口中断的通用数字 I/O 口 TA2 CCR1 捕获模式：CCI1A 输入 比较器模式：输出通道 1
P2.5/TA2.2	I/O	具备端口中断的通用数字 I/O 口 TA2 CCR2 捕获模式：CCI2A 输入 比较器模式：输出通道 2
P2.6/RTCCLK /DMAE0	I/O	具备端口中断的通用数字 I/O 口 RTC 时钟校准输出 DMA 外部触发输入

续表

引 脚 名 称	输入/输出	功 能 描 述
P2.7/UCB0STE /UCA0CLK	I/O	具备端口中断的通用数字 I/O 口 从机发送使能——USCI_B0 的 SPI 模式 时钟信号输入——USCI_A0 的 SPI 从机模式 时钟信号输出——USCI_A0 的 SPI 主机模式
P3.0/UCB0SIMO /UCB0SDA	I/O	通用数字 I/O 口 从机输入，主机输出——USCI_B0 的 SPI 模式 IIC 数据端口——USCI_B0 的 IIC 模式
P3.1/UCB0SOMI /UCB0SCL	I/O	通用数字 I/O 口 从机输出，主机输入——USCI_B0 的 SPI 模式 IIC 时钟端口——USCI_B0 的 IIC 模式
P3.2/UCB0CLK /UCA0STE	I/O	通用数字 I/O 口 从机发送使能——USCI_A0 的 SPI 模式 时钟信号输入——USCI_B0 的 SPI 从机模式 时钟信号输出——USCI_B0 的 SPI 主机模式
P3.3/UCA0TXD /UCA0SIMO	I/O	通用数字 I/O 口 数据输出——USCI_A0 的 UART 模式 从机输入，主机输出——USCI_A0 的 SPI 模式
P3.4/UCA0RXD /UCA0SOMI	I/O	通用数字 I/O 口 数据接收——USCI_A0 的 UART 模式 从机输出，主机输入——USCI_A0 的 SPI 模式
P3.5/TB0.5	I/O	通用数字 I/O 口 TB0 CCR5 捕获模式：CCI5A 输入 比较器输出模式：输出通道 5
P3.6/TB0.6	I/O	通用数字 I/O 口 TB0 CCR6 捕获模式：CCI6A 输入 比较器输出模式：输出通道 6
P3.7/TB0OUTH /SVMOUT	I/O	通用数字 I/O 口 切换所有 PWM 输出或高阻抗输入——TB 模式 SVM 输出
P4.0/PM_UCB1STE /PM_UCA1CLK	I/O	具有可重构端口映射辅助功能的通用数字 I/O 口 默认映射：从机发送使能——USCI_B1 的 SPI 模式 默认映射：时钟信号输入——USCI_A1 的 SPI 从机模式 默认映射：时钟信号输出——USCI_A1 的 SPI 主机模式
P4.1/PM_UCB1SIMO /PM_UCB1SDA	I/O	具有可重构端口映射辅助功能的通用数字 I/O 口 默认映射：从机输入，主机输出——USCI_B1 的 SPI 模式 默认映射：IIC 数据端口——USCI_B1 的 IIC 模式
P4.2/PM_UCB1SOMI /PM_UCB1SCL	I/O	具有可重构端口映射辅助功能的通用数字 I/O 口 默认映射：从机输出，主机输入——USCI_B1 的 SPI 模式 默认映射：IIC 时钟端口——USCI_B1 的 IIC 模式
P4.3/PM_UCB1CLK /PM_UCA1STE	I/O	具有可重构端口映射辅助功能的通用数字 I/O 口 默认映射：从机发送使能——USCI_A1 的 SPI 模式 默认映射：时钟信号输入——USCI_B1 的 SPI 从机模式 默认映射：时钟信号输出——USCI_B1 的 SPI 主机模式

引脚名称	输入/输出	功能描述
DVSS2		数字电路地
DVCC2		数字电路电源
P4.4/PM_UCA1TXD /PM_UCA1SIMO	I/O	具有可重构端口映射辅助功能的通用数字 I/O 口 默认映射：数据输出——USCI_A1 的 UART 模式 默认映射：从机输入，主机输出——USCI_A1 的 SPI 模式
P4.5/PM_UCA1RXD /PM_UCA1SOMI	I/O	具有可重构端口映射辅助功能的通用数字 I/O 口 默认映射：数据输入——USCI_A1 的 UART 模式 默认映射：从机输出，主机输入——USCI_A1 的 SPI 模式
P4.6/PM_NONE	I/O	具有可重构端口映射辅助功能的通用数字 I/O 口 默认映射：没有第二功能
P4.7/PM_NONE	I/O	具有可重构端口映射辅助功能的通用数字 I/O 口 默认映射：没有第二功能
P5.6/TB0.0	I/O	通用数字 I/O 口 TB0 CCR0 捕获模式：CCI0A 输入 比较模式：输出通道 0
P5.7/TB0.1	I/O	通用数字 I/O 口 TB0 CCR1 捕获模式：CCI1A 输入 比较模式：输出通道 1
P7.4/TB0.2	I/O	通用数字 I/O 口 TB0 CCR2 捕获模式：CCI2A 输入 比较模式：输出通道 2
P7.5/TB0.3	I/O	通用数字 I/O 口 TB0 CCR3 捕获模式：CCI3A 输入 比较模式：输出通道 3
P7.6/TB0.4	I/O	通用数字 I/O 口 TB0 CCR4 捕获模式：CCI4A 输入 比较模式：输出通道 4
P7.7/TB0CLK /MCLK	I/O	通用数字 I/O 口 TB0 时钟信号 TBCLK 输入 MCLK 输出
VSSU		USB 的 PHY 地电源
PU.0/DP	I/O	通用数字 I/O 口，被 USB 控制寄存器控制 USB 数据终端 DP
PUR	I/O	USB 上拉电阻端口（开漏输出）。PUR 端口的电压等级用来激活默认的 USB BSL 建议连接 1MΩ 电阻到地
PU.1/DM	I/O	通用数字 I/O 口，被 USB 控制寄存器控制 USB 输入终端 DM
VBUS		USB 的 LDO 输入（连接到 USB 电源）
VUSB		USB 的 LDO 输出
V18		USB 调节器电源（仅内部使用，不向外提供电流）
AVSS2		模拟电路地
P5.2/XT2IN	I/O	通用数字 I/O 口 晶体振荡器 XT2 的输入终端

续表

引脚名称	输入/输出	功能描述
P5.3/XT2OUT	I/O	通用数字 I/O 口 晶体振荡器 XT2 的输出终端
TEST/SBWTCK	I	测试模式端口——选择 4 线 JTAG 调试 激活 Spy-Bi-Wire 调试时，功能为 Spy-Bi-Wire 输入时钟
PJ.0/TDO	I/O	通用数字 I/O 口 JTAG 测试数据输出端口
PJ.1/TDI/TCLK	I/O	通用数字 I/O 口 JTAG 测试数据输入端口
PJ.2/TMS	I/O	通用数字 I/O 口 JTAG 测试模式选择
PJ.3/TCK	I/O	通用数字 I/O 口 JTAG 测试时钟
$\overline{\text{RST}}$ /NMI/SBWTDIO		复位输入，低电平使能 不可屏蔽中断输入 当 Spy-Bi-Wire 激活时，Spy-Bi-Wire 数据输入/输出
P6.0/CB0/A0	I/O	通用数字 I/O 口 比较器 B 输入通道 CB0 ADC 模拟输入通道 A0
P6.1/CB1/A1	I/O	通用数字 I/O 口 比较器 B 输入通道 CB1 ADC 模拟输入通道 A1
P6.2/CB2/A2	I/O	通用数字 I/O 口 比较器 B 输入通道 CB2 ADC 模拟输入通道 A2
P6.3/CB3/A3	I/O	通用数字 I/O 口 比较器 B 输入通道 CB3 ADC 模拟输入通道 A3

　　MSP430F5529 单片机的 PN 封装一共有 80 个引脚，具备基本的 I/O 功能和多种复用功能，以及基本的电源功能。其中电源分为数字电源和模拟电源两种，这两种电源分别为单片机的数字部分和模拟部分供电，一般情况下可以公用一个电源，但在某些高精度测量场合，需要隔离供电。单片机的所有电源接口均需要电源供给，否则单片机的某些模块可能无法工作。此外，MSP430F5529还具备一个 USB 电源，VBUS 可以直接供给 5V 电源，经过片内线性稳压器（LDO），可在端口 VUSB生成稳定 3.3V 电压供单片机和外围模块使用，驱动电流最大为 60mA。

　　MSP430F5529 单片机的每个 I/O 口都可以单独配置为输入或输出方向，并且每个 I/O 口都可以单独读取或写入。每个 I/O 线路可单独配置为上拉或下拉电阻，还可配置端口的驱动能力为强驱动能力或弱驱动能力。

　　对于 MSP430 系列的所有单片机，其端口 P1 和端口 P2 的所有 I/O 口都具有外部中断能力，并且可配置中断触发的边沿为上升沿或下降沿。所有 P1 的 I/O 口都具有一个中断向量 P1IV，所有P2 的 I/O 口具有另一个中断向量 P2IV。在一些设备上，其他端口可能也具有中断能力，请查阅特定设备的数据表。

　　MSP430 单片机数字 I/O 口的输入方向带有施密特触发器，可以对输入的信号进行整形，降低输入信号的畸变，防止读出错误数据。GPIO 施密特触发器输入特性如表 3.1.2 所示。输入状态的上拉、下拉电阻为弱上拉和弱下拉，这样可以降低大电流对端口电压的影响。表 3.1.2 列出了 V_{CC}=3V 时，MSP430F5529 单片机 I/O 口的部分性能指标，其他详细性能指标，读者可自行查看 MSP430F5529 数据手册。

表 3.1.2　MSP430F5529 单片机 I/O 口的部分性能指标

参　数	测 试 条 件	最 大 值	典 型 值	最 小 值	单 位
V_{IT+}：正向输入阈值电压	—	1.50		2.10	V
V_{IT-}：负向输入阈值电压	—	0.75		1.65	V
V_{hys}：输入电压滞后（$V_{IT+}-V_{IT-}$）	—	0.40		1.00	V
R_{PULL}：上下拉电阻值	对于上拉：$V_{IN}=V_{SS}$ 对于下拉：$V_{IN}=V_{CC}$	20	35	50	kΩ
C_I：输入电容	$V_{IN}=V_{SS}$ 或 V_{CC}		5		pF

GPIO 输出特性如表 3.1.3 所示，为保证输出电压在该表所列的范围内，要求在强驱动模式下，MSP430F5529 单片机整体极端电流不得超过±100mA；在弱驱动模式下，单片机整体极端输出电流不得超过±48mA。

表 3.1.3　GPIO 输出特性

参　数	测 试 条 件	强驱动能力	弱驱动能力	最　小	最　大	单 位
V_{OH} 高电平输出电压	$I_{(OHmax)}=$	−5mA	−2mA	V_{CC}−0.25	V_{CC}	V
	$I_{(OHmax)}=$	−15mA	−6mA	V_{CC}−0.60	V_{CC}	V
V_{OL} 低电平输出电压	$I_{(OLmax)}=$	5mA	2mA	V_{SS}	V_{SS}+0.25	V
	$I_{(OLmax)}=$	15mA	6mA	V_{SS}	V_{SS}+0.60	V
f_{port_CLK} 输出频率	V_{CC}=3V，PMMCOREVx=3				25	MHz

图 3.1.2 所示是 MSP430F5529 单片机的 Port1 的逻辑框图，表 3.1.4 列出了其端口的功能，以此为例介绍 MSP430 单片机的数字 I/O 口功能。每个框表示一个功能部件，每个正方形黑点表示一个控制位。一般而言，若黑点的引出线直接和某部件相连，则说明该控制位"1"有效；若黑点直线末端带圆圈与某部件连接，则说明该控制位"0"有效。

梯形框表示多路选择器，它负责从多个输入通道中选择一个作为输出，具体由与其连接的控制位决定。如上下拉电阻的选择，在上下拉电阻使能开关闭合的情况下，若控制位 P1OUT.x 为 1，则接通 DVCC，即上拉；若 P1OUT.x 为 0，则接通 DVSS，即下拉。P1DIR.x 表示 P1DIR 端口方向控制寄存器的某一位，P1SEL.x 是端口复用选择位。例如，P1DIR.0 表示 P1DIR 寄存器的第 0 位。例如：

```
P1DIR|=00000001b;
```

该代码功能为：将 P1DIR 与 0x01 进行"与"运算，并赋值给 P1DIR，从而将 P1DIR 的第 0 位（P1DIR.0）置位，即 P1DIR.0=1，则端口 P1.0 被配置为输出模式。

端口一般都有复用功能，且复用功能不止一种，所以需要通过 P1DIR.x 和 P1SEL.x 配合来选择端口的复用功能。例如：

```
P1DIR|=00000001b;
P1SEL|=00000001b;
```

即 P1DIR.0=1，P1SEL.0=1。根据表 3.1.4 可以得到 P1.0 被选择为 ACLK 功能，深入学习统一时钟系统可以了解这个功能是 ACLK 时钟输出，所以执行完以上代码后，在 P1.0 上就可以检测到 ACLK 时钟信号。

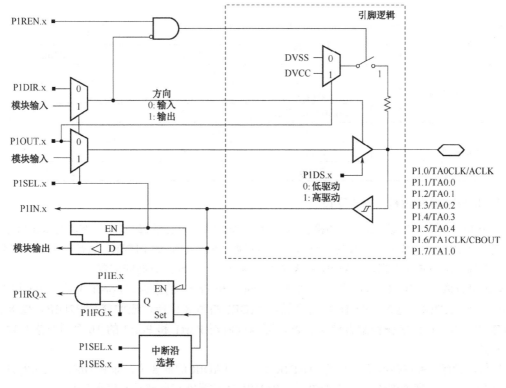

图 3.1.2　Port1 的逻辑框图

以此类推，单片机各模块的工作状态基本都是通过配置相应的寄存器实现的。

表 3.1.4　端口（P1.0～P1.7）的功能

端口名称（P1.x）	x	功　　能	控制位或信号	
			P1DIR.x	P1SEL.x
P1.0/TA0CLK/ACLK	0	P1.0（I/O）	输入：0；输出：1	0
		TA0CLK	0	1
		ACLK	1	1
P1.1/TA0.0	1	P1.1（I/O）	输入：0；输出：1	0
		TA0.CCI0A	0	1
		TA0.0	1	1
P1.2/TA0.1	2	P1.2（I/O）	输入：0；输出：1	0
		TA0.CCI1A	0	1
		TA0.1	1	1
P1.3/TA0.2	3	P1.3（I/O）	输入：0；输出：1	0
		TA0.CCI2A	0	1
		TA0.2	1	1
P1.4/TA0.3	4	P1.4（I/O）	输入：0；输出：1	0
		TA0.CCI3A	0	1
		TA0.3	1	1
P1.5/TA0.4	5	P1.5（I/O）	输入：0；输出：1	0
		TA0.CCI4A	0	1
		TA0.4	1	1

续表

端口名称（P1.x）	x	功　能	控制位或信号	
			P1DIR.x	P1SEL.x
P1.6/TA1CLK/CBOUT	6	P1.6（I/O）	输入：0；输出：1	0
		TA1CLK	0	1
		CBOUT 比较器 B	1	1
P1.7/TA1.0	7	P1.7（I/O）	输入：0；输出：1	0
		TA1.CCI0A	0	1
		TA1.0	1	1

1．MSP430 单片机配置 I/O 口

每个 I/O 口都可通过配置相应的寄存器来设置为输入、输出或端口复用状态。与 I/O 口相关的寄存器有 PxDIR、PxOUT、PxIN 等。这里的 x 可以取 1~8 或 J，如 P1DIR，这是一个 8 位寄存器，通过字节操作配置该寄存器，可对 P1 的 8 个引脚进行输入、输出方向的配置。

x 也可以取 A、B、C、D，即 PortA 表示 Port1 和 Port2 的集合，PortB 表示 Port3 和 Port4 的集合。如 PADIR，这是一个 16 位寄存器，PADIR 的高 8 位所对应的就是 P2DIR，低 8 位对应的是 P1DIR。通过字操作配置该寄存器，可以同时对 Port1 和 Port2 的 16 个引脚进行输入、输出配置。

另外，还有一种寄存器配置方式，PADIR_L 表示 PADIR 的低 8 位，即 P1DIR；PADIR_H 表示 PADIR 的高 8 位，即 P2DIR。如 PADIR_L、PADIR_H 这类寄存器都是 8 位寄存器。

例如，以下三条语句功能是等效的。

```
P1DIR=0x02;    P2DIR=0x04;     // 通过字节操作，配置P1.1和P2.2为输出功能
PADIR_L=0x02;  PADIR_H=0x04;   // 通过字节操作，配置P1.1和P2.2为输出功能
PADIR=0x0402;                  // 通过字节操作，配置P1.1和P2.2为输出功能
```

以 P1DIR 为例，说明如何对寄存器进行配置。当 P1DIR（端口方向寄存器）的相应位写 1 时，就把相应端口的引脚设置为输出状态。将 0x01（00000001b）赋值给寄存器 P1DIR，就是把 P1DIR 的第 0 位写 1，对应到引脚就是将 P1.0 设置为输出状态；将 0x03（00000011b）赋值给寄存器 P1DIR，就是把 P1.1 和 P1.0 都设置为输出状态，以此类推。在 MSP430F5529 头文件里，把 0x0001 宏定义为 BIT0，把 0x0002 宏定义为 BIT1，以此类推。所以我们只需如下代码，即可实现端口输出功能的配置。

```
P1DIR = BIT0;      //通过字节操作，将P1.0配置为输出功能
PADIR=BIT0;        //通过字节操作，将P1.0配置为输出功能
PADIR_L=BIT0;      //通过字节操作，将P1.0配置为输出功能
```

一般情况下，不使用"="，而使用"|="，这样可以在不影响其他位的情况下配置想要的位，例如：

```
P1DIR |= BIT0;     //将P1DIR的第0位写1
P1DIR &=~BIT0;     //将P1DIR的第0位清零
```

上述两条语句可以在不影响 P1DIR 其他位的情况下，将 P1DIR 的第 0 位写 1 或清零。这样写的好处在于，只配置寄存器中想要的位，而其他位的状态保持不变，可以有效防止错误的赋值操作对寄存器其他功能位带来的影响。

2．端口输入状态

默认情况下，PxDIR 都为 0，即所有 I/O 口都为输入状态。在 MSP430F5529 中，每个 I/O 口都集成了上下拉电阻功能，可以通过软件，方便地配置上下拉电阻。上下拉电阻只能用于输入状态。

置位 PxREN.n（n 用来代表某一位），使能上下拉电阻功能。PxOUT.n=1 表示配置上拉电阻；PxOUT.n=0 表示配置下拉电阻。可以通过读取 PxIN 的值，来判断输入该端口的电压是高电平还是低电平。

例如，将 P1.1 配置为输入状态，并使能上拉电阻的代码：

```
P1DIR &= ~BIT1;      //设置P1.1为输入状态
P1REN |= BIT1;       //使能上下拉电阻
P1OUT |= BIT1;       //P1.1配置上拉电阻
```

在输入状态下，P1 和 P2 的所有 I/O 口都具有中断能力，也就是说 MSP430F5529 有 16 个外部中断 I/O 口，外部中断会在后续章节详细介绍。

3. 端口输出状态

配置 PxDIR.n=1，可以将相应的 I/O 口配置为输出状态。在输出状态下，PxREN 是无效的，PxIN 也是无效的。PxOUT.n=0 表示输出低电平（0V）；PxOUT.n=1 表示输出高电平。PxDS 是驱动能力寄存器。PxDS.n=0 表示弱驱动能力；PxDS.n=1 表示强驱动能力。至于驱动能力有多强，可以查看设备数据手册。MSP430F5529 的 I/O 口，弱驱动能力每个 I/O 口能提供的驱动电流为 6mA，强驱动能力时为 15mA。但注意总的驱动电流不能超过 100mA。关于详细配置介绍，读者可查看手册。

4. 端口复用状态

基本上每个 I/O 口都有端口复用功能，可通过配置 PxSEL.n 把相应的 I/O 口配置为复用功能。有的 I/O 口的复用功能不止一个，例如，P1.1 的复用功能既可以是 TA0CLK（定时器 A0 时钟输入），也可以是 ACLK（ACLK 时钟输出）。这时就要结合 PxDIR 来确定 I/O 口的复用功能。如以下代码可以配置 P1.0 为 ACLK 时钟输出。

```
P1DIR |= BIT0;       //将P1.0设置为输出状态
P1SEL |= BIT0;       //将P1.0复用为ACLK时钟输出功能
```

如下代码可以配置 P1.0 为定时器 A0 时钟输入。

```
P1DIR &=~BIT0;       //将P1.0设置为输入状态
P1SEL |= BIT0;       //将P1.0复用为定时器A0时钟输入
```

关于 I/O 口的复用功能，会在后续的章节详细介绍。

3.1.2　数字输入/输出端口寄存器

MSP430 单片机每个寄存器 x 的第 n 位配置 I/O 口 Px.n 的状态。例如，P1DIR 的第 0 位，就是 P1.0 的状态。P1DIR 等价于 PADIR_L；P2DIR 等价于 PADIR_H。P1DIR 和 P2DIR 合并起来就是 PADIR。我们也可以直接对 PADIR 进行配置。P3、P4 等端口以此类推。

"rw"表示该寄存器可读可写。

"r"表示只读。

"-0"表示默认值为 0。

"-1"表示默认值为 1。

各寄存器如表 3.1.5～表 3.1.10 所示。

表 3.1.5　PxDIR　端口 x 方向寄存器

7	6	5	4	3	2	1	0
			PxDIR				
rw-0	rw-0	rw-0	rw-0	rw-0	rw-0	rw-0	rw-0

PxDIR：端口 x 方向。0=输入；1=输出。

例如：

```
P1DIR |= BIT0;      //将P1.0设置为输出功能（Port1其他端口保持原来的状态）
```

表 3.1.6　PxOUT　端口 x 输出寄存器

7	6	5	4	3	2	1	0
			PxOUT				
rw	rw	rw	rw	rw	rw	rw	rw

PxOUT：端口 x 输出。当 I/O 口被配置为输出模式时：0=输出低电平；1=输出高电平。

当 I/O 口配置为输入状态，且上下拉电阻使能（PxREN.n=1）时：0=选择下拉电阻；1=选择上拉电阻。

例如，输出状态下的配置：

```
P1DIR |= BIT0;      //将P1.0设置为输出功能
P1OUT |= BIT0;      //设置P1.0输出高电平
```

输入状态下的配置：

```
P1DIR &=~ BIT0;     //将P1.0设置为输入功能
P1REN |= BIT0;      //使能P1.0上下拉电阻
P1OUT |= BIT0;      //设置P1.0连接上拉电阻
```

表 3.1.7　PxIN　端口 x 输入寄存器

7	6	5	4	3	2	1	0
			PxIN				
r	r	r	r	r	r	r	r

PxIN：端口 x 输入。反映 I/O 口的输入状态是高电平还是低电平。

例如：

```
if（P1IN&BIT1）      //判断P1.1是否为高电平
```

表 3.1.8　PxREN　上下拉电阻使能寄存器

7	6	5	4	3	2	1	0
			PxREN				
rw-0	rw-0	rw-0	rw-0	rw-0	rw-0	rw-0	rw-0

PxREN：端口 x 上下拉电阻使能。当相应端口配置为输入时，置位此位将使能上下拉电阻。0=上下拉电阻禁用；1=上下拉电阻使能。

例如：

```
P1DIR &=~ BIT0;     //将P1.0设置为输入功能
P1REN |= BIT0;      //使能P1.0上下拉电阻
P1OUT |= BIT0;      //设置P1.0连接上拉电阻
```

表 3.1.9　PxDS　驱动能力寄存器

7	6	5	4	3	2	1	0
			PxDS				
rw-0	rw-0	rw-0	rw-0	rw-0	rw-0	rw-0	rw-0

PxDS：端口 x 驱动能力。0=弱驱动能力；1=强驱动能力。

例如：

```
P1DIR |= BIT0;        //设置P1.0为输出状态
P1DS  |= BIT0;        //设置P1.0为强驱动能力
```

表 3.1.10　PxSEL　端口 x 功能选择寄存器

7	6	5	4	3	2	1	0
PxSEL							
rw-0	rw-0	rw-0	rw-0	rw-0	rw-0	rw-0	rw-0

PxSEL：端口 x 功能选择。0=选择普通 I/O 口功能；1=选择外围模块功能。

例如，将 P1.0 复用 ACLK 输出功能：

```
P1DIR |= BIT0;        //将P1.0设置为输出状态
P1SEL |= BIT0;        //将P1.0复用为ACLK时钟输出功能
```

例如，将 P1.0 复用为 TA0CLK 时钟输入功能：

```
P1DIR &=~BIT0;        //将P1.0设置为输入状态
P1SEL |= BIT0;        //将P1.0复用为定时器A0时钟输入
```

3.2　数字输入/输出端口应用实例

数字输入/输出端口应用实例介绍使用 MSP430 单片机 GPIO 实现简单的发光二极管（LED）指示和按键读取功能，并简单介绍如何使用数字输入/输出端口的复用功能。

3.2.1　端口输出控制发光二极管

LED 亮灭电路是常见的单片机应用电路，常用于灯光指示场合。在其两端施加正向电压，满足 LED 导通条件，流过一定的电流（额定电流内）即可发光。

不同的 LED 的额定电压和额定电流不同，一般而言，红色或绿色的 LED 工作电压为 1.7~2.4V，蓝色或白色的 LED 工作电压为 2.7~4.2V，常见直径为 3mm 或 0805 封装的 LED 工作电流为 2~10mA。

LED 的驱动电流计算方法一般直接用驱动电压除以限流电阻阻值，粗略计算可以忽略 LED 的导通电阻。使用单片机驱动 LED 一般有两种方式，即拉电流和灌电流。

拉电流是端口输出为高电平时的负载电流。具体而言，将 LED 和电阻与单片机 I/O 口相连，LED 负极连接 GND，单片机 I/O 口输出高电平即可在 LED 两端产生正向电压，从而点亮 LED。这种驱动方式会因为单片机 I/O 口驱动能力的不同而产生驱动效果的差别。

灌电流是端口输出为低电平时的负载电流。具体而言，将负载的正极连接驱动电源，而负极连接芯片的 I/O 口，当 I/O 口输出低电平时，产生电压差，从而驱动负载。一般而言，单片机灌电流的能力比拉电流强很多，所以一般采用灌电流方式驱动 LED。图 3.2.1（a）所示电路为采用灌电流驱动方式。而图 3.2.1（b）则采用了拉电流驱动方式。

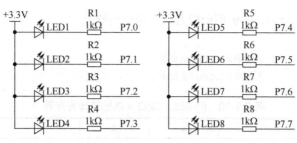

（a）灌电流驱动方式

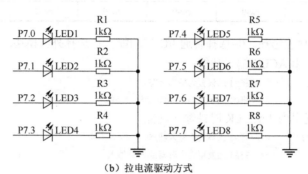

（b）拉电流驱动方式

图 3.2.1　驱动方式

这里采用灌电流的方式，通过单片机程序控制 P7 口所连的 LED 进行周期闪烁，其代码如下：

```
#include "MSP430F5529.h"
void main ( void )
{
  WDTCTL = WDTPW + WDTHOLD;          //关闭看门狗，防止超时复位
  P7DIR = 0xFF;                      //将Port4所有端口设置为输出
  P7OUT = 0XFF;                      //将Port7所有端口输出高电平
  while (1)
  {
    P7OUT ^= 0XFF;                   //异或运算，将Port7所有位状态取反
    __delay_cycles (500000);         //延时500000个时钟周期，大概0.5s
  }
}
```

该代码功能为：设置 Port7 所有端口（P7.0～P7.7，对应开发板上的 8 个 LED），每过 500000 个时钟周期（时钟频率约为 1MHz，500000 个时钟周期即为 0.5s）通过异或操作使输出状态反转。

实例现象：通过示波器测量 LED 两端电压信号，可观察到示波器上有 1Hz 左右的方波信号，且 8 个 LED 约以 1s 为周期闪烁。

3.2.2　端口输入读取按键

按键电路是单片机常见的信号输入电路，常用于控制场合。按键一端与 I/O 口连接，另一端连接一个稳定的电平（高电平 VCC 或低电平 GND）。当按键按下后，按键导通，即相当于一根导线，将单片机 I/O 口与 VCC 或 GND 连接，从而在 I/O 口上产生一个稳定的电平。一般单片机通过检测按键未按下和按下时电平的差别来判断按键是否按下，故按键未按下时，也要保持单片机 I/O 口有一个稳定的电压，这时需要采用上拉或下拉电阻完成。图 3.2.2 所示为按键应用的两种典型电路。

（a）上拉电阻按键检测应用电路　　　　　（b）下拉电阻按键检测应用电路

图 3.2.2　按键应用的两种典型电路

R1 为上拉或下拉电阻，R2 为限流电阻，防止单片机 I/O 口因误操作而被烧毁。在图 3.2.2（a）中，R1 为上拉电阻，当按键未按下时，I/O 口保持稳定的高电平，当按键按下后，经分压可得 I/O 口变为低电平，产生下降沿；在图 3.2.2（b）中，R1 为下拉电阻，当按键未按下时，I/O 口保持稳定的低电平，当按键按下后，经分压可得 I/O 口变为高电平，产生上升沿。单片机可通过检测 I/O 口电平或跳变沿实现按键的检测。MSP430 单片机通常具备内部上拉或下拉 I/O 口的能力，不需要额外的外部的上拉或下拉电阻。

按键按下时，会有抖动。如图 3.2.3 所示，按键按下和抬起瞬间的电平会有毛刺，这可能会导致单片机误判，故检测按键一般需要进行消抖操作，在软件程序中可采用延时消抖，在硬件上可以通过并联电容的方式实现消抖，按键消抖可以提高读取按键的稳定性。

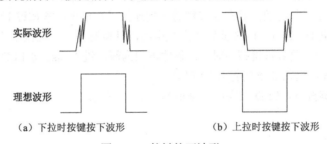

（a）下拉时按键按下波形　　　　　（b）上拉时按键按下波形

图 3.2.3　按键按下波形

在本实例中，按键工作电路如图 3.2.4 所示。

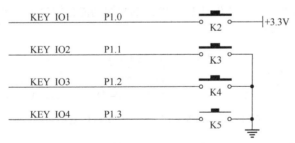

图 3.2.4　按键工作电路

其中，按键 K2 连接 VCC，需要接下拉电阻使用，K3、K4、K5 连接 GND，需要接上拉电阻使用。本实例要求通过单片机配置内部上拉或下拉电阻，检测按键是否按下。若按键按下，则点亮对应的 LED；若按键抬起，则熄灭对应的 LED。其代码如下：

```
#include <msp430f5529.h>
void main ()
{
  WDTCTL = WDTPW + WDTHOLD;                //关闭看门狗
  P7DIR |= BIT0+BIT1+BIT2+BIT3;           //P7.0到P7.3设置为输出
  P7OUT |= BIT0+BIT1+BIT2+BIT3;           //P7.0到P7.3输出高电平（LED）熄灭


  P1DIR &= ~ (BIT0+BIT1+BIT2+BIT3);       //P1.0到P1.3设置为输入
  P1REN |= BIT0+BIT1+BIT2+BIT3;           //使能上拉电阻
```

```
P1OUT &=~BIT0;                          //为P1.0配置下拉电阻
P1OUT |= BIT1+BIT2+BIT3;                //为P1.1到P1.3配置上拉电阻
while (1)
{
  if (! (P1IN & BIT0)) P7OUT |= BIT0;   //扫描各按键端口输入状态，判断按键是否按下
  else            P7OUT &=~ BIT0;       //若按键按下，则对应LED点亮
  if (P1IN & BIT1) P7OUT |= BIT1;       //若按键没有按下，则对应LED熄灭
  else            P7OUT &=~BIT1;
  if (P1IN & BIT2) P7OUT |= BIT2;
  else            P7OUT &=~ BIT2;
  if (P1IN & BIT3) P7OUT |= BIT3;
  else            P7OUT &=~ BIT3;
}
}
```

该代码功能为：设置 P7.0～P7.3 为输出状态，初始输出高电平（LED 熄灭）；设置 P1.0～P1.3 为输入状态，其中 P1.0 配置下拉电阻，P1.1～P1.3 配置上拉电阻，在 while 循环中扫描按键的状态，其中因为 P1.0 配置了下拉电阻，且对应按键另一端连接了高电平，故按键 P1.0 未按下时输入低电平，按下后输入高电平。P1.1～P1.3 配置了上拉电阻，且按键另一端连接了低电平，故其工作状态与 P1.0 完全相反。当检测到按键按下时，if 条件语句为假，进入 else 将 LED 点亮，当按键未按下时，if 条件语句为真，进入 if 语句将 LED 熄灭。

实例现象：按键按下，LED 点亮；按键抬起，LED 熄灭。

3.2.3　端口复用

端口复用是单片机的重要功能，通过端口复用实现单片机外设的功能。MSP430F5529 单片机的引脚具有强大的复用功能，如 P1.0、P2.2、P7.7 的复用功能分别为 ACLK、SMCLK 和 MCLK 时钟信号输出，如图 3.2.5 所示。

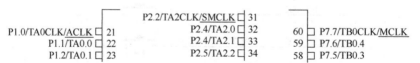

图 3.2.5　MSP430F5529 单片机端口复用功能

本实例实现输出单片机时钟信号功能，其代码如下：

```
#include "MSP430F5529.h"
void main ( void )
{
  WDTCTL = WDTPW + WDTHOLD;
  P1SEL |= BIT0;        //设置P1.1为复用功能
  P1DIR |= BIT0;        //P1.0设置输出，结合上一条语句，则P1.1的复用功能为ACLK输出
  P2SEL |= BIT2;
  P2DIR |= BIT2;        //SMCLK输出端
  P7SEL |= BIT7;
  P7DIR |= BIT7;        //MCLK输出端
  while (1);            //防止程序跑飞
}
```

该代码功能为：通过配置 PxSEL 寄存器实现端口复用功能，将单片机的 P1.0、P2.2 和 P7.7 配

置为复用功能，即 ACLK、SMCLK 和 MCLK 时钟输出。

以上所述的 3 个时钟信号在单片机的开发应用中十分重要，后续章节会详细介绍 MSP430 单片机时钟配置，以及如何计算时钟频率。

实例现象：通过示波器观察 P1.0、P2.2 和 P7.7 端口有频率分别为 32kHz、1MHz 和 1MHz 的时钟信号。

3.3　小结与思考

本章简单介绍了 MSP430 单片机的通用输入/输出端口，说明了如何将 GPIO 配置为输入/输出功能，以及上下拉功能、如何提高 GPIO 的驱动能力，并介绍了 GPIO 的端口复用功能，提及了单片机内部时钟信号的输出，为第 4 章的学习做铺垫。

学习完本章内容后，读者应该对 GPIO 有了充分的认识，掌握 MSP430 单片机的 GPIO 特性，如驱动能力、驱动电平等，并可通过手册对端口的各类电气参数进行查阅。可通过编程掌握 MSP430F5529 单片机寄存器配置的方法和特点，掌握通过字节（8bit）或字（16bit）操作寄存器。掌握配置寄存器时，容易出现的错误和解决方法，为今后的学习打下良好基础。

习题与思考

3-1　假设 P1.0～P1.7 分别连接到了 8 个 LED，LED 的负极通过一个 1kΩ 的电阻接地，LED 分别命名为 LED0～LED7，电路图如图 3.3.1 所示，如何将这些 LED 全部点亮？

3-2　单片机执行"P1DIR=0XFF"将 P1.0～P1.7 配置为输出后，单片机又执行了"P1OUT=0x01；P1OUT|=0x22；"，则哪些 LED 会被点亮？若执行完"P1DIR=0xFF"后，单片机又执行了"P1OUT=0x01；P1OUT=0x22；"，则哪些 LED 会被点亮？

3-3　若采用图 3.3.2 所示接法，如何将 LED 点亮？

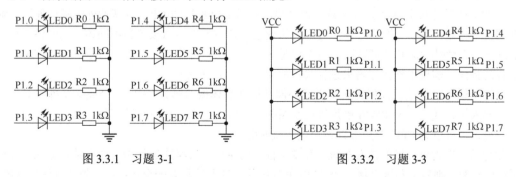

图 3.3.1　习题 3-1　　　　　　　　　图 3.3.2　习题 3-3

3.4　如图 3.3.3 所示，当按键按下后，"P1IN&BIT1"计算结果是 0x02 还是其他值？

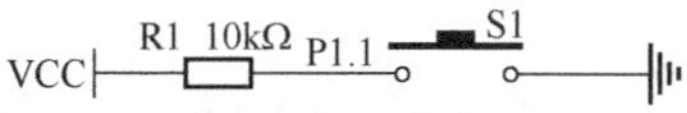

图 3.3.3　习题 3-4

第 4 章　MSP430 单片机时钟系统与低功耗模式

　　时钟系统是单片机运行必不可少的系统，它直接决定单片机的运行速度和稳定性。时钟系统的基本作用是产生 CPU 运行所需的时钟信号，以及为其他外围模块（如定时器、通信模块等）提供时钟信号。时钟频率越快，单片机的处理速度越快，但耗电也随之增大。一般应用场合都需要平衡单片机的性能和功耗，从而实现最佳的运行状态。

　　MSP430 单片机最大的特点就是具备多种低功耗模式。在低功耗模式下，设备会停止 CPU，禁用部分时钟，从而降低设备的功耗。通过合理地配置时钟和功耗模式，可以在满足性能的同时将系统的功耗降至最低，实现功耗与性能的平衡。本章重点讲述 MSP430 单片机的时钟系统与低功耗模式。

　　本章导读：本章应重点掌握时钟系统的配置，学会配置各个时钟源与各个时钟信号。具体而言，需要掌握时钟源的选择、分频、输出等方法。动手实践，通过示波器测量或结合程序（如 LED 闪烁）观察并验证系统时钟频率的正确性。掌握 MSP430 单片机低功耗模式，学会应用各类低功耗模式，并测量其功率，养成低功耗设计习惯。初学者建议粗读 4.1 节与 4.3 节，动手实践 4.2 节与 4.4 节，并做好笔记，完成习题。

4.1　时钟系统简介

　　MSP430F5xx 与 6xx 系列单片机具有统一时钟系统（Unified Clock System，UCS）。以 MSP430F5529 单片机为例，该单片机的 UCS 具有 5 种时钟源（XT1CLK、XT2CLK、VLOCLK、REFOCLK、DCOCLK）和 3 种时钟信号（MCLK、SMLCK、ACLK）。时钟源用来产生时钟信号，而 3 种时钟信号分布于单片机的 3 条时钟总线，可以供单片机的 CPU 及其他外围模块使用。通过软件配置寄存器，可以选择将时钟源进行分频或倍频，并生成不同频率和不同种类的时钟信号。一般情况下，每种时钟信号都可以用上述 5 种时钟源的任意一种作为时钟源，但是时钟源和时钟信号各有各的特性，需要根据实际需求选择最佳的时钟源和时钟信号。

　　时钟系统可以通过软件配置成不需要外部晶振（晶体振荡器）、需要一个或两个外部晶振、外部时钟输入等方式。在 MSP430 单片机最小系统中，可以不外接任何时钟部件，单片机内部具有自身的振荡器，可以为 CPU 及片上外设提供系统时钟。

　　时钟系统作为单片机的核心系统，其安全性非常重要，若程序运行中，由于某种原因，突然丢失了时钟信号，则后果不堪设想。MSP430 单片机的时钟系统具有安全系统，当外部时钟出故障时，单片机会自动选择内部时钟源 REFOCLK 或 VLOCLK 作为时钟信号，同时产生相应的故障信号，从而提示系统相应的晶振出现故障。

　　MSP430F5529 单片机的时钟系统框图如图 4.1.1 所示，从图 4.1.1 中可以看出，时钟系统分为两级，即时钟信号生成级（即时钟源）和时钟信号分配级。OSC 模块为晶振模块，可以产生时钟信号，也可以外接晶振，配合模块内部的电容使用，一般使用 32768Hz 的晶振。FLL（Frequency Locked Loop）模块是锁频环模块，该模块的主要作用是倍频和分频。其输入信号可以来源于 OSC 模块，也可以来源于 XT2 模块，通过配置寄存器可以选择倍频和分频系数，从而生成时钟信号 DCOCLK 和 DCOCLKDIV。XT2 是可选模块，必须外接晶振才能使用，一般使用 4MHz 晶振。时钟信号生成级生成了 6 种时钟信号，通过时钟信号的使能逻辑，可以输出到时钟总线上，也可以配置分频寄存器对时钟信号分频后进行输出。

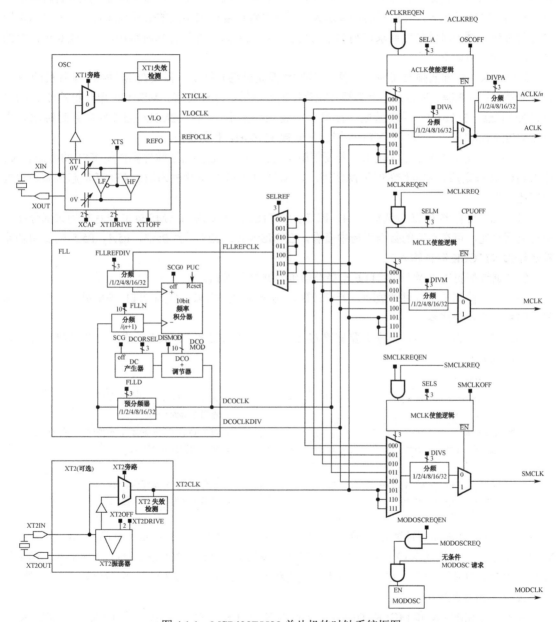

图 4.1.1　MSP430F5529 单片机的时钟系统框图

4.1.1　时钟源

1. 时钟源综述

时钟源可以理解为单片机工作频率所对应的时钟振荡器。选择外部时钟源时，一般需要配置寄存器，匹配电容来起振。而内部时钟源默认会开启，可以直接使用。外部时钟源一般具备较高的精度。开启的时钟源越多，其消耗的功率越大。对于时钟精度要求不高的低功耗场合，一般可以选用内部时钟源。对于时钟精度要求较高的应用场合，则需要适当开启外部时钟源。MSP430 单片机的时钟源详细介绍如下。

XT1CLK（外部低频或高频时钟源）：该时钟源是外部时钟源，需要在 MSP430 单片机的 XT1 时钟复用端口（P5.4、P5.5）接上晶振（或直接输入时钟）才能使用。MSP430 单片机的 XT1CLK 可以使用低频 32768Hz 手表晶振、标准晶振或频率范围在 4～32MHz 的外部高频时钟源。在 MSP430LaunchPad 开发板中，XT1 外接的是低频 32768Hz 手表晶振。

XT1CLK 默认情况下是关闭的，若要使用该时钟源，则需要通过软件操作使 XT1 的晶振起振，待 XT1CLK 稳定后，才可作为时钟源使用。以 MSP430F5529 单片机为例，XT1CLK 起振和稳定过程叙述如下。

（1）配置寄存器 P5SCL 选择 P5.4、P5.5 为 XT1CLK 复用端口（MSP430 单片机的大部分端口都有复用功能，可在对应的数据手册中查看，在 MSP430F5529 单片机中，P5.4、P5.5 的复用功能就是作为 XT1CLK 时钟输入）。

（2）通过配置寄存器 UCSCTL6 选择补偿电容并打开 XT1。

（3）循环检测是否有时钟故障，若有故障，则清除故障标志，直到 XT1 外部晶振起振，振荡器故障标志位才会清零。

（4）XT1 晶振起振后，根据需要配置 UCSCTL4，将 MCLK、SMCLK 或 ACLK 的时钟源选为 XT1（32768Hz）。

实现代码如下：

```
    P5SEL |= BIT4|BIT5;                              //配置P5.4、P5.5为XT1复用功能
    UCSCTL6 |=XCAP_3;                                //配置电容为12pF
    UCSCTL6 &= ～XT1OFF;                             //使能XT1，即启动XT1，使外部晶振起振
    while (SFRIFG1 & OFIFG)                          //循环检测时钟故障标志
    {
        UCSCTL7 &= ～（XT2OFFG + XT1LFOFFG + DCOFFG）; //清除三类时钟故障标志位
        SFRIFG1 &= ～OFIFG;                          //清除振荡器故障标志位
    }
```

XT2CLK（外部高频时钟源）：这个时钟源和 XT1CLK 类似，但只能接高频晶振（4～32MHz）。MSP430F5529 单片机的 XT2 的晶振接口为 P5.2 和 P5.3。在 MSP430LaunchPad 开发板中，XT2 外接的是 4MHz 的晶振。XT2CLK 初始时也是关闭状态，当需要使用 XT2 时，配置过程和 XT1 类似，只是 XT2 不需要配置电容。

注意，将 SMCLK 和 MCLK 的时钟源配置为 XT2CLK 之前，需要修改 ACLK 和 REFCLK 的时钟源。因为 ACLK 和 REFCLK 的默认时钟源是 XT1，而我们这里并没有启动 XT1CLK，所以会产生 XT1 时钟故障，则晶振故障标志位 OFIFG 会置位，这会影响我们判断 XT2 是否起振。因此，我们先将 ACLK 和 REFCLK 配置为芯片内部时钟（REFOCLK 或 VLOCLK）或即将启动的时钟（XT2），再去检测晶振故障标志，这时的晶振故障标志只可能是 XT2 未起振造成的。

实现代码如下：

```
    P5SEL |= BIT2|BIT3;                            //设置P5.2、P5.3为XT2复用功能
    UCSCTL6 &= ～XT2OFF;                           //打开XT2
    UCSCTL4 = UCSCTL4&(～(SELA_7))|SELA_1;         //将ACLK配置为VLOCLK
    UCSCTL3 |= SELREF_2;                           //将REFCLK配置为REFOCLK

    while(SFRIFG1 & OFIFG)                         //判断是否还有时钟错误
    {
       UCSCTL7 &= ～(XT2OFFG + XT1LFOFFG + DCOFFG); //清除三类时钟标志位
       SFRIFG1 &= ～OFIFG;                         //清除时钟错误标志位
    }
```

VLOCLK（内部低功耗、低频时钟源）：该时钟源为单片机内部低功耗时钟源，典型频率值为 10kHz，其时钟频率精度较低，会随电源电压和温度产生较大漂移，VLO 为不需要精确时钟基准的系统提供了一个低成本、超低功耗的时钟源。该 VLO 在被使用时自动开启，不被使用时自动关闭，操作起来较为简单。当设备从低功耗模式唤醒，其他时钟源失效时，时钟安全逻辑会选择该时钟源作为系统和看门狗时钟。通过配置寄存器 UCSCTL4，可以将其选为 MCLK、SMCLK、ACLK 的时钟源。

REFOCLK（内部修整低频参考时钟源）：该时钟源精度较高，为 32768Hz。它是 MSP430F5529 单片机片上自带的时钟源。不使用时不耗电，使用时自动开启。不需要配置寄存器进行起振操作。若未使用 XT1 和 XT2，则系统自动选择该时钟源作为 ACLK 和 DCOCLK 锁频环的参考时钟源。通过配置寄存器 UCSCTL4，可以将其选为 MCLK、SMCLK、ACLK 的时钟源。

DCOCLK（内部数字控制时钟源）：该时钟源工作频率范围很宽，最高可以产生 25MHz 时钟频率，通过锁频环 FLL 控制。通过软件配置寄存器，可以选择锁频环参考时钟，并在其基础上进行分频和倍频，得到需要的时钟频率。DCOCLK 配置流程如下。

（1）关闭锁频环 FLL。不要在 FLL 运行过程中改变其配置寄存器，以防止意外的发生。一般其他模块，如电源管理模块、通信模块等，配置前都要先关闭，再配置，否则可能有不可预测的事件发生。

（2）配置 UCSCTL3，为锁频环 FLL 选择参考时钟。可选的参考时钟有 XT1CLK、XT2CLK 和 REFOCLK。当然，只有 XT1、XT2 起振后，才可选择这两个时钟信号作为参考。否则，即使是选择了这两个时钟信号，USC 安全逻辑也会自动把时钟信号改为 REFOCLK。

（3）按照相应的计算公式计算 UCSCTL0、UCSCTL1、UCSCTL2、UCSCTL3 的值，并进行配置。

（4）开启锁频环 FLL，则锁频环产生的时钟即为 DCOCLK。

（5）配置 UCSCTL4，根据需要将 MCLK、SMCLK 或 ACLK 的时钟源选择为 DCOCLK。

DCO 的配置建议直接参考例程，根据公式计算出想要的频率，修改例程中几个寄存器的数值即可，这样也可以降低程序出错的概率。

2．DCOCLK 具体配置介绍

DCO 是 MSP430F5xx 单片机中常用的时钟源，因为从 MSP430F4xx 开始，MSP430 单片机引用了 FLL，FLL 即锁频环，可以通过倍频的方式提高系统时钟频率，进而提高系统的运行速度。

DCO 运行需要参考时钟 REFCLK，REFCLK 可以来自 REFOCLK、XT1CLK 和 XT2CLK，通过 UCSCTL3 的 SELREF 选择，默认使用 XT1CLK，但如果 XT1CLK 不可用（没有起振），则使用 REFOCLK。注意，REFOCLK 和 REFCLK 不是同一个概念。REFOCLK 是 MSP430 单片机内部修整低频参考时钟源，频率为 32768Hz。REFCLK 是锁频环参考时钟，锁频环在 REFCLK 的基础上

分频或倍频，得到 DCOCLK。XT1CLK、XT2CLK、VLOCLK 或 REFOCLK 均可作为锁频环 FLL 的参考时钟（REFCLK），当 REFCLK 选择 REFOCLK 为时钟源时，其频率就是 32768Hz，选择 XT2 作为时钟源时，其频率就是 4MHz。

DCO 有两个输出时钟信号，即 DCOCLK 和 DCOCLKDIV，其中，倍频计算公式如下：

$$DCOCLK = D \times (N+1) \times (REFCLK/n)$$
$$DCOCLKDIV = (N+1) \times (REFCLK/n)$$

其中：

n 是 REFCLK 输入时钟分频，可以通过 UCSCTL3 中的 FLLCLKDIV 设定。查找该寄存器的介绍可知，FLLCLKDIV 可取值 0～7，对应 n 取值 1、2、4、8、12、16。FLLCLKDIV 默认为 0，即 n=1，也就是不分频。

D 可以通过 UCSCTL2 中的 FLLD 来设定。注意，FLLD 并不是 D 的值，FLLD 对应的分频系数才是 D 的值。FLLD 可取值 0～7，对应 D 取值 1、2、4、8、16、32。FLLD 默认为 1，则 D=2，也就是 2 分频。

N 可以通过 UCSCTL2 中的 FLLN 来设定。FLLN 可以取值 0～1023，当 FLLN=0 时，N=1，除此之外，FLLN 的取值就是 N 的取值。FLLN 默认值为 31，则 N=31。

所以，系统复位后如果不做任何设置，DCOCLK 的实际值为 2×(31+1)×32768/1=2097152（Hz），DCOCLKDIV 的实际值为(31+1)×32768/1=1048576（Hz）。

查找寄存器 UCSCTL4 可知，MCLK 和 SMCLK 默认选择 DCOCLKDIV 为时钟源。所以，如果程序中不对 UCS 进行任何配置，那么 MCLK 和 SMCLK 的时钟频率就是 1048576Hz。

另外，配置芯片工作频率还需要配置 DCORSEL 和 DCOx，DCORSEL 和 DCOx 的具体作用如下。

（1）DCORSEL 位于 UCSCTL1 控制寄存器中的 4～6 位，共 3 位，将 DCO 分为 8 个频率段。

（2）DCOx 位于 UCSCTL0 中的 8～12 位，共 5 位，将 DCORSEL 选择的频率段分为 32 个频率阶，每阶比前一阶高出约 8%，该寄存器可以自动调整，通常配置为 0。

这两个寄存器值是必须配置的，为 DCO 选择大致的频率范围，如果倍频出的时钟频率不在 DCORSEL 所选的范围内，那么 DCOCLK 就无法产生理论计算得到的时钟频率。

DCORSEL 和 DCOx 值的具体作用可以参考 MSP430F5529 的数据手册，在该手册 5.19 节中可找到具体的频率对应列表，表 4.1.1 列出了 DCO 频率设置范围。

表 4.1.1 DCO 频率设置范围

参　　数	设　置　条　件	最小值[①]	最大值[②]
$f_{DCOCLK\,(0,0)}$	DCORSELx=0，DCOx=0，MODx=0	0.07MHz	0.20MHz
$f_{DCOCLK\,(0,31)}$	DCORSELx=0，DCOx=31，MODx=0	0.70MHz	1.70MHz
$f_{DCOCLK\,(1,0)}$	DCORSELx=1，DCOx=0，MODx=0	0.15MHz	0.36MHz
$f_{DCOCLK\,(1,31)}$	DCORSELx=1，DCOx=31，MODx=0	1.14MHz	3.45MHz
$f_{DCOCLK\,(2,0)}$	DCORSELx=2，DCOx=0，MODx=0	0.32MHz	0.75MHz
$f_{DCOCLK\,(2,31)}$	DCORSELx=2，DCOx=31，MODx=0	3.17MHz	7.38MHz
$f_{DCOCLK\,(3,0)}$	DCORSELx=3，DCOx=0，MODx=0	0.64MHz	1.51MHz
$f_{DCOCLK\,(3,31)}$	DCORSELx=3，DCOx=31，MODx=0	6.07MHz	14.0MHz
$f_{DCOCLK\,(4,0)}$	DCORSELx=4，DCOx=0，MODx=0	1.3MHz	3.2MHz
$f_{DCOCLK\,(4,31)}$	DCORSELx=4，DCOx=31，MODx=0	12.3MHz	28.2MHz
$f_{DCOCLK\,(5,0)}$	DCORSELx=5，DCOx=0，MODx=0	2.5MHz	6.0MHz

续表

参　　数	设 置 条 件	最小值①	最大值②
$f_{DCOCLK\,(5,31)}$	DCORSELx=5，DCOx=31，MODx=0	23.7MHz	54.1MHz
$f_{DCOCLK\,(6,0)}$	DCORSELx=6，DCOx=0，MODx=0	4.6MHz	10.7MHz
$f_{DCOCLK\,(6,31)}$	DCORSELx=6，DCOx=31，MODx=0	39.0MHz	88.0MHz
$f_{DCOCLK\,(7,0)}$	DCORSELx=7，DCOx=0，MODx=0	8.5MHz	19.6MHz
$f_{DCOCLK\,(7,31)}$	DCORSELx=7，DCOx=31，MODx=0	60MHz	135MHz

注：①最小值为 DCOCLK 在核心电压为 1.8V 情况下的频率；②最大值为 DCOCLK 在核心电压 3.6V 情况下的频率。

MODOSC（内部模块振荡器）：UCS 时钟模块包含一个内部模块振荡器 MODOSC，能够产生约 4.8MHz 的 MODCLK 时钟。Flash 控制器模块、ADC_12 模块等片上外设都可使用 MODCLK 作为内部参考时钟。该时钟在需要时自动开启，为了降低功耗，当不需要使用 MODOSC 时，可将其关闭。当产生有条件或无条件启用请求时，MODOSC 可自动开启。

3．合理提升核心电压

此外，提高时钟频率还需要注意单片机核心电压的驱动能力。如果核心电压不足以驱动较高的时钟频率，那么系统就会产生不可预测的错误。核心电压会在之后的 PMM 模块详细介绍。简单来说，提升核心电压只需要一个简单的封装完好的函数 SetVcoreUp()，()里填写电压等级。一般情况下，时钟频率低于 8MHz 是不用提升核心电压的。时钟频率对应的核心电压如表 4.1.2 所示。

表 4.1.2　时钟频率对应的核心电压

最大时钟频率/MHz	DVCC/V	核心电压等级
8	>1.8	0（不需要配置核心电压，默认状态即可）
12	>2.0	1（核心电压提升至 1 级）
20	>2.2	2（核心电压提升至 2 级）
25	>2.4	3（核心电压提升至 3 级）

4.1.2　时钟信号

MSP430 单片机有 3 个时钟信号：MCLK、SMCLK 和 ACLK。3 个时钟信号相互独立，关闭任何一种时钟，并不影响其余时钟的工作。时钟系统对 3 个时钟不同程度的关闭，实际上就是进入了不同的休眠模式，关闭的时钟越多，休眠就越深，功耗就越低。以 MSP430F5529 单片机为例，当单片机处于 LPM4（低功耗模式 4）下，所有时钟都将被关闭，单片机消耗的电流仅为 1.1μA。MSP430 单片机的 3 个时钟信号详细介绍如下。

（1）MCLK：主时钟。该时钟为单片机系统和 CPU 提供时钟信号。通过配置寄存器 UCSCTL4 中的 SELM 位，可以选择 XT1CLK、XT2CLK、REFOCLK、VLOCLK、DCOCLK 或 DCOCLKDIV 作为 MCLK 的时钟源。默认选用 DCOCLKDIV 作为 MCLK 的时钟源。通过配置寄存器 UCSCTL5 中的 DIVM，可以选择 MCLK 的分频系数为 1、2、4、8、16 或 32。时钟信号经过分频后输出到时钟总线。

MCLK 的时钟源配置方式如下：

```
UCSCTL4 = UCSCTL4&（～ SELM_7）|SELM_0;   //将MCLK时钟源配置为XT1CLK
UCSCTL4 = UCSCTL4&（～ SELM_7）|SELM_1;   //将MCLK时钟源配置为VLOCLK
UCSCTL4 = UCSCTL4&（～ SELM_7）|SELM_2;   //将MCLK时钟源配置为REFOCLK
UCSCTL4 = UCSCTL4&（～ SELM_7）|SELM_3;   //将MCLK时钟源配置为DCOCLK
UCSCTL4 = UCSCTL4&（～ SELM_7）|SELM_4;   //将MCLK时钟源配置为DCOCLKDIV
```

```
UCSCTL4 = UCSCTL4&（∼ SELM_7）|SELM_5;    //将MCLK时钟源配置为XT2CLK
```

MCLK 的分频配置方式如下：

```
UCSCTL5 = UCSCTL5&（∼ DIVM_7）|DIVM_0;    //MCLK不分频
UCSCTL5 = UCSCTL5&（∼ DIVM_7）|DIVM_1;    //对MCLK进行2分频
UCSCTL5 = UCSCTL5&（∼ DIVM_7）|DIVM_2;    //对MCLK进行4分频
UCSCTL5 = UCSCTL5&（∼ DIVM_7）|DIVM_3;    //对MCLK进行8分频
UCSCTL5 = UCSCTL5&（∼ DIVM_7）|DIVM_4;    //对MCLK进行16分频
UCSCTL5 = UCSCTL5&（∼ DIVM_7）|DIVM_5;    //对MCLK进行32分频
```

如"UCSCTL4&（∼ SELM_7）"和"UCSCTL5&（∼ DIVM_7）"操作，其目的是将 DIVM 对应位进行清零，防止使用或运算时产生逻辑混乱导致的配置错误。

（2）ACLK：辅助时钟。可通过软件配置为单片机外围模块的时钟。通过配置寄存器 UCSCTL4 中的 SELA 位，可选择 XT1CLK、XT2CLK、REFOCLK、VLOCLK、DCOCLK 或 DCOCLKDIV 作为 ACLK 的时钟源。默认选用 XT1CLK 为时钟源。若 XT1CLK 未起振，则选用 REFOCLK 为时钟源。通过配置寄存器 UCSCTL5 中的 DIVA，可选择 ACLK 的分频系数为 1、2、4、8、16 或 32。时钟信号经过分频后，才会输出到时钟总线。ACLK 的配置方式与 MCLK 的配置方式完全相同，不再赘述。

对于 ACLK，通过配置 UCSCTL5 中的 DIVPA，可对 ACLK 端口输出时钟信号进行 1、2、4、8、16、32 分频。例如，ACLK 时钟源为 10000Hz 经过 DIVA 进行 32 分频后，ACLK 为 10000Hz/32=312.5Hz，再使用 DIVPA 进行 32 分频，则 ACLK 还是 312.5Hz，但是输出到 ACLK 输出端口（P1.0）的频率为 312.5/32≈9.77Hz。例如：

```
P1SEL |= BIT0; P1DIR |= BIT0;              //设置P1.0为ACLK输出复用功能
UCSCTL4 = UCSCTL4&（∼SELA_7）|SELA_1;      //将ACLK的时钟源配置为VLOCLK（10kHz）
UCSCTL5 = UCSCTL5&（∼ DIVA_7）|DIVA_5;     //f_{ACLK}=10kHz/32=312.5Hz, f_{P1.0}= f_{ACLK} =312.5Hz
UCSCTL5 = UCSCTL5&（∼ DIVPA_7）|DIVPA_5;   //f_{ACLK}=10kHz/32=312.5Hz
                                          //f_{P1.0}= f_{ACLK}/32≈9.77Hz
```

（3）SMCLK：子系统主时钟。可通过软件配置为单片机外围模块的时钟。通过配置寄存器 UCSCTL4 中的 SELS 位，可选择 XT1CLK、XT2CLK、REFOCLK、VLOCLK、DCOCLK 或 DCOCLKDIV 作为 SMCLK 的时钟源。默认选用 DCOCLKDIV 作为 SMCLK 的时钟源。通过配置寄存器 UCSCTL5 中的 DIVS，可选择 SMCLK 的分频系数为 1、2、4、8、16 或 32。时钟信号经过分频后，才会输出到时钟总线。SMCLK 的配置方式与 MCLK 的配置方式完全相同，不再赘述。

上电复位后，UCS 的默认配置如下。

· ACLK 默认选择 XT1 为时钟源，若 XT1 未起振，则生成时钟故障标志，ACLK 自动切换选择 REFOCLK 为时钟源。

· MCLK 默认选择 DCOCLKDIV 为时钟源。

· SMCLK 默认选择 DCOCLKDIV 为时钟源。

· 锁频环 FLL 默认启用，且参考时钟（REFCLK）为 XT1CLK。若 XT1CLK 未起振，则生成时钟故障标志，参考时钟源自动切换为 REFOCLK。

在 MSP430F5529 单片机中，XT1CLK 时钟端口 XIN 和 XOUT，以及 XT2CLK 时钟端口 XT2IN 和 XT2OUT 默认为 GPIO 功能，即单片机的 XT1CLK 和 XT2CLK 默认状态下不会启动。若程序中没有对时钟系统做任何配置，则 XT1 未起振，而 ACLK 和 REFCLK 默认以 XT1 为时钟源，故必然会生成时钟故障标志，ACLK 和 REFCLK 自动切换选择 REFOCLK 为时钟源。

MSP430 有特定的时钟输出端口：P7.7（MCLK）、P2.2（SMCLK）、P1.0（ACLK），只要将这些端口设置为复用输出功能，就会接入时钟总线，输出相应的时钟频率，可供其他设备使用，也方便实时测量时钟频率。

4.1.3　时钟操作寄存器

UCS 的控制寄存器，共有 10 组 16 位读写寄存器，为 UCSCTL0～UCSCTL9。支持字和字节操作，即 UCSCTLx 包括 UCSCTLX_H 和 UCSCTLX_L。

"r" 代表只读。

"rw" 代表读写。

"-0" 代表默认状态为 0。

"-1" 代表默认状态为 1。

"Reserved" 代表这个位没有特殊意义。

各寄存器如表 4.1.3～表 4.1.12 所示。

表 4.1.3　UCSCTL0　统一时钟系统控制寄存器 0

15	14	13	12	11	10	9	8
Reserved			DCO				
r-0	r-0	r-0	rw-0	rw-0	rw-0	rw-0	rw-0
7	6	5	4	3	2	1	0
MOD					Reserved		
rw-0	rw-0	rw-0	rw-0	rw-0	r-0	r-0	r-0

DCO：DCO 拍频选择。这些位选择 DCO 的拍频并在 FLL 运行期间自动调整。

MOD：调制位计数器。选择调制模式，所有的 MOD 位在 FLL 运行期间自动调整，无须用户干涉。

表 4.1.4　UCSCTL1　统一时钟系统控制寄存器 1

15	14	13	12	11	10	9	8
Reserved							
r-0	r-0	r-0	r-0	r-0	r-0	r-0	r-0
7	6	5	4	3	2	1	0
Reserved	DCORSEL			Reserved		Reserved	DISMOD
r-0	rw-0	rw-1	rw-0	r-0	r-0	rw-0	rw-0

DCORSEL：DCO 频率范围选择，这些位选择 DCO 频率范围，频率范围可在 MSP430F5529 单片机数据手册第 31 页中查到。

DISMOD：调制器禁用使能位。此位禁用或使能调制器，0 为使能调制器；1 为禁止调制器。

表 4.1.5　UCSCTL2　统一时钟系统控制寄存器 2

15	14	13	12	11	10	9	8
Reserved	FLLD			Reserved		FLLN	
r-0	rw-0	rw-0	rw-1	r-0	r-0	rw-0	rw-0
7	6	5	4	3	2	1	0
FLLN							
rw-0	rw-0	rw-0	rw-1	rw-1	rw-1	rw-1	rw-1

FLLD：预分频器（即 f_{DCO} 分频）。000 为 1 分频（$D=1$）；001 为 2 分频（$D=2$，以此类推）；010 为 4 分频；011 为 8 分频；100 为 16 分频；101 为 32 分频；110 及 111 都是备用的，默认为 32 分频。

FLLN：倍频系数。设置倍频值 N，N 必须大于 0。如果 FLLN=0，则 N 被自动设置为 1（注意观察该寄存器的默认值，它决定 MSP430 单片机默认时钟频率）。

表 4.1.6　UCSCTL3　统一时钟系统控制寄存器 3

15	14	13	12	11	10	9	8
Reserved							
r-0	r-0	r-0	r-0	r-0	r-0	r-0	r-0
7	6	5	4	3	2	1	0
Reserved	SELREF			Reserved	FLLREFDIV		
r-0	rw-0	rw-0	rw-0	r-0	rw-0	rw-0	rw-0

SELREF：FLL 参考时钟选择。000 为 XT1CLK；010 为 REFOCLK；101 为 XT2CLK；其余配置均为待用，一般不会使用。

FLLREFDIV：FLL 参考时钟分频器。000 为 1 分频；001 为 2 分频；010 为 4 分频；011 为 8 分频；100 为 12 分频；101 为 16 分频；110 及 111 都是备用的，默认为 16 分频。

表 4.1.7　UCSCTL4　统一时钟系统控制寄存器 4

15	14	13	12	11	10	9	8
Reserved					SELA		
r-0	r-0	r-0	r-0	r-0	rw-0	rw-0	rw-0
7	6	5	4	3	2	1	0
Reserved	SELS			Reserved	SELM		
r-0	rw-1	rw-0	rw-0	r-0	rw-1	rw-0	rw-0

SELA：ACLK 时钟源选择。000 为 XT1；001 为 VLO；010 为 REFO；011 为 DCO；100 为 DCOCLKDIV；101 为 XT2（XT2 有效时为 XT2，否则为 DCOCLKDIV）；110、111 保留以备以后使用（当 XT2 有效时默认为 XT2CLK，否则默认为 DCOCLKDIV）。

SELS：SMCLK 时钟源选择，设置同 SELA。

SELM：MCLK 时钟源选择，设置同 SELA。

表 4.1.8　UCSCTL5　统一时钟系统控制寄存器 5

15	14	13	12	11	10	9	8
Reserved	DIVPA			Reserved	DIVA		
r-0	rw-0	rw-0	rw-0	r-0	rw-0	rw-0	rw-0
7	6	5	4	3	2	1	0
Reserved	DIVS			Reserved	DIVM		
r-0	rw-0	rw-0	rw-0	r-0	rw-0	rw-0	rw-0

DIVPA：ACLK 输出分频，若 ACLK 输出端口可用，则将其经过分频后输出。000 为 1 分频；001 为 2 分频；010 为 4 分频；011 为 8 分频；100 为 16 分频；101 为 32 分频；110 及 111 都是备用的，默认为 32 分频。

DIVA：ACLK 时钟源分频。000 为 1 分频；001 为 2 分频；010 为 4 分频；011 为 8 分频；100 为 16 分频；101 为 32 分频；110 及 111 都是备用的，默认为 32 分频。

DIVS：SMCLK 时钟源分频。000 为 1 分频；001 为 2 分频；010 为 4 分频；011 为 8 分频；100 为 16 分频；101 为 32 分频；110 及 111 都是备用的，默认为 32 分频。

DIVM：MCLK 时钟源分频。000 为 1 分频；001 为 2 分频；010 为 4 分频；011 为 8 分频；100 为 16 分频；101 为 32 分频；110 及 111 都是备用的，默认为 32 分频。

表 4.1.9　UCSCTL6　统一时钟系统控制寄存器 6

15	14	13	12	11	10	9	8
XT2DRIVE		Reserved	XT2BYPASS	Reserved			XT2OFF
rw-1	rw-1	r-0	rw-0	r-0	r-0	r-0	rw-1
7	6	5	4	3	2	1	0
XT1DRIVE		XTS	XT1BYPASS	XCAP		SMCLKOFF	XT1OFF
rw-1	rw-1	rw-0	rw-0	rw-1	rw-1	rw-0	rw-1

XT2DRIVE：XT2 振荡器电流驱动能力调整。00 为最低电流消耗，XT2 振荡器工作在 4～8MHz；01 为 8～16MHz；10 为 16～24MHz；11 为 24～32MHz。

XT2BYPASS：XT2 旁路选择。0 为 XT2 来源于外部晶振；1 为 XT2 来源于外部时钟信号（旁路模式）。

XT2OFF：关闭 XT2 振荡器。0 为当 XT2 引脚被设置为 XT2 功能且没有被设置为旁路模式时，XT2 被打开；1 为当 XT2 没有被用作时钟源及没有用作 FLL 参考时钟时，XT2 被关闭。

XT1DRIVE：XT1 振荡器电流驱动能力调整。XT1 外接低频振荡器时，可改变驱动电流大小，一般不做设置；XT1 外接低频振荡器时，设置同 XT2DRIVE。

XTS：XT1 工作模式选择。0 为低频模式（XCAP 定义 XIN 和 XOUT 引脚间的电容）；1 为高频模式（XCAP 位没有被使用，即不需要定义电容）。

XT1BYPASS：XT1 旁路选择。0 为不旁路，XT1 选择外部晶振；1 为旁路，XT1 选择外部时钟输入。

XCAP：振荡器负载电容选择。XT1 外接 32kHz 晶振，需要 12pF 电容。

SMCLKOFF：SMCLK 关闭控制位。0 为 SMCLK 开；1 为 SMCLK 关闭。

XT1OFF：同 XT2OFF。

表 4.1.10　UCSCTL7　统一时钟系统控制寄存器 7

15	14	13	12	11	10	9	8
Reserved		Reserved		Reserved		Reserved	
r-0	r-0	rw-0	rw-0	rw-1	rw-1	r-1	r-1
7	6	5	4	3	2	1	0
Reserved			Reserved	XT2OFFG	XT1HFOFFG	XT1LFOFFG	DCOFFG
r-0	r-0	r-0	rw-0	rw-1	rw-1	rw-0	rw-1

XT2OFFG：XT2 出错时置位，同时 OFFIFG 也会置位，需要用软件清零。

XT1HFOFFG：高频工作模式下 XT1 出错时置位，同时 OFFIFG 也会置位，需要用软件清零。

XT1LFOFFG：低频工作模式下 XT1 出错时置位，同时 OFFIFG 也会置位，需要用软件清零。

DCOFFG：DCO 出错时置位，但当 DCO=1 或 31 时，也会置位，同时 OFFIFG 也会置位，需要用软件清零。

表 4.1.11　UCSCTL8　统一时钟系统控制寄存器 8

15	14	13	12	11	10	9	8
Reserved					Reserved		
r-0	r-0	r-0	r-0	r-0	rw-1	rw-1	rw-1

续表

7	6	5	4	3	2	1	0
Reserved			Reserved	MODOSCREQEN	SMCLKREQEN	MCLKREQEN	ACLKREQEN
r-0	r-0	r-0	rw-0	rw-0	rw-1	rw-1	rw-1

MODOSCREQEN、SMCLKREQEN、MCLKREQEN、ACLKREQEN：均为信号请求使能。禁止或允许（MODOSC、SMCLK、MCLK、ACLK）信号请求，若有外围模块使用这些时钟信号，则相应的位会置位，以保持低功耗模式下该时钟不会被禁用。0 为时钟请求禁用；1 为时钟请求使能。

表 4.1.12　UCSCTL9　统一时钟系统控制寄存器 9

15	14	13	12	11	10	9	8
Reserved							
r-0	r-0	r-0	r-0	r-0	r-0	r-0	r-0
7	6	5	4	3	2	1	0
Reserved						XT2BYPASSLV	XT1BYPASSLV
r-0	r-0	r-0	r-0	r-0	r-0	rw-0	rw-0

XT2BYPASSLV：选择 XT2 旁路输入摆动水平，必须置位以减少摆动。0 为输入范围 0～DVCC；1 为输入范围 0～DVIO。

XT1BYPASSLV：选择 XT1 旁路输入摆动水平，必须置位以减少摆动。0 为输入范围 0～DVCC；1 为输入范围 0～DVIO。

4.2　时钟应用实例

以 MSP430F5529 单片机为例，它具有多种时钟来源，可外接低频或高频晶振，也可使用内部振荡器。读者可通过软件配置控制寄存器，选择相应的时钟源作为系统参考时钟。时钟应用实例介绍使用 MSP430 单片机时钟源和时钟信号的配置，以及时钟频率的计算和选择。

4.2.1　XT1

XT1CLK 是 MSP430 单片机中功耗较低且时钟频率精度较高的时钟源，常用于低功耗应用中的主时钟或锁频环 FLL 参考时钟，实现高精度的时基。

本实例要求起振 XT1CLK 外接的 32768Hz 手表晶振，并将其选为 MCLK、SMCLK 和 ACLK 时钟源，实现时钟信号输出和 LED 以 1s 为周期闪烁，其代码如下：

```
#include <msp430f5529.h>
void main (void)
{
  WDTCTL = WDTPW+WDTHOLD;           //关闭看门狗
  P1SEL |= BIT0;                    //将P1.0配置为复用功能
  P1DIR |= BIT0;                    //将P1.0配置为ACLK输出,可用来测量ACLK信号
  P2SEL |= BIT2;
  P2DIR |= BIT2;                    //SMCLK输出端
```

```
    P7SEL |= BIT7;
    P7DIR |= BIT7;                          //MCLK输出端
    P7DIR |= BIT0;                          //将P7.0设置为输出
    P7OUT |= BIT0;                          //初始状态为高电平，LED熄灭
    P5SEL |= BIT4|BIT5;                     //配置为XT1功能，开发板上的晶振接于这两个端口
    UCSCTL6 |=XCAP_3;                       //配置电容为12pF
    UCSCTL6 &= ~XT1OFF;                     //使能XT1，即启动XT1，使外部晶振起振
    /*下面是很重要的一步：
    XT1刚刚起振时可能有错误，导致时钟错误标志位置位，必须先清零OFIFG即Osc Fault Flag，位于寄存器SFRIFG1
中。这里需要清除三种标志位，因为任何一种标志位都会将OFIFG置位 */
    while（SFRIFG1 & OFIFG）                 //检查是否有时钟出错
    {
        UCSCTL7 &= ~（XT2OFFG + XT1LFOFFG + DCOFFG）;   //清除三类时钟错误标志位
        SFRIFG1 &= ~OFIFG;                  //清除时钟错误标志位
    }
    UCSCTL4 = UCSCTL4&（~（SELS_7|SELM_7））|SELS_0|SELM_0;//将SMCLK和MCLK时钟源配置为XT1
    //UCSCTL4&（~（SELS_7|SELM_7））这一句相当于先把SELS和SELM清零
    while（1）
    {
        __delay_cycles（16384）;            //每隔16384个时钟周期（1s），P7.0状态反转一次
        P7OUT ^= BIT0;
    }
}
```

　　该代码功能为：分别设置 P1.0、P2.2 和 P7.7 为 ACLK、SMCLK 和 MCLK 输出复用功能。设置 P5.4、P5.5 为 XT1CLK 复用功能，配置补偿电容，并起振 XT1 外接晶振（32768Hz），循环检测晶振是否起振，每隔 16384 个时钟周期，P7.0（LED）状态取反。

　　实验现象：可以观察到 LED（P7.0）以 1s 为周期闪烁。且 P1.0、P2.2 和 P4.7 可用示波器测得频率为 32kHz 左右的方波信号。

4.2.2　XT2

　　XT2CLK 是 MSP430 单片机较为精确的高频时钟源，通常直接用作 MCLK 时钟源，实现高速高精度时基。XT2CLK 起振之前，需要先修改 ACLK 和 REFCLK 的时钟源，避免 XT1 未起振带来的错误。

　　本实例要求使用 XT2CLK 作为 MCLK 和 SCMLK 时钟源，输出三路时钟信号，并使 LED 以 1s 为周期闪烁。实例代码如下：

```
    #include <msp430f5529.h>
    void main（void）
    {
    WDTCTL = WDTPW+WDTHOLD;
    P1SEL |= BIT0;                          //将P1.0配置为复用功能
    P1DIR |= BIT0;                          //将P1.0配置为ACLK输出，可用来测量ACLK信号
    P2SEL |= BIT2;
    P2DIR |= BIT2;                          //测量SMCLK
    P7SEL |= BIT7;
    P7DIR |= BIT7;                          //测量MCLK
```

```
        P7DIR |= BIT0;                      //将P7.0设置为输出，用来驱动LED
        P7OUT |=BIT0;                       //初始状态为高电平，LED熄灭

        P5SEL |= BIT2|BIT3;                 //声明P5.2、P5.3特殊用途，即外接XT2晶振（4MHz）
        UCSCTL6 &= ～XT2OFF;                 //打开XT2

        UCSCTL4 = UCSCTL4&（～（SELA_7））|SELA_1;              //将ACLK配置为VLOCLK
        UCSCTL3 |= SELREF_2;                                 //将REFCLK配置为REFOCLK

        while（SFRIFG1 & OFIFG）                              //判断是否还有时钟错误
        {
          UCSCTL7 &= ～（XT2OFFG + XT1LFOFFG + DCOFFG）;       // 清除三类时钟错误标志位
          SFRIFG1 &= ～OFIFG;                                // 清除时钟错误标志位
        }
        UCSCTL4 = UCSCTL4&（～（SELS_7|SELM_7））|SELS_5|SELM_5;  //将SMCLK和MCLK时钟源配置为XT2
        while（1）
        {
         _delay_cycles（2000000）;                            //每隔2000000个时钟周期（0.5s）
         P7OUT ^= BIT0;                                     //P7.0（LED）状态取反
        }
      }
```

该代码功能为：分别设置 P1.0、P2.2 和 P7.7 为 ACLK、SMCLK 和 MCLK 输出复用功能。起振 XT2，将 ACLK 配置为以 VLOCLK 为时钟源，将 REFCLK 配置为以 REFOCLK 为时钟源，将 MCLK 和 SMCLK 配置为以 XT2 为时钟源。P7.0（LED）每隔 0.5s 取反。

实例现象：P1.0 检测到频率约为 10kHz 时钟信号，P2.2 和 P7.7 检测到频率约为 4MHz 时钟信号。LED 以 1s 为周期闪烁。

4.2.3 VLO

VLOCLK 是 MSP430 单片机片上低功耗低频振荡器产生的时钟源，VLOCLK 的频率为 10kHz，其功耗极低，精度较差，常用于对时基要求不严格的应用。

本实例要求使用 VLOCLK 作为 MCLK 和 SCMLK 时钟源，输出三路时钟信号，并使 LED 以 1s 为周期闪烁。实例代码如下：

```
  #include <msp430f5529.h>
  void main（void）
  {
    WDTCTL = WDTPW+WDTHOLD;             //关闭看门狗
    P1SEL |= BIT0;                      //将P1.0配置为复用功能
    P1DIR |= BIT0;                      //将P1.0配置为ACLK输出，可用来测量ACLK信号
    P2SEL |= BIT2;
    P2DIR |= BIT2;                      //SMCLK输出端
    P7SEL |= BIT7;
    P7DIR |= BIT7;                      //MCLK输出端
    P7DIR |= BIT0;                      //将P7.0设置为输出，用来驱动LED
    P7OUT |= BIT0;                      //初始状态为高电平，LED熄灭
    UCSCTL4=UCSCTL4&（～（SELS_7|SELM_7））|SELS_1|SELM_1;
                                        //将SMCLK和MCLK配置为VLOCLK
```

```
    while (1)
    {
      __delay_cycles (5000);              //延时5000个时钟周期（0.5s），P7.0状态反转一次
       P7OUT ^= BIT0;
     }
  }
```

该代码功能为：分别设置 P1.0、P2.2 和 P7.7 为 ACLK、SMCLK 和 MCLK 输出复用功能。将 MCLK 和 SMCLK 配置为以 VLOCLK 为时钟源。ACLK 为默认状态。每隔 0.5s 取反 P7.0（LED）。

实例现象：P1.0 检测到 32.768kHz 时钟信号，P2.2 和 P7.7 检测到频率约为 10kHz 时钟信号。LED 以 1s 为周期闪烁。

4.2.4 REFO

REFOCLK 是 MSP430 单片机片上低频参考时钟源，该时钟源精度高于 VLOCLK，频率典型值为 32.768kHz。在 XT1 未起振或出现时钟故障时，数控时钟源 DCO 会以该时钟源作为时钟基准。

本实例要求使用 REFO 作为 MCLK 和 SCMLK 时钟源，输出三路时钟信号，并使 LED 以 1s 为周期闪烁。实例代码如下：

```
    #include <msp430f5529.h>
    void main (void)
    {
      WDTCTL = WDTPW+WDTHOLD;          //关闭看门狗

      P1SEL |= BIT0;                   //将P1.0配置为复用功能
      P1DIR |= BIT0;                   //将P1.0配置为ACLK输出，可用来测量ACLK信号
      P2SEL |= BIT2;
      P2DIR |= BIT2;                   //SMCLK输出端
      P7SEL |= BIT7;
      P7DIR |= BIT7;                   //MCLK输出端

      P7DIR |= BIT0;                   //将P7.0设置为输出，用来驱动LED
      P7OUT |= BIT0;                   //初始状态为高电平，LED熄灭

      UCSCTL4=UCSCTL4& (～ (SELS_7|SELM_7)) |SELS_0|SELM_0;
                                       //将SMCLK和MCLK配置为REFOCLK
      while (1)
      {
        _delay_cycles (16384);         //每隔16384（32768的一半）个时钟周期，P7.0状态反转一次
         P7OUT ^= BIT0;
      }
    }
```

该代码功能为：分别设置 P1.0、P2.2 和 P7.7 为 ACLK、SMCLK 和 MCLK 输出复用功能。将 MCLK 和 SMCLK 配置为以 REFOCLK 为时钟源。ACLK 为默认状态。每隔 0.5s 取反 P7.0（LED）。

实例现象：P1.0 检测到 32.768kHz 时钟信号，P2.2 和 P7.7 也检测到 32.768kHz 时钟信号。LED 以 1s 为周期闪烁。

4.2.5　DCO

DCOCLK 是锁频环 FLL 基于参考时钟进行分频和倍频得到的时钟源，DCOCLKDIV 是基于 DCOCLK 分频得到的时钟源。DCOCLK 和 DCOCLKDIV 是 MSP430 单片机中最为灵活的时钟源，可通过软件配置得到任何想要的时钟频率。

本实例要求基于以 REFOCLK 为参考时钟，经过分频和倍频产生 16MHz 高频时钟源，并作为 MCLK 时钟源，实现 LED 以 1s 为周期闪烁，同时输出三路时钟信号（ACLK、SMCLK、MCLK）。实例代码如下：

```c
#include <msp430f5529.h>
void SetVcoreUp (unsigned int level);    //level可以是1、2、3
void XT1_ON ();                          //XT1启动函数
void DCO_16MHz ();                       //使用DCO，以XT1为参考时钟，使锁频环倍频至16MHz
/*********************主函数***********************/
void main (void)
{
  WDTCTL = WDTPW+WDTHOLD;                 //关闭看门狗
  P1SEL |= BIT0;                         //将P1.0配置为复用功能
  P1DIR |= BIT0;                         //将P1.0配置为ACLK输出，可用来测量ACLK信号
  P2SEL |= BIT2;
  P2DIR |= BIT2;                         //SMCLK输出
  P7SEL |= BIT7;
  P7DIR |= BIT7;                         //MCLK输出
  P7DIR |= BIT0;                         //将P7.0设置为输出，用来驱动LED
  P7OUT |=BIT0;                          //初始状态为高电平，LED熄灭
  XT1_ON ();                             //打开XT1
  DCO_16MHz ();                          //配置时钟频率16MHz
  while (1)
  {
    __delay_cycles (8000000);           //每隔8000000个时钟周期（0.5s）
    P7OUT ^= BIT0;                       //P7.0（LED）状态反转一次
  }
}
/*************提升核心电压函数************/
void SetVcoreUp (unsigned int level)     //level可以是1、2、3
{
  // 解锁PMM寄存器，允许写入
  PMMCTL0_H = PMMPW_H;
  // 设置SVS/SVM高侧到新的等级
  SVSMHCTL = SVSHE + SVSHRVL0 * level + SVMHE + SVSMHRRL0 * level;
  // 设置SVM低侧到新的等级
  SVSMLCTL = SVSLE + SVMLE + SVSMLRRL0 * level;
  // 等待SVM稳定
  while ((PMMIFG & SVSMLDLYIFG) == 0);
  // 清除已经置位的标志
  PMMIFG &= ~ (SVMLVLRIFG + SVMLIFG);
  // 设置VCORE到新的等级
  PMMCTL0_L = PMMCOREV0 * level;
  // 等待达到新的电压等级
  if ((PMMIFG & SVMLIFG))
    while ((PMMIFG & SVMLVLRIFG) == 0);
```

```
    // 设置SVS/SVM低侧到新的水平
    SVSMLCTL = SVSLE + SVSLRVL0 * level + SVMLE + SVSMLRRL0 * level;
    // 锁住PMM的写入路径
    PMMCTL0_H = 0x00;
}
/********************打开XT1CLK************************/
void XT1_ON ()
{
    P5SEL |= BIT4|BIT5;                    //配置为XT1功能，开发板上的晶振接于这两个端口
    UCSCTL6 |=XCAP_3;                      //配置电容为12pF
    UCSCTL6 &= ~XT1OFF;                    //使能XT1，即启动XT1，使外部晶振起振
    while (SFRIFG1 & OFIFG)                //检查是否有时钟出错
    {
        UCSCTL7 &= ~ (XT2OFFG + XT1LFOFFG + DCOFFG);        //清除三类时钟错误标志位
        SFRIFG1 &= ~OFIFG;                 //清除时钟错误标志位
    }
}
/******************DCO时钟频率为16MHz*****************/
void DCO_16MHz ()
{
    SetVcoreUp (1);                        //核心电压需要一级一级提升，不能跨级
    SetVcoreUp (2);                        //如果时钟频率低于8MHz，可以不提升核心电压
    /*配置寄存器，使DCOCLK=4.9MHz，DCOCLKDIV=2.45MHz*/
    __bis_SR_register (SCG0);              //库函数，可右键查看其定义，意为关闭FLL
    UCSCTL0 = 0x0000;                      //先清零，FLL运行时，该寄存器系统会自动配置
    UCSCTL1 = DCORSEL_5;                   //选择频率范围DCOCLK 为 6.0～23.7MHz
    UCSCTL2 = FLLD_0 + 487;                /*FLLD=0，则D=1；FLLN=487，则N=487；N在USCSTL3寄存器，为默认值1，
则DCOCLK=1* (487+1) *32768=15.990784MHz；DCODIVCLK= (487+1) *32768=15.990784MHz */
    __bic_SR_register (SCG0);              //开启FLL控制回路
    __delay_cycles (76563);                //延时等待时钟稳定
    while (SFRIFG1 & OFIFG)                //检查是否有时钟出错
    {
        UCSCTL7 &= ~ (XT2OFFG + XT1LFOFFG + DCOFFG);        //清除三类时钟错误标志位
        SFRIFG1 &= ~OFIFG;                 //清除时钟错误标志位
    }
}
```

该代码功能为：分别设置 P1.0、P2.2 和 P7.7 为 ACLK、SMCLK 和 MCLK 输出复用功能。提升核心电压以满足倍频需求。起振 XT1，使其作为锁频环 FLL 的参考时钟，经过计算将 FLL 倍频至 16MHz。并实现绿色 LED 以 1s 为周期闪烁。

实例现象：可观察到 P7.0（LED）以 1s 为周期闪烁。在 P1.0 检测到 32.768kHz 时钟信号，在 P2.2 检测到 16MHz 时钟信号，在 P7.7 检测到 16MHz 时钟信号。

4.3　低功耗模式

MSP430 单片机共有 8 种工作模式：活跃模式（Active mode，AM）、低功耗模式 0（Low Power Mode 0，LPM 0）、低功耗模式 1（LPM 1）、低功耗模式 2（LPM 2）、低功耗模式 3（LPM 3）、低

功耗模式 3.5（LPM 3.5）、低功耗模式 4（LPM 4）、低功耗模式 4.5（LPM4.5）。并不是所有 MSP430 单片机都具有这些模式，例如，MSP430F5529 不支持 LPM3.5，其他 MSP430 单片机支持的模式可通过对应的数据手册查询。合理地选用低功耗模式，可以有效地降低 MSP430 单片机的功耗。MSP430 单片机的不同功耗模式考虑了三种不同的需求：超低功耗、速度和数据吞吐量、最小化单独外围设备电流消耗。

在任何一种低功耗模式下，CPU 都将被关闭，将停止程序的执行，直到被中断唤醒或单片机被复位。因此，在进入任何一种低功耗模式之前，都必须设置好唤醒 CPU 的中断条件，打开中断允许位、等待被唤醒，否则程序有可能永远停止运行或通过复位来使其重新运行。

4.3.1　低功耗模式概述

1．进入和退出 LPM0 到 LPM4

一个使能的中断可以将设备从 LPM0 到 LPM4 唤醒。程序退出 LPM0 到 LPM4 的流程如下。

（1）进入中断服务函数。

·PC 和 SR 被存储入堆栈。

·CPUOFF、SCG1 和 OSCOFF 位被自动复位。

（2）从中断服务函数返回。

·原始 SR 从堆栈弹出，恢复先前的操作模式。

·当执行 RETI 指令时，存储在堆栈上的 SR 可以在中断服务函数中修改，返回到不同的操作模式。

LPM0～4 可通过配置状态寄存器 SR 来实现，LPM 4.5 则需要在 LPM 4 的基础上，通过配置电源管理模块 PMM 的控制寄存器 PMMCTL0，关闭核心电压生成器来实现。工作模式详细介绍如表 4.3.1 所示。

表 4.3.1　工作模式详细介绍

工作模式	控制位	CPU 和时钟状态	唤醒源
活跃模式 （AM）	SCG1=0 SCG0=0 OSCOFF=0 CPUOFF=0	CPU 活动 MCLK 活动 SMCLK 活动 ACLK 活动 DCO 可用 FLL 可用	复位信号 各种外设中断源（如定时器、ADC、DMA、UART、WDT、I/O、比较器、外部中断、RTC、串行通信等） RTC
低功耗模式 0 （LPM0）	SCG1=0 SCG0=0 OSCOFF=0 CPUOFF=1	CPU 禁用 MCLK 禁用 SMCLK 活动 ACLK 活动 DCO 可用 FLL 可用	复位信号 各种外设中断源（如定时器、ADC、DMA、UART、WDT、I/O、比较器、外部中断、RTC、串行通信等） RTC
低功耗模式 1 （LPM1）	SCG1=0 SCG0=1 OSCOFF=0 CPUOFF=1	CPU 禁用 MCLK 禁用 SMCLK 活动 ACLK 活动 DCO 可用 FLL 禁用	复位信号 各种外设中断源（如定时器、ADC、DMA、UART、WDT、I/O、比较器、外部中断、RTC、串行通信等） RTC

续表

工 作 模 式	控 制 位	CPU 和时钟状态	唤 醒 源
低功耗模式 2 （LPM2）	SCG1=1 SCG0=0 OSCOFF=0 CPUOFF=1	CPU 禁用 MCLK 禁用 SMCLK 禁用 ACLK 活动 DCO 可用 FLL 禁用	复位信号 各种外设中断源（如定时器、ADC、DMA、UART、WDT、I/O、比较器、外部中断、RTC、串行通信等） RTC
低功耗模式 3 （LPM3）	SCG1=1 SCG0=1 OSCOFF=0 CPUOFF=1	CPU 禁用 MCLK 禁用 SMCLK 禁用 ACLK 活动 DCO 禁用 FLL 禁用	复位信号 各种外设中断源（如定时器、ADC、DMA、UART、WDT、I/O、比较器、外部中断、RTC、串行通信等） RTC
低功耗模式 3.5 （LPM3.5）	SCG1=1 SCG0=1 OSCOFF=1 CPUOFF=1	所有时钟禁用 PMMREGOFF=1 无 RAM 保持 RTC 可以启用	复位信号 外部中断 RTC
低功耗模式 4 （LPM4）	SCG1=1 SCG0=1 OSCOFF=1 CPUOFF=1	CPU 禁用 所有时钟禁用	复位信号 外部中断
低功耗模式 4.5 （LPM4.5）	SCG1=1 SCG0=1 OSCOFF=1 CPUOFF=1	PMMREGOFF=1 无 RAM 保持 RTC 禁用	复位信号 外部中断 RTC

低功耗模式可以通过中断来唤醒，中断发生时，MSP430 单片机将 SR 寄存器的值存入栈中，并清零 SR 寄存器，从而恢复到活跃模式来执行中断服务函数，如果中断服务函数中没有改变 SR 寄存器的值，则执行完中断服务函数后，SR 寄存器的值从栈中弹出，设备将再次进入原先设定的低功耗模式。如果中断服务函数中改变了 SR 寄存器的值，则新的 SR 会立即生效。

进入低功耗模式会禁用相关的时钟，如果某些外围模块选择被禁用的时钟作为时钟源，则被禁用的时钟仍会启用。外围模块会向统一时钟系统请求该时钟，从而使统一时钟系统忽略 SR 寄存器所设置的低功耗模式（LPMx.5 除外），开启被请求的时钟源。例如，SR 寄存器设置了 LPM4，理论上 LPM4 会禁用所有时钟，而定时器 A0 设置了以 ACLK 为时钟源，则在该状况下 ACLK 仍会启动。该情况会增加设备功耗，使其远大于低功耗模式的理论功耗。若要拒绝外围模块的时钟请求，则可以配置 UCSCTL8 中的 ACLKREQEN、MCLKREQEN、SMCLKREQEN 和 MODOSCREQEN，将这些位清零即可禁用外围模块对相应时钟的请求，丢失时钟信号的外围模块将无法运行，如计数器会停止计数等。不同配置下时钟活跃状态如表 4.3.2 所示。

2. 进入和退出 LPM4.5

将电源管理模块控制寄存器 PMMCTL0 的 PMMREGOFF 置位，并且将 LPM4 状态寄存器置位，可以使设备进入 LPM4.5。当进入 LPM4.5 时，电源管理模块（PMM）的电压调节寄存器被禁用，设备失去核心电压。包括 I/O 口寄存器配置在内的所有 RAM 和寄存器内容丢失。在进入 LPM4.5 的过程中，PM5CTL0 的 LPCKLPM5 会置位，使 I/O 口的状态保持锁定。必须以不同的方式对 I/O

口进行配置，以确保程序中的所有引脚在进入和退出 LPMX.5 时以受控方式运行。完全控制 I/O 口可以防止在进入和退出 LPMX.5 时不必要的错误活动。

表 4.3.2　不同配置下时钟活跃状态

模　式	ACLK		MCLK		SMCLK			
	ACLKRE-QEN=0	ACLKRE-QEN=1	MCLKRE-QEN=0	MCLKRE-QEN=1	SMCLKOFF=0		SMCLKOFF=1	
					SMCLKRE-QEN=0	SMCLKRE-QEN=1	SMCLKRE-QEN=0	SMCLKRE-QEN=1
AM	活跃	活跃	活跃	活跃	活跃	活跃	禁用	活跃
LPM0	活跃	活跃	禁用	活跃	活跃	活跃	禁用	活跃
LPM1	活跃	活跃	禁用	活跃	活跃	活跃	禁用	活跃
LPM2	活跃	活跃	禁用	活跃	禁用	活跃	禁用	活跃
LPM3	活跃	活跃	禁用	活跃	禁用	活跃	禁用	活跃
LPM4	禁用	活跃	禁用	活跃	禁用	活跃	禁用	活跃
LPM3.5	禁用	禁用	禁用	禁用	禁用	禁用	禁用	禁用
LPM4.5	禁用	禁用	禁用	禁用	禁用	禁用	禁用	禁用

设备从 LPM4.5 唤醒时，执行 BOR，程序从首地址开始执行，直到执行至进入 LPM4.5 的位置，再次进入 LPM4.5。期间可以通过使能中断，进入中断服务函数。设备唤醒后，端口状态仍保持锁定，需要将 PM5CTL0 的 LPCKLPM5 位清除来使新的 I/O 口配置生效。由于 LPM4.5 的上述特性，使其每次唤醒均会执行一次主函数和中断服务函数，且两次唤醒之间的关联仅有锁定的 I/O 口状态，其他寄存器均为默认值，可通过外部中断向量寄存器（PxIV）判断请求中断的端口，用户可根据该特性设计程序结构。

在进入和退出 LPM4.5 时关于 I/O 口操作的详细流程如下。

（1）将所有 I/O 口配置为通用 I/O 口。因为在进入 LPM4.5 时，I/O 口寄存器的配置丢失，每个 I/O 口都可以根据需要设置为输入高阻抗、下拉输入、上拉输入、高驱动能力输出或低驱动能力输出。在程序中不能留下任何浮动的输入，否则在 LPM4.5 中可能会产生额外的电流。

（2）为了从 LPM4.5 唤醒设备，需要配置具有中断功能的 I/O 口。并不是所有设备都有通过 I/O 口唤醒 LPM4.5 的功能，也不是所有具有中断功能的输入都提供 LPM4.5 的唤醒功能，具体可查看相关数据手册。在 MSP430F5529 中，P1、P2 的所有外部中断都具有唤醒功能。设置相应寄存器的 PxIES 位可以确定唤醒设备的电平变化。最后，必须启用端口的 PxIE 及使能总中断（GIE=1），为唤醒做准备。在进入 LPM 之前，还需要确保时钟系统允许进入 LPM4.5（如果 XT1OFF=0 或 XT2OFF=0，将无法进入 LPM4.5）。

（3）当进入 LPM4.5 时，PMM 的 PM5CTL0 寄存器中的 LOCKLPM5 位被自动置位，I/O 口的状态锁定为进入 LPM4.5 之前的状态。LOCKLPM5 位的置位只会锁定引脚的状态，而所有端口配置寄存器设置（如 PxDIR、PxREN、PxOUT、PxDS、PxIES 和 PXIE 内容）都丢失了。

（4）当相关端口输入上升沿或下降沿时，设备开始被唤醒，电压调节器启动。唤醒导致 BOR 事件，所有状态寄存器被设置为默认状态。从 LPM4.5 退出的过程中，LOCKLPM5 保持置位，I/O 口保持锁定，确保所有端口在进入活跃模式时保持稳定。

（5）从 LPM4.5 恢复到活跃模式后，所有寄存器恢复默认设置。如果这时先清除 LOCKLPM5 位，则 I/O 口锁定失效，所有 I/O 口状态将立刻变为默认状态。因此建议先将 PxIES、PxIE 等配置到之前的设置，再清除 LOCKLPM5 位。这样可以保证进入活跃模式后，I/O 口状态不会改变。在 LOCKLPM 置位的状态下，修改 I/O 口，寄存器将不会对 I/O 口状态产生影响。

（6）使能 I/O 口中断后，导致唤醒的 I/O 口中断会使中断标志位 PxIFG 置位。这些标志可直接使用，相应的 PxIV 寄存器也可被使用。注意，在 LOCKLPM5 位清除之前，PxIFG 无法被清除。若多个 I/O 口唤醒中断同时发生，则多个 PxIFG 将置位，并且无法确定哪个端口导致 I/O 口被唤醒。

3．唤醒时间和功耗

设备从 LPM0 和 LPM1 唤醒几乎立刻完成，低功耗模式唤醒时间如表 4.3.3 所示。

表 4.3.3　低功耗模式唤醒时间

参　　数	测试条件		典　型　值		单　　位
			最　小　值	最　大　值	
从 LPM2、LPM3 或 LPM4 快速唤醒①	PMMCOREV=SVSMLRRL=n (n=0、1、2 或 3)，SVSLFP=1	$f_{MCLK}{\geqslant}4.0$MHz	3.5	7.5	μs
		1.0MHz$<f_{MCLK}<$4.0MHz	4.5	9	
从 LPM2、LPM3 或 LPM4 慢速唤醒②	PMMCOREV=SVSMLRRL=n (n=0、1、2 或 3)，SVSLFP=0		150	165	μs
从 LPM4.5 唤醒③			2	3	ms
从复位状态唤醒③			2	3	ms

注：
① 该值表示设备从唤醒事件到第一个活跃的 MCLK 边沿所需的时间。
② 该值表示设备从唤醒事件到第一个活跃的 MCLK 边沿所需的时间。
③ 该值表示设备从唤醒事件到复位向量被执行所需的时间。

理想状态下，设备在不同低功耗模式的功耗如表 4.3.4 所示。①②

表 4.3.4　设备在不同低功耗模式的功耗

参　　数	V_{CC}	PMMCOREVx	-40℃		25℃		60℃		80℃		单　　位
			TYP	MAX	TYP	MAX	TYP	MAX	TYP	MAX	
$I_{LPM0,\ 1MHz}$ LPM0③④	2.2V	0	73		77	85	80		85	97	μA
	3.0V	3	79		83	92	88		95	105	
I_{LPM2} LPM2⑤④	2.2V	0	6.5		6.5	12	10		11	17	μA
	3.0V	3	7.0		7.0	13	11		12	18	
$I_{LPM3,\ XT1LF}$ LPM3 晶振模式⑥④	2.2V	0	1.60		1.90		2.6		5.6		μA
		1	1.65		2.00		2.7		5.9		
		2	1.75		2.15		2.9		6.1		
	3.0V	0	1.8		2.1	2.9	2.8		5.8	8.3	μA
		1	1.9		2.3		2.9		6.1		
		2	2.0		2.4		3.0		6.3		
		3	2.0		2.5	3.9	3.1		6.4	9.3	
$I_{LPM3,\ VLO}$ LPM3 的 VLO 模式⑦④	3.0V	0	1.1		1.4	2.7	1.9		4.9	7.4	μA
		1	1.1		1.4		2.0		5.2		
		2	1.2		1.5		2.1		5.3		
		3	1.3		1.6	3.0	2.2		5.4	8.5	
I_{LPM4}，LPM4⑧④	3.0V	0	0.9		1.1	1.5	1.8		4.8	7.3	μA
		1	1.1		1.2		2.0		5.1		
		2	1.2		1.2		2.1		5.2		
		3	1.3		1.3	1.6	2.2		5.3	8.1	
$I_{LPM4.5}$，LPM4.5⑨	3.0V		0.15		0.18	0.35	0.26		0.5	1.0	μA

注：
① 在设备参数为输入连接 0V 或 V_{CC}，输出电流为 0 的条件下测得的结果。

② 设备晶振负载电容均为 12pF。

③ 看门狗时钟源为 SMCLK，ACLK=低频晶振（XTS=0，XT1DRIVEx=0）。CPUOFF=1，SCG0=0，SCG1=0，OSCOFF=0（LPM0）；f_{ACLK}=32768Hz，f_{MCLK}=0MHz，f_{SMCLK}=f_{DCO}=1MHz；USB 禁用（VUSBEN=0，SLDOEN=0）。

④ 掉电电流，高侧电压监视器普通模式，低侧电压监视器和监控器禁用，高侧电压监控器禁用，RAM 存储使能。

⑤ 看门狗和 RTC 时钟来源于 ACLK，ACLK=低频晶振（XTS=0，XT1DRIVEx=0）。CPUOFF=1，SCG0=1，SCG1=1，OSCOFF=0（LPM2）；f_{ACLK}=32768Hz，f_{MCLK}=0MHz，f_{SMCLK}=f_{DCO}=0MHz；DCO 设置为 1MHz 运行，DCO 偏压生成器使能；USB 禁用（VUSBEN=0，SLDOEN=0）。

⑥ 看门狗和 RTC 时钟来源于 ACLK，ACLK=低频晶振（XTS=0，XT1DRIVEx=0）。CPUOFF=1，SCG0=1，SCG1=1，OSCOFF=0（LPM3）；f_{ACLK}=32768Hz，f_{MCLK}=f_{SMCLK}=f_{DCO}=0MHz；USB 禁用（VUSBEN=0，SLDOEN=0）。

⑦ 看门狗和 RTC 时钟来源于 ACLK，ACLK=VLO。CPUOFF=1，SCG0=1，SCG1=1，OSCOFF=0（LPM3）；f_{ACLK}=f_{VLO}，f_{MCLK}=f_{SMCLK}=f_{DCO}=0MHz；USB 禁用（VUSBEN=0，SLDOEN=0）。

⑧ CPUOFF=1，SCG0=1，SCG1=1，OSCOFF=1（LPM4）；f_{ACLK}=f_{MCLK}=f_{SMCLK}=f_{DCO}=0MHz；USB 禁用（VUSBEN=0，SLDOEN=0）。

⑨ 内部电压调节器禁用，RAM 和寄存器数据丢失 CPUOFF=1，SCG0=1，SCG1=1，OSCOFF=1 PMMREGOFF = 1（LPM4.5）；f_{ACLK}=f_{MCLK}=f_{SMCLK}=f_{DCO}=0MHz。

4.3.2　低功耗模式寄存器

各寄存器如表 4.3.5～表 4.3.7 所示。

表 4.3.5　SR 状态寄存器

15	14	13	12	11	10	9	8
Reserved							V
rw-0	rw-0	rw-0	rw-0	rw-0	rw-0	rw-0	rw-0
7	6	5	4	3	2	1	0
SCG1	SCG0	OSCOFF	CPUOFF	GIE	N	Z	C
rw-0	rw-0	rw-0	rw-0	rw-0	rw-0	rw-0	rw-0

SCG1：系统时钟发生器 1。该位可用于启用或禁用系统时钟，具体取决于设备系列；例如，DCO 偏压启用或禁用。

SCG0：系统时钟生成器 0。该位可用于启用或禁用系统时钟，具体取决于设备系列；例如，FLL 启用或禁用。

OSCOFF：振荡器关闭。当它置位时，如果 LFXT1CLK 没有用于 MCLK 或 SMCLK，则关闭 LFXT1 晶振。

CPUOFF：CPU 关闭。当它置位时，关闭 CPU。

GIE：全局中断使能。当它置位时，启用可屏蔽中断。当它置位时，所有可屏蔽中断被禁用。

表 4.3.6　PMMCTL0　PMM 控制寄存器 0

15	14	13	12	11	10	9	8
PMMPW							
rw-1	rw-0	rw-0	rw-1	rw-0	rw-1	rw-1	rw-0
7	6	5	4	3	2	1	0
Reserved	Reserved		PMMREGOFF	PMMSWPOR	PMMSWBOR	PMMCOREV	
r0	r0	r0	rw-0	rw-0	rw-0	rw-0	rw-0

PMMPW：PMM 密码。密码通常为 096h。当使用字操作时，写入的值必须和 0A5h 取并集，否则会生成 PUC。当使用字节操作时，写入 0A5h 会解锁所有 PMM 寄存器。当使用字节操作时，写入不同于 0A5h 的数会锁住所有 PMM 寄存器。

PMMREGOFF：调节器关闭。当进入 LPMx.5 时，将此位置位来关闭电压调节器。

其余控制位在第 11 章中介绍。

表 4.3.7　PM5CTL0 电源模式 5 控制寄存器 0

15	14	13	12	11	10	9	8
Reserved							
r-0	r-0	r-0	r-0	r-0	r-0	r-0	r-0
7	6	5	4	3	2	1	0
							LOCKLPM5
r-0	r-0	r-0	r-0	r-0	r-0	r-0	rw-0

LOCKLPM5：在进入或退出 LPMx.5 时，锁住 I/O 口配置。当设备供电后，这个位一旦置位，只能通过用户或另一个电源周期来清零。清零时，I/O 口配置不被锁定并默认为复位状态，置位时 I/O 口状态保持锁定，端口状态在进入和退出 LPMx.5 的过程中保持锁定。

注意，这个位之前被命名为 LOCKIO，并且一些应用报告和例程可能继续使用这个术语。

4.4　低功耗模式应用实例

低功耗模式应用实例演示了 MSP430F5529 单片机活跃模式的工作状态和进出 LPM3、LPM4 的过程，并给出在 LPM4.5 下的基本配置过程。

4.4.1　活跃模式

AM 就是单片机工作的活跃模式，该模式下所有时钟信号均可以启动，CPU 持续运行，功耗较高。本实例延时 MSP430 单片机活跃模式下的工作状态，并输出时钟信号。实例代码如下：

```
#include <msp430f5529.h>
/*********主函数************/
void main (void)
{
  WDTCTL = WDTPW+WDTHOLD;          //关闭看门狗
  P1DIR |= BIT0; P1SEL |= BIT0;    //将P1.0设置为ACLK输出，用于检测ACLK时钟信号
  P2DIR |= BIT2; P2SEL |= BIT2;    //将P2.2设置为SMCLK输出，用于检测SMCLK时钟信号
  P7DIR |= BIT7; P7SEL |= BIT7;    //将P7.7设置为MCLK输出，用于检测MCLK时钟信号
  P7DIR |= BIT0; P7OUT |= BIT0;    //将P7.0设置为输出，初始高电平，LED熄灭
  while (1)
  {
    P7OUT &=~BIT0;  __delay_cycles (524288);   //延时524288个时钟，MCLK频率为1048576Hz
    P7OUT |= BIT0;  __delay_cycles (524288);   //闪烁周期为524288*2/1048576=1s
  }                                            //LED闪烁
}
```

该代码功能为：设置 P1.0、P2.2 和 P7.7 分别为 ACLK、SMCLK 和 MCLK 时钟输出复用功能，设置 P7.0 为 GPIO 输出功能，通过软件延时使 P7.0 状态定时反转。延时周期为 0.5s，故 LED 闪烁周期为 1s。

实例现象：LED（P7.0）以 1s 为周期闪烁，P1.0、P2.2 和 P7.7 均可检测到时钟信号。

4.4.2　低功耗模式 3

本实例演示 MSP430 单片机进入和退出低功耗模式 3（LPM3），在该模式下，CPU、MCLK、SMCLK、DCO 均被禁用，只有 ACLK 保持活跃。该模式适合于使用定时器唤醒设备的应用，使 ACLK 作为定时器时钟，实现超低功耗的定时中断功能。

本实例要求使用定时器中断，定时对 LED（P7.0）状态取反，其余时段均保持最低功耗，LED 状态取反 5 次后，退出低功耗模式。实例代码如下：

```
#include <msp430f5529.h>
unsigned int i=0;                          //用于计数
/*********主函数***********/
void main (void)
{
  WDTCTL = WDTPW+WDTHOLD;                   //关闭看门狗
  P1DIR |= BIT0;   P1SEL |= BIT0;          //将P1.0设置为输出,用于检测ACLK时钟信号
  P2DIR |= BIT2;   P2SEL |= BIT2;          //将P2.2设置为输出,用于检测SMCLK时钟信号
  P7DIR |= BIT7;   P7SEL |= BIT7;          //将P7.7设置为输出,用于检测MCLK时钟信号
  P7DIR |= BIT0;   P7OUT |= BIT0;          //将P7.0设置为输出,初始高电平,LED熄灭

  TA0CTL = TASSEL_1 + TAIE;                //TA0主计数器时钟选择ACLK,不分频
  TA0CTL |= MC_2 + TACLR;                  //清除TAR,选择连续计数模式

  __bis_SR_register (LPM3_bits+GIE);       //开总中断,进入LPM3
  while (1) ;
}
/***********中断服务函数************/
#pragma vector = TIMER0_A1_VECTOR
__interrupt void TA0_Com (void)
{
  P7OUT ^= BIT0;                           //LED状态翻转
  if (++i>4)
  {LPM3_EXIT;}                             //该语句为头文件定义的函数,意为退出LPM3
  TA0CTL &= ~TAIFG;                        //清除中断标志位
}
```

该代码功能为：设置 P1.0、P2.2 和 P7.7 分别为 ACLK、SMCLK 和 MCLK 时钟输出复用功能，设置 P7.0 为 GPIO 输出功能，配置定时器 A0 以 ACLK 为时钟源，连续计数模式（计 65535 个周期，ACLK 为 32768Hz，故定时器约计时 2s）。定时器中断服务函数将 P7.0 状态取反，取反 4 次后，退出 LPM3，CPU 恢复运行，各时钟输出端口恢复输出时钟信号，程序进入 while(1)。

实例现象：LED（P7.0）每隔 2s 状态取反，P2.2 和 P7.7 检测不到时钟信号，P1.0 检测到 ACLK 时钟信号。P7.0 取反 4 次后，退出 LPM3，P1.0、P2.2 和 P7.7 均可检测到时钟信号。

4.4.3　低功耗模式 4

本实例演示 MSP430 单片机进入和退出低功耗模式 4（LPM4），在该模式下，CPU 和所有时钟都被禁用，设备可通过外部中断唤醒。该模式适合于使用外部中断唤醒设备的应用，可实现低功耗

外部中断功能。

本实例要求使用 P1.1 外部中断唤醒 CPU，使 P7.0（LED）状态取反。其余时段均保持最低功耗，LED 状态取反 5 次后，退出低功耗模式。实例代码如下：

```c
#include <msp430f5529.h>
unsigned int i=0;                            //用于计次
/*********主函数************/
void main (void)
{
  WDTCTL = WDTPW+WDTHOLD;                     //关闭看门狗
  P1DIR |= BIT0;    P1SEL |= BIT0;           //将P1.0设置为输出，用于检测ACLK时钟信号
  P2DIR |= BIT2;    P2SEL |= BIT2;           //将P2.2设置为输出，用于检测SMCLK时钟信号
  P7DIR |= BIT7;    P7SEL |= BIT7;           //将P7.7设置为输出，用于检测MCLK时钟信号
  P7DIR |= BIT0;    P7OUT |= BIT0;           //将P7.0设置为输出，初始高电平，LED熄灭

  P1DIR &= ~BIT1;   P1IFG &= ~BIT1;          //将P1.1设置为输入，初始化清空中断标志位
  P1IE |= BIT1;     P1IES |= BIT1;           //P1.1中断使能，下降沿产生中断
  P1OUT |= BIT1;    P1REN |= BIT1;           //P1.1设置为上拉电阻
  __bis_SR_register (LPM4_bits+GIE);         //开总中断，进入LPM4
  while (1) ;
}
/************外部中断************/
#pragma vector = PORT1_VECTOR
__interrupt void wake_up (void)
{
  __delay_cycles (12000);                    //延时消抖
if ((P1IN&BIT1) !=BIT1)                       //检测P1.1对应的按键是否按下
{
  P7OUT^=BIT0;                               //LED灯状态取反
  if (++i>4)
  {LPM4_EXIT;}                               //退出LPM4
}
  P1IFG &= ~BIT1;                            //标志位清零
}
```

该代码功能为：设置 P1.0、P2.2、P7.7 分别为 ACLK、SMCLK 和 MCLK 时钟输出复用功能，设置 P7.0 为 GPIO 输出功能，配置 P1.1（按键 K3）为外部中断，下降沿触发。中断服务函数将 P7.0 状态取反，取反 4 次后，退出 LPM4，CPU 恢复运行，各时钟输出端口恢复输出时钟信号，程序进入 while（1）。

实例现象：按键按下后，LED（P7.0）状态取反，P1.0、P2.2 和 P7.7 检测不到时钟信号。P7.0 取反 5 次后（即按键按下 5 次），退出 LPM4，各时钟输出端口恢复时钟输出。

4.4.4 低功耗模式 4.5

合理地使用低功耗模式 4.5（LPM4.5），可以使设备的功耗降到最低。但要注意 LPM4.5 将禁用电压生成器，这会使 RAM 中的数据完全丢失，从低功耗模式退出后，系统将复位，程序将从头开始运行。本实例要求设备在 LPM4.5 的状态下等待按键按下，若按键按下，则执行 LED 闪烁函数。实例代码如下：

```c
#include <msp430f5529.h>
/***************配置端口和外部中断***************/
void Port_configure ()
{
  P1IE &= ~BIT1;                            //禁用P1.1中断，防止配置过程中发生意外中断
  P1DIR &= ~BIT1;  P1IES |= BIT1;           //将P1.1设置为输入，下降沿中断
  P1OUT |= BIT1;   P1REN |= BIT1;           //设置上拉电阻，使能上下拉电阻
  P1IFG &= ~BIT1;  P1IE |= BIT1;            //清除中断标志，使能中断
}
/*************LED闪烁*************/
void LED ()
{
  unsigned int i;
  P7DIR |= BIT0;   P7OUT |= BIT0;           //将P7.0设置为输出高电平，LED熄灭
  for (i=4;i>0;i--)
  {
    __delay_cycles (1048576);               //MCLK频率为1048576Hz，延时1s
    P7OUT ^= BIT0;
  }
}
/*********主函数*********/
void main (void)
{
  WDTCTL = WDTPW+WDTHOLD;                    //关闭看门狗
  __bis_SR_register (GIE);                  //使能通用中断
  Port_configure ();                        //配置端口及中断
  PMMCTL0_H = PMMPW_H;                       //允许PMM寄存器操作
  PMMCTL0_L |= PMMREGOFF;                    //PMMREGOFF=1，为进入LPM4.5做准备
  PM5CTL0 &= ~LOCKLPM5;                      //清除LOCKLPM5，解除端口状态锁定
  PMMCTL0_H = 0x00;                          //锁住PMM的写入路径
  __bis_SR_register (LPM4_bits);            //进入LPM4（结合PMMREGOFF，进入LPM4.5）
  while (1);
}
/*************外部中断*********/
#pragma vector = PORT1_VECTOR
__interrupt void wake_up (void)
{
  P1DIR |= BIT0;   P1SEL |= BIT0;           //将P1.0设置为输出，用于检测ACLK时钟信号
  P2DIR |= BIT2;   P2SEL |= BIT2;           //将P2.2设置为输出，用于检测SMCLK时钟信号
  P7DIR |= BIT7;   P7SEL |= BIT7;           //将P7.7设置为输出，用于检测MCLK时钟信号
  PMMCTL0_H = PMMPW_H;                       //允许写入PMM寄存器
  PM5CTL0 &= ~LOCKLPM5;                      //清除LOCKLPM5，解除端口状态锁定
  PMMCTL0_H = 0x00;                          //锁住PMM的写入路径
  LED ();                                   //LED闪烁
  Port_configure ();                        //重新配置端口及中断
}
```

　　该代码功能为：使能中断，使设备唤醒时直接进入中断服务函数。配置中断端口 P1.1。配置电源管理模块控制寄存器 PMMCTL0，关闭电压调节器。配置 PM5CTL0，解除端口锁定，使新的配置生效。置位 LPM4 相应位，进入 LPM4.5。中断服务函数的功能为配置时钟输出端口，解除 I/O

口锁定状态，LED 闪烁和重新配置 I/O 口。

注意，在调试状态下，单片机无法进入 LPM4.5，该代码不能正常运行。在取消调试，仅供电的状态下，该代码才能正常运行。进入 LPM4.5 后端口状态会被锁定，并且端口锁定状态无法通过软件复位清除，只能通过上电复位清除，所以下载其他程序后，若端口配置失效，则可尝试断电重启。

实例现象：按键按下，LED 闪烁，时钟输出复用端口输出时钟信号，LED 状态取反 4 次后，再次进入 LPM4.5，时钟信号消失。

4.5　小结与思考

本章介绍了 MSP430 单片机的时钟系统，讲述了时钟源与时钟信号的选择和使用，以及数字时钟源（DCOCLK）锁频环 FLL 的使用方法和时钟频率计算方法；介绍了 MSP430 单片机的低功耗模式操作；介绍了 LPM0、LPM1、LPM2、LPM3 和 LPM4 的工作特点、功耗，以及从这些模式唤醒所需的时间；针对较为特殊的 LPM4.5 模式，详细介绍了进入和退出该模式的操作和注意事项；通过实例演示了如何进入和退出低功耗模式。

学习完本章内容，读者应该掌握 MSP430 单片机片内和片外时钟源的配置方法，锁频环频率的计算方法及如何对时钟源和时钟信号进行分频。进而可以灵活选择时钟信号，合理设置核心电压以满足更高的时钟需求。

读者应该对 MSP430 单片机的工作模式有清晰的认识，学会进入和退出低功耗模式的操作，了解各种工作模式的特点。对于不同的应用场合选择何时的低功耗模式来降低单片机的功耗，同时提升单片机执行代码的效率，使其适合于电池供电等低功耗应用场所。

习题与思考

4-1　简述 XT1 和 XT2 外部晶振起振操作的步骤，并分析低频晶振和高频晶振起振过程的区别。

4-2　若锁频环 FLL 参考时钟频率为 32768Hz，要求经过锁频环倍频后，DCOCLK 的频率为 25MHz，试计算寄存器 UCSCTL1 和 UCSCTL2 的值，用十六进制数表示出来，并计算出倍频产生的误差百分比。

4-3　思考提高时钟频率至 25MHz 的过程中，除了配置 UCSCTL 寄存器，还需要进行什么操作来达到要求？

4-4　简述各种低功耗模式下，时钟和 CPU 的启用情况，以及各工作模式的应用场合。

4-5　简述设备进入和退出低功耗模式 4.5 的操作。

4-6　若将 MSP430 单片机 SR 寄存器中的 LPM4_bits 置位，则理论上，设备的哪些时钟信号被禁用？

4-7　若 MSP430 单片机的定时器 A0 以 ACLK 为时钟源，并保持启用，这时将 SR 寄存器的 LPM4_bits 置位，则设备上哪些时钟信号会被禁用？

4-8　若设备进入低功耗模式 5 之前，设置了 P2.1 作为中断端口，则设备唤醒后，该端口是何种状态？如何改变该端口的状态？

第 5 章   MSP430 单片机中断系统

任何数字处理系统都离不开中断系统，合理地使用中断系统可以使数字处理系统高效、快速地运行。对于单片机而言，中断系统十分重要，是对单片机进行深入开发所必须掌握的系统。中断系统能保证单片机快速响应和提升单片机工作的实时性。

本章导读：本章应重点掌握各种外围模块的中断功能，掌握 MSP430 单片机的中断响应过程。熟悉单片机外部中断，学会配置外部中断的触发端口及触发条件，以及编写中断服务函数。举一反三，在之后的章节中会尝试编写各模块的中断服务函数。初学者建议粗读 5.1 节，细读 5.2 节，动手实践 5.3 节并做好笔记，完成习题。

5.1   中断概述

中断系统是单片机系统中常用的系统。当中断事件发生时，单片机会暂停并保存当前正在执行的程序，转而执行特定的中断服务函数，中断服务函数执行完毕后，再返回之前中断的位置，恢复现场，继续执行程序。中断通过特定的事件触发，如端口 P1.1 的下降沿、定时器溢出、串行口接收到数据等。合理地使用中断系统，可以使程序运行主次分明，充分利用 CPU 资源，并降低功耗。

例如，对按键的检测方式，按键按下的时刻是任意的，若使用主程序轮询方式检测按键，则 CPU 必须一直运行，且轮询周期不能太长，以防错过按键的检测；若使用中断方式，则只要按键按下，在按键的端口产生下降沿，就会触发中断服务函数，即可在中断服务函数里执行相应的操作。与轮询方式相比，中断方式检测更灵敏，对程序运行时间没有要求，且 CPU 不需要一直运行，可以降低功耗。因此，合理地利用中断资源，是学好单片机的关键。

5.1.1   中断的基本概念

1．中断定义

中断是暂停 CPU 正在运行的程序，转去执行相应的中断服务函数，完毕后返回被中断的程序继续运行的现象和技术。单片机的中断越丰富，CPU 处理突发事件的能力就越强，因此，把中断视为单片机性能的一项重要指标。

2．中断源

把引起中断的原因或能够发出中断请求的信号源统称为中断源。中断首先需要由中断源发出中断请求，并征得系统允许后才会发生。在转去执行中断服务函数前，程序需要保护中断现场；在执行完中断服务函数后，应恢复中断现场。

中断源一般分为两类：外部硬件中断源和内部软件中断源。外部硬件中断源包括可屏蔽中断和不可屏蔽中断。内部软件中断源产生于单片机内部，主要有以下 3 种：由 CPU 运行结果产生、执行中断指令 INT3、使用 DEBUG 中单步或断电设置。

3. 中断向量表

中断向量是指中断服务函数的入口地址，每个中断向量被分配给 4 个连续的字节单元，2 个高字节单元存放入口的段地址 CS，2 个低字节单元存放入口的偏移量 IP。为了让 CPU 方便地查找对应的中断向量，就需要在内存中建立一张查询表，即中断向量表。中断向量的地址就是中断服务的入口地址。

4. 中断优先级

凡事都有轻重缓急，不同的中断请求表示不同的中断事件，因此，CPU 对不同的中断请求也有轻重缓急。在单片机中，给每一个中断源指定一个优先级，称为中断优先级。

5. 断点和中断现场

断点是指 CPU 执行现场程序被中断时的下一条指令的地址，又称断点地址。

中断现场是指 CPU 在转去执行中断服务函数前的运行状态，包括 CPU 状态寄存器和断点地址等。

6. 中断嵌套

中断系统正在执行一个中断服务时，有另一个优先级更高的中断提出中断请求，这时会暂时终止当前正在执行的级别较低的中断源服务函数，而去处理级别更高的中断源服务函数，待处理完毕，再返回到被中断了的中断源服务函数继续执行，这个过程就是中断嵌套。

5.1.2　中断响应过程

1. 中断处理过程

单片机的中断处理过程如图 5.1.1 所示，包括中断信号的产生、中断响应、执行中断服务函数、中断返回。中断信号可能在任意时刻产生，中断信号产生后，CPU 会立即停下当前所运行的程序，并保护现场，即把程序指针、局部变量、CPU 状态等数据全部保存在堆栈中，然后去执行指定的中断服务函数，根据中断类型的不同，中断服务函数的地址也会不同。当中断服务函数执行完毕后，CPU 会进行中断返回操作，即将所有保存在堆栈中的数据全部取出，并根据取出的数据恢复运行之前被中断的代码，继续执行主程序。

图 5.1.1　单片机的中断处理过程

对于 MSP430 单片机而言，中断响应过程为从 CPU 接收一个中断请求开始，到中断服务函数第一个指令被执行，共需要 6 个周期。中断响应过程如下。

（1）执行完当前正在执行的指令。

（2）将程序计数器（PC）压入堆栈，程序计数器指向下一条指令。

（3）将状态寄存器（SR）压入堆栈，状态寄存器保存了当前程序执行的状态。

（4）如果多个中断源同时请求中断，那么较低优先级中断被挂起，较高优先级中断被选中。

（5）单中断源的中断标志在中断请求后自动复位，多中断源的中断标志保持置位，等待软件处理。

（6）除 SCG0 外，SR 寄存器所有位清零，从而终止任何低功耗模式。因为 GIE（通用中断标志位）被清零，所以执行中断服务函数期间，任何可屏蔽中断都被屏蔽。

（7）将中断服务函数入口地址加载给程序计数器（PC），程序从中断服务函数首地址开始执行。

中断响应过程示意图如图 5.1.2 所示。

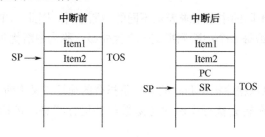

图 5.1.2　中断响应过程示意图

由于 MSP430 单片机采用流水线式 CPU 架构，所以需要额外注意通用中断使能位（GIE）的清零和置位方式。在清除中断使能位或中断标志位之后，再经过一个指令，该中断才会被禁用。在清除通用中断使能位之后，再经过一个指令，总中断才会被禁止，也就是对于中断的操作会延迟一个指令后生效。因此，在清除或置位通用中断使能位前后，必须添加一个与中断操作无关的指令，以防止中断的意外发生。

因为进入中断服务函数后 GIE 被清零，屏蔽所有可屏蔽中断，所以不存在中断嵌套的现象，即使是高优先级的中断也不会打断低优先级的中断服务函数，除非在中断服务函数中将 GIE 位置位，才会允许其他高优先级中断请求，产生中断嵌套现象。

2．中断返回过程

通过执行中断服务函数终止指令（RETI）开始中断返回，中断返回过程需要 5 个周期，主要包含以下过程。

（1）具有先前设置的状态寄存器（SR）出栈，SR 中所有先前的设置，如 GIE、CPUOFF 等立刻生效。

（2）程序计数寄存器（PC）出栈，从之前被中断打断的地方恢复执行程序。

（3）继续执行中断时的下一条指令。

中断返回过程示意图如图 5.1.3 所示。

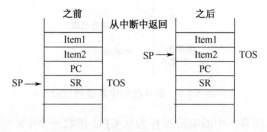

图 5.1.3　中断返回过程示意图

执行中断返回后，程序返回到原断点处继续执行，程序运行状态被恢复。若中断发生前 CPU 处于某种休眠模式下，则中断返回后 CPU 仍然在该休眠模式下，即程序停止执行。若希望 CPU 在执行中断后被唤醒，继续执行下面的程序，则需要在退出中断前，修改 SR 的值，清除休眠标志。此步骤可以通过调用退出低功耗模式内部函数实现。该函数为内联函数，其作用是在中断中修改被压入堆栈的 SR 值，使其在中断返回后使新的状态寄存器 SR 值生效，从而唤醒 CPU。该函数的名称举例如下：

```
_bic_SR_register_on_exit（LPM3_bits）;        //退出LPM3
```

5.2　MSP430 单片机中断

5.2.1　MSP430 单片机中断源与中断向量表

MSP430 单片机的中断优先级是固定的，多个中断同时发生时，CPU 会先执行优先级较高的中断。MSP430 单片机包含 3 类中断。

- 系统复位。
- 不可屏蔽中断。
- 可屏蔽中断。

其中系统复位和不可屏蔽中断一般在最高优先级，只要有中断请求，即可发生中断，可以打断正在执行的可屏蔽中断，不能使用状态寄存器（SR）的 GIE 位来屏蔽。而可屏蔽中断则可以通过 SR 中的 GIE 位来屏蔽或开启。系统复位和不可屏蔽中断一般为单片机上电或错误后自动触发的中断，用户一般不会直接接触，而可屏蔽中断一般来自于单片机的各个外围模块，较为常用，读者需要认真学习各个中断的触发条件和特点。

1. 系统复位和初始化

MSP430 单片机有 3 种复位信号：掉电复位（Brown Out Reset，BOR）、上电复位（Power On Reset，POR）和上电清除（Power Up Clear，PUC）

BOR 信号由以下事件触发。

- 设备上电。
- $\overline{\text{RST}}$/NMI 端口的低电平信号后（$\overline{\text{RST}}$/NMI 端口工作在复位模式）。
- LPMx.5（LPM3.5 或 LPM4.5）模式下的唤醒事件。
- 软件 BOR 事件。

BOR 会触发 POR，而 POR 不会触发 BOR，以下是触发 POR 的事件。

- BOR 信号。
- 电压监控系统事件。
- 软件 POR。

POR 会触发 PUC，PUC 不会触发 POR，以下是触发 PUC 的事件。

- POR 信号。
- 看门狗定时器溢出（看门狗定时器工作在复位模式）。
- 看门狗定时器控制寄存器写入密码错误。
- 闪存寄存器写入密码错误。
- 电源管理模块寄存器写入密码错误。
- 外围模块触发。

2. 不可屏蔽中断（Non Maskable Interrupts，NMI）

一般来说，NMI 不受中断使能位（GIE）屏蔽，MSP430 单片机支持两种等级的 NMI：系统 NMI（SNMI）和用户 NMI（UNMI）。NMI 中断源通过独立的中断使能位激活。当触发一个 NMI 中断时，其他同等级的 NMIs 被自动禁用，防止同等级 NMI 嵌套，程序从存储在 NMI 向量的地址开始执行。

以下为 UNMI 的中断源。

- $\overline{\text{RST}}$/NMI 端口的边沿（$\overline{\text{RST}}$/NMI 端口需被配置为 NMI 模式）。
- 振荡器故障。
- 对闪存的访问冲突。

以下为 SNMI 中断源。

- 电源管理模块（PMM）SVML/SVMH 电源电压故障。
- PMM 高侧/低侧延时超时。
- 空内存访问。
- JTAG 邮箱（JMB）事件。

3. 可屏蔽中断

可屏蔽中断是由具有中断功能的外围设备引起的。每一个可屏蔽中断源可被独立的中断使能位禁用，或者所有可屏蔽中断源可被状态寄存器（SR）的通用中断使能位（GIE）禁用。下面所介绍的内容均为可屏蔽中断。

MSP430 单片机的中断分为单源中断和多源中断，单源中断只有一个中断源，进入中断服务函数后，中断标志自动复位。而多源中断则有多个中断源，即多个中断源触发同一个中断，执行同一个中断服务函数，若要分辨具体哪个中断源触发了中断，则需在中断服务函数里查询相应的中断向量寄存器，判断具体触发中断的中断源。

中断事件发生后，会使相应的中断标志位置位，由置位的中断标志位来发出中断请求。若执行完中断服务函数后，没有清零中断标志位，则会不断请求中断，导致系统不断响应中断，从而出现错误。因此在执行完中断服务函数之前，一定要清除中断标志位。在某些操作下（如单源中断、访问中断向量寄存器、读取接收缓冲区或写入发送缓冲区等操作）中断标志会自动清除，使用时需要额外注意。

例如，Port1 外部中断，该中断可由 P1.0 到 P1.7 的所有端口触发，而进入中断服务函数后，需要查询 P1IV（端口 1 中断向量寄存器）来判断具体是 P1.0 还是 P1.1……P1.7 触发了中断。中断标志会在访问 P1IV 后自动清除。若按键（P1.1）按下，产生下降沿触发中断，则 P1IFG 中的 BIT1 置位，请求中断，同时 P1IV 中的 BIT1 置位。在中断服务函数中，查询 P1IV，得知 P1.1 触发了中断，从而执行相关的命令，而查询 P1IV 的同时，自动清除了 P1IFG 的 BIT1。若不执行查询 P1IV 的操作，则需要手动清除 P1IFG，防止中断重复请求。表 5.2.1 所示是 MSP430 单片机各模块的中断源和中断向量地址。

表 5.2.1   MSP430 单片机各模块中断源和中断向量地址

中 断 源	中 断 标 志	系统中断	地 址 字	优 先 级
系统复位 上电复位 外部复位 看门狗定时器超时，密码错误 闪存密码错误	WDTIFG， KEYV（SYSRSTIV）[1][2]	复位	0FFFFh	63 最高

续表

中　断　源	中　断　标　志	系统中断	地　址　字	优　先　级
系统 NMI PMM 空内存访问 JTAG 邮箱	SVMLIFG, SVMHIFG, DLYLIFG, DLYHIFG, VLRLIFG,VLRHIFG, VMAIFG, JMBNIFG, JMBOUTIFG（SYSSNIV）①	不可屏蔽	0FFFCh	62
用户 NMI NMI 晶体振荡器故障 闪存访问错误	NMIIFG, OFIFG, ACCVIFG, BUSIFG（SYSUNIV）①②	不可屏蔽	0FFFAh	61
Comp_B	比较器 B 中断标志（CBIV）①③	可屏蔽	0FFF8h	60
TB0	TB0CCR0 CCIFG0③	可屏蔽	0FFF6h	59
TB0	TB0CCR1 CCIFG1 到 TB0CCR6 CCIFG6,TB0IFG（TB0IV）①②	可屏蔽	0FFF4h	58
看门狗定时器 A 间隔 定时器模式	WDTIFG	可屏蔽	0FFF2h	57
USCI_A0 接收或发送	UCA0RXIFG, UCA0TXIFG（UCA0IV）①③	可屏蔽	0FFF0h	56
USCI_B0 接收或发送	UCB0RXIFG, UCB0TXIFG（UCB0IV）①③	可屏蔽	0FFEEh	55
ADC12_A	ADC12IFG0 到 ADC12IFG15（ADC12IV）①③④	可屏蔽	0FFECh	54
TA0	TA0CCR0 CCIFG0③	可屏蔽	0FFEAh	53
TA0	TA0CCR1 CCIFG1 到 TA0CCR4 CCIFG4,TA0IFG（TA0IV）①③	可屏蔽	0FFE8h	52
USB_UBM	USB Interrupts（USBIV）①③	可屏蔽	0FFE6h	51
DMA	DMA0IFG, DMA1IFG, DMA2IFG（DMAIV）①③	可屏蔽	0FFE4h	50
TA1	TA1CCR0 CCIFG0③	可屏蔽	0FFE2h	49
TA1	TA1CCR1 CCIFG1 到 TA1CCR2 CCIFG2, TA1IFG（TA1IV）①③	可屏蔽	0FFE0h	48
Port1 外部中断	P1IFG.0 到 P1IFG.7（P1IV）①③	可屏蔽	0FFDEh	47
USCI_A1 接收或发送	UCA1RXIFG, UCA1TXIFG（UCA1IV）①③	可屏蔽	0FFDCh	46
USCI_B1 接收或发送	UCB1RXIFG, UCB1TXIFG（UCB1IV）①③	可屏蔽	0FFDAh	45
TA2	TA2CCR0 CCIFG0③	可屏蔽	0FFD8h	44
TA2	TA2CCR1 CCIFG1 到 TA2CCR2 CCIFG2, TA2IFG（TA2IV）①③	可屏蔽	0FFD6h	43
Port2 外部中断	P2IFG.0 到 P2IFG.7（P2IV）①③	可屏蔽	0FFD4h	42
RTC_A	RTCRDYIFG, RTCTEVIFG, RTCAIFG, RT0PSIFG, RT1PSIFG（RTCIV）①③	可屏蔽	0FFD2h	41
保留	保留⑤		0FFD0h …… 0FF80h	40 …… 0, 最低

注：

① 多中断源标志。

② 如果 CPU 试图从外围空间或空内存空间中获取指令，则会生成复位。
③ 中断标志位于外围模块。
④ 适用于具有 ADC 模块的设备。
⑤ 地址中的保留中断向量不用于此设备，但可以通过编程使用。为了保持与其他设备的兼容性，建议保留这些地址。

5.2.2　MSP430 单片机中断寄存器

MSP430 单片机中涉及中断的寄存器有 3 种，分布于单片机的各个外围模块，分别是中断使能寄存器（xxxIE）、中断标志寄存器（xxxIFG）和中断向量寄存器（xxxIV）。中断使能寄存器（xxxIE）用于使能和禁用中断，一般写 1 使能，清零禁用。中断事件发生时，中断标志寄存器（xxxIFG）相应的位会置位，从而产生中断请求，对于多源中断，中断向量寄存器（xxxIV）也会生成相应的值，便于查找中断源。对于可屏蔽中断，在 MSP430 单片机的状态寄存器（SR）中，可以通过置位 GIE 来使能可屏蔽中断，复位 GIE 来禁用可屏蔽中断。

各寄存器如表 5.2.2～表 5.2.8 所示。

表 5.2.2　SR 状态寄存器（其余有意义但与中断不相关位用"—"表示）

15	14	13	12	11	10	9	8
Reserved							—
r-0	r-0	r-0	r-0	r-0	r-0	r-0	r-0
7	6	5	4	3	2	1	0
—	—	—	—	GIE	—	—	—
r-0	r-0	r-0	r-0	r-0	r-0	r-0	r-0

GIE：通用中断使能，当这个位置位时，可屏蔽中断被允许中断，当这个位复位时，屏蔽所有可屏蔽中断。

下面列举 MSP430F5529 单片机外部中断相关寄存器。MSP430 单片机大部分外围模块也具备中断相关的功能，其中断的控制寄存器与外部中断类似，希望读者学习完外部中断的寄存器后，查找其他外围模块与中断相关的寄存器，通过类比加深印象。

表 5.2.3　PxIES 中断触发方式选择寄存器（x 可取 1 或 2）

7	6	5	4	3	2	1	0
PxIES							
rw	rw	rw	rw	rw	rw	rw	rw

PxIES：触发方式选择。0 为上升沿触发；1 为表示下降沿触发。例如，设置 P1.1 外部中断由下降沿触发：

```
P1IES |= BIT1;  //设置P1.1中断触发边沿为下降沿
```

表 5.2.4　PxIE 中断使能寄存器（x 可取 1 或 2）

7	6	5	4	3	2	1	0
PxIE							
rw-0	rw-0	rw-0	rw-0	rw-0	rw-0	rw-0	rw-0

PxIE：中断使能选择。0 为中断禁止；1 为中断使能。例如，使能 P1.1 外部中断：

```
P1IE |= BIT1;  //使能P1.1外部中断
```

表 5.2.5　PxREN 上拉、下拉电阻使能寄存器（x 可取 1 或 2）

7	6	5	4	3	2	1	0
PxREN							
rw-0	rw-0	rw-0	rw-0	rw-0	rw-0	rw-0	rw-0

PxREN：上拉、下拉电阻使能。当相应的端口被配置为输入时，置位此位可以使能上拉、下拉电阻。

该寄存器在第 3 章已介绍，不再赘述。

表 5.2.6　PxIN：输入寄存器（x 可取 1 或 2）

7	6	5	4	3	2	1	0
PxIN							
r	r	r	r	r	r	r	r

PxIN：这个寄存器反应相应端口的输入电平，只读。该寄存器在第 3 章已介绍，不再赘述。

表 5.2.7　PxIFG 中断标志寄存器（x 可取 1 或 2）

7	6	5	4	3	2	1	0
PxIFG							
rw-0	rw-0	rw-0	rw-0	rw-0	rw-0	rw-0	rw-0

PxIFG：中断标志寄存器。0 为无中断挂起；1 为有中断挂起。清除 P1IFG.1 的操作如下：

```
P1IFG &=~ BIT1;   //清除P1.1中断标志
```

表 5.2.8　PxIV 中断向量寄存器（x 可取 1 或 2）

15	14	13	12	11	10	9	8
PxIV							
r-0	r-0	r-0	r-0	r-0	r-0	r-0	r-0
7	6	5	4	3	2	1	0
PxIV							
r-0	r-0	r-0	r-0	r-0	r-0	r-0	r-0

PxIV：P1 端口中断优先级高于 P2。P1.0 的优先级最高。表 5.2.9 所示是 PxIV 值对应的中断标志，查询其值可以知道具体发生中断的端口。任何对 PxIV 的访问、读写都会清空最高优先级的中断标志。一般使用 switch 语句查询 PxIV，具体可参考实例程序。

表 5.2.9　PxIV 值对应的中断标志

PxIV 值	中断标志	备　注
00		无中断
02	PxIFG.0	中断优先级最高
04	PxIFG.1	
06	PxIFG.2	
08	PxIFG.3	
0A	PxIFG.4	
0C	PxIFG.5	
0E	PxIFG.6	
10	PxIFG.7	中断优先级最低

5.2.3　MSP430 单片机中断服务函数

中断服务函数书写方法：以下是 MSP430F5529 单片机中断服务函数的固定形式。

```
#pragma vector = 中断向量地址
__interrupt void 函数名（void）
{中断服务函数}
```

其中有几个值得注意的地方。

中断向量地址：用来引导程序进入相应的中断服务函数。例如，P1 端口中断向量地址是 0xFFD4、P2 端口的中断向量地址是 0xFFDE 等。

中断向量地址记起来很麻烦，MSP430 单片机的头文件里将中断向量地址进行了宏定义。以 MSP430F5529 单片机为例，在 msp430f5529.h 文件的末尾，对 MSP430F5529 单片机所有的中断进行了定义。例如，P1 的中断向量地址宏定义为 PORT1_VECTOR，P2 的中断向量地址宏定义为 PORT2_VECTOR。这样书写直观方便。

函数名：函数名可以任意，注意不要和关键字或宏定义重复即可。

"#pragma vector"和"__interrupt"都是固定格式，一定要书写正确，否则编译器不识别。注意"interrupt"前面是两个下画线。

中断服务函数：中断服务函数写在{}里。

5.3　中断应用实例

中断应用实例介绍了使用 MSP430 单片机外部中断的使用方式，以及如何利用外部中断检测按键，并列举了中断服务函数的常用书写格式。希望读者通过外部中断的书写格式，举一反三，尝试和学习单片机各个外围模块中断的书写方法，并正确运用。

5.3.1　外部中断

外部中断是单片机常用的中断，常用于检测按键或接收同步信号等。按键电路是单片机常见的信号输入电路，常用于控制场合，使用中断检测按键，大大提高了程序的运行效率。使用中断检测按键的原理是，单片机的 I/O 口具备外部中断功能，外部中断的触发源就是输入到 I/O 口的电平跳变沿或电平信号（上升沿、下降沿、高电平、低电平）。MSP430 单片机只支持跳变沿（上升沿、下降沿）触发中断。通过配置寄存器可以选择触发中断的边沿等参数。在本实例中，按键工作电路如图 5.3.1 所示。

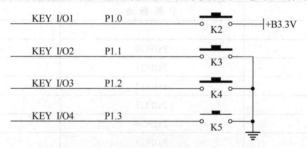

图 5.3.1　按键工作电路

要求使用端口 P1.0、P1.1、P1.2 和 P1.3 的外部中断功能，检测按键是否按下，若按键按下，则将 P7.0、P7.1、P7.2、P7.3（LED）状态取反。其代码如下：

```
#include "MSP430F5529.h"
void main (void)
{
  WDTCTL = WDTPW + WDTHOLD;              // 关闭看门狗

  P7DIR |= (BIT0+BIT1+BIT2+BIT3);        //设置P7.0~P7.3为输出, LED
  P7OUT |= (BIT0+BIT1+BIT2+BIT3);        //设置P7.0~P7.3输出高电平, LED熄灭

  P1DIR &= ~ (BIT0+BIT1+BIT2+BIT3);      //设置P1.0~P1.3为输入, 按键
  P1IES |= (BIT1+BIT2+BIT3);             //触发边沿选择, P1.0上升沿触发, P1.1~P1.3下降沿触发
  P1OUT |= (BIT1+BIT2+BIT3);             //P1.0设置为下拉电阻, P1.1~P1.3设置为上拉电阻
  P1REN |= (BIT0+BIT1+BIT2+BIT3);        //使能上拉、下拉电阻
  P1IFG &= ~ (BIT0+BIT1+BIT2+BIT3);      //初始化清空中断标志位
  P1IE |= (BIT0+BIT1+BIT2+BIT3);         //P1.0~P1.3中断使能
  __bis_SR_register (GIE);               //开总中断
  while (1);                             //防止程序跑飞
}
/********************Port1外部中断********************/
#pragma vector = PORT1_VECTOR            //固定格式, 声明中断向量地址
__interrupt void LED_G (void)            //这一句和上面那句要写一起
{
  __delay_cycles (12000);               //按键延时消抖
  switch (__even_in_range (P1IV,16))     //查询P1IV, 标志位自动清零
  {
  case  0: break;                        //无中断
  case  2: if ((P1IN&BIT0)==BIT0) P7OUT^=BIT0;break;// P1IFG.0
  case  4: if ((P1IN&BIT1)!=BIT1) P7OUT^=BIT1;break;// P1IFG.1
  case  6: if ((P1IN&BIT2)!=BIT2) P7OUT^=BIT2;break;// P1IFG.2
  case  8: if ((P1IN&BIT3)!=BIT3) P7OUT^=BIT3;break;// P1IFG.3
  case 10: break;                        //P1IFG.4
  case 12: break;                        //P1IFG.5
  case 14: break;                        //P1IFG.6
  case 16: break;                        //P1IFG.7
  default: break;
  }
}
```

该代码功能为：初始化 P7.0~P7.3 端口为输出状态，输出高电平使 LED 熄灭。设置 P1.0~P1.3 为输入状态。注意 P1.0 与其他外部中断端口不同，其按键按下时，P1.0 变为高电平。而其他端口按键按下时，响应端口低电平。故 P1.0 宜设置为上升沿触发中断，并设置下拉电阻。其余端口宜设置为下降沿触发中断，并设置上拉电阻。最后初始化清除中断标志，使能外部中断和通用中断。并使程序进入 while(1)防止跑飞。

由于触发中断的对象是按键，故中断服务函数中先进行了延时消抖，通过查询 P1 外部中断的中断向量寄存器 P1IV 来自动清除中断标志，同时获取触发中断的端口。中断标志位会在访问 P1IV 后自动复位。若没有对中断标志位的清零操作，则系统会重复进入中断导致程序无法正常运行。通过 case 语句对响应的按键按下做出反应，即首先检测按键按下的电平，防止误触发，条件成立后反

转对应的 LED，完成本实例的功能。

实例现象：某个按键按下后，其对应的 LED 点亮或熄灭。

5.3.2 中断嵌套

MSP430 单片机由于特定的中断结构，导致其默认状态下不会发生中断嵌套现象，即在执行一个中断服务函数的过程中，因为 GIE 位一直保持清零状态，所以不会响应其他任何优先级的可屏蔽中断（不可屏蔽中断和系统复位除外）。为了使单片机在执行一个中断的过程中可以嵌套另一个中断，则需要在进入中断服务函数后先将中断标志清零，再将 GIE 置位，则这时单片机会响应另一个中断。

本实例要求单片机在进行按键检测的同时，使用定时器中断将 LED 定时反转，实现 LED 闪烁和按键检测互不干扰。实例代码如下：

```
#include  "MSP430F5529.h"
void main (void)
{
  WDTCTL = WDTPW + WDTHOLD;              //关闭看门狗
                                        //配置GPIO, 对应LED
  P7DIR |= 0xFF;                        //设置P7.0~P7.3为输出，LED
  P7OUT |= 0xFF;                        //设置P7.0~P7.3输出高电平，LED熄灭
                                        //配置外部中断
  P1DIR &= ~ (BIT0+BIT1+BIT2+BIT3);     //设置P1.0~P1.3为输入，按键
  P1IES |= (BIT1+BIT2+BIT3);            //触发边沿选择，P1.0上升沿触发，P1.1~P1.3下降沿触发
  P1OUT |= (BIT1+BIT2+BIT3);            //P1.0设置为下拉电阻，P1.1~P1.3设置为上拉电阻
  P1REN |= (BIT0+BIT1+BIT2+BIT3);       //使能上拉、下拉电阻
  P1IFG &= ~ (BIT0+BIT1+BIT2+BIT3);     //初始化清空中断标志位
  P1IE |= (BIT0+BIT1+BIT2+BIT3);        //P1.0~P1.3中断使能
                                        //配置定时器中断
  TA0CTL = TASSEL_1;                    //TA0主计数器时钟选择ACLK（32768Hz）
  TA0CCR0 = 4096;TA0CCTL0 = CCIE;       //设置计数终值，使能CCR0中断
  TA0CTL |= MC_1 + TACLR;               //增模式，清空计数器

  __bis_SR_register (GIE);              //开总中断
  while (1);                            //防止程序跑飞
}
/***********************Port1外部中断***********************/
#pragma vector = PORT1_VECTOR           //固定格式，声明中断向量地址
__interrupt void LED_G (void)           //这一句和上面那句要写一起
{
  int a=P1IV;                           //存储中断向量寄存器的值
  P1IFG=0x00;                           //清除中断标志（必须在使能中断前执行，否则会无限响应中断）
  __bis_SR_register (GIE);              //使能可屏蔽中断的中断请求。注释掉此行，观察现象
  __delay_cycles (12000);               //按键延时消抖
  switch ( __even_in_range (a,16))      //查询P1IV，标志位自动清零
  {
  case  0: break;                       //无中断
  case  2:
    if ( (P1IN&BIT0) ==BIT0)
```

```
    {while (P1IN&BIT0);
    P7OUT^=BIT0;}
    break;// P1IFG.0
  case  4:
    if ((P1IN&BIT1)!=BIT1)
    {while (!(P1IN&BIT1));
    P7OUT^-BIT1;}
    break;                          //P1IFG.1
  case  6:
    if ((P1IN&BIT2)!=BIT2)
    { while (!(P1IN&BIT2));
    P7OUT^=BIT2;}
    break;                          //P1IFG.2
  case  8:
    if ((P1IN&BIT3)!=BIT3)
    {while (!(P1IN&BIT3));
    P7OUT^=BIT3;}
    break;                          //P1IFG.3
  case 10: break;                   //P1IFG.4
  case 12: break;                   //P1IFG.5
  case 14: break;                   //P1IFG.6
  case 16: break;                   //P1IFG.7
  default: break;
  }
}
/******************定时器A0的捕获比较器0中断**********************/
#pragma vector = TIMER0_A0_VECTOR   //CCR0中断，标志位自动清除
__interrupt void TA0_Com0 (void)
{
  P7OUT ^= 0xF0;                    //LED状态翻转
}
```

该代码功能为：初始化 LED 的 GPIO 端口，初始化按键的外部中断端口，初始化定时器。在外部中断函数中，先使用一个变量存储中断向量寄存器 P1IV 的值，然后清除中断标志位，并使能中断，随后进行按键的检测，若按键按下，则等待按键抬起后再退出中断。定时器中断服务函数中将 LED 状态取反，实现闪烁。在定时器 A0 的捕获比较器 0 中断服务函数中没有清除中断标志的操作，因为该中断为单源中断，所以进入中断服务函数的同时系统会自动清除中断标志。

实例现象：前 4 个 LED 闪烁的同时，按键按下后，对应的后 4 个 LED 点亮或熄灭。若注释掉 Port1 外部中断服务函数中的 "__bis_SR_register(GIE);" 语句，则会发现当按键按下后，前 4 个 LED 不闪烁，直到按键抬起后，前 4 个 LED 才恢复闪烁。以此说明中断嵌套与不嵌套在程序执行实时性方面的区别。

5.4　小结与思考

本章介绍了 MSP430 单片机的中断系统，单源中断和多源中断及中断优先级，讲述了中断的触

发过程和返回过程；介绍了与中断相关的寄存器，如中断使能寄存器、中断标志寄存器和中断向量寄存器等；介绍了中断寄存器的功能和使用方法；以外部中断为例，介绍了中断服务函数的书写格式，以及如何进行中断嵌套。

　　学习完本章内容，读者应该初步掌握 MSP430 单片机的中断功能，熟悉中断的书写方式，并以外部中断为例，了解其他模块中断的书写和使用方式。

习题与思考

5-1　简述 MSP430 单片机的中断类型，以及各中断的功能和特点。

5-2　以外部中断为例，简述配置外部中断的过程，列出所需配置的寄存器。

5-3　若使能了 P1.0 和 P1.1 外部中断，则两中断源均会触发端口 1 中断，如何区分具体是哪一个中断源触发了中断？

5-4　一般情况下，MSP430 单片机进入中断服务函数后，是否会响应其他可屏蔽中断？如何使 MSP430 单片机在进入中断服务函数后再响应其他可屏蔽中断？

5-5　简述 MSP430 单片机响应中断和从中断返回的过程，以及所需要的时钟周期。

第 6 章　MSP430 单片机定时器

6.1　通用定时器

定时器是单片机常用外围模块，独立于 CPU 运行，可以提供精确的时间。定时器通过时钟信号驱动进行计数，一般包含捕获比较器。比较器预设比较值，当定时器计数值达到比较器预设值后，请求中断，从而实现定时中断功能。捕获器用来捕获单片机端口的有效触发边沿（上升沿或下降沿），有效触发边沿到来时，将当前定时器的计数值进行存储，从而记录边沿到来时刻的精确时间。根据定时器计数值的大小，可以将定时器分为 8 位、16 位和 32 位。定时器计数值计满会触发中断，除了基本的捕获比较功能，有些定时器还包含 PWM 输出功能，用来方便地产生 PWM 信号。

MSP430 单片机具有 Timer_A0、Timer_A1、Timer_A2 和 Timer_B0，除此之外，还有看门狗定时器、RTC 等定时模块。其中 Timer_A0、Timer_A1 和 Timer_A2 完全相同，Timer_B0 比 Timer_A 的功能稍有增强，RTC 是实时时钟系统，常用作万年历等记录时间。

本章导读：主要掌握定时器的时钟源选择和分频，学会产生特定时间的定时间隔，并且可以通过时钟频率和计数值算出当前的实际时间，学会定时器和捕获比较器的各个工作模式，结合实际情况选择合适的工作模式。了解定时器 B 的拓展功能，并熟练运用。初学者建议细读 6.1 节，动手实践 6.2 节并做好笔记，完成习题。

6.1.1　定时器介绍

定时器 A（Timer_A）是一类 16 位定时器，最多有 7 个捕获比较器。Timer_A 支持多路捕获比较、PWM 输出和间隔定时功能，Timer_A 还具有广泛的中断功能，中断可以来自定时器溢出和任何一个捕获比较器。

Timer_A 的内部结构如图 6.1.1 所示。从图中可以看出，Timer_A 包括两大部分，主计数器模块和捕获比较器模块。主计数器模块的核心是 16 位计数寄存器，根据输入的时钟信号进行计数，TAxR 即为当前计数值。捕获比较器模块（即 CCR0~CCR6，它们在结构上完全相同，故用虚线省略）与主计数器模块通过 TAxR 连通，当满足设置的条件时产生中断，存储计数值或输出相应的信号。只需要主计数器即可完成定时工作，而捕获比较器的作用则在于配合主计数器完成更多的拓展功能，如可产生更灵活的定时周期、输出 PWM 信号、自动记录某些信号到来时刻等。

对于 MSP430F5529 单片机而言，该单片机包含 3 个 Timer_A 模块，分别为 Timer_A0、Timer_A1、Timer_A2。这 3 个模块的主计数器在结构上完全相同，而捕获比较器的数量有所不同，Timer_A0 有 7 个捕获比较器，而 Timer_A1 和 Timer_A2 有 3 个捕获比较器。Timer_A 的特点如下。

- 具有 4 种操作模式的 16 位异步定时器/计数器。
- 可选择和可配置的时钟源。
- 高达 7 个可配置捕获比较器。

- 可配置的脉冲宽度调制（PWM）输出功能。
- 异步输入/输出闭锁。
- 用于快速解码所有计时器中断的中断向量寄存器。

Timer_B 具备 Timer_A 的所有功能，除此之外，Timer_B 还具备双缓冲比较锁存与同步加载功能。定时器主要分为两部分：主计数器和捕获比较器模块。主计数器在时钟信号到来时递增或递减计数寄存器（TAxR、TBxR）的值，且该计数值与定时器的捕获比较器模块公用。捕获比较器模块的作用根据工作模式分为两种。

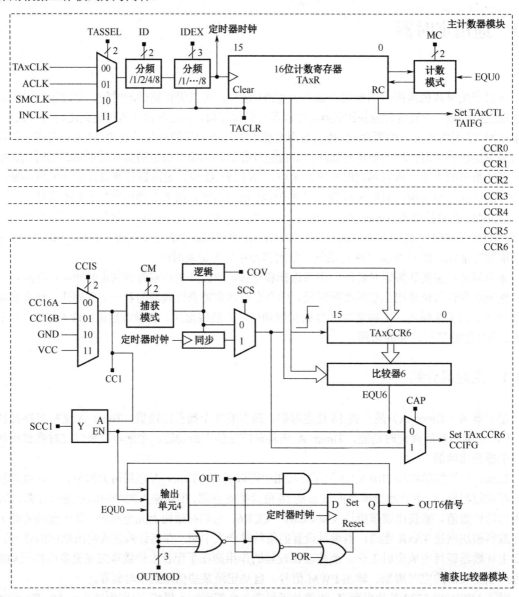

图 6.1.1　Timer_A 的内容结构

当工作在捕获器模式时，如果有触发信号到来，则捕获器会立刻将计数寄存器的值复制到该捕获比较器的计数值寄存器（TAxCCRn、TBxCCRn），并且定时器模块产生中断请求，计数值寄存器可随时被软件读取，从而记录触发信号到来的时刻。

当工作在比较器模式时，需要通过程序代码向计数值寄存器（TAxCCRn、TBxCCRn）内写入初值，当主计数器的计数寄存器（TAxR、TBxR）计数值达到计数值寄存器（TAxCCRn、TBxCCRn）

存储的初值后，定时器模块会向 CPU 请求中断，从而实现定时功能。

　　TAxR 是 Timer_Ax 的 16 位计数寄存器，其中 x 可以取 0、1、2，分别表示 Timer_A0、Timer_A1 和 Timer_A2。TAxR 在时钟信号的上升沿递增或递减，TAxR 可由软件读写。当 TAxR 计数到 65535 时，再计一次产生计数溢出并请求中断。TAxR 的数值可通过置位 TACLR 来清除，TACLR 置位时也会复位时钟分频器逻辑（分频器设置保持不变）和计数方向。TACLR 会自动复位并置 0。建议在修改定时器操作前，先停止定时器，以免产生未知错误。

　　通过配置 TASSEL 可以选择时钟源来自 ACLK、SMCLK、外部输入的 TAxCLK 或 INCLK。通过配置 ID 可以对时钟信号进行 1、2、4、8 分频，通过配置 TAIDEX 可对信号进一步分频（1、2、3、4、5、6、7、8 分频）。时钟信号经过分频后再给定时器使用。

　　定时器可以通过以下方式启动或停止：

　　• 当 MC 大于 0 且时钟源活跃时，定时器开始计数；

　　• 当定时器处于增模式或增减模式时，向 TAxCCR0 中写入 0 会停止定时器，写入非 0 则启动定时器，且从 0 增计数到 TAxCCR0。

6.1.2　定时器工作模式

　　MSP430 单片机的定时器 A 和定时器 B 具有 4 种工作模式，通过配置定时器控制寄存器（TAxCTL）的 MC 位，可选择定时器工作模式为停止模式、增模式、连续模式和增减模式，如表 6.1.1 所示。

表 6.1.1　定时器工作模式简介

MC	工 作 模 式	说　　　　明
00	停止模式	定时器停止
01	增模式	定时器从 0 增计数到 TAxCCR0
10	连续模式	定时器从 0 增计数到 0FFFFh
11	增减模式	定时器从 0 增计数到 TAxCCR0，再减计数到 0

1. 增模式

　　若定时周期不是 0FFFFh，则使用增模式。通过设置比较器寄存器 0（TAxCCR0）的值来定义定时器的周期。定时器从 0 开始增计数到 TAxCCR0，然后从 0 重新开始计数。增模式下，TAxR 的值随输入时钟信号 t 的变化如图 6.1.2 所示。注意整个周期是从 0 计数到 TAxCCR0 的，因此这种模式的计数周期是 TAxCCR0+1。计数值从 TAxCCR0-1 计到 TAxCCR0 时，捕获比较器中断标志 CCIFG0 置位；计数值从 TAxCCR0 变为 0 时，定时器 A 中断标志 TAIFG 置位。

　　若在定时器运行过程中改变 TAxCCR0 的值，则当新的 TAxCCR0 大于或等于当前计数值时，定时器继续增计数至新的 TAxCCR0，然后从 0 开始以新的 TAxCCR0 周期开始计数；当新的 TAxCCR0 值小于当前计数值时，定时器立刻从 0 开始计数。在计数值从 TAxCCR0 变为 0 时，定时器会多计一个数。

2. 连续模式

　　在连续模式中，定时器重复计数到 0FFFFh，然后重新从 0 开始计数（除非每次重装计数初值）。当定时器从 0FFFFh 变为 0 时，TAIFG 中断标志置位。连续模式下，TAxR 的值随输入时钟信号 t 的变化如图 6.1.3 所示。

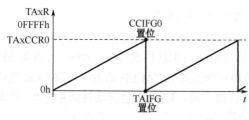

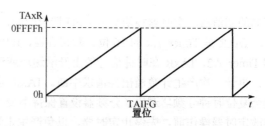

图 6.1.2　增模式下，TAxR 值变化　　　图 6.1.3　连续模式下，TAxR 值变化

连续模式常用于生成独立的时间间隔和输出频率，时间间隔完成时，生成中断。起始设置 TAxCCRn 的初值，在中断服务函数中重新设置 TAxCCRn 的值，使其与初值的计数个数相同，即可产生固定的时间间隔，且定时器的各个比较器相互独立，互不影响。TAxCCRn 中的 n 取值范围根据特定设备而定，如 MSP430F5529 单片机的 Timer_A0 具有 5 个捕获比较器，则 n 可取 0～4，分别表示这 5 个捕获比较器。

3．增减模式

增减模式用于定时周期不同于 0FFFFh，且需要对称脉冲的情况。定时器从 0 增计数到 TAxCCR0，再减计数到 0，定时周期是两倍的 TAxCCR0。定时器从 TAxCCR0-1 增计数到 TAxCCR0 时 CCIFG0 置位，由 1 减计数到 0 时 TAIFG 置位。该模式下，计数方向是固定的，即让定时器停止后再重新启动，它会沿着停止时的计数方向和数值开始计数。如果不希望这样，就要将 TACLR 置位来清除方向。TACLR 位也会清除 TAxR 的值和定时器的时钟分频逻辑（分频器设置保持不变）。增减模式下，TAxR 的值随输入时钟信号 t 的变化如图 6.1.4 所示。

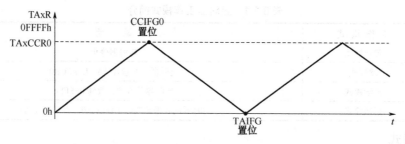

图 6.1.4　增减模式下，TAxR 值变化

当定时器运行时，改变 TAxCCR0 的值，如果正处于减计数情况，定时器会继续减到 0，则新的周期在减到 0 后开始。如果正处于增计数状态，新的 TAxCCR0 值比当前计数器的值大，则会增计数至新的 TAxCCR0，然后开始减计数。如果新的 TAxCCR0 的值比当前计数器的值小，则定时器立刻开始减计数，但是，在定时器开始减计数之前会多计一个数。

6.1.3　捕获比较器工作模式

设置捕获比较器（TAxCCTLn）中的 CAP 位可选择捕获比较器的工作模式为比较模式或捕获模式（1 为捕获模式；0 为比较模式）。另外，捕获比较器还有输出模式。

1．捕获模式

当 CAP=1 时，选择捕获模式。捕获模式用于记录时间事件，如速度估计或时间测量。触发信号输入 CCIxA 和 CCIxB 连接外部的引脚或内部的信号，通过 CCIS 位来选择。CM 位选择触发捕获事件的输入信号触发沿：上升沿、下降沿或两者都触发。当输入信号的触发沿到来时，捕获事件发生：

- TAxR 的值复制到 TAxCCRn 寄存器中；
- 捕获器中断标志 CCIFG 置位。

输入电平信号可随时从 CCI 位读取。设备可能有不同的信号连接到 CCIxA 和 CCIxB。请参阅设备相关数据表。捕获信号可能与计时器时钟异步，并导致竞争条件的发生。将 SCS 置位可以在下个定时器时钟使捕获同步。如果第二次捕获发生，第一次捕获的 TAxR 的值还没有及时被存到 TAxCCRn 中，TAxCCRn 就会产生一个溢出逻辑，COV 位在此时置位，COV 位必须用软件清除。

2. 比较模式

所谓比较，就是如果计数器 TAxR 的值和某个 TAxCCRn 的值相等时，相应的中断标志位置位。比较模式常用于产生特定的时间间隔，产生 PWM 信号或中断。当 TAxR 计数到 TAxCCRn 时：

- 捕获比较器中断标志 CCIFG 置位，Timer_A 中断标志 TAIFG 置位；
- 内部信号 EQUn=1；
- EQUn 根据输出模式影响输出（具体在输出模块介绍）；
- 输入信号 CCI 锁存进 SCCI。

如果捕获比较器中断允许（CCIE 置位），且通用中断允许（GIE 置位），则当计数值（TA0R 的值）达到 TA0CCRn 时，相应的比较器将产生中断。如果定时器 A0 中断允许（TAIE 置位）且通用中断允许（GIE 置位），则当计数值从 0FFFFh 变为 0 时，中断标志 TAIFG 置位，定时器 A0 溢出产生中断。

定时器运行在增模式时，中断标志如图 6.1.5 所示。当 TA0CCRn（n 为 1、2、3、4）小于 TA0CCR0 时才有意义，TA0CCRn 的值大于 TA0CCR0 没有意义；定时器运行在连续模式时，中断标志如图 6.1.6 所示。TA0CCRn（n 为 0、1、2、3、4）可产生中断；定时器运行在增减模式时，可用于产生 PWM 波形，具体在输出模块中介绍。

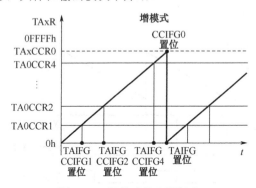

图 6.1.5　增模式的中断标志

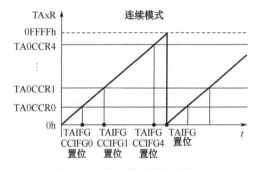

图 6.1.6　连续模式的中断标志

3．输出模式

传统的定时器都是通过标志位的判断来触发事件的。而 MSP430 单片机的定时器则具有输出模块，通过和定时器结合起来，可以方便地产生 PWM 信号或其他控制信号。每个捕获比较模块都有一个输出单元（如 P1.1～P1.5 对应 TA0.0～TA0.4 这 5 个捕获比较器的输出），每个输出单元都具有 8 种输出模式，通过比较捕获器中断标志的产生来生成信号。

输出模式由 OUTMODx 位确定，如表 6.1.2 所示。对于所有模式（模式 0 除外），OUT 信号随着定时器时钟的上升沿而改变。输出模式 2、3、6、7 对输出单元 0 无效，因为在这些模式下，EQUx=EQU0（EQUx 用来表示比较捕获器中断的发生）。

表 6.1.2　输出模式详细介绍

OUTMODx	模　式	说　明
000	输出	输出信号由 OUT 位定义，OUT 位更新时，输出信号立即更新
001	置位	定时器计到 TAxCCRn（TAxR=TAxCCRn）时，输出置位（高电平），并保持置位到定时器复位或选用另一种模式
010	翻转/复位	TAxR=TAxCCRn 时，输出电平翻转；TAxR=TAxCCR0 时，输出复位（低电平）
011	置位/复位	TAxR=TAxCCRn 时，输出置位；TAxR=TAxCCR0 时，输出复位
100	翻转	TAxR=TAxCCRn 时，输出翻转，输出周期是定时器周期的两倍
101	复位	TAxR=TAxCCRn 时，输出复位，并保持低电平直到选择另一种模式
110	翻转/置位	TAxR=TAxCCRn 时，输出翻转；TAxR=TAxCCR0 时，输出置位
111	复位/置位	TAxR=TAxCCRn 时，输出复位；TAxR=TAxCCR0 时，输出置位

以比较捕获模块 1 为例，图 6.1.7、图 6.1.8、图 6.1.9 分别列出了 Timer_A 在增模式、连续模式和增减模式情况下输出的信号。

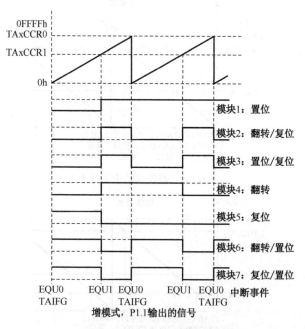

增模式，P1.1输出的信号

图 6.1.7　增模式下的输出信号

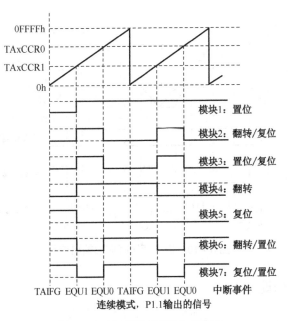

图 6.1.8   连续模式下的输出信号

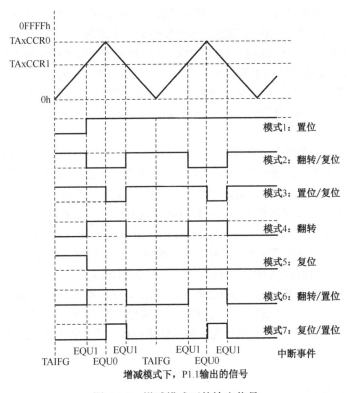

图 6.1.9   增减模式下的输出信号

可以产生 PWM 信号的是输出模式 2、3、6、7。定时器的增减模式支持在输出信号之间需要死区时间的应用。例如，电动机驱动一般使用 H 桥电路，驱动 H 桥的两个输出绝对不能同时处于高电平状态。当两个输出端分别采用输出模式 2、6 或输出模式 3、7 时，这两个输出不会同时出现高电平的状况。需要死区时间的输出信号如图 6.1.10 所示。

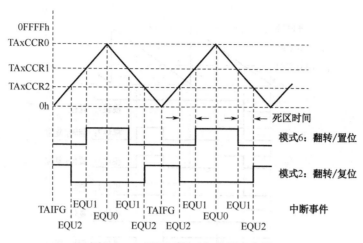

图 6.1.10　需要死区时间的输出信号

6.1.4　定时器中断功能

每个 Timer_A 模块均具有两个中断源，捕获比较器 0 中断使用一个独立的中断源，其他所有中断（定时器溢出中断、捕获比较器 1 中断、捕获比较器 2 中断……）公用一个中断源，定时器的多源中断通过中断向量寄存器 TAxIV 来确定具体触发中断的中断源。

在中断允许的情况下，比较捕获器 0 的中断标志位 TAxCCR0 CCIFG 的置位会导致 TAxCCR0 中断的发生；其他比较捕获器的中断标志位 TAxCCRn CCIFG（n 为 1、2、3、4）和定时器中断标志位 TAxIFG 的置位会导致 TAxIV 中断的发生。注意触发中断不仅要使能定时器模块的中断，还要将特殊功能寄存器（SR）的通用中断使能位（GIE）置位，可通过函数"__bis_SR_register(GIE)"完成。

在捕获模式中，当一个时间值被捕获到 TAxCCRn 后，其对应的中断标志 CCIFG 置位；在比较模式中，当计数值达到 TAxCCRn 的值时，其对应的中断标志 CCIFG 置位。当定时器工作于增模式时，计数值从 TAxCCR0 变为 0，定时器中断标志 TAIFG 置位；在连续模式下，计数值从 0FFFFh 变为 0 时，TAIFG 置位；在增减模式下，计数值减计数至 0 时，TAIFG 置位。

TAxCCR0 中断向量的地址被宏定义为 TIMERx_A0_VECTOR（x 可以取 0、1、2，分别表示 TA0、TA1、TA2），用于比较捕获器 0 产生中断。系统响应 TAxCCR0 中断后，其中断标志 TAxCCR0 CCIFG 会自动复位。在 Timer_A 中，TAxCCR0 中断优先级最高。

TAxIV 中断向量的地址被宏定义 TIMERx_A1_VECTOR。通过查询 TAxIV 寄存器的值，可以确定发生中断的标志。任何对 TAxIV 寄存器的访问、读写操作，都会自动重置最高挂起的中断标志位。若多个中断同时发生，则中断会按优先级顺序依次执行。禁用定时器中断不会对 TAxIV 的值产生影响。

6.1.5　定时器 B 简介

定时器 B（Timer_B）具备 Timer_A 的所有功能。Timer_B 还具备双缓冲比较锁存与同步加载功能。当不使用该功能时，Timer_A 和 Timer_B 完全相同。

图 6.1.11 所示是 Timer_B 的内部结构。从图中可以看出，Timer_B 和 Timer_A 有细微的区别，Timer_B 添加了计数器位数控制和组控制逻辑，在捕获比较器和比较器之间加入了比较锁存器，从而可以分组控制比较值载入的时刻，实现同步更新数据。这一功能在实际应用中十分重要，例如，

可以同步更新 PWM 信号的周期和占空比。Timer_B 具有可选的计数长度,通过 TBxCTL 中的 CNTL 位,可以选择计数长度为 8 位、10 位、12 位和 16 位,默认是 16 位。不同设备 Timer_B 个数和捕获比较器数量不同,具体可查看数据手册。MSP430F5529 具备 Timer_B0,且 Timer_B0 包含 7 个捕获比较器。

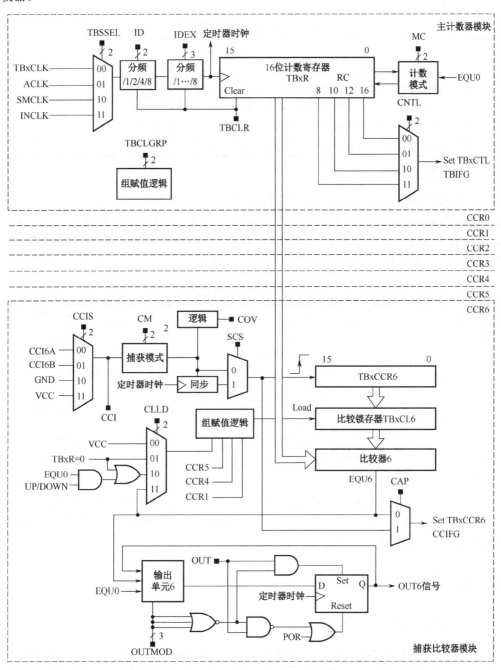

图 6.1.11 Timer_B 的内部结构

1. 比较锁存器 TBxCLn

Timer_A 中,若更新 TAxCCRn 的值,则新的 TAxCCRn 值立刻生效。而在 Timer_B 中,可以通过配置寄存器来选择 TBxCCRn 的生效时刻,从而更灵活地控制 Timer_B 的活动。实现方法是通过比较锁存器 TBxCLn,该锁存器用户无法访问,通过配置寄存器 TBxCCTLn,可以选择 TBxCCRn

载入 TBxCLn 的时刻。在 Timer_B 中，起到比较作用的是比较锁存器 TBxCLn，而不是 TBxCCRn。即当 TBxR 的值达到 TBxCLn 时，相应的中断标志置位，产生比较器中断请求。TBxCCRn 的值在寄存器设置的时间点载入 TBxCLn，从而实现比较值延时更新。TBxCLn 的载入时间可通过 CLLD 位来选择，如表 6.1.3 所示。

表 6.1.3　载入时间选择位介绍

CLLD	描　述
00	当 TBxCCRn 写入新数据时，立刻将其载入 TBxCLn
01	当 TBxR 计数到 0 时，新数据才会从 TBxCCRn 载入 TBxCLn
10	在增模式或连续模式下，当 TBxR 计数到 0 时，新数据从 TBxCCRn 载入 TBxCLn； 在增减模式下，当 TBxR 计数到旧的 TBxCLn 值时，新数据从 TBxCCRn 载入 TBxCLn
11	当 TBxR 计数到旧的 TBxCLn 值时，新数据从 TBxCCRn 载入 TBxCLn

2．分组比较锁存器

多个比较锁存器可以通过 TB0CTL 中的 TBCLGRPx 位分组到一起。分组后，组内最低编号的 TBxCCRn 的 CLLD 位决定每个 TBxCCRn 的载入时间（除了 TBCLGRP=3 的情况）。具有控制权的 TBxCCRn 的 CLLD 位一定不能是 0。若该 TBxCCRn 的 CLLD 置 0，则组内所有 TBxCCRn 的值在它们各自写入时立刻更新。分组选择位介绍如表 6.1.4 所示。

表 6.1.4　分组选择位介绍

TBCLGRPx	分　组	更新控制权
00	不分组	相互独立
01	TBxCL1+TBxCL2 TBxCL3+TBxCL4 TBxCL5+TBxCL6	TBxCCR1 TBxCCR3 TBxCCR5
10	TBxCL1+TBxCL2+TBxCL3 TBxCL4+TBxCL5+TBxCL6	TBxCCR1 TBxCCR4
11	TBxCL0+TBxCL1+TBxCL2+TBxCL3+TBxCL4+TBxCL5+TBxCL6	TBxCCR1

3．Timer_B 中断

和 Timer_A 一样，Timer_B 的中断也是 TBxCCR0 有一个独立的中断向量，其中断优先级最高。其余的 TBxCCR1～TBxCCR7 及 Timer_B 计时溢出中断都公用一个中断向量 TBxIV，这个中断向量的性质和之前所述的 TAxIV 完全相同。

6.1.6　定时器控制寄存器

各寄存器如表 6.1.5～表 6.1.9 所示。

表 6.1.5　TAxCTL Timer_Ax 控制寄存器（x 可取 0、1、2，分别对应 Timer_A0、Timer_A1 和 Timer_A2）

15	14	13	12	11	10	9	8
Reserved						TASSEL	
rw-0	rw-0	rw-0	rw-0	rw-0	rw-0	rw-0	rw-0
7	6	5	4	3	2	1	0
ID		MC		Reserved	TACLR	TAIE	TAIFG
rw-0	rw-0	rw-0	rw-0	rw-0	rw-0	rw-0	rw-0

TASSEL：时钟源选择。00=TAxCLK（外部时钟信号，从特定端口输入）；01= ACLK；10= SMCLK；11=INCLK。

ID：输入分频位。这些位和 TAIDEX 一起决定输入时钟的分频。00=1 分频（不分频）；01=2 分频；10=4 分频；11=8 分频。

MC：模式控制。在不使用 Timer_A 时，设置 MC=0 来停止计数，从而节省电能。00=停止模式：定时器停止计数；01=增模式：定时器计数到 TAxCCR0；10=连续模式：定时器计数到 0FFFFh；11=增减模式：定时器加计数到 TAxCCR0，然后减计数到 0000h。

TACLR：定时器清零位。该位置位会复位 TAxR 寄存器，时钟分频器逻辑（分频器设置保持不变）和计数方向，TACLR 会自动复位并置 0。

TAIE：定时器中断使能位。0=中断禁止；1=中断允许。

TAIFG：定时器中断标志位。0=没有中断发生；1=有中断挂起。

表 6.1.6　TAxR Timer_Ax 计数寄存器（x 可取 0、1、2，分别对应 Timer_A0、Timer_A1 和 Timer_A2）

15	14	13	12	11	10	9	8
TAxR							
rw-0	rw-0	rw-0	rw-0	rw-0	rw-0	rw-0	rw-0
7	6	5	4	3	2	1	0
TAxR							
rw-0	rw-0	rw-0	rw-0	rw-0	rw-0	rw-0	rw-0

TAxR：Timer_A 计数寄存器。每个时钟计数一次，增模式计数到 TAxCCR0；连续模式计数到 0FFFFh；增减模式先加计数到 TAxCCR0，再减计数到 0。

表 6.1.7　TAxCCTLn Timer_Ax 捕获比较器 n 控制寄存器（x=0 时 n 可取 0~4；x=1 或 2 时 n 可取 0~2）

15	14	13	12	11	10	9	8
CM		CCIS		SCS	SCCI	Reserved	CAP
rw-0	rw-0	rw-0	rw-0	rw-0	r-0	r-0	rw-0
7	6	5	4	3	2	1	0
OUTMOD			CCIE	CCI	OUT	COV	CCIFG
rw-0	rw-0	rw-0	rw-0	r	rw-0	rw-0	rw-0

CM：捕获模式。00=不捕获；01=上升沿捕获；10=下降沿捕获；11=上升和下降沿都捕获。

CCIS：捕获源选择。00=CCIxA；01=CCIxB；10=GND；11=VCC。

SCS：同步捕获源。设定是否与时钟同步。0=异步捕获；1=同步捕获。

SCCI：同步捕获比较输入。选择的 CCI 输入信号与 EQUx 信号锁存，并可从此位读取。

CAP：捕获比较模式选择。0=比较模式；1=捕获模式。

OUTMOD：输出模式控制位。模式 2、3、6 和 7 对 TAxCCR0 无效，因为 EQUx=EQU0。000=OUT 位；001=置位；010=翻转/复位；011=置位/复位；100=翻转；101=复位；110=翻转/置位；111=复位/置位。

CCIE：中断使能位，该位允许相应的 CCIFG 标志中断请求。0=中断禁止；1=中断允许。

CCI：捕获比较输入位，所选择的输入信号可通过该位读取。

OUT：对于输出模式 0，该位直接控制输出状态。

COV：捕获溢出位。该位表示一个捕获溢出发出，COV 必须由软件复位。0=没有捕获溢出发生；1=有捕获溢出发生。

CCIFG：捕获比较中断标志位。0=没有中断挂起；1=有中断挂起。

表 6.1.8   TAxCCRn Timer_Ax 捕获比较器 n 寄存器

15	14	13	12	11	10	9	8
TAxCCRn							
rw-0	rw-0	rw-0	rw-0	rw-0	rw-0	rw-0	rw-0
7	6	5	4	3	2	1	0
TAxCCRn							
rw-0	rw-0	rw-0	rw-0	rw-0	rw-0	rw-0	rw-0

TAxCCRn：比较模式下，TAxCCRn 的值用来与 Timer_Ax 寄存器 TAxR 的值进行比较；捕获模式下，捕获事件发生时，TAxR 的值复制到 TAxCCRn 中。

表 6.1.9   TAxIV Timer_Ax 中断向量寄存器

15	14	13	12	11	10	9	8
TAxIV							
r-0	r-0	r-0	r-0	r-0	r-0	r-0	r-0
7	6	5	4	3	2	1	0
TAxIV							
r-0	r-0	r-0	r-0	r-0	r-0	r-0	r-0

表 6.1.10 所示是 TAxIV 值对应的中断源。在 TAxIV 发生中断时，查询 TAxIV 的值，可以判断发生中断的具体单元。捕获比较器 0（TAxCCR0）优先级最高，有单独的中断向量，因此不在表 6.1.10 中。其他捕获比较器和定时器溢出中断的优先级见表 6.1.10。若定时器没有该捕获比较器，则忽略对应的值。

表 6.1.10   TAxIV 值对应的中断源

TAxIV	中 断 源	中 断 标 志	备 注
00h	无中断挂起	—	
02h	捕获比较 1	TAxCCR1 CCIFG	优先级最高
04h	捕获比较 2	TAxCCR2 CCIFG	
06h	捕获比较 3	TAxCCR3 CCIFG	
08h	捕获比较 4	TAxCCR4 CCIFG	
0Ah	捕获比较 5	TAxCCR5 CCIFG	
0Ch	捕获比较 6	TAxCCR6 CCIFG	
0Eh	定时器溢出	TAxCTL TAIFG	优先级最低

各寄存器如表 6.1.11～表 6.1.12 所示。

表 6.1.11   TAxEX0 Timer_Ax 扩展寄存器

15	14	13	12	11	10	9	8
Reserved							
r-0	r-0	r-0	r-0	r-0	r-0	r-0	r-0
7	6	5	4	3	2	1	0
Reserved					TAIDEX		
r-0	r-0	r-0	r-0	r-0	r-0	r-0	r-0

TAIDEX：输入分频器扩展。对时钟源进行二次分频。000～111 分别表示 1～8 分频。这些位和 ID 位一起选择输入端口的分频器（在设置完 TAIDEX 和配置完定时器后，将 TACLR 置位以确保定时器分频器的逻辑正常复位）。

表 6.1.12　TBxCTL Timer_B0 控制寄存器

15	14	13	12	11	10	9	8
Reserved	TBCLGRPx		CNTL		Reserved	TBSSEL	
rw-0	rw-0	rw-0	rw-0	rw-0	rw-0	rw-0	rw-0
7	6	5	4	3	2	1	0
ID		MC		Reserved	TBCLR	TBIE	TBIFG
rw-0	rw-0	rw-0	rw-0	rw-0	rw-0	rw-0)	rw-0

TBCLGRPx：比较锁存器分组，如表 6.1.13 所示。

表 6.1.13　比较锁存器分组

TBCLGRPx	分　　组	更新控制权
00	不分组	相互独立
01	TBxCL1+TBxCL2	TBxCCR1
	TBxCL3+TBxCL4	TBxCCR3
	TBxCL5+TBxCL6	TBxCCR5
10	TBxCL1+TBxCL2+TBxCL3	TBxCCR1
	TBxCL4+TBxCL5+TBxCL6	TBxCCR4
11	TBxCL0+TBxCL1+TBxCL2+TBxCL3+TBxCL4+TBxCL5+TBxCL6	TBxCCR1

CNTL：计数长度。

00=16 位，TBxR（max）=0FFFFh；01=12 位，TBxR（max）=0FFFh；10=10 位，TBxR（max）=03FFh；11=8 位，TBxR（max）=0FFh。

TBSSEL：时钟源选择。00=TBxCLK；01=ACLK；10=SMCLK；11=INCLK。

ID：输入分频位。这些位和 TBIDEX 一起决定输入时钟的分频。00=1 分频（不分频）；01=2 分频；10=4 分频；11=8 分频。

MC：模式控制。在不使用 Timer_B 时，设置 MC=0 来停止计数，从而节省电能。00=停止模式：定时器被暂停；01=增模式：定时器计数到 TBxCL0；10=连续模式，定时器计数到 CNTL 设置的值；11=增减模式，定时器加计数到 TBxCL0，然后减计数到 0。

TBCLR：定时器清零位。置位此位清零 TBxR，时钟分频器逻辑（分频设置保持不变）和计数方向。TBCLR 自动复位，并读回 0。

TBIE：定时器中断使能位。该位使能 TBIFG 中断请求。0=禁用中断；1=使能中断。

TBIFG：定时器中断标志位。0=无中断挂起；1=中断挂起。

各寄存器如表 6.1.14～表 6.1.17 所示。

表 6.1.14　TBxR Timer_Bx 计数寄存器

15	14	13	12	11	10	9	8
TBxR							
rw-0	rw-0	rw-0	rw-0	rw-0	rw-0	rw-0	rw-0
7	6	5	4	3	2	1	0
TBxR							
rw-0	rw-0	rw-0	rw-0	rw-0	rw-0	rw-0	rw-0

TBxR：Timer_B 计数寄存器。每个时钟计数一次，增模式计数到 TBxCCR0；连续模式计数到 CNTL 设置的值；增减模式先加计数到 TBxCCR0，再减计数到 0。

表 6.1.15　TBxCCTLn Timer_Bx 捕获比较器 n 控制寄存器

15	14	13	12	11	10	9	8
CM		CCIS		SCS	CLLD		CAP
rw-0	rw-0	rw-0	rw-0	rw-0	r-0	r-0	rw-0
7	6	5	4	3	2	1	0
OUTMOD			CCIE	CCI	OUT	COV	CCIFG
rw-0	rw-0	rw-0	rw-0	r	rw-0	rw-0	rw-0

CM：捕获模式。00=不捕获；01=上升沿捕获；10=下降沿捕获；11=上升下降沿都捕获。

CCIS：捕获源选择。选择 TBxCCRn 的输入信号，详情查看设备数据表。00=CCIxA；01=CCIxB；10=GND；11=VCC。

SCS：同步捕获源。设定是否与时钟同步。0=异步捕获；1=同步捕获。

CLLD：比较锁存载入。选择比较锁存载入事件。00=当写入 TBxCCRn 时，立刻将其载入 TBxCLn；01=当 TBxR 计数到 0 时，载入 TBxCLn；10=当 TBxR 计数到 0 时，载入 TBxCLn（增或连续模式），10=当 TBxR 计数到 TBxCL0 或 0 时，载入 TBxCLn（增减模式）；11=当 TBxR 计数到 TBxCLn 时，载入 TBxCLn。

CAP：捕获比较模式选择。0=比较模式；1=捕获模式。

OUTMOD：输出模式控制位。

CCIE：中断使能位，该位允许相应的 CCIFG 标志中断请求。0=中断禁止；1=中断允许。

CCI：捕获比较输入位，所选择的输入信号可通过该位读取。

OUT：对于输出模式 0，该位直接控制输出状态。

COV：捕获溢出位。该位表示一个捕获溢出发生，COV 必须由软件复位。0=没有捕获溢出发生；1=有捕获溢出发生。

CCIFG：捕获比较中断标志位。0=没有中断挂起；1=有中断挂起。

表 6.1.16　TBxCCRn Timer_B 捕获比较器 n 寄存器

15	14	13	12	11	10	9	8
TBxCCRn							
rw-0	rw-0	rw-0	rw-0	rw-0	rw-0	rw-0	rw-0
7	6	5	4	3	2	1	0
TBxCCRn							
rw-0	rw-0	rw-0	rw-0	rw-0	rw-0	rw-0	rw-0

TBxCCRn：比较模式下，TBxCCRn 的值在特定时刻载入 TBxCLn，TBxCLn 用来与 Timer_Bx 寄存器 TBxR 的值进行比较；捕获模式下，捕获事件发生时，TBxR 的值复制到 TBxCCRn 中。

表 6.1.17　TBxIV Timer_B 中断向量寄存器

15	14	13	12	11	10	9	8
TBxIV							
r-0	r-0	r-0	r-0	r-0	r-0	r-0	r-0
7	6	5	4	3	2	1	0
TBxIV							
r-0	r-0	r-0	r-0	r-0	r-0	r-0	r-0

表 6.1.18 所示是 TBxIV 值对应的中断源。在 TBxIV 发生中断时，查询 TBxIV 的值，可以判断发生中断的具体单元。捕获比较器 0（TBxCCR0）优先级最高，有单独的中断向量，因此不在表 6.1.18中。其他捕获比较器和定时器溢出中断的优先级见表 6.1.18。

表 6.1.18　TBxIV 值对应的中断源

TBxIV	中 断 源	中 断 标 志	备 注
00h	无中断挂起	——	
02h	捕获比较 1	TBxCCR1 CCIFG	优先级最高
04h	捕获比较 2	TBxCCR2 CCIFG	
06h	捕获比较 3	TBxCCR3 CCIFG	
08h	捕获比较 4	TBxCCR4 CCIFG	
0Ah	捕获比较 5	TBxCCR5 CCIFG	
0Ch	捕获比较 6	TBxCCR6 CCIFG	
0Eh	定时器溢出	TBxCTL TAIFG	优先级最低

TBxEX0（Timer_B 扩展寄存器）如表 6.1.19 所示。

表 6.1.19　TBxEX0 Timer_Bx 扩展寄存器

15	14	13	12	11	10	9	8
Reserved							
r-0	r-0	r-0	r-0	r-0	r-0	r-0	r-0
7	6	5	4	3	2	1	0
Reserved					TBIDEX		
r-0	r-0	r-0	r-0	r-0	r-0	r-0	r-0

TBIDEX：输入分频器扩展。对时钟源进行二次分频。000～111 分别表示 1～8 分频。这些位和 ID 位一起选择输入端口的分频器（在设置完 TBIDEX 和配置完定时器后，将 TBCLR 置位以确保定时器分频器的逻辑正常复位）。

6.2　定时器应用实例

Timer_A 和 Timer_B 是 MSP430 单片机常用的定时器模块，常用于产生特定的时间间隔，记录精确时间和输出 PWM 信号，广泛用于计时、测距、测速和电动机驱动。合理使用单片机定时器，可以节省 CPU 资源，大大提高程序的运行效率。定时器应用实例介绍定时器外部计数、定时器通用定时中断、定时器捕获中断和定时器 PWM 输出功能。

6.2.1　定时器外部计数

定时器外部计数功能可用来测量脉冲个数，常用于测速等应用。

本实例要求单片机在端口上输出 SMCLK，然后通过外部接线方式连接到定时器外部时钟输入端口，从而使定时器对 SMCLK 脉冲进行计数。并在溢出中断中使 P7.0（LED）状态取反。实例代码如下：

```
#include "MSP430F5529.h"
void main ()
{
  WDTCTL = WDTPW + WDTHOLD;                //关闭看门狗
  P2SEL |= BIT2;  P2DIR |= BIT2;            //P2.2为SMCLK输出复用功能
  P7OUT |= BIT0; P7DIR |= BIT0;             //P7.0（LED）设为输出，初始高电平，LED熄灭
  P1DIR &=~BIT0;  P1SEL |= BIT0;            //声明有特殊功能，TA0CLK输入
  TA0CTL = TASSEL_0 + TAIE;                 //时钟源为外部时钟源TA0CLK，使能Timer_A0溢出中断
  TA0CTL |= TACLR + MC_2;                   //清除TAxR，启动定时器，并工作于连续模式
  __bis_SR_register (LPM0_bits + GIE);      //进入LPM0，使能通用中断
  while (1) ;
}
#pragma vector = TIMER0_A1_VECTOR        //TA0IV中断向量
__interrupt void TA0_ISR (void)
{
  switch (__even_in_range (TA0IV,14))      //查找14以内的偶数，用来提高查找效率
  {
    case  0: break;                        //无中断
    case  2: break;                        //CCR1
    case  4: break;                        //CCR2
    case  6: break;                        //CCR3
    case  8: break;                        //CCR4
    case 10: break;                        //TA0没有CCR5
    case 12: break;                        //TA0没有CCR6
    case 14: P7OUT ^= BIT0; break;         //Timer_A0溢出，P7.0状态取反
    default: break;
  }
}
```

　　该代码功能为：设置 P2.2 为 SMCLK 输出复用功能，设置 P7.0 为 GPIO 输出功能，设置 P1.0 为 TA0CLK 输入功能。设置 Timer_A0 时钟源为外部时钟源 TA0CLK，工作模式为增模式，使能 Timer_A0 溢出中断。中断服务函数通过查询 TA0IV 清除中断标志，在 Timer_A0 溢出中断中反转 LED 状态。

　　实例现象：使用导线将 P2.2 的 SMCLK 信号输入到 P1.0（TA0CLK），则 Timer_A0 计数并溢出，LED 开始闪烁。移开导线后，脉冲信号丢失，LED 停止闪烁。

6.2.2　定时器通用定时中断

　　定时器通用定时中断功能可以产生精确的时间间隔，是单片机定时器常用的功能，常用于钟表，数字化控制等对时间精度要求较高的场合。

　　本实例要求使用 Timer_A0 产生 5 路定时间隔，并设置初值。在中断服务函数中将 LED 状态取反。实例代码如下：

```
#include <msp430f5529.h>
void main (void)
{
  WDTCTL = WDTPW + WDTHOLD;                           //关闭开门狗
  P7DIR |= BIT0+BIT1+BIT2+BIT3+BIT4;                  //将P7.0～P7.4设置为输出
  P7OUT |= BIT0+BIT1+BIT2+BIT3+BIT4;                  //将P7.0～P7.4设置为输出高电平
```

```
    TA0CTL = TASSEL_1;                              //TA0主计数器时钟选择ACLK（32768Hz）
    TA0CCR0 = 15000; TA0CCTL0 = CCIE;               //TA0CCR0存储初值并使能中断
    TA0CCR1 = 12000; TA0CCTL1 = CCIE;               //TA0CCR1存储初值并使能中断
    TA0CCR2 = 9000;  TA0CCTL2 = CCIE;               //TA0CCR2存储初值并使能中断
    TA0CCR3 = 6000;  TA0CCTL3 = CCIE;               //TA0CCR3存储初值并使能中断
    TA0CCR4 = 3000;  TA0CCTL4 = CCIE;               //TA0CCR4存储初值并使能中断
    TA0CTL |= MC_2 + TACLR;                         //清除TA0R,启动定时器,并选择连续计数模式
    __bis_SR_register (GIE+LPM3_bits);              //开总中断并进入LPM3
    while (1);
}
/***********中断服务函数************/
#pragma vector = TIMER0_A0_VECTOR                   //CCR0中断
__interrupt void TA0_Com0 (void)
{
    TA0CCR0+=16384;                                 //添加偏置
    P7OUT ^= BIT0;                                  //P7.0状态取反
}
#pragma vector = TIMER0_A1_VECTOR                   //TA0CCR1~4、定时器溢出中断
__interrupt void TA0_Com (void)
{
    switch ( __even_in_range (TA0IV,14) )           //查找14以内的偶数,用来提高查找效率
    {
    case  0: break;                                 //无中断
    case  2: TA0CCR1+=16384;P7OUT ^= BIT1;break;    //TA0CCR1, P7.1状态取反
    case  4: TA0CCR2+=16384;P7OUT ^= BIT2;break;    //TA0CCR2, P7.2状态取反
    case  6: TA0CCR3+=16384;P7OUT ^= BIT3;break;    //TA0CCR3, P7.3状态取反
    case  8: TA0CCR4+=16384;P7OUT ^= BIT4;break;    //TA0CCR4, P7.4状态取反
    case 10: break;                                 //TA0没有CCR5
    case 12: break;                                 //TA0没有CCR6
    case 14: break;                                 //定时器溢出
    default: break;
    }
}
```

该代码功能为：设置 P7.0～P7.4 为输出状态，初始输出高电平，LED 熄灭。选择 ACLK 为 Timer_A0 时钟源，连续计数模式，对捕获 TA0CCR0～4 赋初值，并使能捕获比较器中断。中断服务函数中对捕获比较寄存器增加初值，并依次对 LED 状态取反。由于各定时器初值不同，而定时间隔相同，故会产生 LED 流水灯效果。

实例现象：5 个 LED 在 5 路定时器比较中断中依次状态取反，产生流水灯效果。

6.2.3　定时器捕获中断

定时器捕获中断功能用于记录某些事件发生的时刻，是单片机定时器常用的功能，常用于测距、测频等用于记录端口跳变沿的时刻和计算电平持续事件的场合。

本实例要求使用 Timer_A0 的捕获比较器 0 来捕获按键 K3（P1.1）按下和抬起的时刻，并计算按下的时间，以此为周期驱动 LED 闪烁，实例代码如下：

```
#include <msp430f5529.h>
unsigned int start,spa,j;          //记录按键按下的时刻和按下的时间
```

```
void LED ();                          //LED闪烁函数
void main (void)
{
  WDTCTL = WDTPW + WDTHOLD;           //关闭开门狗
  P7OUT = 0xFF;P7DIR = 0xFF;          //设置P7的所有端口输出高电平,LED熄灭
  P1SEL |= BIT1;                      //将P1.1配置为定时器捕获输入(TA0.0)
  P1REN |= BIT1;                      //使能上拉/下拉电阻
  P1OUT |= BIT1;                      //设置P1.1为内部上拉,按键按下时产生下降沿;抬起产生上升沿
  TA0CTL = TASSEL_1 + ID_3;           //TA0时钟选择ACLK,8分频
  TA0EX0 = TAIDEX_7;                  //分频扩展,8分频,f=32768/8/8=512Hz,T=65536/512=128s
  TA0CCTL0 = CM_2 + SCS + CAP + CCIE;   //CCR0工作于捕获模式,下降沿触发
  TA0CTL |= MC_2 + TACLR;             //清除TA0R,选择连续计数模式
  __bis_SR_register (GIE);           //开总中断
  while (1)
  LED ();                            //LED闪烁,闪烁周期=按键导通时间×2
}
/*********LED闪烁函数,闪烁周期=按键导通时间×2********/
void LED ()
{
  P7OUT &= ~ (BIT0+BIT2+BIT4+BIT6);
  for (j=spa;j>0;j--)                 //定时器每计一个数需要1s/512≈1953μs
  __delay_cycles (1953);
  P7OUT |= (BIT0+BIT2+BIT4+BIT6);
  for (j=spa;j>0;j--)
  __delay_cycles (1953);
}
/*****************中断服务函数*************/
#pragma vector = TIMER0_A0_VECTOR
__interrupt void TA0_Cap0 (void)
{
  if ( (!start) && (! (TA0CCTL0&CCI) ) )    //捕获到下降沿(按键按下)
  {
    start = TA0CCR0;
    TA0CCTL0 = (TA0CCTL0& (~CM_3) ) + CM_1;   //切换为捕获上升沿
    P7OUT &= ~ (BIT1+BIT3+BIT5+BIT7);       //指示按键按下
  }
  else if (start&& (TA0CCTL0&CCI) )        //捕获到上升沿(按键抬起)
  {
    spa=TA0CCR0-start;
    start=0;
    TA0CCTL0 = (TA0CCTL0& (~CM_3) ) + CM_2;   //切换为捕获下降沿
    P7OUT |= (BIT1+BIT3+BIT5+BIT7);         //指示按键抬起
  }
}
```

该代码功能为:初始化 P7.0~P7.7 为 GPIO 输出,并输出高电平。初始化 P1.1 为 Timer_A0.0 捕获输入复用功能,连接上拉电阻。初始化定时器的定时周期为 128s,捕获比较器 0 设置为捕获功能,下降沿触发。中断服务函数中先延时消抖,若捕获到下降沿,则记录该时刻,并设置捕获比较器捕获上升沿,若捕获到上升沿,则计算按键按下的时间,再将捕获比较器设置为捕获下降沿。主函数 while 循环中设置了 LED 闪烁函数,闪烁周期经过计算为两倍的按键按下时间。

实例现象:按键 K3 按下的时间,偶数位 LED 点亮,松开 K3 后,偶数位 LED 熄灭。奇数位

LED 开始闪烁，计数位 LED 闪烁的周期就是按键按下的时间。即按键 K3 按下时间越短，蓝色 LED 闪烁越快，反之越慢。

6.2.4　定时器 PWM 输出

定时器 PWM 输出功能是 MSP430 单片机定时器的特有功能，可以在没有 CPU 干预的情况下输出 PWM 信号，常用于电动机调速等应用场合。本实例要求使用定时器输出功能，使 Timer_A0.1 和 Timer_A0.2 输出频率为 64Hz 占空比分别为 75%和 25%的 PWM 信号。实例代码如下：

```
#include <msp430f5529.h>
void main (void)
{
  WDTCTL = WDTPW + WDTHOLD;              //关闭看门狗
  P1DIR |= BIT2+BIT3;
  P1SEL |= BIT2+BIT3;                    //P1.2、P1.3设置为定时器输出复用功能
  TA0CCR0 = 512-1;                       //PWM 周期，频率=32768/512=64Hz
  TA0CCTL1 = OUTMOD_7;                   //CCR1 输出模式7：复位/置位
  TA0CCR1 = 384;                         //CCR1 PWM，占空比，384/512=75%
  TA0CCTL2 = OUTMOD_7;                   //CCR2 输出模式7：复位/置位
  TA0CCR2 = 128;                         //CCR2 PWM，占空比，128/512=25%
  TA0CTL = TASSEL_1 + MC_1 + TACLR;      //ACLK（32768Hz），增模式，清空TA0R
  while (1);
}
```

该代码功能为：设置 P1.2 和 P1.3 为定时器输出复用功能，设置周期值 TA0CCR0，设置捕获比较器 1 为输出模式 7，并设置比较值，设置捕获比较器 2 为输出模式 7，并设置比较值，设置 Timer_A0 工作于增模式，以 ACLK 为时钟源。

实例现象：在 P1.2 和 P1.3 上检测到频率为 64Hz 占空比分别为 75%和 25%的 PWM 信号。

6.3　小结与思考

本章介绍了 MSP430 单片机的定时器，以及增模式、连续模式和增减模式三种定时器的工作模式；介绍了定时器的捕获比较器，说明了捕获比较器的捕获模式、比较模式和输出模式，以及捕获比较器与定时器之间的联系；介绍了定时器中断的使用方法，演示了使用定时器实现外部计数、通用定时中断、捕获中断及 PWM 输出功能。

学习完本章内容，读者应该对 MSP430 单片机定时器的工作原理有一个大概的了解，学会用定时器产生精确的时间间隔、实现精确延时，以及使用定时器的捕获模式对外部信号到来的时刻进行捕获，输出占空比可变的 PWM 信号实现电动机调速等。

习题与思考

6-1　某应用要求单片机每隔 10ms 执行一次中断服务函数，现使用 Timer_A0 完成该功能，若

Timer_A0 选择的时钟源为 SMCLK（4MHz），时钟源不分频，则工作于增模式。若使用 Timer_A0 的捕获比较器 0 中断完成该功能，则捕获比较器 0 寄存器 TA0CCR0 应载入何值？

6-2　某应用要求单片机产生 5 路时间间隔，分别为 1ms、5ms、10ms、15ms、20ms。使用 Timer_A0 完成该功能，如果时钟源频率为 1MHz，那么 Timer_A0 应工作于连续模式，各个 TA0CCRn 每次应递增多少？

6-3　使用 Timer_A0 捕获脉冲的脉宽，Timer_A0 时钟源频率为 4MHz，使用捕获比较器 0 进行捕获，捕获上升沿时，记录到 TA0CCR0=4000。经过了 3 次定时器溢出中断后，捕获到下降沿，记录到 TA0CCR0=10000。这个脉冲的脉宽是多少？

6-4　使用 Timer_A0.1 输出 PWM，要求 PWM 频率为 5kHz，占空比为 75%。Timer_A0 的时钟源频率为 4MHz，使用增模式，TA0CCR0 和 TA0CCR1 应存放何值？

6-5　希望使用定时器对外部信号的频率进行测量，分别采用外部计数和周期测量的方式进行测频，试讨论这两种方式的实现方法和优缺点。

第 7 章　MSP430 单片机看门狗定时器与实时时钟

　　看门狗定时器与实时时钟也是具有定时计数功能的模块，不同于通用的定时器，看门狗定时器可以在计时溢出时使单片机复位。实时时钟可以对秒、分、时、日/周、日/月、月和年进行计数。看门狗定时器与实时时钟运行在计数器模式时，其功能和普通的计时器基本类似。这些都是 MSP430 单片机的常用资源，在嵌入式开发中具有重要的作用。

　　本章导读：通过学习本章内容，重点掌握看门狗定时器与实时时钟的配置方法，学习配置看门狗定时器的复位功能和中断功能，学习配置实时时钟的日历模式和计数器模式。动手实践，体会看门狗定时器在程序运行中的作用，以及掌握对实时时钟时间的配置和读取。初学者建议细读 7.1 节与 7.3 节，动手实践 7.2 节与 7.4 节并做好笔记，完成习题。

7.1　看门狗定时器

　　在如工业控制等需要高可靠性的系统中，软件的可靠性一直是一个关键问题。任何软件程序都可能会出现死机或跑飞的问题，这种情况在单片机系统中也同样存在。由于单片机的抗干扰能力有限，所以在特定情况下会由于电压不稳、电磁干扰等原因而死机。为了保证系统在干扰后能自动复位并恢复正常，就需要用到看门狗（Watch-Dog-Timer，WDT）。

　　看门狗可用软件或硬件方法实现。目前，绝大部分单片机具有内部看门狗，可通过软件编程的方式实现软件监控作用。单片机内部看门狗可看作一个定时器，其基本功能是在发生软件问题和程序跑飞（不能正常喂狗）后使系统重新启动。看门狗定时器正常工作时自动计数，单片机程序运行时定期将其复位清零，如果系统在某处卡死或跑飞，不能定期复位看门狗定时器，则看门狗定时器将溢出触发中断。在中断中执行复位操作，使系统恢复正常工作状态。

　　对于看门狗程序设计而言，单片机程序需要在看门狗定时器溢出之前进行清零操作，即"喂狗"，当程序运行出现问题或硬件出现故障而无法按时"喂狗"时，看门狗电路将迫使单片机自动复位从而使单片机重新从头开始执行用户程序。

　　对于 MSP430 单片机而言，其看门狗定时器模块（WDT_A）默认开启，主要的功能是在程序运行一段时间后，执行一个可控的系统复位。如果选择的时间间隔到期，则 WDT_A 会生成一个 PUC（上电复位），使程序从首地址执行，并初始化所有状态寄存器。如果在应用中不需要看门狗功能，则该模块可以配置为一个间隔定时器并能在选定的时间间隔生成中断，或者禁用看门狗功能。

7.1.1　WDT 介绍

1. MSP430 单片机看门狗定时器模块 WDT_A 的特点

WDT_A 的特点如下。

- 8 个软件可选择的时间间隔。
- 看门狗模式。
- 间隔定时器模式。
- 看门狗定时器控制寄存器（WDTCTL）有密码保护。
- 可选择时钟源。
- 可被停止以节省功耗。
- 时钟故障安全特性。

在默认状态下：设备上电后，WDT_A 自动配置为看门狗模式，时钟源为 SMCLK，复位间隔选为 32ms。用户必须在初始复位间隔到期之前配置或停止 WDT_A，否则就会产生复位。

2．WDT_A 结构框图

MSP430 单片机的 WDT_A 结构框图如图 7.1.1 所示。可以看出，MSP430 单片机的 WDT_A 包含一个看门狗定时器控制寄存器 WDTCTL，其中高 8 位有密码比较单元和复位逻辑，低 8 位是看门狗功能控制位。WDT_A 具有 8 种可选溢出间隔的 32 位定时器（两个 16 为级联），定时溢出后可选复位和中断功能。WDT_A 还包括时钟选择单元、时钟请求逻辑单元、复位逻辑等功能单元。

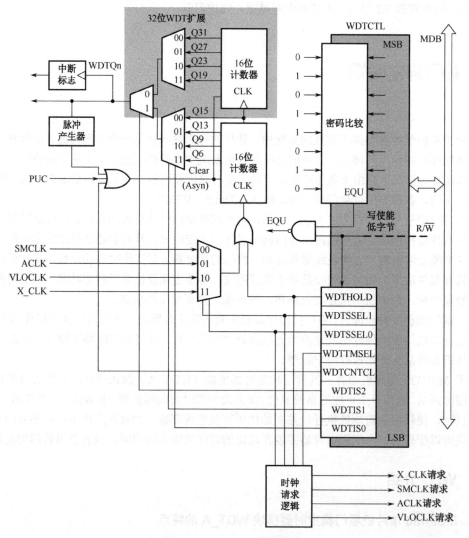

图 7.1.1　WDT_A 结构框图

3. WDT_A 操作

WDT_A 能通过 WDTCTL 的 WDTTMSEL 位配置为看门狗模式或定时器模式。WDTTMSEL=0 时，运行在看门狗模式；WDTTMSEL=1 时，运行在定时器模式。WDTCTL 是一个 16 位密码保护的读写寄存器。任何读写路径必须使用字（16 位）指令，且写入操作必须在高 8 位写入密码 05Ah。如果写入的高 8 位不是 05Ah，就会出现密码错误。密码错误和字节操作都会被认为是错误的操作，导致系统复位。读取 WDTCTL 时，其高 8 位都会读为 069h。

看门狗定时器的配置选项已在 MSP430 单片机头文件中定义完毕，可以直接使用，如设置看门狗模式以 ACLK 为时钟源，复位间隔为 1s 的代码：

```
WDTCTL = WDTPW+WDTCNTCL+WDTSSEL0+WDTIS2;        // 看门狗模式, ACLK, 1s
```

也可以直接使用头文件的宏定义：

```
WDTCTL = WDT_ARST_1000;                          // 看门狗模式, ACLK, 1s
```

4. 看门狗定时器计数器（WDTCNT）

WDTCNT 是 32 位递增计数器，不可以通过软件直接访问。WDTCNT 由看门狗定时器控制寄存器（WDTCTL）来控制。通过配置 WDTCTL 中的时钟源 WDTSSEL，可选择时钟源为 SMCLK、ACLK、VLOCLK 或 X_CLK。定时器间隔可以通过 WDTIS 位选择。

5. 看门狗模式

在一个 PUC 后，WDT_A 被配置为看门狗模式，32ms 复位间隔，使用 SMCLK。用户必须在初始复位间隔到期且 PUC 生成之前，设置、停止或清除看门狗定时器的计数值。在定时器模式下，不会生成 PUC。

看门狗定时器间隔应该和清零看门狗定时器计数器（WDTCNTCL=1）在一个单指令中一起被修改。这样可以避免不可预测的 PUC 或中断。看门狗定时器应该在改变时钟源之前被停止，以避免不正确的时间间隔。

看门狗模式配置如下：

```
WDTCTL = WDTPW+WDTCNTCL+WDTSSEL0+WDTIS2;        // 看门狗模式, ACLK, 间隔约1s
```

6. 看门狗定时器中断

看门狗定时器中断标志和中断使能位在 SFRs 寄存器中。

WDT 中断标志位：WDTIFG，位于 SFRIFG1.0。

WDT 中断使能位：WDTIE，位于 SFRIE1.0。

在看门狗模式中，复位时间间隔到期后，WDTIFG 置位，触发 PUC。WDTIFG 会在 PUC 后自动复位。读取 SYSRSTIV 可以确认 PUC 是否是看门狗定时器超时所致。看门狗模式 WDTIFG 标志位来源于复位中断向量。

在定时器模式中，时间间隔到期后，WDTIFG 置位，如果 WDTIE 和 GIE 也置位，那么生成中断。间隔定时器中断向量不同于在看门狗模式中使用的复位向量。在定时器模式中，WDTIFG 标志位在进入中断服务函数后自动复位，也可以通过软件复位。

7. 时钟故障安全功能

WDT_A 具有时钟安全功能，确保 WDT_A 的时钟源在看门狗模式中不能被禁用。这意味着 WDT_A 时钟源的选择会对低功耗产生影响。

如果 SMCLK 或 ACLK 不能作为 WDT_A 的时钟源，则 VLOCLK 会自动选择为 WDT_A 的时钟源。当 WDT_A 用于定时器模式时，WDT_A 没有针对时钟源的故障安全特性。

8．在低功耗模式中的操作

低功耗模式会禁用一些时钟。应用的需求和计时的种类决定 WDT_A 该如何配置。例如，如果用户想使用 LPM3，那么 WDT_A 看门狗模式不应该配置以 DCO、高频 XT1、XT2（通过 SMCLK）或 ACLK 为时钟源。这种情况下，SMCLK 和 ACLK 将保持使能，从而增加 LPM3 的电流消耗。当不使用时，WDTHOLD 位可以用来停止 WDTCNT，以降低功耗。

7.1.2　WDT 寄存器

WDTCTL 看门狗定时器控制寄存器如表 7.1.1 所示。该寄存器必须通过字写入操作，高 8 位的密码必须正确，否则会导致复位。

表 7.1.1　WDTCTL 看门狗定时器控制寄存器

15	14	13	12	11	10	9	8
WDTPW							
—	—	—	—	—	—	—	—
7	6	5	4	3	2	1	0
WDTHOLD	WDTSSEL		WDTTMSEL	WDTCNTCL		WDTIS	
rw-0	rw-0	rw-0	rw-0	rw-0	rw-1	rw-0	rw-0

WDTPW：看门狗定时器密码。读作 069h。必须写入 5Ah；如果写入任何其他值，那么会生成 PUC。

WDTHOLD：看门狗定时器停止。这个位停止看门狗定时器。当不使用看门狗定时器时，设置 WDTHOLD=1，来降低功耗。

WDTSSEL：看门狗时钟源选择。00=SMCLK；01=ACLK；10=VLOCLK；11=X_CLK（在设备不支持 X_CLK 时，使用 VLOCLK）。

WDTTMSEL：看门狗模式选择。0=看门狗模式；1=定时器模式。

WDTCNTCL：看门狗定时器计数器清零。置位 WDTCNTCL 会将计数值清零。WDTCNTCL 自动复位。0=无操作；1=WDTCNT=0000h。

WDTIS：看门狗定时器间隔选择。选择看门狗生成 WDTIFG 标志和/或生成 PUC 的定时器间隔。

000=看门狗时钟源/（2^{31}）（18h:12m:16s 在 32.768kHz）；
001=看门狗时钟源/（2^{27}）（01h:08m:16s 在 32.768kHz）；
010=看门狗时钟源/（2^{23}）（00h:04m:16s 在 32.768kHz）；
011=看门狗时钟源/（2^{19}）（00h:00m:16s 在 32.768kHz）；
100=看门狗时钟源/（2^{15}）（1s 在 32.768kHz）；
101=看门狗时钟源/（2^{13}）（250ms 在 32.768kHz）；
110=看门狗时钟源/（2^{9}）（15.625ms 在 32.768kHz）；
111=看门狗时钟源/（2^{6}）（1.95ms 在 32.768kHz）。

7.2　看门狗定时器应用实例

本实例使用 MSP430 单片机看门狗定时器资源，可通过看门狗产生定时复位，防止系统死机，也可将看门狗用作定时器实现间隔定时。

7.2.1　定时器模式

看门狗定时器可实现间隔定时，本实例要求使用看门狗定时器使 P7.0（LED）每隔 1s 状态取反。实例代码如下：

```
#include <msp430f5529.h>
void main (void)
{
 WDTCTL = WDT_ADLY_1000;            //查看头文件的宏定义，间隔定时器模式，ACLK，1s
 SFRIE1 |= WDTIE;                   //使能WDT中断
 P7DIR |= 0x01;                     //P7.0输出
 __bis_SR_register (LPM0_bits + GIE); //进入LPM0，使能总中断
 __no_operation ();
}
/*****************看门狗定时器中断*****************/
#pragma vector=WDT_VECTOR
__interrupt void WDT_ISR (void)
{
 P7OUT ^= 0x01;                     // 反转P7.0（LED）
}
```

该代码功能为：设置 WDTCTL 为间隔定时器模式，以 ACLK(REFOCLK=32.768kHz)为时钟源，周期为 2^{15} 个时钟周期，即 1s。定时器模式下没有时钟安全特性，不必担心由于 XT1 未起振导致时钟源自动切换。看门狗定时器中断服务函数为固定格式，意为将 P7.0 状态取反。

实验现象：LED（P7.0）以 2s 为周期闪烁。

7.2.2　看门狗模式

看门狗模式可实现看门狗复位功能，它是 MSP430 单片机重要功能，能够防止系统长时间运行产生的错误。

本实例要求使用看门狗复位功能，每隔 1s 产生一次复位。实例代码如下：

```
#include <msp430f5529.h>
void main (void)
{
 WDTCTL = WDT_ARST_1000;                    //看门狗模式，ACLK，1s
 P7DIR |= BIT0;                             //P7.0输出方向
 P7OUT ^= BIT0;                             //P7.0状态取反
 P5SEL |= BIT4|BIT5;                        //配置为XT1功能，开发板上的晶振接这两个端口
 UCSCTL6 |=XCAP_3;                          //配置电容为12pF
 UCSCTL6 &= ~XT1OFF;                        //使能XT1，即启动XT1，使外部晶振起振
 while (SFRIFG1 & OFIFG)                    //检查是否有时钟出错
 {
   UCSCTL7 &= ~ (XT2OFFG + XT1LFOFFG + DCOFFG); // 清除三类时钟错误标志位
   SFRIFG1 &= ~OFIFG;                       // 清除时钟错误标志位
 }
 while (1);
}
```

该代码功能为：看门狗模式使用 ACLK(XT1LF=32.768kHz)为时钟源，复位时间间隔为 2^{15} 个时

钟周期，即 1s。系统复位后，程序从首地址开始执行，重新运行初始化端口和取反操作。如果 ACLK 不以 XT1 为时钟源，那么看门狗时钟安全逻辑会选择 VLOCLK 为时钟源，导致复位间隔与预期不一致。

　　实验现象：LED（P7.0）以 2s 为周期闪烁。

7.3　实时时钟

　　实时时钟（Real_Time Clock，RTC）是日常生活中应用广泛的电子产品之一。它为人们提供精确的实时时间，或者为电子系统提供精确的时间基准。实时时钟的实现常采用专用芯片的方式，专用芯片大多数采用精度较高的晶体振荡器作为时钟源。有些时钟芯片为了在主电源掉电时还可以工作，需要外加电池供电。

　　MSP430 单片机内部集成了 RTC 模块，RTC 模块工作于日历模式时，可以实现年、月、日、星期、时、分和秒的计数。

7.3.1　RTC 模块介绍

1．MSP430 单片机的 RTC 模块的特点

RTC 模块的特点如下。

- 可配置为具有日历功能的实时时钟或通用的计数器。
- 当配置为具有日历功能的实时时钟模式时，可自动计数秒、分、时、日/周、日/月、月和年。
- 具有中断能力。
- 实时时钟模式下，可选 BCD 和二进制格式。
- 实时时钟模式下，具有可编程时钟。
- 实时时钟模式下，具有时间偏差的逻辑校正。

注意 RTC 模块的初始化：

大多数 RTC 模块寄存器没有初始条件，这些寄存器在使用前必须由用户软件配置。

2．RTC_A 结构框图

MSP430 单片机的 RTC_A 结构框图如图 7.3.1 所示。可以看出，RTC_A 主要由 2 个预分频器和 1 个 32 位计数器组成。通过配置相应的寄存器选择预分频器的分频系数和时钟源。32 位计数器由 4 个 8 位计数单元组成，可实现秒、分、时、日/周的计数。日历模式时间寄存器可实现对日/月、月、年的计数，RTC_A 还具有闹钟功能，可配置闹钟寄存器，在设定时间到来时生成中断。RTC_A 具备 5 个中断源，通过分频器、计数器和闹钟可产生相应的中断标志。

3．RTC_A 操作

通过配置 RTCMODE 位，RTC_A 可以被配置为实时时钟或 32 位计数器。实时时钟模式具备日历功能和闹钟功能。

（1）计数器模式。

当 RTCMODE 模式控制位复位时，RTC_A 的工作模式选择为计数器模式。在计数器模式下，可通过软件直接访问 32 位计数器。从日历模式到计数器模式的切换会复位计数值（RTCNT1、RTCNT2、RTCNT3、RTCNT4）和预分频计数器（RT0PS 和 RT1PS）。

　　RTC_A 增计数的时钟源可以来自于 ACLK、SMCLK 或 ACLK、SMCLK 的预分频。ACLK、SMCLK 的预分频来自于预分频器（RT0PS 和 RT1PS）。RT0PS 和 RT1PS 可以分别输出对 ACLK 和 SMCLK 的 2、4、8、16、32、64、128 和 256 分频。RT0PS 的输出可以与 RT1PS 级联。级联输出可被用作 32 位计数器的输入时钟源。

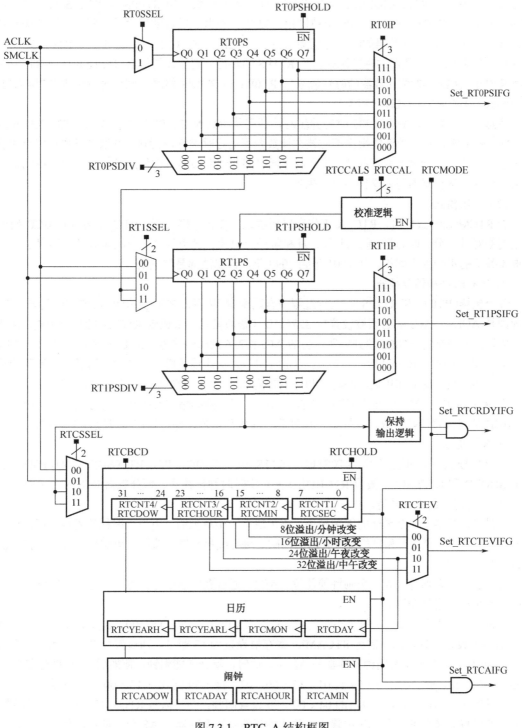

图 7.3.1　RTC_A 结构框图

4 个独立的 8 位计数器级联形成 32 位计数器，它可以为计数器时钟提供 8 位、16 位、24 位或 32 位溢出间隔。RTCTEV 选择触发中断的条件。当中断条件产生时，自动置位 RTCTEVIE，从而触发一个中断。RTCNT1～RTCNT4 均可以单独读写访问。

RT0PS 和 RT1PS 可被配置为两个 8 位计数器或级联一个单独的 16 位计数器。RT0PS 和 RT1PS 可通过置位各自的 RT0PSHOLD 和 RT1PSHOLD 来停止计数。当 RT0PS 和 RT1PS 级联时，置位 RT0PSHOLD 导致 RT0PS 和 RT1PS 都被停止。32 位计数器能通过多种途径来停止，这取决于它的配置方式。如果 32 位计数器的时钟源直接来自于 ACLK 或 SMCLK，则通过置位 RTCHOLD 可将其停止；如果 32 位计数器的时钟源来自于 RT1PS 的输出，则通过置位 RT1PSHOLD 或 RTCHOLD 可将其停止；如果 32 位计数器的时钟源来自 RT0PS 和 RT1PS 级联，则通过置位 RT0PSHOLD、RT1PSHOLD 或 RTCHOLD 可将其停止。

注意，当计数器时钟和 CPU 时钟异步时，任何从 RTCNT1、RTCNT2、RTCNT3、RTCNT4、RT0PS、RT1PS 寄存器的读取操作都应该在计数器不运行时进行。否则，读取的结果可能会出错。若需要在计数器运行时读取寄存器，那么可以通过多次读取后通过软件进行多数表决以得到正确的结果。对这些寄存器的写入操作会立刻生效。

（2）日历模式。

当 RTCMODE 置位时，RTC_A 工作在日历模式。在日历模式下，RTC_A 可选择 BCD 码或十六进制数对秒、分、时、日/周、日/月、月和年进行记录。日历包含一个闰年算法，该算法将所有可被 4 整除的年份视为闰年。从 1901 年到 2099 年，该算法都是精确的。

① 实时时钟和预分频器。

预分频器（RT0PS 和 RT1PS）在运行过程中自动配置，从而为 RTC_A 提供 1s 的定时间隔。RT0PS 时钟源是 ACLK，ACLK 必须被设置成 32768Hz（普通模式）来适应 RTC_A 的日历模式。RT1PS 预分频器的时钟来自 RT0PS 预分频器产生的 ACLK/256 的时钟信号。RTC_A 的时钟源来自 RT1PS 的 128 分频。经过上述分频后，实现 1s 的定时间隔。从计数器模式切换到日历模式将清除秒数、分钟数、小时数、周数和年数，并将月和日设置为 1。此外，RT0PS 和 RT1PS 被清除。

当 RTCBCD=1 时，为日历寄存器选择 BCD 格式。数据格式必须在设置时间之前选择，改变 RTCBCD 的格式将清除秒数、分钟数、小时数、周数和年数，并将月和日设置为 1。此外，RT0PS 和 RT1PS 被清除。

在日历模式中，不必考虑 RT0SSEL、RT1SSEL、RT0PSDIV、RT1PSDIV、RT0PSHOLD、RT1PSHOLD 和 RTCSSEL，置位 RTCHOLD 停止实时时钟计数器、预分频器 RT0PS 和 RT1PS。

② 实时时钟的闹钟功能。

实时时钟提供了一个灵活的闹钟模块，该模块有一个单独的、用户可编程的闹钟，可在设置闹钟的分、时、周（星期）和日相应寄存器的基础上进行编程设置。该用户可编程闹钟只有在日历模式运行时才有效。

每个闹钟寄存器都包含一个闹钟使能位（AE），通过置位 AE 位，可以产生多种时钟事件。下面通过 5 个实例进行介绍。

• **举例 1**：若用户希望在每个小时的第 15 分钟（也就是 00：15：00、01：15：00、02：15：00 等时刻）设置闹钟，则只需将 RTCAMIN 寄存器设置为 15 即可。通过置位 RTCAMIN 寄存器的 AE 位，并且清除其他所有闹钟寄存器的 AE 位，此时，就会使能闹钟。使能后，AF 将会在 00：14：59 到 00：15：00、01：14：59 到 01：15：00、02：14：59 到 02：15：00 等时刻置位。

• **举例 2**：若用户希望在每日的 04：00：00 设置闹钟，则只需将 RTCAHOUR 寄存器设置为 4 即可。通过将 RTCHOUR 的 AE 位置位，并清除其他闹钟寄存器的 AE 位，就可以使能闹钟。当闹钟使能后，AF 位会在 03：59：59 到 04：00：00 置位。

• **举例 3**：若用户要在每日的 06：30：00 设置闹钟，则要把 RTCAHOUR 设置为 6，并且将

RTCAMIN 设置为 30。通过置位 RTCAHOUR 和 RTCAMIN 的 AE 位，将会使能闹钟。闹钟使能后，AF 会在时间从 06：29：59 切换到 06：30：00 时置位。在这种情况下，闹钟事件在每日的 06：30：00 出现。

　　• 举例 4：若用户希望在每个周二的 06：30：00 设置闹钟，则需要将 RTCADOW 设置为 2，将 RTCAHOUR 设置为 6，并且把 RTCAMIN 设置为 30。通过置位 RTCADOW、RTCAHOUR 和 RTCAMIN 的 AE 位，闹钟将被使能。闹钟使能后，AF 将在时间从 06：29：59 切换到 06：30：00 且 RTCDOW 从 1 切换到 2 时置位。

　　• 举例 5：若用户希望在每个月第 5 日的 06：30：00 设置闹钟，则需要将 RTCADAY 设置为 5，将 RTCAHOUT 设置为 6，并且把 RTCAMIN 设置为 30。通过置位 RTCADAY、RTCAHOUR 和 RTCAMIN 的 AE 位，闹钟将被使能。闹钟使能后，AF 会在时间从 06：29：59 切换到 06：30：00 且 RTCDAY 等于 5 时置位。

　　注意，无效的闹钟设置不会通过硬件自动检查，所以用户有责任确保自己设置的闹钟是有效的。

　　注意，在 RTCSEC、RTCMIN、RTCHOUR、RTCDOW、RTCYEARH、RTCYEARL、RTCMON、RTCDAY、RTCAMIN、RTCAHOUR、RTCADAY 和 RTCADOW 寄存器中指定的合法范围之外写入无效的日期和/或时间信息或数据值会导致不可预测的行为。

　　注意，为了防止潜在的错误闹钟情况发生，在向 RTC 时间寄存器写入新的时间值之前，应通过清除 RTCAIE、RTCAIFG 和 AE 位来禁用闹钟。

　　③ 在日历模式下读写实时时钟寄存器。

　　因为系统时钟可能与 RTC_A 时钟源不同步，所以访问实时时钟寄存器时需要格外注意。

　　在日历模式下，实时时钟寄存器每秒更新一次。为了防止在更新时读取实时时钟数据而造成数据读取错误，将会有一个禁止进入读取的阶段。这个禁止进入读取的阶段在以每秒更新时刻为中心的左右 128/32768s 的时间内。在禁止进入读取的阶段内，只读标志位 RTCRDY 是复位的，在禁止进入读取的阶段时间外，只读标志位 RTCRDY 是置位的。当 RTCRDY 复位时，对实时时钟寄存器的任何读取都被认为是潜在的错误，并且读取到的时间应被忽略。

　　一个简单的安全读取实时时钟寄存器的方法是利用 RTCRDYIFG 中断标志位。RTCRDY 位的上升沿会导致 RTCRDYIFG 置位，置位 RTCRDYIE 使能 RTCRDYIFG 中断。利用该方法，有大约 1s 的时间安全地读取任何一个或所有的实时时钟寄存器。该同步处理将会阻止时间寄存器在转换期间被读取。当中断得到响应时，RTCRDYIFG 会自动复位，也可通过软件复位。

　　在计数器模式下，RTCRDY 保持复位，无须关心 RTCRDYIE 中断使能控制位，并且 RTCRDYIFG 中断标志位保持复位。

　　注意，当计数器时钟和 CPU 时钟不同步时，若在 RTCRDY 复位的情况下读取 RTCSEC、RTCMIN、RTCHOUR、RTCDOW、RTCDAY、RTCMON、RTCYEARL 或 RTCYEARH 寄存器，可能导致读到的数据出错。为了安全地读取计数寄存器，可以使用 RTCRDY 位的轮询或前面描述的同步过程。或者，可以在操作时多次读取计数寄存器，并在软件中进行多数表决以确定正确的读取。读取 RT0PS 和 RT1PS 只能通过多次读取寄存器和软件中的多数表决来确定正确的读取。

　　任何对计数寄存器的写入操作都会立刻生效。时钟会在写入时停止。另外，RT0PS 和 RT1PS 会复位，这可能导致在写入过程中丢失至少 1s 的时间。在合法范围之外写入数据或无效的时间戳组合会导致不可预知的行为。

4. 实时时钟中断

RTC_A 有 5 个可用的中断源，每个都具备独立的使能和标志。

（1）日历模式下的实时时钟中断。

在日历模式下，5 个中断源都是可用的，被命名为 RT0PSIFG、RT1PSIFG、RTCRDYIFG、

RTCTEVIFG 和 RTCAIFG。这些标志被划分优先级并组合在一起以产生单个中断向量。中断向量寄存器（RTCIV）用来决定哪个标志请求了中断。

优先级最高且使能的中断会在 RTCIV 中生成一个数字。这个数字能被计算或添加到程序计数器（PC）中，以自动进入适当的软件程序。禁用 RTC_A 中断不会影响 RTCIV 的值。

对 RTCIV 的任何访问（读或写）都会自动复位最高挂起中断标志。如果另一个中断标志置位，则在响应完初始中断后立即生成另一个中断。此外，所有标志都可以通过软件清除。

用户可编程闹钟事件也来源于实时时钟中断（RTCAIFG）。置位 RTCAIE 使能中断。除了用户可编程闹钟，RTC_A 还提供一个间隔闹钟，这个间隔闹钟来源于实时时钟中断 RTCTEVIFG。当RTCMIN、RTCHOUR 改变或每日的凌晨（00：00：00）、中午（12：00：00）到来时，间隔闹钟可以生成一个闹钟事件。这个事件可以通过 RTCTEV 位来选择，置位 RTCTEVIE 使能该中断。

RTCRDY 来源于实时时钟中断（RTCRDYIFG），常用来在读取时间寄存器时同步系统时钟。置位 RTCRDYIE 使能该中断。

RT0PSIFG 能被用来生成中断间隔，间隔时间通过 RT0IP 选择。在日历模式下，RT0PS 来源于32768Hz 的 ACLK，所以可选的中断间隔有 16384Hz、4096Hz、2048Hz、1024Hz、512Hz、256Hz或 128Hz。置位 RT0PSIE 使能该中断。

RT1PSIFG 也能被用来生成中断间隔，间隔时间通过 RT1IP 选择。在日历模式下，RT1PS 来源于 RT0PS 的输出，RT0PS 的输出频率为 128Hz（32768/256Hz）。因此，可选的中断间隔有 64Hz、32Hz、16Hz、8Hz、4Hz、2Hz、1Hz 或 0.5Hz。置位 RT1PSIE 使能该中断。

（2）计数器模式下的实时时钟中断。

在计数器模式下，有 3 个可用的中断源：RT0PSIFG、RT1PSIFG 和 RTCTEVIFG。RTCAIFG 和RTCRDYIFG 被清零。RTCRDYIE 和 RTCAIE 与计数器模式无关。

RT0PSIFG 能被用来生成可选的中断间隔，间隔时间通过 RT0IP 选择。在计数器模式下，RT0PS来源于 ACLK 或 SMCLK，可选的分频系数为 2、4、8、16、32、64、128 和 256。置位 RT0PSIE使能该中断。

RT1PSIFG 能被用来生成可选的中断间隔，间隔时间通过 RT1IP 选择。在计数器模式下，RT1PS可来源于 ACLK、SMCLK 或 RT0PS 的输出。可选的分频系数为 2、4、8、16、32、64、128 和 256。置位 RT1PSIE 使能该中断。

RTC_A 提供一个间隔定时器，这个间隔定时器可以生成实时时钟中断，RTCTEIFG。间隔定时器能被选择来生成一个中断事件，中断条件可选择为 32 位计数器的 8 位、16 位、24 位或 32 位溢出。这个中断事件通过 RTCTEV 位选择。置位 RTCTEVIE 使能该中断。

5．实时时钟校准

RTC_A 具有校准逻辑，允许在大约+4ppm 或 2ppm 步进中调整晶体频率，从而实现更高的计时精度。RTCCAL 位用来调整频率。当 RTCCALS 置位时，每个 RTCCAL 的最低位产生一个+4ppm的调整。当 RTCCAL 复位时，每个 RTCCAL 最低位产生一个-2ppm 的调整。校准仅在日历模式下有效。在计数器模式下，校准被禁用。

根据 RTCCALS 和 RTCCALx 的设置，定期调整 RT1PS 计数器的计数值，从而实现校准。在日历模式下，RT0PS 对 32768Hz 的低频时钟周期进行 256 分频。一个 64min 的间隔有 32768×60×64=125829120 个周期。因此一个-2ppm 的频率减少量（下校准）近似等于每经过 125829120 个时钟周期，额外增加了 256 个时钟周期（256/125829120≈2.035ppm）。这是通过在 64min 内使 RT1PS 在每个计数循环中忽略一次对 RT0PS 的响应来实现的。

同理，一个+4ppm 的频率增加量（上校准）近似等于每计数 125829120 个周期将少计 512 个周期。（512/125829120≈4.069ppm）。这是通过在 64min 内，增加 RT0PS 输出的额外两个时钟来实现的。每个 RTCCALx 校准位导致每 64min 多计数 256 个时钟周期或减少 512 个时钟周期，给最终频率带来大约-2ppm 或+4ppm 的调整。

为了校准频率，RTCCLK 信号可在一个端口输出。RTCCALF 位能被用来选择 RTCCLK 输出信号的频率（512Hz、256Hz、1Hz）或选择不输出信号。

校准频率的基本流程如下。

（1）配置 RTCCLK 位。

（2）通过适当频率分辨率的频率计数器测量 RTCCLK 输出信号。

（3）计算以 ppm 为单位的绝对误差：

绝对误差（ppm）=$|10^6 * (f_{\text{MEASURED}} - f_{\text{RTCCLK}}) / f_{\text{RTCCLK}}$，$f_{\text{RTCCLK}}$ 是预期的频率（512Hz、256Hz、1Hz）。

（4）通过如下操作调整频率。

· 如果频率太低，则置位 RTCCALS，并且选择适当的 RTCCALx 位。其中 RTCCALx=（绝对误差）/4.069，四舍五入到最近的整数。

· 如果频率太高，则清零 RTCCALS，并且选择适当的 RTCCALx 位，其中 RTCCALx=（绝对误差）/2.035，四舍五入到最近的整数。

例如，假设 RTCCLK 以 512Hz 频率输出。测量到的 RTCCLK 是 511.9658Hz，频率误差大约是-66.8ppm。为了将频率增加 66.8ppm，RTCCALS 应该被置位，并且 RTCCAL 将被设置为 16（66.8/4.069）。同理，假定测得的 RTCCLK 是 512.0125Hz，频率误差大约是+24.4ppm。为了将频率降低 24.4ppm，RTCCALS 将被清零，并且 RTCCAL 将被设置为 12（24.4/2.035）。

校准仅校正初始偏移，不针对温度和老化效应进行调整。这可以通过定期测量温度和利用晶体的特性曲线，根据温度调整 ppm 来处理。在计数器模式（RTCMODE=0）下，校准逻辑被禁用。

注意，最小校准量是-4ppm 或+8ppm。例如，将 RTCCALS 清零且 RTCCAL=0，将导致一个-4ppm 的频率校准量。同理，置位 RTCCALS 且 RTCCAL=0 将导致一个+8ppm 的频率校准量。

注意，在 RTCCLK 引脚处观察到的 512Hz 和 256Hz 输出频率不受校准设置变化的影响，这是因为这些输出频率是在校准逻辑之前生成的。1Hz 输出频率受校准设置变化的影响，这是因为频率变化很小，而且在很长的时间间隔内很少发生，所以很难观察到。

7.3.2　RTC 寄存器

各寄存器如表 7.3.1～表 7.3.35 所示。

表 7.3.1　RTCCTL0 实时时钟控制寄存器 0

7	6	5	4	3	2	1	0
Reserved	RTCTEVIE	RTCAIE	RTCRDYIE	Reserved	RTCTEVIFG	RTCAIFG	RTCRDYIFG
r-0	rw-0	rw-0	rw-0	r-0	rw-0	rw-0	rw-0

RTCTEVIE：实时时钟事件中断使能。0=中断禁用；1=中断使能。

RTCAIE：实时时钟闹钟中断使能。在计数器模式下，该位清零。0=中断禁用；1=中断使能。

RTCRDYIE：实时时钟读取就绪中断使能。0=中断禁用；1=中断使能。

RTCTEVIFG：实时时钟事件中断标志。0=无时间事件生成；1=时间事件生成。

RTCAIFG：实时时钟闹钟标志。在计数器模式下，该位清零。0=无时间事件生成；1=时间事件生成。

RTCRDYIFG：实时时钟读取就绪标志。0=RTC 不能被安全读取；1=RTC 能被安全读取。

表 7.3.2　RTCCTL1 实时时钟控制寄存器 1

7	6	5	4	3	2	1	0
RTCBCD	RTCHOLD	RTCMODE	RTCRDY	RTCSSEL		RTCTEV	
rw-0	rw-1	rw-0	r-0	rw-0	rw-0	rw-0	rw-0

RTCBCD：实时时钟 BCD 选择。该位可以选择实时时钟计数模式为 BCD 模式。它仅能应用在日历模式。在计数器模式下会忽略此位的设置。改变该位将清零秒、分、时、周、年，并且将月和日设置为 1。

RTCHOLD：RTC 时钟暂停。0=实时时钟（32 位计数器或日历模式）运行；1=计数器模式（RTCMODE=0），仅 32 位计数器暂停。在日历模式（RTCMODE=1）下，日历与预分频器 RT0PS 和 RT1PS 都暂停。不必关心 RT0PSHOLD 和 RT1PSHOLD。

RTCMODE：实时时钟模式。0=32 位计数器模式；1=日历模式。从计数器模式到日历模式的切换会复位实时时钟计数寄存器。切换到日历模式将清零秒、分、时、周、年，并且将月和日设置为 1。实时时钟寄存器随后必须由软件设置。RT0PS 和 RT1PS 也会被清零。

RTCRDY：实时时钟就绪。0=RTC 时间值在过渡阶段（仅日历模式）；1=RTC 时间值可被安全读取（仅日历模式）。这个位表示何时 RTC 时间值可被安全读取。在计数器模式下，RTCRDY 清零。

RTCSSEL：实时时钟源选择。RTC/32 位计数器的时钟输入信号。在日历模式下，不必关心这些位。时钟输入信号自动设置为 RT1PS 的输出信号。00=ACLK；01=SMCLK；10、11=RT1PS 的输出信号。

RTCTEV：实时时钟时间事件。在计数器模式（RTCMODE=0）下：00=8 位溢出；01=16 位溢出；10=24 位溢出；11=32 位溢出。在日历模式（RTCMODE=1）下：00=分钟改变；01=小时改变；10b=每日的 00：00；11=每日的 12：00。

表 7.3.3　RTCCTL2 实时时钟控制寄存器 2

7	6	5	4	3	2	1	0
RTCCALS	Reserved	RTCCAL					
rw-0	r-0	rw-0	rw-0	rw-0	rw-0	rw-0	rw-0

RTCCALS：实时时钟校准标志。0=频率向下调整；1=频率向上调整。

RTCCAL：实时时钟校准。每个最低位表示大约+4ppm（RTCCALS=1）或-2ppm（RTCCALS=0）的频率调整量。

表 7.3.4　RTCCTL3 实时时钟控制寄存器 3

7	6	5	4	3	2	1	0
Reserved						RTCCALF	
r-0	r-0	r-0	r-0	r-0	r-0	rw-0	rw-0

RTCCALF：实时时钟校准频率选择。该位可以选择在 RTCCLK 引脚上输出的频率信号，从而方便频率的校准。相应的端口必须被配置为端口复用功能。RTCCLK 在计数器模式下不可用并保持低电平，且 RTCCALF 位无效。00=RTCCLK 上没有频率信号输出；01=512Hz；10=256Hz；11=1Hz。

表 7.3.5　RTCNT1 实时时钟计数寄存器 1（计数器模式）

7	6	5	4	3	2	1	0
RTCNT1							
rw	rw	rw	rw	rw	rw	rw	rw

RTCNT1：实时时钟计数寄存器 1 的计数值。

表 7.3.6　RTCNT2 实时时钟计数寄存器 2（计数器模式）

7	6	5	4	3	2	1	0
			RTCNT2				
rw	rw	rw	rw	rw	rw	rw	rw

RTCNT2：实时时钟计数寄存器 2 的计数值。

表 7.3.7　RTCNT3 实时时钟计数寄存器 3（计数器模式）

7	6	5	4	3	2	1	0
			RTCNT3				
rw	rw	rw	rw	rw	rw	rw	rw

RTCNT3：实时时钟计数寄存器 3 的计数值。

表 7.3.8　RTCNT4 实时时钟计数寄存器 4（计数器模式）

7	6	5	4	3	2	1	0
			RTCNT4				
rw	rw	rw	rw	rw	rw	rw	rw

RTCNT4：实时时钟计数寄存器 4 的计数值。

表 7.3.9　RTCSEC 实时时钟秒寄存器（十六进制格式日历模式）

7	6	5	4	3	2	1	0
0				Seconds			
r-0	r-0	rw	rw	rw	rw	rw	rw

Seconds：秒数（0～59）。

表 7.3.10　RTCSEC 实时时钟秒寄存器（BCD 格式日历模式）

7	6	5	4	3	2	1	0
0		SecondsH			SecondsL		
r-0	r-0	rw	rw	rw	rw	rw	rw

SecondsH：秒数的高位（0～5）。
SecondsL：秒数的低位（0～9）。

表 7.3.11　RTCMIN 实时时钟分钟寄存器（十六进制格式日历模式）

7	6	5	4	3	2	1	0
0				Minutes			
r-0	r-0	rw	rw	rw	rw	rw	rw

Minutes：分钟数（0～59）。

表 7.3.12　RTCMIN 实时时钟分钟寄存器（BCD 格式日历模式）

7	6	5	4	3	2	1	0
0		MinutesH			MinutesL		
r-0	r-0	rw	rw	rw	rw	rw	rw

MinutesH：分钟数的高位（0～5）。

MinutesL：分钟数的低位（0～9）。

表 7.3.13 RTCHOUR 实时时钟小时寄存器（十六进制格式日历模式）

7	6	5	4	3	2	1	0
0			Hours				
r-0	r-0	r-0	rw	rw	rw	rw	rw

Hours：小时数（0～23）。

表 7.3.14 RTCHOUR 实时时钟小时寄存器（BCD 格式日历模式）

7	6	5	4	3	2	1	0
0		HoursH		HoursL			
r-0	r-0	rw	rw	rw	rw	rw	rw

HoursH：小时数的高位（0～2）。

HoursL：小时数的低位（0～9）。

表 7.3.15 RTCDOW 实时时钟星期寄存器（日历模式）

7	6	5	4	3	2	1	0
0					Day of week		
r-0	r-0	r-0	r-0	r-0	rw	rw	rw

Day of week：星期数（0～6）。

表 7.3.16 RTCDAY 实时时钟日期寄存器（十六进制格式日历模式）

7	6	5	4	3	2	1	0
0			Day of month				
r-0	r-0	r-0	rw	rw	rw	rw	rw

Day of month：日期数（1～28、29、30 或 31）。

表 7.3.17 RTCDAY 实时时钟日期寄存器（BCD 格式日历模式）

7	6	5	4	3	2	1	0
0		Day of month-H		Day of month-L			
r-0	r-0	rw	rw	rw	rw	rw	rw

Day of month-H：日期数高位（0～3）。

Day of month-L：日期数低位（0～9）。

表 7.3.18 RTCMON 实时时钟月份寄存器（十六进制格式日历模式）

7	6	5	4	3	2	1	0
0				Month			
r-0	r-0	r-0	r-0	rw	rw	rw	rw

Month：月份数（1～12）。

表 7.3.19　RTCMON 实时时钟月份寄存器（BCD 格式日历模式）

7	6	5	4	3	2	1	0
0			Month-H	Month-L			
r-0	r-0	r-0	rw	rw	rw	rw	rw

Month-H：月份数高位（0～1）。

Month-L：月份数低位（0～9）。

表 7.3.20　RTCYEARL 实时时钟年低字节寄存器（十六进制格式日历模式）

7	6	5	4	3	2	1	0
Year-L							
r-0	r-0	r-0	rw	rw	rw	rw	rw

Year-L：年份，0～4095 的低字节。

表 7.3.21　RTCYEARL 实时时钟年低字节寄存器（BCD 格式日历模式）

7	6	5	4	3	2	1	0
Decade				Year			
r-0	r-0	r-0	rw	rw	rw	rw	rw

Decade：年的十位（0～9）。

Year：年的个位（0～9）。

表 7.3.22　RTCYEARH 实时时钟年高字节寄存器（十六进制格式日历模式）

7	6	5	4	3	2	1	0
0				Year-H			
r-0	r-0	r-0	rw	rw	rw	rw	rw

Year-H：年份，0～4095 的高字节。

表 7.3.23　RTCYEARH 实时时钟年高字节寄存器（BCD 格式日历模式）

7	6	5	4	3	2	1	0
0	Century-H			Century-L			
r-0	rw	rw	rw	rw	rw	rw	rw

Century-H：世纪的十位（0～4）。

Century-L：世纪的个位（0～9）。

表 7.3.24　RTCAMIN 实时时钟分钟数闹钟寄存器（十六进制格式日历模式）

7	6	5	4	3	2	1	0
AE	0	Minutes					
rw	r-0	rw	rw	rw	rw	rw	rw

AE：闹钟使能。0=闹钟寄存器禁用；1=闹钟寄存器使能。

Minutes：分钟数（0～59）。

表 7.3.25　RTCAMIN 实时时钟分钟数闹钟寄存器（BCD 格式日历模式）

7	6	5	4	3	2	1	0
AE	Minutes-H			Minutes-L			
rw	rw	rw	rw	rw	rw	rw	rw

AE：闹钟使能。0=闹钟寄存器禁用；1=闹钟寄存器使能。

Minutes-H：分钟数十位（0～5）。

Minutes-L：分钟数个位（0～9）。

表 7.3.26　RTCAHOUR 实时时钟小时数闹钟寄存器（十六进制格式日历模式）

7	6	5	4	3	2	1	0
AE	0		Hours				
rw	r-0	r-0	rw	rw	rw	rw	rw

AE：闹钟使能。0=闹钟寄存器禁用；1=闹钟寄存器使能。

Hours：小时数（0～23）。

表 7.3.27　RTCAHOUR 实时时钟小时数闹钟寄存器（BCD 格式日历模式）

7	6	5	4	3	2	1	0
AE	0	Hours-H		Hours-L			
rw	r-0	rw	rw	rw	rw	rw	rw

AE：闹钟使能。0=闹钟寄存器禁用；1=闹钟寄存器使能。

Hours-H：小时数十位（0～2）。

Hours-L：小时数个位（0～9）。

表 7.3.28　RTCADOW 实时时钟星期数闹钟寄存器（日历模式）

7	6	5	4	3	2	1	0
AE	0				Day of week		
rw	r-0	r-0	r-0	r-0	rw	rw	rw

AE：闹钟使能。0=闹钟寄存器禁用；1=闹钟寄存器使能。

Day of week：星期数（0～6）。

表 7.3.29　RTCADAY 实时时钟日数闹钟寄存器（十六进制格式日历模式）

7	6	5	4	3	2	1	0
AE	0		Day of month				
rw	r-0	r-0	rw	rw	rw	rw	rw

AE：闹钟使能。0=闹钟寄存器禁用；1=闹钟寄存器使能。

Day of month：日数（1～28、29、30 或 31）。

表 7.3.30　RTCADAY 实时时钟日数闹钟寄存器（BCD 格式日历模式）

7	6	5	4	3	2	1	0
AE	0	Day of month-H		Day of month-L			
rw	r-0	r-0	rw	rw	rw	rw	rw

AE：闹钟使能。0=闹钟寄存器禁用；1=闹钟寄存器使能。

Day of month-H：日数十位（0～3）。

Day of month-L：日数个位（0～9）。

表 7.3.31　RTCPS0CTL 实时时钟预分频定时器 0 控制寄存器

15	14	13	12	11	10	9	8
Reserved	RT0SSEL	RT0PSDIV			Reserved		RT0PSHOLD
rw-0	rw-0	rw-0	rw-0	rw-0	r-0	r-0	rw-1
7	6	5	4	3	2	1	0
Reserved			RT0IP			RT0PSIE	RT0PSIFG
r-0	r-0	r-0	rw-0	rw-0	rw-0	rw-0	rw-0

RT0SSEL：预分频定时器 0 时钟源选择。选择输入到 RT0PS 的时钟源。在实时时钟日历模式下，不必关心这些位。RT0PS 时钟输入自动选择为 ACLK。0=ACLK；1=SMCLK。

RT0PSDIV：预分频定时器分频系数。这些位控制 RT0PS 的分频系数。在实时时钟日历模式下，这些位不会对 RT0PS 和 RT1PS 产生影响。RT0PS 时钟输出自动设置分频系数为 256。PT1PS 时钟输出自动设置分频系数为 128。000=2 分频；001=4 分频；010=8 分频；011=16 分频；100=32 分频；101=64 分频；110=128 分频；111=256 分频。

RT0PSHOLD：预分频定时器 0 暂停。在实时时钟日历模式下，不必关心这些位。RT0PS 通过 RTCHOLD 位来暂停。0=RT0PS 运行；1=RT0PS 暂停。

RT0IP：预分频定时器 0 中断间隔。000=2 分频；001=4 分频；010=8 分频；011=16 分频；100=32 分频；101=64 分频；110=128 分频；111=256 分频。

RT0PSIE：预分频定时器 0 中断使能。0=中断禁用；1=中断使能。

RT0PSIFG：预分频定时器 0 中断标志。0=无时间事件发生；1=有时间事件发生。

表 7.3.32　RTCPS1CTL 实时时钟预分频定时器 1 控制寄存器

15	14	13	12	11	10	9	8
RT1SSEL		RT1PSDIV			Reserved		RT1PSHOLD
rw-0	rw-0	rw-0	rw-0	rw-0	r-0	r-0	rw-1
7	6	5	4	3	2	1	0
Reserved			RT1IP			RT1PSIE	RT1PSIFG
r-0	r-0	r-0	rw-0	rw-0	rw-0	rw-0	rw-0

RT1SSEL：预分频定时器 1 时钟源选择。选择输入到 RT1PS 的时钟源。在实时时钟日历模式下，不必关心这些位。RT1PS 时钟输入自动选择为 RT0PS 的输出。00=ACLK；01=SMCLK；10、11=RT0PS 的输出。

RT1PSDIV：预分频定时器 1 分频系数。这些位控制 RT1PS 计数器的分频系数。在实时时钟日历模式下，这些位不会对 RT0PS 和 RT1PS 产生影响。RT0PS 时钟输出自动设置分频系数为 256。PT1PS 时钟输出自动设置分频系数为 128。000=2 分频；001=4 分频；010=8 分频；011=16 分频；100=32 分频；101=64 分频；110=128 分频；111=256 分频。

RT1PSHOLD：预分频定时器 1 暂停。在实时时钟日历模式下，不必关心这个位。RT1PS 通过 RTCHOLD 位来暂停。0=RT1PS 运行；1=RT1PS 暂停。

RT1IP：预分频定时器 1 中断间隔。000=2 分频；001=4 分频；010=8 分频；011=16 分频；100=32 分频；101=64 分频；110=128 分频；111=256 分频。

RT1PSIE：预分频定时器 1 中断使能。0=中断禁用；1=中断使能。

RT1PSIFG：预分频定时器 1 中断标志。0=无时间事件发生；1=有时间事件发生。

表 7.3.33　RT0PS 实时时钟预分频定时器 0 寄存器

7	6	5	4	3	2	1	0
			RT0PS				
rw	rw	rw	rw	rw	rw	rw	rw

RT0PS：预分频定时器 0 计数值。

表 7.3.34　RT1PS 实时时钟预分频定时器 1 寄存器

7	6	5	4	3	2	1	0
			RT1PS				
rw	rw	rw	rw	rw	rw	rw	rw

RT1PS：预分频定时器 1 计数值。

表 7.3.35　RTCIV 实时时钟中断向量寄存器

15	14	13	12	11	10	9	8
			RTCIV				
r-0	r-0	r-0	r-0	r-0	r-0	r-0	r-0
7	6	5	4	3	2	1	0
			RTCIV				
r-0	r-0	r-0	r-0	r-0	r-0	r-0	r-0

RTCIV：实时时钟中断向量值，如表 7.3.36 所示。

表 7.3.36　RTCIV 的值

RTCIV	中　断　源	中　断　标　志	备　　注
00h	无中断挂起	—	
02h	RTC 就绪	RTCRDYIFG	优先级最高
04h	RTC 间隔定时器	RTCTEVIFG	
06h	RTC 用户时钟	RTCAIFG	
08h	RTC 预分频器 0	RT0PSIFG	
0Ah	RTC 预分频器 1	RT1PSIFG	优先级最低

7.4　RTC 应用实例

RTC 应用实例介绍 MSP430 单片机的实时时钟资源，可通过配置实时时钟，使其工作在日历模式下，可以对秒、分、时、日/周、日/月、月和年进行计时。或者使实时时钟工作在计数器模式下，这相当于一个 32 位的计数器。

7.4.1　日历模式

RTC 模块的日历模式可实现对秒、分、时、日/周、日/月、月和年的计时。本实例要求设置 MSP430 单片机的 RTC 模块工作在日历模式下，设置日历参数初值并对日历参数进行读取。实例代码如下：

```
#include "msp430f5529.h"
typedef struct Calendar                     //定义日历结构体
{
    unsigned char Seconds;                  //秒，取值0～59
    unsigned char Minutes;                  //分，取值0～59
    unsigned char Hours;                    //时，取值0～23
    unsigned char DayOfWeek;                //日/周，取值0～6
    unsigned char DayOfMonth;               //日/月，取值1～31
    unsigned char Month;                    //月，取值0～11
    unsigned int Year;                      //年，取值0～4095
} Calendar;
Calendar set=                               //定义日历初值
{
    59,                                     //秒
    15,                                     //分
    22,                                     //时
    2,                                      //日/周
    15,                                     //日/月
    10,                                     //月
    2019                                    //年
};
Calendar now;                               //定义当前时间
void main ( void )
{
  WDTCTL = WDTPW + WDTHOLD;                  //关闭看门狗
  RTCCTL1 = RTCMODE_H + RTCHOLD_H;          //停止RTC模块，选择日历模式
  RTCSEC = set.Seconds;                     //秒初值
  RTCMIN = set.Minutes;                     //分初值
  RTCHOUR= set.Hours;                       //时初值
  RTCDOW = set.DayOfWeek;                   //日/周初值
  RTCDAY= set.DayOfMonth;                   //日/月初值
  RTCMON= set.Month;                        //月初值
  RTCYEARL=(unsigned char)set.Year;         //年初值，低8位
  RTCYEARH =(unsigned char) (set.Year>>8);  //年初值，高8位
  RTCCTL1 &=~ RTCHOLD_H;                     //启动RTC模块
  while (1)
  {
    while (!(RTCCTL1&RTCRDY_H));             //等待实时时钟就绪，方可安全读取
    now.Seconds = RTCSEC;                   //读取秒
    now.Minutes = RTCMIN;                   //读取分
    now.Hours = RTCHOUR;                    //读取时
    now.DayOfWeek = RTCDOW;                 //读取日/周
    now.DayOfMonth = RTCDAY;                //读取日/月
```

```
    now.Month = RTCMON;                          //读取月
    now.Year = RTCYEARL| (RTCYEARH<<8);          //读取年
    __delay_cycles (1000000);                    //延时1s,可设断点
  }
}
```

该代码功能为：定义日历结构体，包含秒、分、时、日/周、日/月、月和年的参数。设置 RTC 工作在日历模式下，在配置日历初值时先停止 RTC 模块，配置完日历初值后，启动 RTC 模块。在死循环中检测 RTCRDY 的状态，判断实时时钟是否可以安全读取，实时时钟就绪后，立刻对日历参数进行读取，之后延时 1s 左右准备下一次读取。完整的代码请查看工程。

实验现象：调试过程中，在延时 1s 处设置断点，并通过观察窗口观察结构体 now 的值不断变化。

7.4.2　计数器模式

RTC 模块的计数器模式可实现可选的 8 位、16 位、24 位或 32 位计数。本实例要求设置 MSP430 单片机的 RTC 模块工作在计数器模式下，并在溢出中断中控制 LED 闪烁。实例代码如下：

```
#include "msp430f5529.h"
void main ( void )
{
  WDTCTL = WDTPW + WDTHOLD;              //关闭看门狗
  P7DIR |= BIT0; P7OUT |= BIT0;         //将P7.0设置为输出，初始高电平
  RTCCTL1 = RTCHOLD_H|RTCTEV0_H;        //停止RTC模块，时钟源ACLK，16位溢出
  RTCCTL0 = RTCTEVIE;                   //使能溢出中断
  RTCCTL1 &=~ RTCHOLD_H;                //启动RTC模块
  __bis_SR_register (GIE+LPM0_bits);    //使能通用中断，进入LPM0
  while (1) ;
}
#pragma vector = RTC_VECTOR
__interrupt void RTC_TEV (void)
{
  switch ( __even_in_range (RTCIV,10) )  //查找10以内的偶数，用来提高查找效率
  {
  case  0: break;                        //无中断
  case  2: break;                        //RTCRDYIFG
  case  4: P7OUT ^= BIT0; break;         //RTCTEVIFG
  case  6: break;                        //RTCAIFG
  case  8: break;                        //RT0PSIFG
  case 10: break;                        //RT1PSIFG
  default: break;
  }
}
```

该代码功能为：关闭看门狗，设置 P7.0（LED）。停止 RTC 模块，默认选择时钟源为 ACLK，选择 16 位溢出模式，使能溢出中断并启动 RTC 模块，使能通用中断，进入低功耗模式。在中断服务函数中翻转 P7.0（LED）状态。

实例现象：LED 的状态每隔 2s 翻转一次。

7.5　小结与思考

本章介绍了 MSP430 单片机的看门狗定时器与实时时钟，讲述了看门狗定时器和实时时钟的配置及使用；介绍了如何选择看门狗定时器的时钟源和定时时间，如何配置其复位功能和中断功能。实时时钟工作在日历模式下自动配置时钟源和分频，从而产生以 1s 为周期的时钟信号，从而对秒、分、时、日/周、日/月、月和年进行计数。在计数器模式下，实时时钟相当于一个可选字长的计数器，通过配置溢出字长和时钟源即可实现普通定时器的功能。

学习完本章内容，应该掌握 MSP430 单片机的看门狗定时器与实时时钟的配置方法，掌握看门狗模式的选择和时钟源的选择。掌握实时时钟的日历模式和计数器模式，从而实现对日历时间的计数和通用定时器的功能。

习题与思考

7-1　看门狗定时器模块所涉及的寄存器除 WDTCTL 外，还涉及什么寄存器？这些寄存器的功能是什么？

7-2　已知单片机的 $f_{ACLK}= f_{XT1CLK}$=32768Hz，f_{VLOCLK}=10000Hz，欲将看门狗定时器的复位时间设置为 18h，使用上述两个时钟源应该如何实现？应该将何值赋给 WDTCTL 寄存器？

7-3　已知条件如习题 7-2 所述，若可以通过修改 UCSCTL 寄存器进行分频，则看门狗定时器最长的复位时间间隔可以是多少？

7-4　若希望使用实时时钟的日历模式，那么对于该模块的寄存器的配置有什么要求？是否需要确保模块的输入时钟？

7-5　若设置实时时钟工作在计数器模式，计数字长是 32 位，输入时钟是 25MHz，那么经历多长时间会产生溢出？

第 8 章　MSP430 单片机通信接口

通信接口是单片机与外部设备交换信息必不可少的通道。除少数特殊功能的接口外，单片机的大部分接口都可作为通信接口使用。与外部联系的简单方式包括按键、LED 等，通过直接将 I/O 口置高电平和置低电平也可以实现信息的传递。若想要传递大量的数据，则需要较为复杂的通信方式，使用相应的通信协议将数据封装起来，通过逻辑电路实现各种通信状态，可以实现高速、全面的通信。例如，使用 UART 与计算机进行通信，使用 IIC 和 SPI 通信来读写外围的芯片等。

MSP430 单片机的通信接口较为全面，除并行的 I/O 口外，还具有集成 USCI 模块。通过配置寄存器，可以使 USCI 模块分别工作于 UART 模式、IIC 模式和 SPI 模式。在 UART 模式中，除传统的串行通信功能外，还可以实现红外数据编解码功能、多机通信功能。IIC 模式和 SPI 模式可分别实现主机和从机的所有功能。

本章导读：重点掌握 USCI 模块的配置，学会配置 USCI 模块工作在 UART 模式、IIC 模式和 SPI 模式。掌握配置时钟源，配置数据的格式等。读懂 UART、IIC 和 SPI 通信的时序图，并勤于用示波器测量和观察，学会使用 I/O 口模拟通信时序，实现模拟的通信方法，养成良好的编程习惯。初学者建议粗读 8.1 节，细读 8.2 节、8.4 节、8.6 节，动手实践 8.3 节、8.5 节、8.7 节并做好笔记，完成习题。

8.1　通信系统概述

通信系统是单片机与外界设备交换信息的主要系统，通信能力决定单片机系统对外界信息的收集能力和处理能力，是衡量单片机系统的重要指标。通信系统包括模拟通信系统和数字通信系统。模拟通信系统使用连续的模拟信号完成通信，如收音机等，数字通信系统则使用离散的数字信号完成通信，如数字电视等。数字通信系统中只有离散的 0 和 1，其抗干扰能力远高于模拟通信系统。单片机所使用的通信系统均为数字通信系统。

8.1.1　通信系统基本模型

所有数字通信系统都包含发送机、接收机和通信介质。发送机的作用是把信息处理成合适的格式并发送。接收机主要负责收集信息并提取原始数据。通信介质为信息流提供物理介质，通常为双绞线、光线或射频网络。图 8.1.1 所示为一个数字通信系统模型，其中 DTE 为数据终端设备，DCE 为数据通信设备。

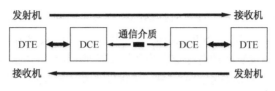

图 8.1.1　数字通信系统模型

8.1.2　并行与串行通信

　　数字设备之间的通信分为并行通信和串行通信。在并行通信中，传输的数据每一位都需要一根独立的信号线，所有数据信号线上的逻辑电平共同形成要传输的数据，如图 8.1.2 所示。例如，单片机内部 CPU 与其内部寄存器单元等的通信总线，均采用了并行通信的方法，8 位单片机具有 8 位的并行总线，16 位单片机具有 16 位的并行总线。单片机外围 I/O 口也是并行口，如 MSP430 单片机的 P1 口，具有 P1.0～P1.7 的 8 根 I/O 线，这 8 根线可一次传输一个 8 位数据，实现 8 位的并行通信，若使用 PA 口（P1 和 P2 组合），则一次可传输 16 位数据，实现 16 位的并行通信。并行通信需要大量数据线作为通信介质，当通信设备距离较远时，通信线的成本急剧增加，故并行通信往往用于距离较近的高速通信。

　　在串行通信中，数据传输只需要一根信号线，发送机和接收机按照一定的时序在信号线上传输电平信号，信号线上不同时刻的一系列高、低电平组成要传输的数据，如图 8.1.3 所示。相同时钟频率下，串行通信速度比并行通信慢 2^n 倍（n 是并行通信位数），但串行通信比并行通信所需的通信线数量少，常用于远距离的数据传送，如以太网的网线就采用串行通信的方法，使用很高的时钟频率来实现高速通信。单片机常使用的串行通信模式包括 UART、SPI 和 IIC，这些通信模式的协议不同，从而特点也各不相同。

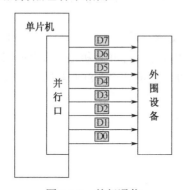

图 8.1.2　并行通信

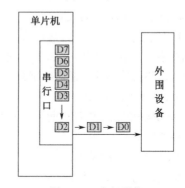

图 8.1.3　串行通信

8.1.3　同步通信与异步通信

　　串行通信又分为同步通信和异步通信。异步通信的设备间没有统一的时钟信号，但在其内部要设置各自的时钟信号，如图 8.1.4 所示。发送数据的时刻可以是任意的。两设备的时钟信号误差不能太大，否则无法正常通信。UART 即为异步通信，仅用一根信号线即可完成单向的数据传输，通过数据线上特定的边沿和电平实现标志位的识别。UART 使用两根数据线（RXD 和 TXD）即可完成双向的通信，但 UART 通信速度一般较慢，目前较快的 UART 通信时钟频率可达 1MHz 以上。

　　同步通信的设备间有统一的时钟信号，设备间会额外多一根时钟线，用来实现时钟的同步，如图 8.1.5 所示。时钟信号一般由主机产生时钟信号，从机使用主机的时钟信号接收和发送数据，发送和接收只能在有时钟信号时进行，而且有严格的时序要求。同步通信的时钟信号误差极小，因此通信速度较异步通信快很多。IIC 和 SPI 通信即为同步通信，IIC 通信需要两根线，即 SCL 和 SDA，分别是时钟线和数据线，通过复杂的时序逻辑来实现数据的接收和发送。SPI 通信一般需要三根线，即 SCLK、MISO 和 MOSI，分别表示同步时钟、主机发送和主机接收，因为同一根线上数据传输是单向的，所以不需要复杂的时序逻辑来确定数据的传输方向，SPI 的通信时钟频率可以达到数十兆赫兹甚至上百兆赫兹。

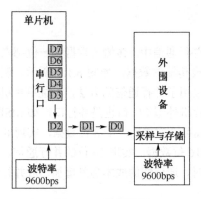

图 8.1.4　异步通信

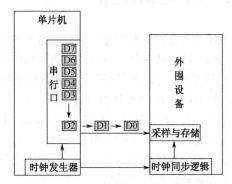

图 8.1.5　同步通信

8.1.4　MSP430 单片机通信接口概述

对于 MSP430 单片机通信接口而言，根据不同型号的单片机，分为 USCI、eUSCI 等接口。但功能大体相同。以 MSP430F5529 单片机为例，它具备的是通用串行通信接口（Universal Serial Communication Interface，USCI）。

USCI 模块支持多种串行通信模式。不同的 USCI 模块支持不同的模式。每个不同的 USCI 模块都用不同的字母命名。例如，USCI_A 不同于 USCI_B。如果在一个单片机上有多个相同的 USCI 模块，那么这些模块将使用递增数字来命名。例如，一个单片机有两个 USCI_A 模块，它们可被命名为 USCI_A0 和 USCI_A1。

对于 MSP430F5529 单片机而言，其 USCI_Ax 模块支持：
· UART 模式；
· IrDA 通信的脉冲整形；
· LIN 通信的自动波特率检测；
· SPI 模式。
其 USCI_Bx 模块支持：
· IIC 模式；
· SPI 模式。

8.2　UART 通信

UART（Universal Asynchronous Receiver/Transmitter），通用异步接收发送设备。UART 是单片机最常用的串行通信方式之一。常用于单片机与计算机、单片机与外围设备之间的通信。仅需一根线即可完成单向通信，双向通信需要两根线（RXD、TXD）完成。通信设备之间需要设置相同的波特率（允许有较小的误差）。对于串行通信有多种不同的电气协议，包括 RS232、RS485 等，这些电气协议并不会影响传输的数据，只是对传输设备的电气特定和物理特性进行规定。例如，RS232 规定用 3～15V 电平表示数据，而 RS485 则使用差分电平表示数据。UART 没有对电气特性进行规定，故直接使用单片机的逻辑电平，也就是 TTL 电平（对于 3.3V 供电的设备，就是 0～3.3V）。不同的电气协议之间一般不能直接连接，否则可能对设备造成损坏，需要特定的芯片或电路进行电气协议的转换。

8.2.1　UART 通信基本概念

UART 是通用异步收发机，是一个完成特定功能的硬件，其完成的功能就是将并行的数据变成串行数据，逐位地进行传输。在单片机内部，向特定的寄存器一次赋值 8 位字长的数据（某些设备自定义字长），然后 UART 将这些数据逐位地发送出去，接收过程则与此相反。在 UART 逻辑电平中，高电平代表 1，低电平代表 0。UART 具有一个通信协议，通信设备之间必须使用相同的协议才能完成通信。

UART 的通信协议包括如下内容。

（1）起始位：先发出一个逻辑"0"的信号（就是低电平），表示传输字符的开始。

（2）数据位：可以是 4、5、6、7、8 位等（MSP430 单片机只支持 7、8 位），通过二进制 0、1 发送。0 就是低电平；1 就是高电平。通过时钟来确定发来的二进制数据是第几位。

（3）奇偶校验位：数据位加上这一位后，使得"1"的位数应为偶数（偶校验）或奇数（奇校验），以此来校验资料传送的正确性。

（4）停止位：它是一个字符数据的结束标志。可以是 1 位、1.5 位、2 位的高电平。由于数据是在传输线上定时的，并且每一个设备有其自己的时钟，所以很可能在通信中两台设备间不同步。因此，停止位不仅是表示传输的结束，并且提供设备校正时钟同步的机会。适用于停止位的位数越多，不同时钟同步的容忍程度越大，但是数据传输率同时也越慢。

（5）空闲位：处于逻辑"1"状态（高电平），表示当前线路上没有数据传送。线路保持高电平状态。

UART 时序如图 8.2.1 所示。

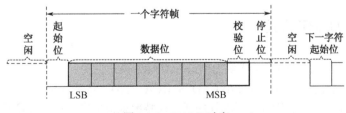

图 8.2.1　UART 时序

8.2.2　RS232 通信与 RS485 通信

RS232 是美国电子工业协会 EIA（Electronic Industry Association）联合贝尔系统公司、调制解调器厂家及计算机终端生产厂家于 1970 年制定的一种串行物理接口标准。其全名是"数据终端设备（DTE）和数据通信设备（DCE）之间串行二进制数据交换接口技术标准"。

RS 是英文"推荐标准"的缩写，232 为标识号。RS232 是对电气特性及物理特性的规定，只作用于数据的传输通路上，它并不内含对数据的处理方式。RS232 使用 DB25 或 DB9 连接器，连接器所使用的通信线数有 25 芯或 9 芯。而其核心的通信数据线有 RXD 和 TXD，单片机及工业控制通常只使用 RXD 和 TXD，同时需要使用 GND 来作为信号传输的回路。

RS232 接口可以实现点对点的通信方式，但这种方式不能实现联网功能。于是，为了解决这个问题，一个新的标准 RS485 产生了。RS485 的数据信号采用差分传输方式，也称作平衡传输，它使用一对双绞线，将其中一线定义为 A，另一线定义为 B。

通常情况下，发送驱动器 A、B 之间的正电平为+2～+6V，是一个逻辑状态，负电平为-2～-6V，是另一个逻辑状态。另有一个信号地 G。RS232 和 RS485 的原理图和实物图如图 8.2.2 所示。在实际应用中，接口类型可根据用户实际需求进行更改。RS232 与 RS485 的通信性能参数分析如下。

（1）抗干扰性：RS485 接口是采用平衡驱动器和差分接收器的组合，抗噪声干扰性好。RS232 接口使用一根信号线和一根信号返回线构成共地的传输形式，这种共地传输容易产生共模干扰。

（2）传输距离：RS485 接口的最大传输距离标准值为 1200m（9600bps 时），实际上可达 3000m。RS232 传输距离有限，最大传输距离标准值为 50m，实际上也只能用在 15m 左右。

（3）通信能力：RS485 接口在总线上允许连接多达 128 个收发器，用户可以利用单一的 RS485 接口方便地建立起设备网络。RS232 只允许一对一通信。

（4）传输速率：RS232 传输速率较低，在异步传输时，波特率为 20kbps。RS485 的最高传输速率为 10Mbps。

（5）信号线：RS485 接口组成的半双工网络，一般只需两根信号线。RS232 接口一般只使用 RXD、TXD、GND 三根线。

（6）电气电平值：RS485 的逻辑"1"以两线间的电压差为+2～+6V 表示；逻辑"0"以两线间的电压差为-2～-6V 表示。在 RS232-C 中，任何一根信号线的电压均为负逻辑关系。逻辑"1"用 -5～-15V 的电平表示；逻辑"0"用+5～+15V 的电平表示。

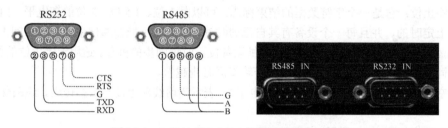

图 8.2.2　RS232 和 RS485 的原理图和实物图

8.2.3　USCI 的 UART 模式

以 MSP430 单片机的 USCI_Ax 模块为例进行 UART 模式说明。

USCI_Ax 模块通过两个端口（UCAxRXD 和 UCAxTXD）将单片机与外部系统连接。MSP430 单片机的时钟信号非常丰富，所以可以选择的通信波特率也很丰富。而且增强版 UART 模式支持自动波特率检测和多机通信。当 UCSYNC 置位时，选择 UART 模式。

1．UART 模式的特点

- 可传输带有奇数/偶数校验位或无校验位的 7 位/8 位数据。
- 独立的发送接收移位寄存器。
- 独立的发送接收缓冲寄存器。
- 最高位（MSB）优先或最低位（LSB）优先的数据发送和接收。
- 多处理系统的内置空闲线路和地址位通信协议。
- 通过有效的起始位边沿检测，将 MSP430 单片机从低功耗唤醒（不支持从 LPMx.5 唤醒）。

- 波特率可编程控制，支持小数波特率调制。
- 用于错误检测和抑制的状态标志。
- 用于地址检测的状态标志。
- 发送和接收的独立中断能力。

UART 模式功能框图（UCSYNC = 0）如图 8.2.3 所示。

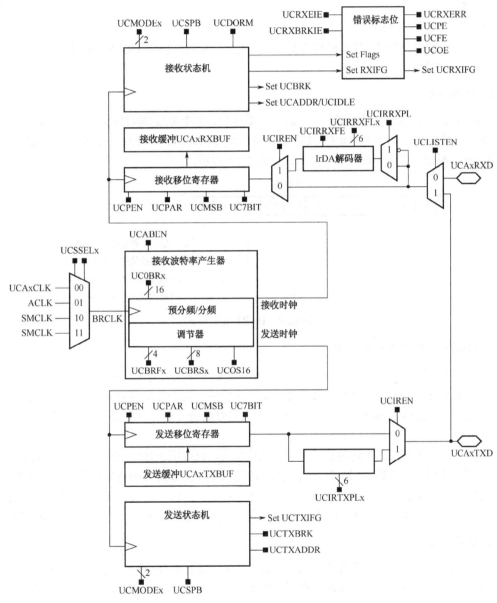

图 8.2.3　UART 模式功能框图（UCSYNC = 0）

2. UART 模式操作

在 UART 模式下，USCI 模块以一定的波特率接收和发送字符。每个字符传送的时间由 USCI 模块的波特率决定。接收和发送功能使用相同的波特率。

初始化和复位：USCI 模块可以通过 PUC（上电复位）或置位 UCSWRST 来复位。PUC 后，UCSWRST 自动置位，使 USCI 模块保持在复位状态。UCSWRST 置位时会将 UCRXIE、UCTXIE、UCRXERR、UCBRK、UCPE、UCOE、UCFE、UCSTOE 和 UCBTOE 复位，并将 UCTXIFG 置位。

一定要在 UCSWRST=1（即 USCI 模块复位）的状态下配置 USCI_A 模块。如果在 USCI 模块运行的过程中，修改了某些控制寄存器的配置，那么 USCI 模块会产生不可预测的活动。通常 USCI 模块初始化和重新配置步骤如下。

- 将 UCSWRST 置位。
- 在 UCSWRST=1 的状态下初始化 USCI 模块。
- 配置端口。
- 软件清除 UCSWRST。
- 通过 UCRXIE 和 UCTXIE 根据需要使能中断（一定要在清除 UCSWRST 位后再使能中断，否则中断无法产生）。

3．数据格式

UART 数据格式包含 1 个开始位，7 或 8 个数据位，1 个奇数/偶数校验位或无校验位，1 个地址位（地址位模式），1 或 2 个停止位。UCMSB 位控制传输方向和选择最低位或最高位优先，UART 通信通常使用最低位优先。UART 数据格式如图 8.2.4 所示。

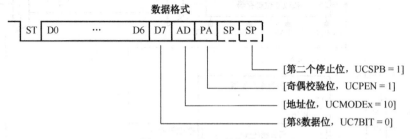

图 8.2.4　UART 数据格式

4．UART 模式下的时钟信号

BRCLK 是时钟基准，可选择以外部时钟、ACLK 或 SMCLK 为时钟源。BITCLK 通过 BRCLK 分频调制得到。BITCLK 是发送与接收数据要求的波特率。因为分频得到的不一定是整数，所以调制器的用途就是减少小数带来的误差。各种时钟信号对应的分频调制参数详见官方用户指南（951 页，表 36-4）。

BITCLK16 一般不启用，通常在过采样模式中使用，也可用于红外数据编码。若 BITCLK16 启用，则其通过 BRCLK 分频调制得到，BITCLK 通过 BITCLK16 再分频调制得到。分频调制参数详见官方用户指南（953 页，表 36-5）。其最终结果为 $f_{BITCLK16}=16*f_{BITCLK}$。接收数据时，接收到的数据波特率要与 BITCLK 一致，BITCLK16 在过采样时使用，发送数据时的波特率还是 BITCLK。

5．UART 通信格式

当两个设备异步通信时，不需要多机通信协议，这是最基本的通信。当三个或更多设备通信时，USCI 模块支持空闲线路模式和地址位模式两种多机通信协议。以两个设备间的通信为例，具体操作如下。

- 先置位 UCSWRST，通过相关寄存器，可以配置数据格式、波特率分频系数、调制系数（小数调制）。配置端口，USCI_A0 的 TXD 和 RXD 分别为 P3.3 和 P3.4，软件清零 UCSWRST。根据需要通过 UCRXIE 和 UCTXIE 使能中断。
- 发送操作：确认发送缓冲寄存器准备接收新数据（UCTXIFG=1），向发送缓冲寄存器（UCAxTXBUF）中写入数据后，UCTXIFG 自动清零，数据会立刻转入移位寄存器并发送。UCAxTXBUF 中数据一旦转移进移位寄存器，UCTXIFG 就会再次置位。如果没有数据写入 UCAxTXBUF，则 UCTXIFG 会一直保持置位状态，如果发送中断（UCTXIE）使能，则会生成中断。

· 接收操作：接收缓冲寄存器（UCAxRXBUF）接收到完整数据后，UCTXIFG 置位，如果接收中断（UCRXIE）使能，则会生成中断，可在中断服务函数中读取接收缓冲寄存器（UCAxRXBUF），来获取接收到的数据。

6. 空闲线路多机通信

当 UCMODEx=01 时，选用空闲线路多机通信。其通信格式为：在传输和接收线上，数据块通过空闲时间分开。一个数据块中每个数据的时间间隔不能大于 11 个位周期，否则会被认为是两个数据，空闲线路多机通信格式如图 8.2.5 所示。

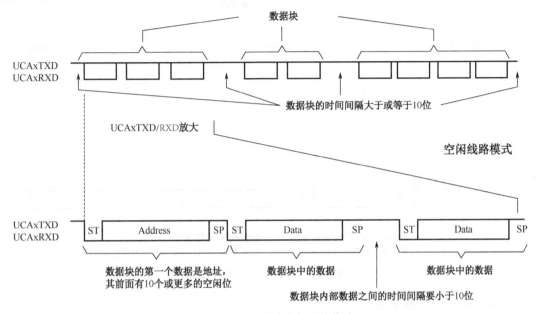

图 8.2.5　空闲线路多机通信格式

每个数据块中的第一个字符为地址字符，UCIDLE 位被用作每个数据块中字符的地址标志，当检测到停止位之后，系统再次检测到 11 个以上位周期，UCIDLE 置位，表示线路空闲，下一个接收到的数据将被认定为地址，可以传输下一个数据块。

· 接收操作：UCDORM 位用来控制数据接收。当 UCDORM=1 时，只接收第一个数据，也就是地址。如果经过软件判断地址正确，则要用软件将 UCDIRM 清零来接收之后的数据。若地址不正确，则置位 UCDORM，不接收之后的数据。

· 发送操作：UCTXADDR 置位可以在发送下一个数据之前，先发送一个精确的 11 位空闲时间。这样做可以保证接收方下一个接收到的数据一定是地址。因此，发送数据块之前一定要将 UCTXADDR 置位，然后向 UCAxTXBUF 中写入地址，待地址发送后，写入要发送的数据。UCTXADDR 会在发送完第一个数据后自动复位。注意，向 UCAxTXBUF 中写入数据前，一定要保证 UCAxTXBUF 已经将上一个数据发送出去，准备好写入新数据（UCTXIFG=1），数据的时间间隔不能大于 10 个位周期。

7. 地址位多机通信

当 UCMODEx=10 时，选择地址位多机通信。每个数据都包含一个多余的位表示地址。数据块的每个字符带有一个地址标志位，其中第一个字符的地址标志位置位，用来表示地址。当接收到地址标志位置位的数据后，UCADDR 置位，该数据被存入 UCAxRXBUF 中。地址位多机通信格式如图 8.2.6 所示。

· 接收操作：UCDORM 位用来控制数据的接收。当 UCDORM 置位时，地址标志位=0 的数据字符被收集但不存入 UCAxRXBUF 中，不生成中断。当地址标志位=1 时，地址字符被接收，并存入 UCAxRXBUF 中，可用软件验证地址。若地址正确，则软件清除 UCDORM，以接收之后的数据；若地址不正确，则置位 UCDORM，不接收之后的数据。

·发送操作：UCTXADDR 位可以控制发送的数据的地址标志位是否置位。UCTXADDR 置位后，下一个发送的数据将带有置位的地址标志位，UCTXADDR 会在发送完这个数据后自动清零。地址位多机模式的发送过程为，将 UCTXADDR 置位，向 UCAxTXBUF 中写入地址，等待地址发送后，再写入要发送的数据。

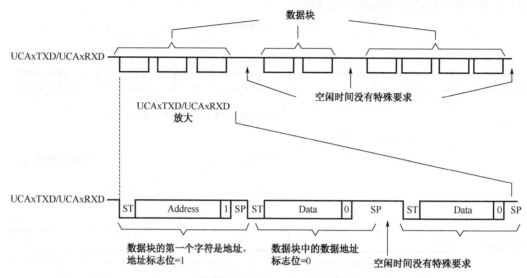

图 8.2.6   地址位多机通信格式

8. 自动波特率检测模式

当 UCMODEx=11 时，选择自动波特率检测模式。在这种模式下，接收端接收到数据之前，会先接收到一个包含间断和同步区的同步序列。通过同步序列检测到发送方使用的波特率，然后自动调整寄存器配置（UCAxBR0、UCAxBR1 和 UCAxMCTL），使自己的波特率与发送方的一致，从而正确接收和发送数据。在接收同步序列时，USCI 模块不能发送数据。

同步序列是由间断、分隔符和同步区组成的。间断是由一个 11 位或更多连续低电平组成的。间断不能超出 21 位，否则间断超时错误标志位 UCBTOE 置位。分隔符用来分隔间断和同步区。同步区实际上就是 0x55，硬件通过检测同步区的时间长度，即可检测出波特率，自动配置寄存器。间断同步序列时序如图 8.2.7 所示。

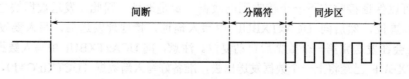

图 8.2.7   间断同步序列时序

·接收操作：在自动波特率模式下，要置位 UCABDEN 来使能波特率检测。否则间断同步序列将被当作数据接收。数据格式必须是 8 位数据、最低位优先、无校验位、一个停止位、无地址位。若 UCDORM=1，则只接收紧跟同步序列的数据。若 UCDORM=0，则接收所有数据。当一个间断同步区被检测到后，UCBRK 标志置位。UCBRK 位可以软件复位或通过读取 UCAxRXBUF 来复位。

·发送操作：选择自动波特率模式（UCMODE=11），置位 UCTXBRK，向 UCAxTXBUF 中写入 055h。分隔符的长度通过 UCDELIMx 位来控制。然后向 UCAxTXBUF 中写入想要发送的数据。

注意，UCAxTXBUF 必须准备好接收数据（UCTXIFG=1）。在同步字符从 UCAxTXBUF 转入移位寄存器时，UCTXBRK 会自动复位。

用来检测波特率的计数器的计数极限为 07FFFh（32767）。这意味着最小可检测的波特率为 488bps（过采样模式）和 30bps（低频模式）

9. 红外数据传输（IrDA）编码和译码

当 UCIREN 置位时，IrDA 编码器和译码器使能，并为 IrDA 通信提供硬件位调制。将 UART 的输入/输出端连接红外通信驱动器即可实现红外通信。

· IrDA 编码：编码器会将 UART 传输的原始数据进行编码处理，把 0 编码成高电平，把 1 编码成低电平。IrDA 编码时序如图 8.2.8 所示。

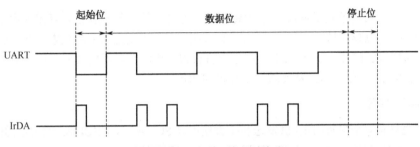

图 8.2.8 IrDA 编码时序

脉冲持续时间通过 UCIRTXPLx 位来定义，脉冲长度 $t=(UCIRTXPLx+1)/(2*f_{IRTXCLK})$，$f_{IRTXCLK}$ 可以通过 UCIRTXCLK 来选择。IrDA 标准需要的 3/16 位时间，通常使用 BITCLK16 时钟，因此通过 UCOS16=1、UCIRTXCLK=1 来选定以 BITCLK16 为时钟源，并设置 UCIRTXPLx=5。这样就可以在发送的每一个 0 位上产生 3/16 位的脉冲。

· IrDA 译码：当 UCIRRXPL=0 时，译码器检测高脉冲，否则检测低脉冲。为了防止尖峰脉冲导致译码器意外响应，可以外接模拟尖峰脉冲过滤器，也可以使用内置的可编程逻辑过滤器。通过置位 UCIRRXFE 来使能，允许通过的最小脉冲计算公式如下：

$$UCIRRXFLx=(t_{PULSE}-t_{WAKE})*2*t_{BRCLK}-4$$

式中：t_{PULSE} 为可接收的最小脉宽；t_{WAKE} 为从低功耗模式唤醒的时间。活跃模式时 $t_{WAKE}=0$。

10. 自动错误检测

USCI 模块具有自动检测错误的功能。为防止 USCI 模块意外被启动，在 UCARXD 上，有抗尖峰脉冲滤波器，不需要人为控制，具体滤波参数详见数据手册。接收字符时，USCI 模块自动检测帧错误、奇偶校验错误、超限错误和间断条件。当各自的条件发生时，UCFE、UCPE、UCOE 和 UCBRK 置位。当错误标志位 UCFE、UCPE、UCOE 和 UCBRK 置位时，UCRXERR 也置位，读取 UCAxRXBUF 会使所有错误标志位清零。通信错误条件描述如表 8.2.1 所示。

表 8.2.1 通信错误条件描述

错误条件	错误标志	描　　述
帧错误	UCFE	检测到低停止位时，帧错误出现。当使用两个停止位时，两个停止位都用于检测帧错误。当检测到帧错误时，UCFE 位置位
奇偶校验错误	UCPE	当字符中的 1 的数量和奇偶校验位的奇偶性不同时，奇偶校验错误出现。当字符中包含地址标志位时，该位也算入奇偶校验中。检测到奇偶校验错误时，UCPE 置位
超限错误	UCOE	当一个字符在上个字符读取之前被存入 UCAxRXBUF 时，超限错误出现。当超限错误出现时，UCOE 置位

续表

错误条件	错误标志	描　　述
间断条件	UCBRK	当没有使用自动波特率检测，且所有数据、奇偶校验、停止位为低时，间断条件被检测到。当间断条件被检测到时，UCBRK 置位。如果间断中断使能，则一个间断条件也能将 UCRXIFG 置位

如果要严格保证数据的正确性，可在读取 UCAxRXBUF 之前读取 UCAxSTAT 的值。其中超限错误标志位 UCOE 要在读取 UCAxRXBUF 后再次被检测，这样可以检测在读取 UCAxSTAT 和 UCAxRXBUF 的过程中，发生的超限错误。

11.　低功耗模式中的 UART 模式

USCI 模块为低功耗模式提供自动时钟激活。当 USCI 模块时钟源在低功耗模式中禁用时，USCI 模块会在需要时自动启动时钟。时钟会保持活跃直到 USCI 模块进入空闲状态。在 USCI 模块返回空闲状态后，时钟恢复为由控制位控制。将单片机设置为相应低功耗模式后，若 UART 仍启用，则相应的时钟仍然处于工作状态，从而增加单片机的功耗。

12.　UART 中断

USCI 模块只有一个中断向量，供发送和接收使用。USCI_Ax 和 USCI_Bx 使用不同的中断向量。中断向量名称分别为 USCI_Ax_VECTOR 和 USCI_Bx_VECTOR。

UART 发送中断：UCTXIFG 中断向量被发送器置位来表示 UCAxTXBUF 准备好接收新字符。如果 UCTXIE 和 GIE 置位，则会生成一个中断。UCTXIFG 会在 PUC 后或 UCSWRST=1 时置位。UCTXIE 会在 PUC 后或 UCSWRST=1 时复位。

UART 接收中断：UCRXIFG 中断标志位会在每次接收一个字符并存入 UCAxRXBUF 时置位。如果 UCRXIE 和 GIE 置位，则会生成一个中断。UCRXIFG 和 UCRXIE 会在 PUC 和 UCSWRST=1 时复位。UCRXIFG 会在读取 UCAxRXBUF 后自动复位。

UCAxIV 中断向量寄存器：数据的发送和接收公用一个中断向量。USCI_Ax 和 USCI_Bx 使用不同的中断向量。相应中断标志位会在 UCAxIV 中生成一个数值，查询其值可知道哪个中断标志位置位。禁用中断不影响 UCAxIV 的值。任何对 UCAxIV 的访问和读写操作会复位最高优先级的中断标志，UCAxIV 中断向量的内容如表 8.2.2 所示。

表 8.2.2　UCAxIV 中断向量的内容

UCAxIV 值	中断向量	备　　注
0	无中断	
2	RXIFG	优先级最高
4	TXIFG	优先级最低

8.2.4　UART 模式寄存器

各寄存器如表 8.2.3～表 8.2.16 所示。

表 8.2.3　UCAxCTL0：USCI_Ax 控制寄存器 0（只有当 UCSWRST=1 时，寄存器内容才可修改）

7	6	5	4	3	2	1	0
UCPEN	UCPAR	UCMSB	UC7BIT	UCSPB	UCMODEx		UCSYNC
rw-0	rw-0	rw-0	rw-0	rw-0	rw-0	rw-0	rw-0

UCPEN：奇偶校验使能。0=奇偶校验禁止；1=奇偶校验使能。在传输数据时产生奇偶校验位，在接收数据时检验奇偶校验位。在地址位多机通信模式，地址位包含在奇偶校验计算中。

UCPAR：奇偶校验选择。0=奇数；1=偶数。奇偶校验使能后才可使用。

UCMSB：最高位优先选择位。控制接收和传输缓冲寄存器的方向。0=最低位优先；1=最高位优先。

UC7BIT：字符长度选择位。0=8 位数据；1=7 位数据。

UCSPB：停止位选择。0=1 个停止位；1=2 个停止位。

UCMODEx：模式选择。UCSYNC=0 时，UCMODEx 用来选择异步通信模式。00=UART 模式；01=空闲线路多机通信模式；10=地址位多机通信模式；11=自动波特率检测模式。

UCSTNC：同步模式使能位。0=异步通信；1=同步通信。

表 8.2.4　UCAxCTL1：USCI_Ax 控制寄存器 0（只有当 UCSWRST=1 时，寄存器内容才可修改）

7	6	5	4	3	2	1	0
UCSSELx		UCRXEIE	UCBRKIE	UCDORM	UCTXADDR	UCTXBRK	UCSWRST
rw-0	rw-0	rw-0	rw-0	rw-0	rw-0	rw-0	rw-1

UCSSELx：USCI 时钟源选择。选择 BRCLK 时钟源。00=UCAxCLK（外部 USCI 时钟）；01=ACLK；10=SMCLK；11=SMCLK。

UCRXEIE：接收错误字符中断使能。0=不接收错误字符，不置位 UCRXIFG；1=接收错误字符，置位 UCRXIFG。

UCBRKIE：接收间断字符中断使能。0=接收的间断字符不置位 UCRXIFG；1=接收的间断字符置位 UCRXIFG。

UCDORM：睡眠控制位，使 USCI 模块进入睡眠状态。0=不睡眠；1=睡眠。只有通过空闲线路模式或地址位模式传送的字符才会将 UCRXIFG 置位。在 UART 的自动检测波特率模式，只有间断和同步字段的组合才能将 UCRXIFG 置位。

UCTXADDR：发送地址，多机模式下，把下一个传送的单元标记为地址。0=下一个传送的是数据；1=下一个传送的是地址。

UCTXBRK：发送间断字符。在下一次写入发送缓冲区时，发送一个间断。在 UART 的自动检测波特率模式，055h 必须被写入 UCAxTXBUF 来生成所需的间断同步字段。否则发送缓冲区必须写入 0。

UCSWRST：软件复位使能。0=禁用，可以对 USCI 模块进行操作；1=使能，USCI 模块逻辑保持复位状态。

表 8.2.5　UCAxBR0：USCI_Ax 波特率控制寄存器 0（只有当 UCSWRST=1 时，寄存器内容才可修改）

7	6	5	4	3	2	1	0
UCBRx							
rw	rw	rw	rw	rw	rw	rw	rw

UCBRx：时钟预分频器配置寄存器的低 8 位，（UCAxBR0+UCAxBR1*256）的值形成预分频器的值。

表 8.2.6　UCAxBR1：USCI_Ax 波特率控制寄存器 1（只有当 UCSWRST=1 时，寄存器内容才可修改）

7	6	5	4	3	2	1	0
UCBRx							
rw	rw	rw	rw	rw	rw	rw	rw

UCBRx：时钟预分频器配置寄存器的低 8 位，（UCAxBR0+UCAxBR1*256）的值形成预分频器的值。

表 8.2.7　UCAxMCTL：USCI_Ax 调制器控制寄存器（只有当 UCSWRST=1 时，寄存器内容才可修改）

7	6	5	4	3	2	1	0
UCBRFx				UCBRSx			UCOS16
rw-0	rw-0	rw-0	rw-0	rw-0	rw-0	rw-0	rw-0

UCBRFx：第一级调制选择。当 BITCLK16=1 时，这些位为 BITCLK16 决定调制基准。当 BITCLK16=0 时，无效。

UCBRSx：第二级调制选择。这些位决定 BITCLK 的调制基准。

UCOS16：过采样模块使能。0=禁用；1=使能。

表 8.2.8　UCAxSTAT：USCI_Ax 状态寄存器（只有当 UCSWRST=1 时，寄存器内容才可修改）

7	6	5	4	3	2	1	0
UCLISTEN	UCFE	UCOE	UCPE	UCBRK	UCRXERR	UCADDR/ UCIDLE	UCBUSY
rw-0	rw-0	rw-0	rw-0	rw-0	rw-0	rw-0	r-0

UCLISTEN：回路模式使能，UCLISTEN 位选择回路模式。0=禁用；1=使能。UCAxTXD 内部反馈给原设备接收。

UCFE：帧错误标志。当 UCAxRXBUF 被读取时，UCFE 清零。0=没有错误；1=接收的字符有停止位。

UCOE：溢出错误标志。读取前一个字符之前，当一个字符被传输到 UCAxRXBUF 时，UCOE 置位。读取 UCAxRXBUF 时自动清除 UCOE，软件不能清除 UCOE。0=没有错误；1=溢出错误出现。

UCPE：奇偶校验错误标志。UCPEN=0 时，UCPE 默认为 0。当读取 UCAxRXBUF 时，UCPE 清零。0=没有错误；1=接收的字符有奇偶校验错误。

UCBRK：间断检测标志。当读取 UCAxRXBUF 时，UCBRK 清零。0=没有间断条件；1=间断条件出现。

UCRXERR：接收错误标志。它表明接收到的字符有错误。当 UCRXERR=1 时，一个或多个错误标志，UCFE、UCPE 或 UCOE 也置位。当读取 UCAxRXBUF 时，UCRXERR 清零。0=没有检测到接收错误；1=检测到接收错误。

UCADDR/UCIDLE：在地址位多机模式下，UCADDR 表示接收到的字符是否为地址。0=接收到的是数据；1=接收到的是地址。在空闲线路模式下，UCIDLE 表示是否检测到空闲线路。0=没有检测到空闲线路；1=检测到空闲线路。

UCBUSY：USCI 模块忙碌标志。它表示是否有接收或发送操作正在进行。0=USCI 模块没有活动；1=USCI 模块正在接收或发送。

表 8.2.9　UCAxRXBUF：USCI_Ax 接收缓冲寄存器

7	6	5	4	3	2	1	0
UCRXBUFx							
r	r	r	r	r	r	r	r

UCRXBUFx：用户可访问接收数据缓冲区，其中包含最新接收的字符。读取 UCAxRXBUF 重置接收错误位、UCADDR 或 UCIDLE 和 UCRXIFG 位。在 7 位数据模式中，UCAxTXBUF 的最高

位不被使用，并保持复位。

表 8.2.10　UCAxTXBUF：USCI_Ax 发送缓冲寄存器

7	6	5	4	3	2	1	0
UCTXBUFx							
rw	rw	rw	rw	rw	rw	rw	rw

UCTXBUFx：用户可访问发送数据缓冲区，其中数据等待被移入发送移位寄存器并在 UCAxTXD 上发送。对发送缓冲寄存器的写入操作会清除 UCTXIFG。传输 7 位数据时，UCAxTXBUF 的最高位不被使用，并保持复位。

表 8.2.11　UCAxIRTCTL：USCI_Ax 红外数据发送控制寄存器（只有当 UCSWRST=1 时，才可修改）

7	6	5	4	3	2	1	0
UCIRTXPLx						UCIRTXCLK	UCIREN
rw-0	rw-0	rw-0	rw-0	rw-0	rw-0	rw-0	rw-0

UCIRTXPLx：发送脉冲长度。脉冲长度 $t=(UCIRTXPLx+1)/(2*f_{IRTXCLK})$。

UCIRTXCLK：红外发送脉冲时钟选择。0=BRCLK；1=当 UCOS16 为 1 时，选择 BITCLK16，否则选择 BRCLK。

UCIREN：红外数据传送编码器和解码器使能。0=编码器和解码器禁用；1=编码器和解码器使能。

表 8.2.12　UCAxIRRCTL：USCI_Ax 红外数据接收控制寄存器（只有当 UCSWRST=1 时，寄存器才可修改）

7	6	5	4	3	2	1	0
UCIRRXFLx						UCIRRXPL	UCIRRXFE
rw-0	rw-0	rw-0	rw-0	rw-0	rw-0	rw-0	rw-0

UCIRRXFLx：接收滤波器长度。接收最小脉宽=$(UCIRRXFLx+4)/(2*f_{BRCLK})$。

UCIRRXPL：红外数据接收输入 UCAxRXD 极性。0=发现光脉冲时，红外数据收发器提供高脉冲；1=发现光脉冲时，红外数据收发器提供低脉冲。

UCIRRXFE：IrDA 接收滤波器使能。0=接收滤波器禁用；1=接收滤波器使能。

表 8.2.13　UCAxABCTL：自动波特率控制寄存器（只有当 UCSWRST=1 时，寄存器才可修改）

7	6	5	4	3	2	1	0
Reserved		UCDELIMx		UCSTOE	UCBTOE	Reserved	UCABDEN
r-0	r-0	rw-0	rw-0	rw-0	rw-0	r-0	rw-0

UCDELIMx：间断和同步分隔符长度。00=1 位时间；01=2 位时间；10=3 位时间；11=4 位时间。

UCSTOE：同步区超时错误。0=没有错误；1=同步区长度超出可测量的时长。

UCBTOE：间断超时错误。0=没有错误；1=间断区长度超过 22 位时长。

UCABDEN：自动波特率检测使能。0=自动波特率检测禁用，间断和同步区的长度没有被测量；1=自动检测波特率使能，间断和同步区长度被测量，波特率设置根据测量结果改变。

表 8.2.14　UCAxIE：USCI_Ax 中断使能寄存器

7	6	5	4	3	2	1	0
Reserved						UCTXIE	UCRXIE
r-0	r-0	r-0	r-0	r-0	r-0	r-0	rw-0

UCTXIE：发送中断使能。0=中断禁止；1=中断使能。

UCRXIE：接收中断使能。0=中断禁止；1=中断使能。

表 8.2.15　UCAxIFG：USCI_Ax 中断标志寄存器

7	6	5	4	3	2	1	0
Reserved						UCTXIFG	UCRXIFG
r-0	r-0	r-0	r-0	r-0	r-0	rw-1	rw-0

UCTXIFG：发送中断标志。当 UCAxTXBUF 没有数据时，UCTXIFG 置位。0=没有中断挂起；1=有中断挂起。

UCRXIFG：接收中断标志。当 UCAxRXBUF 接收到一个完整字符时，UCRXIFG 置位。0=没有中断挂起；1=有中断挂起。

表 8.2.16　UCAxIV：USCI_Ax 中断向量寄存器

15	14	13	12	11	10	9	8
UCIVx							
r-0	r-0	r-0	r-0	r-0	r-0	r-0	r-0
7	6	5	4	3	2	1	0
UCIVx							
r-0	r-0	r-0	r-0	r-0	r-0	r-0	r-0

UCIVx：USCI 模块中断向量值。00=没有中断挂起；02=中断源：接收数据，中断标志为 UCRXIFG，中断优先级最高；04=中断源：发送寄存器空，中断标志为 UCTXIFG，中断优先级最低。

8.3　UART 通信应用实例

UART 通信应用实例介绍使用 MSP430 单片机的 UART 模块实现 UART 双机通信的程序；介绍如何使用软件模拟的方法实现 UART 通信；介绍 MSP430 单片机 UART 模块的拓展功能，包括 UART 多机通信、红外通信；介绍使用 RS485 进行通信的方法。希望读者通过学习 MSP430 单片机的 UART 模块，熟练掌握 UART 的通信协议和配置方法，学会 UART 模块的红外通信功能和多机通信功能，并通过实践掌握相关内容。

8.3.1　UART 双机通信

使用单片机内部集成的 UART（通用异步接收发送设备）可以实现设备间的串行通信，这是单片机最常用和最基础的通信方法之一，常用于单片机与外设、单片机与计算机之间的数据传输。本实例要求使用 MSP430 单片机 USCI_A1 的 UART 功能，通过按键控制发送数据，并使用 LED 来显示接收到的数据。实例代码如下：

```
#include <msp430.h>
/***************主函数******************/
void main (void)
{
    WDTCTL = WDTPW + WDTHOLD;                    //关闭看门狗
    //初始化按键
    P1DIR &= ～(BIT0+BIT1+BIT2+BIT3);            //设置P1.0～P1.3为输入，用于检测按键
    P1IES |= (BIT1+BIT2+BIT3);                   //触发边沿选择，P1.0上升沿触发，P1.1～P1.3下降沿触发
    P1OUT |= (BIT1+BIT2+BIT3);                   //P1.0设置为下拉电阻，P1.1～P1.3设置为上拉电阻
    P1REN |= (BIT0+BIT1+BIT2+BIT3);              //使能上拉、下拉电阻
    P1IFG &= ～(BIT0+BIT1+BIT2+BIT3);            //初始化清空中断标志位
    P1IE |= (BIT0+BIT1+BIT2+BIT3);               //P1.0～P1.3中断使能
    //初始化LED
    P7OUT = 0XFF;P7DIR = 0XFF;
    //初始化UART
    P4SEL |= BIT4+BIT5;                          //配置端口P4.4和P4.5为USCI_A1 TXD/RXD
    UCA1CTL1 |= UCSWRST;                         //复位USCI_A1
    UCA1CTL1 |= UCSSEL_2;                        //SMCLK，无校验位，8位字符长度，1个停止位
    UCA1BR0 = 9;                                 //低8位=9，详见用户手册表36-4
    UCA1BR1 = 0;                                 //高8位=0，调制后波特率约为115200bps
    UCA1MCTL |= UCBRS_1 + UCBRF_0;               //调制器 UCBRSx=1，UCBRFx=0
    UCA1CTL1 &= ～UCSWRST;                       //启动USCI_A1
    UCA1IE |= UCRXIE;                            //使能 USCI_A1，接收中断
    __bis_SR_register (LPM0_bits + GIE);         //进入LPM0，使能通用中断
    while (1);                                   //防止程序跑飞
}
/***********USCI_A1中断*************/
#pragma vector=USCI_A1_VECTOR
__interrupt void USCI_A1_ISR (void)
{   switch (__even_in_range (UCA1IV,4))
    {
    case 0:break;                               //无中断
    case 2:                                     //RXIFG
        P7OUT = ~UCA1RXBUF; break;              //在LED上显示接收到的数据
    case 4:break;                               //TXIFG
    default: break;
    }
}
/**************Port1中断************/
#pragma vector = PORT1_VECTOR
__interrupt void LED_G (void)
{
    switch (__even_in_range (P1IV,16))          //查询P1IV，标志位自动清零
    {
    case  0: break;                             //无中断
    case  2: while (!(UCA1IFG&UCTXIFG));UCA1TXBUF='a';break; //发送字符a
    case  4: while (!(UCA1IFG&UCTXIFG));UCA1TXBUF='b';break; //发送字符b
```

```
    case  6: while(!(UCA1IFG&UCTXIFG));UCA1TXBUF='c';break; //发送字符c
    case  8: while(!(UCA1IFG&UCTXIFG));UCA1TXBUF='d';break; //发送字符d
    case 10: break;                              //P1IFG.4
    case 12: break;                              //P1IFG.5
    case 14: break;                              //P1IFG.6
    case 16: break;                              //P1IFG.7
    default: break;
    }
  }
```

该代码功能为：初始化按键中断端口 P1.0、P1.1、P1.2 和 P1.3，初始化 LED 端口 Port7，初始化 UART 复用端口 P4.4 和 P4.5。复位 USCI_A1。选择时钟源为 SMCLK，设置波特率为 115200bps。其余保持默认值（无校验位，8 位字符长度，1 个停止位）。启动 USCI_A1，使能接收中断，使能通用中断，进入 LPM0。

当 UART 接收到数据时，触发 UART 接收中断，在中断服务函数中将接收到的数据赋值给 Port7，用于 LED 显示数据。按键按下时，触发 Port1 的外部中断，中断服务函数中根据按下的按键发送不同的字符。

实例现象：可使用两块开发板进行通信，或者用一块开发板和计算机进行通信。

两块开发板进行通信时，根据数据的传输方向接线，一个开发板的接收端口 RXD（P4.5）接另一个开发板的发送端口 TXD（P4.4）。发送方分别按 4 个按键，则会对应发送 a、b、c、d 这 4 个字符。在接收方开发板的 LED 上会对应显示出刚才接收到的数据，且发送端和接收端可以互换。

使用开发板和计算机进行通信时，需要使用 USB 转串口工具（开发板上自带，也可外接，如果采用 RS232 电平传输，则需要外接 RS232 电平转换芯片，如 MAX3232），按照数据的传输方向正确连线。打开计算机串口调试助手，设置正确的串口端口号（对于开发板上的 USB 转串口工具，选择名为 "MSP Application UART" 的串口），波特率设置为 115200bps、无校验位、1 个停止位。通过串口调试助手向单片机发送数据，则开发板的 LED 会显示出接收到的数据。通过按键可以发送数据，分别按 4 个按键，则会对应发送 a、b、c、d 这 4 个字符。

8.3.2　软件模拟 UART 通信

软件模拟 UART 通信通常用在端口资源紧张的情况下，对于没有 UART 的单片机，若想使用串口功能，则可以通过定时器来模拟。软件模拟 UART 通信的关键是保证通信时序的正确性。本实例要求使用 MSP430 单片机的定时器资源，使用软件模拟 UART 通信。实例代码如下：

```
#include <MSP430F5529.h>
//宏定义波特率，1024576是定时器A时钟源SMCLK的频率（Hz），9600是波特率（bps）
#define UART_TBIT_DIV_2    (1024576 / (9600 * 2))
#define UART_TBIT         (1024576 / 9600)
//定义全局变量
unsigned int txData;                         //模拟UART的发送缓冲值
unsigned char rxBuffer;                      //模拟UART的接收缓冲值
//函数声明
void TimerA_UART_init(void);
void TimerA_UART_tx(unsigned char byte);
void TimerA_UART_print(char *string);
//主函数
void main(void)
{
```

```
    WDTCTL = WDTPW + WDTHOLD;                        //关闭看门狗
    P7OUT = 0xFF; P7DIR = 0xFF;                      //初始化LED所对应的GPIO
    P1SEL = BIT1+BIT2; P1DIR |= BIT1;                //初始化模拟TXD和RXD的端口P1.1和P1.2
    TimerA_UART_init ();                             //定时器A初始化，模拟UART
    __enable_interrupt ();                           //使能通用中断
    __delay_cycles (100000);                         //延时防止误触发
    TimerA_UART_print ("F5529 Timer UART\r\n");      //发送字符串
    TimerA_UART_print ("READY.\r\n");                //发送字符串
    while (1)
    {
        __bis_SR_register (LPM0_bits);               //进入低功耗模式，接收到字符后唤醒
        P7OUT = ~rxBuffer;                           //将接收到的字符显示在LED上
        TimerA_UART_print ("Receive:");              //发送字符串
        TimerA_UART_tx (rxBuffer);                   //发送接收到的字符
        TimerA_UART_print ("\r\n");                  //发送换行
    }
}
void TimerA_UART_init (void)                         //初始化定时器A，为模拟全双工UART通信做准备
{
    TA0CCTL0 = OUT;                                  //模拟TXD端口输出高电平
    TA0CCTL1 = SCS + CM1 + CAP + CCIE;               //同步捕获源，下降沿捕获、使能捕获中断
    TA0CTL = TASSEL_2 + MC_2;                        //SMCLK, 连续模式
}
void TimerA_UART_tx (unsigned char byte)            //发送一字节数据
{
    while (TA0CCTL0 & CCIE);                         //通过中断使能位来判断上一字节是否发送完毕
    TA0CCR0 = TA0R;                                  //存储当前计数值
    TA0CCR0 += UART_TBIT;                            //增加一位时间的偏置
    txData = byte;                                   //在全局变量中载入要发送的字节
    txData |= 0x100;                                 //添加停止位
    txData <<= 1;                                    //添加开始位
    TA0CCTL0 = OUTMOD0 + OUT + CCIE;                 //设置TA0.0工作模式为输出模式0，使能中断
}
void TimerA_UART_print (char *string)               //发送字符串
{
    while (*string)
        TimerA_UART_tx (*string++);
}
#pragma vector = TIMER0_A0_VECTOR
__interrupt void Timer_A0_ISR (void)                //TimerA0.0用作数据发送
{
    static unsigned char txBitCnt = 10;
    TA0CCR0 += UART_TBIT;                            //在比较值寄存器中添加偏置
    if (txBitCnt == 0)                              //判断是否发送了所有位
    {
        TA0CCTL0 &= ~CCIE;                          //所有位已发送，禁用中断
        txBitCnt = 10;                              //刷新位计数器
    }
    else
```

```
  {
    if(txData & 0x01)
      TA0CCTL0 &= ~OUTMOD2;                      //发送"1"
    else
      TA0CCTL0 |= OUTMOD2;                        //发送"0"
    txData >>= 1;
    txBitCnt--;
  }
}
#pragma vector = TIMER0_A1_VECTOR
__interrupt void Timer_A1_ISR(void)              //TimerA0.1用作数据接收
{
  static unsigned char rxBitCnt = 8;
  static unsigned char rxData = 0;
  switch(__even_in_range(TA0IV, TA0IV_TAIFG))    //查找中断向量寄存器TA0IV值
  {
  case TA0IV_TACCR1:                             //捕获比较器1中断,模拟UART接收
    TA0CCR1 += UART_TBIT;                        //向比较值寄存器添加偏置
    if(TA0CCTL1 & CAP)                           //判断UART起始位
    {
      TA0CCTL1 &= ~CAP;                          //切换至比较模式
      TA0CCR1 += UART_TBIT_DIV_2;                //将偏置指向D0的中间位置
    }
    else
    {
      rxData >>= 1;
      if(TA0CCTL1 & SCCI)                        //在锁存器中获得要接收的数据位
        rxData |= 0x80;
      rxBitCnt--;
      if(rxBitCnt == 0)                          //判断是否所有位被接收
      {
        rxBuffer = rxData;                       //存储在全局变量中
        rxBitCnt = 8;                            //刷新位计数器
        TA0CCTL1 |= CAP;                         //切换为捕获模式
        __bic_SR_register_on_exit(LPM0_bits);    //退出低功耗模式
      }
    }
    break;
  }
}
```

　　该代码功能为：宏定义比较器偏置值，该偏置值与波特率有关，这样可以方便地修改波特率，实例中使用的波特率为 9600bps。定义全局变量，作为数据发送和接收的缓冲区，相当于硬件 UART 的 UCA1TXBUF 和 UCA1RXBUF。初始化定时器的捕获比较器端口，用于模拟 UART 的 RXD 和 TXD，初始化定时器，设置时钟源为 SMCLK，启动定时器和中断。

　　发送数据时，将数据存放到发送缓冲区 txData，并添加起始位和停止位。对捕获比较值 0 寄存器添加偏置，偏置的时间到来后，发送 1 位，直到把 10 位（8 位数据+1 个起始位+1 个停止位）发送完毕。

　　接收数据时，首先使捕获比较器 1 工作在捕获模式，检测数据线上的起始位产生的下降沿，这

标志着数据开始接收。然后再使捕获比较器 1 工作在比较模式，通过向捕获比较值寄存器 1 添加偏置，使其在数据流的每位的中间位置产生中断，从而可以正确采样和存储该位的值，直到所有位采样完毕。

实例现象：使用 USB 转串口工具和串口调试助手进行实验，按照数据传输方向接线，其中单片机的 P1.1 是发送端（TXD），P1.2 是接收端（RXD）。单片机初始化完成后，会通过串口调试助手发送一系列字符串，若串口调试助手向单片机发送字符，则开发板上的 LED 会显示出该字符，并且会将该字符再发送到计算机串口。

8.3.3　UART 红外通信

红外通信计数是目前最常用的短距离无线通信计数之一，MSP430 单片机的 UART 具备红外编解码功能，可生成符合 IrDA 标准的数据流。本实例要求使用 MSP430 单片机的 UART 红外编解码功能，实现单片机与外部设备的红外通信功能。通过按键发送数据，并且通过 LED 来显示数据。实例代码如下：

```c
#include <msp430.h>
/***************主函数****************/
void main (void)
{
  WDTCTL = WDTPW + WDTHOLD;              //关闭看门狗
  //初始化按键
  P1DIR &= ~(BIT0+BIT1+BIT2+BIT3);      //设置P1.0~P1.3为输入，用于检测按键
  P1IES |=(BIT1+BIT2+BIT3);             //触发边沿选择，P1.0上升沿触发，P1.1~P1.3下降沿触发
  P1OUT |=(BIT1+BIT2+BIT3);             //P1.0设置为下拉电阻，P1.1~P1.3设置为上拉电阻
  P1REN |=(BIT0+BIT1+BIT2+BIT3);        //使能上下拉电阻
  P1IFG &= ~(BIT0+BIT1+BIT2+BIT3);      //初始化清空中断标志位
  P1IE |=(BIT0+BIT1+BIT2+BIT3);         //P1.0~P1.3中断使能
  //初始化LED
  P7OUT = 0XFF;P7DIR = 0XFF;
  //初始化UART
  P3SEL |= BIT3+BIT4;                   //配置端口P3.3和P3.4为复用功能（USCI_A0 TXD/RXD）
  UCA0CTL1 |= UCSWRST;                  //复位USCI_A1
  UCA0CTL1 |= UCSSEL_2;                 //SMCLK，无校验位，8位字符长度，1个停止位
  UCA0BR0 = 6;                          //低8位=9，详见用户手册表36-4
  UCA0BR1 = 0;                          //高8位=0，调制后波特率约为9600bps
  UCA0MCTL = UCBRS_0 + UCBRF_13 + UCOS16;   //配置调制器，过采样模式
  UCA0IRTCTL = UCIRTXPL0 + UCIRTXPL2;  //设置脉冲宽度
  UCA0IRTCTL |= UCIREN + UCIRTXCLK;    //设置IrDA脉冲宽度为3/16位宽
  UCA0CTL1 &= ~UCSWRST;                //启动USCI_A0
  UCA0IE |= UCRXIE;                    //使能 USCI_A0，接收中断
  __bis_SR_register (LPM0_bits + GIE); //进入LPM0，使能通用中断
  while (1);                            //防止程序跑飞
}
/***********USCI_A1中断************/
#pragma vector=USCI_A0_VECTOR
__interrupt void USCI_A0_ISR (void)
{ switch (__even_in_range (UCA0IV,4))
  {
```

```
    case 0:break;                            //无中断
    case 2:
      P7OUT = ~UCA0RXBUF; break;             //在LED上显示接收到的数据
    case 4:break;                            //TXIFG
    default: break;
    }
}
/**************Port1中断**************/
#pragma vector = PORT1_VECTOR
__interrupt void LED_G (void)
{
  switch (__even_in_range (P1IV,16))        //查询P1IV, 标志位自动清零
  {
  case 0: break;                            //无中断
  case 2: while (! (UCA0IFG&UCTXIFG));UCA0TXBUF='a';break; //发送字符a
  case 4: while (! (UCA0IFG&UCTXIFG));UCA0TXBUF='b';break; //发送字符b
  case 6: while (! (UCA0IFG&UCTXIFG));UCA0TXBUF='c';break; //发送字符c
  case 8: while (! (UCA0IFG&UCTXIFG));UCA0TXBUF='d';break; //发送字符d
  case 10: break;                           //P1IFG.4
  case 12: break;                           //P1IFG.5
  case 14: break;                           //P1IFG.6
  case 16: break;                           //P1IFG.7
  default: break;
  }
}
```

该代码功能为：配置按键所用的 I/O 口（P1.0～P1.3），配置 LED 所用的 I/O 口（P7.0～P7.7）。配置 USCI_A0 模块，首先初始化 UART 所用的 I/O 口 P3.3（TXD）和 P3.4（RXD），配置 USCI_A0 工作在 UART 模式，波特率为 9600bps，启动过采样模式，使能红外通信功能，配置红外脉冲宽度为 3/16 位宽。进入低功耗模式并使能通用中断。UART 接收中断服务函数中，将接收到的数据赋值给 Port7，用于 LED 显示。在外部中断服务函数中，根据按键键值的不同发送不同的数据。

实例现象：两个开发板的红外发射和接收头互相对准放置，按下一个开发板的按键后，发送数据，并在另一块开发板的 LED 上显示出接收到的数据。也可以使用反射度较强的白板或镜面，使用一块开发板进行实验。

8.3.4　UART 多机通信

MSP430 单片机的 UART 具备两种多机通信模式，即空闲线路多机通信模式和地址位多机通信模式。多机通信功能可以实现设备的组网。UART 的多机通信是主机发起的单向通信模式，从机不可以擅自发送数据，否则会造成数据混乱。通过给每一个从机分配地址来实现不同设备的识别。

本实例要求使用 MSP430 单片机的 UART 空闲线路多机通信模式，实现主机向多个不同设备发送数据的功能。

主机代码：

```
#include <msp430.h>
#define Slave_Addr1 0x01                    //定义从机1地址
#define Slave_Addr2 0x02                    //定义从机2地址
```

```
char addr1_data[5]={0x01,0x02,0x03,0x04,0x05};    //定义发送给从机1的数据
char addr2_data[5]={0x06,0x07,0x08,0x09,0x0a};    //定义发送给从机2的数据
void send_data (char *data_ptr,char count);       //定义发送数据函数
/**************主函数****************/
void main (void)
{
  WDTCTL = WDTPW + WDTHOLD;                  //关闭看门狗
  P4SEL |= BIT4+BIT5;                        //配置端口P4.4和P4.5为USCI_A1 TXD/RXD
  UCA1CTL1 |= UCSWRST;                       //复位USCI_A1
  UCA1CTL0 |= UCMODE_1;                      //工作模式1, 空闲线路多机通信模式
  UCA1CTL1 |= UCSSEL_2;                      //SMCLK, 无校验位, 8位字符长度, 1个停止位
  UCA1BR0 = 9;                              //低8位=9, 详见用户手册表36-4
  UCA1BR1 = 0;                              //高8位=0, 调制后波特率约为115200bps
  UCA1MCTL |= UCBRS_1 + UCBRF_0;            //调制器 UCBRSx=1, UCBRFx=0
  UCA1CTL1 &= ~UCSWRST;                     //启动USCI_A1
  UCA1IE |= UCRXIE;                         //使能USCI_A1, 接收中断
  while (1)
  {
    while (!(UCA1IFG&UCTXIFG));             //等待发送移位寄存器就绪
    UCA1CTL1 |= UCTXADDR;                   //设置地址标志, 发送数据前会添加11位空闲时间
    UCA1TXBUF = Slave_Addr1;                //此数据前会添加11位空闲时间, 表示从机地址
    send_data (addr1_data,5);               //发送数据, 数据间隔必须小于10位空闲时间
    while (!(UCA1IFG&UCTXIFG));             //等待发送移位寄存器就绪
    UCA1CTL1 |= UCTXADDR;                   //设置地址标志, 发送数据前会添加11位空闲时间
    UCA1TXBUF = Slave_Addr2;                //此数据前会添加11位空闲时间, 表示从机地址
    send_data (addr2_data,5);               //发送数据, 数据间隔必须小于10位空闲时间
  }
}
void send_data (char *data_ptr,char count)   //发送数组函数
{
  while (count--)
  {
    while (!(UCA1IFG&UCTXIFG));
    UCA1TXBUF = *data_ptr;
    data_ptr++;
  }
}
```

从机代码:

```
#include <msp430.h>
#define Device_Addr 0x02                     //宏定义本机地址
char data_buff[10];                          //定义存放接收到的数据的数组
char *data_ptr=data_buff;                    //定义指向数组的指针
/**************主函数****************/
void main (void)
{
  WDTCTL = WDTPW + WDTHOLD;                  //关闭看门狗
                                            //初始化UART
  P4SEL |= BIT4+BIT5;                        //配置端口P4.4和P4.5为USCI_A1 TXD/RXD
  UCA1CTL1 |= UCSWRST;                       //复位USCI_A1
```

```
    UCA1CTL0 |= UCMODE_1;                        //工作模式1，空闲线路多机通信模式
    UCA1CTL1 |= UCSSEL_2;                        //SMCLK，无校验位，8位字符长度，1个停止位
    UCA1BR0 = 9;                                 //低8位=9，详见用户手册表36-4
    UCA1BR1 = 0;                                 //高8位=0，调制后波特率约为115200bps
    UCA1MCTL |= UCBRS_1 + UCBRF_0;               //调制器UCBRSx=1，UCBRFx=0
    UCA1CTL1 &= ~UCSWRST;                        //启动USCI_A1
    UCA1IE |= UCRXIE;                            //使能USCI_A1，接收中断
    __bis_SR_register(LPM0_bits + GIE);          //进入LPM0，使能通用中断
    while(1);                                    //防止程序跑飞
}

#pragma vector=USCI_A1_VECTOR
__interrupt void USCI_A1_ISR(void)
{ switch(__even_in_range(UCA1IV,4))
  {
  case 0:break;                                  //无中断
  case 2:                                        //RXIFG

    if(UCA1STAT&UCIDLE)                          //判断触发接收中断的字符是否为地址
    {
      if(UCA1RXBUF==Device_Addr)                 //判断接收到的地址与本机地址相同
      {
        UCA1CTL1&=~UCDORM;                       //清除睡眠状态，接收后续的数据
        data_ptr = data_buff;                    //将接收数据指针指向数组
      }
      else                                       //接收到地址不是本机地址
        UCA1CTL1 |= UCDORM;                      //使UART进入睡眠状态，忽略后续的数据
    }
    *data_ptr = UCA1RXBUF;                       //将数据存放到接收数据指针所指的数组中
    data_ptr++;                                  //递增指针值，指向数组下一个存储空间
    break;
  case 4:break;                                  //TXIFG
  default: break;
  }
}
```

　　主机代码功能为：宏定义两个从机地址，定义要发送的数据。主函数中关闭看门狗，设置 UART 端口，配置 UART 为工作模式 1，空闲线路多机通信模式。while 循环中，先置位发送地址标志 UCTXADDR，然后发送一个数据，该数据前会自动添加 11 位空闲时间，这样从机就会将该数据识别为地址。发送该数据时，UCTXADDR 会被自动清除，从而后续发送的数据会紧跟第一个地址数据，而没有空闲时间，这些数据会被从机识别为数据。以这样的方式分别向从机 1 和从机 2 发送数据。

　　从机代码功能为：宏定义本机地址，主函数配置为 UART 的工作模式 1，空闲线路多机通信模式，随后使能中断并进入低功耗模式。若单片机检测到一个地址，则会触发接收中断，在中断服务函数中判断该地址是否为本机地址。若是本机地址，则清除 UART 睡眠位 UCDORM，使 UART 每接收到一个数据触发一次中断，从而继续接收后续的数据；若不是本机地址，则置位 UCDORM，使 UART 进入睡眠状态，忽略随后的数据，不触发接收中断，直到接收一个地址，才会触发中断。

实例现象：先将主机代码下载至作为主机的单片机，然后将从机代码下载至作为从机的单片机，并启动对从机的在线调试。调试查看接收数据缓冲区的数据，发现当设备地址是 0x01 时，接收到"0x01、0x02、0x03、0x04、0x05"；修改设备地址为 0x02，再进行下载和调试，查看接收到的数据为"0x06、0x07、0x08、0x09、0x0A"。

下一个实例要求使用 MSP430 单片机的 UART 地址位多机通信模式，实现主机向多个不同设备发送数据的功能。

主机代码：

```
#include <msp430.h>
#define Slave_Addr1 0x01                      //定义从机1地址
#define Slave_Addr2 0x02                      //定义从机2地址
char addr1_data[5]={0x01,0x02,0x03,0x04,0x05};  //定义发送给从机1的数据
char addr2_data[5]={0x06,0x07,0x08,0x09,0x0a};  //定义发送给从机2的数据
void send_data (char *data_ptr,char count);   //定义发送数据函数
/*************主函数*****************/
void main (void)
{
  WDTCTL = WDTPW + WDTHOLD;                    //关闭看门狗
  //初始化UART
  P4SEL |= BIT4+BIT5;                          //配置端口P4.4和P4.5为USCI_A1 TXD/RXD
  UCA1CTL1 |= UCSWRST;                         //复位USCI_A1
  UCA1CTL0 |= UCMODE_2;                        //工作模式2，地址位多机通信模式
  UCA1CTL1 |= UCSSEL_2;                        //SMCLK，无校验位，8位字符长度，1个停止位
  UCA1BR0 = 9;                                 //低8位=9，详见用户手册表36-4
  UCA1BR1 = 0;                                 //高8位=0，调制后波特率约为115200bps
  UCA1MCTL |= UCBRS_1 + UCBRF_0;               //调制器 UCBRSx=1，UCBRFx=0
  UCA1CTL1 &= ~UCSWRST;                        //启动USCI_A1
  UCA1IE |= UCRXIE;                            //使能USCI_A1，接收中断
  while (1)
  {
    while (!(UCA1IFG&UCTXIFG));                //等待发送移位寄存器就绪
    UCA1CTL1 |= UCTXADDR;                      //设置地址标志，下一个发送的数据会在末尾添加地址位
    UCA1TXBUF = Slave_Addr1;                   //此数据末尾添加地址标志位1，表示从机地址
    send_data (addr1_data,5);                  //发送数据，这些数据的地址标志位是0，表示为数据
    while (!(UCA1IFG&UCTXIFG));                //等待发送移位寄存器就绪
    UCA1CTL1 |= UCTXADDR;//                     //设置地址标志，下一个发送的数据会在末尾添加地址位
    UCA1TXBUF = Slave_Addr2;                   //此数据末尾添加地址标志位1，表示从机地址
    send_data (addr2_data,5);                  //发送数据，这些数据的地址标志位是0，表示为数据
  }
}
void send_data (char *data_ptr,char count)    //发送数组函数
{
  while (count--)
  {
    while (!(UCA1IFG&UCTXIFG));
    UCA1TXBUF = *data_ptr;
    data_ptr++;
  }
}
```

从机代码:

```
#include <msp430.h>
#define Device_Addr 0x02              //宏定义本机地址
char data_buff[10];                   //定义存放接收到的数据的数组
char *data_ptr=data_buff;             //定义指向数组的指针
/***************主函数*****************/
void main (void)
{
  WDTCTL = WDTPW + WDTHOLD;           //关闭看门狗
  //初始化UART
  P4SEL |= BIT4+BIT5;                 //配置端口P4.4和P4.5为USCI_A1 TXD/RXD
  UCA1CTL1 |= UCSWRST;                //复位USCI_A1
  UCA1CTL0 |= UCMODE_2;               //工作模式2，地址位多机通信模式
  UCA1CTL1 |= UCSSEL_2;               //SMCLK，无校验位，8位字符长度，1个停止位
  UCA1BR0 = 9;                        //低8位=9，详见用户手册表36-4
  UCA1BR1 = 0;                        //高8位=0，调制后波特率约为115200bps
  UCA1MCTL |= UCBRS_1 + UCBRF_0;      //调制器UCBRSx=1，UCBRFx=0
  UCA1CTL1 &= ~UCSWRST;               //启动USCI_A1
  UCA1IE |= UCRXIE;                   //使能USCI_A1，接收中断
  __bis_SR_register (LPM0_bits + GIE); //进入LPM0，使能通用中断
  while (1);
}

#pragma vector=USCI_A1_VECTOR
__interrupt void USCI_A1_ISR (void)
{ switch (__even_in_range (UCA1IV,4))
  {
  case 0:break;                       //无中断
  case 2:                             //RXIFG

    if (UCA1STAT&UCIDLE)              //判断触发接收中断的字符是否为地址
    {
      if (UCA1RXBUF==Device_Addr)     //判断接收到的地址与本机地址相同
      {
        UCA1CTL1&=~UCDORM;            //清除睡眠状态，接收后续的数据
        data_ptr = data_buff;        //将接收数据指针指向数组
      }
      else                           //若接收到地址不是本机地址
        UCA1CTL1 |= UCDORM;          //使UART进入睡眠状态，忽略后续的数据
    }
    *data_ptr = UCA1RXBUF;           //将数据存放到接收数据指针所指的数组中
    data_ptr++;                      //递增指针值，指向数组下一个存储空间
    break;
  case 4:break;                      //TXIFG
  default: break;
  }
}
```

主机代码功能为：宏定义两个从机地址，定义要发送的数据。主函数中关闭看门狗，设置 UART 端口，配置 UART 为工作模式 2，地址位多机通信模式。while 循环中，先置位发送地址标志

UCTXADDR，然后发送一个数据，该数据后会自动添加一个地址标志位 1，这样从机就会将该数据识别为地址。发送该数据时，UCTXADDR 会被自动清除，从而后续发送的数据地址标志位是 0，这些数据会被从机识别为数据。以这样的方式分别向从机 1 和从机 2 发送数据。

从机代码功能为：宏定义本机地址，主函数配置为 UART 的工作模式 2，地址位多机通信模式，随后使能中断并进入低功耗模式。若单片机检测到一个地址，则会触发接收中断，在中断服务函数中判断该地址是否为本机地址。若是本机地址，则清除 UART 睡眠位 UCDORM，使 UART 每接收到一个数据触发一次中断，从而继续接收后续的数据；若不是本机地址，则置位 UCDORM，使 UART 进入睡眠状态，忽略随后的数据，不触发接收中断，直到接收一个地址，才会触发中断。

实例现象：先将主机代码下载至作为主机的单片机。然后将从机代码下载至作为从机的单片机，并启动对从机的在线调试。调试查看接收数据缓冲区的数据，发现当设备地址是 0x01 时，接收到"0x01、0x02、0x03、0x04、0x05"；修改设备地址为 0x02，再进行下载和调试，查看接收到的数据为"0x06、0x07、0x08、0x09、0x0A"。

8.3.5　RS485 通信

对于 RS485 通信而言，除物理电气层与 RS232 不同外，其通信方面与 RS232 最大的不同在于：RS485 是一个半双工通信，即发送时不能接收，接收时不能发送。这是由其物理层决定的。常见的 RS485 通信电路如图 8.3.1 所示。

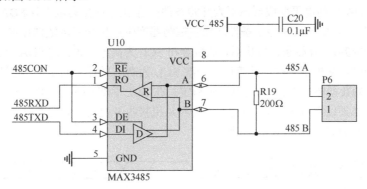

图 8.3.1　RS485 通信电路

图 8.3.1 中，MAX3485 芯片实现 RS485 通信所需的电平转换。RO（1 脚）和 DI（4 脚）分别为接收器的输出端和驱动器的输入端，$\overline{\text{RE}}$（2 脚，低有效）和 DE（3 脚，高有效）分别为接收和发送的使能端，A 端和 B 端分别为接收和发送的差分信号端。因此，进行 RS485 通信时，与 MSP430 单片机连接时只需分别与单片机的 RXD 和 TXD 即可。当 $\overline{\text{RE}}$ 为逻辑 0 时，器件处于接收状态；当 DE 为逻辑 1 时，器件处于发送状态，因为 MAX3485 工作在半双工状态，所以只需用单片机的一个引脚控制这两个引脚即可。

A 端和 B 端分别为接收和发送的差分信号端，当 A 端的电平高于 B 端时，代表发送的数据为 1。当 A 端的电平低于 B 端时，代表发送的数据为 0。RS485 通信中，网络首尾 A 端和 B 端之间需加匹配电阻，以防止信号反射，这里选择 200Ω 的电阻。

对于 RS485 双机通信编程而言，其编程与 RS232 没有本质的区别，但由于是半双工通信，所以需要在发送和接收时加入使能的切换。

8.4　IIC 通信

IIC 即 Inter-Integrated Circuit（集成电路总线），这种总线类型是由飞利浦半导体公司在 20 世纪 80 年代初设计出来的一种简单、双向、二线制、同步串行总线。IIC 通信需要两根线：SDA（数据线）和 SCL（时钟线）。IIC 可以实现一主多从或多主多从结构的通信。所有设备的 SDA 连在一起，所有设备的 SCL 连在一起。SCL 提供同步时钟，SDA 基于同步时钟来传输信息，SDA 上的数据是双向传输的。IIC 上，每个从机都有一个地址，主机通过呼叫从机地址，来选择与其通信的从机。IIC 设备的 SDA 和 SCL 都是开漏输出的。因此，IIC 通信需要在两根总线上连接上拉电阻来完成 IIC 通信。

8.4.1　IIC 介绍

1. IIC 协议

开始条件和停止条件。在 IIC 传输过程中，将两种特定的情况定义为开始和停止条件：当 SCL 保持高电平时，SDA 由高电平变成低电平为开始条件；当 SCL 保持高电平且 SDA 由低电平变成高电平时为停止条件。开始条件和停止条件均由主控制器产生。用来表示数据传输的开始和结束。

数据的发送与接收。开始条件发出后，从机会在 SCL 为高电平时，对 SDA 上的数据进行采样，在 SCL 为低电平时，从机不采样，并等待下一次 SCL 为高电平时，采样下一位数据。这就要主机保证：SDA 线上的数据要在 SCL 为高电平时稳定，在 SCL 为低电平时 SDA 上的数据才能改变。在 SDA 上，数据必须以字节（8 位）发送，因为当从机接收 8 位后，会根据自身情况返回一个响应位或无响应位。IIC 通信时序如图 8.4.1 所示。

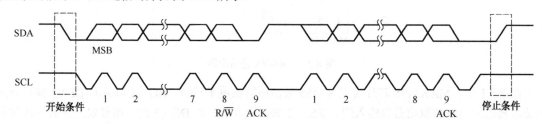

图 8.4.1　IIC 通信时序

开始条件。主机在 SCL 是高电平的状态下，把 SDA 拉低，作为开始条件。这时，连接总线的所有从机都会接收开始条件，并准备接收地址。

地址位。主机发送完开始条件后，紧接着发送 7 位的从机地址，最后再发一个读写位 R/$\overline{\text{W}}$（读写位的作用是确定数据传输的方向）。读写位为 0 表示主机读数据，即主机接收数据，从机发送数据；读写位为 1 表示主机写数据，即主机发送数据，从机接收数据。

响应位（ACK）。在发送完地址和读写位后，也就是 8 个 SCL 时钟周期后，主机进入接收状态，接收响应位。从机接收地址后，会与自己的地址进行比较，若主机发送的地址就是自己的地址，那么从机会发送一个响应位给主机，来表示从机存在。

响应位是一个低电平。也就是说，如果总线上有该从机，那么总线会被从机拉低，主机就会收到响应。如果总线上没有该设备，那么没有从机拉低总线，总线就会表现为高电平（无响应位），主机收到无响应位,会进行其他操作(如重新生成开始条件,再发送一遍地址等,根据具体主机的程序代码而定)。

数据位。数据位就是 SDA 上一串 8 位的数据,在 SCL 为高电平时,数据位保持稳定,设备对数据位进行读取。在 SCL 为低电平时,数据位改变为下一位。从机每收到一个 8 字节数据,就会发送一个响应位给主机,来表示从机成功收到数据。否则就发送无响应位。

停止条件。主机发送完数据后,会产生停止条件,表示通信结束。之后总线一直保持高电平(空闲),为下一次开始条件做准备。

重复开始条件。重复开始条件用来改变数据的方向,常用于读取从机寄存器数据,其通信时序如图 8.4.2 所示。主机发送了一个或多个数据之后,在没有产生停止条件的情况下,又产生了一个开始条件,并发送了 7 位从机地址和读写位,从而改变数据的传输方向。如有一个设备,有多个寄存器。我们要读取其中的一个,操作就是:【开始条件】→【从机地址+写位】→【响应】→【从机寄存器地址】→【重复开始条件】→【从机地址+读位】→【从机发送该寄存器的数据】→【响应位】→【停止条件】。

图 8.4.2　重复开始条件通信时序

2. 硬件 IIC 与模拟 IIC(软件 IIC)

若单片机没有 IIC 通信模块或 IIC 复用端口被占用,则可以使用软件模拟 IIC。利用一个 GPIO,模拟时钟线 SCL 的跳变沿,另一个 GPIO 模拟数据线 SDA,通过切换端口的输入/输出特性实现数据的输出和读取。软件模拟 IIC 比较灵活,不需要使用中断,可移植性较强。但软件模拟的缺点就是占用大量 CPU 资源。

MSP430 单片机具有硬件 IIC 通信模块,只需要配置寄存器即可完成 IIC 通信,节省了大量 CPU 资源,它通过中断检测 IIC 通信事件,合理地进行措施应对。例如,其具备超时检测、未响应检测等错误检测功能和中断,适合高速通信。但硬件 IIC 的缺点是引脚固定,此外涉及的寄存器较多,中断之间较难协调。

8.4.2　USCI 的 IIC 模式

USCI_Bx 模块可配置为 IIC 模式,设备可通过两线 IIC(SDA 和 SCL)与外设相连,实现双向同步通信。

1. IIC 模式特点

- 符合飞利浦半导体 IIC 规范 v2.1。
- 7 位或 10 位器件寻址模式。
- 一般呼叫。
- START/RESTART/STOP。
- 多主机发送/接收模式。
- 从机接收/发送模式。
- 标准模式高达 100kbps,快速模式高达 400kbps。
- 主机模式可编程 UCxCLK 频率。
- 为低功耗设计。

- 从机接收器检测到 START 后，自动从 LPMx 模式唤醒（不支持从 LPMx.5 唤醒）。
- 从机操作可在 LPM4 运行。

IIC 模式功能框图如图 8.4.3 所示。

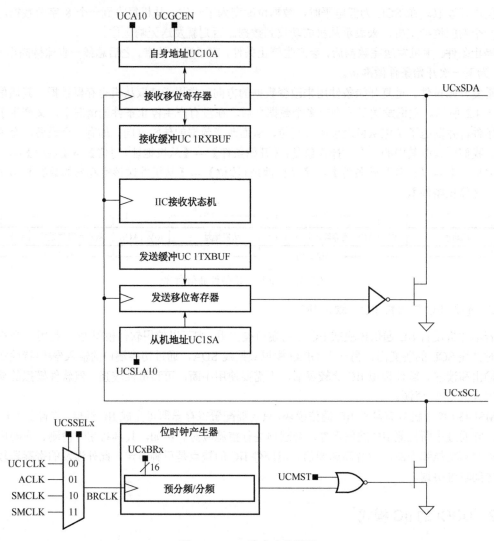

图 8.4.3　IIC 模式功能框图

2. USCI 的 IIC 模式操作

IIC 模式支持任何主机或从机 IIC 兼容的设备。每个 IIC 设备通过唯一的地址识别并可以作为一个接收器或发送器。当进行数据传输时，一个接入 IIC 的设备可被认为是主机或从机。一个主机启动数据传输并生成时钟信号 SCL。任何被主机寻址的设备都是从机。IIC 数据交流使用串行数据线（SDA）和串行时钟线（SCL）。SDA 和 SCL 都是双向的，并且必须连接上拉电阻，IIC 连接图如图 8.4.4 所示。

（1）USCI 模块初始化和复位。

USCI 模块通过 PUC 或置位 UCSWRST 来复位。PUC 后 UCSWRST 自动置位，使 USCI 模块保持在复位状态。当 UCMODEx=11 时，选择 IIC 模式。USCI 模块初始化后，即准备好发送或接收数据。清除 UCSWRST 来使 USCI 模块运行。为了避免不可预测的活动，一定要在置位 UCSWRST 的状态下配置 USCI 模块。配置步骤如下。

- 置位 UCSWRST。
- 在 UCSWRST=1 下，初始化所有寄存器。
- 配置引脚。
- 软件清除 UCSWRST。
- 使能中断。

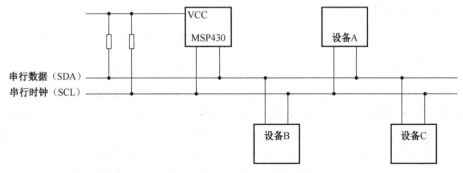

图 8.4.4　IIC 连接图

（2）IIC 串行数据传输简介。

主机会在传输每一位数据时生成一个时钟脉冲。在 IIC 模式中，数据模式位高 8 位优先。主机传输数据时，会先发送开始条件。接着在 SDA 上发送从机地址和读写（R/$\overline{\text{W}}$）位。若读写位为 0，则主机接收从机发来的数据；若读写位为 1，则主机发送数据给从机。然后发送或接收数据，每发送完一个字节，接收方都会给发送方发送响应位，来响应发送方发来的数据。通信结束后，主机发送结束标志，结束通信。在未结束通信之前的空闲时间里，总线会被拉低，其他设备无法使用总线。

（3）IIC 寻址模式。

MSP430 单片机的 USCI_Bx 模块的 IIC 模式支持 7 位和 10 位寻址模式，通过寄存器选择和配置。

- 7 位寻址模式：在 7 位寻址模式中，第一字节是 7 位从机地址和 R/$\overline{\text{W}}$ 位。ACK 位会在每个字节后从接收机发出，如图 8.4.5 所示。

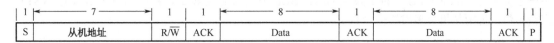

图 8.4.5　7 位寻址模式

- 10 位寻址模式：在 10 位寻址模式中，第一字节由 1110b 加上两个 10 位从机地址的最高位和 R/$\overline{\text{W}}$ 位组成。ACK 位会在接收完每个字节后从接收机发出。下一字节是 10 位从机地址的剩余 8 位。在此之后是 ACK 位和 8 位数据，如图 8.4.6 所示。

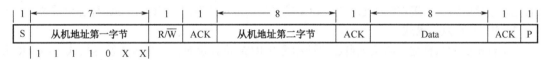

图 8.4.6　10 位寻址模式

（4）重复开始条件。

SDA 上数据流的方向可由主机改变。改变数据流方向不需要先停止发送器，可以发送一个重复的开始位来改变数据流方向，称之为 RESTART。在 RESTART 出现后，从机地址重新发送，新数据方向由 R/$\overline{\text{W}}$ 位指定。

（5）IIC 时钟配置。

IIC 时钟配置与 SPI 模式相似，通过 UCSSELx 选择 BRCLK 的时钟源，在通过设置 UCBRx 的值来对 BRCLK 进行分频，得到 BITCLK。公式为：$f_{BITCLK} = f_{BRCLK}/UCBRx$。通信所使用的时钟就是 BITCLK。在此模式下，最大可用的 BITCLK 为 BRCLK/4。也就是 UCBRx 最小等于 4。时钟由主机提供，并在 SCL 上输出。从机产生时钟，时钟相关位无效。

3．IIC 的主机模式

当 UCMODEx=11、UCSYNC=1、UCMST=1 时，USCI 模块配置为 IIC 的主机模式。UCSLA10 位可选择从机地址大小。

发送操作。将从机地址写入 UCBxIICSA。将 UCTR 置位为发送模式，置位 UCTXSTT 生成开始条件。UCTXIFG=1 时，可向 UCB0TXBUF 中写入数据。UCBxTXIFG 发送数据的过程中 UCTXIFG=0，发送完数据后，UCTXIFG 再次置位。如果中断使能，可在中断中连续发送多个数据。

接收操作。将从机地址写入 UCBxIICSA。将 UCTR 清零为接收模式，置位 UCTXSTT 生成开始条件。从机接收到开始条件和地址后会响应主机。当接收到从机对地址的响应信号后，主机将接收到从机发送的第一个数据并发送响应信号，同时置位 UCRXIFG 标志位。如果中断使能，则接收到数据后产生中断，在中断中可以读取 UCBxRXBUF 的值。在接收从机数据的过程中，UCTXSTP 和 UCTXSTT 不会被置位。若主机没有读取 UCBxRXBUF，那么主机将拉低总线，直至 UCBxRXBUF 被读取。

置位 UCTXSTT 生成一个重复的 START 条件。在这种情况下，UCTR 可能置位或清除来配置发送机或接收机，并且不同的地址可在需要时写入 UCBxIICSA。

置位 UCTXSTP 将会产生一个停止条件。置位操作后，主机将在接收完从机传送的数据发出的 NACK 后紧接着发送一个停止条件，或者在 USCI 模块正在等待读取 UCBxRXBUF 的情况下立即产生。

如果从机没有响应发送的数据，无确认中断标志位 UCNACKIFG 置位。主机必须响应一个 STOP 条件或 START 条件。如果数据已经写入 UCBxTXBUF，则它会被丢弃。如果这个数据应该在重复 START 后发送，则它必须再次被写入 UCBxTXBUF。任何置位的 UCTXSTT 也被丢弃。为了触发重复 START，UCTXSTT 必须被重新置位。

注意，生成停止条件或重复开始条件时，UCTXSTT 位或 UCTXSTP 位必须在接收到最后一个字符之前置位。UCRXIFG 置位后及从 UCRXBUF 中读取倒数第二个字节后的瞬间，UCTXSTT 位应被置位，否则从机会多发送一个数据。

4．IIC 的从机模式

UCMODEx=11、UCSTNC=1、UCMST=0 时选择为 IIC 从机模式。UCA10 选择本机地址大小，从机必须在 UCBxIICOA 中写入本机地址。最初从机 USCI 模块必须通过清除 UCTR 位配置为接收模式来接收 IIC 地址，然后发送和接收操作会根据接收到的 R/$\overline{W}$ 位和地址位自动控制。

在总线上检测到 START 条件时，USCI 模块接收到发送的地址，并与自己在 UCBxIICOA 中存入的地址进行比较。当接收到的地址与 USCI 模块从机地址相符时，UCSTTIFG 标志位置位。

（1）IIC 从机发送模式。

当主机发送的从机地址与从机自己地址相符并 R/$\overline{W}$ 位置位时，从机进入发送模式。UCTR 和 UCTXIFG 置位。SCL 线保持低电平直到第一个要发送的数据写入发送缓冲寄存器 UCBxTXBUF。软件清零 UCSTTIFG 后，数据才可以被发送。当传送完一个字节后需要 CPU 的干预时，它会将 SCL 保持在低电平。

当数据被主机响应后，下一个写入 UCBxTXBUF 的数据字节被发送，或者如果寄存器是空的，总线就会在响应周期中停滞。SCL 会保持低电平直到有数据写入 UCBxTXBUF。如果主机发送了一个 NACK 并紧跟 STOP 条件，则 UCSTPIFG 会置位。如果 NACK 后紧跟一个重复的 START 条件，那么从机立刻返回地址接收模式。

（2）IIC 从机接收模式。

当主机发送的从机地址与从机自己的地址相同，并跟随一个清零的 R/$\overline{\text{W}}$ 位时，进入从机接收模式，并且 UCTR 被清零。SDA 上的串行数据在主机生成的每一个时钟脉冲上移入。从机不生成时钟，但它能在接收完一个字节后，需要 CPU 干预时，将 SCL 拉低。

当接收到第一个数据字节后，接收中断标志 UCRXIFG 置位，若允许中断，那么可在中断中读取数据。USCI 模块自动响应接收的数据，并接收下一个数据字节。如果先前的数据在接收结束后没有从接收缓冲区 UCBxRXBUF 中读取，则总线会通过将 SCL 拉低来停止。一旦 UCBxRXBUF 被读取，新数据就转移进 UCBxRXBUF，一个响应信号发送给主机，下一个数据才能接收。

当主机生成一个停止条件时，UCSTPIFG 置位。如果主机生成重复开始条件，从机返回地址接收模式。

（3）IIC 从机 10 位寻址模式。

当 UCA10=1 时，10 位寻址模式选择。在 10 位寻址模式，从机在接收完整个地址后处于接收模式。USCI 模块通过置位 UCSTTIFG 来标志接收完整个地址。为了将从机切换到发送模式，主机发送一个重复开始条件伴随地址的第一个字节和置位 R/$\overline{\text{W}}$ 位。从机检测到该位后置位 UCTR 并转为发送模式。

5. 低功耗模式中使用 IIC 模式

在低功耗模式中，USCI 模块会提供自动的时钟激活。当时钟源因为设备进入低功耗模式而被禁用时，USCI 模块会在需要时自动将其激活，而不管时钟控制位如何配置。时钟保持活跃直到 USCI 模块返回空闲状态。当 USCI 模块返回空闲状态时，时钟恢复由其控制位控制。

在 IIC 从机模式中，不需要内部时钟源，因此可将设备置于 LPM4。接收或发送中断能将 CPU 从任何低功耗模式唤醒。

6. IIC 模式的 USCI 模块中断

USCI 模块只有一个中断向量供接收和发送使用。其中断向量名称为 USCI_Bx_VECTOR。每个中断标志都有自己的中断允许位。当一个中断被允许的同时 GIE 置位，那么一个中断请求将会产生中断标志位。

（1）IIC 发送中断操作。

当 UCTXIFG 中断标志位被发送器置位时，表示 UCxTXBUF 准备好接收新数据。如果 UCTXIE 和 GIE 也置位，那么将生成一个中断请求。如果一个数据写入 UCxTXBUF，那么 UCTXIFG 会自动清零。UCxTXBUF 中的数据发送完毕后，UCTXIFG 再次置位，等待新数据写入 UCxTXBUF。UCTXIFG 会在 PUC 或 UCSWRST=1 后置位。UCTXIE 会在 PUC 或 UCSWRST=1 后复位。

（2）IIC 接收中断操作。

UCRXIFG 中断标志位会在每次接收到数据并存入 UCxRXBUF 后置位。如果 UCRXIE 和 GIE 也置位，那么会生成中断。UCRXIFG 和 UCRXIE 会在 PUC 或 UCSWRST=1 时复位。UCRIFG 会在读取 UCxRXBUF 后自动复位。

（3）IIC 其他中断标志介绍。

其他中断标志如表 8.4.1 所示。

表 8.4.1　其他中断标志

中 断 标 志	中 断 条 件
UCALIFG	仲裁丢失标志位。仲裁丢失可能发生在两个或两个以上的主发送设备同时发送数据时，或者是当 USCI 模块工作在主机模式但对于系统中其他主机作为从机来寻址时。仲裁丢失时 UCALIFG 置位。当 UCALIFG 置位时，UCMST 位清零的同时 IIC 模块变成一个从机

中断标志	中断条件
UCNACKIFG	未响应中断标志位。当接收不到预期返回的应答信号时此标志位置位。当接收到一个 START 起始条件时此标志位自动清零
UCSTTIFG	起始条件检测到标志位。在从机模式下，当 IIC 模块检测到带有其本地地址的起始条件到来时，UCSTTIFG 置位。UCSTTIFG 位只能在从机模式下使用，并且在接收到停止条件时自动清零
UCSTPIFG	停止条件检测到标志位。在从机模式下，当 IIC 模块检测到停止条件到来时，UCSTPIFG 置位。UCSTPIFG 位只能在从机模式下使用，并且在接收到起始条件时自动清零

（4）UCBxIV 中断向量寄存器。

数据的发送和接收公用一个中断向量。相应中断标志位会在 UCBxIV 中生成一个数值，查询其值可知道哪个中断标志位置位。禁用中断不影响 UCBxIV 的值。任何对 UCBxIV 寄存器的访问和读写操作会复位最高优先级的中断标志位。中断向量寄存器内容如表 8.4.2 所示。

表 8.4.2　中断向量寄存器内容

UCBxIV 值	中断向量	备　注
00	无中断	
02	UCALIFG	优先级最高
04	UCNACKIFG	
06	UCSTTIFG	
08	UCSTPIFG	
0A	UCRXIFG	
0C	UCTXIFG	优先级最低

8.4.3　IIC 模式寄存器

各寄存器如表 8.4.3～表 8.4.14 所示。

表 8.4.3　UCBxCTL0：USCI_Bx 控制寄存器 0（只有当 UCSWRST=1 时，寄存器内容才可修改）

7	6	5	4	3	2	1	0
UCA10	UCSLA10	UCMM	Reserved	UCMST	UCMODEx		UCSYNC
rw-0	rw-0	rw-0	rw-0	rw-0	rw-0	rw-0	r-1

UCA10：本地地址模式选择。0=7 位本地地址；1=10 位本地地址。

UCSLA10：从机地址模式选择。0=7 位从机地址；1=10 位从机地址。

UCMM：多主机环境选择。0=单主机环境，系统中没有其他主机，地址匹配单元禁用；1=多主机环境。

UCMST：主机模式选择。当主机在多机环境下丢失仲裁权时（UCMM=1），UCMST 位自动清除，主机作为从机。0=从机模式；1=主机模式。

UCMODEx：USCI 模式。当 UCSYNC=1 时，UCMODE 位用来选择同步模式。00=三线 SPI 模式；01=四线 SPI 模式；10=四线 SPI 模式；11=IIC 模式。

UCSYNC：同步模式使能。0=异步模式；1=同步模式。

表 8.4.4　UCBxCTL1：USCI_Bx 控制寄存器 1（只有当 UCSWRST=1 时，寄存器内容才可修改）

7	6	5	4	3	2	1	0
UCSSELx		Reserved	UCTR	UCTXNACK	UCTXSTP	UCTXSTT	UCSWRST
rw-0	rw-0	rw-0	rw-0	rw-0	rw-0	rw-0	r-1

UCSSELx：USCI 时钟源选择。选择 BRCLK 时钟源。00=UCLKI；01=ACLK；10=SMCLK；11=SMCLK。

UCTR：发送器或接收器选择。0=接收器；1=发送器。

UCTXNACK：发送一个 NACK。UCTXNACK 在发送完一个 NACK 后自动清除。0=正常响应；1=生成 NACK。

UCTXSTP：在主机模式发送 STOP 条件。在从机模式忽略。在主机接收模式，STOP 条件以 NACK 为先导。UCTXSTP 在 STOP 条件生成后自动清除。

UCTXSTT：在主机模式，发送 START 条件。在从机模式忽略。在主机接收模式，一个重复 START 条件以 NACK 为先导。UCTXSTT 在 START 条件生成并传送完地址信息后自动清零。0=不生成 START 条件；1=生成 START 条件。

UCSWRST：软件复位使能。0=禁用，USCI 释放运行；1=使能，USCI 逻辑保持在复位状态。

表 8.4.5　UCBxBR0：USCI_Bx 波特率控制寄存器 0（只有当 UCSWRST=1 时，寄存器内容才可修改）

7	6	5	4	3	2	1	0
UCBRx							
rw	rw	rw	rw	rw	rw	rw	rw

UCBRx：时钟预分频器配置寄存器的低 8 位，（UCBxBR0+UCBxBR1*256）的值形成预分频器的值。$f_{BITCLK} = f_{BRCLK}/UCBRx$，如果 UCBRx=0，则 $f_{BITCLK} = f_{BRCLK}$。

表 8.4.6　UCBxBR1：USCI_Ax 波特率控制寄存器 1（只有当 UCSWRST=1 时，寄存器内容才可修改）

7	6	5	4	3	2	1	0
UCBRx							
rw	rw	rw	rw	rw	rw	rw	rw

UCBRx：时钟预分频器配置寄存器的低 8 位，（UCBxBR0+UCBxBR1*256）的值形成预分频器的值。

表 8.4.7　UCBxSTAT：USCI_Bx 状态寄存器

7	6	5	4	3	2	1	0
Reserved	UCSCLLOW	UCGC	UCBBUSY	Reserved			
rw-0	r-0	rw-0	r-0	r-0	r-0	r-0	r-0

UCSCLLOW：SCL 拉低。0=SCL 没有拉低；1=SCL 拉低。

UCGC：一般呼叫地址接收。UCGC 在 START 条件接收到时自动清零。0=没有一般呼叫地址接收到；1=一般呼叫地址接收到。

UCBBUSY：总线忙碌。0=总线空闲；1=总线忙碌。

表 8.4.8　UCBxRXBUF：USCI_Bx 接收缓冲寄存器

7	6	5	4	3	2	1	0
			UCRXBUFx				
r	r	r	r	r	r	r	r

UCRXBUFx：用户可访问接收数据缓冲区，其中包含最新接收的字符。读取 UCAxRXBUF 重置 UCRXIFG。

表 8.4.9　UCBxTXBUF：USCI_Bx 发送缓冲寄存器

7	6	5	4	3	2	1	0
			UCTXBUFx				
rw	rw	rw	rw	rw	rw	rw	rw

UCTXBUFx：用户可访问发送数据缓冲区，其中数据等待被移入发送移位寄存器并在 UCAxTXD 上发送。对发送缓冲寄存器的写入操作会清除 UCTXIFG。

表 8.4.10　UCBxI2COA：本机地址寄存器（只有当 UCSWRST=1 时，寄存器内容才可修改）

15	14	13	12	11	10	9	8
UCGCEN			Reserved			I2COAx	
rw-0	r-0	r-0	r-0	r-0	r-0	rw-0	rw-0
7	6	5	4	3	2	1	0
			I2COAx				
rw-0	rw-0	rw-0	rw-0	rw-0	rw-0	rw-0	rw-0

UCGCEN：一般呼叫响应使能。0=不响应一般呼叫；1=响应一般呼叫。

I2COAx：IIC 本机地址。I2COAx 包含 USCI_Bx 的 IIC 控制器的地址。在 7 位寻址模式下，第 6 位是最高位，9-7 位忽略；在 10 位寻址模式下，第 9 位是最高位。

表 8.4.11　UCBxI2CSA：从机地址寄存器

15	14	13	12	11	10	9	8
			Reserved			I2CSAx	
r-0	r-0	r-0	r-0	r-0	r-0	rw-0	rw-0
7	6	5	4	3	2	1	0
			I2CSAx				
rw-0	rw-0	rw-0	rw-0	rw-0	rw-0	rw-0	rw-0

I2CSAx：IIC 从机地址。I2COAx 包含 USCI_Bx 寻址的外扩设备的从机地址，只在主机模式下有效。在 7 位寻址模式下，第 6 位是最高为，9-7 位忽略；在 10 位寻址模式下，第 9 位是最高位。

表 8.4.12　UCBxIE：IIC 中断使能寄存器

7	6	5	4	3	2	1	0
Reserved		UCNACKIE	UCALIE	UCSTPIE	UCSTTIE	UCTXIE	UCRXIE
r-0	r-0	rw-0	rw-0	rw-0	rw-0	rw-0	rw-0

UCNACKIE：无响应中断使能。0=中断禁用；1=中断使能。

UCALIE：仲裁丢失中断使能。0=中断禁用；1=中断使能。

UCSTPIE：STOP 条件中断使能。0=中断禁用；1=中断使能。

UCSTTIE：START 条件中断使能。0=中断禁用；1=中断使能。

UCTXIE：发送中断使能。0=中断禁用；1=中断使能。

UCRXIE：接收中断使能。0=中断禁用；1=中断使能。

表 8.4.13　UCBxIFG：IIC 中断标志寄存器

7	6	5	4	3	2	1	0
Reserved		UCNACKIFG	UCALIFG	UCSTPIFG	UCSTTIFG	UCTXIFG	UCRXIFG
r-0	r-0	rw-0	rw-0	rw-0	rw-0	rw-1	rw-0

UCNACKIFG：未响应接收中断标志位。当接收到 START 条件时，UCNACKIFG 自动清除。0=无中断挂起。1=有中断挂起。

UCALIFG：仲裁丢失标志位。

UCSTPIFG：STOP 条件中断标志位。接收到 START 条件时，UCSTPIFG 自动清除。

UCSTTIFG：START 条件中断标志位。接收到 STOP 条件时，UCSTTIFG 自动清除。

UCTXIFG：USCI 发送中断标志位。UCBxTXBUF 空时，UCTXIFG 置位。

UCRXIFG：USCI 接收中断标志。当接收到一个完整字符后，UCRXIFG 置位。

表 8.4.14　UCBxIV：USCI_Bx 中断向量寄存器

15	14	13	12	11	10	9	8
UCIVx							
r-0	r-0	r-0	r-0	r-0	r-0	r-0	r-0
7	6	5	4	3	2	1	0
UCIVx							
r-0	r-0	r-0	r-0	r-0	r-0	r-0	r-0

UCIVx：USCI 中断向量值。

00=没有中断挂起；

02=中断源：仲裁丢失，中断标志为 UCALIFG，中断优先级最高；

04=中断源：未响应，中断标志为 UCNACKIFG；

06=中断源：接收到开始条件，中断标志为 UCSTTIFG；

08=中断源：接收到停止条件，中断标志为 UCSTPIFG；

0A=中断源：数据接收，中断标志为 UCRXIFG；

0C=中断源：发送寄存器空，中断标志为 UCTXIFG，中断优先级最低。

8.5　IIC 通信应用实例

　　IIC 通信应用实例介绍使用 MSP430 单片机 USCI_Bx 模块的 IIC 功能的使用方法；介绍使用 IIC 通信实现设备之间双机通信，使用 IIC 端口读写 EEPROM 及使用软件模拟 IIC 的方法。希望读者通过学习 MSP430 单片机的 IIC 功能，学会使用 IIC 与外围器件进行通信，从而掌握硬件 IIC 和软件模拟 IIC。

8.5.1　IIC 双机通信

IIC 通信仅需要 2 根线（SCL、SDA）即可完成一个主机与多个外围模块之间的通信。

本实例要求使用 MSP430 单片机 USCI 模块的 IIC 通信功能，实现主机向从机发送数据和读取数据的功能，并用 LED 指示通信的发生。

IIC 双机通信接线图如图 8.5.1 所示。主机 P4.1（UCB1SDA）连接从机 P4.1（UCB1SDA）；主机 P4.2（UCB1SCL）连接从机 P4.2（UCB1SCL），且需要在 SCL 和 SDA 中添加上拉电阻。不同通信速率下电阻阻值不一样，速度越快阻值越小，一般为 4.7～10kΩ。

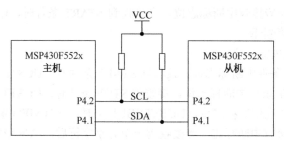

图 8.5.1　IIC 双机通信接线图

主机代码：

```c
#include <msp430.h>
unsigned char *PTxData,*PRxData;            //定义发送数据指针和接收数据指针
unsigned char TXByteCtr,RXByteCtr;          //发送和接收计数变量
unsigned char TxData[] = {0x11,0x22,0x33,0x44,0x55};   //定义要发送的数据
unsigned char RxBuffer[5];                  //接收数据缓冲区
/*****************端口和UCSI_B1初始化***************/
void Init ()
{
  P7DIR |= BIT0 + BIT1;                     //将P7.0和P7.1设置为输出，驱动LED，用于指示通信
  P7OUT |= BIT0 + BIT1;                     //P7.0和P7.1设置为高电平，LED熄灭
  P4SEL |= BIT1 + BIT2;                     //设置P4.1和P4.2为复用功能，IIC端口的SDA和SCL
  UCB1CTL1 |= UCSWRST;                      //复位USCI_B1
  UCB1CTL0 = UCMST + UCMODE_3 + UCSYNC;     //IIC主机，同步模式
  UCB1CTL1 = UCSSEL_2 + UCSWRST;            //SMCLK，保持UCSWRAT置位
  UCB1BR0 = 12;   UCB1BR1 = 0;             //f_SCL = SMCLK/12 = ~100kHz
  UCB1I2CSA = 0x48;                         //从机地址是048h
  UCB1CTL1 &= ~UCSWRST;                     //清除UCSWRST，释放USCI_B0运行
}
/*********************主函数*********************/
void main (void)
{
  WDTCTL = WDTPW + WDTHOLD;                 //关闭看门狗
  Init ();                                 //初始化端口和IIC功能
  while (1)
  {
    PTxData = TxData;                       //PTxData指向要发送数据组的首地址
    TXByteCtr = 5;                          //更新字节计数变量
    while (UCB1CTL1 & UCTXSTP);             //确保停止条件已发送，即总线空闲
```

```
    UCB1CTL1 |= UCTR;                              //设置主机工作在发送机模式
    UCB1CTL1 |= UCTXSTT;                           //发送开始条件并发送有"写"标志位的地址
    UCB1IE |= UCTXIE;                              //使能发送中断
    __bis_SR_register (LPM0_bits + GIE);           //进入LPM0,使能总中断
    __delay_cycles (500000);                       //延时,方便观察LED闪烁,可设置断点
    PRxData = RxBuffer;                            //PRxData指向接收数据缓冲区的首地址
    RXByteCtr = 5;                                //初始化字节计数变量,共接收5字节
    while (UCB1CTL1 & UCTXSTP);                    //确保停止条件已发送,即总线空闲
    UCB1CTL1 &=~ UCTR;                             //设置主机工作在接收机模式
    UCB1CTL1 |= UCTXSTT;                           //发送开始条件并发送有"读"标志位的地址
    UCB1IE |= UCRXIE;                              //使能接收中断
    __bis_SR_register (LPM0_bits + GIE);           //进入LPM0,使能总中断
    __delay_cycles (500000);                       //延时,方便观察LED闪烁,可设置断点
  }
}
/********************UCSI_B0中断********************/
#pragma vector = USCI_B1_VECTOR
__interrupt void USCI_B1_ISR (void)
{
  switch (__even_in_range (UCB1IV,12))
  {
  case 0: break;                                  //Vector 0: 无中断
  case 2: break;                                  //Vector 2: ALIFG
  case 4: break;                                  //Vector 4: NACKIFG
  case 6: break;                                  //Vector 6: STTIFG
  case 8: break;                                  //Vector 8: STPIFG
  case 10:                                        //Vector 10: RXIFG
    P7OUT &= ~BIT0;                               //点亮LED,表示正在进行接收操作
    RXByteCtr--;                                  //递减字节计数变量
    if (RXByteCtr)                                //判断是否接收完毕
    {                                             //没有接收完毕
      *PRxData++ = UCB1RXBUF;                      //将接收到的数据存入PRxData数组
      if (RXByteCtr == 1)                          //检查是否只剩一个字节未接收
        UCB1CTL1 |= UCTXSTP;                       //生成停止条件
    }                              //若等到数据全部接收再生成停止条件,那么会多接收一个字节
    else                                          //接收完毕
    {
      P7OUT |= BIT0;                               //熄灭LED,表示接收已结束
      *PRxData = UCB1RXBUF;                        //将最后一个字节存入PRxData数组
      UCB1IE &= ~ UCRXIE;                          //禁用接收中断
      __bic_SR_register_on_exit (LPM0_bits);       //退出LPM0,进入活跃模式
    }
    break;
  case 12:                                        //Vector 12: TXIFG
    P7OUT &= ~BIT1;                               //点亮LED,表示正在进行发送操作
    if (TXByteCtr)                                //判断是否发送完毕
    {                                             //若数据组未全部发送,则继续发送
      UCB1TXBUF = *PTxData++;                       //数据赋值给发送缓冲区
      TXByteCtr--;                                 //递减计数变量
```

```
    }
    else                              //数据发送完毕
    {
      P7OUT |= BIT1;                  //熄灭LED，表示发送已结束
      UCB1CTL1 |= UCTXSTP;            //置位发送停止条件位
      UCB1IFG &= ~UCTXIFG;            //清除TXIFG，发送中断标志位
      UCB1IE &= ~ UCTXIE;            //禁用发送中断
      __bic_SR_register_on_exit (LPM0_bits);  //退出LPM0，进入活跃模式
    }
  default: break;
  }
}
```

从机代码：

```
#include <msp430.h>
unsigned char *PRxData,*PTxData;              //定义数据发送和接收指针
unsigned char Buffer[5];                       //定义数据缓冲区
/*****************端口和UCSI_B1初始化***************/
void Init ()
{
  P7DIR |= BIT0 + BIT1;              //将P7.0和P7.1设置为输出，驱动LED，用于指示通信
  P7OUT |= BIT0 + BIT1;              //P7.0和P7.1设置为高电平，熄灭LED
  P4SEL |= BIT1 + BIT2;              //设置P4.1和P4.2为复用功能，IIC端口的SDA和SCL
  UCB1CTL1 |= UCSWRST;              //复位USCI_B0
  UCB1CTL0 = UCMODE_3 + UCSYNC;     //IIC从机，同步模式
  UCB1I2COA = 0x48;                  //本机地址是048h
  UCB1CTL1 &= ~UCSWRST;            //清除UCSWRST,释放USCI_B1运行
  UCB1IE |= UCSTPIE + UCSTTIE + UCTXIE + UCRXIE;        //使能STT和STP中断
}
/*********************主函数*********************/
void main (void)
{
  WDTCTL = WDTPW + WDTHOLD;          //关闭看门狗
  Init ();                           //初始化端口和IIC功能
  PRxData = Buffer;                  //初始化接收数据指针
  PTxData = Buffer;                  //初始化发送数据指针
  __bis_SR_register (LPM0_bits + GIE);  //进入LPM0,使能中断
  while (1);                         //防止程序跑飞
}
/*********************USCI_B0中断*********************/
#pragma vector = USCI_B1_VECTOR
__interrupt void USCI_B1_ISR (void)
{
  switch (__even_in_range (UCB1IV,12))
  {
  case 0: break;                     //Vector  0: 无中断
  case 2: break;                     //Vector  2: ALIFG
  case 4: break;                     //Vector  4: NACKIFG
  case 6:                            //Vector  6: STTIFG
    UCB1IFG &= ~UCSTTIFG;            //清除起始中断标志
    break;
  case 8:                            //Vector  8: STPIFG
```

```
          UCB1IFG &= ~UCSTPIFG;              //清除停止中断标志
          P7OUT |= BIT0 + BIT1;              //熄灭LED，表示通信结束
          PRxData = Buffer;                  //初始化接收数据指针
          PTxData = Buffer;                  //初始化发送数据指针
          break;
        case 10:                             //Vector 10: RXIFG
          *PRxData++ = UCB1RXBUF;            //将接收到的字节存入缓冲区
          P7OUT &= ~BIT1;                    //点亮LED，标志正在进行接收操作
          break;
        case 12:                             //Vector 12: TXIFG
          UCB1TXBUF = *PTxData++;           //将缓冲区中的数据发送出去
          P7OUT &= ~BIT0;                    //点亮LED，标志正在进行发送操作
          break;
        default: break;
        }
    }
```

主机代码功能为：定义发送和接收指针及缓冲区，在初始化函数中，配置 P7.0 和 P7.1，驱动 LED 用于指示通信的发生，配置 IIC 复用端口，配置主机为 IIC 主机模式，配置时钟频率，设置目标从机地址为 0x48。主函数中关闭看门狗，初始化端口和 IIC 功能。在循环中，初始化发送字节指针，初始化发送字节计数变量。置位 UCTR 将 IIC 设置为发送机模式，置位 UCTXSTT 发送起始条件和伴随"写"标志位的从机地址。使能中断并进入低功耗模式，在发送中断中，将不断发送数据，直到所有数据发送完毕，退出低功耗模式，返回主函数。

下一步初始化接收字节指针，初始化接收字节计数变量，同时清除 UCTR 将 IIC 设置为接收机模式，并发送起始条件和伴随"读"标志位的地址。在接收中断中，不断接收字节和递减计数器，接收到倒数第一个字节后，设置发送停止条件，当下一个数据到来时，主机会在其后发送停止条件给从机，从而结束通信，并完成最后一个字节的接收。最后退出低功耗模式，返回主函数，经过短暂延时后循环上述操作。

从机代码功能为：定义发送和接收指针及缓冲区，在初始化函数中，配置 P7.0 和 P7.1，驱动 LED 用于指示通信的发生，配置 IIC 复用端口，配置从机为 IIC 从机模式，配置时钟频率，设置本机地址为 0x48，使能中断。主函数中关闭看门狗，初始化端口和 IIC 功能，初始化发送和接收指针，然后使能通用中断进入低功耗模式。

当单片机从 IIC 上接收到和本机地址一致的地址后，就会触发中断，如果地址后跟随的是"写"标志位，则表示从机要接收主机的数据，会在接收到数据后，进入接收中断，接收中断执行读取数据和点亮 LED 等的操作。反之，若地址后跟随的是"读"标志位，则表示从机要向主机发送数据，从机会立刻进入发送中断，在发送中断中，向发送寄存器赋值，则可以将数据发送出去，同时也可以执行点亮 LED 等操作。同时，当接收到起始条件和停止条件后，从机也会进入相应的中断，本程序设计了进入停止中断后，初始化发送和接收指针，并熄灭 LED 的操作。

实例现象：当主机和从机 IIC 正确连接后，先复位从机，然后复位主机。则会观察到 LED 间断闪烁，表示数据的发送与接收。通过调试，可以看到从机的数据缓冲区中是主机发送的数据，并且主机也读取了从机缓冲区中的数据。

8.5.2　IIC 读写 EEPROM

AT24C02 是带有 IIC 端口的电擦除可编程只读存储器（EEPROM），芯片掉电后，其存储的数据不会丢失，而且可以像普通的 RAM 一样用程序改写。通过调查该芯片的数据手册可以了解到，芯片的容量为 256B，存储地址空间为 0x00～0xFF。该芯片的从机地址可通过 3 个引脚选择，A0、

A1 和 A2。其从机地址为"1010 A2 A1 A0 R/$\overline{\text{W}}$"。

在本实例中，MSP430 单片机的端口与 AT24C02 芯片的连接方式即 AT24C02 电路原理图如图 8.5.2 所示，其从机读地址为"0xA0"，写地址为"0xA1"，而 MSP430 单片机的 IIC 模块会在从机地址后自动添加 R/$\overline{\text{W}}$ 位，所以对于 MSP430 单片机来说，从机地址往往需要右移一位，即"0x50"。

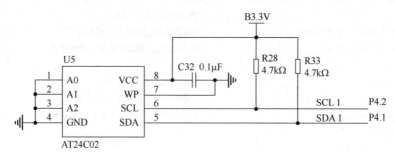

图 8.5.2   AT24C02 电路原理图

本实例要求使用 MSP430 单片机的 IIC 功能，对 AT24C02 芯片进行数据写入和读取操作，并通过 LED 指示通信的发生。实例代码如下：

```
#include <msp430.h>
#define  uchar unsigned char
uchar *PTxData,*PRxData;                      //定义发送数据指针和接收数据指针
uchar TXByteCtr,RXByteCtr;                    //发送和接收计数变量
uchar TxData[] = {0x11,0x22,0x33,0x44,0x55}; //定义要发送给EEPROM的数据
uchar RxBuffer[5];                            //接收数据缓冲区
/****************端口和UCSI_B1初始化***************/
void Init()
{
  P7DIR |= BIT0 + BIT1;                       //将P7.0和P7.1设置为输出，驱动LED，用于指示通信
  P7OUT |= BIT0 + BIT1;                       //P7.0和P7.1设置为高电平，熄灭LED
  P4SEL |= BIT1 + BIT2;                       //设置P4.1和P4.2为复用功能，IIC端口的SDA和SCL
  UCB1CTL1 |= UCSWRST;                        //复位USCI_B1
  UCB1CTL0 = UCMST + UCMODE_3 + UCSYNC;       //IIC主机，同步模式
  UCB1CTL1 = UCSSEL_2 + UCSWRST;              //SMCLK，保持UCSWRAT置位
  UCB1BR0 = 12;   UCB1BR1 = 0;                //f_SCL = SMCLK/12 = ~100kHz
  UCB1I2CSA = 0x50;                           //设置从机地址为0x50
  UCB1CTL1 &= ~UCSWRST;                       //清除UCSWRST,释放USCI_B0运行
}
/*****************************************
 *   功能说明：向24C02（EEPROM）中写入数据
 *   参数说明：DATA_Addr为AT24C02内数据存储器的首地址，数据将从该地址开始写入
            Dataptr为本机数据缓冲区的首地址，该地址存放着要写入的数据
            count为写入数据的个数
 *****************************************/
void EEPROM_Write(uchar DATA_Addr,uchar *Dataptr,uchar count)
{
  PTxData = Dataptr;                          //PTxData指向要发送数据组的首地址
  TXByteCtr = count;                          //更新字节计数变量
  while(UCB1CTL1 & UCTXSTP);                  //确保停止条件已发送，即总线空闲
  UCB1CTL1 |= UCTR + UCTXSTT;                 //发送机，发送开始条件及从机地址
  UCB1TXBUF = DATA_Addr;                      //发送要写入的目标存储器的首地址
```

```
   UCB1IE |= UCTXIE;                              //使能发送中断,在中断里发送要写入的数据
   __bis_SR_register (LPM0_bits + GIE);           //进入LPM0,使能总中断
}
/*****************************************************
*  功能说明: 从AT24C02 (EEPROM) 中读取数据
*  参数说明: DATA_Addr为AT24C02内数据存储器的地址,数据将从该地址开始读取
           Dataptr为本机数据缓冲区首地址,用于存储读到的数据
           count为读取数据的个数
*****************************************************/
void EEPROM_Read (uchar DATA_Addr,uchar *bufptr,uchar count)
{
   PRxData = bufptr;                              //PRxData指向接收数据缓冲区的首地址
   RXByteCtr = count;                             //初始化字节计数变量
   while (UCB1CTL1 & UCTXSTP);                    //确保停止条件已发送,即总线空闲
   UCB1CTL1 |= UCTR + UCTXSTT;                    //发送开始条件及从机地址
   UCB1TXBUF = DATA_Addr;                         //发送要读取数据的存储器的首地址
   while (! (UCB1IFG&UCTXIFG));                   //等待DATA_Addr发送完毕
   UCB1CTL1 &=~ UCTR;                             //设置主机工作在接收机模式
   UCB1CTL1 |= UCTXSTT;                           //发送重复开始条件并发送有"读"标志位的地址
   UCB1IE |= UCRXIE;                              //使能接收中断,在中断里存储读到的数据
   __bis_SR_register (LPM0_bits + GIE);           //进入LPM0,使能总中断
}
/**********************主函数***********************/
void main (void)
{
   WDTCTL = WDTPW + WDTHOLD;                       //关闭看门狗
   Init ();                                       //初始化端口和IIC功能
   while (1)
   {
      EEPROM_Write (0X00,TxData,5);               //向AT24C02中写入5个数据
      __delay_cycles (500000);                    //延时,方便观察LED闪烁,可设置断点
      EEPROM_Read (0X00,RxBuffer,5);              //从AT24C02中读取5个数据
      __delay_cycles (500000);                    //延时,方便观察LED闪烁,可设置断点
   }
}
/*******************UCSI_B0中断*********************/
#pragma vector = USCI_B1_VECTOR
__interrupt void USCI_B1_ISR (void)
{
   switch (__even_in_range (UCB1IV,12))
   {
   case 0: break;                                 //Vector 0: 无中断
   case 2: break;                                 //Vector 2: ALIFG
   case 4: break;                                 //Vector 4: NACKIFG
   case 6: break;                                 //Vector 6: STTIFG
   case 8: break;                                 //Vector 8: STPIFG
   case 10:                                       //Vector 10: RXIFG
      P7OUT &= ~BIT0;                             //点亮LED,表示正在进行接收操作
      RXByteCtr--;                                //递减字节计数变量
```

```
    if（RXByteCtr）                              //判断是否接收完毕
    {                                           //没有接收完毕
      *PRxData++ = UCB1RXBUF;                    //将接收到的数据存入PRxData数组
      if（RXByteCtr == 1）                       //检查是否只剩一个字节未接收
        UCB1CTL1 |= UCTXSTP;                     //生成停止条件
    }                               //若等到数据全部接收再生成停止条件，那么会多接收一个字节
    else                                        //接收完毕
    {
      P7OUT |= BIT0;                            //熄灭LED，表示接收已结束
      *PRxData = UCB1RXBUF;                      //将最后一个字节存入PRxData数组
      UCB1IE &= ～ UCRXIE;                       //禁用接收中断
      __bic_SR_register_on_exit（LPM0_bits）;    //退出LPM0，进入活跃模式
    }
    break;
  case 12:                                      //Vector 12: TXIFG
    P7OUT &= ～BIT1;                            //点亮LED，表示正在进行发送操作
    if（TXByteCtr）                             //判断是否发送完毕
    {                                           //若数据组未全部发送，则继续发送
      UCB1TXBUF = *PTxData++;                    //数据赋值给发送缓冲器
      TXByteCtr--;                              //递减计数变量
    }
    else                                        //数据发送完毕
    {
      P7OUT |= BIT1;                            //熄灭LED，表示发送已结束
      UCB1CTL1 |= UCTXSTP;                      //设置发送停止条件
      UCB1IFG &= ～UCTXIFG;                      //清除TXIFG，发送中断标志位
      UCB1IE &= ～ UCTXIE;                       //禁用发送中断
      __bic_SR_register_on_exit（LPM0_bits）;       //退出LPM0，进入活跃模式
    }
  default: break;
  }
}
```

　　该代码功能为："Init()"函数中，初始化了 LED 端口，用于指示通信的发生。初始化 P4.1 和 P4.2 为 IIC 功能（SCL 和 SDA），并初始化 USCI_B1 的 IIC 功能，配置时钟、从机地址等参数。"EEPROM_Write()"函数中，首先更新了全局变量，用来存储数据指针和数据字节数。然后发送起始条件和带有"写"标志位的从机地址。接着发送 AT24C02 的存储器地址，并使能中断，进入低功耗模式。在中断里，将不断发送数据到 AT24C02，直到发送完 count 个数据。这些数据将存储到 AT24C02 的存储器里，存储在以"DATA_Addr"为起始地址，递增的一系列存储空间中。

　　读取函数"EEPROM_Read()"中，开始部分与发送过程一致，当发送完存储空间地址 "DATA_Addr"后，需要改变数据的传输方向。在没有发送停止条件的情况下，再发送一个重复开始条件，则将数据的传输方向变为了从机向主机发送数据。然后使能接收中断，并进入低功耗模式。在接收中断中，主机将不断接收从机发送的数据，直到接收了 count 个数据，接着发送停止条件，并退出低功耗模式。

　　主函数的功能为：关闭看门狗，然后循环发送和接收数据，中间穿插延时以减小写入数据的负担，防止 AT24C02 过早损坏。同时也方便观察 LED 的闪烁。

　　实例现象：程序运行后，LED 不断闪烁表示数据的发送和接收。在线调试过程中也可观察到接收缓冲区"RxBuffer"中接收到了正确的数据。

8.5.3　软件模拟 IIC 通信

IIC 的通信协议既可以通过 MSP430 单片机中的硬件模块来实现，也可以通过软件操作 I/O 口的方式实现。只要 I/O 口上的通信时序符合 IIC 通信协议，就可以实现 IIC 通信，这与硬件的电路无关。在没有掌握特定单片机的硬件 IIC 功能时，或者单片机的 IIC 复用端口被其他应用占用时，或者所使用的单片机没有硬件 IIC 模块时，往往可以通过软件模拟 IIC 的方式实现 IIC 通信。本实例要求直接操作 MSP430 单片机的两个 I/O 口（P4.1 和 P4.2），实现 IIC 通信功能，并写入和读取 EEPROM。实例代码如下：

```c
#include <msp430.h>
#define u8 unsigned char
#define u16 unsigned int
//输入/输出设置
#define IIC_SDA_IN      P4DIR &= ~BIT1
#define IIC_SDA_OUT     P4DIR |= BIT1
#define IIC_SCL_OUT     P4DIR |= BIT2
//输出高低电平设置
#define IIC_SCL_H    P4OUT |= BIT2              //SCL
#define IIC_SCL_L    P4OUT &=~ BIT2
#define IIC_SDA_H    P4OUT |= BIT1              //SDA
#define IIC_SDA_L    P4OUT &=~BIT1
#define READ_SDA    P4IN&BIT1                   //SDA读取数据
#define delay_us(x) __delay_cycles(x)          //宏定义延时，防止IIC时钟频率过快
/********功能说明：初始化模拟IIC端口********/
void IIC_Init()
{
  IIC_SDA_OUT;
  IIC_SCL_OUT;
  IIC_SCL_H;
  IIC_SDA_H;
}
/********功能说明：产生IIC起始信号********/
void IIC_Start()
{
  IIC_SDA_OUT;
  IIC_SDA_H;
  IIC_SCL_H;
  delay_us(4);
  IIC_SDA_L;                                    //起始信号：SCL高电平，DATA下降沿
  delay_us(4);
  IIC_SCL_L;                                    //钳住IIC，准备发送或接收数据
}
/********功能说明：产生IIC停止信号********/
void IIC_Stop(void)
{
  IIC_SDA_OUT;                                  //SDA线输出
  IIC_SCL_L;
  IIC_SDA_L;
  delay_us(4);
```

```
   IIC_SCL_H;
   IIC_SDA_H;                                   //停止信号：SCL高电平，DATA上升沿
   delay_us (4);
}
/*****************************************
*功能说明：等待应答信号
*返回值：1，接收应答失败
        0，接收应答成功
*****************************************/
u8 IIC_Wait_Ack (void)
{
   u16 ucErrTime=0;
   IIC_SDA_IN;                                  //SDA设置为输入
   IIC_SDA_H;delay_us (1);
   IIC_SCL_H;delay_us (1);
   while (READ_SDA)
   {
     ucErrTime++;
     if (ucErrTime>60000)                       //设置应答超时时间
     {
       IIC_Stop ();
       return 1;
     }
   }
   IIC_SCL_L;                                    //时钟输出0
   return 0;
}
/********功能说明：发送应答信号********/
void IIC_Ack (void)
{
   IIC_SCL_L;
   IIC_SDA_OUT;
   IIC_SDA_L;
   delay_us (2);
   IIC_SCL_H;
   delay_us (2);
   IIC_SCL_L;
}
/********功能说明：发送无应答信号********/
void IIC_NAck (void)
{
   IIC_SCL_L;
   IIC_SDA_OUT;
   IIC_SDA_H;
   delay_us (2);
   IIC_SCL_H;
   delay_us (2);
   IIC_SCL_L;
}
```

```
/**********************************
*功能说明：IIC发送一个字节
*入口参数：txd为需要发送的数据
**********************************/
void IIC_Send_Byte (u8 txd)
{
  u8 t;
  IIC_SDA_OUT;
  IIC_SCL_L;                            //拉低时钟开始数据传输
  for (t=0;t<8;t++)                     //移位发送数据
  {
    if (txd&0x80)
      IIC_SDA_H;
    else
      IIC_SDA_L;
    txd<<=1;
    delay_us (2);
    IIC_SCL_H;
    delay_us (2);
    IIC_SCL_L;
    delay_us (2);
  }
}
/****************************************
*功能说明：IIC读取一个字节
*入口参数：ack=1，发送Ack；ack=0，发送NAck
*返回值：读取到的数据
****************************************/
u8 IIC_Read_Byte (unsigned char ack)
{
  unsigned char i,receive=0;
  IIC_SDA_IN;                           //SDA设置为输入
  for (i=0;i<8;i++ )
  {
    IIC_SCL_L;
    delay_us (2);
    IIC_SCL_H;
    receive<<=1;
    if (READ_SDA) receive++;
    delay_us (1);
  }
  if (!ack)
    IIC_NAck ();                        //发送NAck
  else
    IIC_Ack ();                         //发送Ack
  return receive;
}
/******************************************************
*功能说明：IIC写寄存器
```

```
*入口参数：sl_addr为从机地址
          reg_addr为从机寄存器地址
          buff为需要写入的数据的首地址
          count为需要写入的数据的个数
****************************************************/
void IIC_WriteReg(u8 sl_addr,u8 reg_addr,u8 *buff,u16 count)
{
  IIC_Start();
  IIC_Send_Byte(sl_addr);                    //发送从机地址和"读"标志位
  IIC_Wait_Ack();
  IIC_Send_Byte(reg_addr);                   //从机寄存器地址
  IIC_Wait_Ack();
  while(count--)
  {
    IIC_Send_Byte(*(buff++));
    IIC_Wait_Ack();
  }
  IIC_Stop();                                //产生一个停止条件
}
/****************************************************
*功能说明：IIC读寄存器
*入口参数：sl_addr为从机地址
          reg_addr为从机寄存器地址
          buff为接收数据缓冲区首地址
          count为需要读取的数据的个数
****************************************************/
void IIC_ReadReg(u8 sl_addr,u8 reg_addr,u8 *buff,u16 count)
{
  IIC_Start();
  IIC_Send_Byte(sl_addr);                    //发送从机地址和"写"标志位
  IIC_Wait_Ack();
  IIC_Send_Byte(reg_addr);                   //发送从机寄存器地址
  IIC_Wait_Ack();
  IIC_Start();
  IIC_Send_Byte(sl_addr|0x01);               //发送从机地址和"读"标志位
  IIC_Wait_Ack();
  while(count)
    *(buff++)=IIC_Read_Byte(--count);
  IIC_Stop();                                //产生一个停止条件
}
/***********************主函数应用部分***************************/
#define _24C02_Addr 0xA0
u8 *PTxData,*PRxData;                         //定义发送数据指针和接收数据指针
u8 TXByteCtr,RXByteCtr;                       //发送和接收计数变量
u8 TxData[] = {0x11,0x22,0x33,0x44,0x55};     //定义要发送给EEPROM的数据
u8 RxBuffer[5]; //接收数据缓冲区
/*********************主函数**********************/
void main(void)
{
```

```
WDTCTL = WDTPW + WDTHOLD;                    //关闭看门狗
P7OUT |= BIT0+BIT1; P7DIR |= BIT0+BIT1;
IIC_Init();
while(1)
{
  P7OUT &= ~BIT0;
  IIC_WriteReg(_24C02_Addr,0X00,TxData,5);   //向AT24C02中写入5个数据
  P7OUT |= BIT0;
  __delay_cycles(500000);                    //延时，方便观察LED闪烁，可设置断点
  P7OUT &= ~BIT1;
  IIC_ReadReg(_24C02_Addr,0X00,RxBuffer,5);  //从AT24C02中读取5个数据
  P7OUT |= BIT1;
  __delay_cycles(500000);                    //延时，方便观察LED闪烁，可设置断点
 }
}
```

该代码功能为：首先进行一系列宏定义，方便程序移植时修改 I/O 口。然后按照 IIC 通信协议，定义了一系列操作 IIC 通信子函数，如产生起始条件和停止条件、读取响应信号、读取和发送数据等。为保证时序的正确性，添加适当的延时，来降低时钟频率，防止从机承受不了过快的时钟信号。在主函数中，循环读取和写入数据，并使 LED 闪烁。

通过以上程序可以发现，软件模拟 IIC 所需的代码量远大于硬件 IIC。因为模拟 IIC 需要不断操作 I/O 口来符合时序的要求，而硬件 IIC 则通过硬件逻辑电路实现了这一功能。对于软件模拟 IIC 来说，其操作比较灵活，移植到其他单片机也比较容易，只需修改宏定义的 I/O 口操作函数即可，不易出现 IIC 锁死的情况。而对于硬件 IIC，因为不同单片机的硬件 IIC 配置寄存器不同，故需要对单片机的底层寄存器非常了解，程序不容易移植。但从运行效率方面考虑，软件模拟 IIC 几乎全程都需要 CPU 进行参与，占用了大量的 CPU 资源，效率较低，而硬件 IIC 则只需要 CPU 进行数据的赋值操作，免去了大量的 I/O 口操作，从而大大节省了 CPU 的资源，而且可通过中断的方式更加合理地分配 CPU，提高了代码的执行效率，降低了设备的功耗。

实例现象：程序运行后，LED 不断闪烁表示数据的发送和接收。在线调试过程中也可观察到接收缓冲区"RxBuffer"接收到了正确的数据。

8.6　SPI 通信

SPI（Serial Peripheral Interface）总线是由 Freescale 公司（现已被 NXP 公司收购）推出的一种串行设备接口，广泛用于单片机和外围扩展芯片之间的串行连接，现已发展成为一种工业标准。其简单易用，在芯片的引脚上只占用 4 根线，节约芯片引脚，同时为 PCB 的布局节省空间，各大半导体公司推出了大量带有 SPI 的 EEPROM、实时时钟、A/D 转换、D/A 转换、温度测量、LED/LCD 驱动、I/O 口扩展等芯片。

8.6.1　SPI 总线介绍

SPI 总线为全双工通信总线，数据传输速度总体来说比 IIC 要快很多，速度可达数 Mbps。其信号线少，协议简单，在主器件的移位脉冲下，数据按位传输，一般情况下，高位在前，低

位在后。

SPI 通信一般有 4 个引脚，分别为 $\overline{SS}$、MOSI、MISO、SCK，各个引脚的定义如下。

1. 从机选择引脚 $\overline{SS}$ （Slave Select）

若一个单片机的 SPI 工作于主机模式，则置 $\overline{SS}$ 引脚为高电平。若一个单片机的 SPI 工作于从机模式，则当 $\overline{SS}$=0 时，表示主机选中了该从机，反之则未选中该从机。通常情况下，单片机作为主机，外围芯片作为从机。对于单主单从（One master and one slave）系统，可以采用图 8.6.1 所示的接法。对于一个主单片机带多个从机的系统，$\overline{SS}$ 引脚可以有多个，每个从机对应一个 $\overline{SS}$ 引脚。主机不工作时，其 $\overline{SS}$ 引脚输出高电平，需要选择从机时，主机输出对应从机的 $\overline{SS}$ 引脚的低电平。

2. 主出从入引脚 MOSI（Master Out/Slave In）

主出从入引脚 MOSI，是主机输出、从机输入数据线。此时，单片机被设置为主机模式，主机送向从机的数据从该引脚输出。对于单片机被设置为从机模式，来自主机的数据从该引脚输入。

3. 主入从出引脚 MISO（Master In/Slave Out）

从机的数据从该引脚输入主机，对于单片机被设置为从机模式，送向主机的数据从该引脚输出。

4. SPI 串行时钟引脚 SCK（SPI Serial Clock）

SPI 串行时钟引脚 SCK 用于控制主机与从机之间的数据传输。串行时钟信号只能由主机发出，经主机的 SCK 引脚输出给从机的 SCK 引脚，从而控制整个数据传输过程。一般而言，在主机启动一次传送过程中，自动产生 8 个时钟周期信号从 SCK 引脚输出，SCK 信号的一个跳变进行一位数据的移位传送。

不同的厂家对 SPI 引脚的定义会有些许差异，名字会有变化，如时钟信号命名为 SCLK，使能引脚命名为 CS；甚至有些芯片的引脚是按照类似 SDI、SDO 的方式来命名的，这是站在器件的角度根据数据流向来定义的。

SDI：串行数据输入。

SDO：串行数据输出。

在这种情况下，当主机与从机连接时，就应该用一方的 SDO 连接另一个方的 SDI。

SPI 单主单从系统连接示意图如图 8.6.1 所示。

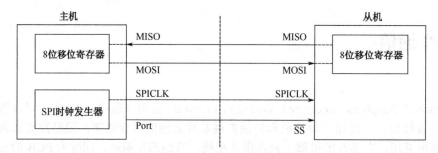

图 8.6.1　SPI 单主单从系统连接示意图

图 8.6.1 中，主机通过 $\overline{SS}$ 来确定要通信的从机。这就要求从机的 MISO 引脚具有三态特性，使得该引脚在器件未被选通时表现为高阻抗。此时，SPI 的时钟由主机（Master）控制，在时钟移位脉冲下，数据按位传输，高位在前、低位在后（MSB first）。移位寄存器为 8 位，所以每一工作过程相互传送 8 位数据，工作从主机发出启动传输信号开始，此时要传送的数据装入 8 位移位寄存器，同时产生 8 个时钟信号从 SPICLK 引脚依次送出，在 SPICLK 信号的控制下，主机中 8 位移位寄存器中的数据依次从 MOSI 引脚送出，到从机的 MOSI 引脚送入它的 8 位移位寄存器，在此过程中，

从机的数据也通过 MISO 引脚送到主机中。所以，称之为全双工主-从连接（Full-Duplex Master-Slave Connections）。

SPI 单主多从连接示意图如图 8.6.2 所示。

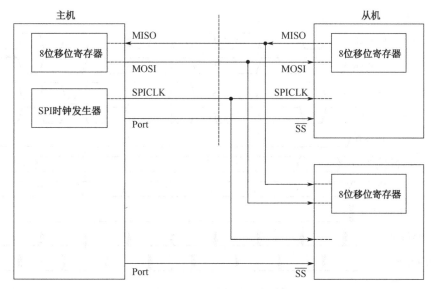

图 8.6.2　SPI 单主多从连接示意图

图 8.6.2 中，多个从机共享时钟线、数据线，可以直接并联在一起；而各从机的 $\overline{SS}$ 则单独与主机连接，受主机控制。在一段时间内，主机只能通过某根 $\overline{SS}$ 激活一个从机，进行数据传输，而此时其他从机的时钟线和数据线端口则都应保持高阻状态，以免影响当前数据传输的进行。

在简单应用系统中，有时还会用到三线制的 SPI，此时 SPI 工作在半双工的模式，只能分时进行发或收。还是 SPI 主机提供时钟、发起对从机的读写操作。只有在主机发出通知后，从机接收时钟，被动响应主机的读写数据请求。在考虑简化电路的情况下，有时还会考虑将 $\overline{SS}$ 直接接到固定电平。

1．SPI 的通信协议

SPI 是在同步时钟信号 SCK 的控制下完成数据传输的，SCK 提供时钟脉冲，SDI、SDO 则基于此脉冲完成数据传输。数据输出通过 SDO 线，数据输入通过 SDI 线，数据在时钟上升沿或下降沿时改变，在紧接着的下降沿或上升沿被读取。完成一位数据传输，输入也使用同样的原理。因此需要 8 个时钟信号，完成 8 位数据的双向传输。由于发送线和接收线分开，所以主机和从机均可在发送数据的同时接收数据。

但在不同的场合下，时钟信号的相位与极性可能要求不一样。MSP430 单片机的 SPI 根据控制位时钟相位（CKPH）和时钟极性（CKPL）的不同，数据线和时钟线产生 4 种可能的时序，如图 8.6.3 所示。

其中，时钟极性（CKPL）表示 SPI 在空闲时，时钟信号是高电平还是低电平。若 CKPL 设置为 1，那么该设备在空闲时 SCK 引脚下的时钟信号为高电平。当 CKPL 设置为 0 时相反。

时钟相位（CKPH）表示 SPI 设备是在 SCK 引脚上的时钟信号变为上升沿时触发数据采样，还是在时钟信号变为下降沿时触发数据采样。若 CKPH 设置为 1，则 SPI 设备在时钟信号变为下降沿时触发数据采样，在上升沿时发送数据。当 CKPH 设置为 0 时相反。主机和从机必须使用同样的时序模式才能正常通信。

当 CKPH=0、CKPL=0 时，MISO 引脚上的数据在第一个 SPSCK 沿跳变之前已经有效，为了保证正确传输，MOSI 引脚的 MSB 位必须与 SCK 的第一个边沿同步，在 SPI 传输过程中，首先将数据上线，然后在同步时钟信号的上升沿，SPI 的接收方捕捉位信号，当时钟信号的一个周期结束时（下降沿），下一位数据信号上线，再重复上述过程，直到一个字节的 8 位信号传输结束。

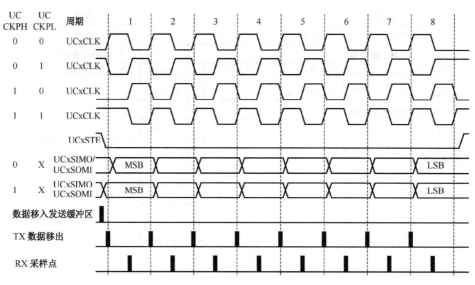

图 8.6.3　4 种 SPI 通信时序

当 CKPH=1、CKPL=0 时，MISO 引脚和 MOSI 引脚的 MSB 位必须与 SCK 的第一个边沿同步，在 SPI 传输过程中，当同步时钟信号周期开始时（上升沿）数据上线，然后在同步时钟信号的下降沿，SPI 的接收方捕捉位信号，当时钟信号的一个周期结束时（上升沿），下一位数据信号上线，再重复上述过程，直到一个字节的 8 位信号传输结束。

当 CKPH=1、CKPL=1 时，MISO 引脚和 MOSI 引脚的 MSB 位在 SCK 的第一个边沿同步，在 SPI 传输过程中，当同步时钟信号周期开始时（上升沿）数据上线，然后在同步时钟信号的下降沿，SPI 的接收方捕捉位信号，当时钟信号的一个周期结束时（上升沿），下一位数据信号上线，再重复上述过程，直到一个字节的 8 位信号传输结束。

2. 硬件 SPI 与模拟 SPI（软件 SPI）

若单片机没有 SPI 通信模块或 SPI 复用端口被占用，则可以通过端口软件模拟 SPI。利用 GPIO 实现 SPI 通信协议。端口软件模拟 SPI 非常灵活，发送的数据位数可以任意，而且不需要中断，可以在任何时候启动，也可任意变换端口。但是软件模拟的缺点就是占用大量的 CPU 资源。

对于 MSP430 单片机而言，它具有硬件 SPI 通信模块，可以直接使用硬件 SPI 通信。SPI 通信协议直接由硬件承担，不需要软件干预，节省了大量 CPU 资源，稳定性强，适合高速通信。然而硬件 SPI 也有缺点：配置寄存器比较烦琐，传输的数据位数有限制，如 MSP430F5529 单片机只支持传输 7 位或 8 位的数据。

对硬件 SPI 与模拟 SPI 的 CPU 占用情况进行比较：对于软件 SPI，发送一个 8 位数据，至少需要 8×7= 56 个 CPU 指令，这还不包括其他步骤的开销；而对于硬件 SPI，发送一个 8 位数据只需要 1 个 CPU 指令（仅需要寄存器赋值操作）。

8.6.2　USCI 模块的 SPI 模式

MSP430 单片机的 USCI_Ax 和 USCI_Bx 模块都具备 SPI 功能。当 UCSYNC 置位时，选择 SPI 模式。通过 UCMODEx 位选择三线或四线 SPI 模式。三线 SPI 模式的端口包括 UCxSIMO、UCxSOMI

和 UCxCLK。四线 SPI 模式的端口包括 UCxSIMO、UCxSOMI、UCxCLK 和 UCxSTE。

1. SPI 模式特点

- 7 位或 8 位数据长度。
- 可选择最低位或最高位优先数据发送和接收。
- 三线或四线 SPI 模式。
- 主机模式或从机模式。
- 独立发送和接收移位寄存器。
- 独立发送和接收缓冲寄存器。
- 连续传送和接收模式。
- 可选择的时钟极性和阶段控制。
- 主机模式中，可编程时钟频率。
- 独立发送和接收中断功能。
- 从机模式可用 LPM4。

SPI 模式功能框图如图 8.6.4 所示。

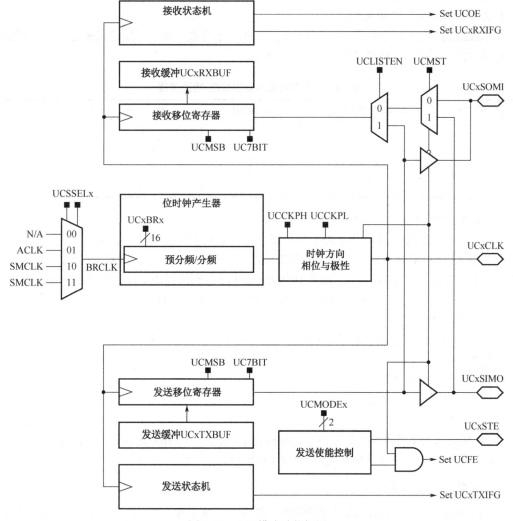

图 8.6.4　SPI 模式功能框图

2. SPI 模式操作

MSP430F5529 单片机的 USCI_Ax 和 USCI_Bx 模块都支持 SPI 模式，串行数据可在多个设备中发送和接收，所有设备统一使用主机产生的公共时钟。UCxSTE 是附加的引脚，用来使能一个设备接收和发送数据，UCxSTE 通过主机控制。

关于 USCI_Ax、USCI_Bx 模块所使用的端口，可以查看相关数据手册。对于 MSP430F5529 单片机，USCI_A0 的 UCA0SIMO 使用 P3.3、UCA0SOMI 使用 P3.4、UCA0CLK 使用 P2.7。

（1）端口介绍。

· UCxSIMO（Slave Input Master Output）：从机输入，主机输出。

主机模式：UCxSIMO 是数据输出线。

从机模式：UCxSIMO 是数据输入线。

· UCxSOMI：从机输出，主机输入。

主机模式：UCxSIMI 是数据输入线。

从机模式：UCxSIMI 是数据输出线。

· UCxCLK：USCI 模块的 SPI 时钟。

主机模式：UCxCLK 输出时钟。

从机模式：UCxCLK 输入时钟。

· UCxSTE：从机发送使能（用于从机模式，相当于片选。用于四线模式来允许在一个通信道路上有多主机。不用于三线模式），如表 8.6.1 所示。

表 8.6.1　不同模式下 UCxSTE 功能选择

UCMODEx	UCxSTE 活跃状态	UCxSTE	从　　机	主　　机
01	高	0	无效	活跃
		1	活跃	无效
10	低	0	活跃	无效
		1	无效	活跃

（2）USCI 模块初始化和复位。

UCSI 模块通过 PUC 或 UCSWRST 位来复位。PUC 后 UCSWRST 自动复位，将 USCI 模块保持在复位模式。当 UCSWRST 置位时，UCSWRST 位复位 UCRXIE、UCTXIE、UCRXIFG、UCOE 和 UCFE 位，并将 UCTXIFG 置位。清除 UCSWRST 释放 USCI 模块运行。为了避免不可测的活动，要在 UCSWRST 置位时配置 USCI 模块。初始化和配置方法同 UART。

· 将 UCSWRST 置位。

· 在 UCSWRST 置位的状态下，初始化所有 USCI 模块的寄存器。

· 配置端口。

· 软件清除 UCSWRST。

· 通过 UCRXIE 和 UCTXIE 使能中断。

（3）字符格式。

UCSI 模块的 SPI 模式支持 7 位和 8 位数据长度，通过 UC7BIT 选择。在 7 位数据模式中，可通过 UCMST 选择最低位或最高位优先。没有校验位和停止位。

3. 数据的发送与接收

在 SPI 模式下，单片机在发送数据的同时接收数据。无论是主机还是从机，都是在时钟的第一个边沿接收数据（发送数据），在相反边沿发送数据（接收数据）的。可通过配置寄存器 UCAxCTL0 的 UCCKPH 来选择。主机没有数据发送时，不产生时钟信号。

SPI 模式时钟信号由主机产生，配置方法同 UART 模式。通过 UCSSELx 选择时钟源，通过 UCBRx 的值设置分频系数。计算公式如下：

$$f_{BITCLK} = f_{BRCLK}/UCBRx，当 UCBRx=0 时，f_{BITCLK} = f_{BRCLK}$$

因为在 SPI 模式下，使用的是公共时钟源，不存在时钟误差，不需要使用调制器，所以 UCAxMCTL 应保持复位。

（1）主机模式。

主机模式需要配置时钟源、分频系数，不使用调制器。当向 UCxTXBUF 中写入数据时（UCTXIFG=1），时钟源启动，数据转入移位寄存器，在合适的时钟边沿从 UCxSIMO 端口发送。同时，在相反时钟边沿从 UCxSOMI 端口接收从机发来的数据。接收到完整的数据后，接收中断标志 UCRXIFG 置位，表示一次发送/接收操作完成。在主机模式中，为了接收数据，必须先发送数据，这是因为接收和发送操作是同时发生的。

（2）四线主机模式。

在四线主机模式下，UCxSTE 用来防止主机和主机之间的冲突。当 UCxSTE 在主机无效状态时：UCxSIMO 和 UCxCLK 被设置成输入，不再驱动通信。通过配置 UCMODEx=01 或 10，可以选择主机 UCxSTE 高电平无效或 UCxSTE 低电平无效。

如果主机通过 UCxSTE 选为无效状态，数据写入 UCxTXBUF，那么这个数据会在主机通过 UCxSTE 选为活跃模式时发送。如果主机在发送数据过程中选为无效状态，那么这个数据必须重新写入 UCxTXBUF 并在返回主机活跃模式时发送。

（3）从机模式。

UCxCLK 用来输入 SPI 时钟，时钟信号必须由外部主机供应。内部时钟设置寄存器无效。在 UCxCLK 开始之前，数据写入 UCxTXBUF 并移入发送移位寄存器，等待有时钟信号时在 UCxSOMI 上发送。UCxSIMO 上的数据在相反的 UCxCLK 边沿移入接收移位寄存器并存入 UCxRXBUF。当数据从接收移位寄存器移入 UCxRXBUF 中时，中断标志位 UCRXIFG 置位，表示接收到一个数据。当没来得及读取 UCxRXBUF 值，下一个数据移入 UCxRXBUF 时，溢出错误标志位 UCOE 置位。

（4）四线从机模式。

从机使用 UCxSTE 来使能发送和接收操作，UCxSTE 信号由 SPI 主机提供。当 UCxSTE 在从机活跃模式时，从机正常工作。

当 UCxSTE 在从机失效模式时：任何在 UCxSIMO 上的接收操作将停止；UCxSOMI 被选为输入方向；移位操作禁止，直到 UCxSTE 转换为传输活跃模式。

4．低功耗模式中使用 SPI 模式

在低功耗模式中，USCI 模块会提供自动的时钟激活。当 USCI 模块时钟源因为设备进入低功耗模式而禁用时，USCI 模块会在需要时自动将其激活，而不管时钟控制位如何配置。时钟保持活跃直到 USCI 模块返回空闲模式。当 USCI 模块返回空闲模式时，时钟恢复由其控制位控制。

在 SPI 从机模式下，不需要内部时钟源，因此可将设备置于 LPM4。接收或发送中断能将 CPU 从任何低功耗模式唤醒。

5．SPI 模式的 USCI 中断

SPI 模式的 USCI 中断：USCI 模块只有一个中断向量供接收和发送使用。USCI_Ax 和 USCI_Bx 使用不同的中断向量。中断向量名称分别为 USCI_Ax_VECTOR 和 USCI_Bx_VECTOR。

SPI 发送中断操作：UCTXIFG 中断标志位被发送器置位时，表示 UCxTXBUF 准备好接收新数据。如果 UCTXIE 和 GIE 位也置位，那么将生成一个中断请求。如果一个数据写入 UCxTXBUF，那么 UCTXIFG 会自动清零。UCxTXBUF 中的数据发送完后，UCTXIFG 再次置位，等待新数据写

入 UCxTXBUF。UCTXIFG 会在 PUC 或 UCSWRST=1 后置位。UCTXIE 会在 PUC 或 UCSWRST=1 后复位。

SPI 接收中断操作：UCRXIFG 中断标志位会在每次接收到数据并存入 UCxRXBUF 后置位。如果 UCRXIE 和 GIE 也置位，那么会生成中断。UCRXIFG 和 UCRXIE 会在 PUC 或 UCSWRST=1 时复位。UCRIFG 会在读取 UCxRXBUF 后自动复位。

UCAxIV 中断向量寄存器：数据的发送和接收公用一个中断向量。USCI_Ax 和 USCI_Bx 使用不同的中断向量。相应中断标志位会在 UCAxIV 中生成一个数值，查询其值可知道哪个中断标志位置位。禁用中断不影响 UCAxIV 的值。任何对 UCAxIV 的访问和读写操作会复位最高优先级的中断标志。UCAxIV 中断向量寄存器功能如表 8.6.2 所示。

表 8.6.2　UCAxIV 中断向量寄存器功能

UCAxIV 值	中 断 向 量	备　注
0	无中断	
2	RXIFG	优先级最高
4	TXIFG	优先级最低

8.6.3　SPI 模式寄存器

各寄存器如表 8.6.3～表 8.6.23 所示。

表 8.6.3　UCAxCTL0：USCI_Ax 控制寄存器 0（只有当 UCSWRST=1 时，寄存器内容才可修改）

7	6	5	4	3	2	1	0
UCCKPH	UCCKPL	UCMSB	UC7BIT	UCMST	UCMODEx		UCSYNC
rw-0	rw-0	rw-0	rw-0	rw-0	rw-0	rw-0	rw-0

UCCKPH：时钟相位选择。0=数据在第一个 UCLK 边沿发送，并在下一个边沿捕获；1=数据在第一个 UCLK 边沿捕获，并在下一个边沿发送。

UCCKPL：时钟极性选择。0=失效状态时低电平；1=失效状态时高电平。

UCMSB：最高位优先选择位。控制接收和传输缓冲寄存器的方向。0=最低位优先；1=最高位优先。

UC7BIT：字符长度选择位。0=8 位数据；1=7 位数据。

UCMST：主机模式选择。0=从机模式；1=主机模式。

UCMODEx：USCI 模式选择。UCSYNC=1 时，UCMODEx 用来选择同步通信模式。00=三线 SPI 模式；01=四线 SPI 模式，主动高，UCxSTE=1 时从机使能；10=四线 SPI 模式，主动低，UCxSTE=0 时从机使能；11=IIC 模式。

UCSYNC：同步模式使能位。0=异步通信；1=同步通信。

表 8.6.4　UCAxCTL1：USCI_Ax 控制寄存器 1（只有当 UCSWRST=1 时，寄存器内容才可修改）

7	6	5	4	3	2	1	0
UCSSELx		Reserved					UCSWRST
rw-0	rw-0	rw-0	rw-0	rw-0	rw-0	rw-0	rw-1

UCSSELx：USCI 时钟源选择。选择 BRCLK 时钟源。00=UCAxCLK（外部 USCI 时钟）；01=ACLK；10=SMCLK；11=SMCLK。

UCSWRST：软件复位使能。0=禁用，可以对 USCI 模块进行操作；1=使能，USCI 模块逻辑保持复位状态。

表 8.6.5 UCAxBR0：USCI_Ax 波特率控制寄存器 0（只有当 UCSWRST=1 时，寄存器内容才可修改）

7	6	5	4	3	2	1	0
UCBRx							
rw	rw	rw	rw	rw	rw	rw	rw

UCBRx：时钟预分频器配置寄存器的低 8 位，（UCAxBR0+UCAxBR1*256）的值形成预分频器的值。$f_{BITCLK} = f_{BRCLK} /$UCBRx，如果 UCBRx=0，$f_{BITCLK} = f_{BRCLK}$。

表 8.6.6 UCAxBR1：USCI_Ax 波特率控制寄存器 1（只有当 UCSWRST=1 时，寄存器内容才可修改）

7	6	5	4	3	2	1	0
UCBRx							
rw	rw	rw	rw	rw	rw	rw	rw

UCBRx：时钟预分频器配置寄存器的低 8 位，（UCAxBR0+UCAxBR1*256）的值形成预分频器的值。

表 8.6.7 UCAxMCTL：USCI_Ax 调制器控制寄存器（在 SPI 模式下不使用）

7	6	5	4	3	2	1	0
Reserved							
rw-0	rw-0	rw-0	rw-0	rw-0	rw-0	rw-0	rw-0

表 8.6.8 UCAxSTAT：USCI_Ax 状态寄存器（只有当 UCSWRST=1 时，寄存器内容才可修改）

7	6	5	4	3	2	1	0
UCLISTEN	UCFE	UCOE	Reserved				UCBUSY
rw-0	rw-0	rw-0	rw-0	rw-0	rw-0	rw-0	rw-0

UCLISTEN：回路模式使能，UCLISTEN 位选择回路模式。0=禁用；1=使能。UCAxTXD 内部反馈给原设备接收。

UCFE：帧错误标志。当 UCAxRXBUF 被读取时，UCFE 清零。0=没有错误；1=接收的字符有停止位。

UCOE：溢出错误标志。读取前一个字符之前，当一个字符被传输到 UCAxRXBUF 时，UCOE 置位。读取 UCAxRXBUF 时自动清除 UCOE，软件不能清除 UCOE。否则，它不能正常工作。0=没有错误；1=溢出错误出现。

UCBUSY：USCI 忙碌标志。它表示是否有接收或发送操作正在进行。0=USCI 没有活动；1=USCI 正在接收或发送。

表 8.6.9 UCAxRXBUF：USCI_Ax 接收缓冲寄存器

7	6	5	4	3	2	1	0
UCRXBUFx							
r	r	r	r	r	r	r	r

UCRXBUFx：用户可访问接收数据缓冲区，其中包含最新接收的字符。读取 UCAxRXBUF 重置接收错误位、UCADDR 或 UCIDLE 和 UCRXIFG 位。在 7 位数据模式中，UCAxTXBUF 的最高位不被使用，并保持复位。

表 8.6.10　UCAxTXBUF：USCI_Ax 发送缓冲寄存器

7	6	5	4	3	2	1	0
UCTXBUFx							
rw	rw	rw	rw	rw	rw	rw	rw

UCTXBUFx：用户可访问发送数据缓冲区，其中数据等待被移入发送移位寄存器并在 UCAxTXD 上发送。对发送缓冲寄存器的写入操作会清除 UCTXIFG。传输 7 位数据时，UCAxTXBUF 的最高位不被使用，并保持复位。

表 8.6.11　UCAxIE：USCI_Ax 中断使能寄存器

7	6	5	4	3	2	1	0
Reserved						UCTXIE	UCRXIE
r-0	r-0	r-0	r-0	r-0	r-0	r-0	rw-0

UCTXIE：发送中断使能。0=中断禁止；1=中断使能。

UCRXIE：接收中断使能。0=中断禁止；1=中断使能。

表 8.6.12　UCAxIFG：USCI_Ax 中断标志寄存器

7	6	5	4	3	2	1	0
Reserved						UCTXIFG	UCRXIFG
r-0	r-0	r-0	r-0	r-0	r-0	rw-1	rw-0

UCTXIFG：发送中断标志。当 UCAxTXBUF 没有数据时，UCTXIFG 置位。0=没有中断挂起；1=有中断挂起。

UCRXIFG：接收中断标志。当 UCAxRXBUF 接收到一个完整字符时，UCRXIFG 置位。0=没有中断挂起；1=有中断挂起。

表 8.6.13　UCAxIV：USCI_A 中断向量寄存器

15	14	13	12	11	10	9	8
UCIVx							
r-0	r-0	r-0	r-0	r-0	r-0	r-0	r-0
7	6	5	4	3	2	1	0
UCIVx							
r-0	r-0	r-0	r-0	r-0	r-0	r-0	r-0

UCIVx：USCI 模块中断向量值。00=没有中断挂起；02=中断源：接收数据，中断标志为 UCRXIFG，中断优先级最高；04=中断源：发送寄存器空，中断标志为 UCTXIFG，中断优先级最低。

表 8.6.14　UCBxCTL0：USCI_Bx 控制寄存器 0（只有当 UCSWRST=1 时，寄存器内容才可修改）

7	6	5	4	3	2	1	0
UCCKPH	UCCKPL	UCMSB	UC7BIT	UCMST	UCMODEx		UCSYNC
rw-0	rw-0	rw-0	rw-0	rw-0	rw-0	rw-0	rw-0

UCCKPH：时钟相位选择。0=数据在第一个 UCLK 边沿发送，并在下一个边沿捕获；1=数据在第一个 UCLK 边沿捕获，并在下一个边沿发送。

UCCKPL：时钟极性选择。0=失效状态时低电平；1=失效状态时高电平。

UCMSB：最高位优先选择位。控制接收和传输缓冲寄存器的方向。0=最低位优先；1=最高位优先。

UC7BIT：字符长度选择位。0=8 位数据；1=7 位数据。

UCMST：主机模式选择。0=从机模式；1=主机模式。

UCMODEx：USCI 模式选择。UCSYNC=1 时，UCMODEx 用来选择同步通信模式。00=三线SPI 模式；01=四线 SPI 模式，主动高，UCxSTE=1 时从机使能；10=四线 SPI 模式，主动低，UCxSTE=0时从机使能；11=IIC 模式。

UCSTNC：同步模式使能位。0=异步通信；1=同步通信。

表 8.1.15　UCBxCTL1：USCI_Bx 控制寄存器 1（只有当 UCSWRST=1 时，寄存器内容才可修改）

7	6	5	4	3	2	1	0
UCSSELx		Reserved					UCSWRST
rw-0	rw-0	rw-0	rw-0	rw-0	rw-0	rw-0	rw-1

UCSSELx：USCI 时钟源选择。选择 BRCLK 时钟源。00=UCAxCLK（外部 USCI 时钟）；01=ACLK；10=SMCLK；11=SMCLK。

UCSWRST：软件复位使能。0=禁用，可以对 USCI 模块进行操作；1=使能，USCI 模块逻辑保持复位状态。

表 8.6.16　UCBxBR0：USCI_Bx 波特率控制寄存器 0（只有当 UCSWRST=1 时，寄存器内容才可修改）

7	6	5	4	3	2	1	0
UCBRx							
rw	rw	rw	rw	rw	rw	rw	rw

UCBRx：时钟预分频器配置寄存器的低 8 位，（UCBxBR0+UCBxBR1*256）的值形成预分频器的值。$f_{BITCLK} = f_{BRCLK}/UCBRx$，如果 UCBRx=0，$f_{BITCLK} = f_{BRCLK}$。

表 8.6.17　UCBxBR1：USCI_Bx 波特率控制寄存器 1（只有当 UCSWRST=1 时，寄存器内容才可修改）

7	6	5	4	3	2	1	0
UCBRx							
rw	rw	rw	rw	rw	rw	rw	rw

UCBRx：时钟预分频器配置寄存器的低 8 位，（UCBxBR0+UCBxBR1*256）的值形成预分频器的值。

表 8.6.18　UCBxSTAT：USCI_Bx 状态寄存器（只有当 UCSWRST=1 时，寄存器内容才可修改）

7	6	5	4	3	2	1	0
UCLISTEN	UCFE	UCOE	Reserved				UCBUSY
rw-0	rw-0	rw-0	rw-0	rw-0	rw-0	rw-0	rw-0

UCLISTEN：回路模式使能，UCLISTEN 位选择回路模式。0=禁用；1=使能。UCBxTXD 内部反馈给原设备接收。

UCFE：帧错误标志。当 UCBxRXBUF 被读取时，UCFE 清零。0=没有错误；1=接收的字符有停止位。

UCOE：溢出错误标志。读取前一个字符之前，当一个字符被传输到 UCBxRXBUF 时，UCOE置位。读取 UCBxRXBUF 时自动清除 UCOE，软件不能清除 UCOE。否则，它不能正常工作。0=

没有错误；1=溢出错误出现。

　　UCBUSY：USCI 忙碌标志。它表示是否有接收或发送操作正在进行。0=USCI 没有活动；1=USCI 正在接收或发送。

表 8.6.19　UCBxRXBUF：USCI_Bx 接收缓冲寄存器

7	6	5	4	3	2	1	0
UCRXBUFx							
r	r	r	r	r	r	r	r

　　UCRXBUFx：用户可访问接收数据缓冲区，其中包含最新接收的字符。读取 UCBxRXBUF 重置接收错误位和 UCRXIFG。在 7 位数据模式中，UCBxTXBUF 的最高位不被使用，并保持复位。

表 8.6.20　UCBxTXBUF：USCI_Bx 发送缓冲寄存器

7	6	5	4	3	2	1	0
UCTXBUFx							
rw	rw	rw	rw	rw	rw	rw	rw

　　UCTXBUFx：用户可访问发送数据缓冲区，其中数据等待被移入发送移位寄存器并在 UCBxTXD 上发送。对发送缓冲寄存器的写入操作会清除 UCTXIFG。传输 7 位数据时，UCBxTXBUF 的最高位不被使用，并保持复位。

表 8.6.21　UCBxIE：USCI_Bx 中断使能寄存器

7	6	5	4	3	2	1	0
Reserved						UCTXIE	UCRXIE
r-0	r-0	r-0	r-0	r-0	r-0	r-0	rw-0

　　UCTXIE：发送中断使能。0=中断禁止；1=中断使能。
　　UCRXIE：接收中断使能。0=中断禁止；1=中断使能。

表 8.6.22　UCBxIFG：USCI_Bx 中断标志寄存器

7	6	5	4	3	2	1	0
Reserved						UCTXIFG	UCRXIFG
r-0	r-0	r-0	r-0	r-0	r-0	rw-1	rw-0

　　UCTXIFG：发送中断标志。当 UCBxTXBUF 没有数据时，UCTXIFG 置位。0=没有中断挂起；1=有中断挂起。

　　UCRXIFG：接收中断标志。当 UCBxRXBUF 接收到一个完整字符时，UCRXIFG 置位。0=没有中断挂起；1=有中断挂起。

表 8.6.23　UCBxIV：USCI_Bx 中断向量寄存器

15	14	13	12	11	10	9	8
UCIVx							
r-0	r-0	r-0	r-0	r-0	r-0	r-0	r-0
7	6	5	4	3	2	1	0
UCIVx							
r-0	r-0	r-0	r-0	r-0	r-0	r-0	r-0

UCIVx：USCI 模块中断向量值。00=没有中断挂起；02=中断源：接收数据，中断标志为 UCRXIFG，中断优先级最高；04=中断源：发送寄存器空，中断标志为 UCTXIFG，中断优先级最低。

8.7　SPI 通信应用实例

SPI 通信应用实例介绍 MSP430 单片机 USCI_Ax 或 USCI_Bx 模块的 SPI 功能；介绍使用 SPI 通信实现设备之间双机通信；介绍使用 SPI 读写 Flash 及使用软件模拟 SPI 的方法。希望读者通过学习 MSP430 单片机的 SPI 功能，掌握使用 SPI 与外围器件进行通信，并体会硬件 SPI 和软件 SPI 的差别。

8.7.1　SPI 双机通信

SPI 通信是单片机重要的通信方式，常用于单片机与外围模块的高速通信，可以实现一主多从的通信网络。本实例使用两个 MSP430 单片机，接线方式如图 8.7.1 所示。

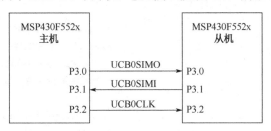

图 8.7.1　SPI 双机通信接线方式

要求使用 MSP430 单片机 USCI 模块的 SPI 通信功能，分别将两个 MSP430 单片机模拟成主机和从机，实现两个单片机之间的 SPI 通信，并用 LED 指示通信正确性。

主机代码：

```
#include <msp430.h>
unsigned char *PTxData,*PRxData;          //定义发送数据指针和接收数据指针
unsigned char TXByteCtr,RXByteCtr;        //发送和接收计数变量
unsigned char TxData[] = {0x11,0x22,0x33,0x44,0x55};    //定义要发送的数据
unsigned char RxBuffer[5];                //接收数据缓冲区
/****************初始化端口的USCI_B0****************/
void Init()
{
  P7DIR |= BIT0 + BIT1; P7OUT |= BIT0 + BIT1;//配置P7.0和P7.1，LED端口
  P3SEL |= BIT0+BIT1+BIT2;                 //配置端口复用功能（UCB0SIMO、UCB0SOMI、UCB0CLK）
  UCB0CTL1 |= UCSWRST;                     //复位USCI_B0
  UCB0CTL0 |= UCMST+UCSYNC;                //三线SPI主机模式，8位数据
  UCB0CTL1 |= UCSSEL_2;                    //时钟源选择为SMCLK
  UCB0BR0 = 0xFF;                          //UCB0CLK=SMCLK/0xFFF，选择较大分频系数，可详细观察通信发生
  UCB0BR1 = 0x0F;                          //实际应用可配置较快时钟，可选择时钟频率为100kHz或更快
  UCB0CTL1 &= ~UCSWRST;                    //释放USCI_B0运行
}
/****************主函数****************/
```

```c
void main (void)
{
  WDTCTL = WDTPW+WDTHOLD;                            //关闭看门狗
  Init ();                                          //初始化端口和USCI_B0
  while (1)
  {
    PTxData = TxData;                               //PTxData指向要发送数据组的首地址
    PRxData = RxBuffer;                             //PRxData指向接收数据缓冲区的首地址
    RXByteCtr = TXByteCtr = 5;                      //更新字节计数变量
    UCB0IE |= UCRXIE + UCTXIE;                      //使能发送中断
    __bis_SR_register (LPM0_bits + GIE);            //进入LPM0,使能通用中断
    __delay_cycles (500000);                        //延时,方便观察LED闪烁,可设置断点
  }
}
/***************USCI_B0中断***************/
#pragma vector=USCI_B0_VECTOR
__interrupt void USCI_B0_ISR (void)
{
  switch (__even_in_range (UCB0IV,4))
  {
  case 0: break;                                    //Vector 0: 无中断
  case 2:                                           //Vector 2: RXIFG
    P7OUT &= ~BIT0;                                 //点亮LED,表示正在进行接收操作
    if (RXByteCtr)                                  //判断剩余待接收字节数
    {
      *PRxData++ = UCB0RXBUF;                        //将接收到的数据存入PRxData数组
      RXByteCtr--;                                  //递减字节计数变量
    }
    if (RXByteCtr==0)                               //接收完毕
    {
      P7OUT |= BIT0;                                //熄灭LED,表示接收已结束
      UCB0IE &= ~ UCRXIE;                           //禁用接收中断
      __bic_SR_register_on_exit (LPM0_bits);        //退出LPM0,进入活跃模式
    }
    break;
  case 4:                                           //Vector 4: TXIFG
    P7OUT &= ~BIT1;                                 //点亮LED,表示正在进行发送操作
    if (TXByteCtr)                                  //判断是否发送完毕
    {
      UCB0TXBUF = *PTxData++;                        //数据赋值给发送缓冲区
      TXByteCtr--;                                  //递减计数变量
    }
    if (TXByteCtr==0)                               //数据发送完毕
    {
      P7OUT |= BIT1;                                //熄灭LED,表示发送已结束
      UCB0IE &= ~ UCTXIE;                           //禁用发送中断
    }
    break;
  default: break;
```

```
    }
  }
```

从机代码：

```
#include <msp430.h>
unsigned char *PRxData,*PTxData;                        //定义数据发送和接收指针
unsigned char TXByteCtr,RXByteCtr;                      //发送和接收计数变量
unsigned char TxData[] = {0x66,0x77,0x88,0x99,0xAA};    //定义要发送的数据
unsigned char RxBuffer[5];                              //接收数据缓冲区

/***************初始化端口的USCI_B0***************/
void Init ()
{
  P7DIR |= BIT0 + BIT1;   P7OUT |= BIT0 + BIT1;         //配置P7.0和P7.1, LED端口
  P3SEL |= BIT0+BIT1+BIT2;                              //配置端口复用功能（UCB0SIMO、UCB0SOMI、UCB0CLK）
  UCB0CTL1 |= UCSWRST;                                  //复位USCI_B0
  UCB0CTL0 |= UCSYNC;                                   //三线SPI从机模式，8位数据
  UCB0CTL1 &= ~UCSWRST;                                 //释放USCI_B0运行
}


/****************主函数****************/
void main (void)
{
  WDTCTL = WDTPW+WDTHOLD;                               //关闭看门狗
  Init ();                                             //初始化端口和USCI_B0
  PRxData = RxBuffer;                                   //初始化接收数据指针
  PTxData = TxData;                                     //初始化发送数据指针
  RXByteCtr=TXByteCtr = 5;                              //更新字节计数变量
  UCB0TXBUF = *PTxData++;                               //向发送缓冲区预存数据，时钟到来时，自动发送
  TXByteCtr--;                                          //递减字节计数变量
  UCB0IE |= UCRXIE + UCTXIE;                            //使能USCI_B0中断
  __bis_SR_register (LPM0_bits + GIE);                 //使能总中断，进入LPM4
  while (1);
}


#pragma vector=USCI_B0_VECTOR
__interrupt void USCI_B0_ISR (void)
{
  switch (__even_in_range (UCB0IV,4))
  {
  case 0: break;                          //Vector 0: 无中断
  case 2:                                 //Vector 2: RXIFG
    P7OUT &= ~BIT0;                       //点亮LED，表示正在进行接收操作
    if (RXByteCtr)                        //判断是否接收完毕
    {
      *PRxData++ = UCB0RXBUF;             //将接收到的数据存入PRxData数组
      RXByteCtr--;                        //递减字节计数变量
    }
    if (RXByteCtr==0)                     //接收完毕
    {
```

```
        RXByteCtr = 5;                      //更新字节计数变量
        PRxData = RxBuffer;                 //更新接收数据指针
        P7OUT |= BIT0;                      //熄灭LED,表示接收已结束
      }
      break;
    case 4:                                 //Vector 4: TXIFG
      P7OUT &= ~BIT1;                       //点亮LED,表示正在进行发送操作
      if (TXByteCtr)                        //判断是否发送完毕
      {
        UCB0TXBUF = *PTxData++;             //数据赋值给发送缓冲区
        TXByteCtr--;                        //递减计数变量
      }
      if (TXByteCtr==0)                     //数据发送完毕
      {
        TXByteCtr = 5;                      //更新字节计数变量
        PTxData = TxData;                   //更新发送数据指针
        while (!(UCB0IFG&UCTXIFG));         //等待发送缓冲区就绪
        UCB0TXBUF = *PTxData++;             //向发送缓冲区中预存数据
        TXByteCtr--;                        //递减计数变量
        P7OUT |= BIT1;                      //熄灭LED,表示发送已结束
      }
      break;
    default: break;
    }
}
```

主机代码功能为:定义发送和接收缓冲区和字节计数器,初始化 LED 端口和 SPI,配置 USCI_B0 工作在三线 SPI 主机模式,配置时钟源。选择较大的分频系数,这样可以降低通信速率,从而方便观察。在实际应用中,SPI 通信速率一般在 100kHz 以上。在主循环中初始化发送和接收指针,字节计数变量、使能中断并进入低功耗模式。因为发送缓冲区空,所以会生成发送中断,将数据发送的同时,也在接收数据,故发送了 5 个数据的同时,也会接收到 5 个数据,发送和接收中断在不同时刻生成,执行不同的程序。收发完 5 个数据后,禁用中断,因为接收中断会滞后发送中断生成,故接收完第 5 个字节后,表示通信收发过程结束,从而唤醒 CPU 继续执行初始化和循环。

从机代码功能为:定义发送和接收缓冲区和字节计数器,初始化 LED 端口和 SPI,配置 USCI_B0 工作在三线 SPI 从机模式,在主循环中初始化发送和接收指针,字节计数变量,在发送缓冲区中装入数据,该值并不会立刻发送,而是等待主机的时钟信号到来时发送,若不提前赋值,那么主机的时钟信号到来时,将会发送空字节。使能中断并进入低功耗模式。在主机时钟信号到来时,发送数据缓冲区内数据移出,生成发送中断。当接收到一个数据后,生成接收中断,在中断服务函数中点亮或熄灭 LED。在数据收发完毕后,初始化字节计数变量和指针,并向发送缓冲区预装数据,等待下一次主机时钟信号的到来。

实例现象:主机和从机正确连线并上电后,可观察到主机和从机开发板上的 LED 规律性闪烁,若不正常闪烁,则复位从机。通过在线调试,观察数据缓冲区的值,可以发现主机和从机都接收到了正确的数据。

8.7.2　SPI 读写 Flash

Flash 是一种内存器件,是非易失存储器,可以掉电存储信息,但其写入速度比 RAM 慢,故常

用来作为程序存储器或数据的长期保存。Flash 内被擦除后（擦除的最小单位为扇区），其每个字节变为 0xFF。Flash 写入数据的过程只能将"1"位写为 0，而不能将"0"变成 1。故每一次写入操作之前，都要保证该片内存区域的数据都是 0xFF，若重复写入数据，则写入的值将是两个数据多次写入的数据"与"运算的结果。若要写入的区域不是 0xFF，则要将该扇区擦除，若扇区其他位置有重要的数据，则进行相应的保存措施。

　　25Q64 芯片是一款大容量 SPI 的 Flash 芯片，其容量为 64Mbit，也就是说有 8MB。在 25Q64 内部，8MB 的容量被分为 128 个块（Block），每个块的大小为 64KB，每个块又分为 16 个扇区（Sector），每个扇区 4KB。25Q64 最小的擦除单位是一个扇区，也就是每次必须擦除 4KB。25Q64 支持标准的 SPI，还支持双输出/四输出的 SPI，最大 SPI 时钟可以达到 80MHz。

　　本实例要求使用 MSP430 单片机的 SPI 功能，对 25Q64 这款 Flash 芯片进行读取 ID、写入数据、读取数据和擦除数据的操作。实例代码如下：

```
#include <msp430.h>
#define uint8_t unsigned char
#define uint16_t unsigned int
#define uint32_t unsigned long int
#define EN25x_ReadStatusReg 0x05          //宏定义25Q64的指令
#define EN25x_ReadData 0x03
#define EN25x_WriteEnable 0x06
#define EN25x_PageProgram 0x02
#define EN25x_SectorErase 0x20
uint8_t rxbuff[5];                        //定义接收缓冲区
uint8_t txbuff[5] = {0x11,0x22,0x33,0x44,0x55};   //定义发送缓冲区
uint16_t ID;                              //用于存储25Q64的ID
uint8_t SPI_WriteReadData (uint8_t txdata)  //SPI读写数据，非中断模式
{
  while (!(UCB0IFG&UCTXIFG));
    UCB0TXBUF = txdata;
  while (!(UCB0IFG&UCRXIFG));
  return UCB0RXBUF;
}
unsigned int _25Q64_ReadID ()             //读取25Q64ID
{
  uint16_t rxdata=0;
  P3OUT &=~BIT5;                          //使能片选
  SPI_WriteReadData (0x90);               //读ID命令
  SPI_WriteReadData (0x00);
  SPI_WriteReadData (0x00);
  SPI_WriteReadData (0x00);
  rxdata |= SPI_WriteReadData (0xFF)<<8;  //生产商ID
  rxdata |= SPI_WriteReadData (0xFF);     //器件ID
  P3OUT |= BIT5;                          //取消片选
  return rxdata;
}
uint8_t _25Q64_CheckBusy ()
{
  uint8_t statusValue;
  uint32_t timeCount=0;
  do
```

```
    {
      timeCount++;
      if (timeCount>0xEFFFFFFF)                      //等待超时
        return 0xFF;
      P3OUT &= ~BIT5;                                //使能片选
      SPI_WriteReadData (EN25x_ReadStatusReg);       //读取状态寄存器
      statusValue=SPI_WriteReadData (0xFF);
      P3OUT |= BIT5;                                 //取消片选
    }while (statusValue&0x01);                       //等待UBSY清空
    return 0x00;
}
void _25Q64_Readdata (uint8_t *readBuff,uint32_t readAddr,uint16_t count)
{
    P3OUT &= ~BIT5;                                  //使能片选
    SPI_WriteReadData (EN25x_ReadData);              //读数据命令
    SPI_WriteReadData (readAddr>>16);                //设置初始地址
    SPI_WriteReadData (readAddr>>8);
    SPI_WriteReadData (readAddr);
    while (count--)
    {
      *readBuff++ = SPI_WriteReadData (0xFF);        //读数据
    }
    P3OUT |= BIT5;                                   //取消片选
}
void _25Q64_WriteEnable ()                           //使能写入
{
    P3OUT &= ~BIT5;                                  //使能片选
    SPI_WriteReadData (EN25x_WriteEnable);
    P3OUT |= BIT5;                                   //取消片选
}


void _25Q64_Writedata (uint8_t *writeBuff,uint32_t writeAddr,uint16_t writeByteNum)
{
    uint16_t byteNum,i;
    byteNum = writeAddr%256;
    byteNum = 256-byteNum;                           //求出首页剩余地址
    if (writeByteNum<=byteNum)                       //写入字节数少于首页剩余地址
    {
      byteNum = writeByteNum;
    }
    while (1)
    {
      _25Q64_CheckBusy ();                           //等待设备就绪
      _25Q64_WriteEnable ();                         //开启写使能
      P3OUT &= ~BIT5;                                //使能片选
      SPI_WriteReadData (EN25x_PageProgram);         //发送写命令
      SPI_WriteReadData (writeAddr>>16);             //设置初始地址
      SPI_WriteReadData (writeAddr>>8);
      SPI_WriteReadData (writeAddr);
```

```
     for (i=0;i<byteNum;i++)
     {
       SPI_WriteReadData (*writeBuff++);              //写数据
     }
     P3OUT |= BIT5;                                   //取消片选
     if (writeByteNum==byteNum)                       //判断是否写入完成
       break;
     else
     {
       writeAddr += byteNum;                          //写入偏移地址
       writeByteNum = writeByteNum - byteNum;         //求出剩余字节数
       if (writeByteNum>=256)                         //如果剩余字节数大于256,那么一次写入一页
         byteNum = 256;
       else                                           //如果剩余字节数小于256,那么一次全部写完
         byteNum = writeByteNum;
     }
   }
}
void _25Q64_SectorErase (uint32_t eraseAddr)          //扇区擦除
{
  _25Q64_CheckBusy ();                                //等待设备就绪
  _25Q64_WriteEnable ();                              //开启写使能
  P3OUT &= ~BIT5;                                     //使能片选
  SPI_WriteReadData (EN25x_SectorErase);             //发送写命令
  SPI_WriteReadData (eraseAddr>>16);                 //发送24位地址
  SPI_WriteReadData (eraseAddr>>8);
  SPI_WriteReadData (eraseAddr);
  P3OUT |= BIT5;//取消片选
}
/***************初始化端口的USCI_B0****************/
void Init ()
{
  P7DIR |= BIT0 + BIT1;  P7OUT |= BIT0 + BIT1;       //配置P7.0和P7.1,LED端口
  P3DIR &=~ BIT0+BIT1+BIT2;
  P3SEL |= BIT0+BIT1+BIT2;            //配置端口复用功能(UCB0SIMO、UCB0SOMI、UCB0CLK)

  P3DIR |= BIT5;P3OUT |= BIT5;
  UCB0CTL1 |= UCSWRST;                //复位USCI_B0
  UCB0CTL0 |= UCMST+ UCMSB+UCSYNC + UCCKPH;           //三线SPI主机模式,8位数据,最高位优先
  UCB0CTL1 |= UCSSEL_2;               //时钟源选择为SMCLK
  UCB0BR0 = 0x02;                     //UCB0CLK=SMCLK/0xFFF,选择较大分频系数,可详细观察通信发生
  UCB0BR1 = 0x00;                     //实际应用可配置较快时钟,可选择时钟频率为100kHz或更快
  UCB0CTL1 &= ~UCSWRST;               //释放USCI_B0运行
}
/****************主函数*****************/
void main (void)
{
  WDTCTL = WDTPW+WDTHOLD;             //关闭看门狗
  Init ();                           //初始化端口和USCI_B0
```

```
  while (1)
  {

    ID=_25Q64_ReadID ();                          //读取器件ID
    __delay_cycles (50000);                       //延时, 可设置断点
    _25Q64_SectorErase (0x000000);                //擦除以0x000000为起始地址的扇区
    __delay_cycles (50000);                       //延时, 可设置断点
    _25Q64_Readdata (rxbuff,0x000000,5);          //读取数据
    __delay_cycles (50000);                       //延时, 可设置断点
    _25Q64_Writedata (txbuff,0x000000,5);         //写入数据
    __delay_cycles (50000);                       //延时, 可设置断点
    _25Q64_Readdata (rxbuff,0x000000,5);          //读取数据
    __delay_cycles (500000);                      //延时, 减轻Flash负担, 可设置断点
    P7OUT ^= BIT0;
  }
}
```

该代码功能为: 宏定义了控制 25Q64 芯片的指令, 使用较为灵活的非中断 SPI 通信方式根据通信协议编写检查 25Q64 就绪函数、读取数据函数、使能写入函数、写入数据函数、擦除扇区函数。主函数中初始化端口的 SPI 功能, 主循环中读取芯片 ID, 然后擦除扇区, 读取扇区, 写入数据, 再读取数据, 延时并切换 LED 状态。

实例现象: LED 不断闪烁。通过在线调试, 观察 "ID" 和 "rxbuff" 的值, 读取 ID 后, ID 变为了器件 ID (实验所用芯片的 ID 是 "0xEF16")。擦除操作之后, 再读取数据, 则 "rxbuff" 的数据均变为了 "0xFF"。再向芯片中写入数据, 然后读取相同地址处的数据, 则 "rxbuff" 中可以读到刚才写入的数据。

8.7.3　软件模拟 SPI 通信

SPI 通信协议既可以通过 MSP430 单片机中的硬件模块来实现, 也可以通过端口的软件操作方式实现。只要端口上的通信时序符合 SPI 通信协议, 就可以实现 SPI 通信。在单片机的 SPI 复用端口被其他应用占用时, 或者所使用的单片机没有硬件 SPI 模块时, 往往通过以软件模拟 SPI 的方式实现 SPI 通信。

本实例要求直接操作 MSP430 单片机的 3 个 I/O 口, P3.0、P3.1 和 P3.2, 实现 SPI 通信功能, 使用 P3.5 作为片选信号。与之通信的还是 25Q64 系列 Flash 芯片, 尝试写入和读取 Flash。实例代码如下:

```
#include <msp430.h>
#define uint8_t unsigned char
#define uint16_t unsigned int
#define uint32_t unsigned long int
#define delay_us (x) __delay_cycles (x);         //宏定义延时, 防止SPI时钟频率过快
#define SPI_SCLK_L P3OUT &=~ BIT2;               //宏定义I/O口高低电平输出操作
#define SPI_SCLK_H P3OUT |= BIT2;
#define SPI_SIMO_L P3OUT &=~ BIT0
#define SPI_SIMO_H P3OUT |= BIT0
#define SPI_SOMI ((P3IN&BIT1)>>1)                //SOMI信号, 用于主机读取I/O口

#define EN25x_ReadStatusReg 0x05                 //宏定义25Q64的指令
```

```
#define EN25x_ReadData 0x03
#define EN25x_WriteEnable 0x06
#define EN25x_PageProgram 0x02
#define EN25x_SectorErase 0x20
uint8_t rxbuff[5];                                    //定义接收缓冲区
uint8_t txbuff[5] = {0x11,0x22,0x33,0x44,0x55};       //定义发送缓冲区
uint16_t ID;                                          //用于存储25Q64的ID
uint8_t SPI_WriteReadData (uint8_t txdata)            //SPI读写数据，非中断模式
{
  uint8_t rx_data = 0;                                //定义接收缓冲区
  short i;
    SPI_SCLK_L;                                       //SCLK拉低
  for (i=7;i>=0;i--)                                  //移位发送数据
  {
    SPI_SCLK_L;
   if (txdata& (1<<i) )
    SPI_SIMO_H;
   else
    SPI_SIMO_L;
   delay_us (1) ;
   SPI_SCLK_H;
   delay_us (1) ;
   rx_data<<=1;
   rx_data |= SPI_SOMI;                               //接收一位数据
   delay_us (1) ;
  }
  SPI_SCLK_L;
  return rx_data;                                     //返回接收到的数据
}

unsigned int _25Q64_ReadID ()                         //读取25Q64ID
{
  uint16_t rxdata=0;
  P3OUT &=~BIT5;                                       //使能片选
  SPI_WriteReadData (0x90) ;                           //读ID命令
  SPI_WriteReadData (0x00) ;
  SPI_WriteReadData (0x00) ;
  SPI_WriteReadData (0x00) ;
  rxdata |= SPI_WriteReadData (0xFF) <<8;              //生产商ID
  rxdata |= SPI_WriteReadData (0xFF) ;                 //器件ID
  P3OUT |= BIT5;                                       //取消片选
  return rxdata;
}
uint8_t _25Q64_CheckBusy ()
{
  uint8_t statusValue;
  uint32_t timeCount=0;
  do
  {
```

```
        timeCount++;
        if (timeCount>0xEFFFFFFF)                    //等待超时
          return 0xFF;
        P3OUT &= ~BIT5;                              //使能片选
        SPI_WriteReadData (EN25x_ReadStatusReg);     //读取状态寄存器
        statusValue=SPI_WriteReadData (0xFF);
        P3OUT |= BIT5;                               //取消片选
    }while (statusValue&0x01);                       //等待UBSY清空
    return 0x00;
}
void _25Q64_Readdata (uint8_t *readBuff,uint32_t readAddr,uint16_t count)
{
    P3OUT &= ~BIT5;                                  //使能片选
    SPI_WriteReadData (EN25x_ReadData);              //读数据命令
    SPI_WriteReadData (readAddr>>16);                //设置初始地址
    SPI_WriteReadData (readAddr>>8);
    SPI_WriteReadData (readAddr);
    while (count--)
    {
        *readBuff++ = SPI_WriteReadData (0xFF);      //读数据
    }
    P3OUT |= BIT5;                                   //取消片选
}
void _25Q64_WriteEnable ()                           //使能写入
{
    P3OUT &= ~BIT5;                                  //使能片选
    SPI_WriteReadData (EN25x_WriteEnable);
    P3OUT |= BIT5;                                   //取消片选
}


void _25Q64_Writedata (uint8_t *writeBuff,uint32_t writeAddr,uint16_t writeByteNum)
{
    uint16_t byteNum,i;
    byteNum = writeAddr%256;
    byteNum = 256-byteNum;                           //求出首页剩余地址
    if (writeByteNum<=byteNum)                       //写入字节数少于首页剩余地址
    {
        byteNum = writeByteNum;
    }
    while (1)
    {
        _25Q64_CheckBusy ();                         //等待设备就绪
        _25Q64_WriteEnable ();                       //开启写使能
        P3OUT &= ~BIT5;                              //使能片选
        SPI_WriteReadData (EN25x_PageProgram);       //发送写命令
        SPI_WriteReadData (writeAddr>>16);           //设置初始地址
        SPI_WriteReadData (writeAddr>>8);
        SPI_WriteReadData (writeAddr);
        for (i=0;i<byteNum;i++)
```

```
    {
      SPI_WriteReadData (*writeBuff++);              //写数据
    }
    P3OUT |= BIT5;                                   //取消片选
    if (writeByteNum==byteNum)                       //判断是否写入完成
      break;
    else
    {
      writeAddr += byteNum;                          //写入偏移地址
      writeByteNum = writeByteNum - byteNum;         //求出剩余字节数
      if (writeByteNum>=256)                         //如果剩余字节数大于256，那么一次写入一页
        byteNum = 256;
      else                                           //如果剩余字节数小于256，那么一次全部写完
        byteNum = writeByteNum;
    }
  }
}
void _25Q64_SectorErase (uint32_t eraseAddr)         //扇区擦除
{
  _25Q64_CheckBusy ();                               //等待设备就绪
  _25Q64_WriteEnable ();                             //开启写使能
  P3OUT &= ~BIT5;                                    //使能片选
  SPI_WriteReadData (EN25x_SectorErase);             //发送写命令
  SPI_WriteReadData (eraseAddr>>16);                 //发送24位地址
  SPI_WriteReadData (eraseAddr>>8);
  SPI_WriteReadData (eraseAddr);
  P3OUT |= BIT5;                                     //取消片选
}
/***************初始化端口的USCI_B0***************/
void Init ()
{
  P7DIR |= BIT0 + BIT1;  P7OUT |= BIT0 + BIT1;       //配置P7.0和P7.1，LED端口
  P3DIR &=~ BIT1;                                    //配置P3.1为输入（SOMI）
  P3DIR |= BIT0+BIT2;                                //配置P3.0和P3.2为输出（SIMO、SCLK）
  P3DIR |= BIT5;P3OUT |= BIT5;                       //配置片选端口
}
/****************主函数*****************/
void main (void)
{
  WDTCTL = WDTPW+WDTHOLD;                            //关闭看门狗
  Init ();                                          //初始化LED端口，模拟SPI和片选端口
  while (1)
  {

    ID=_25Q64_ReadID ();                            //读取器件ID
    __delay_cycles (50000);                         //延时，可设置断点
    _25Q64_SectorErase (0x000000);                  //擦除以0x000000为起始地址的扇区
    __delay_cycles (50000);                         //延时，可设置断点
    _25Q64_Readdata (rxbuff,0x000000,5);            //读取数据
```

```
        __delay_cycles(50000);                    //延时，可设置断点
        _25Q64_Writedata(txbuff,0x000000,5);      //写入数据
        __delay_cycles(50000);                    //延时，可设置断点
        _25Q64_Readdata(rxbuff,0x000000,5);       //读取数据
        __delay_cycles(500000);                   //延时，减轻Flash负担，可设置断点
        P7OUT ^= BIT0;
    }
}
```

该代码功能为：宏定义操作 I/O 口的函数，方便模拟 SPI 的编写，同时也方便修改端口和移植，宏定义了控制 25Q64 芯片的指令。按照 SPI 通信协议，编写了数据同步发送和接收的函数，编写检查 25Q64 就绪函数、读取数据函数、使能写入函数、写入数据函数、擦除扇区函数。主函数中初始化端口，主循环中读取芯片 ID，然后擦除扇区，读取扇区，写入数据，再读取数据，延时并切换 LED 状态。

实例现象：LED 不断闪烁。通过在线调试，观察"ID"和"rxbuff"的值，读取 ID 后，ID 变为了器件 ID（实验所用芯片的 ID 是"0xEF16"）。擦除操作之后，再读取数据，则"rxbuff"的数据均变为了"0xFF"。再向芯片中写入数据，然后读取相同地址处的数据，则"rxbuff"中可以读到刚才写入的数据。

8.8　小结与思考

本章介绍了 MSP430 单片机的 USCI 模块，介绍了 USCI_A 模块的 UART 和 SPI 功能。UART 部分又介绍了 IrDA 通信、多机通信等。USCI_A 模块的 SPI 功能与 USCI_B 模块的 SPI 功能使用方法一致。通过配置寄存器，可以使其工作于不同的模式，实现不同的传输方式。本章介绍了 USCI_B 模块的 IIC 和 SPI 功能。通过配置寄存器，实现数据的中断发送和接收，节省了大量 CPU 资源，同时提高了传输速度，还介绍了如何使用硬件和模拟 IIC、SPI 通信来实现对外围器件的访问。

通过学习本章内容，读者应该重点掌握 UART、SPI 和 IIC 的通信协议、时序图，应仔细研究使用软件模拟 UART、SPI 和 IIC 通信的方法，这样可以更好地理解串行通信的时序。读者应学会使用 USCI 模块的 UART、SPI 和 IIC 与外围模块的通信方法，并实现与其他模块的通信，学会对函数进行封装和编写相应的库函数。

习题与思考

8-1　简述 UART 通信中一帧数据的组成位，以及这些位的作用。

8-2　简述异步通信与同步通信之间的区别，以及通信过程中需要注意的事项。

8-3　思考 SPI 通信与 IIC 通信的区别，观察这两种通信方式的时序图，并简述这两种通信方式的区别。

8-4　列出使用 IIC 进行通信的步骤，并描述产生开始条件、停止条件和响应位的过程。

8-5　现有 MSP430 单片机的应用实例，主机的 SMCLK 频率为 25MHz，要求使用 1MHz 的 SPI 通信进行外围设备的读写，则寄存器 UCA0BR0 和 UCA0BR1 应设置为何值？

第 9 章　MSP430 单片机模拟接口

在单片机应用系统中，经常会遇到连续变化的模拟量，如声音、温度、力等物理量，单片机是无法直接处理这些模拟量的，需要将其先转换成数字量，单片机才可以处理。在控制的场合，也常常需要单片机输出或控制模拟量，此时就要将数字量转换成模拟量。实现模拟量转换成数字量的器件称为模数转换器（Analog to Digital Converter，ADC），数字量转换成模拟量的器件称为数模转换器（Digital to Analog Converter，DAC）。

MSP430 单片机是一系列低功耗高性能的混合信号处理器，不仅具有较强的数字信号处理能力，还能够处理大量的模拟信号，在 MSP430 单片机内集成了数模转换器、模数转换器、模拟比较器等模块，可以实现模拟信号的采集和处理。

本章导读：本章重点掌握 ADC12、DAC12 和比较器 B 的配置方法，学会配置其参考电压、触发方式等。ADC12 模块应掌握模数转换的工作模式，对于不同的应用场选择合理的工作模式。DAC12 模块应重点掌握参考电压的选择。比较器 B 则要掌握电阻分压网络的配置和滞后比较等功能。初学者建议细读 9.1 节、9.3 节、9.5 节，动手实践 9.2 节、9.4 节、9.6 节并做好笔记，完成习题。

9.1　模数转换

自然界中的各种物理量都是连续的，如声音、压力、温度等。这些物理量通过传感器转变为电信号，直接处理连续电信号的电路是模拟电路，将连续电信号转换成只有高、低两种数值的数字电信号的电路为数字电路。模拟电路中处理的量为模拟量，数字电路中处理的量为数字量。

1. 模拟量（Analog）

在时间上或数值上都是连续的物理量称为模拟量。把表示模拟量的信号称为模拟信号。把工作在模拟信号下的电子电路称为模拟电路，包括放大、滤波、调制、解调等电路。例如，热电偶在工作时输出的电压信号就属于模拟信号，因为在任何情况下被测温度都不可能发生突跳，所以测得的电压信号无论在时间上还是在数量上都是连续的。而且，这个电压信号在连续变化过程中的任何一个取值都是具体的物理意义，即表示一个相应的温度。

2. 数字量（Digital）

在时间上和数量上都是离散的物理量称为数字量。把表示数字量的信号称为数字信号。把将连续电信号转换成只有高、低两种数值的数字电信号的电子电路称为数字电路。例如，MSP430 单片机将 0.7V 以下的电压均视为低电平，0.8V 以上的电压视为高电平（1.8V 供电时）。

对于控制系统来说，由于处理器执行的是机器代码，为二进制数，数据的每位只有"0"和"1"两种状态，所以数字量只要用处理器内部的一位即可表示。例如，用"0"表示关，用"1"表示开。

但对于模拟量，单片机无法进行直接测量操作，因此需要将模拟量转换为数字量。对于 MSP430 单片机系统而言，其具有 ADC，ADC 可实现模拟信号到数字信号的转换。单片机 CPU 通过总线读取 ADC 所转换出来的数字量，从而可实现对模拟信号的采集与处理，MSP430 单片机进行模数转换流程如图 9.1.1 所示。

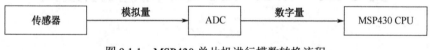

图 9.1.1　MSP430 单片机进行模数转换流程

9.1.1　模数转换基本概念

ADC 的转换原理可以分为四部分：采样、保持、量化、编码。

采样，对连续变化的模拟信号进行定时测量，抽取其样值。

保持，采样结束后，再将此取样信号保持一段时间，使 ADC 有充分的时间进行模数转换。其中，采样脉冲频率越高，采样越密，采样值就越多，其采样保持电路的输出信号就越接近于输入信号的波形。因此，对采样频率有一定的要求，必须满足采样定理：$f_s \geq 2f_{max}$，其中 f_{max} 是输入模拟信号频谱中的最高频率。

量化，把采样电压转换为以某个最小单位电压的整数倍的过程。

编码，用二进制代码来表示量化后的量化电平。

以 0～1V 的电压输入，采用电压比较的方式，最小量化电压为 0.25V，进行 2 位二进制编码，其对照表如表 9.1.1 所示。

表 9.1.1　量化编码对照表

采样值/V	量 化 电 平	编 码 值
$V_{in} < 0.25$	0.00	00
$0.25 \leq V_{in} < 0.50$	0.25	01
$0.50 \leq V_{in} < 0.75$	0.50	10
$0.75 \leq V_{in}$	0.75	11

显然，采样后得到的采样值不可能刚好是某个量化基准值，总会有一定误差（如表 9.1.1，无法区分何时为 0.8V 与 0.9V），这个误差称为量化误差。量化级越细，量化误差就越小，但是，所用的二进制代码的位数就越多，电路也越复杂。

常见的 ADC 的结构有积分型、比较型、Σ-Δ 调制型等，简要介绍如下。

（1）积分型。

积分型 ADC 工作原理是将输入电压转换成时间（脉冲宽度信号）或频率（脉冲频率），然后由定时器/计数器获得数字值。其优点是用简单电路就能获得高分辨率，但缺点是由于转换精度依赖于积分时间，因此转换速率较低。初期的 ADC 大多数采用积分型，现在逐次比较型已逐步成为主流。

（2）比较型。

比较型有逐次比较型、并行比较型、串行比较型等。

逐次比较型（Successive Approximation Register，SAR）是由一个比较器和 DAC 通过逐次比较逻辑构成的，从最高位开始，顺序地对每一位的输入电压与内置 DAC 输出进行比较，经 n 次比较而输出数字值。其电路规模属于中等，优点是速度较快、功耗低，在低分辨率（12 位）时具有性价比优势。

并行比较型采用多个比较器，仅进行一次比较而实现转换，又称 Flash（快速）型。由于转换速率极高，n 位的转换需要 2^n-1 个比较器，因此电路规模也极大，价格也高，适用于要求模数转换速度特别快的领域。

串行比较型在结构上介于逐次比较型和并行比较型之间，最典型的是由 2 个 $n/2$ 位的并行比较型 ADC 配合 DAC 组成，用两次比较实行转换，所以称为 Half Flash（半快速）型。还有分成三步或多步实现模数转换的称为分级（Multistep/Subranging）型 ADC，而从转换时序角度又可称为流水线（Pipelined）型 ADC，现在的分级型 ADC 中还加入了对多次转换结果做数字运算而修正特性等功能。这类 ADC 速度比逐次比较型高，电路规模比并行比较型小。

（3）Σ-Δ 调制型。

Σ-Δ 调制型由积分器、比较器、1 位 DAC 和数字滤波器等组成。其原理近似于积分型，将输入电压转换成时间（脉冲宽度）信号，用数字滤波器处理后得到数字值。电路的数字部分基本上容易单片化，因此容易做到高分辨率。它主要用于音频和小信号测量。

ADC 主要性能指标如下。

（1）分辨率与量化误差。

ADC 的分辨率是指使输出数字量变化一个相邻数值所需输入模拟电压的变化量。常用二进制的位数表示。例如，12 位 ADC 的分辨率就是 12 位，或者说分辨率为满刻度 f_s 的 2 的 12 次方分之一。一个 10V 满刻度的 12 位 ADC 能分辨输入电压变化最小值是 $10V/2^{12}$ 约等于 2.4mV。

ADC 把模拟量转换为数字量，用数字量近似表示模拟量，这个过程称为量化。量化误差是 ADC 的有限位数对模拟量进行量化而引起的误差。实际上，要准确表示模拟量，ADC 的位数需很大甚至无穷大。一个分辨率有限的 ADC 的阶梯状转换特性曲线与具有无限分辨率的 ADC 转换特性曲线（直线）之间的最大偏差就是量化误差。

（2）转换量程。

转换量程是指 ADC 所能测量的最大电压，一般等于参考电压，超过此电压有可能损毁 ADC。参考电压是 ADC 内部转换时参考的标准电压，当参考电压即为转换量程且信号较小时，可通过降低参考电压来提高分辨率。改变参考电压后，对应的转换值改变，因此在计算实际电压时，需要将参考电压考虑进去。参考电压的稳定性对 ADC 的转换性能有很大的影响。

（3）转换时间或转换速度。

ADC 的转换速度是指能够重复进行数据转换的速度，即每秒转换的次数。转换时间是指完成一次 ADC 转换所需的时间（包括稳定时间）。

（4）偏移误差。

ADC 输入信号为零，但 ADC 转换输出信号不为零的值称为偏移误差。

（5）满刻度误差。

ADC 满刻度输出时对应的输入信号与理想输入信号值之差称为满刻度误差。

（6）线性度。

实际 ADC 的转移函数与理想直线的最大偏移称为线性度。

其他指标还有：绝对精度（Absolute Accuracy）、相对精度（Relative Accuracy）、微分非线性、单调性及无错码，以及总谐波失真（Total Harmonic Distortion，THD）和积分非线性、信噪比等，在此不再赘述。

9.1.2　ADC12 简介

MSP430F5529 单片机具有 ADC12_A 模块，支持快速 12 位模数转换。这个模块具有 12 位的 SAR 型结构，16 个模拟信号输入通道，16 个独立的转换和存储单元。模数转换和存储过程不需要 CPU 干预。

ADC12_A 特点如下。

· 最高 200ksps（千次取样/每秒）转换速率。

· 通过软件或定时器来控制采样和保持的周期。

· 通过软件或定时器启动转换。

· 软件可选择的片上参考电压生成器（1.5V、2.0V 或 2.5V）。

· 软件可选择的内部或外部参考源。

· 多达 12 个独立配置的外部输入通道。

· 内部温度传感器、AVCC 和外部参考源的转换通道。

· 独立可选择通道参考源。

· 可选择参考时钟源。

· 4 种转换模式：单通道、重复单通道、序列通道（自动扫描）、重复序列通道。

· ADC 核心和参考电压可分别断电。

· 用于 18 个 ADC 中断的快速译码的中断向量寄存器（ADC12IV）。

· 16 个转换结果存储寄存器。

MSP430F5529 单片机的 ADC12_A 模块内部结构如图 9.1.2 所示。

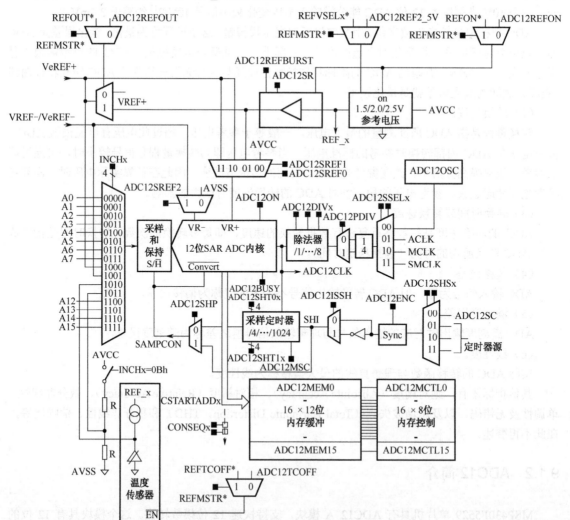

图 9.1.2　ADC12_A 模块内部结构

MSP430 单片机的 ADC 的配置过程如下。

（1）配置 ADC12_A 核心控制寄存器 ADC12CTLX（如时钟、转换模式、启动参考电压生成器等）。

（2）配置每个通道的参考电压，输入源等。

（3）ADC 运行后，其转换结果会存储在 ADC12MCTLx 相应的 ADC12MEMx 中。

（4）ADC12_A 有 16 个通道，并不需要全部配置，根据需要选择通道即可。

使用 ADC12_A 需要对其进行正确的配置，需要配置参考电压、时钟源选择、通道选择、采样方式等。配置 ADC12_A 的过程中要保持其处于禁用状态（ADC12ENC=0），配置完成后再将 ADC12ENC 置位（ADC12ENC=1）来使能 ADC12_A，否则 ADC12_A 可能会发生错误。

接下来对具体的相关配置进行说明。

1．参考电压的配置

ADC12_A 内部有一个参考电压模块可以提供 1.5V、2.5V 的参考电压；ADC12_A 内部还有一个独立的 REF 模块，可以提供 1.5V、2.0V 和 2.5V 参考电压。这两个模块的参考电压都可以作为 ADC12_A 的参考电压。可通过 REF 模块的 REFMSTR 位来选取。如果 REFMSTR=1（默认），则 REF 模块控制参考电压；如果 REFMSTR=0，则 ADC12_A 的参考电压模块控制参考电压。

ADC12_A 的相关寄存器的控制位为 ADC12REF2_5V、ADC12REFON、ADC12REFOUT 和 ADC12TCOFF。当 REFMSTR=0 时，这些控制位才有效。ADC12REF2_5V 控制参考电压的大小。ADC12REFON 控制是否开启参考电压生成器。ADC12REFOUT 控制是否输出参考电压，ADC12REFOUT=1 时，向外输出参考电压，可在单片机的参考电压输出端口（P5.0、P5.1）上检测到参考电压。ADC12TCOFF 控制温度传感器是否关闭。REF 模块的控制位 REFVSEL、REFON、REFOUT 和 REFTCOFF 与 ADC12_A 的相关寄存器的控制位类似。

此外，参考源还可以选用外部输入的参考电压，在配置通道时可以进行设置。如果 ADC12_A 和 REF 模块均没有控制参考电压的生成，那么参考电压默认为 AVCC（3.3V）和 AVSS（0V）。

2．转换时钟选择

ADC12CLK 是 ADC 所使用的时钟，用来控制采样和转换的时间和周期。ADC12_A 时钟源使用 ADC12DIV 控制的预分频器和 ADC12SSELx 控制的分频器进行分频。通过设置 ADC12DIV 和 ADC12SSELx 输入时钟信号可被 1～32 分频。ADC12CLK 的时钟源来自于 SMCLK、MCLK、ACLK 和 ADC12OSC，可通过相关寄存器进行配置。ADC12OSC 是指 UCS 模块的 MODCLK 的 5MHz 振荡器。这个振荡器的频率会随个别设备、提供的电压和温度改变，具体参数详见数据手册。

3．采样定时方法

一个模数转换由一个采样输入信号 SHI 的上升沿引起。SHI 的来源通过 SHSx 位来选择。可以选为直接由 ADC12SC 位控制或定时器 TA0.1、TB0.0、TB0.1 的输出信号控制。

ADC12_A 支持 8 位，10 位和 12 位分辨率模式，通过 ADC12RES 位来选择。模数转换分别需要 9、11 和 13 个 ADC12CLK 周期。SHI 的极性可被 ADC12ISSH 位翻转。SAMPCON 信号由 SHI 信号触发，控制采样周期和采样开始。有两种不同的采样定时方法，可以通过 ADC12SHP 位选取。

（1）扩展采样模式。

当 ADC12SHP=0 时，选用扩展采样模式。SHI 信号直接控制 SAMPCON 并定义采样周期长度 t_{sample}。当 SAMPCON 为高电平时，采样活跃，SAMPCON 的下降沿会在同步 ADC12CLK 信号后启动转换，扩展采样模式时序如图 9.1.3 所示。

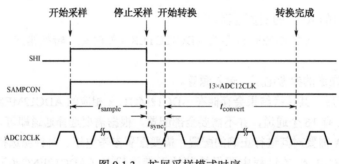

图 9.1.3 扩展采样模式时序

（2）脉冲采样模式。

当 ADC12SHP=1 时，选择脉冲采样模式。SHI 信号用来触发采样定时器，脉冲采样模式时序如图9.1.4所示。ADC12CTL0 中的 ADC12SHT0x 和 ADC12SHT1x 位控制 SAMPCON 采样周期 t_{sample}。采样定时器在同步 AD12CLK 后将 SAMPCON 保持在高电位并持续一个可编程的间隔 t_{sample}。整个采样时间是 $t_{sample}+t_{sync}$。

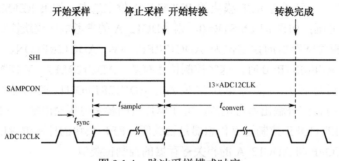

图 9.1.4 脉冲采样模式时序

ADC12SHT0x 选择 ADC12MCTL0～ADC12MCTL7 的采样时间。ADC12SHT1x 选择 ADC12MCTL8～ADC12MCTL15 的采样时间。一般选用脉冲采样模式比较方便。

4．采样通道和存储

ADC12_A 共有 16 个采样通道（12 个通用外部通道和 4 个特殊用途的通道），通用外部通道用来检测从端口（P6.0～P6.7、P7.0～P7.3）输入的模拟信号。特殊用途的通道分别用来检测内部温度传感器、AVCC 和外部参考源。

（1）转换存储单元通过寄存器 ADC12MCTLx（x 为 0～15）来控制。可通过 ADC12SREF 和 ADC12INCH 分别选择参考电压和模拟信号的输入通道。ADC12EOS 是序列结束标志，在序列转换模式中使用。每个单元的转换结果会存入相应的 ADC12MEMx（x 为 0～15）中。

（2）ADC12MEMx 中有两种可选的存储转换结果格式，如表 9.1.2 所示。

表 9.1.2 ADC 转换结果格式

模拟输入电压	ADC12DF	ADC12RES	理想转换结果	ADC12MEMx
$-V_{REF}\sim+V_{REF}$	0	00	0～255	0000h～00FFh
	0	01	0～1023	0000h～03FFh
	0	10	0～4095	0000h～0FFFh
	1	00	−128～127	8000h～7F00h
	1	01	−512～511	8000h～7FC0h
	1	10	−2048～2047	8000h～7FF0h

当 ADC12DF=0 时，转换结果右对齐，没有符号。对于 8 位、10 位、12 位的结果，ADC12MEMx 中的高 8 位、6 位、4 位总是 0。

当 ADC12DF=1 时，转换结果左对齐，有符号，二进制补码。对于 8 位、10 位和 12 位转换结果，ADC12MEMx 中的低 8 位、6 位、4 位总是 0。

5．ADC12_A 转换模式

ADC12_A 有 4 种操作模式，通过 CONSEQx 位选择。操作模式选择如表 9.1.3 所示。

表 9.1.3　操作模式选择

ADC12CONSEQx	操 作 模 式	描　　述
00	单通道	一个单通道被转换一次
01	序列通道（自动扫描）	一序列通道被转换一次
10	重复单通道	一个单通道被重复转换
11	重复序列通道（重复自动）	一序列通道被重复转换

（1）单通道模式。

一个单通道只采样和转换一次。CSTARTADDx 位用来选择转换存储单元。转换结果写入由 CSTARTADDx 选择的 ADC12MEMx 中。当 ADC12SC 置位时，触发一次采样转换操作，ADC12SC 持续一段时间后自动复位，也可通过定时器的输出触发采样。

（2）序列通道模式（自动扫描模式）。

序列通道模式也被称为自动扫描模式。在序列通道模式中，一序列通道采样并转换。CSTARTADDx 位用来选择第一个开始采样和转换的转换存储单元 ADC12MCTLx。转换结果写入由 CSTARTADDx 位定义的 ADC12MEMx 中。ADC12MCTLx 中的 ADC12EOS 位定义序列的结束。如果所有的 ADC12EOS 位均没有置位，则一个序列会从 ADC12MEM0 扫描到 ADC12MEM15，然后再从 ADC12MEM0 开始扫描。

CSTARTADDx 位选择开始转换的第一个 ADC12MCTLx。CSTARTADDx 指向在序列中第一个用到的 ADC12MCTLx 的地址。一个对于软件不可见的指针会自动递增，并指向序列中的下一个 ADC12MCTLx。当每一个转换完成时，序列会继续，直至处理到 ADC12EOS=1 的 ADC12MCTLx，序列转换才会停止。

（3）重复单通道模式。

一个单独的通道被连续不断地采样和转换。转换结果写入通过 CSTARTADDx 位定义的 ADC12MEMx 中。需要在每次转换完成后读取转换结果，因为只有一个 ADC12MEMx 存储器被使用，并在下一个转换时被重复写入。

（4）重复序列通道模式（重复自动扫描模式）。

一序列通道被重复采样和转换。CSTARTADDx 定义第一个 ADC12MCTLx。转换结果写入从由 CSTARTADDx 位定义的 ADC12MEMx 开始的转换存储器中。序列在检测到 ADC12EOS 位置位后结束。下一个触发信号重新开始序列。

6．多重采样和转换位（ADC12MSC）

ADC12MSC 位仅在重复模式和序列模式（ADC12CONSEQx>0）使用。当 ADC12MSC=0 时，不使用多重采样和转换功能，ADC12_A 的每一个转换都需要 SHI 信号的上升沿。当 ADC12MSC=1 时，使用多重采样和转换功能，只需在转换开始时，生成一个 SHI 信号的上升沿，之后的采样和转换会在上一个转换完成后自动进行。SHI 上额外的上升沿会被忽略。

7. 停止转换

停止 ADC12_A 活动依据操作模式。停止一个活跃转换或转换序列的方法如下。

· 在单通道单转换模式中，复位 ADC12ENC 立刻停止一个转换且转换结果是不可预知的。要想得到正确结果，可以在检测到 ADC12BUSY=0 时，将 ADC12ENC 复位。

· 在重复单通道模式中，复位 ADC12ENC 会在当前转换结束时停止转换器。

· 在序列通道或重复序列通道模式中，复位 ADC12ENC 会在序列结束时停止转换器。

· 任何转换模式都可通过清零 ADC12CONSEQ 并复位 ADC12ENC 位来立刻停止，这样做会导致转换结果不可预知。

注意，如果选择序列模式，ADC12MCTLx（x 为 0~15）中的序列结束标志位 ADC12EOS 都没有置位，那么将 ADC12ENC 清零也不会停止序列。在这种情况下，停止转换的方法是：首先切换到一个单通道模式，然后复位 ADC12ENC。这样做会导致转换结果不可预知。

8. 使用集成温度传感器

温度传感器是 ADC12_A 检测的信号之一。其温度-电压图大致呈一次函数关系。温度传感器的输入信号是通道 A10，其检测方法和单通道模式相同。温度传感器是参考电压生成器的一部分，因此要启动参考电压生成器温度传感器才能启动，所以要配置 ADC12REFON=1（REFMSTR=0）或 REFON=1（REFMSTR=1）。

为了精确测量温度，温度计算公式如下（更多详细信息可查看用户指南 1.13.5.3）。

$$\text{Temp} = (\text{ADC}_{raw} - \text{CAL\_ADC\_T30}) \times (\frac{85 - 30}{\text{CAL\_ADC\_T85} - \text{CAL\_ADC\_T30}}) + 30$$

式中，Temp 是精确的温度值；ADC_{raw} 是模数转换结果；CAL_ADC_T30 和 CAL_ADC_T85 是温度矫正参数。这些参数利用 TLV（tag-length-value）的方式存储在单片机中，且每个单片机的矫正参数都会有所不同，因此不能将温度参数直接写成数字，这些参数可以通过地址进行访问调用，详情可查看数据手册中 106 页（不同版本页码可能不同）的设备描述符表。ADC 温度校正参数如表 9.1.4 所示。

表 9.1.4　ADC 温度校正参数

描　述	地　址	大小/B	值
V_{REF}=1.5V, CAL_ADC_T30	01A1Ah	2	因设备而不同
V_{REF}=1.5V, CAL_ADC_T85	01A1Ch	2	因设备而不同
V_{REF}=2.0V, CAL_ADC_T30	01A1Eh	2	因设备而不同
V_{REF}=2.0V, CAL_ADC_T85	01A20h	2	因设备而不同
V_{REF}=2.5V, CAL_ADC_T30	01A22h	2	因设备而不同
V_{REF}=2.5V, CAL_ADC_T85	01A24h	2	因设备而不同

在程序中，可通过*((unsigned int*)0x1A1A)调用其值，其中(unsigned int *)是将 0x1A1A 转换为无符号整型地址格式，圆括号外的*用来访问地址为 0x1A1A 的数据的值。例如，编码 i=*((unsigned int*)0x1A1A)，在调试时，查看 i 的值，可以发现 i=2136（使用不同的单片机，i 的值可能不同）。

9. 内部参考电压低功耗特点

ADC12_A 内部参考电压生成器为低功耗应用设计。参考电压生成器包括一个带隙电压源和独立缓冲区。当 ADC12REFON=1 或 REFON=1 时，两者都使能；当 ADC12REFON = 0 或 REFON = 0 时，两者都禁用。当不使用参考电压生成器时，可将其关闭来节省电能。

当 ADC12REFON=1 或 REFON=1 且 ADC12REFBURST=1 但没有转换活动时，缓冲区自动

禁用，并且在使用时自动启用。当缓冲区被禁用后，它不消耗电流。在这种情况下，带隙电压源保持使能。

当 ADC12REFBURST=1 时，缓冲区在 ADC12_A 没有转换时自动禁用，并在需要时自动启用。当 ADC12REFBURST=0 时，缓冲区连续打开，如果 ADC12REFOUT=1 或 REFOUT=1，则可持续向外部输出参考电压。

内部参考缓冲区还具有可选的转换速率与功率设置。当最大转换速率低于 50ksps 时，设置 ADC12SR=1 可降低缓冲区大约 50%的电流消耗。

10．ADC12_A 中断

ADC12_A 有 18 个中断，公用一个中断源。
- ADC12IFG0～ADC12IFG15。
- ADC12OV：ADC12MEMx 溢出。
- ADC12TOV：ADC12_A 计时溢出。

当 ADC12MEMx 存储寄存器载入一个转换结果时，相应的 ADC12IFGx 位置位。如果 ADC12IEx 位和 GIE 位置位，则一个中断请求生成。如果还没来得及读取 ADC12MEMx 就有新数据写入，那么 ADC12MEMx 溢出条件产生，ADC12OV 位置位。如果在当前采样和转换未完成时，另一个转换发出请求，那么 ADC12_A 转换时间溢出条件产生，ADC12TOV 位置位。如果 ADC12IEx 位没有置位，则单通道模式转换后或在序列通道模式完成一序列通道采样后，DMA 被触发。

11．ADC12IV，中断向量寄存器

所有 ADC12_A 中断源按顺序排列并组合为一个中断向量。当有中断生成时，ADC12IV 中会生成一个数字，可在中断服务函数中查询 ADC12IV 的值来确定具体的中断源。禁用 ADC12_A 中断不影响 ADC12IV 的值。

任何对 ADC12IV 的访问，读写操作都会自动复位 ADC12OV 或 ADC12TOV。ADC12IFGx 中断标志不会通过访问 ADC12IV 来复位。ADC12IFGx 位会在访问它们相关的 ADC12MEMx 寄存器时自动复位，或者通过软件复位。

如果当中断服务函数访问 ADC12IV 寄存器时，ADC12OV 和 ADC12IFGx 中断生成，那么 ADC12OV 中断条件会自动复位。在中断服务函数的 RETI（从中断返回）指令处理后，ADC12IFG3 生成另一个中断。

9.1.3　ADC12 控制寄存器

各寄存器如表 9.1.5～表 9.1.12 所示。

表 9.1.5　ADC12CTL0：ADC12_A 控制寄存器 0（只有当 ADC12ENC=0 时才可修改）

15	14	13	12	11	10	9	8
ADC12SHT1				ADC12SHT0			
rw-0	rw-0	rw-0	rw-0	rw-0	rw-0	rw-0	rw-0
7	6	5	4	3	2	1	0
ADC12MSC	ADC12REF2_5V	ADC12REFON	ADC12ON	ADC12OVIE	ADC12TOVIE	ADC12ENC	ADC12SC
rw-0	rw-0	rw-0	rw-0	rw-0	rw-0	rw-0	rw-0

ADC12SHT1：ADC12_A 采样保持时间。这些位为寄存器 ADC12MEM8～ADC12MEM15 定义在采样周期里 ADC12CLK 周期的数量。

ADC12SHT0：ADC12_A 采样保持时间。这些位为寄存器 ADC12MEM0～ADC12MEM7 定义在采样周期里 ADC12CLK 周期的数量。0000b=4 个 ADC12CLK 周期；0001b=8 个 ADC12CLK 周期；0010b=16 个 ADC12CLK 周期；0011b=32 个 ADC12CLK 周期；0100b=64 个 ADC12CLK 周期；0101b=96 个 ADC12CLK 周期；0110b=128 个 ADC12CLK 周期；0111b=192 个 ADC12CLK 周期；1000b=256 个 ADC12CLK 周期；1001b=384 个 ADC12CLK 周期；1010b=512 个 ADC12CLK 周期；1011b=768 个 ADC12CLK 周期；1100b、1101b、1110b、1111b 均为 1024 个 ADC12CLK 周期。

ADC12MSC：ADC12_A 多重采样和转换。只在序列模式或重复模式有效。0b=采样计时器请求一个 SHI 信号的上升沿来触发每一个采样和转换；01=SHI 信号的第一个上升沿触发采样计时器，但是进一步采样和转换会在先前的转换完成后自动执行。

ADC12REF2_5V：ADC12_A 参考电压生成器电压选择。ADC12REFON 也必须置位。这个位只有当 REF 模块的 REFMSTR 位置 0 时才有效。0b=1.5V；1b=2.5V。REF 模块提供了 2.0V 电压的选项。

ADC12REFON：ADC12_A 参考电压生成器开关。这个位只有当 REF 模块的 REFMSTR 位置 0 时才有效。0b=参考电压生成器关闭；1b=参考电压生成器打开。

ADC12ON：ADC12_A 开关。0b=ADC12_A 关闭；1b=ADC12_A 打开。

ADC12OVIE：ADC12MEMx 溢出中断使能。GIE 位必须置位来使能中断。0b=溢出中断禁用；1b=溢出中断使能。

ADC12TOVIE：ADC12_A 转换计时溢出（超时）中断使能。GIE 位必须置位来使能中断。0b=转换超时中断禁用；1b=转换超时中断使能。

ADC12ENC：ADC12_A 使能转换。0b=ADC12_A 禁用；1b=ADC12_A 使能。

ADC12SC：ADC12_A 开始采样。软件控制采样和转换开始。ADC12SC 和 ADC12ENC 可能连同一个指令被置位。ADC12SC 自动复位。0b=无采样转换开始；1b=开始采样转换。

表 9.1.6　ADC12CTL1：ADC12_A 控制寄存器 1（只有当 ADC12ENC=0 时才可修改）

15	14	13	12	11	10	9	8
ADC12CSTARTADDx				ADC12SHSx		ADC12SHP	ADC12ISSH
rw-0	rw-0	rw-0	rw-0	rw-0	rw-0	rw-0	rw-0
7	6	5	4	3	2	1	0
ADC12DIVx			ADC12SSELx		ADC12CONSEQx		ADC12BUSY
rw-0	rw-0	rw-0	rw-0	rw-0	rw-0	rw-0	r-0

ADC12CSTARTADDx：ADC12_A 转换开始地址。这些位选择哪个 ADC12_A 转换存储寄存器用来作为单通道转换或序列的第一个转换。CSTARTADDx 的值为 0～0Fh，代表 ADC12MEM0～ADC12MEM15。

ADC12SHSx：ADC12_A 采样保持源选择。00b=ADC12SC 位；01b=定时器 TA0.1 输出；10=定时器 TB0.0 输出；11=定时器 TB0.1 输出。

ADC12SHP：ADC12_A 采样保持脉冲模式选择。这些位选择采样信号（SAMPCON）的来源是采样计时器的输出还是采样输入信号（SHI）。0=SAMPCON 信号来源于采样输入信号（SHI）；1=SAMPCON 信号来源于采样计时器。

ADC12ISSH：ADC12_A 采样保持信号（SHI）极性反转。0=SHI 极性不反转；1=SHI 极性反转。

ADC12DIVx：ADC12_A 时钟分频器。000=1 分频；001=2 分频；010=3 分频；011=4 分频；100=5 分频；101=6 分频；110=7 分频；111=8 分频。

ADC12SSELx：ADC12_A 时钟源选择。00=ADC12OSC（MODCLK）；01=ACLK；10=MCLK；11=SMCLK。

ADC12CONSEQx：ADC12_A 转换序列模式选择。00=单通道；01=序列通道；10=重复单通道；11=重复序列通道。

ADC12BUSY：ADC12_A 忙标志。这个位标志采样或转换正在进行。0=没有进行采样和转换；1=一个序列、采样或转换正在进行。

表 9.1.7　ADC12CTL2：ADC12_A 控制寄存器 2（只有当 ADC12ENC=0 时才可修改）

15	14	13	12	11	10	9	8
Reserved							ADC12PDIV
r-0	r-0	r-0	r-0	r-0	r-0	r-0	r-0
7	6	5	4	3	2	1	0
ADC12TCOFF	Reserved	ADC12RES		ADC12DF	ADC12SR	ADC12REFOUT	ADC12REFBURST
r-0	r-0	r-0	r-0	r-0	r-0	r-0	r-0

ADC12PDIV：ADC12_A 预分频器。这个位对 ADC12_A 选用的时钟源进行预分频。0=1 分频；1=4 分频。

ADC12TCOFF：ADC12_A 温度传感器关闭。如果这个位置位，则温度传感器关闭，以节省电能。这个位只有在 REF 模块的 REFMSTR 位置 0 时才有效。0=温度传感器打开；1=温度传感器关闭。

ADC12RES：ADC12_A 分辨率选择。这个位定义转换结果的分辨率。00=8 位分辨率（转换时间为 9 个时钟周期）；01=10 位分辨率（转换时间为 11 个时钟周期）；10=12 位分辨率（转换时间为 13 个时钟周期）；11=无意义，保留。

ADC12DF：ADC12_A 数据读回格式。数据总以二进制无符号格式存储。00=无符号二进制，理论上，模拟输入电压结果是 0000h，模拟输入电压结果是 0FFFh（12 位分辨率）；1=有符号二进制（二进制补码），左对齐，理论上，模拟输入电压结果是 8000h，模拟输入电压结果是 7FF0h（12 位分辨率）。

ADC12SR：ADC12_A 采样频率。这个位选择最大采样频率的参考缓冲区的驱动能力。置位 ADC12SR 降低参考缓冲区的电流消耗。0=参考缓冲区支持最高速率为 200ksps；1=参考缓冲区支持最高速率为 50ksps。

ADC12REFOUT：参考电压输出。这个位只在 REF 模块的 REFMSTR 位置 0 时有效。0=参考电压输出关闭；1=参考电压输出打开，输出端口为 P5.0 和 P5.1。

ADC12REFBURST：参考缓冲区间隔选择。0=参考缓冲区持续打开，可持续向外输出参考电压；1=参考缓冲区仅在采样和转换阶段打开。

表 9.1.8　ADC12MEMx：ADC12_A 转换存储寄存器

15	14	13	12	11	10	9	8
转换结果							
rw	rw	rw	rw	rw	rw	rw	rw
7	6	5	4	3	2	1	0
转换结果							
rw	rw	rw	rw	rw	rw	rw	rw

转换结果如下。

二进制无符号格式：这种数据格式在 ADC12DF=0 时使用。12 位转换结果右对齐。位 11 是最高位（MSB）。在 12 位模式中，位 15～12 是 0；在 10 位模式中，位 15～10 是 0；在 8 位模式中，位 15～8 是 0。向转换存储寄存器中写入数据将破坏转换结果。

补码格式：这种数据格式在 ADC12DF=1 时使用。12 位转换结果是左对齐的二进制补码格式。位 15 是最高位（MSB）。在 12 位模式中，位 3～0 是 0；在 10 位模式中，位 5～0 是 0；在 8 位模式中，位 7～0 是 0。数据以右对齐格式存储，并在读出时转换位左对齐二进制补码格式。

表 9.1.9　ADC12MCTLx：ADC12_A 转换存储控制寄存器

7	6	5	4	3	2	1	0
ADC12EOS	ADC12SREFx			ADC12INCHx			
rw	rw	rw	rw	rw	rw	rw	rw

ADC12EOS：序列结束标志。表示序列的最后一个转换。0=序列没有结束；1=序列结束。

ADC12SREFx：参考电压选择。

000：VR+=AVCC，VR-=AVSS；001：VR+=VREF+，VR-=AVSS；010：VR+=VeREF+，VR-=AVSS；011：VR+=VeREF+，VR-=AVSS；100：VR+=AVCC，VR-=VREF-/VeREF-；101：VR+=VREF+，VR-=VREF-/VeREF-；110：VR+=VeREF+，VR-=VREF-/VeREF-；111：VR+=VeREF+，VR-=VREF-/VeREF-。

ADC12INCHx：输入通道选择。

0000=A0；0001=A1；0010=A2；0011=A3；0100=A4；0101=A5；0110=A6；0111=A7；1000=VeREF+；1001=VREF-/VeREF-；1010=温度二极管；1011=(AVCC-AVSS)/2；1100=A12（在带有电源备份系统的设备上，VBAT 能被 ADC 内部测量）；1101=A13；1110=A14；1111=A15。

表 9.1.10　ADC12IE：ADC12_A 中断使能寄存器

15	14	13	12	11	10	9	8
ADC12IE15	ADC12IE14	ADC12IE13	ADC12IE12	ADC12IE11	ADC12IE10	ADC12IE9	ADC12IE8
r-0	r-0	r-0	r-0	r-0	r-0	r-0	r-0
7	6	5	4	3	2	1	0
ADC12IE7	ADC12IE6	ADC12IE5	ADC12IE4	ADC12IE3	ADC12IE2	ADC12IE1	ADC12IE0
r-0	r-0	r-0	r-0	r-0	r-0	r-0	r-0

ADC12IEx：中断使能。这个位使能或禁用 ADC12IFGx 的中断请求。0=中断禁用；1=中断使能。

表 9.1.11　ADC12IFG：ADC12_A 中断标志寄存器

15	14	13	12	11	10	9	8
ADC12IFG15	ADC12IFG14	ADC12IFG13	ADC12IFG12	ADC12IFG11	ADC12IFG10	ADC12IFG9	ADC12IFG8
r-0	r-0	r-0	r-0	r-0	r-0	r-0	r-0
7	6	5	4	3	2	1	0
ADC12IFG7	ADC12IFG6	ADC12IFG5	ADC12IFG4	ADC12IFG3	ADC12IFG2	ADC12IFG1	ADC12IFG0
r-0	r-0	r-0	r-0	r-0	r-0	r-0	r-0

ADC12IFGx：ADC12MEMx 中断标志。当 ADC12MEM 载入一个转换结果时，这个位置位。当 ADC12MSMx 位被访问时，中断标志复位。中断标志也可以用软件复位。0=无中断挂起；1=有中断挂起。

表 9.1.12　ADC12IV：ADC12_A 中断向量寄存器

15	14	13	12	11	10	9	8
ADC12IVx							
rw	rw	rw	rw	rw	rw	rw	rw
7	6	5	4	3	2	1	0
ADC12IVx							
rw	rw	rw	rw	rw	rw	rw	rw

ADC12IVx：ADC12_A 中断向量值。中断向量表如表 9.1.13 所示。

表 9.1.13　中断向量表

ADC12IVx 值	中 断 源	中 断 标 志	备 注
00	无中断		
02	ADC12MEMx 溢出	—	优先级最高
04	转换时间溢出	—	
06	ADC12MEM0 中断标志	ADC12IFG0	
08	ADC12MEM1 中断标志	ADC12IFG1	
0A	ADC12MEM2 中断标志	ADC12IFG2	
0C	ADC12MEM3 中断标志	ADC12IFG3	
0E	ADC12MEM4 中断标志	ADC12IFG4	
10	ADC12MEM5 中断标志	ADC12IFG5	
12	ADC12MEM6 中断标志	ADC12IFG6	
14	ADC12MEM7 中断标志	ADC12IFG7	
16	ADC12MEM8 中断标志	ADC12IFG8	
18	ADC12MEM9 中断标志	ADC12IFG9	
1A	ADC12MEM10 中断标志	ADC12IFG10	
1C	ADC12MEM11 中断标志	ADC12IFG11	
1E	ADC12MEM12 中断标志	ADC12IFG12	
20	ADC12MEM13 中断标志	ADC12IFG13	
22	ADC12MEM14 中断标志	ADC12IFG14	
24	ADC12MEM15 中断标志	ADC12IFG15	优先级最低

9.2　模数转换应用实例

模数转换应用实例介绍 MSP430 单片机 ADC12_A 模块的单通道单次转换、单通道重复转换、序列通道单次转换和序列通道重复转换，并使用 ADC12_A 中断，在中断中读取转换结果。

9.2.1　单通道单次转换

单通道单次转换常用于转换频率不高，不需要连续转换和低功耗的应用场所。本实例所使用的模拟信号采集电路如图 9.2.1 所示。

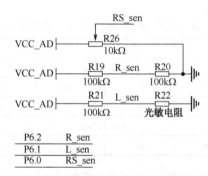

图 9.2.1 模拟信号采集电路

要求使用 MSP430 单片机 ADC12_A 模块的单通道单次转换，对 P6.0 的电压信号进行循环采集。为保证数据的可观测性，使用数码管对采集到的数据进行显示。

数码管驱动电路图如图 9.2.2 所示，其位选分别连接了 P2.0～P2.3，段选分别连接 P7.0～P7.7。采用动态扫描的方式驱动数码管。

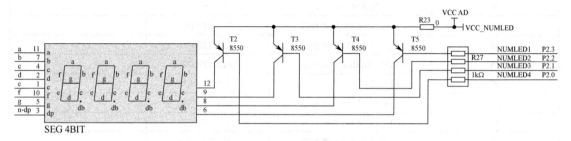

图 9.2.2 数码管驱动电路

实例代码如下：

```c
#include <msp430f5529.h>
#define delay_us(x) __delay_cycles(x)
unsigned char Disp_Tab[] = {0xc0, 0xf9, 0xa4, 0xb0, 0x99, 0x92, 0x82, 0xf8, 0x80, 0x90};
                                     //共阳极数码管，0～9数模
unsigned char dispbit[] = {0xFE,0xFD,0xFB,0xF7};
                                     //位选控制，4位数码管 只用了其中4位，即对应P2.0～P2.3
void display_seg(unsigned int Disp_num)     //数码管显示函数
{
  unsigned char i;
  i=Disp_num/1000;                   //千位
  P2OUT = (P2OUT&0XF0) + dispbit[0];  //位选
  P7OUT =Disp_Tab[i];                //段选
  delay_us(100);
  i=Disp_num/100%10;                 //百位
  P2OUT = (P2OUT&0XF0) + dispbit[1]; //位选
  P7OUT =Disp_Tab[i];                //段选
  delay_us(100);
  i=Disp_num%100/10;                 //十位
  P2OUT = (P2OUT&0XF0) + dispbit[2]; //位选
  P7OUT =Disp_Tab[i];                //段选
  delay_us(100);
  i=Disp_num%10;                     //个位
  P2OUT = (P2OUT&0XF0) + dispbit[3]; //位选
```

```
  P7OUT =Disp_Tab[i];                              //段选
  delay_us (100);
}
unsigned int ADC_Result,cycle_count;               //模数转换结果和循环计数，用于滤波
unsigned long int ADC_SUM;                         //模数转换结果累加
/*********************主函数**********************/
void main (void)
{
  WDTCTL = WDTPW + WDTHOLD;                         //关闭看门狗
  P7DIR |= 0XFF;                                    //数码管段选端口
  P2DIR |= 0X0F;                                    //数码管位选端口
  P6SEL |= BIT0;                                    //将P6.0 选择复用功能
  ADC12CTL0 = ADC12SHT02 + ADC12ON;                //采样时间为64个ADC12CLK周期, 打开ADC12_A
  ADC12CTL1 = ADC12SHP;                            //使用采样计时器
  ADC12IE = ADC12IE0;                              //使能中断
  ADC12CTL0 |= ADC12ENC;                           //使能ADC12_A转换
  while (1)
  {
    cycle_count++;                                 //递增循环计数
    ADC12CTL0 |= ADC12SC;                          //开始采样/转换
    __bis_SR_register (LPM0_bits + GIE);           //进入LPM0, 使能中断
    if (cycle_count==200)                          //计数值达到设定值
    {
      ADC_Result = ADC_SUM/200;                    //转换结果取平均值
      ADC_SUM = 0;
      cycle_count=0;
    }
    display_seg (ADC_Result);                      //显示均值滤波后的转换结果
  }
}
/*******************ADC中断服务函数**********************/
#pragma vector = ADC12_VECTOR
__interrupt void ADC12_ISR (void)
{
  switch ( __even_in_range (ADC12IV,34) )
  {
  case  0: break;                                  //Vector  0:  无中断
  case  2: break;                                  //Vector  2:  ADC 溢出
  case  4: break;                                  //Vector  4:  ADC 计时溢出
  case  6:                                         //Vector  6:  ADC12IFG0
    ADC_SUM +=ADC12MEM0;                           //累加转换结果
    __bic_SR_register_on_exit (LPM0_bits);         //退出LPM0
  case  8: break;                                  //Vector  8:  ADC12IFG1
  case 10: break;                                  //Vector 10:  ADC12IFG2
  case 12: break;                                  //Vector 12:  ADC12IFG3
  case 14: break;                                  //Vector 14:  ADC12IFG4
  case 16: break;                                  //Vector 16:  ADC12IFG5
  case 18: break;                                  //Vector 18:  ADC12IFG6
  case 20: break;                                  //Vector 20:  ADC12IFG7
```

```
case 22: break;                              //Vector 22: ADC12IFG8
case 24: break;                              //Vector 24: ADC12IFG9
case 26: break;                              //Vector 26: ADC12IFG10
case 28: break;                              //Vector 28: ADC12IFG11
case 30: break;                              //Vector 30: ADC12IFG12
case 32: break;                              //Vector 32: ADC12IFG13
case 34: break;                              //Vector 34: ADC12IFG14
default: break;
    }
}
```

该代码功能为：宏定义延时函数，定义数码管端口段选和位选的数码，数码管显示函数利用动态扫描的方法依次显示各个数码位。主函数中关闭看门狗，初始化数码管段选和位选端口，打开ADC12_A 模块，选择采样周期为 64 个 ADC12CLK，使用采样定时器，使能中断。启动采样后进入低功耗模式，在中断服务函数中读取和累加采样值并返回活跃模式，在 while(1)中再次启动采样，当循环周期达到计数值时，更新数码管显示的数据。注意数码管各个数码位的扫描时间差别不能太大，否则会导致数码管亮度不一致，故程序中将数码管扫描函数放在了 while(1)中。

实例现象：旋转拨盘电位器，数码管显示值变化。因为电位器阻值改变，导致其两端电压改变，从而导致 ADC 采样转换结果改变。通过调试程序，查看转换结果存储器或直接查看转换结果寄存器的值，也可发现其数据随电位器拨盘位置的改变而改变。

9.2.2　单通道重复转换

单通道重复转换可在没有 CPU 干预的情况下，重复对某通道进行采样，每次采样后生成中断。本实例要求使用 MSP430 单片机 ADC12_A 模块的单通道重复转换，对 P6.0 的电压信号进行重复采集，并用数码管显示。实例代码如下：

```
#include <msp430f5529.h>
#define delay_us(x)  __delay_cycles(x)
unsigned char Disp_Tab[] = {0xc0, 0xf9, 0xa4, 0xb0, 0x99, 0x92, 0x82, 0xf8, 0x80, 0x90};
                                          //共阳极数码管，0~9数模
unsigned char dispbit[] = {0xFE,0xFD,0xFB,0xF7};
                                          //位选控制，4位数码管，只用了其中4位，即对应P2.0~P2.3
void display_seg(unsigned int Disp_num)       //数码管显示函数
{
  unsigned char i;
  i=Disp_num/1000;                            //千位
  P2OUT =(P2OUT&0XF0) + dispbit[0];           //位选
  P7OUT =Disp_Tab[i];                         //段选
  delay_us(100);
  i=Disp_num/100%10;                          //百位
  P2OUT =(P2OUT&0XF0) + dispbit[1];           //位选
  P7OUT =Disp_Tab[i];                         //段选
  delay_us(100);
  i=Disp_num%100/10;                          //十位
  P2OUT =(P2OUT&0XF0) + dispbit[2];           //位选
  P7OUT =Disp_Tab[i];                         //段选
  delay_us(100);
  i=Disp_num%10;                              //个位
```

```
    P2OUT =(P2OUT&0XF0) + dispbit[3];                  //位选
    P7OUT =Disp_Tab[i];                                //段选
    delay_us (100);
}
unsigned int ADC_Result,cycle_count;                   //模数转换结果和循环计数,用于滤波
unsigned long int ADC_SUM;                             //模数转换结果累加
/************************主函数************************/
void main (void)
{
    WDTCTL = WDTPW+WDTHOLD;                             //关闭看门狗
    P7DIR |= 0XFF;                                      //数码管段选端口
    P2DIR |= 0X0F;                                      //数码管位选端口
    P6SEL |= BIT0;                                      //P6.0作为模拟信号输入端口
    ADC12CTL0 = ADC12ON+ADC12SHT0_12+ADC12MSC;         //打开 ADC12_A, 设置采样时间
                                                       //使能多重采样转换
    ADC12CTL1 = ADC12SHP+ADC12CONSEQ_2;                //使用采样计时器,重复单通道模式
    ADC12IE = ADC12IE0;                                //使能 ADC12IFG.0
    ADC12CTL0 |= ADC12ENC;                             //使能转换
    ADC12CTL0 |= ADC12SC;                              //开始转换
    __bis_SR_register (GIE);                           //使能中断
    while (1)
    {
        display_seg (ADC_Result);                      //显示均值滤波后的转换结果
    }
}
/********************中断服务函数********************/
#pragma vector=ADC12_VECTOR
__interrupt void ADC12ISR (void)
{
    switch (__even_in_range (ADC12IV,34))
    {
    case  0: break;                                    //Vector  0: 无中断
    case  2: break;                                    //Vector  2: ADC 溢出
    case  4: break;                                    //Vector  4: ADC 计时溢出
    case  6:                                           //Vector  6: ADC12IFG0
        cycle_count++;                                 //循环计数值递增
        ADC_SUM += ADC12MEM0;                          //转换结果累加
        if (cycle_count==400)                          //计数值到达预定值
        {
            ADC_Result = ADC_SUM/400;                  //转换结果取平均
            ADC_SUM=0;
            cycle_count=0;
        }
    case  8: break;                                    //Vector  8: ADC12IFG1
    case 10: break;                                    //Vector 10: ADC12IFG2
    case 12: break;                                    //Vector 12: ADC12IFG3
    case 14: break;                                    //Vector 14: ADC12IFG4
    case 16: break;                                    //Vector 16: ADC12IFG5
    case 18: break;                                    //Vector 18: ADC12IFG6
```

```
case 20: break;                              //Vector 20:  ADC12IFG7
case 22: break;                              //Vector 22:  ADC12IFG8
case 24: break;                              //Vector 24:  ADC12IFG9
case 26: break;                              //Vector 26:  ADC12IFG10
case 28: break;                              //Vector 28:  ADC12IFG11
case 30: break;                              //Vector 30:  ADC12IFG12
case 32: break;                              //Vector 32:  ADC12IFG13
case 34: break;                              //Vector 34:  ADC12IFG14
default: break;
    }
}
```

该代码功能为：宏定义延时函数，定义数码管端口段选和位选的数码，数码管显示函数利用动态扫描的方法依次显示各个数码位。主函数中关闭看门狗，初始化数码管段选和位选端口，打开 ADC12_A 模块，选择采样周期为 1024 个 ADC12CLK，使用采样定时器，使能多重采样转换，使能中断。在中断服务函数中读取和累加采样值，并进行均值滤波。在 while(1) 中，循环调用数码管显示函数。注意数码管显示函数不符合低功耗设计，读者可根据之前所学的定时器模块来尝试编写中断扫描数码管的函数。

实例现象：旋转拨盘电位器，数码管显示值变化。因为电位器阻值改变，导致其两端电压改变，从而导致 ADC 采样转换结果改变。通过调试程序，查看转换结果存储器或直接查看转换结果寄存器的值，也可发现其数据随电位器拨盘位置的改变而改变。

9.2.3　多通道单次转换

多通道单次转换又称序列通道单次转换，可在没有 CPU 干预的情况下对一序列通道进行采集，并生成中断。本实例要求使用序列通道单次转换，对 3 个通道进行采集，并存储采集结果。实例代码如下：

```
#include <msp430f5529.h>
volatile unsigned int results[3];            //用于存储转换结果
/********************主函数********************/
void main（void）
{
  WDTCTL = WDTPW+WDTHOLD;                     //关闭看门狗
  P6SEL = BIT0+BIT1+BIT2;                     //声明P6.0-2作为模拟输入端口
  ADC12CTL0 = ADC12ON+ADC12MSC+ADC12SHT0_2;  //打开ADC12_A，设置采样时间
                                             //使用多重采样转换
  ADC12CTL1 = ADC12SHP+ADC12CONSEQ_1;        //使用采样计时器，单序列模式
  ADC12MCTL0 = ADC12INCH_0;                  //VREF+=AVCC，通道 = A0
  ADC12MCTL1 = ADC12INCH_1;                  //VREF+=AVCC，通道 = A1
  ADC12MCTL2 = ADC12INCH_2+ADC12EOS;         //VREF+=AVCC，通道 = A2，结束序列
  ADC12IE = ADC12IE2;                        //使能 ADC12IFG.2
  ADC12CTL0 |= ADC12ENC;                     //使能转换

  while（1）
  {
   ADC12CTL0 &= ~ADC12SC;
   ADC12CTL0 |= ADC12SC;                      //开始转换，由软件触发
     __bis_SR_register（LPM0_bits + GIE）；    //进入 LPM4，使能中断
```

```
    }
  }
/******************中断服务函数********************/
#pragma vector=ADC12_VECTOR
__interrupt void ADC12ISR(void)
{
  switch(__even_in_range(ADC12IV,34))
  {
  case  0: break;                                //Vector  0: 无中断
  case  2: break;                                //Vector  2: ADC 溢出
  case  4: break;                                //Vector  4: ADC 计时溢出
  case  6: break;                                //Vector  6: ADC12IFG0
  case  8: break;                                //Vector  8: ADC12IFG1
  case 10:                                       //Vector 10: ADC12IFG2
    results[0] = ADC12MEM0;                       //读取转换结果, 中断标志清零
    results[1] = ADC12MEM1;                       //读取转换结果, 中断标志清零
    results[2] = ADC12MEM2;                       //读取转换结果, 中断标志清零
    __bic_SR_register_on_exit(LPM0_bits);        //退出LPM4, 调试时, 可在此设置断点
    break;
  case 12: break;                                //Vector 12: ADC12IFG3
  case 14: break;                                //Vector 14: ADC12IFG4
  case 16: break;                                //Vector 16: ADC12IFG5
  case 18: break;                                //Vector 18: ADC12IFG6
  case 20: break;                                //Vector 20: ADC12IFG7
  case 22: break;                                //Vector 22: ADC12IFG8
  case 24: break;                                //Vector 24: ADC12IFG9
  case 26: break;                                //Vector 26: ADC12IFG10
  case 28: break;                                //Vector 28: ADC12IFG11
  case 30: break;                                //Vector 30: ADC12IFG12
  case 32: break;                                //Vector 32: ADC12IFG13
  case 34: break;                                //Vector 34: ADC12IFG14
  default: break;
  }
}
```

该代码功能为：配置 ADC12_A 模块，配置 4 个通道的参考电压和输入信号。ADC12IFG3 中断开始转换后进入低功耗模式。中断服务函数中读取 4 个通道转换结果并存储。

实例现象：通过在线调试，查看转换结果数组中元素的值，可以发现通道 1 的值随拨盘电位器变化，通道 2 的值随光敏电阻光照度变化，通道 3 的值恒为量程的一半。

9.2.4　多通道重复转换

多通道重复转换又称序列通道重复转换，可在没有 CPU 干预的情况下对一序列通道进行多次采集，并生成中断。本实例要求使用序列通道重复转换，对 4 个通道进行重复采集，并存储采集结果。实例代码如下：

```
#include <msp430.h>
#define  Num_of_Results  8
volatile unsigned int A0results[Num_of_Results];
volatile unsigned int A1results[Num_of_Results];
```

```
volatile unsigned int A2results[Num_of_Results];
volatile unsigned int A3results[Num_of_Results];
int main (void)
{
  WDTCTL = WDTPW+WDTHOLD;                          //关闭看门狗
  P6SEL = 0x0F;                                    //定义模拟信号输入端口
  ADC12CTL0 = ADC12ON+ADC12MSC+ADC12SHT0_8;        //打开ADC12_A，延长采样时间
                                                   //避免结果溢出
  ADC12CTL1 = ADC12SHP+ADC12CONSEQ_3;              //使用采样计时器，重复序列模式
  ADC12MCTL0 = ADC12INCH_0;                        //VREF+=AVCC，通道A0
  ADC12MCTL1 = ADC12INCH_1;                        //VREF+=AVCC，通道A1
  ADC12MCTL2 = ADC12INCH_2;                        //VREF+=AVCC，通道A2
  ADC12MCTL3 = ADC12INCH_3+ADC12EOS;               //VREF+=AVCC，通道A3，结束序列
  ADC12IE = 0x08;                                  //使能 ADC12IFG.3
  ADC12CTL0 |= ADC12ENC;                           //使能转换
  ADC12CTL0 |= ADC12SC;                            //开始转换，由软件触发

  __bis_SR_register (LPM0_bits + GIE);             //进入LPM0，使能中断
  __no_operation ();
}
#pragma vector=ADC12_VECTOR
__interrupt void ADC12ISR (void)
{
  static unsigned int index = 0;

  switch (__even_in_range (ADC12IV,34))
  {
  case  0: break;                                  //Vector 0:  无中断
  case  2: break;                                  //Vector 2:  ADC 溢出
  case  4: break;                                  //Vector 4:  ADC 计时溢出
  case  6: break;                                  //Vector 6:  ADC12IFG0
  case  8: break;                                  //Vector 8:  ADC12IFG1
  case 10: break;                                  //Vector 10: ADC12IFG2
  case 12:                                         //Vector 12: ADC12IFG3
    A0results[index] = ADC12MEM0;                  //读取通道A0转换结果，中断标志自动清除
    A1results[index] = ADC12MEM1;                  //读取通道A1转换结果，中断标志自动清除
    A2results[index] = ADC12MEM2;                  //读取通道A2转换结果，中断标志自动清除
    A3results[index] = ADC12MEM3;                  //读取通道A3转换结果，中断标志自动清除
    index++;                                       //递增index，可在此设置断点
    if (index == 8)
    {
      (index = 0);                                 //可在此设置断点
    }
  case 14: break;                                  //Vector 14: ADC12IFG4
  case 16: break;                                  //Vector 16: ADC12IFG5
  case 18: break;                                  //Vector 18: ADC12IFG6
  case 20: break;                                  //Vector 20: ADC12IFG7
  case 22: break;                                  //Vector 22: ADC12IFG8
  case 24: break;                                  //Vector 24: ADC12IFG9
  case 26: break;                                  //Vector 26: ADC12IFG10
  case 28: break;                                  //Vector 28: ADC12IFG11
```

```
case 30: break;                                         //Vector 30: ADC12IFG12
case 32: break;                                         //Vector 32: ADC12IFG13
case 34: break;                                         //Vector 34: ADC12IFG14
default: break;
  }
}
```

该代码功能为：配置 ADC12_A 模块，配置 4 个通道的参考电压和输入信号。ADC12IFG3 中断开始转换后进入低功耗模式。中断服务函数中读取 4 个通道转换结果并存储。

实例现象：通过在线调试，查看转换结果数组中元素的值，可以发现其转换结果随通道电压值的变化而变化。

9.2.5　温度信号采集

MSP430 单片机内部集成温度传感器，可通过 ADC12_A 模块的通道 10 输入到 ADC12_A 模块，用于测量芯片温度。本实例要求使用 MSP430 单片机内部温度传感器实现温度的采集并将结果转换为摄氏度和华氏度存储。实例代码如下：

```
#include <msp430f5529.h>
#define CALADC12_15V_30C  * ( (unsigned int *) 0x1A1A)      //温度传感器标准参数 30℃
#define CALADC12_15V_85C  * ( (unsigned int *) 0x1A1C)      //温度传感器标准参数 85℃
unsigned int temp;                                          //用于存放转换结果
volatile float temperatureDegC;                             //摄氏度
volatile float temperatureDegF;                             //华氏度
int main (void)
{
  WDTCTL = WDTPW + WDTHOLD;                                  //关闭看门狗
  REFCTL0 &= ~REFMSTR;                                       //复位REFMSTR，将参考电压控制权交给ADC12_A
  ADC12CTL0 = ADC12SHT0_8 + ADC12REFON + ADC12ON;           //内部参考电压 = 1.5V
  ADC12CTL1 = ADC12SHP;                                     //使能采样计时器
  ADC12MCTL0 = ADC12SREF_1 + ADC12INCH_10;                  //参考电压VREF+和AVSS，通道A10
  ADC12IE = 0x001;                                          //使能中断
  __delay_cycles (100);                                     //延时等待参考电压稳定
  ADC12CTL0 |= ADC12ENC;
  while (1)
  {
    ADC12CTL0 &= ~ADC12SC;
    ADC12CTL0 |= ADC12SC;                                   //开始采样和转换
    __bis_SR_register (LPM4_bits + GIE);                    //进入LPM4，使能总中断
    __no_operation ();
    temperatureDegC = (float) ( ( (long) temp - CALADC12_15V_30C) * (85 - 30) ) /
          (CALADC12_15V_85C - CALADC12_15V_30C) + 30.0f;    //摄氏度计算公式
    temperatureDegF = temperatureDegC * 9.0f / 5.0f + 32.0f;          //华氏度计算公式
    __no_operation ();                                      //调试时，可在此设置断点
  }
}


#pragma vector=ADC12_VECTOR
__interrupt void ADC12ISR (void)
{
  switch ( __even_in_range (ADC12IV,34))
```

```
{
  case  0: break;                                    //Vector  0:  无中断
  case  2: break;                                    //Vector  2:  ADC 溢出
  case  4: break;                                    //Vector  4:  ADC 计时溢出
  case  6:                                           //Vector  6:  ADC12IFG0
    temp = ADC12MEM0;                                //读取结果，标志位清零
    __bic_SR_register_on_exit (LPM4_bits);           //退出LPM4
    break;
  case  8: break;                                    //Vector  8:  ADC12IFG1
  case 10: break;                                    //Vector 10:  ADC12IFG2
  case 12: break;                                    //Vector 12:  ADC12IFG3
  case 14: break;                                    //Vector 14:  ADC12IFG4
  case 16: break;                                    //Vector 16:  ADC12IFG5
  case 18: break;                                    //Vector 18:  ADC12IFG6
  case 20: break;                                    //Vector 20:  ADC12IFG7
  case 22: break;                                    //Vector 22:  ADC12IFG8
  case 24: break;                                    //Vector 24:  ADC12IFG9
  case 26: break;                                    //Vector 26:  ADC12IFG10
  case 28: break;                                    //Vector 28:  ADC12IFG11
  case 30: break;                                    //Vector 30:  ADC12IFG12
  case 32: break;                                    //Vector 32:  ADC12IFG13
  case 34: break;                                    //Vector 34:  ADC12IFG14
  default: break;
  }
}
```

该代码功能为：配置 ADC12_A 模块的参考电压为 1.5V，单通道单次转换模式，配置 ADC12_A.0 输入信号的通道为 A10。启动转换后进入低功耗模式，中断服务函数读取转化结果并返回活跃模式，在 while(1) 中将结果转换为华氏度和摄氏度。

实例现象：通过在线调试，观察温度存储器的值。可尝试用手将芯片加热，观察温度的变化。

9.2.6　16 位模数转换芯片 ADS1118

若 MSP430 单片机需要采集更高精度，可以外接高精度的 ADC 芯片。ADS1118 是德州仪器公司推出的一款具有内部基准和温度传感器的兼容 SPI 的 16 位 ADC 芯片。在连续工作模式下，电流消耗仅为 150μA。可编程转换速度范围是 8～860sps，可编程增益放大器输入范围可设置为 ±256mV～±6.144V，具备 4 个单端通道或两对差分输入通道。

本实例要求使用 MSP430 单片机与 ADS1118 进行通信，并读取其采样值。实例代码如下：

```
#include <msp430.h>
#define uint8_t unsigned char
#define delay_us (x) __delay_cycles (x);       //宏定义延时，防止SPI时钟频率过快
#define SPI_SCLK_L P3OUT &=~ BIT2;              //宏定义I/O口高低电平输出操作
#define SPI_SCLK_H P3OUT |= BIT2;
#define SPI_SIMO_L P3OUT &=~ BIT0;
#define SPI_SIMO_H P3OUT |= BIT0;
#define SPI_SOMI ((P3IN&BIT1) >>1)              //SOMI信号，用于主机读取I/O口
uint8_t SPI_WriteReadData (uint8_t txdata)      //SPI读写数据，非中断模式
{
  uint8_t rx_data = 0;                          //定义接收缓冲区
  short i;
```

```
    SPI_SCLK_L;                              //SCLK拉低
  for (i=7;i>=0;i--)                         //移位发送数据
  {
     SPI_SCLK_L;
   if (txdata& (1<<i) )
     SPI_SIMO_H;
   else
     SPI_SIMO_L;
   delay_us (1) ;
   SPI_SCLK_H;
   delay_us (1) ;
   rx_data<<=1;
   rx_data |= SPI_SOMI;                      //接收一位数据
   delay_us (1) ;
  }
  SPI_SCLK_L;
  return rx_data;                            //返回接收到的数据
}
unsigned char ADS1118_rec_buf[4];            //ADS1118数据接收缓冲区
#define ADS1118_CSH P1OUT |= BIT5;           //ADS1118片选拉高
#define ADS1118_CSL P1OUT &= ~BIT5;          //ADS1118片选拉低
#define CH_A0 0x40                           //定义寄存器的相关功能位
#define CH_A1 0x50
#define CH_A2 0x60
#define CH_A3 0x70
int ADS1118_CH (unsigned char Ch)            //设置采样通道并读取结果
{
  ADS1118_CSL;
  ADS1118_rec_buf[0]=SPI_WriteReadData (0x85|Ch) ;
  ADS1118_rec_buf[1]=SPI_WriteReadData (0x8b) ;
  ADS1118_rec_buf[2]=SPI_WriteReadData (0x85|Ch) ;
  ADS1118_rec_buf[3]=SPI_WriteReadData (0x8b) ;
  while (SPI_SOMI);
  ADS1118_rec_buf[0]=SPI_WriteReadData (0x00) ;
  ADS1118_rec_buf[1]=SPI_WriteReadData (0x00) ;
  ADS1118_CSH;
  int ct;
  ct = ( (int) (ADS1118_rec_buf[0]<<8) ) | ADS1118_rec_buf[1];
  return ct;
}
int ADS1118_temp ()                          //读取转换结果，并设置下一次采集温度传感器
{
  ADS1118_CSL;
  ADS1118_rec_buf[0]=SPI_WriteReadData (0x85) ;
  ADS1118_rec_buf[1]=SPI_WriteReadData (0x9b) ;
  ADS1118_rec_buf[2]=SPI_WriteReadData (0x85) ;
  ADS1118_rec_buf[3]=SPI_WriteReadData (0x9b) ;
  while (SPI_SOMI);
  ADS1118_rec_buf[0]=SPI_WriteReadData (0x00) ;
  ADS1118_rec_buf[1]=SPI_WriteReadData (0x00) ;
  ADS1118_CSH;
```

```
    int ct;
    ct = ((int)(ADS1118_rec_buf[0]<<8)) + ADS1118_rec_buf[1];
    return ct;
  }
  void Init_SPI()                              //初始化模拟SPI
  {
    P3DIR &=~ BIT1;                            //配置P3.1为输入（SOMI）
    P3DIR |= BIT0+BIT2;                        //配置P3.0和P3.2为输出（SIMO、SCLK）
    P1DIR |= BIT5;P1OUT |= BIT5;               //配置片选端口
  }
  int adc,temp;                                //定义数据存储变量
  void main()
  {
    WDTCTL = WDTPW+WDTHOLD;                     //关闭看门狗
    Init_SPI();                                //初始化模拟SPI
    while(1)
    {
      adc = ADS1118_CH(CH_A3);                 //读取通道3转换结果
      __delay_cycles(100000);
      temp = ADS1118_temp();                   //读取温度传感器转换结果
      __delay_cycles(100000);
    }
  }
```

该代码功能为：宏定义 SPI，定义模拟 SPI 函数。宏定义 ADS1118 相关配置位，并定义 ADS1118 配置采样通道和读取数据的函数。主函数中关闭看门狗，初始化 SPI，然后循环设置 ADS1118 采样通道并将转换结果存入预先定义的变量中。

实例现象：通过在线调试观察变量"ADS1118_rec_buf""adc""temp"的值，若通信正确，则 ADS1118_rec_buf[2]和 ADS1118_rec_buf[3]会存储配置寄存器的回读结果，ADS1118_rec_buf[2]和 ADS1118_rec_buf[3]存储 ADS1118 的通道转换结果。在"adc"和"temp"中分别存储着通道 A3 的转换结果和温度传感器的转换结果。

9.3   数模转换

单片机采集到模拟量之后，即可进一步实现对模拟量数据的处理。如果需要输出模拟量，则与 ADC 相对应：单片机在要求输出模拟信号时，一般在输出级加上数字量/模拟量转换器，简称数模转换器（Digital-to-Analog Converter，DAC）。DAC 把一个数目有限的离散数字输入编码转换成相应的离散模拟输出值。

对于 MSP430 单片机系统而言，其部分型号具有 DAC，DAC 可实现数字信号到模拟信号的转换。单片机 CPU 通过总线赋予 DAC 所需转换的数字量，从而可实现对模拟信号的输出与重现，MSP430 单片机进行数模转换流程如图 9.3.1 所示。

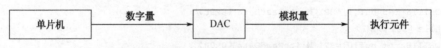

图 9.3.1   MSP430 单片机进行数模转换流程

9.3.1　数模转换基本概念

数模转换的工作原理与模数转换的工作原理相反，数模转换器能够将单片机内的数字信号转换为模拟信号，从而实现信号的输出。数模转换与二进制数转十进制数的规律相同，二进制数的每一位按照权的大小转换为相应的模拟量，然后将代表各位的模拟量相加，乘以一定的系数，即可得到输出电压。随着转换位数的提高，其对电压的细分能力增强。

数模转换器（DAC）一般由数字寄存器、模拟开关、参考（基准）电压源、转换网络及求和放大器等部分组成，如图 9.3.2 所示。数字寄存器用于锁存输入的数字量，以供后续的转换使用，模拟开关和转换网络按位加权处理，参考电压源确定转换系数，求和放大器完成各位模拟量的相加。通过逻辑电路，使用数据寄存器的每一位控制一个模拟开关，从而控制对应转换网络的接入，实现特定电压的输出。

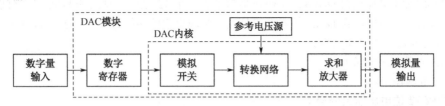

图 9.3.2　DAC 原理结构简图

常见的 DAC 内部结构有电阻阵列、乘法等，按输出结构有电压输出型、电流输出型等，简要介绍如下。

（1）电压输出型。

电压输出型 DAC 虽然有直接从电阻阵列输出电压的，但一般采用输出加入运算放大器以降低阻抗输出。直接从电阻阵列输出电压的 DAC 芯片由于无输出运算放大器部分的延迟，所以常用于高速场合。

（2）电流输出型。

电流输出型 DAC 在使用时一般很少直接利用电流输出，大多外接电流-电压转换电路得到电压输出。后者有两种常见方法：一种是只在输出引脚上接负载电阻实现电流-电压转换；另一是外接运算放大器。用负载电阻进行电流-电压转换的方法，虽然可在电流输出引脚上出现电压，但必须在规定的输出电流范围内使用，而且由于输出阻抗高，所以一般外接运算放大器使用。当外接运算放大器进行电流-电压转换时，电路构成基本上与内置运算放大器的电压输出型相同，由于在 DAC 的电流建立时间上加入了运算放大器的延迟，使响应变慢，所以有时还需进行相位补偿。

与 ADC 相对应，DAC 主要性能指标如下。

（1）分辨率。

分辨率是指最小输出电压（对应的输入数字量只有最低有效位为"1"）与最大输出电压（对应的输入数字量所有有效位全为"1"）之比。如 N 位 DAC，其分辨率为 $1/(2^N-1)$。在实际使用中，表示分辨率大小的方法也用输入数字量的位数来表示。

（2）转换量程。

转换量程是指 DAC 所能输出的最大电压，一般等值于参考电压或是参考电压的倍数。参考电压是 DAC 内部转换时参考的标准电压，当参考电压即为转换量程，并且输出信号较小时，可通过降低参考电压来提高分辨率。改变参考电压后，对应的转换值改变，因此在计算实际电压时，需要将参考电压考虑进去。参考电压的稳定性对 DAC 的转换性能有很大的影响。

（3）建立时间。

建立时间是指将一个数字量转换为稳定模拟信号所需的时间，也可以认为是转换时间。DAC中常用建立时间来描述其速度，而不是 ADC 中常用的转换速率。一般而言，电流输出型 DAC 建立时间较短，电压输出型 DAC 则较长。

（4）转换精度。

转换精度是指 DAC 实际输出的模拟电压值与理论输出模拟电压值之间的最大误差。显然，这个差值越小，电路的转换精度越高。但转换精度是一个综合指标，包括零点误差、增益误差、非线性误差等，不仅与 DAC 中元件参数的精度有关，而且还与环境温度、运算放大器的温度漂移及转换器的位数有关。因此，要获得较高精度的 DAC 转换结果，一定要正确选用合适的 DAC 的位数，同时还要选用低漂移、高精度的运算放大器。一般情况下要求 DAC 的误差小于 $U_{LSB}/2$。

其他指标还有温度系数、偏置误差等，在此不做赘述。

9.3.2　DAC12 简介

MSP430F6638 单片机的 DAC12_A 模块是内部有一个 12 位电压输出的 DAC。它可以配置为 8 位或 12 位模式，并且能配合 DMA 控制器来使用，实现更快的转换速度。当多个 DAC12_A 同时使用时，可以对其进行组合和同步。

DAC12_A 模块的特点如下。

- 12 位单调输出。
- 8 位或 12 位电压输出分辨率。
- 可编程建立时间和功耗。
- 可使用内部或外部参考源选择。
- 直接二进制或二进制补码格式，可选右对齐或左对齐。
- 用于偏移校正的自校准选项。
- 多个 DAC12_A 模块的同步更新能力。

MSP430F6638 单片机的 DAC12_A 模块内部结构如图 9.3.3 所示。

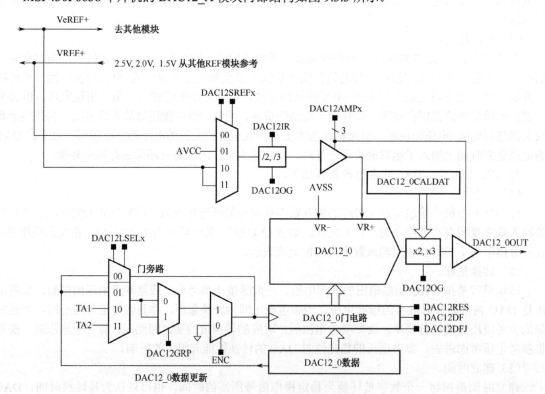

图 9.3.3　DAC12_A 模块内部结构

DAC12_A 模块可以通过软件配置。包括配置 DAC12_A 核心、DAC12_A 端口、DAC12_A 参考电压、DAC_A 参考输入和电压输出缓冲区，更新 DAC12_A 电压输出，配置 DAC12_A 的数据格式和输出放大器偏移校准，对多个 DAC12_A 进行组合等。下面对各功能进行阐述。

（1）DAC12_A 核心。

通过修改 DAC12RES 的值，可以将 DAC12_A 配置为 8 位或 12 位模式。通过配置 DAC12IR 和 DAC12OG 位，可以将满标度输出配置为所选参考电压的 1 倍、2 倍或 3 倍。使用该功能可以灵活控制 DAC12_A 输出的动态范围。DAC12DF 位可以选择输入 DAC12_A 的数据格式是直接二进制格式还是二进制补码格式。当使用直接二进制格式时，输出电压的计算公式如表 9.3.1 所示。

表 9.3.1　输出电压的计算公式

分 辨 率	DAC12RES	DAC12OG	DAC12IR	输出电压的计算公式
12 位	0	0	0	$V_{OUT} = V_{REF} \times 3 \times (DAC12\_xDAT/4096)$
		1		$V_{OUT} = V_{REF} \times 2 \times (DAC12\_xDAT/4096)$
		×	1	$V_{OUT} = V_{REF} \times (DAC12\_xDAT/4096)$
8 位	1	0	0	$V_{OUT} = V_{REF} \times 3 \times (DAC12\_xDAT/256)$
		1		$V_{OUT} = V_{REF} \times 2 \times (DAC12\_xDAT/256)$
		×	1	$V_{OUT} = V_{REF} \times (DAC12\_xDAT/256)$

对于 8 位数据格式，DAC12_xDAT 的最大可用值是 0FFh。对于 12 位数据格式，DAC12_xDAT 的最大可用值是 0FFFh。当写入的值超出位数规定的范围时，所有前导位将被忽略。

（2）DAC12_A 端口。

在大多数设备上，具有 DAC12_A 输出复用功能的端口还有其他复用功能。但是当 DAC12AMPx > 0 时，DAC12_A 会忽略 PxSEL.y 和 PxDIR.y 位的值，自动配置该端口为 DAC12_A 输出复用功能。

每个 DAC12_A 通道都能输出到两个不同的端口，通过 DAC12OPS 可以选择输出的端口。当 DAC12OPS = 0 时，其中一个选择为 DAC12_A 输出。同理，当 DAC12OPS = 1 时，另一个端口选择为 DAC12_A 输出。表 9.3.2 总结了如何配置 DAC12_A 的输出端口，假设该 DAC12_A 输出复用端口能被配置为 Pm.y 或 Pn.z 中的一个。

表 9.3.2　配置 DAC12_A 的输出端口

DAC12OPS	DAC12AMP	Pm.y	Pn.z
0	{0}	I/O	I/O
0	{1}	I/O	DAC 输出，0V
0	{>1}	I/O	DAC 输出
1	{0}	I/O	I/O
1	{1}	DAC12_A 输出，0V	I/O
1	{>1}	DAC12_A 输出	I/O

（3）DAC12_A 参考电压。

DAC12SREFx 位用于选择 DAC12_A 参考电压，参考电压可以从如下 4 个电压源选取。

· AVCC。

· 外部电压输入。

· 内部 1.16V（V_{REFBG}）电压参考（并不是所有单片机都具有 V_{REFBG} 参考电压，该参考电压来自于 CTSD16 模块，可通过芯片的数据手册查找）。

• 内部 REF 模块提供的 1.5V、2.0V 或 2.5V 参考电压。

当 DAC12SREFx = {0}且 DAC12AMPx > {1}时，参考电压选择为 V_{REF+}，V_{REF+} 来自于 REF 模块。当 DAC12SREFx = {1}时，参考电压选择为 AVCC。当 DAC12SREFx = {2,3}时，参考电压选择为外部参考 V_{eREF+}，适用于没有 CTSD16 模块的设备。若芯片上有 CTSD16 模块，则当 DAC12SREFx = {2,3}时，会分别选择外部参考信号（V_{eREF+}）和内部参考信号（V_{REFBG}），参考电压配置位如表 9.3.3 所示。

表 9.3.3　DAC12SREFx = {2,3}，且有 CTSD16 模块时，参考电压配置位

信 号 选 择	REFOUT	REFON	PxSEL.y	CTSD16REFS
V_{eREF+}	0	×	1	若使用 CTSD16，则 CTSD16REFS 置 0
V_{REFBG}	1	1	1	若使用 CTSD16，则 CTSD16REFS 置 1

（4）DAC12_A 参考输入和电压输出缓冲区。

DAC12_A 的参考输入和电压输出缓冲区可以通过寄存器配置来平衡建立时间和功耗，通过配置 DAC12AMPx 可以选择 8 种不同的组合。当 DAC12AMPx 设置的值较小时，建立时间较长，在缓冲区上的电流消耗也较小。随着 DAC12AMPx 设置的值增大，建立时间会变短，功耗也会随之增加。查看设备的数据手册可以获得详细的参数。

（5）更新 DAC12_A 电压输出。

DAC12_xDAT 寄存器可直接连接到 DAC12_A 核心，或者使用双缓冲与核心连接。DAC12LSELx 选择 DAC12_A 电压更新的触发源。

当 DAC12LSELx=0 时，数据锁存器被旁路，DAC12_xDAT 寄存器直接应用于 DAC12_A 核心。当有新的 DAC12_A 数据写入 DAC12_xDAT 时，DAC12_A 输出立刻更新，忽略 DAC12ENC 位的值。

当 DAC12LSELx=1 时，DAC12_A 数据被锁存，并在写入新数据到 DAC12_xDAT 时作用到 DAC12_A 核心。DAC12ENC 必须置位才能对新的数据进行锁存。

当 DAC12LSELx=2 或 3 时，新的数据分别在 TimerA.1 或 TimerB.2 的输出信号上升沿进行锁存。TimerA.1 和 TimerB.2 分别表示定时器 A 的捕获比较器 1 和定时器 B 的捕获比较器 2。DAC12ENC 必须置位才能对新的数据进行锁存。

（6）DAC12_xDAT 数据格式。

DAC12_A 支持直接二进制格式或二进制补码格式。当使用直接二进制格式时，在 12 位模式中，满标度输出的是 0FFFh（8 位模式是 0FFh），如图 9.3.4（a）所示。

当使用二进制补码格式时，数据范围将发生偏移，DAC12_xDAT 的取值范围为 0800h~07FFh（8 位格式是 0080h~007Fh）。DAC12_xDAT 取值为 0800h 时，输出电压值为 0V；DAC12_xDAT 取值为 0000h 时，输出电压值为标度的一半；DAC12_xDAT 取值为 07FFh 时（8 位格式是 007Fh），输出电压值为满标度，如图 9.3.4（b）所示。

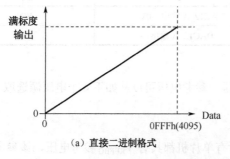

（a）直接二进制格式

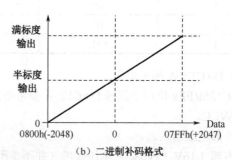

（b）二进制补码格式

图 9.3.4　数据格式

（7）DAC12_A 输出放大器偏移校准。

DAC12_A 输出放大器理想的输出特定曲线如图 9.3.5（a）所示。但实际的放大器存在不确定的偏移电压，偏移电压可以是正的，也可以是负的。若电压为负偏移，由于放大器由单电源供电，无法输出负压，故在输入的数字量较小时，输出会保持为 0，而输入的数字量最大时，输出的模拟量并不是满标度，如图 9.3.5（b）所示。若电压为正偏移，则在输入的数字量偏大时，输出会产生饱和区，而输入的数字量为 0 时，输出并不为 0，如图 9.3.5（c）所示。

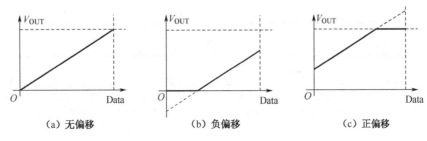

| （a）无偏移 | （b）负偏移 | （c）正偏移 |

图 9.3.5　输出特性曲线

DAC12_A 能校准输出放大器的偏移电压。置位 DAC12CALON 位激活偏移电压的自动校准。在自动校准过程中，DAC12CALON 位保持置位。当校准完成时，DAC12CALON 位自动复位。通过检测 DAC12CALON 位可以查看 DAC12_A 是否校准完成。DAC12AMPx 位应该在校准之前配置。在使用 DAC12_A 前应完成校准。为了得到最好的校准结果，CPU 和端口的活动应该被降至最低。

DAC12_xCALDAT 的内容可通过一个保护机制来防止意外的写入访问。保护机制通过寄存器 DAC12_xCALCTL 控制。在上电时，写保护控制位 LOCK 自动置位。校准不可用，并且写入到 DAC12_xCALDAT 的值被忽略。为了实现校准，必须清零 LOCK 位。通过向 DAC12_xCALCTL 中写入正确的密码来使能 DAC12_xCALCTL 的写入，然后才可以清零 LOCK 位。清零 LOCK 位之后，即可进行校准和向 DAC12_xCALDAT 中写入数据。在校准完成后，写入密码到寄存器 DAC12_xCALCTL，然后置位 LOCK 来锁定校准寄存器。该寄存器必须使用字（16 位二进制数）访问，必须在 16 位字的高 8 位写入正确的密码才能对 DAC12_xCALCTL 寄存器进行修改。

在读取 DAC12_xCALDAT 时，必须保证 DAC12CALON 位被清零，即校准已经完成，否则可能会读取到错误的值。DAC12_xCAL 的数据格式是二进制补码。只有低字节被使用，高字节对校准无效。

（8）对多个 DAC12_A 进行组合。

多个 DAC12_A 可以通过 DAC12GRP 位组合到一起，这样可以同步更新每个 DAC12_A 输出。同步操作是通过硬件实现的，所以 DAC12_A 同步更新，而不受任何中断或 NMI 事件的影响。

在具备多个 DAC12_A 的设备上，置位 DAC12_0 的 DAC12GRP 位可以将 DAC12_0 和 DAC12_1 配置为一组，DAC12_1 的 DAC12GRP 位不起作用。当 DAC12_0 和 DAC12_1 配置为一组时，可进行如下操作。

• DAC12_0 和 DAC12_1 的 DAC12LSELx 选择两个 DAC12_A 的更新触发沿。

• 两个 DAC12_A 的 DAC12LSELx 位必须是一致的。

• 两个 DAC12_A 的 DAC12LSELx 位必须大于 0。

• 两个 DAC12_A 的 DAC12ENC 位必须设置为 1。

当 DAC12_0 和 DAC12_1 配置为一组时，两者的 DAC12_xDAT 寄存器必须在每次输出更新前写入一次，即使两个 DAC12_A 的数据不需要更新，也要写入，以保证更新的数据是正确的。图 9.3.6 所示为当 DAC12_0 和 DAC12_1 配置为一组时，数据的锁存和更新时间。

当 DAC12_0 的 DAC12GRP=1 且 DAC12_x 的 DAC12LSELx>0 且两者的 DAC12ENC=0 时，两

者的 DAC 都不更新。

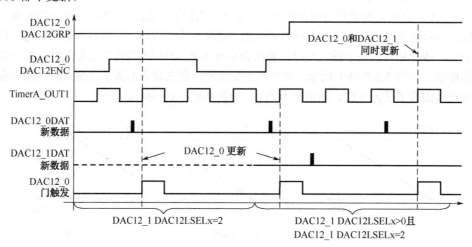

图 9.3.6　数据的锁存和更新时间

要注意 DAC12_A 稳定时间。

使用 DMA 控制器来向 DAC12_A 传输数据的速度可能快于 DAC12_A 输出速度。若需要使用 DMA 控制器，则要注意其传输速度不高于 DAC12_A 的输出速度。

① DAC12_A 中断。

当 DAC12LSELx>0 且 DAC12_A 数据锁存到 DAC12_xDAT 寄存器时，DAC12IFG 位会置位。当 DAC12LSELx=0 时，DAC12IFG 位不置位。

若 DAC12IFG 位置位，则表示 DAC12_A 已经准备好接收新的数据了。如果 DAC12IE 和 GIE 位置位，那么 DAC12IFG 位将生成中断请求。DAC12IFG 位需要通过软件复位，访问 DAC12IV 时，DAC12IFG 位会自动复位。

对于包含 DMA 控制器的设备，每个 DAC12_A 通道有一个 DMA 触发源与其关联。当 DAC12IFG 位置位时，它可以触发 DMA，将数据传输给 DAC12_xDAT 寄存器。当传输开始时，DAC12IFG 位自动复位。如果 DAC12IE 位复位，那么当 DAC12IFG 位置位时，不会发生 DMA 传输。

② 中断矢量发生器，DAC12IV。

DAC12_A 的所有中断来自于同一个中断向量。中断向量寄存器 DAC12IV 用来决定具体请求中断的中断源。当使能的最高优先级的中断发生时，DAC12IV 中会生成一个数字，可在中断服务函数中查询 DAC12IV 的值来确定具体的中断源。禁用 DAC12_A 中断不影响 ADC12IV 的值。

任何对 DAC12IV 的访问，读写操作都会自动复位最高优先级挂起的中断标志。如果在执行中断服务函数时，有另一个中断标志置位，则执行完中断服务函数后，会立刻响应这个中断。例如，DAC12IFG_0 和 DAC12IFG_1 同时置位，则读取 DAC12IV 会得到 DAC12IFG_0 的中断向量号，并且 DAC12IFG_0 自动复位。当执行完中断服务函数后，DAC12IFG_1 会生成另一个中断，再一次进入中断服务函数并读取 DAC12IV 会得到 DAC12IFG_1 的中断向量号。

9.3.3　DAC12 控制寄存器

各寄存器如表 9.3.4～表 9.3.16 所示。

表 9.3.4　DAC12_xCTL0：DAC12_A 控制寄存器 0（只有当 DAC12ENC=0 时才可修改）

15	14	13	12	11	10	9	8
DAC12OPS	DAC12SREFx		DAC12RES	DAC12LSELx	DAC12CALON		DAC12IR
rw-0	rw-0	rw-0	rw-0	rw-0	rw-0	rw-0	rw-0
7	6	5	4	3	2	1	0
DAC12AMPx			DAC12DF	DAC12IE	DAC12IFG	DAC12ENC	DAC12GRP
rw-0	rw-0	rw-0	rw-0	rw-0	rw-0	rw-0	rw-0

DAC12OPS：DAC12_A 输出选择。0b=DAC12_x 通道选择为 Pm.y；1b=DAC12_x 通道选择为 Pn.z。

DAC12SREFx：DAC12_A 参考电压选择。00b=V_{REF+}；01b=AVCC；10b=V_{eREF+}，对于有 CTSD16 的设备，则参考电压选为 V_{eREF+} 或 V_{REFBG}，详细信息可参考表 9.3.3；11b=V_{eREF+}，对于有 CTSD16 的设备，则参考电压选为 V_{eREF+} 或 V_{REFBG}，详细信息可参考表 9.3.3。

DAC12RES：DAC12_A 分辨率选择。0b=12 位分辨率；1b=8 位分辨率。

DAC12LSELx：DAC12_A 载入选择。选择 DAC12_A 锁存的触发沿。DAC12ENC 必须置位以允许 DAC12_A 输出，除非 DAC12LSELx=0。00b=写入数据到 DAC12_xDAT 时，DAC12_A 锁存载入（忽略 DAC12ENC）；01b=写入数据到 DAC12_xDAT 时，DAC12_A 锁存载入，当多个 DAC12_A 组合时，所有 DAC12_A 的 DAC12_xDAT 都被写入后，才会将 DAC12_A 锁存载入；10b=定时器 A 捕获比较器 1 输出（TA1）的上升沿触发 DAC12_A 锁存载入；11b=定时器 B 捕获比较器 1 输出（TB2）的上升沿触发 DAC12_A 锁存载入。

DAC12CALON：开启 DAC12_A 校准。该位启动 DAC12_A 偏移校准序列，并在校准完成时自动复位。0b=校准没有工作；1b=激活校准，或者校准正在进行。

DAC12IR：DAC12_A 输入范围。DAC12IR 和 DAC12OG 一起设置参考输入和输出电压范围。0b：如果 DAC12OG=0，则 DAC12_A 满标度输出为参考电压的 3 倍；如果 DAC12OG=1，则 DAC12_A 满标度输出为参考电压的 2 倍。1b=DAC12 满量程输出为参考电压。

DAC12AMPx：DAC12_A 放大器设置。这些位提供 DAC12_A 输入和输出放大器稳定时间和电流消耗的选择。

000b=输入缓冲区关闭，输出缓冲区关闭，输出高阻抗。

001b=输入缓冲区关闭，输出缓冲区关闭，输出 0V。

010b=输入缓冲区低速和较低功耗，输出缓冲区低速和较低功耗。

011b=输入缓冲区低速和较低功耗，输出缓冲区中速和中等功耗。

100b=输入缓冲区低速和较低功耗，输出缓冲区高速和较高功耗。

101b=输入缓冲区中速和中等功耗，输出缓冲区中速和中等功耗。

110b=输入缓冲区中速和中等功耗，输出缓冲区高速和较高功耗。

111b=输入缓冲区高速和较高功耗，输出缓冲区高速和较高功耗。

DAC12DF：DAC12_A 数据格式。0b=直接二进制格式；1b=二进制补码格式。

DAC12IE：DAC12_A 中断使能。0b=中断禁用；1b=中断使能。

DAC12IFG：DAC12_A 中断标志。0b=无中断挂起。

DAC12ENC：DAC12_A 使能转换。当 DAC12LSELx>0 时，这个位使能 DAC12_A。当 DAC12LSELx=0 时，DAC12ENC 被忽略。0=DAC12_A 禁用；1=DAC12_A 使能。

DAC12GRP：DAC12_A 组合。这个位可以组合 DAC12_x 和下一个较高编号的 DAC12_x。不用于有两个 DAC12_A 设备上的 DAC12_1。0=不组合；1=组合。

表 9.3.5　DAC12_xCTL1：DAC12_A 控制寄存器 1（只有当 DAC12ENC=0 时才可修改）

15	14	13	12	11	10	9	8
Reserved							
r-0	r-0	r-0	r-0	r-0	r-0	r-0	r-0
7	6	5	4	3	2	1	0
Reserved						DAC12OG	DAC12DFJ
r-0	r-0	r-0	r-0	r-0	r-0	rw-0	rw-0

DAC12OG：DAC12_A 输出缓冲区增益。0b=增益为 3；1b=增益为 2。

DAC12DFJ：DAC12_A 数据格式对齐。0b=数据格式右对齐；1b=数据格式左对齐。

表 9.3.6　DAC12_xDAT：DAC12_A 数据寄存器（无符号 12 位二进制格式，右对齐；
DAC12RES=0，DAC12DF=0，DAC12DFJ=0）

15	14	13	12	11	10	9	8
Reserved				DAC12 数据			
r-0	r-0	r-0	r-0	rw-0	rw-0	rw-0	rw-0
7	6	5	4	3	2	1	0
DAC12 数据							
rw-0	rw-0	rw-0	rw-0	rw-0	rw-0	rw-0	rw-0

DAC12 数据：这些数据是无符号格式的，第 11 位表示最高位。

表 9.3.7　DAC12_xDAT：DAC12_A 数据寄存器（无符号 12 位二进制格式，左对齐；
DAC12RES=0，DAC12DF=0，DAC12DFJ=1）

15	14	13	12	11	10	9	8
DAC12 数据							
rw-0	rw-0	rw-0	rw-0	rw-0	rw-0	rw-0	rw-0
7	6	5	4	3	2	1	0
DAC12 数据				Reserved			
rw-0	rw-0	rw-0	rw-0	r-0	r-0	r-0	r-0

DAC12 数据：这些数据是无符号格式的，第 15 位表示最高位。

表 9.3.8　DAC12_xDAT：DAC12_A 数据寄存器（12 位二进制补码格式，右对齐；
DAC12RES=0，DAC12DF=1，DAC12DFJ=0）

15	14	13	12	11	10	9	8
BIT11	BIT11	BIT11	BIT11	DAC12 数据			
r-0	r-0	r-0	r-0	rw-0	rw-0	rw-0	rw-0
7	6	5	4	3	2	1	0
DAC12 数据							
rw-0	rw-0	rw-0	rw-0	rw-0	rw-0	rw-0	rw-0

BIT11：这些位是符号扩展位，等于第 11 位的内容。这些位根据第 11 位的内容自动更新。

DAC12 数据：这些数据是二进制补码格式的，第 11 位表示二进制补码值的符号位。

表 9.3.9　DAC12_xDAT：DAC12_A 数据寄存器（12 位二进制补码格式，左对齐；
DAC12RES=0，DAC12DF=1，DAC12DFJ=1）

15	14	13	12	11	10	9	8
DAC12 数据							
rw-0	rw-0	rw-0	rw-0	rw-0	rw-0	rw-0	rw-0
7	6	5	4	3	2	1	0
DAC12 数据				Reserved			
rw-0	rw-0	rw-0	rw-0	r-0	r-0	r-0	r-0

DAC12 数据：这些数据是二进制补码格式的，第 15 位表示二进制补码值的符号位。

表 9.3.10　DAC12_xDAT：DAC12_A 数据寄存器（无符号 8 位二进制格式，右对齐；
DAC12RES=1，DAC12DF=0，DAC12DFJ=0）

15	14	13	12	11	10	9	8
Reserved							
r-0	r-0	r-0	r-0	r-0	r-0	r-0	r-0
7	6	5	4	3	2	1	0
DAC12 数据							
rw-0	rw-0	rw-0	rw-0	rw-0	rw-0	rw-0	rw-0

DAC12 数据：这些数据是无符号格式的，第 7 位表示最高位。

表 9.3.11　DAC12_xDAT：DAC12_A 数据寄存器（无符号 8 位二进制格式，左对齐；
DAC12RES=1，DAC12DF=0，DAC12DFJ=1）

15	14	13	12	11	10	9	8
DAC12 数据							
rw-0	rw-0	rw-0	rw-0	rw-0	rw-0	rw-0	rw-0
7	6	5	4	3	2	1	0
Reserved							
r-0	r-0	r-0	r-0	r-0	r-0	r-0	r-0

DAC12 数据：这些数据是无符号格式的，第 15 位表示最高位。

表 9.3.12　DAC12_xDAT：DAC12_A 数据寄存器（8 位二进制补码格式，右对齐；
DAC12RES=0，DAC12DF=1，DAC12DFJ=0）

15	14	13	12	11	10	9	8
BIT7	BIT7	BIT7	BIT7	BIT7	BIT7	BIT7	BIT7
r-0	r-0	r-0	r-0	r-0	r-0	r-0	r-0
7	6	5	4	3	2	1	0
DAC12 数据							
rw-0	rw-0	rw-0	rw-0	rw-0	rw-0	rw-0	rw-0

BIT7：这些位是符号扩展位，等于第 7 位的内容。这些位根据第 7 位的内容自动更新。

DAC12 数据：这些数据是二进制补码格式的，第 7 位表示二进制补码值的符号位。

表 9.3.13　DAC12_xDAT：DAC12_A 数据寄存器（8 位二进制补码格式，左对齐；
DAC12RES=0，DAC12DF=1，DAC12DFJ=1）

15	14	13	12	11	10	9	8
DAC12 数据							
rw-0	rw-0	rw-0	rw-0	rw-0	rw-0	rw-0	rw-0
7	6	5	4	3	2	1	0
Reserved							
r-0	r-0	r-0	r-0	r-0	r-0	r-0	r-0

DAC12 数据：这些数据是二进制补码格式的，第 15 位表示二进制补码值的符号位。

表 9.3.14　DAC12_xCALCTL：校准控制寄存器

15	14	13	12	11	10	9	8
DAC12KEY							
rw	rw	rw	rw	rw	rw	rw	rw
7	6	5	4	3	2	1	0
Reserved							LOCK
r-0	r-0	r-0	r-0	r-0	r-0	r-0	rw-1

DAC12KEY：DAC12_A 校准锁定密码。读回 0x96。写入 0xA5 来解锁，同时可以置位 LOCK 或清零 LOCK。写入错误的密钥将置位 LOCK，从而禁用对 DAC12_xCALDAT 的访问写入。

LOCK：DAC12_A 校准锁定位。将此位清零后，才可以对 DAC12_A 校准数据寄存器进行访问。清零该位时，需要向 DAC12KEY 写入 0xA5，同时写入 LOCK=0。写入错误的密钥或使用字节方式写入 DAC12_xCALCTL 都会自动导致 LOCK 置位。如果 LOCK 置位，则不可能实现对校准数据的写入和硬件校准。DAC12_xCALDAT 会保留之前的值。0b=校准数据寄存器写入使能，可以运行校准；1b=校准数据寄存器写入禁用，禁用校准。

表 9.3.15　DAC12_xCALDAT：DAC12_A 校准数据寄存器

15	14	13	12	11	10	9	8
Reserved							
r-0	r-0	r-0	r-0	r-0	r-0	r-0	r-0
7	6	5	4	3	2	1	0
DAC12 校准数据							
rw-0	rw-0	rw-0	rw-0	rw-0	rw-0	rw-0	rw-0

DAC12 校准数据：这些校准数据表示为二进制补码格式，取值范围是-128～+127。

表 9.3.16　DAC12IV：DAC12_A 中断向量寄存器

15	14	13	12	11	10	9	8
DAC12IVx							
r-0	r-0	r-0	r-0	r-0	r-0	r-0	r-0
7	6	5	4	3	2	1	0
DAC12IVx							
r-0	r-0	r-0	r-0	r-0	r-0	r-0	r-0

DAC12IVx：DAC12_A 中断向量值。中断向量表如表 9.3.17 所示。

表 9.3.17　中断向量表

DAC12IVx 值	中　断　源	中　断　标　志	备　　注
00	无中断		
02	DAC12_A 通道 0	DAC12IFG_0	优先级最高
04	DAC12_A 通道 1	DAC12IFG_1	优先级最低

9.4　数模转换应用实例

数模转换应用实例介绍使用 MSP430 单片机的 DAC12_A 模块输出固定电压和输出波形的应用，并且介绍更高精度的 16 位数模转换器 DAC8571 的使用方法。通过学习，希望读者可以掌握配置 DAC12_A 参考电压、数据格式的方法，并尝试使用中断来更新 DAC12_A 输出。

9.4.1　数模转换输出固定电压

使用 MSP430 单片机内部的 DAC12_A 模块可以方便快捷地输出模拟电压信号，从而实现对外部器件的控制。例如，控制压控恒流源、压控增益放大器等。本实例的电路图如图 9.4.1 所示，其中 LED3、LED4 分别连接 P6.6 和 P6.7。

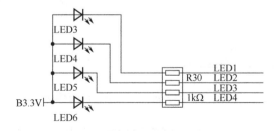

图 9.4.1　电路图

要求使用 MSP430F6638 单片机的 DAC12_A 模块输出固定电压，依次驱动 LED，实现不同的亮度。实例代码如下：

```
#include <msp430F6638.h>
void main (void)
{
 WDTCTL = WDTPW + WDTHOLD;                        //关闭看门狗
                                                 //无增益，参考电压选为AVCC，启动DAC校准
 DAC12_0CTL0 = DAC12IR + DAC12SREF_1 + DAC12AMP_5 + DAC12CALON;
 DAC12_0CTL0 |= DAC12ENC;                         //使能DAC12_A
 DAC12_0DAT = 0x000;                              //0V,则LED驱动电压为3.3V-0V=3.3V
 DAC12_1CTL0 = DAC12IR + DAC12SREF_1 + DAC12AMP_5 + DAC12CALON;
 DAC12_1CTL0 |= DAC12ENC;                         //使能DAC12_A
 DAC12_1DAT = 0x700;                              //1.4V,则LED驱动电压为3.3V-1.4V=1.9V
 __bis_SR_register (LPM4_bits);                   //进入LPM4
}
```

该代码功能为：关闭看门狗，设置 DAC12_0 的参考电压为 AVCC（3.3V），设置无增益，启动校准，然后使能 DAC12_A，向 DAC12_A 数据寄存器赋值为 0，即输出 0V。因为 LED 驱动方式为灌电流，故驱动电压为 3.3V。同理设置 DAC12_1 输出 1.4V 电压，则 LED 驱动电压为 1.9V。

实例现象：用电压表测量单片机对应端口的电压，发现其与程序设定一致，且两个 LED 的亮度不同。

9.4.2　数模转换输出波形

测量电路的输入及输出特性时，往往需要生成一定的激励信号。使用模拟电路的方式产生激励信号较为复杂，而使用单片机的数模转换器则可以灵活地生成各种波形的信号。本实例要求使用 MSP430F6638 单片机的 DAC12_A 模块生成锯齿波信号。实例代码如下：

```
#include <MSP430F6638.h>
void main (void)
{
  WDTCTL = WDT_MDLY_0_064;                 //配置看门狗为间隔定时器模式，定时61μs
  SFRIE1 = WDTIE;                          //使能看门狗中断
                                           //使用内部1.5V参考电压，无增益，使能DAC12_A校准并使能DAC12_A
  DAC12_0CTL0 = DAC12IR + DAC12SREF_0 + DAC12AMP_5 + DAC12ENC + DAC12CALON;
  while (1)
  {
    __bis_SR_register (CPUOFF + GIE);      //进入低功耗模式
    DAC12_0DAT++;                          //递增DAC12_A数据
    DAC12_0DAT &= 0xFFF;                   //将数据与0xFFF与运算
  }
}
#pragma vector=WDT_VECTOR
__interrupt void watchdog_timer (void)
{
    __bic_SR_register_on_exit (CPUOFF);  // Clear LPM0 bits from 0 (SR)
}
```

该代码功能为：配置看门狗定时器工作在间隔定时器模式，并使能中断。配置 DAC12_0 的参考电压为 V_{REF}，REF 收到 DAC 的请求后会自动开启，默认参考电压为 1.5V。无增益，使能 DAC12_A 校准并使能 DAC12_A，在主循环中使能通用中断并进入低功耗模式。待定时结束后，唤醒 CPU 然后对 DAC12_A 数据进行递增和处理。这种使用看门狗定时器来实现延时的方式避免了 CPU 的长时间运行，降低了设备的功耗，是值得推荐的一种延时方法。

实例现象：使用示波器测量，可在 P6.6 端口测量到最大值为 1.5V 的锯齿波信号，且可以观察到 LED 明暗闪烁。

9.4.3　16 位数模转换芯片 DAC8571

若 MSP430 单片机需要输出更高精度的电压信号，可以外接高精度的 DAC 芯片。DAC8571 是德州仪器推出的一款低功耗轨至轨输出 16 位 IIC 输入的 DAC 芯片。建立时间为 10μs，支持 3.4MHz 时钟频率的高速 IIC 通信。其运行功耗低至 800μW，掉电模式功耗为 1μW。本实例要求使用 MSP430F5529 单片机，与 DAC8571 进行 IIC 通信，并输出锯齿波。

```
#include "MSP430.h"
```

```
#define u8 unsigned char
#define u16 unsigned int
                                           //I/O设置
#define IIC_SDA_IN      P4DIR &= ~BIT1
#define IIC_SDA_OUT     P4DIR |= BIT1
#define IIC_SCL_OUT     P4DIR |= BIT2
                                           //I/O输出高低电平设置
#define IIC_SCL_H    P4OUT |= BIT2         //SCL
#define IIC_SCL_L    P4OUT &=~ BIT2
#define IIC_SDA_H    P4OUT |= BIT1         //SDA
#define IIC_SDA_L    P4OUT &=~BIT1
#define READ_SDA   P4IN&BIT1               //SDA读取数据
#define delay_us(x) __delay_cycles(x)      //宏定义延时，防止IIC时钟频率过快
/********功能说明：初始化模拟IIC端口********/
void IIC_Init()
{
  IIC_SDA_OUT;
  IIC_SCL_OUT;
  IIC_SCL_H;
  IIC_SDA_H;
}
/********功能说明：产生IIC起始信号********/
void IIC_Start()
{
  IIC_SDA_OUT;
  IIC_SDA_H;
  IIC_SCL_H;
  delay_us(4);
  IIC_SDA_L;                               //起始信号：SCL高电平，DATA下降沿
  delay_us(4);
  IIC_SCL_L;                               //钳住IIC总线，准备发送或接收数据
}
/********功能说明：产生IIC停止信号********/
void IIC_Stop(void)
{
  IIC_SDA_OUT;//SDA线输出
  IIC_SCL_L;
  IIC_SDA_L;
  delay_us(4);
  IIC_SCL_H;
  IIC_SDA_H;                               //停止信号：SCL高电平，DATA上升沿
  delay_us(4);
}
/****************************************
*功能说明：等待应答信号
*返回值：1，接收应答失败
        0，接收应答成功
****************************************/
u8 IIC_Wait_Ack(void)
{
```

```
  u16 ucErrTime=0;
  IIC_SDA_IN;                              //SDA设置为输入
  IIC_SDA_H;delay_us (1) ;
  IIC_SCL_H;delay_us (1) ;
  while (READ_SDA)
  {
    ucErrTime++;
    if (ucErrTime>60000)                   //设置应答超时时间
    {
      IIC_Stop () ;
      return 1;
    }
  }
  IIC_SCL_L;                               //时钟输出0
  return 0;
}
/***********************************
*功能说明：IIC发送一个字节
*入口参数：txd是需要发送的数据
***********************************/
void IIC_Send_Byte (u8 txd)
{
  u8 t;
  IIC_SDA_OUT;
  IIC_SCL_L;                               //拉低时钟开始数据传输
  for (t=0;t<8;t++)                        //移位发送数据
  {
    if (txd&0x80)
      IIC_SDA_H;
    else
      IIC_SDA_L;
    txd<<=1;
    delay_us (2) ;
    IIC_SCL_H;
    delay_us (2) ;
    IIC_SCL_L;
    delay_us (2) ;
  }
}

void DAC8571_Output (u16 data)            //DAC8571配置函数
{
  u8 Data[2];
  Data[0]= data&0x00ff;
  Data[1]= (data>>8) &0x00ff;
  IIC_Start () ;
  IIC_Send_Byte (0x98) ;
  IIC_Wait_Ack () ;
  IIC_Send_Byte (0x10) ;
  IIC_Wait_Ack () ;
```

```
    IIC_Send_Byte(Data[1]);
    IIC_Wait_Ack();
    IIC_Send_Byte(Data[0]);
    IIC_Wait_Ack();
    IIC_Stop();
}
void main(void)
{
    WDTCTL = WDTPW + WDTHOLD;
    IIC_Init();                              //初始化模拟IIC端口
    unsigned int DAC_data=0;
    while(1)
    {
        DAC_data+=1000;
        DAC8571_Output(DAC_data);            //输出模拟量
        __delay_cycles(10000);
    }
}
```

　　该代码功能能为：宏定义模拟 IIC 端口操作函数，定义 DAC8571 必需的 IIC 通信函数和 DAC8571 的配置函数。在主函数中初始化 IIC 端口后，递增 DAC12_A 数据变量，并传输给 DAC12_A 输出。

　　实例现象：若 IIC 通信成功，则程序不会进入应答超时函数，可成功配置 DAC8571，并在 DAC8571 输出端检测到锯齿波信号。

9.5　比较器

　　比较器是一种用来比较输入信号和参考电压的电路，能够对两个或多个输入信号进行比较，并对比较结果进行输出。比较器输入模拟信号，而输出二进制信号，比较器可以使用运算放大器设计或使用专用比较器。在一些混合信号处理器（如 MSP430）中，也集成了可编程比较器，可通过编程选择比较器的参考电压、输出方式等。

9.5.1　比较器概述

　　图 9.5.1（a）所示为电压比较器的基本电路，符号为 C，其输入到同相端的信号为 V_1，输入到反相端的信号为 V_{REF}。当同相端 V_1 的电压大于反相端 V_{REF} 的电压时，比较器输出高电平 V_{OH}；当同相端 V_1 的电压小于反相端 V_{REF} 的电压时，比较器输出低电平 V_{OL}，其输出特性曲线如图 9.5.1（b）所示。电压比较器可以通过其他电路拓扑，使输出电平反转，还可以设置滞回电压等。

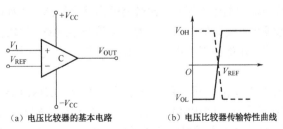

（a）电压比较器的基本电路　　　　（b）电压比较器传输特性曲线

图 9.5.1　电压比较器

9.5.2　MSP430 比较器

MSP430F5529 单片机具有 Comp_B 模块，它支持精密线性模数转换，支持电源电压监控，支持外部模拟信号的电压检测。

Comp_B 模块的特点如下。

· 反相端和同相端输入多路复用器。

· 比较器输出可通过软件可选择的 RC 滤波器滤波。

· 输出提供给定时器 Timer_A 捕获输入。

· 软件可控制的端口输入缓冲区。

· 中断能力。

· 可选择参考电压发生器、电压滞后发生器。

· 参考电压输入来自共享参考。

· 超低功耗比较器模式。

· 中断驱动测量系统，支持低功耗运行。

MSP430F5529 单片机的 Comp_B 模块内部结构如图 9.5.2 所示。

Comp_B 模块具有模拟信号同相、反相输入端和输出端。如果同相端电压比反相端的高，则比较器输出（CBOUT）高电平；如果同相端电压比反相端的低，则比较器输出低电平。在使用比较器时，比较器可通过 CBON 位打开或关闭，建议在不使用比较器时将其关闭以减小功耗。比较器的主要操作介绍如下。

（1）比较器与端口的连接。

比较器正反相端的信号源可以通过 CBCTL0 寄存器选为外部输入端口，CBIPEN 和 CBIMEN 分别使能 V+（同相）和 V-（反相）端子与外部端口连接，CBIPSEL 和 CBIMSEL 分别选择端子连接的外部端口。例如，设置 CBIMSEL=0，则选择 V-端子连接 CB0；CBIPSEL=1，则选择 V+端子连接 CB1。CB0 和 CB1 分别对应单片机的 P6.0 和 P6.1。如果 P6.1 的电压高于 P6.0，则 CBOUT（P1.6）输出高电平。

（2）输入短路开关。

CBSHORT 短路 Comp_B 输入。这可被用来为比较器建立一个简单的采样和保持。采样需要的时间与采样电容（C_S）、输入复用开关串联的电阻（R_i）和外部信号源内阻（R_S）成正比。总的内部电阻通常为 1kΩ。采样电容 C_S 应该大于 100pF。时间常数为 T_{au}，对采样电容充电的时间可通过公式计算：$T_{au}=(R_i+R_S) \times C_S$。

根据需要的精度，应该设置采样时间为 3～10 个 T_{au}。3 个 T_{au} 可以将采样电容充电至 95% 的输入信号电压值。5 个 T_{au} 可以充电至 99%。10 个 T_{au} 可以满足 12 位的精度。

（3）输出滤波器。

内部滤波器可以减轻输出信号的振荡。当控制位 CBF 置位时，输出信号会通过一个片内 RC 滤波器滤波。滤波器的延时可通过 CBFDLY 选择为 4 个不同时长。

如果同相端和反相端两端的电压差很小，比较器输出就会振荡。这种振荡是由于内部和外部寄生效应以及信号线、电源线和系统其他部分之间的交叉耦合导致的。比较器输出振荡会降低比较结果的准确性和分辨率。使用输出滤波器可以降低与比较器振荡相关的错误。

（4）参考电压生成器。

参考电压生成器用来生成 V_{REF}，可应用于比较器输入端。CBREF1x（VREF1）和 CBREF0x（VREF0）位控制输出电压的生成。CBRSEL 位选择 V_{REF} 应用的比较器通道。如果外部信号应用于比较器输入端子，则内部参考电压生成器应该被关闭，以减小功耗。参考电压生成器能生成一个

$V_{\rm CC}$ 或集成精密参考电压源的参考电压，并可通过电阻网络分压，产生 $V_{\rm REF0}$ 和 $V_{\rm REF1}$。

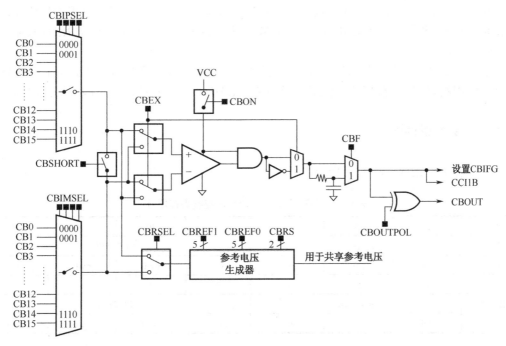

图 9.5.2　Comp_B 模块内部结构

为获得更丰富的参考电压值，可通过设置 CBREF0 和 CBREF1 来配置梯形电阻，对参考电压进行 1～32 分压，从而产生更加丰富的参考电压。

$V_{\rm REF}$ 可选择为 $V_{\rm REF0}$ 或 $V_{\rm REF1}$。当 CBMRVS=1 时，由 CBMRVL 选择 $V_{\rm REF}$ 等于 $V_{\rm REF0}$ 还是 $V_{\rm REF1}$。若 CBMRVL=0，则 $V_{\rm REF}=V_{\rm REF0}$；若 CBMRVL=1，则 $V_{\rm REF}=V_{\rm REF1}$。

当 CBMRVS=0 时，由比较器输出状态（CBOUT）选择 $V_{\rm REF}$ 等于 $V_{\rm REF0}$ 还是 $V_{\rm REF1}$。若 CBOUT=1，则 $V_{\rm REF}=V_{\rm REF1}$；若 CBOUT=0 时，则 $V_{\rm REF}=V_{\rm REF0}$。这样可以在不使用外部元件的情况下产生滞后。例如，假设 $V_{\rm REF0}$=1.5V，$V_{\rm REF1}$=1.0V，$V_{\rm REF}$ 应用于比较器反相端。则当同相端电压由 2.0V 降至低于 1.0V 时，CBOUT 才会变为低电平；当同相端电压由 0V 升至高于 1.5V 时，CBOUT 才会变为高电平。

（5）比较器功耗模式。

CBPWRMD 用来选择比较器功耗模式，CBPWRMD 默认为 00，即最大功耗和最快速度。CBPWRMD=11 是最低功耗和最低速度。在不同功耗模式下，比较器的传输延时和响应时间可查看设备数据表。

（6）Comp_B 端口禁用寄存器 CBCTL3。

比较器输入和输出功能与相关 I/O 口复用，这些是数字 CMOS 门。当模拟信号应用于数字 CMOS 门时，寄生电流会从 VCC 流入 GND。如果输入电压接近数字门的过渡电压，则这个寄生电流出现。禁用端口引脚缓冲区会消除寄生电流并因此降低整体的功耗。

CBCTL3 寄存器的 CBPDx 位置位时，禁用相关 Px.y 的输入缓冲区。如果应用设备对电流消耗十分敏感，那么任何连接模拟输入信号的 Px.y 端口都应该通过相应的 CBPDx 位禁用。

CBIPSEL 或 CBIMSEL 位选择的输入端口会自动禁用该端口的输入缓冲区，而不管 CBPDx 位的状态。

中断标志 CBIFG 和 CBIIFG 公用一个中断源，中断向量名称为 COMP_B_VECTOR。通过查询中断向量寄存器 CBIV 的值，可知请求中断的中断标志。对 CBIV 的访问，读写操作会清除最高挂起的中断标志和 CBIV 的值，禁用中断不影响 CBIV 的值。

CBIFG 会在比较器输出 CBOUT 的边沿置位，CBIIFG 会在 CBOUT 的另一个边沿置位。中断标志置位的 CBOUT 边沿通过 CBIES 选择。当 CBIES=0 时，CBIFG 在 CBOUT 的上升沿置位，CBIIFG 在 CBOUT 的下降沿置位；当 CBIES=1 时，CBIFG 在 CBOUT 的下降沿置位，CBIIFG 在 CBOUT 的上升沿置位。

注意，改变 CBIES 位的值可能会置位比较器中断标志 CBIFG。即使当比较器禁用（CBON=0）时，也会发生这种情况。建议在配置完比较器后清零 CBIFG 和 CBIIFG，以使比较器正确生成中断。

9.5.3 比较器寄存器

各寄存器如表 9.5.1～表 9.5.6 所示。

表 9.5.1 CBCTL0：Comp_B 控制寄存器 0

15	14	13	12	11	10	9	8
CBIMEN	Reserved			CBIMSEL			
rw-0	r-0	r-0	r-0	rw-0	rw-0	rw-0	rw-0
7	6	5	4	3	2	1	0
CBIPEN	Reserved			CBIPSEL			
rw-0	r-0	r-0	r-0	rw-0	rw-0	rw-0	rw-0

CBIMEN：比较器 V−端子的通道输入使能。0=V−端子不连接模拟输入端口；1=V−端子连接模拟输入端口。

CBIMSEL：如果 CBIMEN 置位，则为比较器 V−端子选择输入端口。0000=CB0（P6.0）；0001=CB1（P6.1）……1011=CB11（P7.3）。

CBIPEN：比较器 V+端子的通道输入使能。0=V+端子不连接模拟输入端口；1=V+端子连接模拟输入端子。

CBIPSEL：如果 CBIPEN 置位，则为比较器 V+端子选择通道输入。0000=CB0（P6.0）；0001=CB1（P6.1）……1011=CB11（P7.3）。

表 9.5.2 CBCTL1：Comp_B 控制寄存器 1

15	14	13	12	11	10	9	8
Reserved			CBMRVS	CBMRVL	CBON	CBPWRMD	
r-0	r-0	r-0	rw-0	rw-0	rw-0	rw-0	rw-0
7	6	5	4	3	2	1	0
CBFDLY	CBEX	CBSHORT	CBIES	CBF	CBOUTPOL	CBOUT	
rw-0	rw-0	rw-0	rw-0	rw-0	rw-0	r-0	

CBMRVS：这个位定义 V_{REF} 如何在 V_{REF0} 和 V_{REF1} 之间选择。0=比较器输出状态 CBOUT 决定 V_{REF} 选择为 V_{REF0} 还是 V_{REF1}，常用于滞后比较；1=由 CBMRVL 选择 V_{REF} 来自于 V_{REF0} 还是 V_{REF1}。

CBMRVL：如果 CBMRVS 置位，则这个位有效。0=V_{REF} 来自于 V_{REF0}；1=V_{REF} 来自于 V_{REF1}。

CBON：打开比较器。当比较器关闭时，Comp_B 不消耗电能。0=关闭；1=打开。

CBPWRMD：功耗模式。并不是所有单片机都支持这些模式，详情查看设备数据表。00=高速模式；01=普通模式；10=超低功耗模式；11=保留。

CBFDLY：滤波器延时。滤波器延时可分 4 个时长，详情查看设备数据表。00=典型滤波延时 450ns；01=典型滤波延时 900ns；10=典型滤波延时 1800ns；11=典型滤波延时 3600ns。

CBEX：置换。置换比较器正负输入，并反转比较器输出。0=不置换；1=置换。

CBSHORT：输入短路。这个位短路正负输入端口。0=输入不短路；1=输入短路。

CBIES：为 CBIIFG 和 CBIFG 选择中断边沿。0=CBOUT 的上升沿置位 CBIFG，下降沿置位 CBIIFG；1=CBOUT 的下降沿置位 CBIFG，上升沿置位 CBIIFG。

CBF：输出滤波器。0=Comp_B 不输出滤波；1=Comp_B 输出滤波。

CBOUTPOL：输出极性。这个位定义 CBOUT 极性。0=同相；1=反相。

CBOUT：输出值，这个位反映 Comp_B 的输出值。写入这个位不影响比较器输出。

表 9.5.3　CBCTL2：Comp_B 控制寄存器 2

15	14	13	12	11	10	9	8
CBREFACC	CBREFL		CBREF1				
rw-0	rw-0	rw-0	rw-0	rw-0	rw-0	rw-0	rw-0
7	6	5	4	3	2	1	0
CBRS		CBRSEL	CBREF0				
rw-0	rw-0	rw-0	rw-0	rw-0	rw-0	rw-0	rw-0

CBREFACC：参考精确度。仅当 CBREFL>0 时，才会请求参考电压。0=静态模式；1=时钟模式（低功率、低精度）。

CBREFL：参考电压等级。00=参考电压禁用，无参考电压请求；01=1.5V；10=2.0V；11=2.5V。

CBREF1：参考电阻抽头 1。CBREF1 是参考电压的分压值，分压后得到 V_{REF1}。

CBRS：参考源。这个位定义参考电压来自 V_{CC} 或来自精确的共同参考。00=参考电路无电流流通；01=V_{CC} 应用于电阻网络；10=共享参考电压应用于电阻网络；11=共享参考电压应用于 V_{CREF-}。电阻网络关闭。

CBRSEL：参考选择。这个位选择 V_{CCREF} 应用于哪个端子。0：当 CBEX=0 时，V_{REF} 应用于 V+端子；当 CBEX=1 时，V_{REF} 应用于 V-端子。1：当 CBEX=0 时，V_{REF} 应用于 V-端子；当 CBEX=1 时，V_{REF} 应用于 V+端子。

CBREF0：参考电阻抽头 0。CBREF0 是参考电压的分压值，分压后得到 V_{REF0}。

表 9.5.4　CBCTL3　Comp_B 控制寄存器 3

15	14	13	12	11	10	9	8
CBPD15	CBPD14	CBPD13	CBPD12	CBPD11	CBPD10	CBPD9	CBPD8
rw-0	rw-0	rw-0	rw-0	rw-0	rw-0	rw-0	rw-0
7	6	5	4	3	2	1	0
CBPD7	CBPD6	CBPD5	CBPD4	CBPD3	CBPD2	CBPD1	CBPD0
rw-0	rw-0	rw-0	rw-0	rw-0	rw-0	rw-0	rw-0

CBPDx：端口禁用。这个位禁用与 Comp_B 相关端口的输入缓冲寄存器。CBPDx 禁用比较器通道 CBx 所对应端口的输入缓冲区。0=输入缓冲区使能；1=输入缓冲区禁用。

表 9.5.5　CBINT：Comp_B 中断控制寄存器

15	14	13	12	11	10	9	8
Reserved						CBIIE	CBIE
r-0	r-0	r-0	r-0	r-0	r-0	rw-0	rw-0
7	6	5	4	3	2	1	0
Reserved						CBIIFG	CBIFG
r-0	r-0	r-0	r-0	r-0	r-0	rw-0	rw-0

CBIIE：Comp_B 输出反相中断使能。0=中断禁用；1=中断使能。

CBIE：Comp_B 输出中断使能。0=中断禁用；1=中断使能。

CBIIFG：Comp_B 输出反相中断标志。CBIES 位定义使 CBIIFG 置位的 CBOUT 边沿。0=无中断挂起；1=有中断挂起。

CBIFG：Comp_B 输出中断标志。CBIES 位定义使 CBIFG 置位的 CBOUT 边沿。0=无中断挂起；1=有中断挂起。

表 9.5.6　CBIV：Comp_B 中断向量寄存器

15	14	13	12	11	10	9	8
CBIV							
r-0	r-0	r-0	r-0	r-0	r-0	r-0	r-0
7	6	5	4	3	2	1	0
CBIV							
r-0	r-0	r-0	r-0	r-0	r-0	r-0	r-0

CBIV：Comp_B 中断向量寄存器。中断向量寄存器只对使能的中断标志生成中断。读取 CBIV 清除最高挂起的中断标志。

00=无中断挂起。

02=中断源：CBOUT 中断；中断标志：CBIFG；中断优先级最高。

04=中断源：CBOUT 反相中断；中断标志：CBIIFG；中断优先级最低。

9.6　比较器应用实例

比较器应用实例介绍比较器的基本比较功能、中断功能和滞后比较功能。通过 MSP430 单片机比较器实现外部电压信号与内部基准电压的比较，将比较结果输出，并且可通过程序设计检测输出信号，生成中断和切换比较器基准电压。

9.6.1　比较器电压比较

比较器电压比较功能通过简单地读取比较器控制寄存器 1 的 CBOUT，来获取比较器输出值。本实例使用的电压比较电路如图 9.6.1 所示。其中 RS_sen 连接 P6.0 端口，该电位器为拨盘电位器。

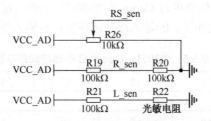

图 9.6.1　电压比较电路

要求使用 V_{REF} 为比较器反相端基准，比较器同相端连接 CB0（P6.0）通道，输入模拟电压信号。当模拟电压大于 2.0V 时，CBOUT（P1.6）输出高电平，同时 LED 点亮；否则输出低电平，LED

熄灭。实例代码如下：

```
#include <msp430f5529.h>
void main (void)
{
  WDTCTL = WDTPW + WDTHOLD;         //关闭看门狗
  P1DIR |= BIT6;                    //P1.6输出（CBOUT）
  P1SEL |= BIT6;                    //P1.6作为比较器输出CBOUT
  P7DIR |= BIT0;                    //P7.0设置为输出（LED）

  CBCTL0 |= CBIPEN + CBIPSEL_0;     //比较器使能V+，输入通道CB0（P6.0）
  CBCTL1 |= CBPWRMD_0;              //高速模式，CBMRVS=0 => CBOUT高时，V_REF=V_REF1
                                    //CBOUT为低电平时，V_REF=V_REF0
  CBCTL2 |= CBRSEL;                 //V_REF应用于V-端子
  CBCTL2 |= CBRS_1+CBREF13;         //参考电压为V_CC，CBREF1 = 8；V_REF1 = V_CC*1/4
  CBCTL2 |= CBREF04+CBREF03;        //CBREF0 = 24，V_REF0 = V_CC*3/4
  CBCTL3 |= BIT0;                   //输入缓冲区禁用P6.0（CB0）
  CBCTL1 = CBON;                    //打开比较器B
  __delay_cycles (75);             //延时等待参考电压稳定
while (1)
  {
    if (CBCTL1&CBOUT)               //判断CBOUT是否是高电平
      P7OUT &=~ BIT0;              //是：LED点亮
    else P7OUT |= BIT0;            //否：LED熄灭
  }
}
```

该代码功能为：设置 P7 所有端口为 GPIO 输出，设置 P1.6 为比较器输出复用功能。设置比较器正端输入为 CB0，负端输入为 V_{REF}，并设置为 2.0V。禁用 P6.0 输入缓冲区，并打开比较器。循环检测输出位，并控制 LED。

实例现象：旋转拨盘电位器，导致其阻值变化，从而分得的电压改变。当 P6.0 和 GND 之间的电压大于 2.0V 时，LED 点亮，小于 2.0V 时，LED 熄灭。

9.6.2　比较器中断

比较器中断可在输出信号发生跳变时请求中断，且同相跳变沿与反相跳变沿可通过中断向量寄存器区分。本实例要求设置比较器基准电压 V_{REF}=1.5V 应用于反相端，同相端连接 CB0，输入模拟信号。P6.0 电压大于 1.5V 时，LED 熄灭，P6.0 电压小于 1.5V 时，LED 点亮。实例代码如下：

```
#include <msp430f5529.h>
void main (void)
{
  WDTCTL = WDTPW + WDTHOLD;              //关闭看门狗
  P1DIR |= BIT6;                         //P1.6输出
  P1SEL |= BIT6;                         //P1.6选为比较器输出（CBOUT）
  P7DIR = 0xFF;                          //P7所有端口设置为输出

  CBCTL0 |= CBIPEN + CBIPSEL_0;          //比较器使能V+，输入通道CB0（P6.0）
  CBCTL1 |= CBPWRMD_1 + CBF + CBFDLY_3;  //普通模式，中断边沿选择，滤波
  CBCTL2 |= CBRSEL;                      //V_REF应用于V-端子
```

```
        CBCTL2 |= CBRS_3+CBREFL_1;              //关闭梯形电阻；参考电压1.5V
        CBCTL3 |= BIT0;                          //禁用输入端口缓冲区P6.0（CB0）
        __delay_cycles(600);                     //延时等待参考电压稳定

        CBINT &= ~(CBIFG + CBIIFG);              //清除可能出现的错误中断标志
        CBINT  |= CBIE+CBIIE;                    //使能比较器输出中断和输出反相中断
        CBCTL1 |= CBON;                          //开启比较器B
        __bis_SR_register(LPM0_bits + GIE);      //进入LPM0，使能总中断
        while(1);
}
/*********************Comp_B中断服务函数********************/
#pragma vector=COMP_B_VECTOR
__interrupt void Comp_B_ISR(void)
{

    switch(__even_in_range(CBIV,4))
    {
    case 0: break;                              //Vector 0：无中断
    case 2:                                      //Vector 2：CBIFG
      if(CBCTL1&CBOUT)                           //判断CBOUT是否是高电平
      P7OUT = 0X00;                              //Port7输出低电平，LED点亮
      break;
    case 4:                                      //Vector 4：CBIIFG
      if(!(CBCTL1&CBOUT))                        //判断CBOUT是否是低电平
      P7OUT = 0XFF;                              //P7输出高电平，LED熄灭
      break;
    default: break;
    }
}
```

该代码功能为：设置 P7 所有端口为 GPIO 输出，设置 P1.6 为比较器输出复用功能，设置 P6.0 为比较器正端输入，负端连接 1.5V 参考电压。使能比较器输出中断和比较器输出反相中断。当输入电压从小于 1.5V 升至 1.5V 以上时，CBOUT 产生上升沿，触发 CBIFG 中断；当输入电压从大于 1.5V 降至 1.5V 以下时，CBOUT 产生下降沿，触发 CBIIFG 中断。中断服务函数中根据触发中断的标志将 LED 点亮或熄灭。

实例现象：旋转拨盘电位器，导致其阻值变化，从而分得的电压改变。P6.0 电压大于 1.5V 时，LED 点亮；P6.0 电压小于 1.5V 时，LED 熄灭。

9.6.3　比较器滞后比较

滞后比较可以使参考电压根据输出值变化，使用滞后比较功能可以使比较器输出更加稳定，降低噪声的干扰，可以根据特定的应用场合设置不同的参考电压。本实例要求使用 $V_{REF0}=V_{CC}*3/4$ 和 $V_{REF1}=V_{CC}*1/4$。当 CBOUT=0 时，V_{REF0} 作为反相端参考。当 CBOUT=1 时，V_{REF1} 作为反相端参考。当比较器输出高电平时，点亮 LED，否则熄灭 LED。实例代码如下：

```
#include <msp430f5529.h>
void main(void)
{
    WDTCTL = WDTPW + WDTHOLD;          //关闭看门狗
```

```
        P1DIR |= BIT6;                      //P1.6输出（CBOUT）
        P1SEL |= BIT6;                      //P1.6作为比较器输出CBOUT
        P7DIR |= 0XFF;                      //P7设置为输出（LED）

        CBCTL0 |= CBIPEN + CBIPSEL_0;       //比较器使能V+,输入通道CB0（P6.0）
        CBCTL1 |= CBPWRMD_0;                //高速模式，CBMRVS=0 => CBOUT高时，V_REF=V_REF1
                                            //CBOUT为低电平时，V_REF=V_REF0
        CBCTL2 |= CBRSEL;                   //V_REF应用于V-端子
        CBCTL2 |= CBRS_1+CBREF13;           //参考电压为V_CC，CBREF1 = 8；V_REF1 = V_CC*1/4
        CBCTL2 |= CBREF04+CBREF03;          //CBREF0 = 24，V_REF0 = V_CC*3/4
        CBCTL3 |= BIT0;                     //输入缓冲区禁用P6.0（CB0）
        CBCTL1 |= CBON;                     //打开比较器B
        __delay_cycles（75）;                //延时等待参考电压稳定
    while（1）
    {
        if（CBCTL1&CBOUT）                   //判断CBOUT是否是高电平
            P7OUT =0X00;                    //是：LED点亮
        else P7OUT =0XFF;                   //否：LED熄灭
    }
}
```

该代码功能为：设置 P7 所有端口为 GPIO 输出功能，设置 P1.6 为比较器输出功能。P6.0 接入比较器正端口，参考电压为 V_{CC}，$V_{REF0} = V_{CC}*3/4$，$V_{REF1} = V_{CC}*1/4$。滞后比较功能。禁用 P6.0 输入缓冲区，并打开比较器。循环检测比较器输出，并控制 LED 亮灭。

实例现象：当输入电压从小于 V_{REF1}（CBOUT=0）升高至大于 V_{REF0} 时，CBOUT 才会变为高电平，LED 点亮；当输入电压从大于 V_{REF0} 降至小于 V_{REF1} 时，CBOUT 才会变为低电平，LED 熄灭。电压值在 V_{REF1} 和 V_{REF0} 之间变化时，CBOUT 状态不变，LED 状态不变。在 V_{REF1} 和 V_{REF0} 之间的电压范围内，比较器输出是不改变的，表现在拨盘电位器上就是触发 LED 切换状态的位置不是在电位器的一点，而是在一个范围内，这与不使用滞后比较功能有明显差别。

9.7　小结与思考

本章详细介绍了 MSP430 单片机的 ADC12_A 模块，讲述了 ADC12_A 模块的单通道单次转换、单通道重复转换、序列通道单次转换和序列通道重复转换。本章还介绍了如何配置 ADC12_A 的转换单元，如何使用 MSP430 单片机内部温度传感器和参考电压生成器，以及外部 ADC 芯片 ADS1118 的使用。DAC 部分介绍了 MSP430 单片机的 DAC12_A 模块，以及如何使用 DAC12_A 模块输出模拟电压信号，并讲解了外部 DAC 芯片 DAC8571 的使用。比较器部分介绍了 MSP430 单片机的比较器 B 模块，以及比较器中断和滞后比较功能。

学习完本章内容，读者应掌握 MSP430 单片机的 ADC12_A 模块的使用方法，使用 ADC12_A 模块解决各种模数转换问题，对片内温度传感器有所了解，并学会对外部 ADC 芯片的配置。掌握 MSP430 单片机的 DAC12_A 模块，学会配置其参考电压等，以及对外部 DAC 芯片进行配置。读者还应掌握使用编程的方法应用 MSP430 单片机的比较器 B 模块，实现比较器的比较功能、中断功能和滞后比较功能。

习题与思考

9-1 简述 MSP430 单片机 ADC12_A 模块中转换核心与转换单元的区别与联系。

9-2 简述配置 ADC12_A 模块的步骤和需要配置的寄存器。

9-3 某应用需要具备温度测量功能，按下按键后，显示温度值，则该应用场合适合使用何种采样转换模式？

9-4 某应用需要采集多个通道的模拟信号并绘制波形，则该应用场合适合使用何种采样转换模式？

9-5 假设 MSP430 单片机的 DAC12_A 模块的参考电压为 3.3V，则其分辨率是多少？

9-6 MSP430 单片机的 DAC12_A 模块共有几种参考电压来源？分别是什么？

9-7 简述 MSP430 比较器如何进行滞后比较，简述其运行的逻辑过程。

9-8 总结比较器模块和基准电压模块，陈述比较器共具有多少种基准电压（基准电压和梯形电阻）？并简述如何使用这些基准电压。

9-9 若需要使用比较器对外部脉冲信号整形，需要设置基准电压为 1.2V，请问有几种配置比较器 B 的方式？

9-10 若需要使用比较器对外部脉冲信号整形，需要设置基准电压为 2.1V，请问有几种配置比较器 B 的方式？

第 10 章 MSP430 单片机存储系统

存储系统是单片机运行必不可少的资源，它决定了单片机系统的程序空间复杂度、数据吞吐量等性能。存储系统在单片机中主要用来存放程序和数据。单片机中的全部信息，包括输入的原始数据、计算机程序、中间运行结果和最终运行结果都存放在存储系统中。存储系统空间越大，其程序和数据的储存能力越强，处理能力也越强。

MSP430 单片机具备多种类型的存储设备，包括传统的只读存储器（ROM）和随机存储器（RAM），有些设备还包括闪速存储器（Flash）和铁电存储器（FRAM）。丰富的存储类型为 MSP430 单片机的低功耗运行打下了基础。

本章导读：本章重点是，掌握 MSP430 单片机存储系统的结构，学会配置 Flash 控制器来擦除和存储数据，学会配置 FRAM 进行数据的存储，并掌握使用直接存储器访问（DMA）控制器进行数据传输。通过在线调试和线下调试结合的方法来观察存储器的使用特点。建议读者粗读 10.1 节，细读 10.2 节、10.3 节、10.4 节，动手实践本章中的实例并做好笔记，完成习题。

10.1 存储器概述

存储器（Memory）是计算机系统中的记忆设备，用来存放程序和数据。计算机中的原始数据、计算机程序、中间运行变量和最终的数据都会保存在存储器中。根据不同的需求，各类数据保存在存储器中的位置和存储器的类型也会有所不同。

10.1.1 存储器基本概念

按照存储介质的不同，可以将存储器分为半导体存储器、磁存储器、激光存储器等。我们所使用的 U 盘、固态硬盘等都采用了半导体存储器。磁存储器一般指磁带、磁盘等存储设备。单片机内一般采用半导体存储器，它具备体积小、容量大、存取速度快的特点。

半导体存储器又可分为随机存储器（RAM）、只读存储器（ROM）、电擦除可编程只读存储器（EEPROM）、闪速存储器（Flash）、铁电存储器（FRAM）等。

RAM 在设备供电时可以存储数据，但当设备掉电后，其数据就会丢失，一般用作单片机运行过程中的数据存取。

ROM 一般不可以进行写入操作，只能对其数据进行读取，且数据掉电后不会丢失，一般用于程序的存储。

EEPROM 是指电擦除可编程只读存储器，掉电后数据不丢失。EEPROM 可通过单片机擦除已有信息，重新编程。

Flash 和 FRAM 是新型的非易失性存储器，可通过编程进行读写操作。两者的不同如下所述。

Flash 需要进行擦除后方可重新编程，否则会导致存储错误。一般而言，Flash 以扇区或段为单位进行擦除，而不会逐个字节地擦除。FRAM 则具备 RAM 的所有功能，可随时进行读写操作。写入操作前无须擦除操作，兼具随机存储器（RAM）和非易失性存储器（电源关掉后保留数据能力）的特性。

10.1.2　MSP430 单片机存储器组织

存储器的组织结构有两种不同的方式：一种是程序与数据公用一个存储空间，也就是统一编址，即冯·诺依曼结构；另一种是程序存储器与数据存储器用各自独立的空间，相互之间无关系，即哈佛结构。为了简化指令设计，MSP430 单片机采用统一编址结构，即冯·诺依曼结构。

下面以 MSP430F552x 单片机为例，介绍其地址空间的分配情况，表 10.1.1 列出了其内部存储空间的分配情况。

表 10.1.1　MSP430F552x 内部存储空间的分配情况

项　目	MSP430F5529	MSP430F5527	MSP430F5525
中断向量存储区	00FFFFh～00FF80h	00FFFFh～00FF80h	00FFFFh～00FF80h
程序存储区	0243FFh～004400h	01C3FFh～004400h	0143FFh～004400h
RAM	0043FFh～002400h	003BFFh～002400h	033FFh～002400h
USB RAM	0023FFh～001C00h	0023FFh～001C00h	0023FFh～001C00h
信息存储区	0019FFh～001800h	0019FFh～001800h	0019FFh～001800h
BSL 存储区	0017FFh～001600h	0017FFh～001000h	0017FFh～001000h
外围设备存储区	000FFFh～0h	000FFFh～0h	000FFFh～0h

由此可以看出，MSP430 单片机的所有存储器都是统一编址的。对于上述型号的单片机，其差异主要在于 RAM 和程序存储区容量的大小，而其他部分的存储空间和存储位置基本相同。对于相同系列的单片机，其存储系统大致相同。但是对于具体的单片机型号，其存储器的空间大小和分配仅有一些细小的差异。这对单片机的开发也是十分有利的，我们对同一系列单片机的编程，其规则基本一致，而差异只是单片机内部 RAM 和程序存储容量。

10.2　随机存储器

MSP430 单片机的随机存储器（RAM）空间因单片机型号的不同而不同。RAM 主要用于存储单片机程序执行过程中产生的数据和单片机系统的堆栈等数据。而堆栈主要是用于函数的调用、返回和中断服务函数的执行等。若函数编写不当，如循环去调用某一函数而没有返回，则可能导致 RAM 数据溢出的故障，从而导致程序无法正常执行。对于 RAM 容量较大的单片机，往往可以运行一些操作系统任务，而对于堆栈容量较小的单片机而言则十分困难。

10.2.1　RAM 简介

1. RAM 控制器（RAMCTL）

RAMCTL 主要用于控制 RAM 功耗模式，通过对其进行配置，我们可以使 RAM 工作在不同的功耗模式。当 CPU 停止工作时，可以使 RAMCTL 进入保持模式，从而降低其电流消耗。RAM 也能通过软件关闭。在保持模式下，RAM 内容会保留。在关闭模式下，RAM 内容会丢失。

RAM 按照扇区进行分区，每个扇区的典型大小是 4KB。可以通过特定型号单片机的数据手册来查找该款单片机 RAM 的存储块分配和大小。单片机的 RAM 一般由数个扇区组成，每个扇区都可以单独进行控制，如关断或启用。扇区关断控制位为 RAMCTL 的控制寄存器 0（RCCTL0）中的 RCRSyOFF。RCCTL0 寄存器通过密码保护，只有输入包含正确的密码 16 位字，才能对 RCCTL0 控制寄存器进行配置。对其进行字节写入或写入错误的密码都是无效的。

2. RAMCTL 操作

（1）活跃模式。

在活跃模式下，可以随时读取和写入 RAM。如果扇区中任意 RAM 地址必须保存数据，那么整个扇区就不能被关断。

（2）低功耗模式。

在所有低功耗模式下，CPU 被关闭。一旦 CPU 被关闭，RAM 就会进入保持模式来减少电流消耗。

（3）RAM 关闭模式。

通过将相应的 RCRSyOFF 置位，可以将扇区 y 关断，每个扇区都利用该位独立地进行启用和关断。

（4）堆栈指针。

堆栈指针位于 RAM 中。若需要执行中断或进入低功耗模式，则不能将保持堆栈的扇区关断。

（5）USB 缓冲存储器。

在有 USB 的单片机上，USB 缓冲存储器位于 RAM 的扇区 7 中。若使用 USB 功能，则扇区 7 会作为 USB 缓冲存储器使用；若不使用 USB 功能，则扇区 7 可作为普通扇区使用。在不使用 USB 功能且普通模式不使用扇区 7 时，可以通过置位 RCRS7OFF 将其关断，以降低功耗。

3. 备份 RAM

备份 RAM 是由一些有限数量的 16 位寄存器组成的（BAKMEM0～BAKMEM3，可以字节访问，如 BAKMEM0_L 和 BAKMEM0_H），这些寄存器与 RAM 具备类似的功能，而且在低功耗模式 LPMx.5 和在备份电源运行过程中保存 RAM 内的部分数据（前提是设备集成了完整的备份电池系统）。至少应使用一个字节或一个字（最好是一个字）生成存储数据的校验和或存储标签，从而保证数据从 LPMx.5 或备份操作返回时仍可靠。备份 RAM 并不是在所有型号 MSP430 单片机中都有的，这需要查看单片机具体的数据手册而定。

10.2.2　RAM 寄存器

RCCTL0：RAM 控制寄存器 0 如表 10.2.1 所示。

表 10.2.1　RCCTL0：RAM 控制寄存器 0

15	14	13	12	11	10	9	8
RCKEY							
rw-0	rw-1	rw-1	rw-0	rw-1	rw-0	rw-0	rw-1
7	6	5	4	3	2	1	0
RCRS7OFF	RCRS6OFF	RCRS5OFF	RCRS4OFF	RCRS3OFF	RCRS2OFF	RCRS1OFF	RCRS0OFF
rw-0	rw-0	rw-0	rw-0	rw-0	rw-0	rw-0	rw-0

RCKEY：RAM 控制器密钥。读回的值为 69h。必须向其写入 5Ah，否则 RAMCTL 的写入会被忽略。

RCRSxOFF：RAM 扇区 x 关断控制位。将 RCRSxOFF 置位将会关断扇区 x。扇区 x 中的所有数据都将丢失。不同单片机的 RAM 扇区大小、编号和地址可能不同，需要查看单片机的特定数据手册来确定。

10.2.3　RAM 指定地址读写

在编写 C 语言代码的过程中，RAM 的访问一般都是间接进行的，如定义一个变量，它存储在 RAM 中，通过调用变量名就可以对其进行访问，也可以使用直接地址对其进行访问。本实例要求使用直接地址访问的方式来操作 RAM 中的一个数据。实例代码如下：

```
#include "MSP430.h"
void main()
{
 WDTCTL = WDTPW + WDTHOLD;
 unsigned char *ptr;
 ptr=(unsigned char *)0x04000;
 P7OUT = 0XFF;P7DIR =0XFF;
 while(1)
 {
  (*ptr)++;
  P7OUT=~*ptr;
  __delay_cycles(100000);
 }
}
```

该代码功能为：定义了一个数据指针，指向 RAM 存储区的某个数据地址，然后在循环中递增该值，并使用 LED 显示。

实例现象：LED 显示递增的数据，若使用 $\overline{RST}$ 端口复位，则该值仍延续复位前的值递增，若单片机掉电后重启，那么 LED 会显示一个随机值，然后再递增。这说明了使用 $\overline{RST}$ 端口复位时，单片机仍处于供电状态，RAM 数据不丢失。若单片机彻底断电，则 RAM 中的数据会丢失。

10.2.4　FRAM 简介

FRAM 是新型 MSP430 单片机所采取的铁电存储器，它具有 10^{15} 次写入周期持久性，远远大于 Flash 的擦写寿命，同时具有更快的读写速度与更低的功耗。以 MSP430FR5994 单片机为例，其 FRAM 控制器 A（FRCTL_A）具有如下特点。

- 支持字节（8 位）或字（16 位）写入访问。
- 自动和可编程的等待状态控制，具有独立的访问和循环时间等待状态设置。
- 定时违规检测，以确保在不正确的等待状态设置下进行正确的中断处理。
- 带位纠错、扩展位错误检测和标志指示器的纠错码。
- 可用于低功耗读取操作的缓存。
- 电源控制系统，可以在 FRAM 不使用时将其禁用，还具备自动唤醒功能。

利用 FRAM 的特性对软件代码进行优化，可以极大地降低功耗。例如，优化应用程序特定代码、常数和数据空间的划分等。FRAM 也可以配合其他外围模块，提高代码的安全性和执行效率，最大化应用的鲁棒性。

1. FRAM 控制器 A（FRCTL_A）操作

FRAM 是一个非易失性存储器，而且没有 Flash 写入速度慢的缺点。FRAM 和 SRAM 的读取和写入操作一致。FRAM 具备 SRAM 的所有优点，且具备 Flash 非易失性的特点，但其制造成本较高。

（1）FRCTL_A 错误检测。

FRAM 有一个内建的纠错码模块，当存储器有一个位错误时，可以检测出该错误并将其纠正。当存储器有多个位错误时，可以检测出该错误，但是无法纠正。可纠正位错误检测标志位（CBDIFG）和不可纠正位错误检测标志位（UBDIFG）用来报告错误的状态。

当一个可纠正位错误被检测到时，CBDIFG 置位。在这种情况下，若可纠正位错误检测中断使能位（CBDIE）置位，则这个错误会生成系统非屏蔽中断 NMI（SYSNMI）。

当检测到不可纠正的多位错误时，不可纠正位错误检测标志位（UBDIFG）置位。在这种情况下，缓存被刷新，如果不可纠正位错误检测中断使能位（UBDIE）置位，则可以生成系统 NMI（SYSNMI）；或者如果不可纠正位错误检测复位使能位（UBDRSTEN）置位，则可以生成上电复位（PUC）。UBDRSTEN 位和 UBDIE 位是互斥的。UBDRSTEN 位有更高的优先级，如果两个位都置位，则 UBDIE 位的功能被忽略且 UBDRSTEN 位的功能保持使能。

（2）对 FRAM 设备编程。

有 3 种对 MSP430 单片机的 FRAM 设备编程的方法，并且都支持在线编程。

- 使用 JTAG 或 SBW 端口编程。
- 使用 BSL 端口编程。
- 使用自定义解决方案编程。

① 使用 JTAG 或 SBW 端口编程。

MSP430 单片机均可通过 JTAG 或 SBW 端口进行编程。JTAG 端口必须连接 TDI、TDO、TMS、TEST 和 GND。当然还可以包括 VCC 和 $\overline{\text{RST}}$ 端口。SBW 端口要求连接 TEST、$\overline{\text{RST}}$ 和 GND，还可以连接 VCC。

② 使用 BSL 端口编程。

每个设备的 ROM 中都包含 BSL 端口。BSL 端口允许用户通过 UART 端口来读取或编程 FRAM 和 RAM。通过 BSL 端口访问 FRAM 使用一个 256 位用户定义的密码来保护。

③ 使用自定义解决方案编程。

CPU 具备写入自身 FRAM 的能力，这允许使用者通过自己编写的程序来实现程序的下载和调试。使用者可以选择通过任何可用的方式（如 UART 或 SPI）向设备提供数据。使用者开发的软件可以接收数据并对 FRAM 进行编程。因为这类解决方案是由使用者开发的，所以可以完全定制，以满足编程或更新 FRAM 的应用需求。

2. 访问控制

（1）写入保护。

WPROT 位可用来保护 FRAM 的内容不被意外地修改。当 WPROT 置位时，允许读取操作，但是不允许写入操作。如果在 WPROT 置位时进行了写入操作，那么写入保护标志位（WPIFG）置位；如果写入保护中断标志位（WPIE）也置位，那么就会生成系统 NMI（SYSNMI）。注意，当 ACCTEIFG 位因为时序错误而置位时，也会阻止 FRAM 的写入操作。在 ACCTEIFG 置位时尝试写入也会导致 WPIFG 置位。写入保护在 BOR 之后被禁用（WPROT=0）。

（2）两种等待状态模式。

FRAM 的访问速度有限，但是 CPU 和 DMA 的访问速度很快。当 CPU 和 DMA 的访问速度超

过 FRAM 的访问速度时，就会有一个等待状态机制。FRAM 控制器 A（FRCTL_A）支持两种等待
状态模式：用户等待状态模式和自动等待状态模式。

① 用户等待状态模式。

用户等待状态模式和自动等待状态模式是互斥的。用户等待状态模式在设备复位（BOR）后自
动使能，但是这个等待状态模式能通过 AUTO 位被切换到自动等待状态模式。在用户等待状态模式
下可以通过配置 NWAITS 的优化参数来最大化写入 FRAM 的速度，但是错误的参数可能会导致时
序错误。因此，应用程序应该在访问 FRAM 之前，向 NWAITS 中配置合适的参数，等待状态参数
选择如表 10.2.2 所示。

时序错误检测操作如下。

在用户等待状态模式（AUTO=0）下，如果 NWAITS 中配置了错误的等待状态参数，那么访问
FRAM 时就会出现时序错误。在检测到时序错误时，FRAM 就会响应时序错误事件，执行以下操作。

- 置位访问时序错误标志位（ACCTEIFG）。
- 忽略 NWAITS 的配置并应用最大等待状态（15）（NWAITS 不会改变）。
- 刷新缓存。
- 忽略 WPROT 的值，禁用 FRAM 的写入访问（WPROT 不会改变）。

如果 ACCTEIFG 位保持置位，FRAM 控制器 A（FRCTL_A）就会保持最大的等待状态并禁止
写入访问，从而防止更多的时序错误事件发生。建议根据表 10.2.2 来配置 NWAITS，并且在复位
ACCTEIFG 之前完成所有必要的操作。当 ACCTEIFG 位清零后，FRAM 控制器 A（FRCTL_A）使
用 NWAITS 中的值作为等待状态，并且当 WPROT 清零后，使能 FRAM 的写入访问。如果访问时
序错误中断标志使能位（ACCTEIE）置位，访问时序错误标志位（ACCTEIFG）就会生成一个系统
NMI（SYSNMI）。

② 自动等待状态模式。

当 AUTO 位置位时，自动等待状态模式使能。在这种模式下，FRAM 控制器 A（FRCTL_A）
来自动选择一个等待状态。因此，这里不需要用户去配置 NWAITS 位。写入到 NWAITS 中的值不
起作用。为了自动确定等待状态，FRAM 控制器 A（FRCTL_A）添加一个延时，从而导致 FRAM
访问速度不是最快的，而且也不会生成时序错误。表 10.2.2 中列出了不同时钟频率和工作模式下，
等待状态参数选择。

表 10.2.2　等待状态参数选择

系统总线频率	请求等待状态		FRAM 访问速度（不包括缓存命中）	
	用 户 模 式	自 动 模 式	用 户 模 式	自 动 模 式
4MHz	0	3	4MHz	1MHz
8MHz	0	3	8MHz	2MHz
10MHz	1	3	5MHz	2.5MHz
12MHz	1	3	6MHz	3MHz
14MHz	1	3	7MHz	3.5MHz
16MHz	1	3	8MHz	4MHz
24MHz	2	3	8MHz	6MHz
32MHz	3	4	8MHz	6.4MHz

（3）等待状态和缓存命中。

FRAM 控制器 A（FRCTL_A）有一个包含 4 个 64 位的行缓存。缓存可以从最新访问的 FRAM
中保存多达 32 字节（4×64 位）数据。当请求读取时，FRAM 控制器 A（FRCTL_A）首先确定缓
存中是否有请求的数据。如果找到符合的数据（缓存命中），那么就将数据从缓存中读取，而不会

对 FRAM 进行物理层的访问。在这种情况下，不需要等待状态，并且数据的访问速度就是系统总线的访问速度。如果缓存中没有符合的数据，那么数据就要求在 FRAM 中读取，并且新的数据将会替换缓存中 64 位行数据中的一个。

（4）在调试模式下的等待状态。

当设备在调试模式时，不会应用等待状态。NWAIT 不影响调试模式。在调试模式（如使用 JTAG 访问 FRAM）下，设备系统时钟通过外部控制，并且能在任何时间停止。因此，FRAM 访问会在没有等待状态周期的情况下完成。在调试模式下，CPU 的运行速度和 DMA 不会超过 FRAM 访问速度限制的最大值。

3. FRAM ECC

FRAM 能纠正位错误并能检测不可纠正的多位错误。当出现一个可纠正错误时，错误被自动纠正，并且 CBDIFG 置位。在这种情况下，如果 CBDIE 置位，则会生成系统 NMI。当不可纠正位错误出现时，UCBDIFG 置位，在这种情况下，如果 UBDIE 置位，则会生成系统 NMI；如果 UBDRSTEN 置位，则可以生成 PUC。UBDRSTEN 位和 UBDIE 位是互斥的。UBDRSTEN 位有最高优先级，所以当这两个位都置位时，UBDIE 位会被忽略。

4. FRAM 电源控制

为了使 FRAM 运行在最高的能效状态，FRAM 控制器 A（FRCTL_A）支持一个电源控制模式。有 3 种操作影响 FRAM 的电源状态：FRPWR 位、FRAM 读写访问和设备功率模式。表 10.2.3 总结了电源控制 FRAM 的功率模式和 FRAM 功率模式转换流程。

表 10.2.3　电源控制 FRAM 的功率模式和 FRAM 功率模式转换流程

电源控制源			FRAM 电源状态（起始）	FRAM 电源状态（结束）
设备供电模式	FRPWR 位	FRAM 访问		
AM	1（PUC 系统复位后）	无关	活跃	活跃
AM	1 到 0	否	活跃	不活跃
AM	0	否到是	不活跃	活跃（FRPWR 位自动置位）
AM	0 到 1	否	不活跃	活跃
AM 到 LPM0、LPM1、LPM2、LPM3 或 LPM4	无关	否	无关	不活跃
LPM0	无关	否到是	无关	活跃（FRPWR 位自动置位）
LPM0、LPM1、LPM2、LPM3 或 LPM4 到 AM	1	是	不活跃	活跃
LPM0、LPM1、LPM2、LPM3 或 LPM4 到 AM	0	否	不活跃	不活跃

当设备运行在活跃模式（AM）时，FRAM 的功耗由 FRPWR 位和 FRAM 读写访问来决定。当 FRPWR 置位时，不论是否被访问，FRAM 都会运行在活跃模式。当 FRPWR 被 CPU 清零后，FRAM 就不能被访问了，FRAM 进入不活跃模式，此时 FRAM 不消耗功率。

如果 FRAM 在相当长的一段时间内不需要访问，那么就可以使用不活跃模式。例如，短任务可以从 RAM 执行，因此当 CPU 从 RAM 运行时，FRAM 可以关闭。当 FRAM 运行在不活跃模式时，设备可以自动被唤醒。对 FRAM 的读写访问操作会在执行前自动唤醒 FRAM。在这种情况下，FRPWR 位自动被 FRAM 控制器 A（FRCTL_A）置位。

使用 FRPWR 位时，必须格外注意：从 FRAM 掉电到 FRAM 能被再次访问，有一个唤醒时间延迟（延时），因此需要考虑该延时是否会对系统的运行造成影响。唤醒延时的具体时间可查看设备特定的数据表。

当设备进入 LPM0、LPM1、LPM2、LPM3 或 LPM4 时，不管 FRPWR 为何值，FRAM 都会进入不活跃模式。在设备从低功耗模式唤醒后，FRPWR 才会对 FRAM 的功率状态产生影响。当设备从低功耗模式唤醒至活跃模式（AM）后，如果 FRPWR 置位，则 FRAM 控制器 A（FRCTL_A）立刻唤醒 FRAM。如果 FRPWR 位清零，则 FRAM 保持在不活跃模式，直到有一个对 FRAM 的读写访问出现。如果设备只需要唤醒一小段时间，并且设备在活跃模式的任务可以从 RAM 执行而不需要访问 FRAM 时，则可以利用后一种情况来降低设备的功耗。

10.2.5　FRAM 寄存器

FRCTL0 寄存器定义的密码控制着所有 FRAM 控制器 A 的访问。当写入正确的密码时，寄存器的写入访问使能。使用字节访问 FRCTL0 时，若高 8 位写入错误的密码字节则将导致写入访问禁用。使用字访问 FRCTL0 时，若密码错误则将触发 PUC。在写访问禁用时对其他寄存器进行写入操作将导致 PUC。

在设备启动过程中，正确的密码（A5h）由引导代码写入 FRCTLPW 位。因此，FRCTL0（低字节）、GCCTL0 和 GCCTL1 寄存器在设备上电或复位（BOR），或者 LPMx.5 被唤醒后解锁。

各寄存器如表 10.2.4～表 10.2.6 所示。

表 10.2.4　FRCTL0：FRAM 控制器 A 控制寄存器 0

15	14	13	12	11	10	9	8
FRCTLPW							
rw-96h							
7	6	5	4	3	2	1	0
NWAITS				AUTO	Reserved		WPROT
rw-0	rw-0	rw-0	rw-0	rw-0	r-0	r-0	rw-0

FRCTLPW：FRCTLPW 密码。总是读回 96h。字写入操作时，必须写入 A5h，否则会触发 PUC。写入正确的密码且寄存器访问使能后，使用字节写入错误的密码会禁用访问，但不会生成 PUC。

NWAITS：等待状态生成器访问时间控制（AUTO=0）。每个等待状态增加 N 倍 IFCLK 周期的延迟，其中 N=0～15。N=0 表示无等待状态。当检测到时序错误时，访问时序错误标志位（ACCTEIFG）置位，并将最大等待状态（15）自动应用到 NWAITS，以避免进一步的时序错误。当 ACCTEIFG 保持置位时，NWAIS 不能被重新写入，WPROT 位的状态被忽略，FRAM 的写入访问被禁止，只允许读取操作。在对 NWAITS 应用新值或写入对 FRAM 内存的访问之前，必须清除 ACCTEIFG 位。如果置位了访问时序错误中断标志使能位（ACCTEIE），则 ACCTEIFG 位将生成系统 NMI（SYSNMI）。当读取发生时序冲突时，FRAM 内存中的数据可能不正确，应该进行适当的错误处理再进行后续操作。

AUTO：使能自动等待状态模式。0h=用户等待状态模式，NWAITS 用于 FRAM 的等待状态；1h=自动模式，NWAITS 被忽略，通过 FRAM 状态机自动生成等待状态。

WPROT：写入保护使能。这个位在 BOR 后置位，并且必须在写入 FRAM 之前清零。这个位不会禁用读取操作。注意，WPROT 位保护整个 FRAM 不被错误写入，所以该位应该被用作临时保护。0=禁用写入保护，允许写入 FRAM 内存；1=使能写入保护，禁用 FRAM 的写入，如果尝试写入，则会置位写入保护标志位（WPIFG）。

表 10.2.5　GCCTL0：通用控制寄存器 0

15	14	13	12	11	10	9	8
Reserved							
r-0							
7	6	5	4	3	2	1	0
UBDRSTEN	UBDIE	CBDIE	WPIE	ACCTEIE	FRPWR	Reserved	
rw-0	rw-0	rw-0	rw-0	rw-0	rw-1	r-0	r-0

UBDRSTEN：不可纠正位错误检测标志位（UBDIFG）触发上电清零复位使能。UBDRSTEN 位和 UBDIE 位是互斥的。FRAM 不允许这两个位同时置位。向其中一个位写 1 会自动清零另一个位。0=不可纠正位错误检测标志位不会触发 PUC；1=不可纠正位错误检测标志位会触发 PUC，会在 SYSRSTIV 中生成向量，且会清零 UBDIE 位。

UBDIE：不可纠正位错误检测标志位（UBDIFG）触发 NMI 事件使能。UBDRSTEN 位和 UBDIE 位是互斥的。FRAM 不允许这两个位都置位。向其中一个位写 1 会自动清零另一个位。0=不可纠正位错误检测标志位不会触发 NMI；1=不可纠正位错误检测标志位会触发 NMI，会在 SYSRSTIV 中生成向量，并且会清零 UBDIE 位。

CBDIE：可纠正位错误检测标志位（CBDIFG）触发 NMI 事件使能。0=可纠正位错误检测标志位（CBDIFG）不会触发 NMI；1=可纠正位错误检测标志位（CBDIFG）会触发 NMI。在 SYSSNIV 中生成向量。

WPIE：写入保护检测标志位（WPIFG）触发 NMI 事件使能。0=写入保护检测标志位（WPIFG）不会触发 NMI；1=写入保护检测标志位（WPIFG）会触发 NMI。在 SYSSNIV 中生成向量。

ACCTEIE：访问时序错误标志位（ACCTEIFG）触发 NMI 事件使能。0=访问时序错误标志位（ACCTEIFG）不会触发 NMI；1=访问时序错误标志位（ACCTEIFG）会触发 NMI。

FRPWR：FRAM 功耗控制请求。

当设备处于 AM（激活模式）时，FRAM 功耗由 FRPWR 位和 FRAM 访问控制。当 FRPWR 置位时，FRAM 处于活跃模式。当 FRPWR 被 CPU 清零时，FRAM 进入不活跃模式，这样 FRAM 就不会消耗能量。如果在相当长的时间内不需要 FRAM 访问，则可以使用不活跃模式。当 FRAM 处于不活跃模式时，设备可以自动被唤醒。对 FRAM 的访问（读或写）将在执行访问之前唤醒 FRAM。在这种情况下，FRPWR 位由 FRAM 自动置位。当设备进入 LPM0/1/2/3/4 模式时，无论 FRPWR 位状态如何，FRAM 也进入不活跃模式。当设备从 LPM0/1/2/3/4 中被唤醒时，如果 FRPWR 置位，则 FRAM 将立即上电（激活模式），但如果 FRPWR 位被清零，则 FRAM 将保持不活跃模式，直到 FRAM 被实际访问（读或写）。当设备只需要唤醒一小段时间，且设备在活跃模式的任务可以从 RAM 执行而不需要访问 FRAM 时，可以利用后一种情况来降低设备的功耗。

表 10.2.6　GCCTL1：通用控制寄存器 1

15	14	13	12	11	10	9	8
Reserved							
r-0							
7	6	5	4	3	2	1	0
Reserved			WPIFG	ACCTEIFG	UBDIFG	CBDIFG	Reserved
r-0	r-0	r-0	rw-0	rw-0	rw-0	rw-0	r-0

WPIFG：写入保护检测标志位。在置位 WPROT 时尝试写访问会导致此标志置位。如果 WPIE 也置位，则可以生成系统 NMI（请参阅 GCCTL0 寄存器）。向该位直接写入 0 可以将其清零。如果

该位已挂起中断标志，则可以通过读取系统复位向量字 SYSRSTIV 来清除该位。此位只能写 0，写 1 无效。0=无中断挂起；1=有中断挂起。

ACCTEIFG：访问时序错误标志位。此标志位在检测到时序冲突时置位，这表示 NWAITS 配置不正确。当检测到时序错误时，最大等待状态将自动应用到 NWAITS，以避免进一步的时序错误。当 ACCTEIFG 保持置位时，无法重新写入 NWAIS，WPROT 位的配置被忽略，FRAM 内存写入访问引用。在对 NWAITS 写入新值或对 FRAM 进行写入访问之前，必须将 ACCTEIFG 清零。如果访问时序错误中断使能位（ACCTEIE）置位，则访问时序错误标志位（ACCTEIFG）可以生成系统 NMI（SYSNMI）。向该位直接写入 0 可以将其清零。如果该位是最高挂起中断标志，则可以通过读取系统复位向量字 SYSRSTIV 来清除该位。此位只能写 0，写 1 无效。0=无中断挂起；1=中断挂起。

UBDIFG：FRAM 不可纠正位错误检测标志位。当在 FRAM 错误检测逻辑中检测到不可纠正的位错误时，此标志置位。该位可以生成系统 NMI 或系统复位（PUC）。如果 UBDIE 置位，则该位生成系统 NMI；如果 UBDRSTEN 置位，则该位生成系统复位（PUC），参阅 GCCTL0 寄存器。向该位直接写入 0 可以将其清零。如果该位是最高挂起中断标志，则可以通过读取系统 NMI 向量字 SYSSNIV 来清除。此位只能写 0，写 1 无效。0=无中断挂起；1=中断挂起。

CBDIFG：FRAM 可纠正位错误检测标志位。当在 FRAM 错误检测逻辑中检测到并纠正可纠正的位错误时，此标志置位。如果 CBDIE 位置，则该位可以生成系统 NMI（参阅 GCCTL0 寄存器）。向该位直接写入 0 可以将其清零。如果该位是最高挂起中断标志，则可以通过读取系统 NMI 向量字 SYSSNIV 清除该位。此位只能写 0，写 1 无效。0=无中断挂起；1=中断挂起。

10.2.6　FRAM 指定地址读写

FRAM 的读写操作与普通的 RAM 几乎相同，只是其访问速度比 RAM 慢，并且 FRAM 相当于其他单片机的 Flash，存储着程序代码，故需要避免错误的操作导致程序被改写。本实例要求简单地读取 FRAM 的存储器，并将其值递增后再写入 FRAM。实例代码如下：

```
#include "MSP430.h"
unsigned char *ptr;                    //定义指向FRAM的指针
unsigned char READ_data;               //读取数据存储
void main ( void )
{
  WDTCTL = WDTPW + WDTHOLD;             //关闭看门狗
  ptr = (unsigned char *) 0xABCD;      //将指针指向FRAM的一个地址
  PM5CTL0 &= ~LOCKLPM5;                //解除端口锁定
  P1DIR |= BIT0;                       //将P1.0设置为输出
  while (1)
  {
    P1OUT ^= BIT0;                     //P1.0取反
    READ_data = *ptr;                  //读取FRAM数据
    READ_data++;                       //将读到的数据递增
    *ptr = READ_data;                  //将数据写入FRAM
    __delay_cycles (500000);           //延时
  }
}
```

该代码功能为：定义指向 FRAM 的指针和数据存储变量，将 FRAM 的一个地址赋值为指针，之后就可以直接对这个指针进行操作了。将数据读取出来，然后递增后再赋值给 FRAM。

实例现象：通过在线调试，查看 FRAM 中的值是否递增，可观察到 P1.0（LED）闪烁。

10.3　闪速存储器

闪速存储器（Flash）是一种长寿命的非易失性存储器，简称闪存。它可在设备上电时编程、擦除和读取，在设备断电后长时间（10～100 年）保存数据。闪存的读取速度几乎与 RAM 相同，擦除和编程时间因设备而定。闪存可通过寻址方式读取和写入，但只能以区块为单位进行擦除。

由于闪存的物理特性，闪存的区块擦除后，该区块的内容全部归 1。写入操作会将 1 变为 0，而无法将 0 变为 1。因此，闪存的同一地址不应进行重复写入操作，若要改变该地址存储的数据，需要先将该地址所在的区块进行擦除，然后再写入。擦除前注意将该区块有用的数据进行保留。

10.3.1　Flash 简介

MSP430 单片机的闪存可按照字节、字和长字寻址与编程。闪存模块有一个集成控制器，控制编程和擦除操作。该模块包含三个控制寄存器、一个定时发生器和一个电压发生器。闪存控制寄存器用于控制闪存的擦除和写入模式，定时发生器和电压发生器自动运行，用户无须干预。任何闪存操作的高压时间均不得超过累计高压时间。在下一个擦除周期之前，每个 32 位字最多可写入 4 次（字节、字或长字写入模式），以 MSP430F5529 单片机为例，其闪存的特点如下。

- 内部编程电压发生器。
- 字节、字（2 字节）和长字（4 字节）编程。
- 超低功耗运行。
- 分段擦除、扇区擦除（特定设备）和整体擦除。
- 边缘 0 和边缘 1 读取模式。
- 每个存储组可被单独擦除，编程可在不同闪存组进行。

MSP430 单片机的闪存功能结构如图 10.3.1 所示。

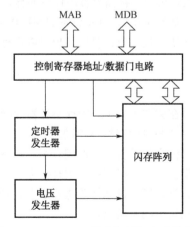

图 10.3.1　MSP430 单片机的闪存功能结构

1. 闪存结构

MSP430 单片机的闪存分为信息存储器、BSL 存储器和闪存存储器（主存储器），256KB 容量的 MSP430 单片机 Flash 存储区示例如图 10.3.2 所示。

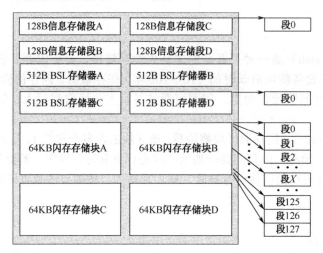

图 10.3.2　256KB 容量的 MSP430 单片机 Flash 存储区示例

主存储器有 4 个扇区，编号为 A～D，每个扇区有 128 个段（因设备而异），每段分为 512B。设备运行的代码一般存储在该部分，当下载程序时，会将主存储器的 4 个扇区全部擦除，再进行程序的写入。

信息存储器有 4 个段，编号为 A～D，每段为 128B。信息存储器与主存储器类似，只是存储容量不同，可以进行数据存取操作。程序不会下载到信息存储器，因此该存储器的内容不会因下载程序而改变。信息存储器的 A 段由锁定位 LOCKA 保护，LCOKA 初始化为 1，锁定信息存储器 A 段，无法写入和擦除。向 LOCKA 写入 1 来改变该位的状态，即写入一次 1 后，LOCKA 变为 0，允许信息存储器 A 段写入和擦除。再写入一次 1，LOCKA 变为 1，锁定信息存储器 A 段，向 LOCKA 中写入 0 无效。

引导加载程序（BSL）存储器由 4 个段组成，即 A～D。每个 BSL 存储器段包含 512B，可以单独擦除。

MSP430 单片机的闪存结构大致相同，存储容量因设备而异，请参阅特定于设备的数据表，了解每个存储组的起始和结束地址（如果可用），以及设备的完整内存映射。所有闪存均可通过字节、字和长字方式读写闪存，但擦除操作的最小单位是段，也可以进行扇区擦除（部分设备支持）和全部擦除。

2. 闪存操作

闪存的默认模式为读取模式。在读取模式下，闪存不会被擦除或写入，闪存定时发生器和电压发生器关闭，并且存储器的工作方式与只读存储器相同。

对于 MSP430 单片机而言，其程序代码也存储在闪存里，若擦除过程中，将有用的程序代码擦除了，那么将产生不可预测的后果。在擦除某闪存区域时，可以从闪存的另一扇区执行程序，也可以从任何未被擦除的闪存中读取数据，还可以在擦除操作之前，把部分代码转移到 RAM 中执行。闪存操作和允许的同步代码执行如表 10.3.1 所示。

闪存是系统可编程的，不需要额外的外部电压。CPU 可以对闪存进行编程。闪存写入和擦除模式由 BLKWRT、WRT、MERA 和 ERASE 位选择，模式如下。

· 字节、字或长字（32 位）写入。

- 块写入。
- 段擦除。
- 扇区擦除（仅主存储器）。
- 大容量擦除（所有主存储器扇区）。
- 扇区擦除期间读取。

表 10.3.1　闪存操作和允许的同步代码执行

闪存操作类型	同步代码执行	
	在闪存中执行	在 RAM 中执行
扇区擦除	支持， 执行的代码不得驻留在要擦除的扇区中	支持
段擦除	不支持	支持
字节、字和长字写入	不支持	支持

当某扇区在进行编程或擦除时，禁止在该扇区进行写入或读取操作。任何闪存擦除或编程都可以从闪存或 RAM 中启动。当闪存启动擦除操作时，可从另一扇区执行代码和读取数据。从闪存启动写入操作时，CPU 在写入过程中挂起，写入结束后重新运行代码。从 RAM 启动任何闪存操作都不影响 CPU 运行，为防止闪存访问冲突，需要在执行完闪存操作后检查标志位状态。闪存操作期间，可屏蔽中断自动禁用，但不影响看门狗状态，注意手动屏蔽看门狗。

3．闪存擦除操作

擦除的闪存位的逻辑值为 1。每个位可以从 1 编程为 0，但不能从 0 编程为 1。若需要使某位从 0 变为 1，则至少需要对该段进行擦除。可擦除的最小单位是段。擦除模式选择如表 10.3.2 所示。

表 10.3.2　擦除模式选择

MERAS	ERASE	擦 除 模 式
0	1	段擦除
1	0	组擦除（一组）通过虚拟写入地址选择
1	1	大容量擦除（所有存储区被擦除，信息存储 A～D 和 BSL 段 A～D 不被擦除）

（1）擦除周期。

擦除周期是通过虚拟写入启动的。通过对欲擦除段、扇区范围内的某地址进行虚拟写入来启动擦除操作。擦除周期时序如图 10.3.3 所示，在虚拟写入之后 BUSY 立即置位，并在整个擦除周期内保持置位。"BUSY""MERAS""ERASE"在擦除周期完成时自动清除。在清除控制位之前，不应进行额外的虚拟写入访问，否则将置位 ACCVIFG。大容量擦除周期计时不取决于设备上存在的闪存数量，擦除周期对于所有设备都是相等的。

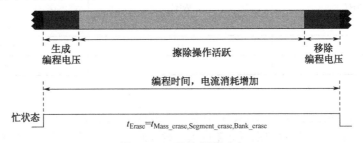

图 10.3.3　擦除周期时序

　　主存储器由一个或多个存储扇区组成,每个扇区可以单独擦除。在大容量擦除模式下可以擦除所有主存储器扇区。

　　信息存储器 A～D 和 BSL 存储器段 A～D 只能在段擦除模式下擦除。它们不会在扇区擦除或大容量擦除过程中被擦除。只有先清除 LOCKINFO 位后,才能擦除信息存储器和 BSL 存储器。对于信息存储器 A,还有 LOCKA 位进行锁定,该位通过写 1 改变状态。例如,向 LOCK 写 1 后,解锁信息存储器 A,将信息存储器 A 擦除后,再向 LOCK 写 1,从而锁定信息存储器 A。

　　(2) 从闪存或 RAM 启动擦除。

　　启动扇区擦除时,可以从闪存或 RAM 执行代码,执行的代码不能位于要擦除的扇区中。从闪存启动段擦除时,CPU 会保持挂起,直至擦除完成。从 RAM 启动擦除时,CPU 会继续从 RAM 执行代码,需要软件检测 BUSY 来确定擦除是否完毕。当 BUSY 置位时,可从其他扇区读取数据或指令,但不可启动新的擦除或编程周期,否则会导致闪存访问冲突,ACCIFG 置位。擦除操作可能会擦除将要执行的代码,导致不可预测的后果,用户使用时注意代码在闪存中的分布。擦除操作的流程图如图 10.3.4 所示。

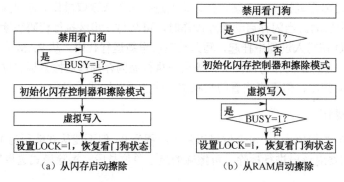

图 10.3.4　擦除操作的流程图

4. 闪存写入闪存

　　WRT 和 BLKWRT 位选择写入模式,如表 10.3.3 所示。写入模式使用一系列单独的写入指令。使用长字写入模式的速度大约是字节或字模式的两倍。使用长字块写入模式比字节或字模式的速度大约快 4 倍,因为电压发生器在整个块写入过程中保持打开状态,并且长字是并行写入的。任何修改目的地址的指令和赋值操作都可用于闪存的写入。

　　写操作处于活动状态时 BUSY 置位,写操作完成时 BUSY 清除。从闪存启动写操作时,CPU 保持挂起,直到写操作完成。如果写操作是从 RAM 启动的,那么 CPU 在 BUSY 置位时不能访问闪存,否则会发生访问冲突,导致 ACCVIFG 置位,并且闪存写入结果不可预测。

表 10.3.3　写入模式选择

BLKWRT	WRT	写入模式
0	1	字节或字写入
1	0	长字写入
1	1	长字块写入

　　(1) 写入操作周期。

　　写入操作周期时序如图 10.3.5 所示,在任何写入模式下,内部产生的编程电压被施加到完整的 128 字节块上。任何块的高压时间都不能超过累积编程时间 t_{CPT}。每个字节、字或长字写入都会增加段的累积编程时间。如果达到或超过最大累计编程时间,则必须擦除该段。进一步编程或使用数据会返回不可预测的结果（有关规格，请参阅具体单片机的数据表）。

图 10.3.5 写入操作周期时序

（2）从闪存或 RAM 启动写入操作。

写入操作可以从闪存或 RAM 中启动。从闪存内启动时，CPU 在写入过程中挂起。写入操作完成后，CPU 将使用写访问后的指令恢复代码执行。字节、字和长字写入时间相同。从 RAM 执行字节或字写入时，CPU 继续从 RAM 执行代码。在 CPU 再次访问闪存之前，BUSY 必须为零，否则会发生访问冲突，ACCVIFG 置位，并且写入结果不可预测。写入操作的流程图如图 10.3.6 所示。

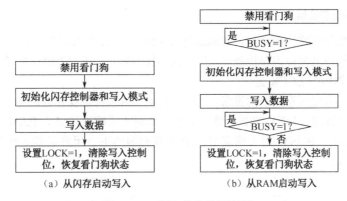

图 10.3.6 写入操作的流程图

5. 写入或擦除期间的闪存访问

在 BUSY=1 的情况下，从 RAM 启动写入或擦除操作时，CPU 可能不会写入任何闪存，并且将发生访问冲突，置位 ACCVIFG，结果不可预测。如果在未选择任何闪存写入或擦除模式的情况下尝试闪存写入或擦除访问，也会置位 ACCVIFG。

当从闪存内启动写入操作时，CPU 在写入周期完成（BUSY=0）后继续执行代码，并获取下一条指令。操作代码 3FFFh 是 JMP PC 指令，这会导致 CPU 循环，直到闪存操作完成。当操作完成且 BUSY=0 时，闪存控制器允许 CPU 获取操作码并恢复程序执行。BUSY=1 时的闪存访问条件如表 10.3.4 所示。

表 10.3.4 闪存访问条件（BUSY=1）

闪 存 操 作	闪 存 访 问	WAIT	结　果
扇区擦除	读取	0	从擦除的扇区：ACCVIFG=0，读取值为 03FFFh； 从其他闪存地址：ACCVIFG=0，读取有效数据
	写入	0	ACCVIFG=1，写入被忽略
	指令获取	0	从擦除的扇区：ACCVIFG=0，CPU 获取 03FFFh，JMP PC 指令； 从其他闪存地址：ACCVIFG=0。获取有效指令

续表

闪 存 操 作	闪 存 访 问	WAIT	结　　　果
段擦除	读取	0	ACCVIFG=0：读取值是 03FFFh
	写入	0	ACCVIFG=1：写入被忽略
	指令获取	0	ACCVIFG=0：CPU 获取 03FFFh，JMP PC 指令
字、字节或长字写入	读取	0	ACCVIFG=0：读取值是 03FFFh
	写入	0	ACCVIFG=1：写入被忽略
	指令获取	0	ACCVIFG=0：CPU 获取 03FFFh，JMP PC 指令
块写入	任何	0	ACCVIFG=1：LOCK=1，块写入已退出
	读取	1	ACCVIFG=0：读取值是 03FFFh
	写入	1	ACCVIFG=0：有效写入
	指令获取	1	ACCVIFG=1：LOCK=1，块写入已退出

在任何闪存操作期间，中断都会自动禁用。在闪存擦除周期之前，应禁用看门狗定时器（在看门狗模式下）。系统复位会中止擦除，结果不可预知。擦除周期完成后，看门狗可以重新启用。

6. 停止写入或擦除操作

在写入或擦除操作正常完成之前，可通过置位 EMEX 停止写入或擦除操作。置位 EMEX 会停止当前活跃的闪存操作并复位闪存控制器，所有闪存操作停止，闪存返回读取模式，FCTL1 寄存器复位。FCTL3 寄存器中的 LOCK 置位。

对于只有一个闪存扇区存储器的设备，从闪存启动写入或擦除操作时，CPU 会挂起直到闪存操作完成。因此，不能通过 EMEX 来执行紧急退出。若写入或擦除操作从 RAM 启动，则可以使用 EMEX 执行紧急退出。BUSY 用于确定紧急退出周期的结束。用户必须确保在闪存控制器清除 BUSY 之前，代码执行不会继续。

对于具有多个闪存扇区存储器的设备，从闪存启动写入或擦除操作，无论代码位于哪个扇区中，CPU 都将一直挂起，直到闪存操作完成。因此，不能通过 EMEX 来执行紧急退出。对于扇区擦除，如果要擦除的扇区不在代码所在的位置，则有可能执行 EMEX。BUSY 用于确定紧急退出周期的结束。用户必须确保在闪存控制器清除 BUSY 之前，代码执行不会继续。

7. 配置和访问闪存控制器

FCTLx 寄存器是 16 位密码保护读写寄存器。任何读或写访问必须使用字指令，并且写访问必须在高字节中包含写密码 0A5h。若对 FCTLx 寄存器写入的字中，高字节不是 0A5h，则写入密码错误，密码错误标志位 KEYV 置位，触发 PUC 系统复位。对 FCTLx 寄存器的高字节读为 096h。在擦除或写入操作期间对 FCTL1 的任何写入都会导致访问冲突，并置位 ACCVIFG。

当 WAIT=1 时，允许在块写入模式下写入 FCTL1，但当 WAIT=0 时，在块写入模式下写入 FCTL1 会导致访问冲突并置位 ACCVIFG。当 BUSY=1 时，对 FCTL2 的任何写入（MSP430 单片机中没有该寄存器）都是访问冲突。当 BUSY=1 时，可以读取任何 FCTLx 寄存器。读取不会导致访问冲突。

8. 闪存控制器中断

闪存控制器有两个中断源，KEYV 和 ACCVIFG。ACCVIFG 在发生访问冲突时置位。当在闪存写入或擦除后重新启用 ACCVIE 时，置位 ACCVIFG 标志生成中断请求。ACCVIE 驻留在特殊功能寄存器 SFRIE1 中。ACCVIFG 源于 NMI 中断向量，因此不需要为 ACCVIFG 置位 GIE 来请求中断。软件也可以检查 ACCVIFG，以确定是否发生访问冲突。ACCVIFG 必须通过软件复位。当使用不正确的密码写入任何闪存控制寄存器时，密码错误标志位 KEYV 置位。当发生这种情况时，会立即生成一个 PUC 来复位设备。

10.3.2　Flash 控制寄存器

各寄存器如表 10.3.5～表 10.3.8 所示。

表 10.3.5　FCTL1：闪存控制器 1 寄存器

15	14	13	12	11	10	9	8
FRPW/FWPW							
7	6	5	4	3	2	1	0
BLKWRT	WRT	SWRT	Reserved		MERAS	ERASE	Reserved
rw-0	rw-0	rw-0	r-0	r-0	rw-0	rw-0	r-0

FRPW/FWPW：FCTL 密码。始终读取为 096h。必须写入为 0A5h，否则会生成 PUC。

BLKWRT：块写入。BLKWRT 和 WRT 一起用于选择写入模式。以下值表示 BLKWRT 和 WRT。00=保留；01=字节或字写入；10=长字写入；11=长字块写入。

WRT：写入。BLKWRT 和 WRT 一起用于选择写入模式。以下值表示 BLKWRT-WRT。00=保留；01=字节或字写入；10=长字写入；11=长字块写入。

SWRT：快速写入。如果置位该位，编程时间将缩短。编程质量必须通过边缘读取模式进行检查。

MERAS：大容量擦除。MERAS 和 ERASE 一起用于选择擦除模式。当置位 EMEX 或完成闪存擦除操作时，MERAS 和 ERASE 会自动复位。以下值表示 MERAS-ERASE。00=不擦除；01=段擦除；10=扇区擦除（擦除一个扇区）；11=大容量擦除（擦除所有闪存扇区）。

ERASE：擦除。MERAS 和 ERASE 一起用于选择擦除模式。当置位 EMEX 或完成闪存擦除操作时，MERAS 和 ERASE 会自动复位。以下值表示 MERAS-ERASE。00=不擦除；01=段擦除；10=扇区擦除（擦除一个扇区）；11=大容量擦除（擦除所有闪存扇区）。

表 10.3.6　FCTL3：闪存控制器 3 寄存器

15	14	13	12	11	10	9	8
FRPW/FWPW							
7	6	5	4	3	2	1	0
Reserved	LOCKA	EMEX	LOCK	WAIT	ACCVIFG	KEYV	BUSY
r-0	rw-1	rw-0	rw-1	r-1	rw-0	rw-0	r-0

FRPW/FWPW：FCTL 密码。始终读取为 096h。必须写入为 0A5h，否则会生成 PUC。

LOCKA：段 A 锁定。将 1 写入该位以更改其状态。写入 0 无效。0=信息存储器的 A 段解锁，可以在段擦除模式下写入或擦除；1=信息存储器的 A 段锁定，不能在段擦除模式下写入或擦除。

EMEX：紧急退出。置位将停止任何擦除或写入操作，并置位 LOCK。0=无紧急退出；1=紧急退出。

LOCK：闪存锁定。该位解锁闪存进行写入或擦除。在字节或字写入或擦除操作期间，可以随时置位 LOCK，操作正常完成。在块写入模式下，如果当 BLKWRT=WAIT=1 时，置位 LOCK，则 BLKWRT=WAIT 被复位，并且模式正常结束。0=解锁；1=锁定。

WAIT：等待标志。指示正在写入闪存。0=闪存没有准备好进行下一个字节或字的写入；1=闪存准备好进行下一个字节或字的写入。

ACCVIFG：存取违规中断标志。0=无中断挂起；1=有中断挂起。

KEYV：闪存密码冲突。该位表示一个错误的 FCTLx 密码被写入任何闪存控制寄存器，并在置位时生成一个 PUC。必须用软件重置 KEYV。0= FCTLx 密码写入正确；1= FCTLx 密码写入错误。

BUSY：忙碌标志。该位指示闪存当前是否正忙于擦除或编程。0=不忙；1=忙。

表 10.3.7　FCTL4：闪存控制器 4 寄存器

15	14	13	12	11	10	9	8
FRPW/FWPW							
7	6	5	4	3	2	1	0
LOCKINFO	Reserved	MRG1	MRG0	Reserved			VPE
rw-0	r-0	rw-0	rw-0	r-0	r-0	r-0	rw-0

FRPW/FWPW：FCTL 密码。始终读取为 096h。必须写入为 0A5h，否则会生成 PUC。

LOCKINFO：锁定信息存储器。如果置位，则信息存储器将无法在段擦除模式下擦除，也无法写入。

MRG1：边缘 1 读取模式。该位启用边缘 1 读取模式。边缘 1 读取位仅对从闪存读取有效。在获取周期中，边缘模式自动关闭。如果同时置位 MRG1 和 MRG0，则 MRG1 处于活动状态，MR0 被忽略。0=边缘 1 读取模式被禁用；1=边缘 1 读取模式使能。

MRG0：边缘 0 读取模式。该位启用边缘 0 读取模式。边缘 0 读取位仅对从闪存读取有效。在获取周期中，边缘模式自动关闭。如果同时置位 MRG1 和 MRG0，则 MRG1 处于活动状态，MR0 被忽略。0=边缘 0 读取模式被禁用；1=边缘 0 读取模式使能。

VPE：编程错误期间电压发生变化。该位由硬件置位，只能由软件清除。如果 DVCC 在编程过程中发生显著变化，则 VPE 置位，表示闪存操作结果无效。

表 10.3.8　SFRIE1：中断使能 1 寄存器

15	14	13	12	11	10	9	8
7	6	5	4	3	2	1	0
		ACCIE					
		rw-0					

ACCIE：闪存访问冲突中断启用。该位启用 ACCVIFG 中断。因为 SFRIE1 中的其他位可以用于其他模块，所以建议使用 bis 或 bic 指令而不是 mov 或 clr 指令来设置或清除该位。0=中断禁用；1=中断使能。

10.3.3　Flash 读写功能

Flash 读写功能是 Flash 最基本的，也是最重要的功能，用于数据的存储和获取。本实例要求使用 MSP430 单片机的 Flash 模块，将数据写入 Flash 信息存储段 C，并将信息存储段 C 存储的数据用 8 位 LED 阵列显示。实例代码如下：

```
#include <MSP430F5529.h>
char value;                      //写入Flash的值
void write_SegC (char value);    //信息存储段C写入函数
```

```
void main (void)
{
  WDTCTL = WDTPW+WDTHOLD;                    //关闭看门狗
  P7DIR = 0XFF;P7OUT = 0XFF;                 //设置P7所有端口输出高电平，LED熄灭
  while (1)
  {
    value=* (char *) 0x1880;                //读取信息存储段C最后一字节的值
    P7OUT=~value;                           //赋值给P7OUT，用LED表示value数据
    write_SegC (++value) ;                  //递增value，并写入段C
    __delay_cycles (1000000) ;              //延时，减轻闪存压力
  }
}
void write_SegC (char value)                //段写入函数
{
  unsigned int i;
  char * Flash_ptr;                         //初始化闪存指针
  Flash_ptr = (char *) 0x1880;
  FCTL3 = FWKEY;                            //清除LOCK位
  FCTL1 = FWKEY+ERASE;                      //置位ERASE位
  *Flash_ptr = 0;                          //虚拟写入以擦除闪存段
  FCTL1 = FWKEY+WRT;                        //为写入模式置位WRT

  for (i = 0; i < 128; i++)
  {
    *Flash_ptr++ = value;                   //向闪存中写入值
  }
  FCTL1 = FWKEY;                            //清除WRT位
  FCTL3 = FWKEY+LOCK;                       //置位LOCK
```

该代码功能为：读取信息存储段 C 最后一个字节的值，并将该值加 1。闪存写入函数初始化信息存储段 C 首地址指针，清除锁定并设置闪存擦除模式，通过虚拟写入擦除段 C 的数据，然后设置闪存写入模式，通过地址递增和赋值操作写入 value+1 值。写入完毕后清除写入模式并锁定闪存。循环中设置了延时函数，防止快速重复的闪存操作对闪存寿命产生不利影响。

实例现象：通过在线调试的反汇编语言窗口查看信息存储器数据，或者直接观察 LED 阵列显示值，可以观察到 LED 显示值也就是信息存储段的数据在设备掉电重启后没有丢失。设备每次上电后，都会以之前掉电时存储的数据开始以 1s 为周期增计数。

10.4　直接内存存储 DMA

DMA（Direct Memory Access）直接存储器访问。DMA 控制器在不需要 CPU 干预的情况下，可以将数据从一个地址高速地转移到另一个地址。CPU 只需要对 DMA 控制器进行初始化，数据传输完全由 DMA 控制器来完成。例如，DMA 控制器能将数据从 ADC 移至 RAM。使用 DMA 控制器能增加外围模块的数据吞吐量。使数据在 CPU 禁用的状态下也可以传输，速度快且功耗低。

10.4.1 DMA 简介

MSP430 单片机的 DMA 控制器最多有 8 个 DMA 通道，查阅数据手册可知，MSP430F5529 单片机只有 3 个 DMA 通道。

1. MSP430 单片机 DMA 控制器的特点

- 高达 8 个独立的 DMA 通道（MSP430F5529 单片机有 3 个）。
- 可配置 DMA 通道优先权。
- 每次传输只需要 2 个 MCLK 时钟周期。
- 可以进行字节到字节、字节到字、字到字节、字到字之间的传输（字节 8 位，字 16 位）。
- 数据块大小最多为 65535 字节或字。
- 可选择传输触发源。
- 可选择边沿或电平触发。
- 4 个寻址模式。
- 单字节或字，数据块或分隔数据块传输模式。

MSP430 单片机 DMA 控制器功能结构如图 10.4.1 所示。

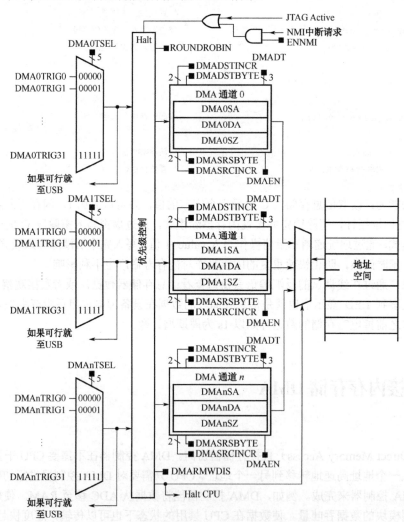

图 10.4.1   MSP430 单片机 DMA 控制器功能结构

2. DMA 寻址模式

DMA 控制器有 4 种寻址模式。每个 DMA 通道的寻址模式可单独配置。例如，通道 0 在两个固定地址间传输，与此同时，通道 1 在两个地址块间传输。传输地址模式如下。

- 固定地址到固定地址。
- 固定地址到地址块。
- 地址块到固定地址。
- 地址块到地址块。

寻址模式通过 DMASRCINCR 位和 DMADSTINCR 位控制位配置。DMASRCINCR 位选择源地址在每次传输后递增、递减或不变。DMADSTINCR 位选择目标地址在每次传输后递增、递减或不变。

数据的传输可能是字节（8bit）到字节、字（16bit）到字、字节到字或字到字节。通过 DMADSTBYTE 位和 DMASRCBYTE 位可以配置源地址和目的地址所对应的数据格式。当传输字到字节时，只有源地址的低字节被传输，当传输字节到字时，目的字的高 8 位在传输时被清除。

3. DMA 传输模式

DMA 控制器有 6 种传输模式，通过 DMADT 位选择，每个通道独立地配置其传输模式，详细介绍如表 10.4.1 所示。

表 10.4.1　DMA 传输模式

DMADT	传 输 模 式	描　　　述
000	单传输	每一次传输都需要一次触发。DMAxSZ 减至 0 后，DMAEN（DMAEN 是 DMA 使能位）自动清零
001	数据块传输	一个完整的数据块通过一次触发来传输，数据块传输结束后，DMAEN 自动清零
010，011	分隔数据块传输	CPU 活动与传输数据块交错进行，DMAEN 在分隔数据块传输结束后自动清零
100	重复单传输	每一次传输需要一次触发，DMAEN 保持使能
101	重复数据块传输	一个完整的数据块通过一次触发传输，DMA 保持使能
110，111	重复分割数据块传输	CPU 活动和数据传输交错进行，DMAEN 保持使能

（1）单传输。

在单传输模式下，每个字节或字的传输都需要一个单独的触发。DMAxSZ 寄存器定义要进行传输的数量。DMADSTINCR 位和 DMASRCINCR 位选择目的地址和源地址在每次传输后递增或递减。

DMAxSA 和 DMAxDA 分别存储源地址和目标地址的首地址值。在传输过程开始前，DMAxSA、DMAxDA 和 DMAxSZ 的值会被复制到临时寄存器中。DMAxSA、DMAxDA 的临时值在每次传输后递增、递减或不变（通过 DMADSTINCR 位和 DMASRCINCR 位配置）；DMAxSZ 寄存器的值在每次传输后递减 1。当 DMAxSZ 减至 0 时，它会从其临时寄存器中重装初值并且相应的 DMAIFG 置位。

DMADT={0}，即单次单传输模式，当 DMAxSZ 减至 0 时，DMAEN 会自动复位。如果还想继续传输数据，就要再次将 DMAEN 置位，并产生触发信号。如果初始时 DMAxSZ 就等于 0，那么不会有传输发生。

DMADT={4}，即重复单传输模式，当 DMAxSZ 减至 0 时，DMAEN 不会复位。也就是说，DMAxSZ 减至 0 后，再给一个触发信号，DMA 就会根据最初配置的状态重新传输第一个数据，之后的运行方式和单传输完全相同。

（2）数据块传输。

在数据块传输模式下，传输一个数据块需要一次触发。DMAxSZ 定义数据块的大小（有多少个字或字节)。DMADSTINCR 位和 DMASRCINCR 位必须设置为递增或递减,否则 DMA 只会在固定地址之间传输数据。DMAxSA 和 DMAxDA 分别存储源地址和目标地址的首地址。

DMAxSA、DMAxDA 和 DMAxSZ 值被复制到临时寄存器中。临时寄存器的作用与单传输模式相似。DMAxSA 和 DMAxDA 的临时值在传输完一个数据后递增或递减。DMAxSZ 在传输完一个数据后递减 1 并代表数据块中剩余要传输数据的数量。当 DMAxSZ 寄存器减至 0 时,它会从临时寄存器中重装初值并且相应的 DMAIFG 置位。

在一个数据块传送过程中,CPU 停止,直到一个完整的数据块被传输。数据块传输需要 $2 \times MCLK \times DMAxSZ$ 个时钟周期来完成。当一个数据块传输完成后,CPU 开始运行。

当 DMADT={1}时,选择单次数据块传输模式,在一个数据块传输完成后,DMAEN 位清零,下一个数据块的传输需要将 DMAEN 再次置位,并产生一个触发信号。在一个数据块传输被触发后,之后的触发信号在数据块传输过程中被忽视。如果初始时 DMAxSZ=0,则无传输发生。

当 DMADT={5}时,选择重复数据块传输模式,在一个数据块传输完成后,DMAEN 位保持置位。下一个数据块的传输只需要一个触发信号。

(3)分隔数据块传输。

在分隔数据块传输模式下,数据块的传输和 CPU 运行交错进行。在传输完数据块中每 4 个字或字节后($2 \times MCLK \times 4$),CPU 处理两个 MCLK 周期。在分隔数据块传输过程中,CPU 运行占比为 20%;分隔数据块传送完后,CPU 运行占比为 100%。

当 DMADT={2,3}时,选择单次分隔数据块模式。分隔数据块传输完成后,DMAEN 位清零。下一个数据块的传输需要再次置位 DMAEN,并生成触发信号。在分隔数据块传输期间,其他触发信号被忽略。

当 DMADT={6,7}时,选择重复分隔数据块传输模式。分隔数据块传输完成后,DMAEN 位保持置位。之后的传输会立刻自动开始,不需要触发信号。在这种情况下,传输必须通过清除 DMAEN 位,或者当 ENNMI 置位时通过一个非屏蔽中断(NMI)来停止。在重复分隔数据块模式运行期间,CPU 运行占比一直保持在 20%。

4. 启动 DMA 传输

启动 DMA 传输需要置位 DMAEN,并产生一个触发信号。触发信号的来源有很多,通过 DMAxTSEL 可以选择每个通道的触发源。DMAxTSEL 位应该在 DMACTLx 中的 DMAEN=0 时修改,否则 DMA 可能产生错误的触发。DMA 触发源如表 10.4.2 所示。

表 10.4.2　DMA 触发源

触　发　源	描　　　述
DMA	★ 当 DMAREQ 置位时,传输被触发。DMAREQ 在传输开始时自动复位。 ★ 当 DMAxIFG 置位时,传输被触发。DMA0IFG 触发通道 1,DMA1IFG 触发通道 2,DMA2IFG 触发通道 0。在传输开始时,DMAxIFG 不会自动复位。 ★ 传输也可通过外部触发源 DMAE0 触发
Timer_A	★ 当 TAxCCR0 CCIFG 置位时,传输被触发。当传输开始时,TAxCCR0 CCIFG 自动复位。如果 TAxCCR0 CCIE 置位,则 TAxCCR0 CCIFG 不触发传输(即如果定时器能生成中断,此时 DMA 不会被触发,可在中断中进行内存操作)。 ★ 当 TAxCCR2 CCIFG 置位时,传输被触发。当传输开始时,TAxCCR2 CCIFG 自动复位。如果 TAxCCR2 CCIE 置位,则 TAxCCR2 CCIFG 不触发传输
Timer_B	★ 当 TAxCCR0 CCIFG 置位时,传输被触发。当传输开始时,TAxCCR0 CCIFG 自动复位。如果 TAxCCR0 CCIE 置位,则 TAxCCR0 CCIFG 不触发传输。 ★ 当 TAxCCR2 CCIFG 置位时,传输被触发。当传输开始时,TAxCCR2 CCIFG 自动复位。如果 TAxCCR2 CCIE 置位,则 TAxCCR2 CCIFG 不触发传输

续表

触 发 源	描　　述
USCI_Ax	★ 当 USCI_Ax 接收到新数据时，传输被触发。传输开始时，UCAxRXIFG 自动复位。如果 UCAxRXIE 置位，则 UCAxRXIFG 不会触发传输。 ★ 当 USCI_Ax 准备发送新数据时，传输被触发。传输开始时，UCAxTXIFG 自动复位。如果 UCAxTXIE 置位，则 UCAxTXIFG 不会触发传输
USCI_Bx	★ 当 USCI_Bx 接收到新数据时，传输被触发。传输开始时，UCBxRXIFG 自动复位。如果 UCBxRXIE 置位，则 UCBxRXIFG 不会触发传输。 ★ 当 USCI_Bx 准备发送新数据时，传输被触发。传输开始时，UCBxTXIFG 自动复位。如果 UCBxTXIE 置位，则 UCBxTXIFG 不会触发传输
DAC12_A	当 DAC12_xCTL0 DAC12IFG 置位时，传输被触发。当传输开始时，DAC12_xCTL0 DAC12IFG 自动复位。如果 DAC12_xCTL0 DAC12IE 置位，则 DAC12_xCTL0 DAC12IFG 不触发传输（MSP430F5529 无此模块）
ADC12_A	ADC12_A 工作在单通道转换模式时，相应的 ADC12IFGx 是触发源。ADC12_A 工作在序列通道转换模式时，最后一次转换的 ADC12IFGx 是触发源。当转换完成时，传输被触发并且 ADC12IFG 置位。如果 ADC12IE 置位，那么 DMA 不会被触发。软件置位 ADC12IFG 不触发 DMA。所有 ADC12IFG 在 ADC12MEMx 寄存器被 DMA 控制器访问时自动复位
MPY	当硬件乘法器准备好一个新的操作数时，传输被触发
Reserved	无传输被触发

TRIGGER 用于选择 DMA 传输的触发源，触发源选择如表 10.4.3 所示。

表 10.4.3　触发源选择

TRIGGER	通　　道		
	0	1	2
0	DMAREQ	DMAREQ	DMAREQ
1	TA0CCR0 CCIFG	TA0CCR0 CCIFG	TA0CCR0 CCIFG
2	TA0CCR2 CCIFG	TA0CCR2 CCIFG	TA0CCR2 CCIFG
3	TA1CCR0 CCIFG	TA1CCR0 CCIFG	TA1CCR0 CCIFG
4	TA1CCR2 CCIFG	TA1CCR2 CCIFG	TA1CCR2 CCIFG
5	TA2CCR0 CCIFG	TA2CCR0 CCIFG	TA2CCR0 CCIFG
6	TA2CCR2 CCIFG	TA2CCR2 CCIFG	TA2CCR2 CCIFG
7	TB0CCR0 CCIFG	TB0CCR0 CCIFG	TB0CCR0 CCIFG
8	TB0CCR2 CCIFG	TB0CCR2 CCIFG	TB0CCR2 CCIFG
9～15	Reserved	Reserved	Reserved
16	UCA0RXIFG	UCA0RXIFG	UCA0RXIFG
17	UCA0TXIFG	UCA0TXIFG	UCA0TXIFG
18	UCB0RXIFG	UCB0RXIFG	UCB0RXIFG
19	UCB0TXIFG	UCB0TXIFG	UCB0TXIFG
20	UCA1RXIFG	UCA1RXIFG	UCA1RXIFG
21	UCA1TXIFG	UCA1TXIFG	UCA1TXIFG
22	UCB1RXIFG	UCB1RXIFG	UCB1RXIFG
23	UCB1TXIFG	UCB1TXIFG	UCB1TXIFG
24	ADC12IFGx	ADC12IFGx	ADC12IFGx
25、26	Reserved	Reserved	Reserved
27	USB FNRXD	USB FNRXD	USB FNRXD

续表

TRIGGER	通　道		
	0	1	2
28	USB ready	USB ready	USB ready
29	MPY ready	MPY ready	MPY ready
30	DMA2IFG	DMA2IFG	DMA2IFG
31	DMAE0	DMAE0	DMAE0

（1）边沿敏感触发器。

当 DMALEVEL=0 时，使用边缘敏感触发器，触发信号的上升沿启动传输。在单传输模式中，一个触发信号传输一个数据。当使用数据块或分隔数据块模式时，仅需一个触发信号启动数据块或分隔数据块传输。

（2）电平敏感触发器。

当 DMALEVEL=1 时，使用电平敏感触发器。电平敏感触发器仅能在外部触发器 DMAE0 被选为触发器时使用。触发信号变为高电平时，DMA 传输被触发，并且 DMAEN 保持置位。

在数据块或分隔数据块传输过程中，触发信号必须保持高电平。如果触发信号在数据块或分隔数据块传输过程中置低电平，则 DMA 传输会停止并保存为当前状态，当触发信号再次置高电平时，DMA 恢复到停止时的状态并开始传输。当 DMALEVEL=1 时，建议传输模式通过 DMADT={0,1,2 或 3}选择，因为 DMAEN 在配置完传输器后自动复位。

（3）DMARMWDIS 控制位。

当 DMARMWDIS=0，触发信号产生时，CPU 立刻被停止，DMA 传输立刻开始。在这种情况下，CPU 的读、改、写操作有可能被 DMA 传输打断。

当 DMARMWDIS=1，CPU 进行读、改、写操作时，会抑制 DMA 产生。如果有触发信号产生，则在 CPU 进行完读、改、写操作后，DMA 才开始传输。

5．DMA 传输周期时间

在每个单传输或完整数据块或分隔数据块传输之前，DMA 控制器需要 1 或 2 个 MCLK 时钟周期来同步。同步之后，每个字节/字需要 2 个 MCLK 周期，并且在传输后有 1 个 MCLK 周期的等待时间。因为 DMA 控制器使用 MCLK，所以 DMA 周期时间根据 MSP430 单片机运行模式和时钟系统设置。如果在低功耗模式，则 MCLK 关闭，DMA 控制器会暂时重启 MCLK，并以 DCOCLK 为时钟源，DMA 传输所需时间如表 10.4.4 所示。

表 10.4.4　DMA 传输所需时间

CPU 运行模式，时钟源	最大 DMA 传输周期时间
活跃模式，MCLK = DCOCLK	4 个 MCLK 周期
活跃模式，MCLK = LFXT1CLK	4 个 MCLK 周期
低功耗模式 LPM0 或 LPM1，MCLK = DCOCLK	5 个 MCLK 周期
低功耗模式 LPM3 或 LPM4，MCLK = LFXT1CLK	5 个 MCLK 周期 + 5μs
低功耗模式 LPM0 或 LPM1，MCLK = LFXT1CLK	5 个 MCLK 周期
低功耗模式 LPM3，MCLK = LFXT1CLK	5 个 MCLK 周期
低功耗模式 LPM4，MCLK = LFXT1CLK	5 个 MCLK 周期 + 5μs

额外的 5μs 用来启动 DCOCLK，它是数据表中的低功耗模式及其参数。

6．DMA 的中断问题

DMA 传输不会被系统中断打断。系统中断保持挂起，直到传输完毕。如果 ENNMI 置位，则非屏蔽中断（NMIs）可以打断 DMA 传输。系统中断服务函数会被 DMA 控制器打断。如果一个中断服务函数或其他函数在执行过程中不希望被打断，那么 DMA 控制器应该在执行程序之前被禁用。

每个 DMA 通道都有自己的 DMAxIFG 标志位。当相应的 DMAxSZ 寄存器计数至 0 时，DMAxIFG 置位。如果相应的 DMAIE 位和 GIE 位置 1，则一个中断请求生成。

DMA 所有中断来源于一个中断向量 DMAIV，通过查询 DMAIV 的值，可以得到具体产生中断的 DMA 控制器。DMAIV 中 DMA0IFG 优先级最高。禁用 DMA 中断不影响 DMAIV 的值。任何对 DMAIV 的访问（读或写）操作会自动复位最高挂起的中断标志。如果多个中断标志置位，则另一个中断会在执行完较高优先级的中断后立刻生成。

7. USCI_B 的 IIC 模式下使用 DMA

USCI_B 的 IIC 模块为 DMA 控制器提供 2 个触发源。当接收到新 IIC 数据或需要传输数据时，USCI_B 的 IIC 模式能触发一个传输。

8. 在 ADC12 中使用 DMA 控制器

DMA 能自动将数据从任何 ADC12MEMx 寄存器中移到其他地址。DMA 传输不需要 CPU 干预，并且独立于任何低功耗模式。DMA 控制器能增加 ADC12 模块的吞吐量，同时减少设备耗电。

只要相应的 ADC12IE=0，DMA 传输就能以任何 ADC12IFG 标志位作为触发源。当 CONSEQx 为 0 或 2 时（该寄存器在 ADC12_A 模块，表示 ADC 单通道转换模式），用于转换的 ADC12MEMx 的 ADC12IFG 标志位能触发一个 DMA 传输。当 CONSEQx 为 1 或 3 时（ADC 序列通道转换模式），序列中的最后一个 ADC12MEMx 的 ADC12IFG 标志位能触发一个 DMA 传输。任何 ADC12IFG 标志位都会在 DMA 控制器访问相应的 ADC12MEMx 时自动复位。

10.4.2　DMA 控制寄存器

各寄存器如表 10.4.5～表 10.4.14 所示。

表 10.4.5　DMACTL0：DMA 控制寄存器 0

15	14	13	12	11	10	9	8
Reserved			DMA1TSEL				
r-0	r-0	r-0	rw-0	rw-0	rw-0	rw-0	rw-0
7	6	5	4	3	2	1	0
Reserved			DMA0TSEL				
r-0	r-0	r-0	rw-0	rw-0	rw-0	rw-0	rw-0

DMA1TSEL：DMA1 触发选择。这些位选择 DMA 传输触发源。00000=DMA1TRIG0；00001=DMA1TRIG1；00010=DMA1TRIG2；…；11110=DMA1TRIG30；11111=DMA1TRIG31。

DMA0TSEL：DMA0 触发选择。这些位选择 DMA 传输触发源。00000=DMA0TRIG0；00001=DMA0TRIG1；00010=DMA0TRIG2；…；11110=DMA0TRIG30；11111=DMA0TRIG31。

表 10.4.6　DMACTL1：DMA 控制寄存器 1

15	14	13	12	11	10	9	8
Reserved			DMA3TSEL				
r-0	r-0	r-0	rw-0	rw-0	rw-0	rw-0	rw-0

7	6	5	4	3	2	1	0
Reserved			DMA2TSEL				
r-0	r-0	r-0	rw-0	rw-0	rw-0	rw-0	rw-0

DMA3TSEL：DMA3 触发选择。这些位选择 DMA 传输触发源。00000=DMA3TRIG0；00001=DMA3TRIG1；00010=DMA3TRIG2；…；11110=DMA3TRIG30；11111=DMA3TRIG31。

DMA2TSEL：DMA2 触发选择。这些位选择 DMA 传输触发源。00000=DMA2TRIG0；00001=DMA2TRIG1；00010=DMA2TRIG2；…；11110=DMA2TRIG30；11111=DMA2TRIG31。

表 10.4.7　DMACTL2：DMA 控制寄存器 2

15	14	13	12	11	10	9	8
Reserved			DMA5TSEL				
r-0	r-0	r-0	rw-0	rw-0	rw-0	rw-0	rw-0
7	6	5	4	3	2	1	0
Reserved			DMA4TSEL				
r-0	r-0	r-0	rw-0	rw-0	rw-0	rw-0	rw-0

DMA5TSEL：DMA5 触发选择。这些位选择 DMA 传输触发源。00000=DMA5TRIG0；00001=DMA5TRIG1；00010=DMA5TRIG2；…；11110=DMA5TRIG30；11111=DMA5TRIG31。

DMA4TSEL：DMA4 触发选择。这些位选择 DMA 传输触发源。00000=DMA4TRIG0；00001=DMA4TRIG1；00010=DMA4TRIG2；…；11110=DMA4TRIG30；11111=DMA4TRIG31。

表 10.4.8　DMACTL3：DMA 控制寄存器 3

15	14	13	12	11	10	9	8
Reserved			DMA7TSEL				
r-0	r-0	r-0	rw-0	rw-0	rw-0	rw-0	rw-0
7	6	5	4	3	2	1	0
Reserved			DMA6TSEL				
r-0	r-0	r-0	rw-0	rw-0	rw-0	rw-0	rw-0

DMA7TSEL：DMA7 触发选择。这些位选择 DMA 传输触发源。00000=DMA7TRIG0；00001=DMA7TRIG1；00010=DMA7TRIG2；…；11110=DMA7TRIG30；11111=DMA7TRIG31。

DMA6TSEL：DMA6 触发选择。这些位选择 DMA 传输触发源。00000=DMA6TRIG0；00001=DMA6TRIG1；00010=DMA6TRIG2；…；11110=DMA6TRIG30；11111=DMA6TRIG31。

表 10.4.9　DMACTL4：DMA 控制寄存器 4

15	14	13	12	11	10	9	8
Reserved							
r-0	r-0	r-0	r-0	r-0	r-0	r-0	r-0
7	6	5	4	3	2	1	0
Reserved					DMARMWDIS	ROUNDROBIN	ENNMI
r-0	r-0	r-0	r-0	r-0	rw-0	rw-0	rw-0

DMARMWDIS：读、改、写禁用。当该位置位时，如果 CPU 正在进行读、改、写操作，则这个位会抑制 DMA 传输的发生。0=DMA 传输能在 CPU 进行读、改、写操作时发生；1=DMA 传输

不能在 CPU 进行读、改、写操作时发生。

ROUNDROBIN：轮询调度。这个位使能轮询调度 DMA 通道优先级。0=DMA 通道优先级是 DMA0-DMA1-DMA2-…-DMA7；1-DMA 通道优先级伴随每次传输而改变。

ENNMI：使能 NMI。这个位通过一个 NMI 使能 DMA 传输的中断。当一个 NMI 中断一个 DMA 传输时，当前的传输正常完成。之后的传输停止并且 DMAABORT 置位。0=NMI 不中断 DMA 传输；1=NMI 中断一个 DMA 传输。

表 10.4.10　DMAxCTL：通道 x 控制寄存器

15	14	13	12	11	10	9	8
Reserved	DMADT			DMADSTINCR		DMASRCINCR	
r-0	r-0	r-0	rw-0	rw-0	rw-0	rw-0	rw-0
7	6	5	4	3	2	1	0
DMADSTBYTE	DMASRCBYTE	DMALEVEL	DMAEN	DMAIFG	DMAIE	DMAABORT	DMAREQ
r-0	r-0	r-0	rw-0	rw-0	rw-0	rw-0	rw-0

DMADT：DMA 传输模式。000=单传输；001=数据块传输；010、011=分隔数据块传输；100=重复单传输；101=重复数据块传输；110、111=重复分隔数据块传输。

DMADSTINCR：DMA 目的地址增量。这个位选择目的地址是否在传输每个字节/字后自动递增或递减。当 DMADSTBYTE=1 时，目的地址递增或递减 1。当 DMADSTBYTE=0 时，目的地址递增或递减 2。DMAxDA 被复制进一个临时寄存器并且临时寄存器自动递增或递减。DMAxDA 不递增或递减。00、01=目的地址不改变；10=目的地址递减；11=目的地址递增。

DMASRCINCR：DMA 源地址增量。这个位选择源地址是否在传输每个字节/字后自动递增或递减。当 DMASRCBYTE=1 时，源地址递增或递减 1。当 DMASRCBYTE=0 时，源地址递增或递减 2。DMAxSA 被复制进一个临时寄存器并且临时寄存器自动递增或递减。DMAxSA 不递增或递减。00、01=目的地址不改变；10=目的地址递减；11=目的地址递增。

DMADSTBYTE：DMA 目的地址字节。这个位选择目的地址是字节或字。0=字；1=字节。

DMASRCBYTE：DMA 源地址字节。这个位选择源地址是字节或字。0=字；1=字节。

DMALEVEL：DMA 电平。这个位选择触发源是电平敏感还是边沿敏感。0=边沿敏感（上升沿）；1=电平敏感（高电平）。

DMAEN：DMA 使能。0=禁用；1=使能。

DMAIFG：DMA 中断标志。0=无中断挂起；1=有中断挂起。

DMAIE：DMA 中断使能。0=禁用；1=使能。

DMAABORT：DMA 中止。这个位表示 DMA 传输是否会被 NMI 中断。0=DMA 传输不会被 NMI 中断；1=DMA 传输会被 NMI 中断。

DMAREQ：DMA 请求。软件控制 DMA 开始。DMAREQ 自动复位。0=无 DMA 开始；1=开始 DMA。

表 10.4.11　DMAxSA：DMA 通道 x 源地址寄存器

31	30	29	28	27	26	25	24
Reserved							
r-0	r-0	r-0	r-0	r-0	r-0	r-0	r-0
23	22	21	20	19	18	17	16
Reserved				DMAxSA			
r-0	r-0	r-0	r-0	rw	rw	rw	rw

续表

15	14	13	12	11	10	9	8
DMAxSA							
rw	rw	rw	rw	rw	rw	rw	rw
7	6	5	4	3	2	1	0
DMAxSA							
rw	rw	rw	rw	rw	rw	rw	rw

DMAxSA：DMA 源地址。源地址寄存器指向 DMA 源地址对于单转换或数据块的第一个源地址。源地址寄存器在传输数据块和分隔数据块时保持不变。DMAxSA 寄存器有两个字节。位 31～20 是保留的，并且总是读为 0。读写位 19～16 要求使用扩展指令集。当向 DMAxSA 中写入字指令集时，位 19～16 被清零。

表 10.4.12　DMAxDA：DMA 通道 x 源地址寄存器

31	30	29	28	27	26	25	24
Reserved							
r-0	r-0	r-0	r-0	r-0	r-0	r-0	r-0
23	22	21	20	19	18	17	16
Reserved				DMAxDA			
r-0	r-0	r-0	r-0	rw	rw	rw	rw
15	14	13	12	11	10	9	8
DMAxDA							
rw	rw	rw	rw	rw	rw	rw	rw
7	6	5	4	3	2	1	0
DMAxDA							
rw	rw	rw	rw	rw	rw	rw	rw

DMAxDA：DMA 目的地址。目的地址寄存器指向 DMA 目的地址对于单转换或数据块的第一个目的地址。目的地址寄存器在传输数据块和分隔数据块时保持不变。DMAxDA 寄存器有两个字节。位 31～20 是保留的，并且总是读为 0。读写位 19～16 要求使用扩展指令集。当向 DMAxDA 中写入字指令集时，位 19～16 被清零。

表 10.4.13　DMAxSZ：DMA 通道 x 大小地址寄存器

15	14	13	12	11	10	9	8
DMAxSZ							
rw	rw	rw	rw	rw	rw	rw	rw
7	6	5	4	3	2	1	0
DMAxSZ							
rw	rw	rw	rw	rw	rw	rw	rw

DMAxSZ：DMA 大小。DMA 大小寄存器定义每个数据块传输的字节/字的数量。DMAxSZ 寄存器在传输每个字或字节后递减。当 DMAxSZ 递减至 0 时，它立刻并且自动重新转载到它之前的初值。00000=传输禁用；00001=1 字节或字被传输；00002=2 字节或字被传输；…；0FFFF=65 535 字节或字被传输。

表 10.4.14　DMAIV：DMA 中断向量寄存器

15	14	13	12	11	10	9	8
DMAIV							
r-0	r-0	r-0	r-0	r-0	r-0	r-0	r-0
7	6	5	4	3	2	1	0
DMAIV							
r-0	r-0	r-0	r-0	r-0	r-0	r-0	r-0

DMAIV：DMA 中断向量值，如表 10.4.15 所示。

表 10.4.15　DMA 中断向量值

中断向量值	中 断 源	中 断 标 志	备 注
00	无中断	—	
02	DMA 通道 0	DMA0IFG	优先级最高
04	DMA 通道 1	DMA1IFG	
06	DMA 通道 2	DMA2IFG	优先级最低
08	DMA 通道 3	DMA3IFG	MSP430F5529 无此通道
0A	DMA 通道 4	DMA4IFG	MSP430F5529 无此通道
0C	DMA 通道 5	DMA5IFG	MSP430F5529 无此通道
0E	DMA 通道 6	DMA6IFG	MSP430F5529 无此通道
10	DMA 通道 7	DMA7IFG	MSP430F5529 无此通道

10.4.3　DMA 实例——模数转换传输

使用 DMA 对模数转换的结果进行传输，节省了 ADC 中断所消耗的资源，有利于低功耗应用场所。本实例要求 DMA 触发源选为 ADC12IFG0。通过定时器的输出来控制 ADC12_A 转换，ADC12_A 完成一次转换后，ADC12IFG0 置位，触发 DMA。DMA 将存储在 ADC12MEM0 中的转换结果传输到指定的位置 DMA_DST。实例代码如下：

```
#include <msp430f5529.h>
unsigned int DMA_DST;                    //ADC转换结果将通过DMA传输到这个变量
void main (void)
{
 WDTCTL = WDTPW+WDTHOLD;                  //关闭看门狗
 P7DIR |= 0xFF;  P7OUT = 0xFF;           //P7输出，初始高电平，LED灭
 P6SEL |= BIT0;                          //使能A/D转换通道A0
 /******************配置定时器TA0.1*******************/
 TA0CCR0 = 0xFFFE;
 TA0CCR1 = 0x8000;
 TA0CCTL1 = OUTMOD_3;                    //比较器1，置位/复位模式
 TA0CTL = TASSEL_2+MC_1+TACLR;           //SMCLK，增模式
 /*******************配置ADC12_A*******************/
 ADC12CTL0 = ADC12SHT0_15+ADC12MSC+ADC12ON; //采样时间1024CLK，使能MSC
 ADC12CTL1 = ADC12SHS_1+ADC12CONSEQ_2;  //重复单通道，SHI来源于TA0.1输出
                                        //控制采样和转换时间（扩展采样模式）
 ADC12MCTL0 = ADC12SREF_0+ADC12INCH_0;  //VREF+=AVCC VREF-=AVSS，通道A0
 ADC12CTL0 |= ADC12ENC;
```

```
/*********************配置DMA0************************/
DMACTL0 = DMA0TSEL_24;                         //ADC12IFGx 作为触发源
DMACTL4 = DMARMWDIS;                           //读、改、写禁用，CPU进行读、改、写时，DMA不能产生
DMA0CTL &= ~DMAIFG;                            //清除中断标志
DMA0CTL = DMADT_4+DMAEN+DMAIE;                 //重复单通道传输，使能DMA0及中断
DMA0SZ = 1;                                    //DMA传输次数 = 1
__data16_write_addr ((unsigned short)&DMA0SA, (unsigned long)&ADC12MEM0);
                                               //设置源地址
__data16_write_addr ((unsigned short)&DMA0DA, (unsigned long)&DMA_DST);
                                               //设置目的地址
__bis_SR_register (LPM0_bits + GIE);           //进入LPM0，开启总中断
__no_operation ();
}
/******************DMA中断服务函数******************/
#pragma vector=DMA_VECTOR
__interrupt void DMA_ISR (void)
{
switch (__even_in_range (DMAIV,16))
{
case 0: break;
case 2:                                        //DMA0IFG = DMA Channel 0
  P7OUT = ~(DMA_DST>>4);                       //P7端口状态表示ADC采样值
  break;
case 4: break;                                 //DMA1IFG DMA通道1
case 6: break;                                 //DMA2IFG DMA通道2
case 8: break;                                 //DMA3IFG
case 10: break;                                //DMA4IFG
case 12: break;                                //DMA5IFG
case 14: break;                                //DMA6IFG
case 16: break;                                //DMA7IFG
default: break;
}
}
```

该代码功能为：初始化 P7 为 GPIO 输出，P6.0 为 ADC12_A 通道。配置定时器 A0 的捕获比较器 0 为输出模式，配置 ADC12_A 触发源为 Timer_A0.1 输出，设置采样时间和参考电压。配置 DMA0 控制器为 ADC12IFG，重复单通道模式。源地址为 ADC12MEM0，目的地址为 DMA_DST，使能中断。DMA 中断服务函数中将 DMA_DST 的值除以 16 并赋给 P7（LED）。

实例现象：P7 端口的值定量表示 ADC 的采样值，由于 P7 连接了 LED，P6.0 连接了拨盘电位器，故拨盘电位器旋转将导致 ADC 采样值变化，从而导致 LED 表示的二进制数据变化。通过在线调试，也可查看 DMA_DST 的值在不断变化。

10.4.4　DMA 实例——UART 传输

使用 DMA 控制器进行串口数据传输，可以在没有 CPU 干预的情况下传输数据，从而节省大量 CPU 资源。本实例要求使用 DMA 控制器的单传输模式，通过 USCI_A1 的 UART 模式向外传输字符串"Hello World\r\n"。DMA 选择 TA0CCR0 CCIFG 为触发源。通过计时器配置，使 DMA 以固定频率传输数据。实例代码如下：

```
#include <msp430f5529.h>
static char String1[] = { "Hello World\r\n" };
void main (void)
{
  WDTCTL = WDTPW + WDTHOLD;                     //关闭看门狗
/*********************配置USCI_A1为UART模式********************/

  P4SEL = BIT4+BIT5;                           //配置P4.4、P4.5为TXD/RXD端口
  UCA1CTL1 = UCSSEL_1;                         //ACLK
  UCA1BR0 = 0x03;                              //分频控制器高8位32768/9600≈3.41
  UCA1BR1 = 0x0;                               //分频控制器低8位
  UCA1MCTL = UCBRS_3+UCBRF_0;                  //调制器 UCBRSx = 3
  UCA1CTL1 &= ~UCSWRST;                        //启动USCI_A1
/***********************配置DMA********************/
  DMACTL0 = DMA0TSEL_1;                        //DMA0以TA0CCR0 CCIFG为触发源
  __data16_write_addr ( (unsigned short)&DMA0SA, (unsigned long)String1 );
                                              //编辑源地址为字符串首字符地址
  __data16_write_addr ( (unsigned short)&DMA0DA, (unsigned long)&UCA1TXBUF );
                                              //编辑目的地址为UCA1TXBUF地址
  DMA0SZ = sizeof String1-1;                   //数据块的大小（每个数据块中数据的个数）
  DMA0CTL = DMADT_4 + DMASRCINCR_3 + DMASBDB + DMAEN;
                                              //重复单传输，递增源地址，字节到字节，使能DMA
/***********************配置定时器********************/
  TA0CCR0 = 8192;                              //字符传输频率= 32768/8192 = 4字符/秒
  TA0CTL = TASSEL_1 + MC_1;                    //ACLK，增模式
  __bis_SR_register (LPM3_bits);               //进入LPM3
}
```

该代码功能为：配置 USCI_A1 为 UART 模式，波特率为 9600bps，以及其他参数。配置 DMA 控制器，配置定时器 Timer_A0，将字符传输频率设置在 4 字符/秒左右，进入低功耗模式。

实例现象：单片机通过 USCI_A1 的 UART 模式向外发送 "Hello World"。通过串口调试助手即可查看。

10.5　小结与思考

本章介绍了 MSP430 单片机中存储器的结构，包括 RAM、FRAM 和 Flash 存储器的特点和存储器的控制器。RAM 具备低功耗保持模式，在低功耗的应用场所非常适用。FRAM 则兼具 RAM 和 Flash 的优点，但是其读写速度要慢于 RAM，在使用过程中注意读写时序的安排。本章介绍了各个闪存区块的功能和特点，以及使用闪存控制器对闪存内容的擦除操作和字节、字及长字写入操作。本章还介绍了闪存控制寄存器的写入方法，以及闪存的中断和触发条件。

学习完本章内容，读者应了解 MSP430 单片机的各类存储器结构和特点，学会 RAM 和 FRAM 的读写访问操作，学会使用闪存控制器实现数据的存取和擦除操作。读者还应了解 MSP430 单片机的闪存模块不同区块的功能特点，学会对闪存的不同区块进行灵活存取和应用。

习题与思考

10-1　简述 RAM、FRAM 和 Flash 的优点和缺点，并说明其应用场所。

10-2　叙述 MSP430 单片机的闪存空间的结构，以及各部分的功能和作用。

10-3　若向信息存储段 B 写入数据，信息存储段 B 的大小为 128 字节，分别以字节、字和长字写入，请问三种写入方式下，需要写入多少个数据才能将信息存储段 B 写满？

10-4　对信息存储段 A 进行写入操作，叙述写入操作的流程和需要配置的寄存器。

10-5　对闪存的某个数据进行改写，如何操作才能改写成功？

（1）使用写操作将数据覆盖；（2）设备掉电后重新写入；（3）对该数据所在段进行擦除后再执行写操作。

10-6　DMA 控制器有哪几种工作模式？如何分别进行 DMA 传输？

第 11 章　MSP430 单片机电源管理与供电监督

电源管理模块管理着单片机内部所有的耗电系统，包括管理设备的功耗、检测电源电压、核心电压等，并且可以通过配置相关寄存器，使单片机对各种电源状况产生反应。例如，在设备即将掉电时进入中断，从而保留一些数据。

本章导读：本章应重点掌握提升设备核心电压的方法，了解不同主时钟频率下所需的核心电压值的变化；还应掌握单片机上电和掉电过程中的行为。建议读者细读 11.1 节，动手实践 11.2 节并做好笔记，完成习题，体会电源管理模块在设备进入低功耗模式的作用，养成低功耗设计的习惯。

11.1　电源管理模块 PMM

PMM 管理所有和电源供给有关的功能，并且对设备供电状态进行监督。它最主要的功能是生成电源电压，其次是给设备的电源电压（DVCC）和核心电压（VCORE）提供一些监督和监控机制。通过配置此模块，可以提高核心电压来驱动更高的 CPU 主频，这个模块也可以在电压不足时产生预警，以提示用户供电电压过低，从而采取措施。当供电电压低至单片机不能正常运行时，该模块就会使单片机保持在复位状态，以防止错误的动作发生。

对设备核心耗电有直接影响的就是系统的时钟频率，较高的时钟频率需要较高的电压来驱动，若驱动电压不够高，则会导致不可预测的情况发生。当然，较高的电压也能够驱动较低的时钟频率，但这样做会浪费系统的功耗。因此，可以根据单片机的时钟频率来调整核心电压，从而在保证性能的同时将功耗降至最低。例如，MSP430F5529 单片机内部将设备核心电压分成了 3 个等级，可配置不同的供电电压，核心电压等级与时钟频率如图 11.1.1 所示。不同供电电压对应的时钟频率可从特定单片机的数据手册查看。

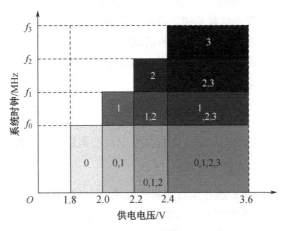

图 11.1.1　核心电压等级与时钟频率

11.1.1　PMM 简介

对于 MSP430F5529 单片机而言，其 PMM 的特点如下。
- 宽电源电压范围（DVCC）：1.8～3.6V。
- 通过编程，可以生成 4 个等级的设备核心电压（VCORE）。
- 针对 DVCC 和 VCORE 的电源电压监督器（SVS），可编程设置阈值电压。
- 针对 DVCC 和 VCORE 的电源电压监视器（SVM），可编程设置阈值电压。
- 掉电复位（BOR）。
- 软件可访问的电源故障指示器。
- 电源故障条件下，I/O 口保护功能。
- 软件可选择监督器和监视器状态输出（非强制）。

PMM 的内部结构如图 11.1.2 所示。

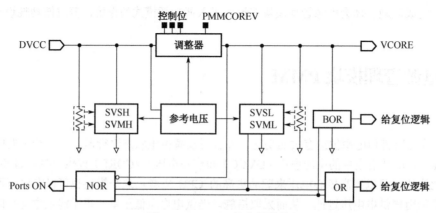

图 11.1.2　PMM 的内部结构

1. 电源电压（DVCC）与核心电压（VCORE）

- DVCC：宽的电源电压范围 1.8～3.6V，DVCC 供电给 I/O 口和所有模拟模块（包括晶振）；DVCC 必须高于 VCORE，因为 VCORE 是通过 DVCC 生成的。
- VCORE：DVCC 经低压降电压调整器（LDO），产生一个二次核心电压，为 CPU、内存（Flash 和 RAM）和数字单元供电。VCORE 可以通过寄存器的 PMMCOREV 位选择为 4 个级别，分别为 1.8V（0～8MHz）、2.0V（0～12MHz）、2.2V（0～20MHz）和 2.4V（0～25MHz）。VCORE 的最小允许电压取决于 MCLK 的速度，也就是说，高主频时需要选择较高的 VCORE。当 VCORE 不足以驱动较高的主频时，CPU 可能会有不可预测的活动发生。默认情况下，VCORE 为级别 1（1.8V）。

LDO 支持两种不同的负载设置以优化功率。LDO 在以下状态中工作于高电流模式。
- CPU 处于活跃状态、LPM0 或 LPM1。
- 一个大于 32kHz 的时钟源驱动任何一个模块。
- 处理中断。

在其他情况下使用低电流模式，LDO 会根据情况自动调整负载设置。

2. 监督器（SVS）与监视器（SVM）

PMM 会对 DVCC 和 VCORE 进行实时监督和监视。当电源电压低于 SVM 设定的阈值时，SVM 会生成一个中断，用来预警设备电压过低（或过高），使 CPU 产生保护数据的反应，如将重要数据存入外部存储器等。当电压低于 SVS 设定的阈值时，SVS 会产生一个复位，从而避免设备产生错误的活动。

高压监督器（SVSH）和高压监视器（SVMH）模块对 DVCC 进行监督和监视；低压监督器（SVSL）和低压监视器（SVML）模块对 VCORE 进行监督和监视。因为 VCORE 是可以通过编程改变的，所以在改变设备核心电压时一定要对 SVS 和 SVM 的阈值进行配置，使其阈值处于适合于 VCORE 的状态。

默认状态下，所有这些模块（SVSH、SVMH、SVSL、SVML）都处于活跃状态。但每个模块都可以通过相应的使能位来禁用（SVSHE、SVMHE、SVSLE、SVMLE），从而节省一定的功耗。

除了 SVSH、SVMH、SVSL 和 SCML 模块，掉电复位（BOR）电路也会对 VCORE 进行监测。上电过程中，当 DVCC 从 0V 上升时，BOR 使设备保持在复位状态，直到 VCORE 足够驱动默认 MCLK 频率，并达到 SVSH 和 SVSL 设置的电压范围。在设备运行期间，BOR 也会在 VCORE 掉至阈值之下时生成一个复位。如果应用场合对 SVSL 的灵敏度要求不高，则可以只使用 BOR 对 VCORE 进行监测，从而降低设备功耗。

3. SVS 与 SVM 阈值介绍

SVS 和 SVM 有 4 个需要配置的阈值，通过寄存器的相关位来配置不同的等级，也就是配置不同的阈值电压。寄存器配置和阈值选择如表 11.1.1 所示。

表 11.1.1　寄存器配置和阈值选择

寄　存　器	描　　述	阈　　值	可选的阈值数量
SVSHRVL	SVSH 复位电压值	SVSH_IT-	4
SVSMHRRL	SVSH、SVMH 复位释放电压值	SVSH_IT+ = SVMH	8
SVSLRVL	SVSL 复位电压值	SVSL_IT-	4
SVSMLRRL	SVSL、SVML 复位释放电压值	SVSL_IT+ = SVML	4

（1）不同阈值的意义介绍如下。

SVSH_IT-：当 DVCC 降低至 SVSH_IT-以下时，SVSH 会产生上电复位（POR）。

SVSH_IT+：当 DVCC 上升至 SVSH_IT+以上时，SVSH 复位释放。

SVMH：当 DVCC 下降至 SVMH 以下时，SVMH 会生成中断标志位。

SVSL_IT-：当 VCORE 降低至 SVSL_IT-以下时，SVSL 会产生上电复位（POR）。

SVSH_IT+：当 VCORE 上升至 SVSH_IT-以上时，SVSL 复位释放。

SVML：当 DVCC 下降至 SVML 以下时，SVML 会生成中断标志。

图 11.1.3 所示是 PMM 对供电电压的响应。显然，要使 SVM 有预警功能，SVMH 的值必须大于 SVSH_IT-的值，SVML 的值必须大于 SVSL_IT-的值。也就是说，寄存器 SVSMHRRL 设置的电压值要大于寄存器 SVSHRVL 设置的电压值，寄存器 SVSMLRRL 设置的电压值要大于寄存器 SVSLRVL 设置的电压值。这样才能在电压还未降至复位水平时，及时采取措施。

（2）SVSL 和 SVML。

SVSLRVL 位定义 VCORE 复位电压值（SVSL_IT-），当 VCORE 下降至此值时，将置位 SVSLIFG。如果 VCORE 持续保持在 SVSL_IT-值以下，并且软件尝试清除 SVSLIFG，那么 SVSLIFG 将会被再次置位。若 SVSL 触发 POR 的使能位（SVSLPE）置位，则 SVSLIFG 会触发 POR，SVSLPE 默认是置位的，即 SVSLIFG 默认会触发 POR。

SVSMLRRL 定义 VCORE 预警电压值（SVML）和复位释放电压值（SVSL_IT+），这两个值是相等的。当 VCORE 下降至预警电压值时，SVMLIFG 置位。如果 VCORE 持续保持在预警电压值以下，并且软件尝试清除 SVMLIFG，那么 SVMIFG 会被再次置位。若 SVML 触发中断的使能位（SVMLIE）置位，则 SVMLIFG 会触发一个中断。如果需要在 SVMLIFG 置位时触发一个 POR，可以通过置位 SVMLVLRPE 来实现，但前提是 SVMLOVPE 处于清零状态。若 SVMLVLRPE 和 SVMLOVPE 同时置位，则表示启动过压保护 POR。

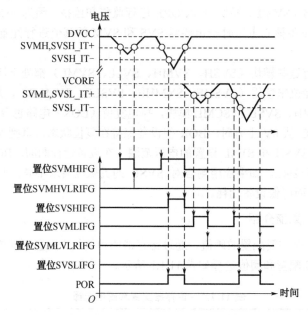

图 11.1.3   PMM 对供电电压的响应

当 VCORE 上升至预警电压值（SVML）和复位释放电压值（SVSL_IT+）时，有两种情况：一种是设备先前处于复位状态（电压跌至复位电压值以下），那么复位就会释放，程序开始运行，并置位 SVMLVLRIFG；另一种情况是设备先前处于预警状态（电压跌至预警电压值和复位电压值之前），则会置位 SVMLVLRIFG。如果 SVMLVLRIE（SVML 电压达到中断使能位）置位，则 SVMLVLRIFG 会触发一个中断。

（3）常用的 SVSL 和 SVML 设置。

虽然 SVSL 和 SVML 有多种设置可选，但只有一种 SVSLRVL 和 SVSMLRRL 的设置能够很好地适合每种通过 PMMCOREV 位选择的核心电压。在默认情况下，一个低于 SVSL 事件总是生成一个 POR（SVSLPE=1），并且建议总是将 SVSPE=1 来使设备可靠启动。常用 SVSL 和 SVML 设置，如表 11.1.2 所示。

表 11.1.2   常用 SVSL 和 SVML 设置

PMMCOREV[1:0]	DVCC/V	SVSLRVL[1:0]，设置 SVSL_IT-等级	SVSMLRRL[2:0]设置 SVSL_IT+和 SVML 等级
00	≥ 1.8	00	000
01	≥ 2.0	01	001
10	≥ 2.2	10	010
11	≥ 2.4	11	011

SVML 模块能被用作过压保护，可以通过置位 SVMLOVPE（SVML 过压 POR 使能）和 SVMLVLRPE 实现。在这种情况下，如果 VCORE 超出设备安全运行电压，则会触发 POR。

如果 SVSL 和 SVML 电压阈值被修改，或者一个电压等级被修改，则一个延时元件会屏蔽中断和 POR 源，直到 SVSL 和 SVML 电路稳定。当 SVSMLDLYST（延时状态）读 0 时，延时失效。此外，SVSMLDLYIFG（SVSL 和 SVML 延时失效）中断标志置位。如果 SVSMLDLYIE（SVSL 和 SVML 延时失效中断使能）置位，那么 SVSMLDLYIFG 就会触发中断。

为了防止电源故障，置位 SVSLMD 可以使 SVSL 中断标志在 LPM2、LPM3 和 LPM4 中置位。如果 SVSLMD 没有置位，则 SVSL 中断标志不会在 LPM2、LPM3 和 LPM4 中置位。此外，所有 SVSL 和 SVML 事件都能通过置位 SVSMLEVM 被屏蔽。对于大多数应用而言，SVSMLEVM 应该被清零。所有 SVSL 和 SVML 的中断标志只能通过 BOR 或软件清零。

（4）SVSH 和 SVMH。

SVSHRVL 位定义 DVCC 复位电压值（SVSH_IT-），当 DVCC 下降至此值时，将置位 SVSHIFG。如果 DVCC 持续保持在 SVSH_IT-值以下，并且软件尝试清除 SVSHIFG，那么 SVSHIFG 会被再次置位。若 SVSH 触发 POR 的使能位（SVSHPE）置位，则 SVSHIFG 会触发 POR。SVSHPE 默认是置位的，也就是说，SVSHIFG 默认会触发 POR。

SVSMHRRL 定义 DVCC 预警电压值（SVMH）和复位释放电压值（SVSH_IT+），这两个值是相等的。当 DVCC 下降至预警电压值时，SVMHIFG 置位。如果 DVCC 持续保持在预警电压值以下，并且软件尝试清除 SVMHIFG，那么 SVSMIFG 会被再次置位。若 SVMH 触发中断的使能位（SVMHIE）置位，则 SVMHIFG 会触发一个中断。如果需要在 SVMHIFH 置位时触发一个 POR，则可以通过置位 SVMHVLRPE 来实现，前提是 SVMHOVPE 处于清零状态。若 SVMHVLRPE 和 SVMHOVPE 同时置位，则表示启动过压保护 POR。

当 DVCC 上升至预警电压值（SVMH）和复位释放电压值（SVSH_IT+）时，有两种情况：一种情况是设备先前处于复位状态（电压跌至复位电压值以下），那么复位就会释放，程序开始运行，并置位 SVMHVLRIFG；另一种情况是设备先前处于预警状态（电压跌至预警电压值和复位电压值之前），则会置位 SVMHVLRIFG。如果 SVMHVLRIE（SVMH 电压水平达到中断使能位）置位，则 SVMHVLRIFG 会触发一个中断。

SVSH 和 SVMH 的设置取决于设备运行所需的最小电压和系统实际电压供给。查看数据手册获取这里的设置所对应的阈值。在默认情况下，电压低于复位电压值会触发 POR（SVSHPE=1），并且建议保持 SVSHPE=1 来使设备可靠启动。常用 SVSH 和 SVMH 设置如表 11.1.3 所示。

表 11.1.3　常用 SVSH 和 SVMH 设置

最大 f_{SYS}/MHz	DVCC/V	SVSHRVL[1:0]，设置 SVSH_IT-等级	SVSMHRRL[2:0]，设置 SVSH_IT+和 SVMH 等级	PMMCOREV[1:0]
8	>1.8	00	000	00
12	>2.0	01	001	01
20	>2.2	10	010	10
25	>2.4	11	011	11

SVSH 和 SVMH 可用的电压阈值设置依据 VCORE 的电压等级设置。表 11.1.4 总结了所有可用的 SVSH 和 SVMH 设置，其他没有在表中列出的设置是无效的，是不可用的。SVSMHRRL 也必须总是大于或等于 SVSHRVL。

表 11.1.4　所有可用的 SVSH 和 SVMH 设置

PMMCOREV[1:0]	SVSHRVL[1:0]，设置 SVSH_IT-等级	SVSMHRRL[2:0]，设置 SVSH_IT+和 SVMH 等级
00	00～11	000～011
01	00～11	001～100
10	00～11	010～101
11	00～11	011～111

图 11.1.4 所示为使用图解的方式表示 PMM 可用的设置及其范围。

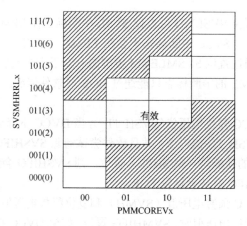

图 11.1.4　PMM 可用的设置及其范围

　　另外，SVMH 模块能被用作过电压检测，但是仅能够用在核心电压设置为最高时（PMMCOREV=11）。这个操作通过置位 SVMHVLRPE 和 SVMHOVPE（SVMH 过电压 POR 使能）来实现。在这种情况下，如果 DVCC 超出了设备安全运行范围，则会触发 POR。

　　如果 SVSH 和 SVMH 电压阈值被修改，或者一个电压水平被修改，则一个延时元件会屏蔽中断和 POR 源，直至 SVSH 和 SVMH 电路稳定。当 SVSMHDLYST（延时状态）位为 0 时，延时失效。此外，SVSMHDLYIFG（SVSH 和 SVMH 延时失效）中断标志置位。如果 SVSMHDLYIE（SVSH 和 SVMH 延时失效中断使能）置位，那么 SVSMHDLYIFG 就会触发中断。

　　为了防止电源故障，置位 SVSHMD 可以使 SVSH 中断标志在 LPM2、LPM3 和 LPM4 中置位。如果 SVSHMD 没有置位，则 SVSH 中断标志不会在 LPM2、LPM3 和 LPM4 中置位。此外，所有 SVSH 和 SVMH 事件都能通过置位 SVSMHEVM 来屏蔽。对于大多数应用而言，SVSMHEVM 应该被清零。所有 SVSH 和 SVMH 的中断标志只能通过 BOR 或软件清零。

4．提升 VCORE 来支持更高的 MCLK 频率

　　在复位后，VCORE 和所有 PMM 阈值默认是它们最低可用等级。在这个默认设置下，MCLK 频率可以工作在一个较宽的范围内，并且在很多应用中不需要改变这些等级。但是，如果需要更高的 MCLK 频率，则不仅需要配置统一时钟模块（UCS），还需要对 PMM 模块进行配置，选择合适的 VCORE 来驱动较高的 MCLK 频率。若 CPU 没有得到足够的电压，且 MCLK 频率较高，那么就有可能产生不可预测的后果。对于一个给定的设备，最大的 MCLK 频率所需的最小 VCORE 等级已被确定，可通过查看设备数据表得到具体数值。

　　在设置 PMMCOREV 来提升 VCORE 之后，到新的电压稳定之前，有一段延时时间。软件一定要在核心电压稳定后再提升 MCLK 频率。SVML 能被用来验证 VCORE 是否在提升 MCLK 频率之前达到要求的最小值，核心电压改变时，SVML 和 SVSL 的改变应该符合图 11.1.5 所示的时序。

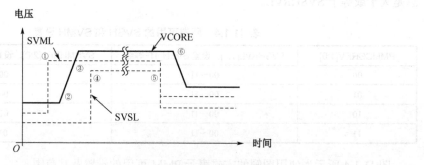

图 11.1.5　VCORE 和 SVML、SVSL 的改变时序

注意，VCORE 一次只能提升一个等级。下面演示提升 VCORE 一个等级的步骤。通过以下操作步骤，重复改变 VCORE 等级直至达到目标等级。

步骤 1：确保 DVCC 在进行下一步前稳定。

步骤 2：编程 SVMH 和 SVSH 到下一个等级。这确保 DVCC 足够高来进行下一个等级的提升。

步骤 3：编程 SVML 到下一个等级并等待 SVSMLDLYIFG 置位。

步骤 4：编程 PMMCOREV 到下一个 VCORE 等级。

步骤 5：等待 SVMLVLRIFG 置位。这代表核心电压达到在步骤 4 中编程的水平。

步骤 6：编程 SVSL 到下一等级。

5．为功率优化降低 VCORE

为了降低设备功耗，可以将 VCORE 降低。VCORE 每次只能降低一个等级，以下步骤演示了 VCORE 降低一个等级的程序。若想要将 VCORE 降低多级，则可以通过重复这些操作步骤来实现。注意要保证降低 VCORE 等级后，设备对 MCLK 有足够的驱动能力，以避免 VCORE 驱动能力不足而导致设备失控。

步骤 1：编程 SVML 和 SVSL 到新的水平并等待 SVSMLDLYIFG 置位。

步骤 2：编程 PMMCOREV 到新的 VCORE 水平。

对于提升和降低 VCORE 等级，有专门的函数库 HAL_PMM.c/h。在这个函数库里除一些设置的定义外，最重要的就是定义了 3 个函数：SetVCoreDown(uint8_t level)降低核心电压；SetVCoreUp(uint8_t level)提高核心电压；SetVCore(uint8_t level)直接设置核心电压值（0～3 共 4 级）。

6．LPM3.5 和 LPM4.5

LPM3.5 和 LPM4.5 是额外的低功耗模式。在这种模式下，PMM 的电压生成器被完全禁用，提供额外的功耗节约。并不是所有设备都支持 LPMx.5，MSP430F5529 单片机就只支持 LPM4.5。因为在 LPMx.5 中，没有电压供给 VCORE，所以 CPU 和所有数字模块包括 RAM 会掉电，并且寄存器和 RAM 的内容都会丢失。任何必要的值应该在进入 LPMx.5 前存入 Flash 中。PMMREGOFF 位用来禁用寄存器。

因为进入 LPMx.5 时，PMM 电压生成器被禁用，所有 I/O 口寄存器配置都丢失，所以必须特殊配置 I/O 口来确保所有端口以一个被控制的状态进入和退出 LPMx.5。正确配置 I/O 口是将 LPMx.5 功耗降低的关键。每个 I/O 口都应被配置为确定的输入或输出，来避免在进入和退出 LPMx.5 过程中不可测的活动。在进入 LPMx.5 时，PMM 模块的 PM5CTL0 寄存器中的 LOCKLPM5 会自动置位，I/O 口状态被保持和锁定在进入 LPMx.5 之前的状态。注意进入 LPMx.5 时，只有 I/O 口状态被保存，所有 I/O 口寄存器设置丢失，LOCKLPM5 不会自动复位。

7．掉电复位（BOR），软件触发 BOR

掉电复位（BOR）电路的主要功能在设备上电时出现。它在上电过程中最早出现，生成一个 POR 来初始化系统。在 SVS 没有启动时，由 POR 对掉电情况产生反应。它维持复位直到输入电压达到能够驱动设备的水平，从而使系统正确复位。

有时可能需要用软件触发 BOR。置位 PMMSWBOR 导致一个软件驱动的 BOR，PMMBORIFG 会因此置位。注意 BOR 也会触发 POR 和 PUC。PMMBORIFG 能被软件清零或通过读取 SYSRSTIV 清零。同样，通过软件置位 PMMSWPOR 也会触发 POR，PMMPORIFG 会因此置位。POR 也会触发 PUC。PMMPORIFG 能被软件清零或通过读取 STSRSTIV 来清零。PMMSWBOR 和 PMMSWPOR 是自动清零的。BOR、POR 和 PUC 前面已经介绍了，在此不再赘述。

8．SVS 和 SVM 性能模式和唤醒时间

SVS 和 SVM 可以运行在普通模式或全性能模式中。全性能模式对电源故障有较快的响应时间，

但比普通模式耗能。全性能模式可用于需要外部电源的去耦不能充分防止 DVCC 上的快速尖峰，或者绝不能出现供电故障的应用中。在这种情况下，全性能模式提供一个额外层面的保护（对于唤醒时间要求不严格的应用）。

有两种模式来控制性能模式：手动和自动。在手动模式下，普通模式和全性能模式选项在每种功耗模式都是相同的，除了 LPMx.5（SVS 和 SVM 会在 LPMx.5 中禁用）。普通模式和全性能模式通过各自模块的 SVSHFP、SVMHFP、SVSLFP 或者 SVMLFP 位来选择。在自动模式下，硬件实际上依据操作模式自动改变普通模式或全性能模式。

设备从低功耗模式的唤醒时间通过 SVSL 和 SVML 的性能模式来设置。从低功耗模式的唤醒时间不会被 SVSH 和 SVMH 的设置影响。从 LPMx.5 的唤醒时间（$t_{\text{WAKE-UP-LPM5}}$），不受 SVSL 和 SVML 的影响，因为在 LPMx.5 中 SVSL 和 SVML 无效。$t_{\text{WAKE-UP-LPM5}}$ 在设备对应的数据手册上已经定义，SVSL 和 SVML 性能模式选择如表 11.1.5～表 11.1.9 所示。SVSH 和 SVMH 性能模式选择如表 11.1.10～表 11.1.14 所示。

注意，低功耗模式需要注意一些事项。即使配置了低功耗模式，设备也可能不进入这个状态，如有些模块使用了本应在低功耗模式关闭的时钟。例如，软件配置了定时器 1 的时钟源为 SMCLK，又配置了设备进入 LPM3（在 LPM3 中，SMCLK 禁用），这时 SMCLK 仍然处于启动状态，因为定时器 1 对 SMCLK 发出了请求。这时设备的运行状况就与 LPM3 所描述的不同。还有其他因素也会影响设备的功耗，如设备配置了更高的频率或有些模块请求更高的 LDO 驱动能力。以下表中所列的低功耗模式假设设备处于正确的低功耗状态，没有模块请求额外的时钟设置或驱动能力。

（1）SVSL 和 SVML 性能模式选择。

表 11.1.5　SVSL 和 SVML 控制模式选择

SVSMLACE	SVSLMD	SVSL 控制模式	SVML 控制模式
0	0	自动模式（见表 11.1.6）	手动模式（见表 11.1.9）
0	1	手动模式（见表 11.1.7）	手动模式（见表 11.1.9）
1	0	自动模式（见表 11.1.6）	自动模式（见表 11.1.8）
1	1	自动模式（见表 11.1.6）	自动模式（见表 11.1.8）

表 11.1.6　SVSL 自动模式

SVSLE	SVSLMD	SVSLFP	AM、LPM0、LPM1 的 SVSL 状态	LPM2、LPM3、LPM4 的 SVSL 状态	LPM2、LPM3、LPM4 唤醒时间
0	×	×	关闭	关闭	$t_{\text{WAKE-UP-FAST}}$
1	0	0	普通	关闭	$t_{\text{WAKE-UP-SLOW}}$
1	0	1	全性能	关闭	$t_{\text{WAKE-UP-FAST}}$
1	1	0	普通	关闭	$t_{\text{WAKE-UP-SLOW}}$
1	1	1	全性能	普通	$t_{\text{WAKE-UP-FAST}}$

表 11.1.7　SVSL 手动模式

SVSLE	SVSLFP	AM、LPM0、LPM1 的 SVSL 状态	LPM2、LPM3、LPM4 的 SVSL 状态	LPM2、LPM3、LPM4 唤醒时间
0	×	关闭	关闭	$t_{\text{WAKE-UP-FAST}}$
1	0	普通	普通	$t_{\text{WAKE-UP-SLOW}}$
1	1	全性能	全性能	$t_{\text{WAKE-UP-FAST}}$

表 11.1.8　SVML 自动模式

SVMLE	SVMLFP	AM、LPM0、LPM1 的 SVML 状态	LPM2、LPM3、LPM4 的 SVML 状态	LPM2、LPM3、LPM4 唤醒时间
0	×	关闭	关闭	$t_{\text{WAKE-UP-FAST}}$
1	0	普通	关闭	$t_{\text{WAKE-UP-SLOW}}$
1	1	全性能	普通	$t_{\text{WAKE-UP-FAST}}$

表 11.1.9　SVML 手动模式

SVMLE	SVMLFP	AM、LPM0、LPM1 的 SVML 状态	LPM2、LPM3、LPM4 的 SVML 状态	LPM2、LPM3、LPM4 唤醒时间
0	×	关闭	关闭	$t_{\text{WAKE-UP-FAST}}$
1	0	普通	普通	$t_{\text{WAKE-UP-SLOW}}$
1	1	全性能	全性能	$t_{\text{WAKE-UP-FAST}}$

（2）SVSH 和 SVMH 性能模式选择。

表 11.1.10　SVSH 和 SVMH 控制模式选择

SVSMHACE	SVSHMD	SVSH 控制模式	SVMH 控制模式
0	0	自动模式（见表 11.1.11）	手动模式（见表 11.1.14）
0	1	手动模式（见表 11.1.12）	手动模式（见表 11.1.14）
1	0	自动模式（见表 11.1.11）	自动模式（见表 11.1.13）
1	1	自动模式（见表 11.1.11）	自动模式（见表 11.1.13）

表 11.1.11　SVSH 自动模式

SVSHE	SVSHMD	SVSHFP	AM、LPM0、LPM1 的 SVSH 状态	LPM2、LPM3、LPM4 的 SVSH 状态
0	×	×	关闭	关闭
1	0	0	普通	关闭
1	0	1	全性能	关闭
1	1	0	普通	关闭
1	1	1	全性能	普通

表 11.1.12　SVSH 手动模式

SVSHE	SVSHFP	AM、LPM0、LPM1 的 SVSH 状态	LPM2、LPM3、LPM4 的 SVSH 状态
0	×	关闭	关闭
1	0	普通	普通
1	1	全性能	全性能

表 11.1.13　SVMH 自动模式

SVMHE	SVMHFP	AM、LPM0、LPM1 的 SVMH 状态	LPM2、LPM3、LPM4 的 SVMH 状态
0	×	关闭	关闭
1	0	普通	关闭
1	1	全性能	普通

表 11.1.14　SVMH 手动模式

SVMHE	SVMHFP	AM、LPM0、LPM1 的 SVMH 状态	LPM2、LPM3、LPM4 的 SVSH 状态
0	×	关闭	关闭
1	0	普通	普通
1	1	全性能	全性能

9. 在线调试模式唤醒时间

TEST/SBWTCK 端口通过两线制和 JTAG 连接开发工具。当 TEST/SBWTCK 端口为高电平时，从 LPM2、LPM3 和 LPM4 的唤醒时间可能和 TEST/SBWTCK 为低电平时的不同。当 TEST/SBWTCK 端口为高电平时，所有关联 SVSL 和 SVML 设置的延时不起作用，并且设备在 $t_{\text{WAKE-UP-FAST}}$ 之内唤醒。注意，当设备连接开发工具时，从 LPM2、LPM3 和 LPM4 退出的时间也会有所不同。

10. PMM 中断

通过 PMM 生成的中断标志会在系统 NMI 中断向量生成寄存器 SYSSNIV 中生成相应的中断向量号。当 PMM 引起一个复位后，一个数值在系统复位中断向量生成寄存器 SYSRSTIV 中生成，对应于复位源。

11. I/O 口控制

PMM 可以通过控制 I/O 口，使其在低电压故障中不会有意外的动作发生。在低电压状况下，输出会被禁用，普通驱动和弱上拉/下拉功能也被禁用。如果 CPU 功能正常，并且低电压故障突然发生，则任何配置为输入的端口其 PxIN 寄存器值在这一时刻被锁定，直到电压恢复。在低电压事件中，外部引脚上的电压变化不会引起内部改变。这有助于防止错误动作的出现。

12. 电源电压监视器输出（SVMOUT，可选）

SVMLIFG、SVMLVLRIFG、SVMHIFG 和 SVMHVLRIFG 的状态能够在外部 SVMOUT 端口上被监视。每个这样的中断标志可以被使能（SVMLOE、SVMLVLROE、SVMHOE、SVMHVLROE）来生成输出信号。输出的极性通过 SVMOUTPOL 为来选择。如果 SVMOUTPOL 置位，并且中断标志使能位置位，则输出 1。

11.1.2　PMM 寄存器

各寄存器如表 11.1.15～表 11.1.22 所示。

表 11.1.15　PMMCTL0：PMM 控制寄存器 0

15	14	13	12	11	10	9	8
PMMPW							
rw-1	rw-0	rw-0	rw-1	rw-0	rw-1	rw-1	rw-0
7	6	5	4	3	2	1	0
Reserved	Reserved		PMMREGOFF	PMMSWPOR	PMMSWBOR	PMMCOREV	
r-0	r-0	r-0	rw-0	rw-0	rw-0	rw-0	rw-0

PMMPW：PMM 密码。密码是 0A5h。读取操作时，读回 096h。当使用字操作时，写入的值高字节必须是 0A5h，否则会生成 PUC。当使用字节操作时，写入 0A5h 会解锁所有 PMM 寄存器。当使用字节操作时，写入非 0A5h 的值，会锁定所有 PMM 寄存器。

PMMREGOFF：调节器关闭。进入 LPMx.5 时，置位会关闭调节器。

PMMSWPOR：软件上电复位。置位会触发 POR，这个位自动清零。

PMMSWBOR：软件掉电复位。置位会触发 BOR，这个位自动清零。

PMMCOREV：核心电压等级选择。00=核心电压 0 级（1.8V）；01=核心电压 1 级（2.0V）；10=核心电压 2 级（2.2V）；11=核心电压 3 级（2.4V）。

表 11.1.16　PMMCTL1：PMM 控制寄存器 1

15	14	13	12	11	10	9	8
Reserved							
r-0	r-0	r-0	r-0	r-0	r-0	r-0	r-0
7	6	5	4	3	2	1	0
Reserved		Reserved		Reserved		Reserved	
r-0	r-0	rw-0	rw-0	r-0	r-0	rw-0	rw-0

表 11.1.17　SVSMHCTL：电源电压监视器和监视器高压侧控制寄存器

15	14	13	12	11	10	9	8
SVMHFP	SVMHE	Reserved	SVMHOVPE	SVSHFP	SVSHE	SVSHRVL	
rw-0	rw-1	r-0	rw-0	rw-0	rw-1	rw-0	rw-0
7	6	5	4	3	2	1	0
SVSMHACE	SVSMHEVM	Reserved	SVSHMD	SVSMHDLYST	SVSMHRRL		
rw-0	rw-0	r-0	rw-0	r-0	rw-0	rw-0	rw-0

SVMHFP：SVMH 全性能模式。如果置位，则 SVMH 运行在全性能模式。0=普通模式；1=全性能模式，查看数据手册以确定具体响应时间。

SVMHE：SVMH 使能。如果置位，则 SVMH 使能。

SVMHOVPE：SVMH 过压保护使能。如果置位，则 SVMH 过压检测使能。如果 SVMHVLRPE 也置位，则过压状况会触发 POR。

SVSHFP：SVSH 全性能模式。如果置位，则 SVSH 运行在全性能模式。0=普通模式；1=全性能模式。

SVSHE：SVSH 使能。如果置位，则 SVSH 使能。

SVSHRVL：SVSH 复位电压水平。如果 DVCC 电压低于 SVSHRVL 位选择的 SVSH 电压（SVSH_IT-），就会触发 POR，具体电压值查看设备数据手册。注意，SVSMHRRL 总是大于或等于 SVSHRVL 的。

SVSMHACE：SVSH 和 SVMH 自动控制使能。如果置位，则 SVSH 和 SVMH 电路的运行模式（普通/全性能）在硬件控制之下。

SVSMHEVM：SVSH 和 SVMH 屏蔽。如果置位，则 SVSH 和 SVMH 事件被屏蔽。0=无事件被屏蔽；1=所有事件被屏蔽。

SVSHMD：SVSH 模式。如果置位，则 SVSH 中断标志会在 LPM2、LPM3 和 LPM4 中置位来防止供电错误条件。如果不置位，则 SVSH 中断标志不会在 LPM2、LPM3 和 LPM4 中置位。注意，这个位也影响控制模式的选择。

SVSMHDLYST：SVSH 和 SVMH 延时状态。如果置位，则 SVSH 和 SVMH 事件会被屏蔽一段延迟时间。延迟时间取决于 SVSH 和 SVMH 的供电模式。如果 SVMHFP=1 且 SVSHFP=1（全性能模式），那么延迟时间较短，详细内容可查看数据手册。如果延时结束，则这个位会被硬件清零。

SVSMHRRL：SVSH 和 SVMH 复位释放电压水平。该位定义 SVSH 的复位释放电压值

（SVSH_IT+），也用于 SVMH 定义电压值。具体电压值可查看设备数据手册。注意，SVSMHRRL 总是大于或等于 SVSHRVL 的。

表 11.1.18　SVSMLCTL：电源电压监视器和监视器低压侧控制寄存器

15	14	13	12	11	10	9	8
SVMLFP	SVMLE	Reserved	SVMLOVPE	SVSLFP	SVSLE	SVSLRVL	
rw-0	rw-1	r-0	rw-0	rw-0	rw-1	rw-0	rw-0
7	6	5	4	3	2	1	0
SVSMLACE	SVSMLEVM	Reserved	SVSLMD	SVSMLDLYST	SVSMLRRL		
rw-0	rw-0	r-0	rw-0	r-0	rw-0	rw-0	rw-0

SVMLFP：SVML 全性能模式。如果置位，则 SVML 运行在全性能模式。0=普通模式；1=全性能模式，查看数据手册以求具体相应时间。

SVMLE：SVML 使能。如果置位，则 SVML 使能。

SVMLOVPE：SVML 过压保护使能。如果置位，则 SVML 过压检测使能。

SVSLFP：SVSL 全性能模式。如果置位，则 SVSL 运行在全性能模式。0=普通模式；1=全性能模式。

SVSLE：SVSL 使能。如果置位，则 SVSL 使能。

SVSLRVL：SVSL 复位电压水平。如果 VCORE 电压低于 SVSLRVL 位选择的 SVSH 电压（SVSL_IT-），则 POR 会被触发（如果 SVSLPE=1）。注意，SVSMLRRL 总是大于或等于 SVSLRVL 的。

SVSMLACE：SVSL 和 SVML 自动控制使能。如果置位，则 SVSL 和 SVML 电路的运行模式（普通/全性能）在硬件控制之下。

SVSMLEVM：SVLS 和 SVML 屏蔽。如果置位，则 SVSL 和 SVML 事件将被屏蔽。0=无事件被屏蔽；1=所有事件被屏蔽。

SVSLMD：SVSL 模式。如果置位，则 SVSL 中断标志会在 LPM2、LPM3 和 LPM4 中置位来防止供电错误。如果不置位，则 SVSL 中断标志不会在 LPM2、LPM3 和 LPM4 中置位。注意，这个位也影响控制模式的选择。

SVSMLDLYST：SVSL 和 SVML 延时状态。如果置位，则 SVSL 和 SVML 事件会被屏蔽一段延迟时间。延迟时间取决于 SVSL 和 SVML 的供电模式。如果 SVMLFP=1 且 SVSLFP=1（全性能模式）那么延时时间较短。详细内容可查看数据手册。如果延时结束，则这个位会被硬件清零。

SVSMLRRL：SVSL 和 SVML 复位释放电压水平。该位定义 SVSL 的复位释放电压值（SVSL_IT+），也用于 SVML 定义电压达到值（SVML）。具体电压值可查看设备数据手册。注意，SVSMLRRL 总是大于或等于 SVSLRVL 的。

表 11.1.19　SVSMIO：SVSIN 和 SVMOUT 控制寄存器

15	14	13	12	11	10	9	8
Reserved			SVMHVLROE	SVMHOE	Reserved		
r-0	r-0	r-0	rw-0	rw-0	r-0	r-0	r-0
7	6	5	4	3	2	1	0
Reserved		SVMOUTPOL	SVMLVLROE	SVMLOE	Reserved		
r-0	r-0	rw-1	rw-0	rw-0	r-0	r-0	r-0

SVMHLROE：SVMH 电平输出使能。如果置位，则 SVMHVLRIFG 位的状态会输出到设备的 SVMOUT。相应端口必须配置为输出和端口复用模式。

SVMHOE：SVMH 输出使能。如果置位，则 SVMHIFG 位的状态会输出到设备的 SVMOUT。相应端口必须配置为输出和端口复用模式。

SVMOUTPOL：SVMOUT 极性。如果 SVMOUTPOL 置位，则 SVMOUT 在相应标志置位（……IFG=1）时为高电平，在相应标志清零（……IFG=0）时为低电平。若 SVMOUTPOL 清零，则相反。

SVMLVLROE：SVML 电平输出使能。如果置位，则 SVMLVLRIFG 位的状态会输出到设备的 SVMOUT。相应端口必须配置为输出和端口复用模式。

SVMLOE：SVML 输出使能。如果置位，则 SVMLIFG 位的状态会输出到设备的 SVMOUT。相应端口必须配置为输出和端口复用模式。

表 11.1.20　PMMIFG：PMM 中断标志寄存器

15	14	13	12	11	10	9	8
PMMLPM5IFG	Reserved	SVSLIFG	SVSHIFG	Reserved	PMMPORIFG	PMMRSTIFG	PMMBORIFG
rw-0	r-0	rw-0	rw-0	r-0	rw-0	rw-0	rw-0
7	6	5	4	3	2	1	0
Reserved	SVMHVLRIFG	SVMHIFG	SVSMHDLYIFG	Reserved	SVMLVLRIFG	SVMLIFG	SVSMLDLYIFG
r-0	rw-0	rw-0	rw-0	r-0	rw-0	rw-0	rw-0

PMMLPM5IFG：LPMx.5 标志。系统进入 LPMx.5 之前要置位。这个位通过软件或读取复位向量字清零。DVCC 电源故障清除这个位。0=无中断挂起；1=有中断挂起。

SVSLIFG：SVSL 中断标志。这个位通过软件或读取复位向量字来清除。0=无中断挂起；1=有中断挂起。

SVSHIFG：SVSH 中断标志。这个位通过软件或读取复位向量字来清除。0=无中断挂起；1=有中断挂起。

PMMPORIFG：PMM 软件上电复位中断标志。如果软件 POR 被触发，则这个中断标志置位。这个位通过软件或读取复位向量字来清除。0=无中断挂起；1=有中断挂起。

PMMRSTIFG：PMM 复位端口中断标志。如果 RST/NMI 端口是复位源，则这个中断标志置位。这个位通过软件或读取复位向量字来清除。0=无中断挂起；1=有中断挂起。

PMMBORIFG：PMM 软件掉电复位中断标志。如果软件 BOR（PMMSWBOR）被触发，则这个中断标志置位。这个位通过软件或读取复位向量字来清除。0=无中断挂起；1=有中断挂起。

SVMHVLRIFG：SVMH 电压等级达到中断标志。这个位通过软件或读取复位向量（SVSHPE=1）字或读取中断向量（SVSHPE=0）来清除。0=无中断挂起；1=有中断挂起。

SVMHIFG：SVMH 中断标志。这个位通过软件清除。0=无中断挂起；1=有中断挂起。

SVSMHDLYIFG：SVSH 和 SVMH 延时失效中断标志。当延时失效时，这个中断标志置位。这个位通过软件或读取中断向量字来清除。0=无中断挂起；1=有中断挂起。

SVMLVLRIFG：SVML 电压水平达到中断标志。这个位通过软件或读取复位向量（SVSLPE=1）字或读取中断向量（SVSHPE=0）来清除。0=无中断挂起；1=有中断挂起。

SVMLIFG：SVML 中断标志。这个位通过软件清除。0=无中断挂起；1=有中断挂起。

SVSMLDLYIFG：SVSL 和 SVML 延时失效中断标志。如果延时失效，则这个中断标志置位。这个位通过软件或读取中断向量字来清除。0=无中断挂起；1=有中断挂起。

表 11.1.21　PMMRIE：PMM 复位和中断使能寄存器

15	14	13	12	11	10	9	8
Reserved		SVMHVLRPE	SVSHPE	Reserved		SVMLVLRPE	SVSLPE
r-0	r-0	rw-0	rw-1	r-0	r-0	rw-0	rw-1

续表

7	6	5	4	3	2	1	0
Reserved	SVMHVLRIE	SVMHIE	SVSMHDLYIE	Reserved	SVMLVLRIE	SVMLIE	SVSMLDLYIE
r-0	rw-0	rw-0	rw-0	r-0	rw-0	rw-0	rw-0

SVMHVLRPE：SVMH 电压等级达到上电复位使能。如果置位，则超过 SVMH 电压等级触发一个 POR。

SVSHPE：SVSH 上电复位使能。如果置位，则低于 SVSH 电压等级触发一个 POR。

SVMLVLRPE：SVML 电压等级达到上电复位使能。如果置位，则超过 SVML 电压等级触发一个 POR。

SVSLPE：SVSL 上电复位使能。如果置位，则低于 SVSL 电压等级触发一个 POR。

SVMHVLRIE：SVMH 复位电压等级中断使能。

SVMHIE：SVMH 中断使能。这个位通过软件或读取中断向量字清除。

SVSMHDLYIE：SVSH 和 SVMH 延时失效中断使能。

SVMLVLRIE：SVML 复位电压等级中断使能。

SVMLIE：SVML 中断使能。这个位通过软件或读取中断向量字清除。

SVSMLDLYIE：SVSL 和 SVML 延时失效中断使能。

表 11.1.22　PM5CTL0：电源模式 5 控制寄存器 0

15	14	13	12	11	10	9	8
Reserved							
r-0	r-0	r-0	r-0	r-0	r-0	r-0	r-0
7	6	5	4	3	2	1	0
Reserved							LOCKLPM5
r-0	r-0	r-0	r-0	r-0	r-0	r-0	rw-0

LOCKLPM5：在进入或退出 LPMx.5 时，锁住 I/O 口配置。当设备供电后，这个位一旦置位，就只能通过程序或另一个电源周期来清零。注意，这个位之前被命名为 LOCKIO，并且一些应用报告和例程可能继续使用这个术语。0=I/O 口配置不被锁定并默认为复位状态；1=I/O 口状态保持锁定，端口状态在进入和退出 LPMx.5 的过程中保持锁定。

11.2　PMM 应用实例

PMM 一般配合单片机的其他模块使用。例如，使用 UCS 模块提高系统主频时，需要先配置 PMM 来提高设备的核心电压，配置 LPMx.5 时，需要使用 PMM 禁用核心电压调节器等。PMM 实例将使用之前所用过的实例对 MSP430 单片机的 PMM 操作进行演示，以此加深读者对 MSP430 单片机电源管理模块的理解。

11.2.1　提升核心电压

PMM 模块最常用的功能就是提升核心电压，这是提升 MSP430 单片机主频的步骤，本实例要求将核心电压升至等级 3，并将 MCLK 倍频到 25MHz。MCLK、SMCLK 和 ACLK 分别从相应的端口输出。控制 LED 以 1s 为周期闪烁。实例代码如下：

```c
#include <msp430f5529.h>
/**************************提升核心电压等级***************************/
void SetVcoreUp (unsigned int level)                    //提升核心电压函数
{
                                                        //解锁PMM寄存器，允许写入
  PMMCTL0_H = PMMPW_H;
                                                        //设置SVS/SVM高侧到新的等级
  SVSMHCTL = SVSHE + SVSHRVL0 * level + SVMHE + SVSMHRRL0 * level;
                                                        //设置SVM低侧到新的等级
  SVSMLCTL = SVSLE + SVMLE + SVSMLRRL0 * level;
                                                        //等待SVM稳定
  while ((PMMIFG & SVSMLDLYIFG) == 0);
                                                        //清除已经置位的标志
  PMMIFG &= ~(SVMLVLRIFG + SVMLIFG);
                                                        //设置VCORE到新的等级
  PMMCTL0_L = PMMCOREV0 * level;
                                                        //等待达到新的电压等级
  if ((PMMIFG & SVMLIFG))
    while ((PMMIFG & SVMLVLRIFG) == 0);
                                                        //设置SVS/SVM低侧到新的水平
  SVSMLCTL = SVSLE + SVSLRVL0 * level + SVMLE + SVSMLRRL0 * level;
                                                        //锁住PMM的写入路径
  PMMCTL0_H = 0x00;
}
/**********************主函数************************/
void main (void)
{
  volatile unsigned int i;
  WDTCTL = WDTPW+WDTHOLD;                                //关闭看门狗
  P7OUT |= BIT0;  P7DIR |= BIT0;                         //P7.0输出（LED)初始灭
  P1DIR |= BIT0;  P1SEL |= BIT0;                         //ACLK输出
  P2DIR |= BIT2;  P2SEL |= BIT2;                         //SMCLK输出
  P7DIR |= BIT7;  P7SEL |= BIT7;                         //MCLK输出
                                                        //提升核心电压至等级3来驱动25MHz的系统时钟
                                                        //注意一次只能提升一个等级核心电压
  SetVcoreUp (0x01);
  SetVcoreUp (0x02);
  SetVcoreUp (0x03);
  UCSCTL3 = SELREF_2;                                   //FLL参考时钟选择为REFO（32768Hz)
  UCSCTL4 |= SELA_2;                                    //ACLK以REFO为时钟源
  __bis_SR_register (SCG0);                             //禁用FLL锁频环
  UCSCTL0 = 0x0000;                                     //设置最低的DCOx, MODx
  UCSCTL1 = DCORSEL_7;                                  //选择DCO时钟范围为50MHz
  UCSCTL2 = FLLD_0 + 762;                               //将DCO倍频至25MHz
                  // (N + 1) × FLLRef = Fdco (762 + 1) × 32768 = 25MHz
  __bic_SR_register (SCG0);                             //使能FLL
  //稳定DCO频率所需的最长时间=n × 32 × 32 × f_MCLK / f_FLL_reference个MCLK周期
```

```
//32 × 32 × 25 MHz / 32768 Hz ～ 780kHz MCLK周期
__delay_cycles (782000);
//循环, 直到XT1、XT2和DCO稳定——此处只需稳定DCO
do
{
  UCSCTL7 &= ～ (XT2OFFG + XT1LFOFFG + DCOFFG);          //清除XT2、XT1、DCO错误标志
  SFRIFG1 &= ～OFIFG;                                    //清除错误标志
}while (SFRIFG1&OFIFG);                                  //检查时钟错误标志
while (1)
{
  P7OUT ^= BIT0;                                         //反转P7.0
  __delay_cycles (25000000);                             //延时1s
}
}
```

该代码功能为：编写提升核心电压的函数，在主函数中关闭看门狗，配置 LED 和时钟输出端口。然后提升核心电压等级，配置 UCS 模块提高时钟频率，主循环中将 LED 端口取反并延时 25 000 000 个时钟周期。

实例现象：可以观察到 LED 以 1s 为周期闪烁。

11.2.2　进入和退出 LPM4.5

在设备进入 LPM4.5 后，设备核心电压生成器被关闭，所有 RAM 数据丢失，仅可通过复位或外部中断唤醒，而且在 LPM4.5 状态下，设备耗电量非常低。本实例要去配置单片机进入 LPM4.5 模式，通过按键（P1.1）唤醒设备。唤醒设备后，LED 闪烁，在 P1.0、P2.2、P7.7 中可分别检测到时钟信号，LED 闪烁 7s 后又进入 LPM4.5。关于程序的详细介绍可查阅工作模式的相关内容，实例代码如下：

```
#include <msp430f5529.h>
/***************配置端口和外部中断***************/
void Init ()
{
 P1DIR = 0x00;P2DIR = 0x00;P3DIR = 0x00;P4DIR = 0x00;P5DIR = 0x00;P6DIR = 0x00;
 P7DIR = 0x00;P8DIR = 0x00;PJDIR = 0x00;
 P1SEL = 0x00;P2SEL = 0x00;P3SEL = 0x00;P4SEL = 0x00;P5SEL = 0x00;P6SEL = 0x00;
 P7SEL = 0x00;P8SEL = 0x00;                           //将所有I/O口配置为普通I/O口

 P1DIR &= ～BIT1;  P1IFG &= ～BIT1;                   //将P1.1设置为输入;初始化清空中断标志位
 P1IE |= BIT1;    P1IES |= BIT1;                      //P1.1中断使能;下降沿产生中断
 P1OUT |= BIT1;   P1REN |= BIT1;                      //P1.1设置为上拉电阻
}
/*************LED闪烁*************/
void LED ()
{
 unsigned int i;
 P7DIR |= BIT0;
 for (i=7;i>0;i--)
 {
   __delay_cycles (1048576);                          //MCLK频率为1048576Hz, 延时1s
```

```
    P7OUT ^= BIT0;
  }
}
/*********主函数************/
void main (void)
{
  WDTCTL = WDTPW+WDTHOLD;                    //关闭看门狗
  Init ();                                  //端口和定时器初始化
  PMMCTL0_H = PMMPW_H;                       //允许PMM寄存器操作
  PMMCTL0_L |= PMMREGOFF;                    //PMMREGOFF=1，为进入LPM4.5做准备
  PM5CTL0 &= ~LOCKLPM5;                      //清除LOCKLPM5，解除端口状态锁定
  __bis_SR_register (LPM4_bits+GIE);         //开总中断，进入LPM4
  while (1);
}
/************外部中断**********/
#pragma vector = PORT1_VECTOR
__interrupt void wake_up (void)
{
  P1DIR |= BIT0;    P1SEL |= BIT0;           //将P1.0设置为输出，用于检测ACLK时钟信号
  P2DIR |= BIT2;    P2SEL |= BIT2;           //将P2.2设置为输出，用于检测SMCLK时钟信号
  P7DIR |= BIT7;    P7SEL |= BIT7;           //将P7.7设置为输出，用于检测MCLK时钟信号
  P4DIR |= BIT7;    P4OUT |= BIT7;           //将P4.7设置为输出；初始低电平
  PMMCTL0_H = PMMPW_H;                       //允许写入PMM寄存器
  PM5CTL0 &= ~LOCKLPM5;                      //清除LOCKLPM5，解除端口状态锁定
  __bic_SR_register (SCG0);                  //使能FLL控制回路，使MCLK正常工作
  LED ();                                    //LED闪烁
  Init ();                                   //重新配置端口及中断
}
```

该代码功能为：端口配置函数将所有 I/O 口均配置为通用输入功能，并配置中断端口 P1.1。主函数中关闭看门狗，配置端口，配置电源管理模块控制寄存器 PMMCTL0，关闭电压调节器。配置 PM5CTL0，解除端口锁定，使新的配置生效。置位 LPM4 相应位，进入 LPM4.5 并使能中断。中断服务函数的功能为配置时钟输出端口，解除 I/O 口锁定状态，LED 闪烁和重新配置 I/O 口。

注意，在调试状态下，单片机无法进入 LPM4.5，该代码不能正常运行。在取消调试，仅供电的状态下，该代码才能正常运行。进入 LPM4.5 后端口状态会被锁定，且端口锁定状态无法通过软件复位清除，只能通过上电复位清除，所以下载其他程序后，若端口配置失效，可尝试断电重启。

实例现象：按键按下，LED 闪烁，时钟输出复用端口输出时钟信号，LED 状态取反 4 次后，再次进入 LPM4.5，时钟信号消失。

11.3　小结与思考

本章介绍了 MSP430 单片机的电源管理模块（PMM）的使用，电源管理模块一般配合单片机的其他模块使用；介绍了 MSP430 单片机的电源管理模块中 SVS 和 SVM 的作用；介绍了电源管理模块在设备供电波动状况下的行为；通过之前所学习的实例介绍了如何提升设备的核心电压，如何使设备工作在 LPMx.4 状态中。

学习完本章内容，读者应回顾之前所学的知识，体会电源管理模块在单片机运行过程中的重要性，掌握设备核心电压的配置方法，掌握如何使设备进入 LPMx.5，也可以尝试编写代码，测试单片机的低压预警功能。

习题与思考

11-1　MSP430 单片机的电源管理模块包括 SVS 和 SVM，简述它们的相同点和不同点。

11-2　SVS 和 SVM 模块又具体分为 SVSL、SVML、SVSH 和 SVMH，说明它们的相同点和不同点。

11-3　若希望单片机能够对电源掉电情况产生预警，应该配置什么模块？使其实现什么功能？

11-4　在提高 MSP430 单片机的时钟频率的过程中，是否需要对 MSP430 单片机的电源管理模块进行配置，应该如何配置？

11-5　在某程序中，在没有对 PMM 其他寄存器进行相关配置的情况下，修改了寄存器 PMMRIE，调试发现程序无法继续向下执行，且不断复位，请问这是为什么？

第 12 章　MSP430 单片机乘法器与循环冗余校验

MSP430 单片机内部包含 32 位硬件乘法器（MPY32）模块和循环冗余校验（CRC）模块，它们为 MSP430 单片机实现较大规模运算提供了助力，弥补了 MSP430 单片机运算能力的不足。使用 MSP430 单片机的 MPY 模块和 CRC 模块可以高效地实现数据的运算和校验。

本章导读：学习和使用 MSP430 单片机的乘法器模块和循环冗余校验模块，动手实践，观察使用硬件模块实现运算的特点，并尝试在设计应用中添加硬件乘法器和循环冗余校验功能，提高单片机的运行效率。建议读者细读 12.1 节与 12.3 节，动手实践 12.2 与 12.4 节并做好笔记，完成习题。

12.1　乘法器 MPY32

MPY32 是 MSP430 单片机内部集成的硬件乘法器，它的运算独立于 CPU 进行。对于 MSP430 单片机这样的 16 位单片机而言，其 CPU 对乘法的运算能力有限，实现 32 位乘法更是需要大量的移位指令和加法指令，耗费大量的 CPU 资源。若使用 MSP430 单片机内部集成的 MPY32，则可以十分容易和迅速地计算 32 位乘法，大大降低了 CPU 的处理压力。

12.1.1　MPY32 简介

MPY32 是 MSP430 单片机中独立于 CPU 的外围设备。乘法器的寄存器是用 CPU 指令加载和读取的外围寄存器，乘法器的运算过程与 CPU 处理指令互不干扰，CPU 只需要做转移数据的任务，合理使用乘法器可以提高运算的效率。

MPY32 支持如下操作。
- 无符号乘法。
- 有符号乘法。
- 无符号乘法累加。
- 有符号乘法累加。
- 支持 8 位、16 位、24 位和 32 位操作数。
- 饱和运算。
- 分数运算。
- 兼容 16 位硬件乘法器的 8 位和 16 位操作。
- 不需要"符号扩展"指令的 8 位和 24 位乘法。

MPY32 的内部结构如图 12.1.1 所示。

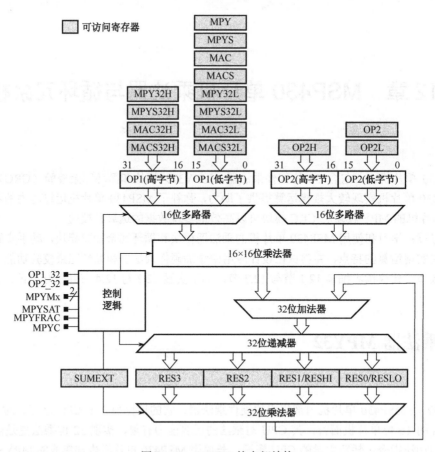

图 12.1.1　MPY32 的内部结构

1. MPY32 操作

MPY32 支持 8 位、16 位、24 位和 32 位操作数，支持无符号乘法、有符号乘法、无符号乘法累加和有符号乘法累加运算。操作数的大小由操作数写入的地址和操作数的格式（字或字节）来定义。运算的种类通过第一个操作数写入的地址来选择。

硬件乘法器具有两个 32 位操作数寄存器，分别是第一操作数（OP1）和第二操作数（OP2），还有一个通过寄存器 RES0～RES3 访问的 64 位结果寄存器。为了与 16×16 位乘法器兼容，8 位或 16 位运算的结果也可通过 RESLO、RESHI 和 SUMEXT 访问。RESLO 存储 16×16 位结果的低字，RESHI 存储结果的高字，并且 SUMEXT 存储关于结果的信息。

8 位或 16 位运算需要 3 个 MCLK 周期。在直接寻址模式下，可以在写入 OP2 之后用下一条指令读取运算结果。当使用间接寻址模式时，在结果就绪之前，还需要一个空操作 NOP。

对于 24 位或 32 位运算，在直接寻址模式下，写入 OP2 或以 RES0 开始的 OP2H 后，可以通过连续的指令读取结果。当使用间接寻址模式时，在结果就绪之前，需要一个空操作 NOP。

表 12.1.1 总结了不同大小组合的操作数下，64 位结果中每个字的就绪时间。具有 32 位大小的第二个操作数，OP2L 和 OP2H 必须被写入。运算结果何时就绪不仅取决于几个 MCLK 周期，还与写入 OP2、OP2L 或 OP2H 的时刻有关。

表 12.1.1　就绪时间

运算（OP1×OP2）	计算结果所需的 MCLK					在何时之后
	RES0	RES1	RES2	RES3	MPYC 位	
（8/16）×（8/16）	3	3	4	4	3	写入 OP2

运算（OP1×OP2）	计算结果所需的 MCLK					在何时之后
	RES0	RES1	RES2	RES3	MPYC 位	
（24/32）×（8/16）	3	5	6	7	7	写入 OP2
（8/16）×（24/32）	3	5	6	7	7	写入 OP2L
	N/A	3	4	4	4	写入 OP2H
（24/32）×（24/32）	3	8	10	11	11	写入 OP2L
	N/A	3	5	6	6	写入 OP2H

2. 操作数寄存器

操作数 1（OP1）有 12 个寄存器用来将数据载入乘法器，也用来选择乘法模式。将第一操作数的低字写入给定地址，可以选择要执行的乘法运算的类型，但不会启动运算。当第二操作数写入后，才会启动运算。将第二字写入数据到后缀为 32H 的高字寄存器时，乘法器设定 OP1 的宽度为 32 位。否则是 16 位。写入 OP2 之前写入的最后一个地址定义第一操作数的宽度。例如，如果先写入 MPY32L，后写入 MPY32H，则所有 32 位都会被使用，并且 OP1 的宽度是 32 位。如果先写入 MPY32H，后写入 MPY32L，则乘法器忽略 MPY32H，并且认为 OP1 的宽度是 16 位，使用写入 MPY32L 的数据进行运算。如果 OP1 值被用于连续运算，则可以执行重复乘法操作而不重载 OP1。不必重写 OP1 值来执行操作。表 12.1.2 列出了所有 OP1 寄存器。

表 12.1.2　OP1 寄存器

OP1 寄存器	运 算 操 作
MPY	无符号乘法，操作位数 0～15
MPYS	有符号乘法，操作位数 0～15
MAC	无符号乘法累加，操作位数 0～15
MACS	有符号乘法累加，操作位数 0～15
MPY32L	无符号乘法，操作位数 0～15
MPY32H	无符号乘法，操作位数 16～31
MPYS32L	有符号乘法，操作位数 0～15
MPYS32H	有符号乘法，操作位数 16～31
MAC32L	无符号乘法累加，操作位数 0～15
MAC32H	无符号乘法累加，操作位数 16～32
MACS32L	有符号乘法累加，操作位数 0～15
MACS32H	有符号乘法累加，操作位数 16～32

将第二操作数写入 OP2 启动乘法运算。第二操作数写入的地址与第一操作数写入的地址一起决定运算种类。例如，若第一操作数写入 MPYS，第二操作数写入 OP2，则乘法器执行有符号 16×16 位乘法操作。写入 OP2L 会选择第二操作数为 32 位，且乘法器会等待在 OP2H 中写入 32 位的高字。在写入 OP2L 之前写入 OP2H 会被忽略。表 12.1.3 列出了所有 OP2 寄存器。

表 12.1.3　OP2 寄存器

OP2 寄存器	操 作
OP2	以 16 位 OP2 开始乘法运算，操作数 0～15
OP2L	以 32 位 OP2 开始乘法运算，操作数 0～15
OP2H	用 32 位 OP2 继续进行乘法运算，操作数 16～31

默认情况下，若在计算进行过程中，改变 OP1 或 OP2 的值，则会立即停止当前的计算，并启动下一次计算，当前的计算结果无效。

为了避免这种行为，可以将 MPYDYWRTEN 位设置为 1。然后，所有对 MPY32 寄存器的写入操作都会伴随 MPYDLY32 = 0 延迟，直到 64 位结果准备好，或者伴随 MPYDLY32 = 1 延迟直到 32 位结果准备好。对于 MAC 或 MACS 操作，完成的 64 位结果必须准备好。

3．结果寄存器

乘法结果总是 64 位的。它可以通过寄存器 RES0～RES3 访问。执行有符号运算时，运算结果有对应的符号扩展。如果在 MACS 操作之前结果寄存器加载了初值，则用户软件必须注意写入的值被适当地符号扩展到了 64 位。在将第二操作数写入 OP2 或 OP2L 中之后，用户软件不得修改结果寄存器，直到运算完成为止。

除 RES0～RES3 外，为了与 16×16 位乘法器兼容，8 位或 16 位操作的 32 位结果可以通过 RESLO、RESHI 和 SUMEXT 访问。在这种情况下，结果低寄存器 RESLO 保持计算结果的低 16 位，结果高寄存器 RESHI 保持计算结果的高 16 位。RES0 和 RES1 分别与 RESLO 和 RESHI 相同，分别用于计算结果的使用和访问。

SUMEXT 内容取决于乘法运算，如表 12.1.4 所示。如果所有操作数小于或等于 16 位，则 32 位结果用于确定符号和进位。如果其中一个操作数大于 16 位，则 64 位结果用于确定符号和进位。

MPYC 位表示乘法器的进位。因此，如果没有选择分数或饱和模式，则可以用作结果的第 33 位或第 65 位。对于 MAC 或 MACS 操作，MPYC 位表示了 32 位或 64 位累加的进位，并且在连续 MAC 和 MACS 累加运算中，不作为运算结果的第 33 或第 65 位。

表 12.1.4   运算扩展寄存器状态

模　式	SUMEXT	MPYC
MPY	SUMEXT 总是 0	MPYC 总是 0
MPYS	SUMEXT 包含结果的扩展符号 0000=结果是正值或 0 0FFFF=结果是负值	MPYC 包含结果的符号 0=结果是正值或 0 1=结果是负值
MAC	SUMEXT 包含结果的进位 0000=无进位 0001=有进位	MPYC 包含结果进位 0=无进位 1=有进位
MACS	SUMEXT 包含结果的扩展符号 00000=结果是正值或 0 0FFFF=结果是负值	MPYC 包含结果进位 0=无进位 1=有进位

4．MACS 下溢与上溢

乘数不会自动检测 MAC 模式下溢或上溢。例如，使用 16 位和 32 位输入数据结果（即只使用 RESLO 和 RESHI），正数的有效范围是 0～07FFFFFFFh，负数是 080000000h～0FFFFFFFFFh。当两个负数相加的结果是一个正数时产生下溢；当两个正数相加的结果是一个负数时产生上溢。

SUMEXT 包含上述两种情况结果的符号，0FFFFh 表示 32 位上溢和 0000h 表示 32 位下溢。在寄存器 MPY32CTL0 中的 MPTC 位能够用来检测溢出条件。如果进位与 SUMEXT 寄存器反映的符号不同，则一个上溢或下溢出现。此时，用户软件必须合理地处理这些条件。软件设计中不需要符号扩展，在有符号操作期间，用字节指令访问乘法器会自动导致乘法器模块内字节的符号扩展。

5．分数运算

MPY32 支持定点数处理。在定点数处理过程中，分数是指基点前后有固定位数的数。为了归类不同范围的二进制定点数，使用 Q 格式。不同 Q 格式代表基点的不同位置。表 12.1.5 表示了使用 16 位的有符号 Q15 数据格式。基点后的每一位有 1/2 的分辨率。最高有效位（MSB）是符号位。最小值是 08000h，最大值是 07FFFh。所以 16 位的有符号 Q15 数字的范围是-1.0～0.999969482≈1.0。

表 12.1.5　Q15 数据格式

S	1/2	1/4	1/8	1/16	…	…	…	…	…	…	…	…	…	…	…

可以通过向右移动基点来增加数值的范围。例如，16 位的有符号 Q14 数字的范围为-2.0～1.999938965≈2.0。Q14 数据格式如表 12.1.6 所示。

表 12.1.6　Q14 数据格式

S	1	1/2	1/4	1/8	1/16	…	…	…	…	…	…	…	…	…	…

使用 16 位带符号的 Q15 或 32 位带符号的 Q31 与乘法运算的优点在于：在-1.0～1.0 的范围内两个数的乘积总是在同一范围内的。

使用 MPYFRAC=0 和 MPYSAT=0 的默认乘法模式，对两个分数进行乘法运算，产生带有两个符号位的结果。例如，如果两个 16 位 Q15 格式数字相乘，将会获得一个 32 位 Q30 格式数字。必须删除前 15 个后缀位和扩展符号位，才能将计算结果转换为 Q15 格式。对于乘法器的分数模式，冗余符号位会被自动移除，产生 Q31 格式的结果。读取结果寄存器 RES1 得到 16 位 Q15 格式数字。通过读取 RES2 和 RES3 寄存器得到乘法结果的后 16 个小数位。

分数模式通过 MPY32CTL0 中的 MPYFRAC=1 来使能。当 MPYFRAC=1 时，结果寄存器的实际内容不被修改。当结果可使用软件访问时，运算结果会左移一位，导致最终的 Q 格式变化。而在非分数模式下，不能使用移位操作。分数模式只能在需要时启用，并且在使用后禁用。

在分数模式下，用于 16×16 位运算，SUMEXT 寄存器包含移位结果的符号扩展位 32 和 33，对于 32×32 位运算，SUMEXT 寄存器包含移位结果的符号扩展位 64 和 65。因为分数运算的结果有移位操作，所以 SUMEXT 中的值并不仅仅是第 32 位和第 64 位。MPYC 位不受分数模式的影响。该位总是表示非分数结果的进位。

6. 饱和模式

在饱和模式下，乘法器防止有符号运算中的上溢和下溢。饱和模式通过 MPY32CTL0 中的 MPYSAT=1 来使能。如果一个上溢条件出现，则结果被设置为可用的最大值。如果一个下溢条件出现，则结果被设置为可用的最小值。饱和模式只能在需要时启用，并在使用后禁用。

当 MPYSAT=1 时，结果寄存器的实际内容不被修改。当使用软件访问结果时，结果值自动根据上溢或下溢情况调整为最大值或最小值。调整后的结果也可用于连续乘法和累加运算。

在 16×16 位运算下，饱和模式只适用于低 32 位，即结果寄存器 RES0 和 RES1。在 32×32 位、16×32 位和 32×16 位运算下，饱和结果只能在 RES3 准备就绪时计算。启用饱和模式不会影响 SUMEXT 寄存器的内容，也不会影响 MPYC 位的内容。

7. 使用 DMA

在有 DMA 的设备里，当计算出完整结果后，乘法器可以触发一个传输。DMA 依次读取 MPY32RES0～MPY32RES3。并不是这 4 个寄存器都需要被读取，通过配置 DMA 可以选择传输的字长。当 MPY32RES0 结果就绪后，即可配置 DMA 进行传输，然后随着时钟信号的推进，MPY32RES1～MPY32RES3 逐渐就绪，依次通过 DMA 进行传输，可以实现最快的传输。DMA 控制器的触发信号是"乘法器就绪"。

12.1.2　MPY32 寄存器

MPY32CTL0：32 位硬件乘法器控制寄存器 0 如表 12.1.7 所示。

表 12.1.7　MPY32CTL0：32 位硬件乘法器控制寄存器 0

15	14	13	12	11	10	9	8
Reserved						MPYDLY32	MPYDLYWRTEN
r-0	r-0	r-0	r-0	r-0	r-0	rw-0	rw-0
7	6	5	4	3	2	1	0
MPYOP2_32	MPYOP1_32	MPYMx		MPYSAT	MPYFRAC	Reserved	MPYC
rw	rw	rw	rw	rw-0	rw-0	rw-0	rw

MPYDLY32：延时写入模式。0=延时到 64 位结果（RES0～RES3）就绪；1=延时到 32 位结果（RES0～RES1）就绪。

MPYDLYWRTEN：延时写入使能。所有写入任何 MPY32 寄存器的操作都延时到 64 位（MPYDLY32=0）或 32 位（MPYDLY32=1）结果就绪。0=写入操作不延时；1=写入操作延时。

MPYOP2_32：操作数 2 的乘法器位宽。0=16 位；1=32 位。

MPYOP1_32：操作数 1 的乘法器位宽。0=16 位；1=32 位。

MPYMx：乘法器模式。00=MPY 乘法；01=MPTS 有符号乘法；10=MAC 乘法累加；11=MACS 有符号乘法累加。

MPYSAT：饱和模式。0=饱和模式禁用；1=饱和模式使能。

MPYFRAC：分数模式。0=分数模式禁用；1=分数模式使能。

MPYC：乘法器的进位。如果未选择分数或饱和模式，则可以将其视为结果的第 33 位或第 65 位，因为当切换到饱和模式或分数模式时，MPYC 位不改变。它用于恢复 MAC 模式下的 SUMEXT 内容。0=结果不进位；1=结果进位。

12.2　MPY32 应用实例

MPY32 应用实例介绍使用 MPY32 进行各种类型运算的方法，使用 MPY32 能够实现更快的数学运算，从而提高单片机处理数据的速度。在大规模运算中添加 MPY32 指令可以有效降低 CPU 的运算压力，实现更快的运算速度。

12.2.1　无符号乘法 16×16 位

无符号乘法 16×16 位运算只需向 MPY 和 OP2 寄存器赋值即可，然后就可以访问结果寄存器，读出数据。实例代码如下：

```
#include "MSP430.h"
unsigned long int result;                      //定义运算结果存储变量
void main ()
{
```

```
WDTCTL = WDTPW + WDTHOLD;                          //关闭看门狗
MPY = 65535;                                       //赋值给MPY，执行无符号16×16位乘法
OP2 = 65535;                                       //赋值给第二操作数
result = * ((unsigned long int *) (&(RES0)));      //读取运算结果
__no_operation ();                                 //可在此设置断点
__bis_SR_register (LPM4_bits);                      //进入低功耗模式
while (1);
}
```

该代码功能为：定义存储运算结果的 32 位变量"result"，主函数中关闭看门狗，赋值给 MPY，从而选择了执行无符号乘法 16×16 位运算，然后赋值给 OP2，乘法器启动运算，即可对其进行读取，读取过程为先读取低 16 位，后读取高 16 位，之后进入低功耗模式。

实例现象：在线调试，在"__no_operation()"语句设置断点，然后查看"result"的值，其值应该为 65535×65535=4294836225。

12.2.2　有符号乘法 32×32 位

有符号乘法 32×32 位运算需要向 MPYS32L 和 MPYS32H 赋值，第二操作数需要向 OPL 和 OPH 赋值，启动运算后即可开始读取结果。本实例要求使用 MSP430 单片机的 MPY32 执行 10000 次 32×32 位乘法运算，然后使用普通乘法指令执行 10000 次 32×32 位乘法运算，LED 点亮表示正在执行运算，验证使用 MPY32 执行运算的速度要快于普通乘法指令。实例代码如下：

```
#include "MSP430.h"
long long int result;                              //存储计算结果
long int a,b;                                       //存储运算数
void main ()
{
  WDTCTL = WDTPW + WDTHOLD;                         //关闭看门狗
  P7OUT |= BIT0 + BIT1;P7DIR |= BIT0 + BIT1;        //初始化LED端口
  unsigned int i;
  while (1)
  {
    P7OUT &= ~BIT0;                                 //LED0点亮，表示正在执行MPY32运算
    for (i=10000;i>0;i--)                           //执行10000次MPY32运算
    {
      MPYS32L = 0x1234;
      MPYS32H = 0x1234;
      OP2L = 0x5678;
      OP2H = 0x5678;
      result = * ((long long int *) (&(RES0)));
    }
    P7OUT |= BIT0;                                  //LED0熄灭，表示10000次MPY32运算结束
    P7OUT &= ~BIT1;                                 //LED1点亮，表示正在执行普通乘法运算
    for (i=10000;i>0;i--)                           //执行10000次32×32位普通乘法运算
    {
      a=0x12341234;
      b=0x56785678;
      result = a*b;
    }
```

```
    P7OUT |= BIT1;                                    //LED1熄灭，表示普通乘法运算结束
  }
}
```

该代码功能为：定义运算所需变量，主函数中关闭看门狗，点亮 LED0，循环执行 10000 次 MPY32 乘法运算。然后熄灭 LED0，点亮 LED1，执行 10000 次普通乘法运算。如此循环往复。

实例现象：在线调试，观察 result，其值应该为：

$$0x12341234 \times 0x56785678 = 0x06260CAC06E60060$$

释放单片机运行后可以发现，LED0 点亮的时间要明显短于 LED1 点亮的时间。也就是说，使用 MPY32 运算的速度要明显快于普通乘法运算。

12.2.3　无符号乘加 32×32 位

MPY32 执行无符号乘加 32×32 位运算时，不会清空之前的运算结果。而是将本次的乘法运算结果与之前的运算结果加和。本实例要求使用 MPS43 单片机的 MPY32 执行乘加运算，实例代码如下：

```
#include "MSP430.h"
unsigned long long int result;                        //定义运算结果存储变量
void main ()
{
  WDTCTL = WDTPW + WDTHOLD;                            //关闭看门狗
  MPY32L = 0x1111;                                    //执行32×32位乘法运算
  MPY32H = 0x1111;
  OP2L = 0x2222;
  OP2H = 0x2222;
  MAC32L = 0x3333;                                    //执行32×32位乘加运算
  MAC32H = 0x3333;
  OP2L = 0X4444;
  OP2H = 0X4444;
  result = * ( (unsigned long long int *) (& (RES0) ) );    //读取运算结果
  __no_operation ();                                  //可在此设置断点
  __bis_SR_register (LPM4_bits);                      //进入低功耗模式
  while (1);
}
```

该代码功能为：定义运算结果存储变量，主函数中关闭看门狗。向 MPY32L 中赋值，执行 32×32 位无符号乘法。向 OP2H 赋值之后，启动 32×32 位无符号乘法。然后向 MAC32L 中赋值，执行 32×32 位无符号乘加运算，向 OP2H 赋值之后，启动 32×32 位无符号乘加运算。

实例现象：在线调试，观察"result"的值，其值应该为：

$$0x11111111 \times 0x22222222 + 0x33333333 \times 0x44444444 = 0x0FEDCBA96789ABCE$$

12.2.4　Q15 格式小数乘法

使用 MPY32 也可以进行定点小数乘法运算，本实例要求使用 MSP430 单片机的 MPY32 实现两个 16 位 Q15 格式小数乘法运算：（1/8）×（1/8）。实例代码如下：

```
#include "MSP430.h"
unsigned int result_Q15;                    //定义运算结果存储变量
void main ()
{
```

```
WDTCTL = WDTPW + WDTHOLD;          //关闭看门狗
MPY32CTL0 = MPYFRAC;               //设置小数模式
MPYS = 0x1000;                     //载入第一操作数
OP2 = 0x1000;                      //载入第二操作数
result_Q15 = RESHI;                //读取运算结果
MPY32CTL0 &= ~MPYFRAC;             //关闭小数模式
__no_operation ();                 //可在此设置断点
__bis_SR_register (LPM4_bits);     //进入低功耗模式
while (1);
}
```

该代码功能为：定义运算结果存储变量，主函数中关闭看门狗，设置 MPY32 为小数模式，并向操作数中赋值。然后读取运算结果，关闭小数模式。

实例现象：通过在线调试，查看 result_Q15 和 RESHI 的值可以发现，RESHI 的值为 0x0100，左移一位得到读取结果，也就是 result_Q15 的结果为 0x0200，换算为 Q15 格式的分数是（1/64）。

12.3　循环冗余校验

循环冗余校验（CRC）是通信中常用的校验手段，CRC 一般包括原始数据、生成多项式、校验码。原始数据就是发送端要发送给接收端的数据，生成多项式 $G(x)$是发送端和接收端约定好的一个多项式，校验码则是根据原始数据和生成多项式产生的。

生成多项式通俗地讲就是一个二进制序列，其中对应的 x 的幂次表示二进制序列中相应的位是 1，如 "$G(x)=x^3+x^2+1$" 对应的二进制序列就是 1101b，"$G(x)=x^{16}+x^{12}+x^5+1$" 对应的二进制序列就是 10001000000100001b。

确定了原始数据和生成多项式，那么校验码就可以产生了。若生成多项式幂次为 n（如 "$G(x)=x^3+x^2+1$" 的最高幂次为 3），则生成多项式表示的二进制序列就有 $n+1$ 位（如 1101b 有 4 位）。需要在原始数据后面补 n 个 0（如原始数据是 1111b，则补 3 个 0，得到 1111000b），然后使用模二除法将补 0 后的原始数据除以生成多项式表示的二进制序列，其余数即为校验码。例如，使用模二除法用 1111000b 除以 1011b，运算过程如图 12.3.1 所示。

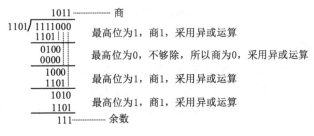

图 12.3.1　模二除法运算过程

经过上述模二除法后，可以得到校验码 111，然后将校验码（111b）加上原始数据（补 0 后为 1111000b）。得到包含校验码的数据（1111111b），即可将其发送出去。接收端接收到数据（1111111b）后，将其除以约定好的生成多项式序列（即 1011b），得到余数为 0，则表示数据正确，若余数不为 0，则表示数据错误。

上面介绍了 CRC 的原理，实际使用 CRC 的过程中，不必手动计算这些校验码，可以根据原理编写程序代码后者直接使用 MSP430 单片机内部的硬件 CRC 模块，可以极大减轻编程的压力。

12.3.1　CRC16 模块简介

CRC 模块可以为给定的数据序列生成校验码。CRC16 模块的硬件结构如图 12.3.2 所示，从图中可以看出，校验码是通过反馈路径从数据位 0、4、11 和 15 生成的，这也符合 CRC-CCITT 标准的规定。从而我们可以得到 CRC16 模块有一个固定的生成多项式，即 $G(x)=x^{16}+x^{12}+x^5+1$（最高幂次为 16）。那么，它对应的二进制序列就是 10001000000100001b（17 位二进制序列）。因为生成多项式最高幂次为 16，所以生成的校验码也是 16 位，这样即可通过 MSP430 单片机内部总线和外围模块直接传输。

当用固定的种子值初始化 CRC 时，相同的输入数据序列导致相同的校验码。一般情况下，不同的输入数据序列将导致不同的校验码。

1．CRC 标准与位序

CRC 的标准在很久以前就已经制定完成，在一般的机器中，将第 0 位视为 MSB（最高位）。但是对于像 MSP430 单片机这样的微控制器而言，第 0 位被视为 LSB（最低位）。图 12.3.2 所示的 CRC 位序是把第 0 位视为了最高位。为了防止位序的冲突，CRC16 模块具备一对位反转寄存器，从而可以支持这两种位序协议，下面会进行介绍。

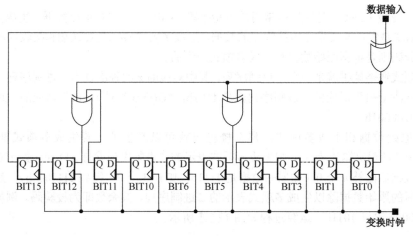

图 12.3.2　CRC16 模块的硬件结构

2．CRC 校验和生成

首先向 CRC 初始化和结果寄存器（CRCINIRES）写入一个 16 位字（种子值），以此来初始化 CRC 生成器。种子值不同，最终得到的校验码也不同。对于 CRC-CCITT 标准，种子值一般为 0xFFFF 或 0x0000。任何需要包含在 CRC 中的数据必须按照原始 CRC 的顺序写入 CRC 数据输入寄存器（CRCDI 或 CRCDIRB）。

CRCDIRB 的位序与 CRCDI 的相反。也就是说，写入 CRCDIRB 中的数据按照正常 MSP430 单片机的位序，在传输到 CRC 校验逻辑时，会以字节为单位进行位序的反转，从 CRCDIRB 中读到的数据仍是写入其中的数据。

写入 CRCDI 中的数据以字节为单位进行数据处理，每个时钟周期（MCLK）处理 1 个字节。如果使用字写入指令，则偶数地址的低字节在第 1 个 MCLK 周期被处理。在第 2 个时钟周期，高字节被处理。因此，处理字数据需要 2 个时钟周期，处理字节数据需要 1 个时钟周期。

软件或硬件（如 DMA）可以向 CRCDI 或 CRCDIRB 中传输数据。当数据传输到 CECDI 或 CECDIRB 后，这些数据就会包含校验码，并且在下一个读取访问中即可将校验码结果寄存器（CRCINIRES 和 CRCRESR）的数据读取出来。实际校验码可以从 CRCINIRES 寄存器读取，从而将计算出的校验和与预期的校验和进行比较，从 CRCRESR 中读取的校验结果位序与 CRCINIRES 相反，这里的位序相反指的是整个 16 位字的位序相反。如果把校验和本身（位序取反之后）添加到 CRC 操作中（将校验和写入了 CRCDI 或 CRCDIRB），那么生成的校验码一定是 0。

12.3.2 CRC16 寄存器

各寄存器如表 12.3.1～表 12.3.4 所示。

表 12.3.1 CRCDI：CRC 数据输入寄存器

15	14	13	12	11	10	9	8
CRCDI							
rw-0	rw-0	rw-0	rw-0	rw-0	rw-0	rw-0	rw-0
7	6	5	4	3	2	1	0
CRCDI							
rw-0	rw-0	rw-0	rw-0	rw-0	rw-0	rw-0	rw-0

CRCDI：CRC 数据输入。根据 CRC-CCITT 标准，写入 CRCDI 寄存器中的数据会包含在 CRCINIRES 寄存器的当前校验码内。

表 12.3.2 CRCDIRB：CRC 数据输入反转寄存器

15	14	13	12	11	10	9	8
CRCDIRB							
rw-0	rw-0	rw-0	rw-0	rw-0	rw-0	rw-0	rw-0
7	6	5	4	3	2	1	0
CRCDIRB							
rw-0	rw-0	rw-0	rw-0	rw-0	rw-0	rw-0	rw-0

CRCDIRB：反字节 CRC 数据。根据 CRC-CCITT 标准，写入 CRCDIRB 寄存器中的数据包含在 CRCINIRES 和 CRCRSR 寄存器的当前校验码内。读取该寄存器会返回寄存器 CRCDI 的内容。

表 12.3.3 CRCINIRES：CRC 初始化和结果寄存器

15	14	13	12	11	10	9	8
CRCINIRES							
rw-1	rw-1	rw-1	rw-1	rw-1	rw-1	rw-1	rw-1
7	6	5	4	3	2	1	0
CRCINIRES							
rw-1	rw-1	rw-1	rw-1	rw-1	rw-1	rw-1	rw-1

CRCINIRES：CRC 初始化和结果。这个寄存器存储当前 CRC 结果（符合 CRC-CCITT 标准）。写入该寄存器后，会根据写入的值初始化 CRC。写入到该寄存器的值可以从该寄存器中读取。

表 12.3.4　CRCINIRES：CRC 结果反转寄存器

15	14	13	12	11	10	9	8
CRCRESR							
r-1	r-1	r-1	r-1	r-1	r-1	r-1	r-1
7	6	5	4	3	2	1	0
CRCRESR							
r-1	r-1	r-1	r-1	r-1	r-1	r-1	r-1

CRCRESR：CRC 反转结果。这个寄存器保存当前 CRC 结果（符合 CRC-CCITT 标准）。该寄存器的位序与 CRCINIRES 寄存器的位序相反（如 CRCINIRES[15]=CRCRESR[0]）。

12.4　CRC16 应用实例

CRC16 应用实例介绍如何使用 CRC16 模块进行数据校验，使用 MSP430 单片机的硬件 CRC16 模块可以快速生成校验码并对数据进行校验，适用于通信信道不可靠的场所的数据校验，可以在很大程度上提高数据错误的检出率，从而对错误数据采取措施。

CRC16 模块可以根据输入的数据快速生成 CRC 校验码。本实例要求使用 MSP430 单片机的 CRC16 模块，生成字符数据的校验码，并验证校验是否正确，正确就点亮 LED。实例代码如下：

```
#include "MSP430.h"
void main ()
{
  WDTCTL = WDTPW + WDTHOLD;              //关闭看门狗
  P7OUT |= BIT0; P7DIR |= BIT0;          //初始化LED端口
  CRCINIRES = 0xFFFF;                    //写入种子值，种子值不同则生成的校验码也不同
  CRCDI_L = 0x31;                        //输入一字节数据，ASCII码为"1"
  CRCDI_L = 0x32;                        //输入一字节数据，ASCII码为"2"
  CRCDI_L = 0x33;                        //输入一字节数据，ASCII码为"3"
  CRCDI = 0x3534;                        //输入一字数据，ASCII码为"4"和"5"
  CRCDI = 0x3736;                        //输入一字数据，ASCII码为"6"和"7"
  CRCDI = 0x3938;                        //输入一字数据，ASCII码为"8"和"9"
  if (CRCINIRES==0x89F6)                 //正确的校验码应该是0x89F6
    P7OUT &= ~BIT0;                      //点亮LED
  __bis_SR_register (LPM4_bits);         //进入低功耗模式
  while (1);
}
```

该代码功能为：主函数中关闭看门狗，初始化 LED 对应的端口，向 CRCINIRES 中添加种子值，然后向 CRCDI 寄存器中赋值，实例中分别采用了字节指令和字指令的赋值方法，使用两种方法写入数据的顺序是相同的。最后检查校验码是否与正确的校验码 089F6h 一致，并且点亮 LED 和进入低功耗模式。

实例现象：LED 点亮，并且通过在线调试可以发现 CRCINIRES 中的值为 089F6h，CRCRESR 中的值为 06F91h，两者位序相反。若将 06F91h 再赋值给 CRCDI，则生成的校验码为 00000h。

12.5　小结与思考

　　本章介绍了 MSP430 单片机的 MPY32 和 CRC16 模块,这两个模块对于提高 MSP430 单片机的运算性能有着十分重要的作用；介绍了使用 MPY32 进行无符号乘法 16×16 位,有符号乘法 32×32 位、无符号乘法 32×32 位,以及无符号乘加 32×32 位运算；介绍了如何使用 CRC16 模块生成校验码。

　　学习完本章内容,读者应掌握 MSP430 单片机的 MPY32 模块的乘法及乘加运算,掌握 CRC16 模块的使用方法。读者还应体会并掌握如何使用 MPY32 和 CRC16 模块提高单片机的数据处理速度,从而学会编写针对 MSP430 单片机的高性能的程序代码。

习题与思考

　　12-1　MPY32 的第一操作数(OP1)为何有 12 个寄存器？这些寄存器总体上的作用是什么？

　　12-2　使用 MPY32 时,向 MPY32L 中写入了一个数据,这表示要进行什么类型的乘法运算？下一步应该向哪几个寄存器写入数据才能实现这个运算？

　　12-3　对于 MPY32 的分数模式,请问 Q15 格式的 0xF000 表示的分数是什么？

　　12-4　现有二进制数据 1101h,生成多项式为 "$G(x)=x^3+x^2+1$",求校验码为何值？

第 13 章　MSP430 单片机驱动库

　　单片机的官方驱动库（DRIVERLIB）是单片机生产商编写的适用于该单片机的一系列函数，用这些函数可以方便地访问单片机的外围模块。应用程序接口（Application Programming Interface，API）就是其中一些预定义的函数，其目的是提供一些用户可以直接使用的访问单片机内部功能模块的函数，用户不需要过多地了解程序的底层结构，就可以对单片机的外围模块进行访问，极大地方便了单片机的开发。

　　本章导读：通过学习本章内容，重点掌握使用库函数对 MSP430 单片机的数字 I/O 口、系统时钟、定时器和串行口进行配置，并举一反三，逐渐了解和掌握 MSP430 单片机的其他模块的驱动库，通过编程实验，验证库函数的正确性并提升开发效率。建议读者细读 13.1 节与 13.2 节，动手实践 13.3 节并做好笔记，完成习题。

13.1　驱动库 DRIVERLIB

　　MSP430 单片机外围模块驱动库是德州仪器公司官方编写的基于 C 语言的驱动库函数（简称库函数）。使用库函数可以非常方便地对 MSP430 单片机的外围模块进行访问，而不必去了解单片机的外围模块寄存器分布。使用 MSP430 单片机外围模块驱动库可以对该系列单片机快速使用和开发。库函数并不是操作系统层面的，这些函数没有公共的接口，也没有连接到全局设备驱动程序基础结构。若读者欲使用驱动库，则必须对 MSP430 单片机外围模块的工作原理和硬件结构有一定的了解。目前官方所推出的驱动库支持如下系列 MSP430 单片机。

- MSP430F5xx_6xx
- MSP430FR57xx
- MSP430FR5xx_6xx
- MSP430FR2xx_4xx
- MSP430i2xx

13.1.1　库函数与寄存器程序开发比较

　　以配置系统时钟和点亮 LED 为例，对库函数与寄存器程序开发进行比较。本实例将配置 MSP430 单片机主时钟频率为 4MHz，并使 P7.0 端口输出 1Hz 方波信号，使用库函数进行配置的代码如下：

```
#include "driverlib.h"
void main ( void )
{
  WDTCTL = WDTPW + WDTHOLD;                    //关闭看门狗
```

```
    UCS_initFLLSettle (4000,122);              //配置锁频环时钟频率，其余配置保持默认值
    GPIO_setOutputHighOnPin (GPIO_PORT_P7,GPIO_PIN0);    //配置P7.0输出高电平
    GPIO_setAsOutputPin (GPIO_PORT_P7,GPIO_PIN0);        //配置P7.0为输出
    while (1)
    {
      GPIO_toggleOutputOnPin (GPIO_PORT_P7,GPIO_PIN0);   //反转P7.0状态
      __delay_cycles (2000000);                          //延时0.5s
    }
}
```

使用寄存器操作进行配置的代码如下：

```
    #include <msp430f5529.h>
    void main (void)
    {
      WDTCTL = WDTPW+WDTHOLD;              //关闭看门狗
     /*配置寄存器，使DCOCLK=4MHz, DCOCLKDIV=4MHz*/
      __bis_SR_register (SCG0);            //库函数，可右键查看其定义，意为关闭FLL
      UCSCTL0 = 0x0000;                    //先清零，FLL运行时，该寄存器系统会自动配置
      UCSCTL1 = DCORSEL_3;                 //选择频率范围DCOCLK 为 0.64～14.0MHz
      UCSCTL2 = FLLD_0 + 121;  /*FLLD=0, 则D=1; FLLN=121, 则N=121; n在USCSTL3寄存器中为默认值1, 则
    DCOCLK=1×（121+1）×32768=3.997696MHz; */

                                          //DCODIVCLK=（121+1）×32768=3.997696MHz
      __bic_SR_register (SCG0);            //开启FLL控制回路
      __delay_cycles (76563);             //延时等待时钟稳定
      while (UCSCTL7 & DCOFFG)             //检查是否有时钟出错
      {
        UCSCTL7 &= ～DCOFFG;               //清除三类时钟错误标志位
        SFRIFG1 &= ～OFIFG;               //清除时钟错误标志位
      }
      P7DIR |= BIT0;                       //将P7.0设置为输出，用来驱动LED
      P7OUT |=BIT0;                        //初始状态为高电平，LED熄灭
      while (1)
      {
        __delay_cycles (2000000);          //每隔2000000个时钟周期（0.5s）
        P7OUT ^= BIT0;                     //P7.0（LED）状态反转一次
      }
    }
```

对比两个代码可以看出，使用库函数时，我们所编写的代码量非常少，只需调用各种功能函数即可实现功能，且各个函数的作用通过其命名就可以了解。而使用寄存器编写代码则非常复杂，其内容晦涩难懂。若打开库函数的定义，则可以发现其内部就是使用寄存器进行编写的，且库函数里的内容代码量非常庞大。库函数为了方便我们调用，使用了非常多的代码，并且在单片机内生成的代码也比使用寄存器的多，库函数的作用就是以牺牲代码大小为代价方便用户使用。

13.1.2　驱动库 DRIVERLIB 说明

1. 库函数的特点

· 库函数都是使用 C 语言编写的，除非万不得已才会使用其他语言。

· 库函数演示了如何在通用模式下使用外围模块。

- 库函数具备丰富的讲解和实例，易于理解。
- 库函数对内存和处理器的使用较为高效。
- 库函数是尽可能相互独立的。
- 在可能的情况下，库函数的很多内容都是在编译过程中执行的，以降低单片机的压力。
- 库函数可以使用多种工具构建。

2．库函数导致的后果

（1）驱动程序不一定是最高效的（从代码大小和运行速度的角度出发）。最高效的代码是通过汇编语言编写的，若使用汇编语言则需要对具体每一种型号的单片机定制驱动程序，若进一步优化代码则可能使程序难以理解。

（2）驱动程序不支持硬件的全部功能，一些外围模块的功能较为复杂，所以驱动程序仅能提供最基本的功能。若想使用外围模块的全部功能，则需要详细学习芯片用户指南，学习对应模块的功能。

（3）驱动程序中，有大量错误检查代码，其作用在于初始程序开发期间的纠错。若对这些程序比较了解，则可以删除所有的错误检查代码，以提高代码的运行效率。

对于许多应用程序，驱动程序可以直接使用。但在某些情况下，为了满足应用程序的功能、内存或处理要求，必须对驱动程序进行增强或重写，那么现有的驱动程序可以作为操作外围设备的参考。

3．库函数的调用

MSP430 单片机的库函数的大多数 API 都将相应外设的基址作为第一个参数，使用基址加偏移地址的方法对底层寄存器进行操作。此基址可以从 MSP430 特定单片机型号的头文件中获得，偏移地址隐藏在 API 内部或函数的其他参数中，不用用户刻意获取。MSP430 单片机的库函数适用于 IAR 和 CCS。对于 IAR，当配置完工程对应的器件并编译后，从对应的头文件中就可以获得该单片机的所有外围模块的基址。对于 CCS，可以使用快捷键"Ctrl+Space"获取帮助。输入 __MSP430 并使用快捷键"Ctrl+Space"，即可列出包含的设备规格头文件中的基址列表。例如，在头文件"MSP430F5529.h"中，我们可以看到如下代码：

```
#define __MSP430_HAS_ADC12_PLUS__
#define __MSP430_BASEADDRESS_ADC12_PLUS__  0x0700
#define ADC12_A_BASE __MSP430_BASEADDRESS_ADC12_PLUS__
......
#define __MSP430_HAS_COMPB__
#define __MSP430_BASEADDRESS_COMPB__  0x08C0
#define COMP_B_BASE __MSP430_BASEADDRESS_COMPB__
```

"#define __MSP430_HAS_ADC12_PLUS__"该代码的作用在于声明该系列单片机具备 ADC12 模块，方便随后的编译工作。下面两条代码则定义了 ADC12 模块的基址。随后，我们即可使用"ADC12_A_BASE"作为 ADC12 模块的基址，然后就可以调用基于 ADC12 模块的各种库函数了，下面是从库函数"adc12_a.h"中摘得的文本：

```
extern bool ADC12_A_init (uint16_t baseAddress,
                    uint16_t sampleHoldSignalSourceSelect,
                    uint8_t clockSourceSelect,
                    uint16_t clockSourceDivider);

extern void ADC12_A_enable (uint16_t baseAddress);

extern void ADC12_A_disable (uint16_t baseAddress);
```

这些函数的第 1 个形参，即"baseAddress"的位置要填写"ADC12_A_BASE"，其他的形参则需要根据该函数的介绍进行填写和配置。通过形参的命名我们可以简单了解到，如函数"ADC12_A_init"，其第 2 个形参是配置采样保持信号源，第 3 个、第 4 个形参则是配置时钟源和分频系数，需要填写的参数已在"adc12_a.h"中宏定义，不再赘述。例如，可以使用如下代码对 ADC12 模块进行配置：

```
ADC12_A_init(ADC12_A_BASE,
             ADC12_A_SAMPLEHOLDSOURCE_SC,
                 ADC12_A_CLOCKSOURCE_ACLK ,
                 ADC12_A_CLOCKDIVIDER_1);
ADC12_A_enable(ADC12_A_BASE);//使能ADC12模块
```

通过配置函数，我们又可以了解到，上述代码可以配置 ADC12 模块的采样保持信号源为 SC，配置时钟源为 ACLK，分频系数为 1。使用库函数对其他模块的配置方法与上述方法类似，可以通过其库函数的介绍非常迅速地完成对外围模块的访问。

13.1.3　基于库函数的工程模板

库函数的各个文件是具备耦合关系的，如文件的包含等。一个库函数文件往往不能单独作用，可能会遇到找不到文件、编译出错的问题。因此，需要一个基于库函数的工程模板，将所有库函数统一管理，在使用时直接调用，而不使用时则不会对代码产生影响。图 13.1.1 所示为 MSP430 单片机的库函数工程模板文件管理器中的部分内容。

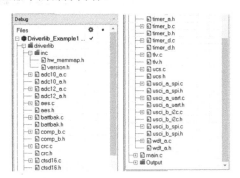

图 13.1.1　库函数工程模板文件管理器中的部分内容

下面介绍建立和导入基于库函数的工程模板的方法。

1. 使用 CCS Resource Explorer 导入工程模板

（1）打开 CCS 后，依次单击 View→Resource Explorer，打开资源浏览器，如图 13.1.2 所示。

（2）打开资源浏览器后，依次展开目录：Software→MSP430Ware→Libraries→Driver Library→MSP43F5xx_6xx，即得到图 13.1.3 所示界面，然后即可单击"Example Projects"文件夹，浏览各种库函数的范例。使用此功能的过程中需要联网，网速不稳定可能会出现错误，因版本不同，CCS 界面的内容可能会不同，但读者可以根据其目录的名称获取库函数。

2. 使用 CCS 导入驱动库工程

（1）导入驱动库工程需要提前下载工程模板，可以去德州仪器官网（www.ti.com），搜索MSPDRIVERLIB，单击正确的搜索结果，即可跳转至 MSP430 单片机库函数的下载界面，界面上包含各种说明文件的下载，CCS 软件的下载，还有库函数工程模板的下载选项，如图 13.1.4 所示（网站不断更新网页显示会不同）。单击 msp430_driverlib 即可下载驱动库文件。下载获得压缩包，解压后可以发现内部文件包括说明文档、驱动库、驱动库例程等。驱动库例程中包含了各种例程和空模板。我们可以直接导入例程学习，也可以使用空模板。

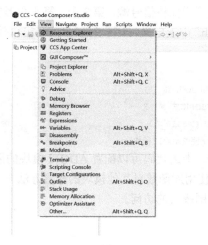

图 13.1.2　CCS 界面

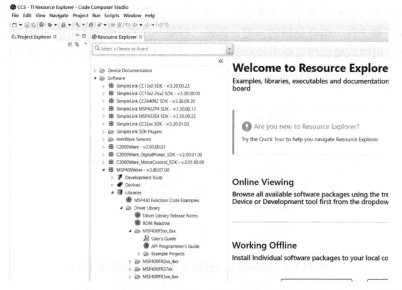

图 13.1.3　CCS 的资源管理器

图 13.1.4　MSPDRIVERLIB 官方网站

（2）打开 CCS 后，依次单击 Project→Import CCS Project，弹出图 13.1.5 所示界面。

图 13.1.5　添加 CCS 工程

（3）然后单击"Browse"按钮，选择空模板所在地址，如图 13.1.6 所示。

（4）选择了正确的文件夹后，CCS 会自动识别文件夹内部的工程"emptyProject"，如图 13.1.7 所示。单击"Finish"按钮后，即可导入包含驱动库的工程模板。

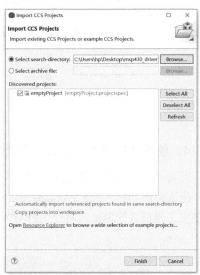

图 13.1.6　选择空模板所在地址　　　　图 13.1.7　识别文件夹内部的工程文件

（5）在文件管理器的目录中，可以看到 main.c 文件，即可编写程序，如图 13.1.8 所示。读者也可以尝试其他例程，并学习库函数的使用方法。

3. 使用 IAR 打开库函数工程模板

使用 IAR 可以直接打开驱动库空模板的 IAR 工作空间。驱动库空模板的目录如下：\msp430_driverlib_2_91_11_01\examples\MSP430F5xx_6xx\00_emptyProject\IAR，如图 13.1.9 所示。双击"00_emptyProject"工作空间，即可打开驱动库空模板工程，然后即可进行编辑。

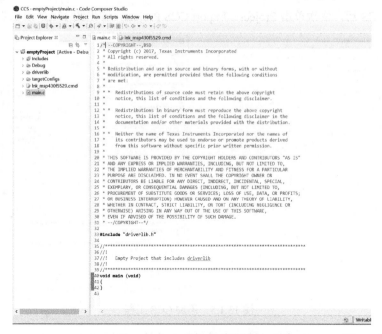

图 13.1.8　加载完成工程模板

图 13.1.9　IAR 工作空间目录

4．使用 IAR 导入库函数工程模板

若需要导入工程，则打开 IAR，在自己希望的目录下建立并保存一个新的工作空间，操作方法为：依次单击 File→New Workspace。然后依次单击 Project→Add Existing Project，路径选择到示例程序空工程项目的地址，将空工程导入，如图 13.1.10 所示，随后即可进行编辑。

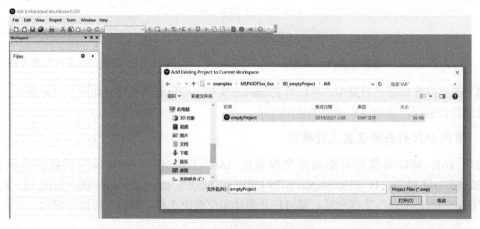

图 13.1.10　IAR 导入已有工程

5. 在已有 IAR 工程中导入库函数

上述两种使用 IAR 的方法都无法改变工程文档的路径，是建立在添加新工程的基础上的，下面介绍一种在已有的工程中添加库函数的方法。库函数之间有一些耦合作用，不可以随意添加，需要符合函数的包含路径等。

（1）若想在已有 IAR 工程中使用库函数，则需要根据库函数目录建立一系列文件并配置路径。首先将库函数复制到所要导入的工程目录下，然后在 IAR 的文件管理器中，右击后依次单击 Add→Group，建立组"MSP430F5xx_6xx"，随后在"MSP430F5xx_6xx"组中建立组"inc"。也就是根据实际库函数的目录建立一系列的文件夹。随后，右击后依次单击 Add→Files，将库文件批量添加到之前建立的组中，建立的两个组都要添加文件，如图 13.1.11 所示。

（2）在 IAR 文件管理器中右击后单击"Options"选项，弹出如图 13.1.12 所示的配置工程参数界面，在该界面内可以配置单片机型号、优化等级、调试选项等参数，编译工程之前最基本的工作就是要将单片机型号选择正确，这里选择单片机的型号为 MSP430F5529。

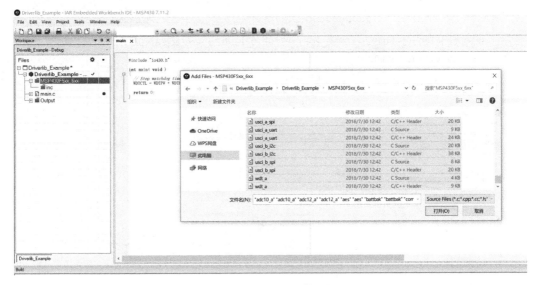

图 13.1.11　添加组和文件

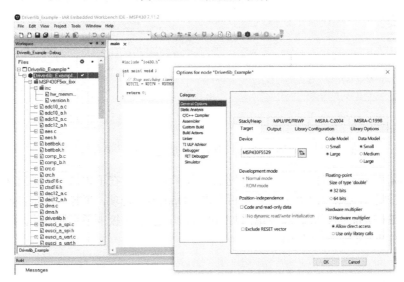

图 13.1.12　配置工程参数

（3）选择目录"C/C++ Compiler"，单击"Preprocessor"选项，在"Additional include directories"选项中添加路径，具体方法为单击右侧的"…"按钮，然后添加路径即可，如图 13.1.13 所示，注意添加路径后，单击条目右侧的三角符号，将路径选择为相对路径。这样可以避免程序复制后发生路径错误的问题。之后即可正常进行程序的编写和编译。

（4）在导入工程后，可以先单击编译按钮进行编译，如果编译没有出错，则可进行下一步操作。若编译过程中出现部分基址没有声明的问题，则说明单片机型号选择有问题，若出现路径错误，则说明路径包含出现了问题。随后可以编写以下代码：

```c
#include "driverlib.h"
void main（void）
{
  WDTCTL = WDTPW + WDTHOLD;                           //关闭看门狗
  GPIO_setOutputHighOnPin（GPIO_PORT_P7,GPIO_PIN0）;  //配置P7.0输出高电平
  GPIO_setAsOutputPin（GPIO_PORT_P7,GPIO_PIN0）;      //配置P7.0为输出
  while（1）
  {
    GPIO_toggleOutputOnPin（GPIO_PORT_P7,GPIO_PIN0）; //反转P7.0状态
    __delay_cycles（500000）;                         //延时0.5s
  }
}
```

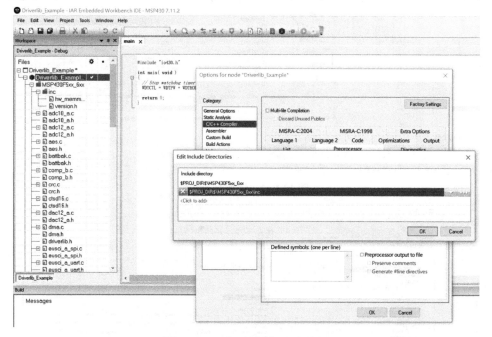

图 13.1.13　为工程添加包含路径

（5）程序编写完成，编译无误后，即可进行下载和调试。但在下载前，需要配置下载和调试选项，在 IAR 文件管理器该工程项目处右击后单击"Options"选项，选择"Debugger"选项，其中的驱动选择"FET Debugger"选项，如图 13.1.14 所示，这是 TI 板卡通用的驱动。随后即可下载和调试，以上程序可以实现 LED 的闪烁。

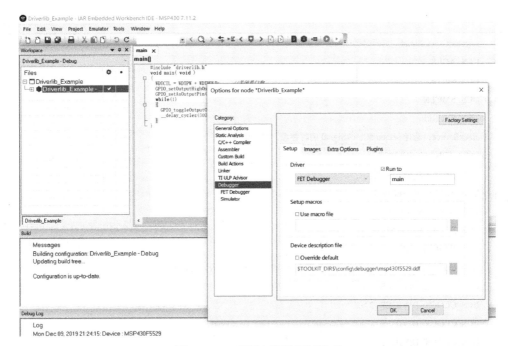

图 13.1.14　配置工程的调试选项

13.2　库函数说明

库函数具体在各个模块的实现方法。针对 MSP430 单片机的主要模块进行库函数的说明和实验，希望读者能够认真学习下述库函数的使用，并且举一反三，能够拓展 MSP430 单片机中各个模块的库函数。

13.2.1　时钟系统 UCS 库函数

UCS 模块具有 5 个可选的时钟源（VLO、REFO、XT1、XT2 和 DCO），这 5 个时钟源为 3 个系统时钟（MCLK、SMCLK 和 ACLK）提供时钟信号。通过关闭 MCLK、SCMLK、ACLK 和 LDO 可以实现不同的低功耗模式。关于 UCS 模块的更多介绍，请参考第 4 章。UCS 模块 API 的调用不需要模块的基址，内容较为分散。部分 UCS 库函数介绍如表 13.2.1 所示。

表 13.2.1　部分 UCS 库函数介绍

	void UCS_setExternalClockSource(uint32_t XT1CLK_frequency, uint32_t XT2CLK_frequency)	
参数	XT1CLK_frequency：XT1 晶体振荡器频率（单位：Hz）	
	XT2CLK_frequency：XT2 晶体振荡器频率（单位：Hz）	
功能	该函数是外部时钟源 XT1 和 XT2 晶体振荡器的频率值。如果使用了外部时钟源 XT1 或 XT2，那么必须调用该函数。也必须在调用 UCS_getMCLK、UCS_getSMCLK 和 UCS_getACLK 函数之前调用该函数，其他情况下可不调用该函数	
	void UCS_initClockSignal(uint8_t selectedClockSignal, uint16_t clockSource, uint16_t clockSourceDivider)	

参数	selectedClockSignal：选择时钟信号。可选值为 UCS_ACLK UCS_MCLK UCS_SMCLK UCS_FLLREF clockSource：选择 selectedClockSignal 的时钟源。可选值为 UCS_XT1CLK_SELECT UCS_VLOCLK_SELECT UCS_REFOCLK_SELECT UCS_DCOCLK_SELECT UCS_DCOCLKDIV_SELECT UCS_XT2CLK_SELECT clockSourceDivider：选择时钟分频器计算来自时钟源的时钟信号。可选值为 UCS_CLOCK_DIVIDER_1（默认） UCS_CLOCK_DIVIDER_2 UCS_CLOCK_DIVIDER_4 UCS_CLOCK_DIVIDER_8 UCS_CLOCK_DIVIDER_12（仅对 UCS_FLLREF 可用） UCS_CLOCK_DIVIDER_16 UCS_CLOCK_DIVIDER_32（仅对 UCS_FLLREF 可用）
功能	该函数可用来初始化每一个时钟信号。用户必须确保对每一个时钟源都调用了该函数。否则，这些时钟源就会保留其默认的选项

void UCS_turnOnLFXT1(uint16_t xt1drive, uint8_t xcap)	
参数	xt1drive：XT1 晶体振荡器的驱动能力，可选值为 UCS_XT1_DRIVE_0 UCS_XT1_DRIVE_1 UCS_XT1_DRIVE_2 UCS_XT1_DRIVE_3（默认） xcap：选定电容值，仅在 LFXT1 有效。可选值为 UCS_XCAP_0 UCS_XCAP_1 UCS_XCAP_2 UCS_XCAP_3（默认）
功能	初始化低频模式下的 XT1 晶体振荡器

void UCS_turnOffXT1(void)	
功能	使用 XT1OFF 位停止 XT1 晶体振荡器

void UCS_turnOnXT2(uint16_t xt2drive)	
参数	xt2drive：选择 XT2 晶体振荡器的驱动能力。可选值为 UCS_XT2_DRIVE_4MHz_8MHz UCS_XT2_DRIVE_8MHz_16MHz UCS_XT2_DRIVE_16MHz_24MHz UCS_XT2_DRIVE_24MHz_32MHz（默认）
功能	初始化 XT2 晶体振荡器

续表

	void UCS_turnOffXT2(void)	
功能	使用 XT2OFF 位停止 XT1 晶体振荡器	
	void UCS_initFLLSettle(uint16_t fsystem, uint16_t ratio)	
参数	fsystem：需要设置的 MCLK 时钟（单位：kHz） ratio：*x*/*y* 的值，x= fsystem，y=FLL 参考时钟	
功能	初始化 DCO，使用 FLL 将参考频率倍频，用于系统时钟。等待所有时钟故障标志清除，超时后返回。如果预设频率大于 16MHz，则选择 DCOCLK 为 MCLK 和 SCMLK 时钟源，否则选择 DCOCLKDIV 作为 MCLK 和 SMCLK 时钟源。注意驱动较高频率时需要先调用 PMM_setVCore 函数来提升核心电压	

上述列举了 MSP430 单片机库函数中部分 UCS 库函数，还有一些函数并不常用，没有列出，读者可以参考 MSP430F5xx_6xx 库函数来获取所有的函数及其介绍。

13.2.2　数字端口 GPIO 库函数

数字 I/O 口库函数可用来设置和使能 I/O 口，设置上拉电阻、下拉电阻、中断，以及访问端口的值等。数字 I/O 口的特点如下。

- 每个 I/O 口引脚相互独立，可编程配置。
- 每个 I/O 口引脚均可设置为输入、输出方向的任意组合。
- P1 和 P2 的所有引脚具有独立可配置的中断功能，一些设备还包含额外中断端口。
- 每个端口具有独立的输入、输出数据寄存器。
- 每个 I/O 口引脚都具有独立可配置的上拉电阻或下拉电阻。

部分 GPIO 库函数介绍如表 13.2.2 所示，其参数均为 selectedPort 和 selectedPins。selectedPort 可选值为 GPIO_PORT_Px（x 可以取值 1、2、3、…、10、11、A、B、…、F、J）。selectedPins 可选值为 GPIO_PINx（x 可以取值 0~15），也可以是 GPIO_PIN_ALL8 或 GPIO_PIN_ALL16 表示为 8 位或 16 位。

表 13.2.2　部分 GPIO 库函数介绍

	void GPIO_setAsOutputPin(uint8_t selectedPort, uint16_t selectedPins)	
功能	配置选定的端口为输出端口	
	void GPIO_setAsInputPin(uint8_t selectedPort, uint16_t selectedPins)	
功能	配置选定的端口为输入端口	
	void GPIO_setAsPeripheralModuleFunctionOutputPin(uint8_t selectedPort, uint16_t selectedPins)	
功能	配置选定的端口为输出方向的复用功能	
	void GPIO_setAsPeripheralModuleFunctionInputPin(uint8_t selectedPort, uint16_t selectedPins)	
功能	配置选定的端口为输入方向的复用功能	
	void GPIO_setOutputHighOnPin(uint8_t selectedPort, uint16_t selectedPins)	
功能	配置选定的端口输出高电平	
	void GPIO_setOutputLowOnPin(uint8_t selectedPort, uint16_t selectedPins)	
功能	配置选定的端口输出低电平	
	void GPIO_toggleOutputOnPin(uint8_t selectedPort, uint16_t selectedPins)	
功能	反转选定端口输出电平的状态	
	void GPIO_setAsInputPinWithPullDownResistor(uint8_t selectedPort, uint16_t selectedPins)	
功能	配置选定的端口为输出状态，且配置下拉电阻	

续表

	void GPIO_setAsInputPinWithPullUpResistor(uint8_t selectedPort, uint16_t selectedPins)
功能	配置选定的端口为输出状态，且配置上拉电阻
	uint8_t GPIO_getInputPinValue(uint8_t selectedPort, uint16_t selectedPins)
功能	获取输入端口的值
	void GPIO_enableInterrupt(uint8_t selectedPort, uint16_t selectedPins)
功能	使能选定端口的中断
	void GPIO_disableInterrupt(uint8_t selectedPort, uint16_t selectedPins)
功能	禁用选定端口的中断
	uint16_t GPIO_getInterruptStatus(uint8_t selectedPort, uint16_t selectedPins)
功能	获取选定端口的中断状态
	void GPIO_clearInterrupt(uint8_t selectedPort, uint16_t selectedPins)
功能	清除选定端口的中断标志
	void GPIO_selectInterruptEdge(uint8_t selectedPort, uint16_t selectedPins, uint8_t edgeSelect)
参数	edgeSelect：中断边沿选择，可选值为 GPIO_HIGH_TO_LOW_TRANSITION GPIO_LOW_TO_HIGH_TRANSITION
功能	选择选定端口的中断边沿
	void GPIO_setDriveStrength(uint8_t selectedPort, uint16_t selectedPins, uint8_t driveStrength)
参数	driveStrength：驱动能力选择，可选值为 GPIO_REDUCED_OUTPUT_DRIVE_STRENGTH GPIO_FULL_OUTPUT_DRIVE_STRENGTH
功能	配置选定端口的驱动能力

13.2.3　定时器 TIMER_A 库函数

Timer_A 是一个 16 位定时器，具备多个捕获比较寄存器。Timer_A 能提供多种捕获比较，PWM 输出和间隔定时。Timer_A 也能提供广泛的中断能力。定时器溢出可以产生中断，每个捕获比较器也能产生中断。Timer_A 的特点如下。

- 异步 16 位定时器，具备 4 种运行模式。
- 可选择配置时钟源。
- 高达 7 个可配置的捕获比较寄存器。
- 可配置输出，具备脉宽调制（PWM）功能。
- 异步输入和输出锁存。
- 用于快速解码所有定时器中断的中断向量寄存器。

Timer_A 的 API 函数均使用 Timer_A 基址作为第一个参数，从而兼容不同型号的单片机。基址可以从特定单片机的头文件中获取，例如，MSP430F5529 单片机的 Timer_A 基址为"TIMER_A0_BASE"。Timer_A 的运行模式有 3 种，分别为连续模式、增模式和增减模式。捕获比较器有 3 种模式，捕获模式、比较模式、输出模式。部分 Timer_A 库函数介绍如表 13.2.3 所示，其他不常用函数读者可自行查阅 MSP430F5xx_6xx 库函数用户指南。

表 13.2.3　部分 Timer_A 库函数介绍

	void Timer_A_startCounter(uint16_t baseAddress, uint16_t timerMode)
参数	timerMode：选择定时器的工作模式，可选值为 TIMER_A_STOP_MODE TIMER_A_UP_MODE TIMER_A_CONTINUOUS_MODE（默认） TIMER_A_UPDOWN_MODE

功能	配置定时器的工作模式并启动定时器
	void Timer_A_initContinuousMode(uint16_t baseAddress, Timer_A_initContinuousModeParam*param)
参数	param：结构体变量指针，该结构体内部包含 Timer_A 连续模式初始化的相关配置，可通过其头文件查看，并进行相关的配置
功能	配置定时器工作在连续模式下的相关设置
	void Timer_A_initUpMode(uint16_t baseAddress, Timer_A_initUpModeParam*param)
参数	param：结构体变量指针，该结构体内部包含 Timer_A 增模式初始化的相关配置，可通过其头文件查看，并进行相关的配置
功能	配置定时器工作在增模式下的相关设置
	void Timer_A_initUpDownMode(uint16_t baseAddress, Timer_A_initUpDownModeParam *param)
参数	param：结构体变量指针，该结构体内部包含 Timer_A 增减模式初始化的相关设置，可通过其头文件查看，并进行相关的设置
功能	配置定时器工作在增减模式下的相关设置
	void Timer_A_initCaptureMode(uint16_t baseAddress, Timer_A_initCaptureModeParam *param)
参数	param：结构体变量指针，该结构体内部包含 Timer_A 捕获模式初始化的相关设置，可通过头文件查看，并进行相关的设置
功能	初始化捕获比较器的捕获模式
	void Timer_A_initCompareMode(uint16_t baseAddress, Timer_A_initCompareModeParam *param)
参数	param：结构体变量指针，该结构体内部包含 Timer_A 比较模式初始化的相关设置，可通过头文件查看，并进行相关的设置
功能	初始化捕获比较器的比较模式
	void Timer_A_enableInterrupt(uint16_t baseAddress)
功能	使能 Timer_A 中断
	void Timer_A_disableInterrupt(uint16_t baseAddress)
功能	禁用 Timer_A 中断
	uint32_t Timer_A_getInterruptStatus(uint16_t baseAddress)
功能	获取 Timer_A 中断状态

13.2.4　通信接口 USCI_A_UART 库函数

MSP430 单片机软件库针对 USCI_A_UART 模式的特点如下。
- 奇校验、偶校验或无校验。
- 独立的发送和接收移位寄存器。
- 独立的发送和接收缓冲寄存器。
- 可选择数据发送和接收最低位优先或最高位优先。
- 内置空闲线路多机通信协议和地址位多机通信协议。
- 从 LPMx 模式自动唤醒的接收机起始边缘检测。
- 错误检测和抑制状态标志。
- 地址检测状态标志。
- 接收和发送具备独立的中断能力。

USCI_A_UART 库函数支持如下功能。
- USCI_A_UART 模式。
- 空闲线路多机通信模式。

· 地址位多机通信模式。

· 具有自动波特率检测功能的 USCI_A_UART。

在 USCI_A_UART 模式中，USCI 发送和接收字符以一定的波特率异步发送给其他设备。每个字符的时序基于 USCI 选定的波特率。发送和接收函数使用相同的波特率。此类 API 函数使用 USCI_A_UART 模块基址作为第一个参数，以 MSP430F5529 单片机为例，其具有两个 USCI_A 模块，基址分别为 USCI_A0_BASE 和 USCI_A1_BASE。若对 USCI_A0 的 UART 进行配置，则使用 USCI_A0_BASE；若对 USCI_A1 的 UART 进行配置，则使用 USCI_A1_BASE。部分 USCI_A_UART 库函数介绍如表 13.2.4 所示。

表 13.2.4　部分 USCI_A_UART 库函数介绍

colspan bool USCI_A_UART_init(uint16_t baseAddress, USCI_A_UART_initParam*param)		
参数	param：结构体变量指针，该结构体内部包含 USCI_A_UART 相关的配置，可通过头文件查看并进行相关的配置	
功能	初始化 USCI_A_UART 模块	
colspan void USCI_A_UART_transmitData(uint16_t baseAddress, uint8_t transmitData)		
参数	transmitData：需要发送的数据	
功能	发送一个数据	
colspan uint8_t USCI_A_UART_receiveData(uint16_t baseAddress)		
功能	接收一个字节的数据并返回	
colspan void USCI_A_UART_enableInterrupt(uint16_t baseAddress, uint8_t mask)		
参数	mask：需要使能的中断类型，可选值为 USCI_A_UART_RECEIVE_INTERRUPT USCI_A_UART_TRANSMIT_INTERRUPT USCI_A_UART_RECEIVE_ERRONEOUSCHAR_INTERRUPT USCI_A_UART_BREAKCHAR_INTERRUPT	
功能	使能 USCI_A_UART 相关中断	
colspan void USCI_A_UART_disableInterrupt(uint16_t baseAddress, uint8_t mask)		
参数	mask：需要禁用的中断类型，可选值为 USCI_A_UART_RECEIVE_INTERRUPT USCI_A_UART_TRANSMIT_INTERRUPT USCI_A_UART_RECEIVE_ERRONEOUSCHAR_INTERRUPT USCI_A_UART_BREAKCHAR_INTERRUPT	
功能	禁用 USCI_A_UART 中断	
colspan uint8_t USCI_A_UART_getInterruptStatus(uint16_t baseAddress, uint8_t mask)		
参数	mask：需要返回的中断标志状态，mask 的值可以是如下值的异或运算结果 USCI_A_UART_RECEIVE_INTERRUPT_FLAG USCI_A_UART_TRANSMIT_INTERRUPT_FLAG	
功能	获取中断标志状态	
colspan void USCI_A_UART_clearInterrupt(uint16_t baseAddress, uint8_t mask)		
参数	mask：需要清除的中断标志，mask 的值可以是如下值的异或运算结果 USCI_A_UART_RECEIVE_INTERRUPT_FLAG USCI_A_UART_TRANSMIT_INTERRUPT_FLAG	
功能	清除中断标志位	
colspan void USCI_A_UART_enable(uint16_t baseAddress)		
功能	使能 USCI_A_UART 模块	
colspan void USCI_A_UART_disable(uint16_t baseAddress)		
功能	禁用 USCI_A_UART 模块	

13.3　驱动库应用实例

驱动库应用实例使用 MSP430 单片机库函数的 RCT 部分，实现实时时钟功能，并进行 GPIO 库函数的使用等。希望读者根据本实例，了解库函数的使用方法，并能够尝试其他库函数的功能。

实时时钟模块是单片机中的重要模块，能够对实时时间进行计时和记录。本实例要求使用 MSP430 单片机库函数来实现实时时钟功能，并将分钟和秒数显示到数码管上，实例代码如下：

```c
#include "driverlib.h"
#define delay_us (x) __delay_cycles (x)            //延时宏定义
unsigned char Disp_Tab[] = {0xc0, 0xf9, 0xa4, 0xb0, 0x99, 0x92, 0x82, 0xf8, 0x80, 0x90};
                                                    //共阳极数码管，0～9数模
unsigned char dispbit[] = {0xFE,0xFD,0xFB,0xF7};
                                          //位选控制，4位数码管，只用了其中4位，即P2.0～P2.3
void display_seg (unsigned int Disp_num)           //数码管显示函数
{
  unsigned char i;
  i=Disp_num/1000;                                 //千位
  P2OUT = (P2OUT&0XF0) + dispbit[0];               //位选
  P7OUT =Disp_Tab[i];                              //段选
  delay_us (100);
  i=Disp_num/100%10;                               //百位
  P2OUT = (P2OUT&0XF0) + dispbit[1];               //位选
  P7OUT =Disp_Tab[i]&0x7F;                         //段选
  delay_us (100);
  i=Disp_num%100/10;                               //十位
  P2OUT = (P2OUT&0XF0) + dispbit[2];               //位选
  P7OUT =Disp_Tab[i];                              //段选
  delay_us (100);
  i=Disp_num%10;                                   //个位
  P2OUT = (P2OUT&0XF0) + dispbit[3];               //位选
  P7OUT =Disp_Tab[i];                              //段选
  delay_us (100);
}
Calendar set=                                      //定义日历初值
{
  59,                                              //秒
  15,                                              //分钟
  22,                                              //小时
  2,                                               //日/周
  15,                                              //日/月
  10,                                              //月份
  2019                                             //年份
};
Calendar now;
void main ( void )
```

```
{
    WDTCTL = WDTPW + WDTHOLD;                           //关闭看门狗
    GPIO_setAsOutputPin (GPIO_PORT_P7,GPIO_PIN_ALL8);//设置P7的8个I/O口均为输出，数码管段选
    GPIO_setAsOutputPin (GPIO_PORT_P2,GPIO_PIN0|GPIO_PIN1|GPIO_PIN2|GPIO_PIN3);
                                                       //设置P2.0、P2.1、P2.2、P2.3为输出，数码管位选
    RTC_A_initCalendar (RTC_A_BASE,&set,RTC_A_FORMAT_BINARY);//初始化RTC日历模式并赋初值
    RTC_A_startClock (RTC_A_BASE);                      //启动RTC
    while (1)
    {
        now = RTC_A_getCalendarTime (RTC_A_BASE);      //获取RTC日历时间
        display_seg (now.Seconds+now.Minutes*100);     //显示分钟和秒数
    }
}
```

该代码功能为：初始化数码管显示函数，定义日历结构体，使用库函数初始化 P7 和 P2 端口为输出模式。使用库函数初始化 RTC 的日历模式，设置初始时间，并启动 RTC。主循环中不断调用和显示分钟和秒数。

实例现象：可观察到数码管分钟和秒数正常运行。每隔 1s，秒数加 1，当秒数加到 60 后，分钟数加 1。

13.4   小结与思考

本章介绍了 MSP430 单片机的驱动库程序设计，针对库函数开发与寄存器开发进行了比较说明，讲解了驱动库的特点并给出了工程模板（CCS 与 IAR 两个软件平台版本）。本章对常用的驱动库进行了详细说明，主要包括时钟系统、数字端口、定时器以及通信接口，并针对库函数应用给出了应用实例。

学习完本章内容，读者应掌握 MSP430 单片机的库函数设计方法及部分库函数的使用。库函数方式的单片机程序设计是未来单片机快速开发的趋势。读者可在掌握了原理的基础上，省去对寄存器编程的烦琐工作，从而高效地进行程序设计与系统设计。

习题与思考

13-1   单片机的开发过程中，利用库函数开发和利用寄存器开发各有什么优缺点？

13-2   对于 UART 和定时器等模块，其第一个入口参数往往是"baseAddress"，该参数应填写什么内容？去哪里查找该参数？

13-3   库函数使用什么方式定义入口参数？这会提醒我们编写高效的库函数应该注意哪些问题？

13-4   在使用库函数的过程中，发现调用某个函数后没有实现预期的功能，这时我们应该考虑什么问题？

第 14 章　MSP430 单片机的 USB 模块

随着即插即用设备的不断发展，USB 接口成为计算机等设备不可或缺的装置。通过 USB 接口可以高速地传输数据，它常用于串行通信设备、人机交互设备和海量存储设备等。MSP430 系列的某些单片机也集成了 USB 模块，使用 USB 模块可以实现与主机的高速通信。

本章导读：USB 模块的逻辑电路较为复杂，对于读者来说很难通过操作寄存器来实现 USB 的功能。因此，TI 官方推出了 USB 开发库，利用 USB 开发库中的应用程序接口（API），可以方便地实现 USB 的功能，通过调用驱动库函数，即可实现单片机上 USB 模块的配置。我们还可使用 USB 开发工具对接口的名称、类型进行设置，极大地减轻了开发者的负担。因此，读者可粗读 14.1 节，细读 14.2 节，动手实践 14.3 节并做好笔记，完成习题。

14.1　USB 模块概述

14.1.1　USB 技术简介

USB 是通用串行总线（Universal Serial Bus）的缩写。在计算机的运行过程中可以随意接入（热插拔）。在没有 USB 技术时，计算机需要关机之后才能更换与外围设备的连接。USB 的出现简化了外围设备与计算机的连接。

USB 协议的版本有 USB1.0、USB1.1、USB2.0 等，由于 USB 是主从模式的结构，设备与设备之间、主机与主机之间不能互连。为了解决这个问题，扩大 USB 的应用范围，又出现了 USB OTG（On The Go）。USB OTG 可以使同一个设备，在不同场合下主机和从机之间进行切换。

USB1.0 和 USB1.1 只支持 1.5Mbps 的低速（low-speed）模式和 12Mbps 的全速（full-speed）模式。USB2.0 支持 12Mbps 的全速模式和 480Mbps 的高速（high-speed）模式。目前 USB3.0 的理论传输速度可达 5Gbps 左右。但这些传输速度并不是实际的数据传输速率，实际数据传输速率要比这低一些，因为还有协议开销，如同步、令牌、校验等。

1. USB 的拓扑结构

USB 是一种主从结构的系统。主机叫作 Host，从机叫作 Device。主机具有一个或多个 USB 主控制器和根集线器。主控制器主要负责数据处理，而根集线器则提供一个连接主控制器与设备之间的接口和通路。另外还有一类特殊的 USB 设备——USB 集线器，它可以对原有的 USB 接口在数量上进行扩展，能够获得更多的 USB 接口。在计算机的设备管理器中可查看连接成功的 USB 设备的 PID（Product ID：产品 ID）和 VID（Vendor ID：生产厂商 ID），以及其他一些信息。

2. USB 的电气特性

标准的 USB 连接线使用 4 芯电缆：5V 电源线（VBUS）、差分数据负端（D–）、差分数据正端

（D+）和地线（GND）。在 USB OTG 中，使用 5 线制。多出的那根线是身份识别（ID）线。USB 使用的是 NRZI 编码方式：当数据为 0 时，电平反转；当数据为 1 时，电平不反转。为了防止出现长时间电平不变化，在发送数据前，要经过位填充处理：当连续遇到 6 个数据 1 时，就强制插入一个数据 0。经过位填充后的数据由串行口引擎（SIE）将数据串行化和 NRZI 编码后，发送到 USB 的差分数据线上。在接收端是一个相反的过程。对于 MSP430 单片机的 USB 模块而言，其集成 USB 传输的编解码，在 MSP430 单片机的缓冲区里接收到的都是经过硬件解码后的数据。

3．USB 的插入检测机制

USB 集线器的每个下游端口的 D+和 D-上，分别接了一个 15kΩ 的下拉电阻到地。这样，当集线器的端口悬空（即没有设备插入）时，输入端就被这两个下拉电阻拉到低电平。而在 USB 设备端，在 D+或 D-上接了一个 1.5kΩ 的上拉电阻到 3.3V 电源。全速和高速设备的上拉电阻接 D+。当设备插入集线器时，D+线的电压由 1.5kΩ 和 15kΩ 的电阻决定，大约为 3V，接收端检测到这个高电平，就向 USB 主控制器报告设备插入。对于 MSP430F5529 单片机的 USB 模块，这个上拉电阻由 USB 模块的相关寄存器控制，可通过软件编程随时接入上拉电阻。

4．USB 描述符

主机通过 USB 描述符来了解一个设备的功能和行为。描述符中记录了设备的类型、VID 和 PID（通常依靠它们来加载对应的驱动程序）、端点情况、版本号等众多信息。

- 设备描述符：设备所使用的 USB 协议版本号、设备类型、端点 0 的最大包大小、VID 和 PID、设备版本号、厂商字符串索引、产品字符串索引、设备序列号索引、可能的配置数等。
- 配置描述符：配置所包含的接口数、配置的编号、供电方式、是否支持远程唤醒、电流需求量等。
- 接口描述符：接口的编号、接口的端点数、接口所使用的类、子类、协议等。
- 端点描述符：端点号及方向、端点的传输类型、最大包长度、查询时间间隔等。
- 字符串描述符：提供一些方便人们阅读的信息，不是必需的，如 U 盘的名称。

这些描述符一般由 USB 设备厂商编写，符合统一的 USB 标准。为了方便编写描述符，TI 提供了 USB 描述符工具（MSP_USB_Descriptor_Tool），可以直接生成针对 MSP430 单片机编程的描述符文件。

5．USB 事务

一次 USB 事务就是一次 USB 通信。一般由令牌包、数据包和握手包组成。

- 令牌包：用来启动一个事务，设置数据方向、大小、地址等。总由主机发送。
- 数据包：可以从主机到设备，也可以从设备到主机，方向由令牌包决定。
- 握手包：通常情况下，数据的接收者发送握手包（ACK 或 NAK）。

6．USB 端点

主机和设备之间的通信是主机和设备的 USB 端点之间的通信。一个 USB 设备可以有多个 USB 端点，端点 0 是必需的。设备连接主机后，先通过端点 0 完成基本的配置，如获取描述符等。描述符中又包含了设备的端点信息。因此主机配置完设备后，就知道设备有几个端点，从而和设备的其他端点进行数据交换。

端点之所以能进行数据交换，是因为每个端点都有自己的端点缓冲区，而且端点的传输方向都是单向的。例如，OUT 端点 0、IN 端点 0、OUT 端点 1、IN 端点 1 等。

7．枚举过程

枚举过程就是主机识别 USB 设备的过程。首先，设备插入主机后，主机检测到 D+和 D-之间的电压差，就认为有新的设备接入，然后主机等待 100ms 后发出复位请求。设备接收到复位请求后产生一个外部中断信号，然后进入枚举过程。

设备刚插入，主机只知道有设备接入，但不知道是什么设备，所以会进入枚举过程，首先给设备分配默认地址 0，然后发送一个获取设备描述符的指令包，设备接到指令包后开始解析包，然后按照固定格式返回自己的设备描述符，这一步主要是主机了解 USB 设备的基本属性，如支持的传输数据长度、电流负荷、支持的 USB 版本、PID 和 VID。

主机获取设备的配置信息后，会给设备分配一个属于设备的地址，然后开始询问具体的配置，进一步了解设备属性，并且查找和安装相应的驱动程序。之后只要设备插入，即可直接运行。

14.1.2　USB 模块介绍

以 MSP430F5529 单片机为例，其 USB 模块特点如下。

· 完全兼容 USB2.0 全速规范。

—集成 USB 收发器（PHY）的全速设备（12Mbps）。

—最多 8 个输入和 8 个输出端点。

—支持控制、中断和批量传输。

—支持 USB 挂起、恢复和远程唤醒。

· 独立于 PMM 系统的电源系统。

—集成 3.3V-LDO 调节器，具有足够的输出来驱动整个 MSP430 单片机和来自 5V-VBUS 的系统电路。

—为 PHY 和 PLL 集成 1.8V-LDO 调节器。

—易于在总线供电或自供电操作中使用。

—在 3.3V-LDO 输出中有限流能力（100mA）。

—有 USB 电源时设备自主上电（低或无电池条件）。

· 内部 48MHz USB 时钟。

—集成可编程 PLL。

—使用低成本晶体的高度灵活的输入时钟频率。

· 1904 字节 USB 专用端点缓冲寄存器，可配置大小。粒度为 8 字节。

· 62.5ns 分辨率的时间戳发生器。

· 当 USB 禁用时。

—缓冲区被映射到普通 RAM，为系统提供额外 2KB 空间。

—USB 接口变为大电流通用 I/O 口。

1. USB 操作

MSP430 单片机的 USB 模块只能作为从机来使用。这里所介绍的输入和输出传输都是针对主机 PC 来说的。输入传输是指 MSP430 单片机向 PC 发送数据，输出传输是指 PC 向 MSP430 单片机发送数据。

USB 引擎协调所有 USB 相关的流量。它由 USB SIE（串行接口引擎）和 USB 缓冲区管理器（UBM）组成。它将主机发送的数据接收到缓冲区中，将缓冲区的数据发送给主机 USB。USB 引擎使用一个精确的 48MHz 时钟来采样传输的数据流，这个时钟由 USB 模块的 PLL 产生。在有 XT2 的设备上，PLL 使用 XT2CLK 作为参考值。时钟源的频率至少是 4MHz。在没有 XT2 的设备上，PLL 使用 XT1 作为参考值。

（1）USB 收发器（PHY）。

物理层接口（USB 收发器）是一个差分线路驱动器，直接用 VUSB 供电（3.3V）。数据线连接到外部 DP 和 DM 引脚，构成 USB 接口的信令机制。

当 PUSEL 置位时，DP 和 DM 被配置为通过 USB 核心逻辑控制的 USB 驱动接口。当这个位清零时，这两个引脚被配置为具有强驱动能力的端口 U，其行为被 UPCR 寄存器控制。端口 U 从 VUSB 线路获取电源，独立于 DVCC。这两个引脚无论是用于 USB 功能还是用于通用 I/O 口，都要使用内部稳压器或外部电源给 VBUS 提供合适的供电。

（2）使用 PUR 引脚将 D+上拉。

当全速 USB 设备连接到 USB 主机时，为了使主机能够识别，它必须将主机的 D+信号上拉。MSP430 单片机的 USB 模块有一个可软件控制的上拉引脚 PUR。通过外接一个电阻即可实现该功能。该功能通过控制寄存器的 PUR_EN 位实现。如果该功能不需要软件控制，则上拉可以直接连接到 VBUS。

（3）电缆损坏和接口短路。

USB 设备必须容忍连接到损坏的电缆。例如，电缆和地或 VBUS 短路。设备不应因为这种事件造成损坏。为此，MSP430 单片机的 USB 供电系统有一个电流限制机制，从而在短路的情况下限制可用的收发器的电流。因此，收发器接口本身不需要限流功能。

注意，如果 VUSB 不使用集成稳压器供电，则收发器中电流限制功能的缺失意味着外部电源本身必须能够忍受短路事件，通过它自己的电流限制。

（3）端口配置。

USB 的 D+和 D-端口需要 USBPHYCTL 寄存器的 PUSEL 控制。当 PUSEL 清零时，端口 U 引脚（PU.0 和 PU.1）是普通高电流 I/O 口功能，当它置位时则作为 USB 的 D+和 D-端口。

（4）USB 电源系统。

USB 电源系统具有二重 LDO 调节器（3.3V 和 1.8V），当设备连接到主机时，整个 MSP430 单片机可以通过 5V 的 VBUS 供电。VBUS、VUSB 和 V18 需要连接外部电容。V18 引脚的目的不是驱动系统中的其他组件，而是外接一个负载电容附件。

关于 MSP430 单片机的 USB 模块的其他内容可以查看 TI 官方数据手册，USB 配置相当复杂，建议使用库函数进行调试。

2. USB 接口

USB 接口本质上是 USB 设备和主机之间的分区数据流。接口是一个特定的设备类，每个接口都有它自己的协议。主机对每个设备类的响应不同。

· 通信设备类（Communications Device Class，CDC）：提供一个虚拟 COM 端口，如 USB 转串行口工具。

· 人机接口设备类（Human Interface Device class，HID）：子类型包括鼠标、键盘、其他 PC 外围设备，也可类似于 CDC 设备进行通信。

· 海量存储类（Mass Storage Class，MSC）：使主机在这个接口上安装一个存储卷，如 U 盘。

· 个人医疗设备类（Personal Healthcare Device Class，PHDC）：仅用于连接医疗设备。

MSP430 单片机的 USB 模块可以同时生成多个接口，每个接口可以是不同的类别，而且每个接口都有自己的编号。例如，可以同时产生两个 CDC 设备，也就是在主机上产生两个 COM 端口；或者产生两个 MSC 设备，主机上就会显示两个 U 盘。

14.2　USB_API 使用指南

14.2.1　USB_API 概述

USB 协议较为复杂，若用户通过操作寄存器来实现 USB 通信功能，不仅工作量巨大，而且容易出错。为便于用户使用 USB 模块，TI 官方提供了 USB 的专用开发包，用户只需调用 API 函数即可完成 USB 功能。因此，建议读者采用 TI 官方 USB 包的方式进行 MSP430 单片机的 USB 程序设计。下面进行简要说明。

（1）USB API 简介。

MSP430 单片机的 USB 开发包地址：http://www.ti.com.cn/tool/cn/msp430usbdevpack，开发包里包含了 USB API 库、示例程序、教学、描述符工具等。

MSP430 单片机的 USB_API 是一个可以完全管理 USB 模块通信的库函数。USB_API 可以使 MSP430 单片机和 USB 主机之间建立简单可靠的 USB 数据连接。USB_API 包含 USB_Common、USB_CDC_API、USB_HID_API、USB_MSC_API、USB_PHDC_API。它可以使 MSP430 单片机分别运行在 CDC、HID、MSC、PHDC 这 4 种 USB 设备模式中。USB_Common 为 4 者通用的 API。API 极大地简化了 MSP430 单片机 USB 模块的使用。

- 所有的 USB 协议都是由 API 自动处理的。
- 提供给应用程序的数据接口，库函数封装完好，调用简单。
- USB 描述符和堆栈配置由 USB 描述符工具自动处理。

对于一般的使用者而言，不需要修改 API 源文件，只要知道如何使用 USB_API 即可。然而，对于有经验的 USB 程序员而言，这些源文件是可以编辑的。在调试时，或者想对 USB 系统有更深层次的了解，可以访问 API 源文件。

（2）API 占用的片上资源。

USB_API 的运行会占用 MSP430 单片机上的一些资源，除了 CPU、存储空间、USB 模块、相关 D+ 和 D− 端口，还有 XT2 时钟源、DMA 通道、定时器 A1。

XT2 用于产生 48MHz 的时钟频率，DMA 通道用于数据的接收和发送，定时器 A1 用于检测 XT2 的时钟频率，从而在 API 中自动配置分频、倍频系数，以便得到精确的 48MHz 时钟信号。在 USB_API 运行过程中，这些资源会被 API 占用。

（3）USB 工程基本路径。

图 14.2.1 所示是 USB 工程的文件管理，这 USB 例程中的一部分，它们是使用 CCS 导入的，也可以使用 IAR 进行操作。路径是 USB 开发包\MSP430_USB_Software\MSP430_USB_API\examples。

这些例程也存储在 CCS 资源管理器中，使用 CCS 的用户可以直接从资源管理器导入这些工程：View\Resource Explorer\MSP430Ware\Libraries\USB Developer's Package\Example Project。

USB 工程的路径基本相同，其中 USB_API 完全相同，不用改动。另外，USB_app、CDC 和 HID 通信类设备的 USB_app 基本相同，HID 人机设备（如键盘、鼠标）有特有的 USB_app。USB_MSC 也有特有的 USB_app。我们编写 USB 程序时，不需要将这些文件一一导入，可以直接导入示例工程，在现有的工程上加以修改，或者导入 USB 空工程，再添加少数特定的文件即可。

（4）文件功能简介。

- USB_API：管理所有 USB 事务，不需要用户改动。

·USB_app：针对不同的应用，适当进行修改，根据需要修改 usbEventHandling.c。

·USB_config：描述符函数，使用描述符工具生成即可。

·hal.c\hal.h：包含系统时钟初始化（不是 USB 时钟初始化，USB 时钟初始化在 USB_API 中完成）和端口初始化等，可以根据需要在其中添加或修改函数，初始化相应的端口或提高系统时钟频率。

图 14.2.1   USB 工程的文件管理

1. USB 描述符工具

USB 描述符工具用来生成设备的描述符，主机通过设备描述符来识别插入的设备，描述符工具位于：MSP430USB 开发包\MSP430_USB_Software\MSP430_USB_DescriptorTool。描述符工具生成的文件就是 USB_config 中应该有的文件。如果要设计一个 CDC 设备，那么单击"Add CDC"按钮，其端点号默认为 0，接口字符串可以自定义。该描述符的各个参数也可根据需要定义。之后单击"Generate"按钮，选择一个路径，则描述符文件就生成了，如图 14.2.2 所示。然后将生成的 5 个文件统一复制到工程的 USB_config 文件夹下，描述符创建完成。如果其他操作正确，那么在 PC 上插入 USB 设备后，PC 就会识别出自己设计的 USB 设备，并根据 PID 和 VID 安装驱动。注意，运行描述符工具需要有 Java 运行环境，Java 运行引擎可以从 Java 官网免费下载：www.java.com。

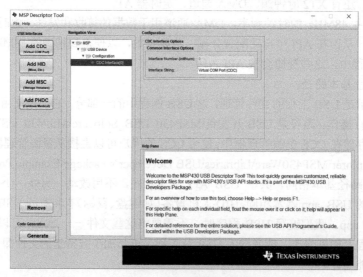

图 14.2.2   USB 描述符工具

USB 程序中主函数框架如下：

```
void main (void)
{
    WDT_A_hold (WDT_A_BASE);                //关闭看门狗
    PMM_setVCore (PMM_CORE_LEVEL_2);        //最小核心电压等级为等级2
    USBHAL_initPorts();                     //端口初始化，该函数位于hal.c，可根据需要修改
    USBHAL_initClocks (8000000);            //配置系统时钟，该函数位于hal.c，可根据需要修改
    USB_setup (TRUE,TRUE);                  //初始化USB和USB事件，如果主机存在，则进行连接
    __enable_interrupt();                   //使能全局中断
    while (1)                               //主循环，对应于USB的枚举成功、断开、暂停等状态
    {
        switch (USB_getConnectionState())
        {
            case ST_ENUM_ACTIVE:            //枚举成功
            case ST_USB_DISCONNECTED:       //物理层断开
            case ST_ENUM_SUSPENDED:         //已连接并枚举成功，主机暂停设备
            case ST_NOENUM_SUSPENDED:       //连接，枚举启动，但主机未回应
                __bis_SR_register (LPM3_bits + GIE);
                break;
            case ST_ENUM_IN_PROGRESS:       //枚举进行中，这种状态持续不超过几秒
            default:;
        }
    }                                       //while (1)
}                                           //main()
```

下面对各种状态和定义进行简要说明。

ST_ENUM_ACTIVE：枚举成功。枚举成功意味着主机已经加载了驱动程序，并准备好与设备进行通信等操作，注意不要进入 LPM3/4/5。MCU 必须处于活跃或 LPM0 状态。

ST_USB_DISCONNECTED：物理层断开，设备没有连接到主机。

ST_ENUM_SUSPENDED：已连接并枚举成功，主机暂停设备。当主机进入睡眠状态时，主机会暂停 USB 设备，并限制设备的电流。

ST_NOENUM_SUSPENDED：连接，枚举启动，但主机未回应。在此可以进入 LPM3，等待枚举。如果主机从挂起状态转为执行"USB 恢复"操作，则 CPU 将被自动唤醒。配置 EvthHANDLRES.c 中的事件处理函数返回值为 TRUE，可以使其他事件唤醒 CPU。主机未回应的原因可能是：设备只连接到一个供电的 USB 接口，如充电宝、电源适配器。

ST_ENUM_IN_PROGRESS：枚举进行中，这种状态持续不超过几秒钟，确保不要在此状态下进入 LPM3/4/5，必须处于活跃状态或 LPM0 状态。

用户可以根据需要，针对不同的 USB 状态进行相关函数的编写，例如，当需要和 USB 主机通信时，把函数写在 ST_ENUM_ACTIVE 中。当 USB 暂停时，处理其他函数等。

VBUS：来自主机的 5V 电源。如果存在，则应用程序通常可以假设主机已被连接。

PUR：此时 USB 接口通过 D+的上拉电阻来向主机表示存在 USB 设备。MSP430 单片机用 PUR 引脚实现这个上拉，由软件控制。

2. USB 暂停/恢复

在成功枚举之后的任何时间点，主机可以选择暂停该设备。暂停设备的标志是 3ms 的数据信号（D+/D-）的无活动特征。一旦 USB 设备识别出这个事件，它就有 7ms 的时间进入一个消耗 VBUS 最小电流的状态。在此之后，它不能与主机通信，直到主机恢复它为止。

MSP430 单片机内部 USB 功能的电源管理是由 USB 模块和 API 自动处理的。API 会禁用 PLL 并关闭大部分 USB 电路，只需保持必要的时间来检测恢复事件（也就是说，主机开始再次在数据信号上通信）。随着 PLL 的禁用，USB 模块变成由 MSP430 单片机的 VLO 振荡器（低频、低功耗）计时。

3. USB 远程唤醒

远程唤醒事件是一种机制，通过这种机制，暂停的 USB 设备可以提示主机恢复它，或者唤醒进程中的主机。远程唤醒的一个常见例子是当 USB 鼠标连接到 PC 上时，PC 进入待机模式。一些配置通过发出远程唤醒事件允许鼠标在移动时唤醒 PC。唤醒后，主机恢复鼠标。

设备必须声明自己能够在其配置描述符中进行远程唤醒。描述符工具可以配置 API 来实现这一点。主机可以选择授予远程唤醒的能力，或者选择不进行远程唤醒。

4. USB 枚举失败

如果设备连接到主机，则软件调用 USB_connect()，主机通常会立即枚举它，状态移动到 ST_ENUM_IN_PROGRESS 中。通常枚举很快完成，状态移动到 USB_ENUM_ACTIVE 中。

然而，由于种种原因，这种情况可能不会发生。

（1）设备物理上连接到一个没有上游主机的供电的集线器。设备检测到 VBUS，认为主机存在，并调用 USB_connect()。但实际上并没有主机，所以总线仍然闲置。

（2）设备物理上连接到一个确实是供电的主机，处于"待机"模式（在此期间所有 USB 设备都暂停）。设备检测到 VBUS 并调用 USB_connect()。由于主机处于待机状态，所以总线仍处于空闲状态。换句话说，主机挂起了设备，就像所有已经连接的 USB 设备一样。

（3）设备物理上连接到一个主机上，但主机异常繁忙。设备检测到 VBUS 并调用 USB_connect()。由于主机被挂起，总线仍然闲置，所以进程无法完成。

（4）设备物理上连接到主机，主机开始枚举。但在这个过程中出错了，这可能是主机或设备的错误。主机放弃并暂停该设备。

USB 暂停被定义为主机无活动的时间大于 3ms。因此，如果主机无法完成（甚至启动）进程，而是总线空闲，则设备的状态将从 ST_ENUM_IN_PROGRESS 转移到 ST_PHYS_CONNECTED_NOENUM_SUSP，并保持这种状态，直到主机完成枚举，或者直到软件"取消"（使用 USB_disconnect() 或 USB_disable()）。

在 ST_PHYS_CONNECTED_NOENUM_SUSP 状态下，设备可以进入 LPM3 中等待被主机枚举。

5. USB 状态/事件管理函数

（1）USB 状态管理函数。

USB_API 使用 USB 状态管理函数来管理 USB 状态。这些函数管理启动 USB、建立连接、断开连接等事件。一般情况下，如果不需要手动断开连接或远程唤醒等操作，则直接在程序开始时调用 USB_setup()，激活所有事件并建立连接即可，其他函数一般也不使用。这是因为 USB_setup() 中调用了 USB_init()、USB_enable() 等。USB 状态管理函数如表 14.2.1 所示。

表 14.2.1　USB 状态管理函数

函数名	uint8_t USB_init(void)
描述	初始化 USB 模块，通过配置电源和时钟初始化 USB 模块，并配置端口。这个函数启动 USB 模块，因为该函数不置位 USB_EN。这个函数初始化 USB 模块来检测 VBUS 上的电源，之后根据需要启动 USB 模块和连接 USB
返回值	USB_SUCCEED
函数名	uint8_t USB_enable()

续表

描述	使能 USB 模块，包含激活 PLL 和置位 USB_EN。电源消耗会因此增加，这个函数必须在 USB_init()中调用，通常在总线出现后，在尝试与主机连接前调用
返回值	USB_SUCCEED
函数名	uint8_t USB_setup(uint8_t connectEnable, uint8_t eventsEnable)
参数	connectEnable=TRUE：API 使能 USB 模块 eventsEnable=TRUE：API 使能所有事件
描述	初始化 USB 模块（配置电源、初始化时钟、端口），并启用 USB 连接和 USB 事务（当此函数的两参数都是 TRUE 时，此函数相当于调用了 USB_init 和 USB_enable）
返回值	USB_SUCCEED
函数名	uint8_t USB_disable(void)
描述	禁用 USB 模块和 PLL。如果一个 handleVbusOffEvent()出现，或者如果 USB_getConnectionState()开始返回 ST_USB_DISCONNECTED，则这个函数应在调用 USB_disconnect()之后被调用，以避免额外的电流消耗
返回值	USB_SUCCEED
函数名	uint8_t USB_setEnabledEvents(uint16_t events)
参数	uint16_t events：events 的每一位代表一个事件，当该位为 1 时，则使能该事件；为 0 时，禁用该事件。events 可取以下值，或者几个值得组合。 USB_CLOCK_FAULT_EVENT：0x0001 USB_VBUS_ON_EVENT：0x0002 USB_VBUS_OFF_EVENT：0x0004 USB_RESET_EVENT：0x0008 USB_SUSPENDED_EVENT：0x0010 USB_RESUME_EVENT：0x0020 USB_DATA_RECEIVED_EVENT：0x0040 USB_SEND_COMPLETED_EVENT：0x0080 USB_RECEIVED_COMPLETED_EVENT：0x0100 USB_ALL_USB_EVENTS：0x01FF
描述	启用/禁用各种 USB 事件。events 转换为二进制数后，所有具有"1"值的位所对应得事件将被启用，0 值将被禁用。默认情况下（在对该函数的任何调用之前），所有事件都被禁用
返回值	USB_SUCCEED
函数名	uint16_t USB_getEnabledEvents()
描述	检测 USB 事件的状态。该函数可以在调用 USB_init 之后使用
返回值	events
函数名	uint8_t USB_connect()
描述	检测 USB 事件的状态。该函数可以在调用 USB_init 之后使用
返回值	events
函数名	uint8_t USB_connect()
描述	使 USB 模块可用于主机连接。通过拉高 D+，指示 USB 设备可用于和主机连接，该函数应该在调用 USB_enable()之后调用
返回值	USB_SUCCEED
函数名	uint8_t USB_disconnect()
描述	通过拉低 PUR 端口，来强制断开与主机的连接，USB 模块和 PLL 保持使能。在确保 PUR 拉低后，返回成功
返回值	USB_SUCCEED
函数名	uint8_t USB_forceRemoteWakeup()

描述	远程唤醒 USB 主机 注意，必须确保 USB 描述符有唤醒主机的能力（描述符），否则主机会忽略唤醒请求
返回值	USB_SUCCEED、kUSB_generalError（总线错误）、kUSB_notSuspended（设备没有暂停，即主机并没有睡眠）
函数名	uint8_t USB_getConnectionInformation()
描述	获取连接信息，返回关于 USB 连接的低级状态信息。因为可以返回多个标志，所以可能的值可以被混合在一起。例如，USB_VBUS_PRESENT + USB_SUSPENDED
返回值	USB_PUR_HIGH：0X01 USB_BUS_ACTIVE：0X02 USB_CONNECT_NO_VBUS：0X04 USB_SUSPENDED：0X08 USB_NOT_SUSPENDED：0X10 USB_ENUMERATED：0X20 USB_VBUS_PRESENT：0X40
函数名	uint8_t USB_getConnectionState()
描述	返回 USB 的连接状态
返回值	ST_USB_DISCONNECTED ST_USB_CONNECTED_NO_ENUM ST_ENUM_IN_PROGRESS ST_ENUM_ACTIVE ST_ENUM_SUSPENDED ST_NOENUM_SUSPENDED ST_ERROR.

（2）USB 事件管理函数。

这些函数指示某些事件的出现，它们在中断服务函数里被调用，在 API 中已经设置好。也就是说，只要相应的条件出现，那么程序一定会去执行这些函数。这些函数可以根据我们的需要进行修改。

例如，希望连接后灯亮，那么就在 USB_handleVbusOnEvent() 中添加一个点亮灯的函数即可。希望断开总线时灯灭，则在总线断开事件处理函数中添加相关函数。这些函数的返回值也可以进行修改，若返回 TRUE，则程序处理完毕后 CPU 保持唤醒，否则 CPU 进入原先设置的低功耗模式。

注意，因为这些函数在中断服务函数里被调用，所以这些函数里不得出现另一个中断（因为 MSP430 单片机不支持中断嵌套，一般情况下，中断函数里不可能再产生中断，否则将导致系统复位）。但是可以在这些事件处理函数中设置标志，并返回 TRUE 来保持 CPU 唤醒，这样就可以在主函数中根据设置的标志来处理相关的事务。USB 事件管理函数如表 14.2.2 所示。

表 14.2.2　USB 事件管理函数

函数名	uint8_t USB_handleClockEvent()
描述	USB 的 PLL 出现故障。 此事件表明 USB PLL 的输出故障。出现此状况的原因可能是 XT2 故障。如果这个事件出现，则 USB 连接将丢失，最好通过 USB_disconnect() 来处理此状况，并尝试重新连接。 因为此事件与状态的改变相关联，所以建议返回 TRUE 来保持 CPU 活跃
返回值	TRUE：CPU 保持活跃 FALSE：CPU 进入原先设置的状态
函数名	uint8_t USB_handleVbusOnEvent()
描述	VBUS 上有有效电压。当在 VBUS 上检测到有效电压（低电平到高电平）时，会处理此函数。 这通常意味着设备被连接到一个活跃的 USB 主机。建议从该处理程序尝试 USB 连接

返回值	TRUE：CPU 保持活跃。 FALSE：CPU 进入原先设置的状态
函数名	uint8_t USB_handleVbusOffEvent()
描述	有效电压从 VBUS 移除。 此事件指示有效电压刚刚从 VBUS 中移除。也就是说，VBUS 上的电压已经从高电平转换为低电平。 这通常意味着该设备已从活跃 USB 主机中移除。它也可能意味着设备仍然物理地连接到主机，但是主机进入待机模式；或者它被连接到一个供电的集线器，但是该集线器上游的主机变成非活跃的。API 自动通过关闭 USB 模块和 PLL 来响应该事件，这相当于调用了 USB_disable()。然后调用此处理函数（如果启用的话）。调用此函数后，USB 连接状态变为 ST_USB_DISCONNECTED。 因为此事件与状态的改变相关联，所以建议返回 TRUE 来保持 CPU 活跃
返回值	TRUE：CPU 保持活跃 FALSE：CPU 进入原先设置的状态
函数名	uint8_t USB_handleResetEvent()
描述	此事件表示 USB 主机向这个 USB 设备发出复位信号。API 自动处理此操作，并且应用程序不需要任何动作来维护 USB 操作。在处理完复位信号后，API 调用此处理函数（如果启用的话）。在大多数情况下，应用程序不需要响应总线重置
返回值	TRUE：CPU 保持活跃 FALSE：CPU 进入原先设置的状态
函数名	uint8_t USB_handleSuspendEvent()
描述	此事件表示 USB 主机在一段活跃的操作后暂停设备。暂停设备的这段时间，设备从总线获取的电能会受到限制。API 自动关闭 USB 相关电路。然而应用可能需要关闭其他电能消耗。这些关闭操作可在此函数中执行
返回值	TRUE：CPU 保持活跃 FALSE：CPU 进入原先设置的状态
函数名	uint8_t USB_handleResumeEvent()
描述	此事件表示 USB 主机将 USB 设备从挂起模式恢复。如果设备是总线供电的，则总线供电不再被限制。API 自动使能在挂起状态禁用的所有 USB 电路。也可在此函数中启用其他电路。 因为此事件与状态的改变相关联，所以建议返回 TRUE 来保持 CPU 活跃
返回值	TRUE：CPU 保持活跃 FALSE：CPU 进入原先设置的状态
函数名	uint8_t USB_handleEnumerationCompleteEvent()
描述	此事件表示设备被枚举成功。这对应于状态变化到 ST_ENUM_ACTIVE。 因为此事件与状态的改变相关联，所以建议返回 TRUE 来保持 CPU 活跃
返回值	TRUE：CPU 保持活跃 FALSE：CPU 进入原先设置的状态

14.2.2　数据接口（CDC 与 HID-Datapipe）

　　CDC（通信设备）类设备专门用于通信，HID-Datapipe 类设备也可以用于数据通信。这里的 HID 类设备与传统的 HID 类设备（如鼠标、键盘）不同，此处的 HID 类设备与 CDC 类设备极为相似，用以进行数据的通信，而不是像键盘和鼠标那样进行人机交互。它们所使用的 API 也相似，如 USBxxx_sendData()，其中 xxx 是 CDC 或 HID。下面介绍这两类设备。

　　值得一提的是，CDC 类设备直接使用串口助手即可进行通信实验，而 HID-Datapipe 类设备需要使用专门的 APP 才行。TI 开发了一款 Java_HID_Demo，适用于 HID-Datapipe 类设备通信。具体位置：MSP430USB 开发包\Host_USB_Software\Java_HID_Demo。

1. 数据传递过程

在数据的接收操作中，数据由主机发送到 USB 的端点缓冲区，再从端点缓冲区转移到用户缓冲区，之后就可以对数据进行处理了。在数据的发送操作中，数据从用户缓冲区转移到端点缓冲区，再从端点缓冲区转移给主机。

端点缓冲区地址是 USB 模块固定的，用户缓冲区则需要用户自己定义。因此，在 USB 通信之前，要准备一个容量合适的用户缓冲区，简单来说就是定义一个足够大的数组。Datapipe 函数如表 14.2.3 所示。

表 14.2.3　Datapipe 函数（这里的 xxx 表示 CDC 或 HID）

函数名	uint8_t USBxxx_sendData(const uint8_t * data, uint16_t size, uint8_t intfNum)
参数	*data：要发送的数据缓冲区的首地址（缓冲区就是定义了一个数组） size：要发送的字节数 intfNum：数据接口号，从该接口发送数据
描述	此函数启动一个从接口 intfNum 发送 size 字节数据的操作，数据的首地址为*data。如果发送的数据大小大于一个数据包的大小，则此函数会自动进行分组处理，size 只要在 uint16_t 可表示的范围内即可。 　　大多数情况下，当一个发送操作成功开始后，函数将返回 USBxxx_SEND_STARTED，表示发送操作已经开始。有时发送操作可能很快完成，那么在函数返回 USBxxx_SEND_STARTED 之前，发送可能就已经完成。如果数据量较大，那么函数返回 USBxxx_SEND_STARTED 之后，发送操作可能仍在进行中。所以请注意，返回 USBxxx_SEND_STARTED 并不代表数据已经发送完毕，要确保在整个发送过程中，data 中的数据不被改变。 　　如果在调用此函数时，总线没有连接，那么此函数会返回 USBxxx_BUS_NOT_AVAILABLE，并且发送操作不会开始。如果 size 是 0，那么此函数返回 USBxxx_GENERAL_ERROR。如果调用此函数时，之前的发送操作还没有完成，那么此函数会返回 USBxxx_INTERFACE_BUSY_ERROR
返回值	USBxxx_SEND_STARTED：发送操作成功开始 USBxxx_INTERFACE_BUSY_ERROR：先前的发送操作还没有完成 USBxxx_BUS_NOT_AVAILABLE：总线被暂停或未连接 USBxxx_GENERAL_ERROR：size 为 0 或其他错误
函数名	uint8_t USBxxx_receiveData(uint8_t * data, uint16_t size, uint8_t intfNum)
参数	*data：要接收的数据缓冲区的首地址 size：要接收的字节数 intfNum：数据接口号，从该接口接收数据
描述	从接口 intfNum 接收 size 个数据，并存入地址 data 中。 　　此函数可能返回 USBxxx_RECEIVE_STARTED，表示一个接收操作开始进行。当接收到 size 个字节后，接收操作完成。应用应该确保数据存储缓冲区在整个接收操作中可用。 　　此函数也可能返回 USBxxx_RECEIVE_COMPLETED，表示接收操作在函数返回前已经完成。如果总线未连接，则函数返回 USBxxx_BUS_NOT_AVAILABLE，不启动接收操作。如果 size 是 0，则函数返回 USBxxx_GENERAL_ERROR。如果该数据接口先前的接收操作还未完成，则函数返回 USBxxx_INTERFACE_BUSY_ERROR
返回值	USBxxx_RECEIVE_STARTED：接收操作成功开始 USBxxx_RECEIVE_COMPLETED：接收操作已经完成 USBxxx_INTERFACE_BUSY_ERROR：先前的接收操作还未完成 USBxxx_BUS_NOT_AVAILABLE：总线被暂停或未连接 USBxxx_GENERAL_ERROR：size 是 0 或其他错误
函数名	uint8_t USBCDC_getBytesInUSBBuffer(uint8_t intfNum)
参数	intfNum 是需要检测的数据接口号

描述	此函数返回接口 intfNum 的 USB 端点缓冲区中剩余字节的数量。 　　如果返回零，则表示该接口正在从主机接收数据或该接口没有已接收数据。此时应用程序不可以进行接收数据的操作，要等待该接口把数据接收完，才可以将数据转移到指定的用户缓冲区。 　　非零值通常意味着没有接收操作，可以通过接收操作，将这些字节复制到用户缓冲区。如果值为非零，则应用程序应该打开一个接收操作，以便数据可以移出端点缓冲区，否则数据将被丢弃
返回值	缓冲区里等待的字节数
函数名	uint8_t USBxxx_abortSend(uint16_t * size, uint8_t intfNum)
参数	*size 是一个指针，用来存储在中止操作之前发送的字节数 intfNum 是要中止发送的接口号
描述	在接口 intfNum 上中止一个活跃的发送操作。在中止之前发送的字节数存储到 size 中。当发送操作因为以下几种因素失败时，应用程序可能要调用此函数： 总线突然移除 USB 暂停事件 任何比预期延长的发送操作（可能是主机的 COM 端口未打开导致的）
返回值	USB_SUCCEED
函数名	uint8_t USBxxx_abortReceive(uint16_t * size, uint8_t intfNum)
参数	*size 是一个指针，用来存储在中止操作之前已经接收的字节数 intfNum 是要中止发送的接口号
描述	中止一个在接口 intfNum 上的活跃的接收操作。返回已经接收到数据缓冲区的数据的字节数。如果应用程序决定不再接收 USB 主机的数据，则可以选择调用该函数。 　　应该注意的是，如果从主机接收到连续的数据流，则中止操作类似于按下"暂停"按钮。主机将收到无响应，直至另一个接收操作被打开
返回值	USB_SUCCEED
函数名	uint8_t USBxxx_rejectData(uint8_t intfNum)
参数	intfNum 是要拒绝数据的接口号
描述	此函数拒绝接口 intfNum 从主机接收数据，该接口没有正在进行的主动接收操作。它驻留在 USB 端点缓冲区中，并阻止进一步接收数据，直到接收操作被打开，或者直到拒绝了一次数据接收活动。当调用此函数时，该接口的缓冲区被清除，数据丢失。这释放了 USB 路径以恢复通信
返回值	USB_SUCCEED
函数名	uint8_t USBxxx_getInterfaceStatus(uint8_t intfNum, uint16_t *bytesSent, uint16_t *bytesReceived)
参数	intfNum 是正在检索状态的接口号 *bytesSent 用来存储已发送的字节数 *bytesReceived 用来存储已接收的字节数
描述	如果正在进行发送操作，则在该地址(*bytesSent)返回发送到主机的字节数。如果没有正在进行的操作，则返回零。 　　如果正在进行接收操作，则在该地址(*bytesReceived)返回已转移到指定内存位置的字节数。如果没有接收操作正在进行，则返回零。 　　此函数指示接口 intfNum 的状态。如果此接口正在进行发送操作，则该函数还返回已发送给主机的字节数。如果此接口正在进行接收操作，则该函数返回从主机接收的字节数。 　　这些返回值可能有多个混合在一起返回，如 USBxxx_WAITING_FOR_SEND + USBxxx_DATA_WAITING
返回值	USBxxx_WAITING_FOR_SEND：指示发送操作在其接口上打开 USBxxx_WAITING_FOR_RECEIVE：指示接收操作在其接口上打开 USBxxx_DATA_WAITING：指示已从主机接收此接口的数据，等待在 USB 接收缓冲区中，缺少接收它的开放接收操作 USBxxx_BUS_NOT_AVAILABLE：指示总线是挂起的还是断开的。以前进行的任何操作现在都中止了

续表

函数名	uint16_tUSBxxx_receiveDataInBuffer(uint8_t *dataBuf,uint16_t size,uint8_t intfnum)
参数	*dataBuf 是数据缓冲区地址 size 是数据字节数 intfNum 是接口号
描述	此函数启动一个接收操作，将接口 intfNum 的 USB 缓冲区中已有的任何数据转移到用户缓冲区。此调用只检索已经在 USB 缓冲区中等待的数据，即已经被 MCU 接收的数据。此函数忽略之前是否调用过 USBxxx_receiveData()，此函数运行完毕后，该接口不会再有接收操作。此函数也不检索 kUSBxxx_busNotAvailable，因为这不影响函数的运行。数据从 USB 缓冲区复制进用户缓冲区，并且返回接收到的数据的个数。 size 是此函数退出前最大允许接收的值，是用户缓冲区的大小。如果 size 个字节被接收，则此函数结束，返回 size。在这种情况下，可能还有数据在 USB 缓冲区而未被读取，最好再打开一个接收操作来接收这些数据。建议使用较大的 size 来确保所有数据在一次函数调用中被接收。此函数通常在 USBxxx_handleDataReceived()事件标志出现后调用，接收数据
·返回值	接收进用户缓冲区的数据
函数名	uint8_t USBxxx_sendDataAndWaitTillDone(uint8_t *dataBuf,uint16_t size,uint8_t intfNum, uint32_t ulTimeout)
参数	*dataBuf 是数据缓冲区地址 size 是数据字节数 intfNum 是接口号 ulTimeout 是对 USBxxx_getInterfaceStatus()的轮询次数，即发送失败后重新尝试的次数

描述	发送 dataBuf 中的数据，数据大小为 size，使用后呼叫轮询方法。直到发送完成后，此函数才会返回。因此，可以在函数返回后立即编辑用户缓冲区，而无须担心数据被破坏。函数假定大小为非零。它假定没有以前的发送操作正在进行中。
	    32 位的 ulTimeout 表示在等待发送操作时轮询 USBxxx_getInterfaceStatus()的次数。USBxxx_getInterfaceStatus()用来检查总线状态，如果总线可用，则执行发送操作，发送完成后返回；若检查了 ulTimeout 次总线状态，总线还不可用，则直接返回总线不可用。这种操作也可以理解为超时等待。若 ulTimeout=0，则没有超时时间，此函数将无期限地等待总线可用。建议选择 ulTimeout 时考虑主时钟速度，因为较快的主时钟速度有更快的循环调用。
	    此函数以浪费时钟周期为代价提供最简单的编码，并可能允许 MCU 执行变为"锁定"到主机，如果主机（或总线）慢则是一个缺点。
	    此函数还检查所有有效的返回代码，如果发生错误，则返回非零。在许多应用中，返回值可以简单地被评估为零或非零，其中非零意味着由于主机或总线的不可用而导致呼叫失败。因此，可能需要应用程序从操作中打断。其他应用程序可能会用不同的方法处理返回值 1 和 2。
	    建议不要在事件处理程序内调用此函数。这是因为如果一个接口当前有一个打开的发送操作，则该操作将永远不会在事件处理程序中完成；而只能在生成事件返回的 ISR 之后完成。因此 USBxxx_getInterfaceStatus()的轮询将无期限地进行（或超时）。最好在事件处理程序内设置一个标志，并在主函数里使用这个标志来触发该函数的调用

返回值	0 是调用成功，所有数据被发送 1 是调用超时，可能是主机不可用或 COM 端口未打开 2 是总线不可用
函数名	uint8_t USBxxx_sendDataInBackground(uint8_t * dataBuf, uint16_t size, uint8_t intfNum, uint32_t ulTimeout)
参数	* dataBuf 是数据缓冲区地址 size 是数据字节数 intfNum 是接口号 ulTimeout 是轮询 USBxxx_getInterfaceStatus()的次数

描述	发送 dataBuf 中的数据，大小为 size，使用预呼叫轮询方法。发送操作可能在函数返回后还在运行。在验证操作完成之前，不应编辑 dataBuf。函数假定 size 为非零。此调用假定先前的发送操作可能正在进行中。 32 位的 ulTimeout 表示在等待发送操作时轮询 USBxxx_getInterfaceStatus() 的次数。若 ulTimeout=0，则没有超时，此函数将无期限地等待总线可用。该函数提供了简单的编码，同时也有后台处理的高效率。如果先前的发送操作正在进行，则该函数会循环轮询，同 USBxxx_sendDataAndWaitTillDone() 一样。 此函数还检查所有有效的返回代码，如果发生错误，则返回非零。在许多应用中，返回值可以简单地被评估为零或非零，其中非零意味着由于主机或总线的不可用而导致呼叫失败。因此，可能需要应用程序从操作中打断。其他应用程序可能会用不同的方法处理返回值 1 和 2。 建议不要在事件处理程序内调用此函数。这是因为如果一个接口当前有一个打开的发送操作，则该操作将永远不会在事件处理程序中完成；而只能在生成事件返回的 ISR 之后完成。因此 USBCDC_getInterfaceStatus() 的轮询将无期限地进行（或超时）。最好在事件处理程序内设置一个标志，并在主函数里使用这个标志来触发该函数的调用
返回值	0 是调用成功，所有数据被发送 1 是调用超时，可能是主机不可用或 COM 端口未打开 2 是总线不可用

2. 事务处理函数

以下函数都是事务处理函数，和之前 USB 事件管理函数一样，这些函数在中断中被调用，因此，只要以下所列的事件出现了，那么 CPU 一定会去执行这些函数。我们可以在这些函数中添加自己的代码。例如，希望数据发送完毕后红灯亮，则在 USBxxx_handleSendCompleted 函数中添加红灯亮的代码。

对于使用了多个接口的应用程序，需要判断产生活动的是哪个接口，那么根据 intfNum 的值来判断发生活动的接口。例如，希望接口 0 接收到数据红灯亮，接口 1 接收到数据绿灯亮，则判断 intfNum 是否等于 0（if(intfNum==0)），若等于 0，则红灯亮。然后判断 intfNum 是否等于 1，再编写绿灯亮的代码。下面是一个简单的例子。

```
uint8_t USBCDC_handleDataReceived(uint8_t intfNum)
{
    if(intfNum == 0){
        bDataReceived_event0 = TRUE;
    } else if(intfNum == 1){
        bDataReceived_event1 = TRUE;
    }
    return(TRUE);
}
```

注意，这些事务处理函数是在中断中被调用的，因此不能在这些函数中调用会产生中断的函数。因为 MSP430 单片机不支持中断嵌套，在这些函数的执行过程中不可能有中断发生。我们可以在这些函数中设置标志，从而在主函数中根据标志的状况来采取相应的行动。事务处理函数如表 14.2.4 所示。

表 14.2.4　事务处理函数

函数名	uint8_t USBxxx_handleDataReceived(uint8_t intfNum)
参数	intfNum 是接口号
描述	此事件表示接口 intfNum 已经接收到数据，并且没有采取转移数据的操作。应用程序可以通过启动接收操作或拒绝接收数据来响应此事件，之后这个接口才能继续从主机接收数据，否则该接口不会从主机进一步接收数据，从 USB 主机接收的任何数据包都会返回无响应。因此，应尽快处理这一事件。 这类事件处理函数同样是在中断中被调用的，因此不可以直接在此函数中调用 USBxxx_receiveData() 来启动接收操作。但是可以在此函数中设置标志，从而在主函数 main() 中开始接收操作。在此函数退出后，调用 USBxxx_getInterfaceStatus() 将返回 kUSBDataWaiting

续表

返回值	TRUE：CPU 保持活跃 FALSE：CPU 进入原先设置的状态
函数名	uint8_t USBxxx_handleSendCompleted(uint8_t intfNum)
参数	intfNum 是接口号
描述	此事件表示发送操作的完成，发送操作的完成表示可以启动另一个对该接口的发送操作。但是不能直接在此函数中调用 USBxxx_sendData()。可以在此事件处理程序中设置标志，在主函数中进行发送操作
返回值	TRUE：CPU 保持活跃 FALSE：CPU 进入原先设置的状态
函数名	uint8_t USBCDC_handleReceiveCompleted(uint8_t intfNum)
参数	intfNum 是接口号
描述	此事件表示在接口 intfNum 的接收操作刚刚完成，并且在调用 USBxxx_receiveData()时，指定用户缓冲区的数据可用。如果此事件出现，则这意味着整个缓冲区已满（达到需求的数据字节数）。 设计者希望使用此事件来触发接收操作，但这不能在事件处理函数中完成，因为 USBxxx_receiveData()不能在事件处理函数中调用。但可以在事件处理函数中设置标志，从而在主函数中进行操作
返回值	TRUE：CPU 保持活跃 FALSE：CPU 进入原先设置的状态

3．创建数据接口

建议使用描述符工具来创建设备的接口。由描述符工具创建的任何 CDC 接口都是数据接口，因此所有 CDC 函数调用都是 DATAPIPPE 调用。要创建一个 HID 数据接口，在工具中添加一个 HID 接口，在它的"接口"窗格中，选择"HID DATAPIPE"选项。在生成接口之后，使用 Datapippe 函数调用与该接口进行交互。

4．发送/接收操作

发送/接收操作首先要准备一个用户缓冲区，就是自己定义一个数组。如果是发送操作，则给数组赋值，在 USBxxx_sendData()参数中填入数组首地址、要发送的数据大小、接口号（接口号必须与描述符中的相符）。如果是接收操作，则调用 USBxxx_receiveData()。

数据传输中所有发送/接收的基本单元是操作。发送数据需要发送操作的开始；接收数据需要接收操作的开始。

对 USBxxx_sendData()的一次调用启动发送操作。API 开始将缓冲区复制到 USB 端点缓冲区。主机从 MSP430 单片机的端点缓冲区读取数据包。读取完成后，端点缓冲区被清空，API 将从用户缓冲区填充下一组数据。当主机读取所有数据时，操作完成。发送的数据字节数任意，不必考虑 USB 端点缓冲区的大小，因为 API 会自动将数据一组一组地转移到端点缓冲区，直到所有数据被主机读取。

对 USBxxx_receiveData()的一次调用启动接收操作。当数据被接收到此接口的 USB 端点缓冲区中时，API 将其复制到用户缓冲区中。当用户缓冲区满时，操作完成。

用户缓冲区与端点缓冲区不同，用户缓冲区是用户自己定义的，大小任意。而端点缓冲区可以被认为是 USB 模块中的寄存器（当 USB 模块禁用时，端点缓冲区会被映射到普通缓冲区），端点缓冲区大小为 64 字节。

USBxxx_sendData()、USBxxx_receiveData()只是启动了发送和接收操作，调用这些函数后，发送和接收操作开始，并不代表发送和接收操作完成。所以在收发过程中，要确保用户缓冲区不被破坏。这种函数通常被称为异步或后台进程，可以提高运行效率。

5. 发送/接收操作完成

USBxxx_handleSendCompleted()可以用来通知应用程序发送操作是否完成,这些函数定义在 USB_app 文件夹下的 usbEventHandling.c 中。一旦发送操作完成,程序就会运行到这个函数中(前提是要启动事件)。可以在这个函数中设置一个标志,从而在主函数中察觉发送操作已经完成(注意,因为这类函数被 API 整合在中断中,所以不能在这些函数中调用使用中断的函数,否则会导致系统复位)。对于接收操作也可使用类似的方法。

6. 获取接口状态

USBxxx_getInterfaceStatus()可以返回当前接口的状态,例如,是在接收还是在发送、剩余多少字节、接口是否可用等。详细信息见函数介绍。

从应用程序的角度来看,发送/接收操作是自动的,但是软件设计者应该注意后台处理。例如,软件应该在启动另一个操作或修改用户缓冲区之前检查先前的操作是否完成。这可以通过调用 USBxxx_getInterfaceStatus()来完成。

注意,开发人员可以有效地避免后台执行,在允许应用程序执行恢复之前,应该通过与 USBxxx_getInterfaceStatus()进行接口轮询。API 为每种情况提供了两个示例构造,例如, USBHID_sendDataInBackground()和 USBHID_sendDataAndWaitTillDone(),这两个函数自动轮询接口状态并执行操作。

每个接口可以在任何时候都有一个发送操作和一个接收操作。如果设备被 USB 主机挂起,或者总线被移除,则任何活跃的发送或接收操作都保持打开状态。

7. 发送操作的生命周期

正如前面所讨论的,发送操作是通过调用 USBxxx_sendData()开始的。应用程序可以在状态为 ST_ENUM_ACTIVE 的任意点对该函数进行第一次调用。如果此函数成功调用,则返回 USBxxx_SEND_STARTED。

如果在前一个发送操作正在进行时,对 USBxxx_sendData()进行调用,则它将立即返回一个值 USBxxx_INTERFACE_BUSY_ERROR。这是因为每次只有一个发送操作和一个接收操作可以为给定的接口打开。先前的操作继续进行,未受影响。

当发送操作完成时,API 调用 USBxxx_handleSendCompleted()。用户代码可以放在这里,以标记下一个发送操作的开始,或者通知用户所有数据都已被发送。

在 USBxxx_sendData()返回了 USBxxx_SEND_STARTED 之后,发送操作可能仍在进行。因此,任何后续对 USBxxx_sendData()的调用都应该检查接口状态,以确保没有先前的操作正在进行中。

发送操作通常完成得相当快,但请记住,这取决于主机和总线条件。如果启动了发送操作,则可以用 USBxxx_abortSend()中止。在中止操作之后,此函数返回成功发送的字节数。

8. 接收操作的生命周期

接收操作是从对 USBxxx_receiveData()的调用开始的。在枚举完成后,应用程序可以对该函数进行第一次调用。一个成功的调用返回 USBxxx_RECEIVE_STARTED。

如果在前一个接收操作正在进行时对 USBxxx_receiveData()进行调用,则它将立即返回一个值 USBxxx_INTERFACE_BUSY_ERROR。这是因为每次只有一个接收操作和一个发送操作可以为给定的接口打开。先前的操作继续进行,未受影响。

当接收操作完成时,API 对 USBxxx_handleReceiveComplete()进行调用。用户代码可以放在这里。例如,它可以设置一个标志,该标志指示 main()开始另一个接收操作。

如果数据在没有打开的接收操作的情况下被接收到 USB 端点缓冲区中,则数据会保持在 USB 端点缓冲区。在此之后,主机发送的任何数据都将被设备拒绝,从而导致通信阻塞。如果出现这种情况，则 API 将调用到 USBxxx_handleDataReceived()。应用程序可以再次设置标志，并打开接收操作。也可以调用 USBxxx_rejectData() 来拒绝先前的数据，从而使通信恢复畅通。前者将输入的数据存入指定位置；后者刷新 USB 端点缓冲区，使通信恢复畅通，但其中的数据丢失。

函数 USBxxx_getBytesInUSBBuffer 可以用来确定在 USB 端点缓冲区中等待多少字节。当事件 USBxxx_handleDataReceived() 发生时，应用程序可通过调用 USBxxx_getBytesInUSBBuffer 来响应，然后调用对应字节数的 USBxxx_receiveData()。

9. 单个操作持续时间（实时）

发送操作开始时，数据将以主机、设备和总线条件允许的速度快速传输。通常情况下，其速度非常快。显然，数据量越大，传输所花费的时间就越长。

影响通信带宽的任何因素会对发送操作的持续时间有影响。总线条件可能会具有显著的延迟事务的现象，因此设计应用程序应该注意这些问题（包括开放操作的未知时间长度）。

接收操作受到的影响：根据应用程序，主机何时发送数据有时是未知的。因此，虽然发送操作几乎可以保证连续地发生，但接收操作可能以分段方式实现。如果开发人员控制主机和设备，并制定了主机和设备的通信协议，则应用程序可以知道数据何时到达。如果不是这样的话，软件就可能需要以更开放的方式进行编写。

USBxxx_sendData()、USBxxx_receiveData() 和 USBxxx_getInterfaceStatus 拥有管理此项所需的所有返回码。

10. HID 报表格式

HID-Datapipe 与主机的通信方法和 CDC 不同。CDC 的数据只通过 COM 端口进行发送和接收。而 HID-Datapipe 则以报表的格式进行通信。描述符描述的报表如表 14.2.5 所示。

表 14.2.5　描述符描述的报表

数据区域	大　小	描　述
IN 报表（进入主机）		
报表 ID	1 字节	所选报表的报表 ID（通过 HID-Datapipe 调用自动分配给 0x3f）
大小	1 字节	数据区有效字节数
数据	64 字节	有效数据区
OUT 报表（离开主机）		
报表 ID	1 字节	所选报表的报表 ID（必须由主机分配给 0x3f）
大小	1 字节	数据区有效字节数
数据	64 字节	有效数据区

这种格式有效地将通常复杂的 HID 报告机制转换为简单的数据载体。MSP430 单片机应用程序可以只看到未格式化的数据流。在 USB 开发包中提供的 Java HID 演示应用程序，可以与 MSP430 单片机 USB 设备进行 USB 通信。

14.2.3　海量存储类设备

海量存储类（MSC）定义了 USB 主机安装存储卷的接口。MSC 本质上是工业标准 SCSI 命令的载体。在主机枚举/安装 MSC 接口后，它使用 SCSI 命令来尝试装入存储卷。本节介绍如何使用 MSP430 单片机 USB API 实现 MSC 接口。

1. MSC 体系结构

与 CDC 和 HID-Datapipe 不同，使用 MSC 接口的应用程序不会在未格式化的数据流中"发送"和"接收"数据。MSC 接口提供给主机大量存储卷。存储卷是经过格式化的，如一个存储卷包含引导区、目录区、文件分配表、数据区等。在基于 MCU 的应用中，介质可以是 MCU 的内部存储器，或者是通过面向外部接口（如 SPI、IIC 或并行存储器接口）访问的外部设备。

无论是什么介质，存储卷的格式都应该一致，这样才能方便主机找到存储卷上的文件。Windows 主要支持的 3 种文件系统 FAT16、FAT32、NTFS。FAT16 是最早的文件系统，支持最大 2GB 分区和最大 2GB 文件；FAT32 支持最大 2TB 分区和最大 4GB 文件；NTFS 支持最大 2TB 分区和最大 2TB 文件。FAT16 和 FAT32 因其空间利用率低已不再用于计算机磁盘，不过在可移动磁盘和 SD 卡领域还在使用这些格式。本节会简单介绍 FAT16 文件系统。

如果 MSP430 单片机没为存储器建立文件系统，则这个存储器可以被定义为"闪存"。主机可以对此闪存进行低级的读写，但因为它不能解析卷的格式，所以无法在存储卷上查找任何文件。MSP430 单片机可以实现解析卷格式化的文件系统软件。使用该软件，可以通过目录和文件名访问文件，如软件模拟 FAT16 文件系统。

2. MSC 设备类型

MSC 设备必须向主机报告媒体类型。MSC API 支持两种类型，MSC 设备类型如表 14.2.6 所示。

表 14.2.6　MSC 设备类型

名　　称	常　见　实　例	SCSI 命令集	通常使用的文件系统
直接访问块设备	硬盘驱动器，闪存驱动器，SD 卡，多媒体卡。大多数形式的随机存取，磁性/闪存的媒体	SBC-2	FAT16/32（文件分配表）
CD/DVD	光盘驱动器；DVD 驱动器	MMC-4	ISO 9660（光盘文件系统）

通过配置常数 CDROM_SUPPORT 是否被定义来确定向主机报告哪种类型。如果没有定义，则该设备被报告为直接访问块设备。可以使用描述符工具直接生成相关的设备类型描述符，描述符工具生成的文件中已经定义了 CDROM_SUPPORT，不需要我们定义。

虽然 MSP430 单片机能够用作 CD-ROM 驱动器的 USB 接口，但 CD-ROM 功能的目的更多的是关于 CD-ROM 仿真。CD-ROM 上的文件可以"自动运行"，这与多个主机操作系统平台不同，与直接访问块设备不同。为了实现这种仿真，必须将媒体预先格式化为 ISO 图像。有时它被模拟为位于 FAT 格式化卷上的文件。

3. 存储"地址系统"：LUN 和 LBA

存储被划分为逻辑块，并且每个块都用逻辑块地址（LBA）来寻址。在 FAT 文件系统中，一个块由 512 字节组成。块有时也被称为扇区。

USB 主机在向存储设备请求读写操作时使用 LBA。通常 MCU 应用程序将通过 LBA 访问文件系统软件，然后访问介质上的卷。LBA 从零开始。LBA 作为一个参数传递给 MSP430 单片机应用程序的文件系统软件，这个参数即代表读写的目标位置。通常块的数目也会被传递（从给定的 LBA 开始）。

如果 MSP430 单片机应用程序不需要解析使用的卷，则应用程序可以选择将 LBA 转换为目标介质内的字节地址，通过将 LBA 乘以每个逻辑块或扇区的大小（字节），然后将其添加到闪存内的任何适当偏移。

LUN 是逻辑单元号，用来代表一个逻辑单元，一个逻辑单元由多个逻辑块组成。LUN 和 LBA 共同决定一个存储卷上的地址。LUN 就相当于把一个磁盘分为多个区（磁盘 C、磁盘 D、磁盘 E）。

MSC 接口中可能有多个 LUN。主机操作系统（即 Windows）将每个 LUN 作为单独的卷呈现给用户。如果希望在单个物理大容量存储设备上具有多个存储介质，例如，可移动介质卡及位于 MSP430 单片机内部闪存中的单独卷，则可以使用多个 LUN 来实现。在某些方面，这类似于在复合 USB 设备内具有多个接口（记住，在给定设备内只允许有一个 MSC 接口）。API 支持多个 LUN，包含任何 32 位的逻辑块大小。可以在描述符工具中选择 LUN 的数目。

当主机通过 MSC 协议发送 SCSI 命令时，它指定命令所需的 LUN。如果命令读/写数据，则它还包括被访问的 LBA 和请求的顺序块的数量。由于 API 在接收 SCSI 读写命令时必须依赖应用程序访问卷，所以它将 SCSI 命令的 LUN、初始 LBA 和请求的块数传递给应用程序。

一次只有一个 SCSI 命令可以由 MSC 接口处理。这意味着，如果对 LUN0 接收命令，则必须在 LUN1 接收命令之前将其完全处理。出于这个原因，接口只需要一个交换缓冲区（或使用两个缓冲区）。

4．MSC 函数简介

MSC 管理和数据处理呼叫函数如表 14.2.7 所示。有关完整的文档，请参见 USB 开发包中的 API 调用引用。

表 14.2.7　MSC 管理和数据处理呼叫函数

函数名	uint8_t USBMSC_pollCommand(void)
描述	检查是否已收到 SCSI 命令。如果收到，则处理。如果没收到，则返回不进行操作。该函数的返回值旨在与进入低功耗模式一起使用。如果函数返回 USBMSC_OK_TO_SLEEP，则此时不需要进一步的应用动作，也就是没有收到 SCSI 命令；如果收到一个命令，则它会立刻进行处理；或者收到一个命令，API 会在后台处理，因为它自动触发 USB 中断函数。如果函数返回 USBMSC_PROCESS_BUFFER，则表示 API 正在处理 SCSI 读写命令，并且 API 要求应用程序处理缓冲区。注意，即使函数返回这些值，在应用程序评估这些值时，这些值也可能会过时。因此，在调用这个函数之前禁用中断是很重要的
返回值	USBMSC_OK_TO_SLEEP 或 USBMSC_PROCESS_BUFFER
函数名	uint8_t USBMSC_registerBufferInformation(uint8_t lun, uint8_t * RWbuf_x, uint8_t * RWbuf_y, uint16_t size)
参数	lun 是 LUN 编号 * RWbuf_x 是 X 缓冲区地址，如果为 NULL，则两个缓冲区都被禁用 * RWbuf_y 是 Y 缓冲区地址（此 API 不支持双缓冲）
描述	size 是缓冲区大小。 提供 API 用于读写数据传输的缓冲区。size 是缓冲区的大小，以字节为单位。 注意，目前只支持单缓冲，因此 RWbuf_y 应该设置为 NULL。如果应用程序打算静态地分配缓冲区，那么在主机接收到任何读写命令之前，只需要调用该函数一次。这很可能发生在应用程序的初始化功能中。 注意，在执行开始时，必须先调用 USBMSC_updateMediaInformation()，之后调用此 API。 然而，此功能可选择启用动态缓冲区管理。通过在 RWbuf_x 中交替分配 NULL 或有效地址来激活或禁用缓冲区。这是有用的，因为缓冲区使用 RAM 资源的很大一部分（512 字节）。当 USB 挂起或未连接时不需要此缓冲区。 如果使用这种方法，那么 USB 再次被激活时，要再次调用此函数，并使用有效缓冲区地址。 激活缓冲区。如果 API 需要缓冲区而不具有缓冲区，则主机的读写命令将失败。重新激活操作可以在 USB_handleVbusOffEvent() 中进行。 size 必须是 FAT 格式的整倍数，典型值是 512 字节，也可用 1024 字节、1536 字节等。非倍数不可用。 函数每次返回 USB_SUCCEED，要确保缓冲区是有效的
返回值	USB_SUCCEED
函数名	USBMSC_RWbuf_Info*USBMSC_fetchInformationStructure(void)
描述	返回一个指向 API 中 USBMSC_Rwbuf_Info 结构体实例的指针。这个函数应该在 USB 枚举之前调用，也就是说，在调用 USB_connect() 之前
返回值	指向分配了 USBMSC_RWBuf_Info 实例的应用程序，该实例用于将与缓冲区请求有关的信息从 API 交换到应用程序
函数名	uint8_t USBMSC_processBuffer(void)
参数	USBMSC_Rwbuf_Info*RWBufInfo：传递从 USBMSC_fetchInformationStructure() 接收的值

描述	该函数在处理缓冲请求后由应用程序调用。它向 API 表明应用程序已经完成了请求。在调用这个函数之前，应用程序需要将返回代码写入 rwInfo.returnCode。这个代码应该反映操作的结果，取决于应用程序，该值可能来自文件系统软件
返回值	USB_SUCCEED
函数名	uint8_t USBMSC_updateMediaInformation(uint8_t lun, struct USBMSC_mediaInfoStr * info)
参数	lun 是操作发生的逻辑单元号（LUN，这个版本的 API 只支持单个 LUN） Info 是一个结构体，它传达关于介质的最新信息
描述	通知 API 当前 LUN 上媒体的状态。它使用一个 API 定义的结构体 USBMSC_mediaInfoStr 的 Info 来实现此功能。API 使用最近调用这个函数的信息自动处理来自主机的某些请求。　对于那些在 USBMSC_CONFIG 中标记为不可移动的 LUN，这个函数应该在程序开始时，连接主机前调用一次。然后，此函数将不需要再调用。 　　对于那些被标记为可移动的 LUN，媒体信息是动态的。该函数在开始执行时仍应被调用以指示媒体的初始状态，然后每次媒体更改时也应调用该函数
返回值	USB_SUCCEED

事件处理函数如表 14.2.8 所示。

表 14.2.8　事件处理函数

函数名	uint8_t USBMSC_handleBufferEvent(void)
参数	lun 是操作发生的逻辑单元号（LUN，这个版本的 API 只支持单个 LUN） Info 是一个结构体，它传达关于介质的最新信息
描述	API 请求一个缓冲区。 　　当 API 请求一个缓冲区时，此事件出现。在此之前，API 设置与请求对应 USBMSC_RWBuf_Info 结构体的操作区，同时 MCU 状态寄存器的低功耗模式位来确保 CPU 在此事件出现时保持唤醒，从而处理缓冲区。 　　注意，这意味着此事件的返回值没有作用。即使返回 FALSE，CPU 也会在此事件发生后保持唤醒
返回值	USB_SUCCEED

应用程序处理 MSC 请求的方法如表 14.2.9 所示。

表 14.2.9　应用程序处理 MSC 请求的方法

何　　时	活　　动	实 现 方 法
初始化	定义 LUN 的结构和特点	定义一个 USBMSC_config 结构
	分配数据缓冲区交换空间，然后用 API 注册	USBMSC_registerBufferInformation()
	返回指向 API 的 USBMSC_RWBuf_Info 结构的指针，API 用来描述它请求应用程序的任何缓冲区操作	USBMSC_fetchInformationStructure()
	通知 API 关于每个 LUN 最初出现的介质（如果有的话）	USBMSC_updateMediaInformation()
定期地	检查任何接收的 SCSI 命令并启动它们的处理	USBMSC_pollCommand()
事件驱动	处理 API 在其 SCSI 读写处理过程中生成的任何缓冲事件	访问文件系统，以响应 USBMSC_handleBufferEvent()，然后调用 USBMSC_processBuffer()
	如果介质被指定为"可移除"，并且介质改变状态，则通知 API	USBMSC_updateMediaInformation()

应用程序必须定义它的 LUN，然后 API 在响应 SCSI 命令时使用此定义。定义 LUN 使用描述符工具完成。当添加 MSC 接口时，它的视图提供下拉菜单来选择 LUN 的数量，以及每个 LUN 的特性。

5．注册缓冲区的地址：USBMSC_registerBufferInformation()

在主机和文件系统之间交换数据需要足够大的内存缓冲区来保存至少一个块。对于 FAT 文件系统，块是 512 字节。缓冲区可以大于一个块，但必须是块大小的整倍数。应用程序必须分配缓冲区，然后用 API 注册。使用 USBMSC_registerBufferInformation() 注册缓冲区。

这个函数传递 3 个参数：
- X 缓冲区地址；
- Y 缓冲区地址；
- X 和 Y 缓冲区的大小（必须相等）。

如果 Y 缓冲区的地址是非空的，则 API 使用双缓冲，从而增加吞吐量。如果为 NULL，则 API 使用单缓冲。双缓冲可获得适度的速度增益。应用程序可以动态地改变缓冲区位置，还可以在适当的时候完全禁用缓冲区。这有利于在 USB 未被启动时重新分配内存，从而节省单片机的存储空间。禁用缓冲区可以通过调用 USBMSC_registerBufferInformation() 并将 X 缓冲区地址写入 NULL 来实现。

如果主机试图访问 MSC 接口，但最近调用的 USBMSC_registerBufferInformation() 禁用了缓冲区，那么 API 就无法与应用程序交换数据，从而无法完成主机的读写命令，并通知主机该存储单元没有准备好读写操作。在此期间，调用 USBMSC_pollCommand() 将返回 USB_GENERAL_ERROR。

因此，如果要动态管理缓冲区，则强烈建议在 USB_handleVbusOnEvent()（总线出现事件处理函数）中重新初始化缓冲区（也就是当 USB 被连接时发生）。此外，如果在 USB 挂起期间缓冲区被禁用，则应在 USB_handleResumeEvent() 中进行禁用处理。

6．注册缓冲区信息结构：USBMSC_fetchInformationStructure()

API 分配结构实例 USBMSC_RWBuf_Info 来描述它希望应用程序处理的任何缓冲区操作。应用程序需要指向该结构的指针，以便它可以访问缓冲区操作描述。这个函数应该在程序开始时调用（在 USBMSC_registerBufferInformation() 之后并在 USB 枚举之前）。

7．媒体信息报告：USBMSC_updateMediaInformation()

对于使用 USBMSC_config 定义的每个 LUN，应用程序必须将存储介质的性质描述给 API，也就是使用此函数初始化和更新媒体信息。此函数应该在以下所描述的情况下调用。

（1）在对系统初始化时，应该调用一次该函数来初始化媒体信息。应该在设备被主机枚举之前调用（在调用 USB_setup() 或 USB_connect() 之前）。

（2）如果媒体是可移动的，它也必须在介质改变之后立即通知 API。实现这一功能的函数是 USBMSC_updateMediaInformation()。通过该函数提供的信息，API 可以对来自主机的任何相关 SCSI 命令做出适当的响应。

应用程序必须声明一个 API 定义的结构体实例：USBMSC_mediaInfoStr，并将其传递给 USBMSC_updateMediaInformation()。USBMSC_mediaInfoStr 结构体如表 14.2.10 所示。

表 14.2.10　USBMSC_mediaInfoStr 结构体

种　类	名　称	描　述
BYTE	mediaPresent	指示介质存在（0x81a）或不存在（0x82a）
BYTE	mediaChanged	指示当前的媒体与上次调用 USBMSC_updateMediaInformation() 时不同
BYTE	writeProtected	指示介质受写保护（非零）或不受写保护（零）
DWORD	lastBlockLba	媒体中最后一个块的 LBA（有效地，中等大小）
DWORD	bytesPerBlock	此介质中每个块的字节数（对于 FAT，通常为 512 字节）

最后 3 个字段只有当媒体存在时（0x81a）才有效。

如果媒体是可移动的（应该反映在 USBMSC_config 中），那么应用程序需要来检测它。检测手段取决于介质类型。例如，SD 卡接口可以使用外部中断检测卡中的上拉。如果应用程序检测到媒体已被插入，则应该进行以下操作。

- 创建一个 USBMSC_mediaInfoStr 的实例。
- 置位 mediaPresent 和 mediaChanged。
- 确定媒体是否写保护，并据此置位 writeProtected。
- 确定媒体的大小，并据此设置 lastBlockLba。
- 调用 USBMSC_updateMediaInformation()。

如果应用程序检测到媒体已被删除，则应该进行以下操作。

- 创建一个 USBMSC_mediaInfoStr 的实例。
- 清除 mediaPresent。
- 置位 mediaChanged。
- 调用 USBMSC_updateMediaInformation()。

为了确定媒体的大小和写保护状态，文件系统调用通常是可用的。如果需要，它可以手动解析卷的主引导记录。要在程序执行期间重置 mediaPresent 或 mediaChanged 标志，USB 必须首先断开和禁用，标志做了更改后，再启用 USB、复位并连接。

8. 使用 USBMSC_pollCommand()定期启动 SCSI 命令处理

应用程序必须使用 USBMSC_pollCommand()启动对已接收到的任何 SCSI 命令进行处理。API 接收到的任何 SCSI 命令在调用 USBMSC_pollCommand()之前都不会被处理。API 不中断应用程序，告诉它已经接收到命令，而是应用程序需要定期调用 USBMSC_pollCommand()。

对于功率要求不严格的应用，应用程序可以不进入 LPM0，一直在主函数中循环，并定期调用 USBMSC_pollCommand()来处理 SCSI 命令。如果没有 SCSI 命令需要处理，则此函数会很快返回。

应用程序可以进入 LPM0 模式，当 API 接收到 SCSI 命令后，它会自动唤醒 CPU，从而在主函数中调用 USBMSC_pollCommand()处理 SCSI 命令。注意，这里没有对应的事务处理函数，也就是说，只要有 SCSI 命令被 API 接收，CPU 就会被唤醒。

当调用 USBMSC_pollCommand()时，大多数 SCSI 命令都会被自动处理，不需要应用程序的任何帮助。在 USBMSC_pollCommand()返回时，命令已被处理，返回值为 USBMSC_OK_TO_SLEEP，表示 CPU 可以进入低功耗模式。但是，SCSI 读写命令要求应用程序"处理"缓冲区。当这种情况发生时，API 自动唤醒 LPM0 中的 CPU，并且返回 USBMSC_PROCESS_BUFFER 来提示主机处理缓冲区。

建议使用如下方法进入 LPM0。

```
__disable_interrupt();
if(USBMSC_pollCommand()== USBMSC_OK_TO_SLEEP){
    __bis_SR_register(LPM0_bits + GIE);
}
__enable_interrupt();
```

这种结构确保了处理稳健。这样做可以防止 API 正在等待 CPU 处理缓冲区,而 CPU 进入 LPM0 的情况发生。它首先通过禁用中断来防止 API 对随后接收到的 SCSI 命令提供服务。然后，检查是否已经接收到了 SCSI 命令。如果没接收到，则返回 USBMSC_OK_TO_SLEEP，进入 LPM0 并重新启用中断。这样，如果在调用 USBMSC_pollCommand()时，接收到 SCSI 读写命令，则应用程序仍将进入低功耗模式。随后，API 立刻处理 SCSI 命令，并立刻再次唤醒 CPU。

或者，如果已经接收到 SCSI 读写命令，并且 API 正在等待应用程序处理缓冲区，则 USBMSC_pollCommand()将返回 USBMSC_PROCESS_BUFFER，保持循环唤醒。注意，如果没有进入 LPM0，而是 CPU 在 USB 连接期间保持连续激活，那么就不必禁用中断或检查来自 USBMSC_pollCommand()的返回值。

9. 调用 USBMSC_pollCommand()的频率

调用 USBMSC_pollCommand()的频率是十分重要的。开发者应该考虑的两个主要问题是： 慢的"平均"轮询频率，导致带宽性能较差；任何"长"轮询周期，导致主机超时。

在海量存储活动高峰期间，应用程序越频繁调用 USBMSC_pollCommand()，带宽性能就越高。相反，在大容量存储活动期间，如果 USBMSC_pollCommand()调用之间平均周期很长，则会导致非常差的性能。因此，在设置平均轮询频率时，开发人员应尽可能频繁地调用 USBMSC_pollCommand()（或通过实验来验证选择合理调用周期）。

在 USBMSC_pollCommand()调用中的一个长周期可能会超过主机超时周期。超时周期因操作系统和情况而不同。在读写上，它往往是相当长的，这样即使数秒的延迟也不会导致超时。然而，一个明显的例外是当 LUN 被标记为 Windows 机器上具有可移动介质（通过 USBMSC_config）时。Windows 每秒发送这些 LUN 为"测试单元就绪"SCSI 命令，以查看介质是否存在。MSC 设备只有 1s 的时间来响应。一些嵌入式应用程序可能会经历足够长的延迟以超时。如果发生这种情况，则 Windows 主机将发出 USB 总线重置，这是要避免的。使用 RTOS 的一个优点是对呼叫频率直接进行控制。

10. 处理缓冲事件

MSC 应用程序通常需要文件系统软件。应用程序和主机（通过 API）通过文件系统访问存储卷。

市场上有各种各样的文件系统中间件，具有各种特殊性。有些可以优化代码大小，而有些则具有高级特性。由于用户可能有不同的偏好，所以文件系统还没有集成在 API 中。相反，它存在于应用程序级别中，在软件开发人员的控制下，允许灵活地为应用程序选择合适的应用程序（示例程序中就包含一个开放的文件系统：FatFs）。

将文件系统放在应用程序中需要一个定义的过程，通过该过程，API 可以请求应用程序访问文件系统，在处理来自主机的 SCSI 读写命令时，它的做法如下。

读写操作通常涉及每个命令的多个块，并且每个块（对于 FAT 文件系统）通常是 512 字节。因此，为单个读或写操作而移动的数据总量通常相当大。在许多情况下，数据存储甚至不在 MSP430 单片机内存映射中，而是在片外介质中。大数据、片外位置和有限 RAM 资源的组合需要一个多级的迭代系统，在该系统中，数据通过中间 RAM 缓冲区在介质和主机之间进行传递。

API 协调整个过程。当 API 请求缓冲区操作时，所有应用程序必须服务缓冲区操作（处理缓冲区）。在进行多块读写操作时，当 API 准备发送或接收一个块时，它提出以下请求。

当处理读取命令时，应用程序被请求"填充"缓冲区（使用文件系统从介质中读取数据），以便 API 可以将其发送到主机。

在处理写命令时，请求应用程序"清空"缓冲区（使用文件系统将数据移动到介质中），以便 API 可以从主机接收更多的块。

MCU 应用程序可以根据自己的需要访问媒体。当 API 需要媒体访问以完成来自主机的读写命令时，它也充当中间层。

11. USBMSC_RWbuf_Info 结构体

API 定义了这种结构体的实例。如果 API 被配置为双缓冲，则它定义了两个这样的结构体。结构体被认为是 API 和应用程序之间的共享资源。其目的是描述 API 所请求的缓冲区操作。在 USB 枚举之前，应用程序必须调用 USBMSC_fetchInformationStructure()来获得指向该结构体的指针。USBMSC_RWbuf_Info 结构体如表 14.2.11 所示。

表 14.2.11　USBMSC_RWbuf_Info 结构体

类　　型	名　　称	方　　向	描　　述
BYTE	lun	从 API 到应用	缓冲区操作正在进行的逻辑单元
BYTE	operation		正在执行的操作类型（USBMSC_READ 或 USBMSC_WRITE），或者如果没有对该实例进行操作的 NULL，则为 NULL
DWORD	lba		应用程序需要读写的块的逻辑块地址（LBA）
BYTE	lbCount		请求的块数
BYTE*	bufferAddr		应用程序应该用来交换数据的 RAM 中间缓冲区的地址
BYTE	returnCode	从应用到 API	缓冲区操作的结果。（在应用程序中编写的）有效返回代码在 USBMSC_processBuffer() 的定义中描述

12. 缓冲区操作的生命周期

当 API 希望请求应用程序处理缓冲区时，进行如下操作。

（1）填充这个结构体。（作为其中的一部分，它将 operation 字段设置为 USBMSC_READ 或 USBMSC_WRITE）。

（2）清除了 MCU 状态寄存器中的 LPM 位，以确保在 USB 中断服务例程退出后 CPU 保持唤醒。这些行为通常发生在这个 ISR 中。

（3）生成一个 USBMSC_handleBufferEvent()。

为了确定 API 是否在等待应用程序处理缓冲区，应用程序可以检查操作字段。一般的方式是在调用 USBMSC_pollCommand() 之后。或者，可以在 USBMSC_handleBufferEvent() 内检查 operation 字段。

一旦检测到条件满足，应用程序就立即处理缓冲区。它通常通过访问介质来填充缓冲区（用于读取操作）或清空它（用于写入操作）。它使用在 USBMSC_RWbuf 实例中的信息来了解正在请求什么样的操作，以及它应该如何实现。在此期间，主机等待 USB 设备发送数据块（Read）或发送已写入块（Write）的状态。

当媒体访问完成时，应用程序必须将一个值写入 returnCode 字段。最后，应用程序必须调用 USBMSC_processBuffer() 来通知 API 它已经完成了对缓冲区的处理。这标志着缓冲区操作生命周期的结束。

然后，API 恢复与主机的通信。它使用 returnCode 中的值来告诉主机操作结果。如果返回一个错误，那么主机可能会结束 SCSI 读写命令循环。该信息可以进一步以错误代码的形式传递给主机上运行的应用程序。这个返回代码的起源取决于存储介质。如果使用文件系统，那么它很可能是从文件系统的函数调用返回的错误代码中派生出来的。应用程序可以写入该字段的 MSC 读写命令如表 14.2.12 所示。

表 14.2.12　MSC 读写命令

名　　称	描　　述
USBMSC_RW_SUCCESS	操作成功
USBMSC_RW_NOT_READY	设备没有准备好
USBMSC_RW_ILLEGAL_REQUEST	非法请求
USBMSC_RW_LBA_OUT_OF_RANGE	LBA 在超范围
USBMSC_RW_MEDIA_NOT_PRESENT	媒体不在场
USBMSC_RW_DEVICE_WRITE_FAULT	设备写故障
USBMSC_RW_UNRECOVERED_READ	未恢复读数
USBMSC_RW_WRITE_PROTECTED	媒体是写保护的

缓冲生命周期如下。

API：读取或写入从主机接收的 SCSI 命令。在 USB ISR 中发生。

API：API 通过填充 USBMSC_RWBuf_Info 信息的适当注册实例来准备缓冲区操作。

API：设置 USBMSC_RWBuf_Info.operation = kUSBMSC_READ 或 kUSBMSC_WRITE。

API：API 清除状态寄存器中的低功耗模式位。

API：API 调用 USBMSC_handleBufferEvent()。

API：API 修改状态寄存器，以确保在 ISR 退出后唤醒 CPU。

MCU 应用：循环运行，和/或 RTOS 任务执行；检查 USBMSC_RWBuf_Info 的 operation 字段。

MCU 应用：查找在 USB ISR 中启动的操作；应用程序使用 USBMSC_RWBuf_Info 中的信息来执行操作。

MCU 应用：应用程序填充返回代码，然后调用 USBMSC_bufferProcessed()。

API：USBMSC_bufferProcessed() 设置 operation 到 NULL。

API：USBMSC_bufferProcessed() 触发 SCSI 命令处理的恢复。

API：USBMSC_bufferProcessed() 退出。在后台，SCSI 命令处理恢复。

13. FAT16 文件系统结构

磁盘上的最小可寻址单元称为扇区，即之前所提到的 LBA。在 FAT16 文件系统中，每个扇区的大小通常是 512 字节。存储器的最小存储空间成为簇，一个簇可以包含一个或多个扇区。FAT16 簇的大小是不可变的，否则难免会带来空间利用率不足的问题。例如，存储一个 1049 字节的文件，那么至少需要 3 个簇（因为 2 个簇只能存储 1048 字节）。3 个簇的存储空间是 3×512=1536 字节，这样就会浪费 487 字节，这 487 字节不能再存储任何东西。

FAT（File Allocation Table）即文件分配表。顾名思义，这种文件系统存储文件靠的是文件分配表。FAT 文件系统的文件并不是按顺序存放的，而是随机存放的，其存放路径被存储在文件分配表里。首先，FAT 文件系统有一个根目录，从根目录里可以获取文件的类型、文件大小、文件的起始地址。主机通过访问文件的根目录来获取文件的信息，从而在显示屏上显示出来。如果要存取文件，那么主机就通过从根目录里获取的文件起始地址，访问起始地址所在的簇，与此同时，主机还会访问文件分配表，因为文件分配表里记录了文件的下一簇的存放地址。这样，主机一边读取访问文件分配表，一边访问对应的簇，即可将整个文件读取出来。这是 FAT 文件系统的基本工作原理，下面介绍 FAT 文件系统结构。

注意，文件分配表存放字节的方法为反序存放，也就是说，一个区域内有 0x02、0x01、0x00 这 3 个字节，那么它表示的数值则是 0x000102。

下面以 SD 卡为例，介绍 FAT16 文件系统结构。一个 SD 卡的存储结构如表 14.2.13 所示。

表 14.2.13　SD 卡的存储结构

MBR（主引导扇区，物理扇区 0）	主引导扇区记录了引导代码，分区信息等
保留扇区	此保留扇区数在 MBR 中有定义
DBR（分区引导扇区，逻辑扇区 0）	记录该分区的信息、分区大小、每扇区字节数等
保留扇区	此保留扇区在 DBR 中有定义
FAT1 文件分配表	记录文件存储路径
FAT2 文件分配表	备份 FAT1 文件分配表
根目录区（数据区起始处）	记录所存储文件的名称、格式、起始扇区地址等
数据和子目录	存储数据

以示例程序 M3_MultipleLUN 中 LUN0_data.c 所定义的数据为例，介绍各部分功能。

（1）MBR（主引导扇区，物理扇区 0）。

前 446 字节是 MBR 引导程序，随后 64 字节是硬盘分区表，最后 2 字节是分区有效结束标志，一般是"55 AA"。MBR 引导程序是针对系统硬盘而言的，像 SD 卡这类存储设备，MBR 引导程序是无效的（计算机按下电源键后，开始执行主板 BIOS 中的程序，随后按 BIOS 中的设定，运行引导系统的程序，即 C 盘的 MBR 主引导程序，之后计算机才会正常运行）。如果想让 SD 卡作为系统启动盘，那么 MBR 引导程序也是可以使用的，具体请查阅相关资料。

最后 64 字节为分区信息，每个磁盘可以有 4 个分区，对于 SD 卡，也就只有 1 个分区。每个分区的信息占用 16 字节的存储空间，每个 16 字节的功能是一样的，MBR 介绍如表 14.2.14 所示。

表 14.2.14　MBR 介绍

偏　移	长　度	内　容
0	1	激活标记，80 表示激活，否则为 00。激活的分区用来安装系统，不激活则只存储内容。对于 SD 卡，标记为 00
1	1	分区起始的磁头号，对于 SD 卡没有意义
2	2	起始扇区和柱面号，对于 SD 卡没有意义
4	1	分区类型，04 表示 FAT16 格式
5	1	分区结束磁头号，对于 SD 卡没有意义
6	2	分区结束的扇区和柱面号，对于 SD 卡没有意义
7	4	相对扇区数，从磁盘开始到该分区的位移量，例如，0x00000027，表示从磁盘开始往后数 0x27（39）个扇区，就是这个分区开始的地方
12	4	该分区中的总扇区数 0x00000054 表示 84 个扇区

（2）DBR（分区引导扇区，逻辑扇区 0）。

当主机读取了 MBR 后，得知从磁盘物理扇区 0 偏移 39 个扇区是第一分区的第一个扇区地址，就去读取第一分区的内容。第一分区的起始扇区是 DBR，即分区引导扇区。分区引导扇区记录了该分区的详细信息。该分区的前 62 字节记录分区的详细信息，之后的 450 字节是可执行引导代码和其他一些内容，这与我们无关。DBR 介绍如表 14.3.15 所示。

（3）文件分配表。

文件分配表存储着每个文件所使用的簇。如果存储器刚格式化不久，那么文件的存储路径可能是有规律的，一个簇挨着一个簇。但是，如果存储器里的文件经历过很多删除、粘贴等操作，那么其中存储的文件的簇就不是按顺序排布的了。所以一定要通过文件分配表中记录的路径来获取文件。文件分配表介绍如表 14.2.16 所示。

表 14.2.15　DBR 介绍

名　称	偏　移	长　度	内　容
BS_jmpBoot	0	3	一般为 EB xx 90 或 E9 xx xx
OEMName	3	8	标识格式化媒体的操作系统的字符串，这里是"MSWI4.1"
每扇区字节数	0B	2	00 02 也就是 0x0200，即 512 字节
每簇扇区数	0D	1	01，即每簇有 1 个扇区
保留扇区数	0E	2	从 DBR 引导区到 FAT1 之间的空留扇区数，04 表示 4 个
FAT 表份数	10	1	一般是 2 个 FAT 表，两者内容一样，FAT2 有备份作用
根目录数	11	2	根目录最大可以存放多少个条目，0x40 为 64 个条目
TOtSec16	13	2	总扇区数，当扇区数大于 0x10000 时，就放在偏移 20 的 TOtSec32 处

名　称	偏　移	长　度	内　容
介质种类	15	1	0xF8 表示固定存储介质，F0 表示移动存储介质，F9、FA、FB、FC、FD、FE、FF 都是合法的，必须与 FAT 表开头一致
FATSz16	18	2	分区表占用扇区数，0x01 表示占用 1 扇区，512 字节
SecPerTrk	18	2	每磁道扇区数，对于 SD 卡无意义
磁头数	1A	2	磁头数，对于 SD 卡无意义
HiddSec	1C	4	分区前隐藏的扇区数，与 MBR 中的一致，0x00000027
TOtSec32	20	4	大于 2 字节时，使用该位置表示总扇区数
DrvNum	24	1	一般硬盘为 0x80，软盘为 0x00
保留	25	1	供 NT 用，这里必须为 0
BootSig	26	1	29，扩展引导标记，表示后面的 3 个域是可用的
VolID	27	4	卷序列号，通常是时间/日期格式
BolLab0	2B	11	卷标，"NO NAME"，但大多数主机忽视这一点，并使用根目录而不是使用卷标
FilesysType	36	8	文件系统类型，这里是 FAT16

表 14.2.16　文件分配表介绍

序　号	数　值	含　义
1	FFF8	磁盘标识字，一般出现在文件分配表起始位置
2	0000	表示这个簇是未使用的簇
3	0001	表示此簇保留
4	0002～FFEF	使用的簇，其数值表示存储该文件的下一簇的地址
5	FFF8～FFFF	表示这是文件的最后一个簇
6	FFF7	表示此簇为坏簇，不能向该簇写文件

（4）根目录区。

根目录区记录着每一个文件的基本信息，FAT16 中每个文件需要 32 字节来记录其文件信息，根目录区介绍如表 14.2.17 所示。

表 14.2.17　根目录区介绍

偏移（hex）	长　度	内　容
00	8	文件名，最大长度为 8 字节。00 表示这是一个未使用的空间，05 表示被删除，2E 表示这是一个目录。其余以 ASCII 字符的形式表示名称
08	3	文件扩展名，只允许 3 字节的扩展名。"." 省略
0B	1	<table><tr><td>7</td><td>6</td><td>5</td><td>4</td><td>3</td><td>2</td><td>1</td><td>0</td></tr><tr><td>--</td><td>--</td><td>存档</td><td>目录</td><td>卷标</td><td>系统</td><td>隐藏</td><td>只读</td></tr></table> 文件属性，文件属性的一个字节中，每一位的作用如上表所述。若全为 0，则表示普通文件，可读可写，不隐藏等。若其中的某一位置位，则表示该文件是上表所描述的特殊文件
0C	1	保留
0D	1	文件创建时间，为 100ms，作为文件创建日期中秒的补充
0E	2	文件创建时间，11～15 位表示小时，5～10 位表示分钟，0～4 位表示秒。小时和分钟可以表示 23 小时和 59 分钟，而秒只有 5 位，只能表示 31 秒。秒要加上 100ms 所定义的个数（最大 26 秒），再加 2 秒，构成完整的时间

偏移（hex）	长　　度	内　　　容
10	2	文件创建日期，9～15 位表示年，年是从 1980 开始的，也就是加上 1980 才表示真正的年份，5～8 位表示月，0～4 位表示日
12	2	文件访问日期，格式与创建日期相同
14	2	存储该文件的起始簇地址的高 16 位
16	2	修改时间，格式与文件创建时间相同
18	2	修改日期，格式与文件创建日期相同
1A	2	存储该文件的起始簇地址的第 16 位
1C	4	文件大小

根目录区结束后就是数据区，数据区是存放文件数据的地方。一般情况下，存储器的容量是根据 DBR 引导扇区中的总扇区数定义的，但是当总扇区数的定义不合法时（如 FAT 和根目录就已经占了 6 个扇区，而总扇区数却定义为 4 个），那么主机就会根据 FAT 的大小来确定存储容量。在读取 SD 卡时，应该不会出现这些问题，但是如果想要模拟一个 FAT 文件系统，则要考虑这些问题。在主机上显示的容量=总扇区数-DBR 分区引导扇区(1 扇区)-文件分配表占用扇区(2 个文件分配表)-根目录区占用扇区。在例程 M3_MultipleLUN 中就用到了模拟 FAT 文件系统，可以尝试修改其中参数并观察现象。

（5）管理媒介的双重访问。

应用程序应注意不允许自己和 USB 主机同时访问介质。主机 OFTEN 在自己的内存中保存一个缓存版本，它与 USB 设备上的缓存版本不同步。出于这个原因，最好避免在 USB 设备连接到主机时，MCU 应用程序访问卷。

14.2.4　传统 HID 接口

传统的 HID 接口，包括鼠标、键盘和使用自定义报告格式的 HID 接口，而不是用于数据接口，如 HID-Datapipe。API 中提供了不同的 HID 类型。API 预先定义了 HID 的 3 个子类型：Datapipe、鼠标和键盘，其他的 HID 接口都需要自定义，传统 HID 类型如表 14.2.18 所示。

表 14.2.18　传统 HID 类型

功　　能	描　　述	报告格式	如 何 创 造	使用函数调用集
Datapipe	类似于 UART 的 PC/设备通信	简单数据传输的最小格式	选择 "Datapipe" 作为描述符工具中的 HID 接口类型	HID-Datapipe
鼠标	鼠标功能	标准鼠标报告格式	选择 "鼠标" 作为描述符工具中的 HID 接口类型	HID 传统
键盘	键盘功能	标准键盘报告格式	选择 "键盘" 作为描述符工具中的 HID 接口类型	
自定义	任何其他 HID 设备/接口	用户定制	在描述符工具中选择此接口类型的 "自定义"；然后按照本节的说明进行操作	

HID-Datapipe 接口使用特定的报告格式，它们使用 Datapipe 函数调用，除此之外的 HID 接口就是传统的 HID 接口。所有 HID 传统接口都使用 HID 传统函数调用。传统的设备通过它们的报告格式进一步区分为鼠标、键盘或自定义的 HID 接口。

除了 "自定义" 的 HID 接口外，描述符工具会自动完成接口的大部分创建工作。USB 开发包也有各种 HID 接口类型的例子。不同 HID 接口类型与主机的通信方式和处理方法也有所不同，HID 接口工作如表 14.2.19 所示。

表 14.2.19　HID 接口工作

功　能	主机端需要做的工作
数据文件	需要编写一个应用程序，该程序识别 HID 数据报告和协议。TI 为此提供了 Java HID 演示应用程序
鼠标	主机操作系统与设备交互，而不是主机应用程序。因此主机端不用做任何操作
键盘	
自定义	需要编写一个应用程序。虽然 Java HID 演示应用程序是为 HID-Datapipe 编写的，但它也可以方便地用于自定义报告

1．创建鼠标或键盘

用 MSP430 单片机 USB API 创建鼠标或键盘非常简单。在 USB 开发包中提供了示例。示例 H7 实现单接口 HID 鼠标，示例 H8 实现单接口 HID 键盘。这些示例可直接被修改来设计成不同的应用。

对于更深入的开发，使用描述符工具来创建接口，如将鼠标或键盘添加到与其他接口的复合中。使用该工具可以方便地修改所有自定义信息。如果鼠标/键盘是一个复合 USB 设备的一部分，则该工具大大简化了生成所需描述符的过程。

使用该工具后，需要应用程序代码与新创建的接口进行交互，可以直接复制示例中的应用代码。根据应用，轮询频率可能需要在描述符工具内进行调整。这是主机将从 HID 接口查询报告的速率。

2．鼠标和键盘的报告格式

鼠标和键盘与主机的通信方法非常简单：和大多数 HID 设备一样，主机不断轮询设备的状况，设备则每次发送给主机一个报告描述符，报告描述符中描述设备的当前状况。由此来确定鼠标的位置和键盘按下的按键。表 14.2.20 介绍了鼠标的报告格式。

表 14.2.20　鼠标的报告格式

区　域	大　小	描　述
		输入报告（输入主机）
Buttons	1 字节	3 个按键： BIT0=1 表示左键按下 BIT1=1 表示右键按下 BIT2=1 表示中键按下 全为 0 表示没有按键按下，即按键抬起。其他位是填充位
dX	1 字节	X 相对位置，正值表示向右移动，负值表示向左移动，0 表示不移动，值越大移动速度越快，最大值±127。
dY	1 字节	Y 相对位置。正值表示向下移动，负值表示向上移动。0 表示不移动，值越大移动速度越快，最大值±127。
dZ	1 字节	滚轮相对位置。正值表示向上滑动，负值表示向下滑动，0 表示不滑动，值越大滑动速度越快，最大值±127。

键盘的报告格式如表 14.2.21 所示。

表 14.2.21　键盘的报告格式

区　域	大　小	描　述
		输入报告（输入主机）
Modifier	1 字节	修改键（Shift、Ctrl 等）
Reserved	1 字节	保留

续表

区　域	大　小	描　述
Key Arrays	6 字节	普通按键
输出报告（从主机输出）		
LED	1 字节	LED 报告和填充位

3．鼠标和键盘函数的使用方法

其具体使用方法详见鼠标和键盘的例程，这里只做简单介绍。

鼠标：鼠标的使用要先定义一个结构体，结构体中包含 Buttons、dX、dY 和 dZ。随后修改这些值，然后使用函数 USBHID_sendReport()发送报告即可。

键盘：直接使用函数 Keyboard_press(uint8_t k)表示键盘按键按下，其中 k 就是按下的按键。Keyboard_release(uint8_t k)表示按键释放，k 就是释放的按键。字符键直接令 k 等于相应的字符，功能键在 keyboard.h 中有定义，请自行查看。

4．创建自定义的 HID 接口

API 和描述符工具预先定义鼠标、键盘和 Datapipe 报告格式。任何其他报告格式都会产生一个自定义的 HID 接口。开发人员必须生成描述此自定义报告的报告描述符。开发一个定制的 HID 设备比一些其他接口更复杂。

HID 类最初是为 PC 外设创建的。数据交换的基本单元称为报告，它可以是不同格式的。USB 设备使用复杂的标记/脚本语言格式来报告主机。这提供了很大的灵活性，允许一个设备类与各种各样的 PC 外围设备一起使用。如果创建一个外围设备，即主机 OS 本身处理与设备的交互，且功能不是鼠标/键盘，则需要自定义报告。为了创建自定义的 HID 接口，推荐的方法如下。

（1）使用描述符工具生成一个 HID 接口。对于 HID 报告类型，选择"自定义"。

（2）弹出文本框允许输入自定义报告描述符。

（3）在这个弹出文本框底部输入报告的数据长度，以字节为单位。注意，这不是报告描述符的长度，而是在正常操作中要传输的报告的长度。

（4）请务必选择正确的轮询间隔（见"界面视图"）所需的应用程序。

（5）在应用程序中，使用 HID 传统函数调用来发送和接收 HID 报告。

5．生成自定义 HID 报告描述符

如果生成自定义的 HID 接口，则报告描述符也需要开发人员自己提供。报告描述符来源可能如下。

· 如果函数是 PC 外围设备，则在主机 OS 处理交互的情况下，OS 文档可以指定所需的报告格式。

· 可以在公共领域找到例子。

· 使用 USB-IF 的 HID 描述符工具。

前两个来源可以提供完整的报告描述符，这些描述符可以直接粘贴到 USB 描述符工具中。如果开发人员从头开始真正创建报告，则可以使用 HID 描述符工具。这是由 USB 实现者论坛（USB-IF）提供的工具，用于帮助创建 HID 报告描述符。注意，尽管名称相似，但是 USB-IF 工具的功能与 HID 描述符工具的功能完全不同。

一旦创建报告格式，HID 描述符工具的输出就是一系列十六进制值，这些值可以直接粘贴到 USB 描述符工具的弹出文本框中。

6．编写传统 HID 设备的应用程序代码

传统的 HID 接口（HID 数据包以外的任何 HID 接口）都使用 HID 传统函数调用。传统 USB_HID 函数介绍如表 14.2.22 所示。

表 14.2.22　传统 USB_HID 函数介绍

函数名	uint8_t USBHID_sendReport(const uint8_t * reportData, uint8_t intfNum)
参数	reportData 是包含报告的数组 intfNum 是发送报告的接口
描述	在 intfNum 接口，发送一个预先建造的报告 reportData 给主机。报告必须被组织起来以符合描述符中的报告格式。 当函数返回 USBHID_SEND_COMPLETE 时，数据已经被写入 USB 发送缓冲区，并且将在下一次轮询中传递给主机。如果函数返回 USBHID_BUS_NOT_AVAILABLE，则可能是因为总线未连接或设备被挂起，不允许发送报告。如果函数返回 USBHID_INTERFACE_BUSY_ERROR，则意味着该接口的 USB 缓冲区里有数据未发送，主机尚未获取先前加载的报告
返回值	USBHID_SEND_COMPLETE USBHID_BUS_NOT_AVAILABLE USBHID_INTERFACE_BUSY_ERROR
函数名	uint8_t USBHID_receiveReport(uint8_t * reportData, uint8_t intfNum)
参数	reportData 是包含报告的数组 intfNum 是接收报告的接口
描述	在 intfNum 接口，从主机接收一个报告，并存入 reportData。预期主机将以 descriptors.c 中的报告描述符定义的格式组织报告 当函数返回 USBHID_RECEIVE_COMPLETED 时，数据已经成功地从 USB 发送缓冲区复制进 reportData。如果函数返回 USBHID_BUS_NOT_AVAILABLE，则可能是因为总线未连接或设备被挂起，不允许发送报告。如果函数返回 USBHID_GENERAL_ERROR，则表示未知错误。 只有当应用程序知道 USB 缓冲区里有报告时才应该调用此函数。所以，最好在 API 调用 USBHID_handleDataReceived()后，调用此函数。USBHID_handleDataReceived()是一个事件处理函数，表示当前接口 intfNum 接收到数据
返回值	USBHID_RECEIVE_COMPLETED USBHID_BUS_NOT_AVAILABLE USBHID_INTERFACE_BUSY_ERROR

　　应用程序必须分配和填充报告缓冲区（最多 64 字节），然后使用 USBHID_sendReport()将其传递到 API 中。下次主机轮询报告的接口时，该报告将被提交给主机。应用程序按照与报告描述符所定义的完全相同的方式格式化这些字节。

　　USBHID_receiveReport()接收以报告描述符描述的方式格式化缓冲区的报告（最多 64 字节）。最好是响应一个 USBHID_handleDataReceived()事件。在这两种情况下，报告长度都由 USBHID_REPORT_LENGTH 定义（在 descriptors.h 中定义）。

　　如果 HID 接口定义了自定义报告描述符，则这个描述符可能已经定义了多个报告，每个报告都有唯一的"报告 ID"字段。因此，应用程序可以在调用 USBHID_sendReport()之前，通过设置正确的报告 ID 值来发送/接收多个报告，另外，通过读取报告 ID 字段，可以将 USBHID_receiveReport()一次接收到的报告分开。API 不会改变报告的内容，只有应用程序可以改变它。

14.3　USB 应用实例

　　下载完 USB 开发包，可以先运行以下例程，对 USB 有一个大概的了解，然后再学习如何进行 USB 应用设计。USB 部分的代码编译量可达到 10KB 以上。未注册 IAR 有 4KB 的代码长度限制，因此建议普通读者学习本部分内容使用 CCS 软件平台，此外，使用 CCS 可以快捷地移植 USB 程序，较方便地满足本章的学习。

　　这里 USB 应用实例使用 MSP430 单片机 USB Developers Package 中的示例程序来演示 MSP430 单片机的 USB 功能,希望读者能够学习和实践 MSP430 单片机 USB Developers Package 中的示例程序，实现对 MSP430 单片机 USB 功能的开发。

14.3.1　USB-CDC 类设备实例

USB-CDC 类设备的功能就是生成一个或多个虚拟 COM 端口，也就是相当于一个 USB 转串口工具，路径见 MSP430USBDevelopersPackage\MSP430_USB_Software\MSP430_USB_API\examples\。

在 CDC_virtualCOMport 中，给出了 6 个例程。若使用 IAR，则直接打开 IAR 工作空间即可看到这些例程的项目。选定一个项目并设置为活跃状态，然后进行编译下载；或者使用 CCS，选择添加工程，路径见上述内容。添加后即可编译下载。

下载进程序后观察现象，这里观察现象需要用到超级终端，即串口调试助手（任意一款串口助手均可，也可以使用官方指南中提到的 Tera Term，网址：https://osdn.net/projects/ttssh2/releases/）。

Tera Term 和串口调试助手有些不同，Tera Term 会实时发送输入的字符，但并不会显示输入了什么字符，它的界面上只显示接收到的字符。所以，如果看到 Tera Term 中输入的字符被显示了出来，那是因为从机将输入的字符又发送给了主机。

C0_SimpleSend：将程序下载至单片机后，运行程序，会发现计算机识别到一个 USB，并进行了设置。打开串口助手，设置端口号为 USB 串行设备所在的端口号。单击"打开串口"按钮，之后就会发现串口收到时间信。若打开 Tera Term，则设置端口为 USB 串行设备。其实验界面如图 14.3.1 所示。

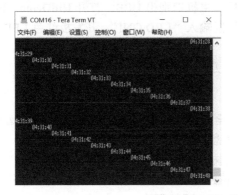

图 14.3.1　C0_SimpleSend 实验界面

如果收到所转换出来串口的时间信息，则表示 USB 所转换的串口工作正常，也就是说 MSP430 单片机的 USB 模块代替了 USB 转 UART（TTL）接头的功能。

C1_LedOnOff：这个程序演示的是命令控制。打开 Tera Term，设置端口为 USB 串行设备。之后在 Tera Term 界面输入 LED ON 并按回车键，就会看到红色 LED 点亮。其实验界面如图 14.3.2 所示（或在串口助手中输入 LED ON 并按回车键，之后单击"发送数据"按钮）。

图 14.3.2　C1_LedOnOff 实验界面

其他 CDC 演示例程可以直接参考例程里的说明，在此不做赘述。

14.3.2　USB-HID 类设备实例

1．HID-Datapipe 例程

HID-Datapipe 和传统的 HID 设备不同，HID-Datapipe 主要用于数据通信，类似于 CDC 类设备，而传统的 HID 设备则是鼠标、键盘等。

进行该样例实验需要使用 MSP430 单片机的 HID 仿真器，在 MSP430USBDevelopersPackage\Host_USB_Software\Java_HID_Demo\Windows 中。运行仿真器还要有一个 Java 平台，Java 运行引擎可以从 Java 官网免费下载：www.java.com。下载并安装好 Java 平台后，仿真器即可运行。

首先将程序下载至 MSP430 单片机，然后打开 HidDemo。这时识别 MSP430 单片机的 HID 设备，如果 MSP430 单片机的 USB_HID 设备没有插入，则会报错。如果成功识别 MSP430 单片机的 HID 设备则会进入软件主界面，此时单击右侧"连接"按钮进行连接。如果没有发现设备，则要去设备管理器中查看一下这个接口的 PID、VID 是否和 HidDemo 中的一致。PID、VID 查看方法：右击我的电脑→管理→设备管理器→人体学输入设备（HID）→符合 HID 标准的供应商定义设备→属性→事件。

H1_LedOnOff：将程序下载至开发板并运行后，主机识别出 USB。打开 HidDemo，HID 和 PID 会自动选择，单击右侧"连接"按钮，在发送区输入"LED ON!"。开发板红色 LED 点亮。其实验界面如图 14.3.3 所示。

HID-Datapipe 其他例程请自行下载并观察现象，方法大致相同。

2．传统 HID 设备例程

H7_Mouse：此例程实现一个鼠标。将程序下载至开发板，运行后，鼠标开始做圆周运动。这个例程模拟鼠标的功能，实现向主机发送鼠标位置信息，使鼠标可以做圆周运动。

H8_Keyboard：此例程模拟 USB 键盘功能，开发板上 S1 按键是 Shift 键，S2 按键是一些字符的组合。将光标选在一个可以输入字符的位置，按下 S2 按键，则会在该位置输入一些字符。按下 S1 按键的同时再按下 S2 按键，则会输入该字符经过 shift 后的字符。

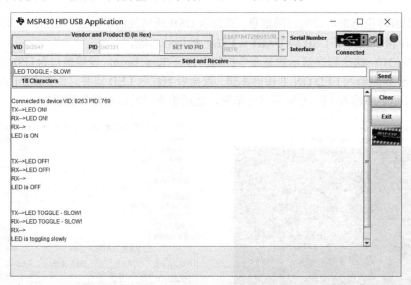

图 14.3.3　HID-Datapipe 实验界面

H9_Remote_Wakeup：此例程实现了远程唤醒主机的功能，当主机进入睡眠状态后，按下开发板上的 S2 按键可以唤醒主机。而其他例程，如 H8_Keyboard 却不具有远程唤醒能力。其区别在于此例程的描述符中声明了这个设备有远程唤醒功能，所以主机才会被它唤醒。

14.3.3　USB-MSC 类设备实例

MSC 功能可把 MSP430 单片机变成一个 USB 接口的存储器，在 MSP430USBDevelopers Package\ 中。

在 MSP430_USB_Software\MSP430_USB_API\examples\MSC_massStorage 中打开工作空间，利用 CCS 添加这个路径里的工程，编译并运行，MSP430 设备就会以一个存储器的状态接入主机。

M1_FileSystemEmulation：此例程实现了 U 盘的功能，编译并下载运行。之后会在计算机端安装驱动，然后识别为一个 U 盘。U 盘大小、存储的文件、涉及文件系统，详见前面介绍的内容。

M2_SDCardReader：此例程可以使 MSP430 设备变成一个读卡器，可读取 MSP430 单片机 SPI 所连接的 SD 卡（所用 SPI 为：片选 P3.7；UCB1SIMO 为 P4.1；UCB1SOMI 为 P4.2；UCB1CLK 为 P4.3）。值得注意的是，程序要求插入 SD 卡后，才执行读卡器识别功能，可在计算机端生成两个 U 盘存储设备。其中一个是利用 MSP430 单片机闪存的存储设备，另一个是 SD 卡存储设备。

此外，在 USB 开发包中，还具有混合 USB 设备样例，它为以上几个应用的混合使用，具体请查看程序文件说明，这里不做赘述。

14.3.4　USB-BSL 程序下载实例

USB-BSL 的功能就是可以直接使用串口，向 MSP430 单片机中下载程序。需要先下载 MSP430-BSL 开发包，网址如下：

http://software-dl.ti.com/msp430/msp430_public_sw/mcu/msp430/MSPBSL_CustomBSL430/latest/index_FDS.html

下载完毕后，打开 MSP430BSL\5xx_6xx_BSL_Source 中的工程文件，选择 MSP430F552x USB 文件进行编译，并下载到单片机中。之后即可使用 Python_Firmware_UpgraderGUI 应用程序，直接将 .txt 格式的程序文件下载到单片机中。应用软件位于：

MSP430USBDevelopersPackage\Host_USB_Software\Python_Firmware_Upgrader

打开应用程序后，程序自动检测带有 USB-BSL 功能的设备接入，若检测成功，就会显示"ready"，之后即可使用示例程序进行下载，如图 14.3.4 所示。

图 14.3.4　USB 实现 BSL 程序下载界面

考虑到用户烧写程序便利，TI 提供了 MSP430 USB Firmware Upgrade Example 软件，可通过一根 USB 线实现对带 USB 接口的 MSP430 单片机的程序烧写，其需要配合 PUR 引脚实现 USB-BSL 电路。按下按键，连接 USB，即可进入 USB-BSL 状态。其功能界面如图 14.3.5 所示。

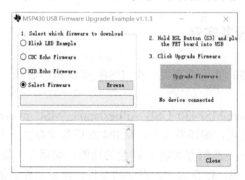

图 14.3.5　通过 MSP430 USB Firmware Upgrade Example 软件实现 BSL 功能界面

14.4　小结与思考

本章简单介绍了 USB 技术的相关概念，以及 MSP430 单片机 USB 接口的特点。考虑到 USB 协议较为复杂，所以采用 USB 开发包的方式对 MSP430 单片机 USB 接口程序设计进行了说明。本章对常用的 USB 库函数进行了功能说明，并介绍了常见的 USB 应用实例。

学习完本章内容后，读者应理解 MSP430 单片机 USB 接口的功能，能够应用 USB 开发包程序，进而修改 USB 程序。读者还应理解 USB 通信过程，掌握各类 USB 接口设备。

习题与思考

14-1　USB 通常包括哪几类设备，它们的用途都有哪些？

14-2　对 MSP430F5529 单片机的 USB 代码进行调试时，若在代码中设置断点，则程序运行到断点后，主机会发生什么现象？为什么？

14-3　FAT16 文件系统的存储结构分为哪几个？其作用分别是什么？

14-4　USB 的人机交互类设备一般包括哪几类？尝试使用代码实现简单的鼠标点按动作或键盘动作。

第 15 章　电动小车动态无线充电系统
（2019 年全国大学生电子设计竞赛全国一等奖作品）

15.1　系统概述

15.1.1　系统任务

设计并制作一个无线充电电动小车及无线充电系统，小车可采用成品车改制，全车质量不小于 250g，外形尺寸不大于 30cm×26cm，圆形无线充电装置发射线圈外径不大于 20cm。无线充电装置的接收线圈安装在小车底盘上，仅采用超级电容（法拉电容）作为小车储能、充电元件。如图 15.1.1 所示，在平板上布置直径为 70cm 的黑色圆形行驶引导线（线宽≤2cm），均匀分布在圆形引导线上的 A、B、C、D 点（直径为 4cm 的黑色圆点）上分别安装无线充电装置的发射线圈。无线充电系统由 1 台 5V 的直流稳压电源供电，输出电流不大于 1A。

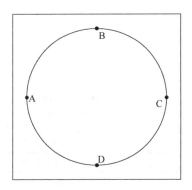

图 15.1.1　小车行驶区域示意图

15.1.2　系统要求

1．基本要求

（1）小车能通过声或光显示是否处在充电状态。

（2）小车放置在 A 点，接通电源充电，60s 时断开电源，小车检测到发射线圈停止工作后自行启动，沿引导线行驶至 B 点并自动停车。

（3）小车放置在 A 点，接通电源充电，60s 时断开电源，小车检测到发射线圈停止工作后自行启动，沿引导线行驶直至停车（行驶期间，4 个发射线圈均不工作），测量小车行驶距离 L_1，L_1 越大越好。

2. 发挥部分

（1）小车放在 A 点，接通电源充电并开始计时；60s 时，小车自行启动（小车超过 60s 启动按超时扣分），沿引导线单向不停顿行驶直至停车（沿途由 4 个发射线圈轮流动态充电）；180s 时，如果小车仍在行驶，则断开电源，直至停车。测量小车行驶距离 L_2，计算 $L=L_2-L_1$，L 越大越好。

（2）在发挥部分（1）测试中，测量直流稳压电源在小车开始充电到停驶时间段内输出的电能 W，计算 $K=L_2/W$，K 越大越好。

（3）其他。

15.1.3　系统说明

（1）本题所有控制器必须使用 TI 公司处理器。

（2）小车行驶区域可采用表面平整的三夹板等自行搭建，4 个发射线圈可放置在板背面，发射线圈的圆心应分别与 A、B、C、D 圆点的圆心同心。

（3）作品采用的处理器、小车全车质量、外形尺寸、发射线圈最大外形尺寸及安装位置不满足题目要求的作品不予测试。

（4）每次测试前，要求对小车的储能元件进行完全放电，从而确保测试时小车无预先额外储能。

（5）题中距离 L 的单位为 cm，电能 W 的单位为 Wh。

（6）测试小车行驶距离时，统一以与引导线相交的小车最后端为测量点。

（7）在基本要求（2）测试中，小车停车后，其投影任一点与 B 点相交即认为到达 B 点。

（8）在测试小车行驶距离时，如果小车偏离引导线（即小车投影不与引导线相交），则以该驶离点为该行驶距离的结束测试点。

15.1.4　评分标准

系统的评分标准如表 15.1.1 所示。

表 15.1.1　系统的评分标准

项　目		主　要　内　容	满　分
设计报告	方案论证	比较与选择，方案描述	3
	理论分析与计算	系统提高效率的方法，电容充放电、动态充电的运行模式控制策略	6
	电路与程序设计	主电路与器件选择，控制电路与控制程序	6
	测试方案与测试结果	测试方案及测试条件，测试结果及其完整性，测试结果分析	3
	设计报告结构及规范性	摘要，设计报告正文的结构，图标的规范性	2
	合计		20
基本要求	完成第（1）项		5
	完成第（2）项		25
	完成第（3）项		20
	合计		50
发挥部分	完成第（1）项		25
	完成第（2）项		20
	其他		5
	合计		50
总　分			120

15.2　系统方案分析

题目要求完成电动小车动态无线充电系统，从功能上可以分为两大部分：一部分是无线充电电动小车的设计，也就是充电接收端；另一部分是无线充电系统的设计，也就是充电发射端。

15.2.1　无线充电电动小车的设计

无线充电电动小车，依题目要求，需要具有无线充电接收、电源管理、循迹等功能。从具体设计而言，可分为小车设计、充电接收与管理电路设计。其中小车设计主要包括小车车身（底盘）选择、电机选择、处理器选择、电机驱动电路选择、循迹传感器选择等。下面对各部分进行简要分析。

1．小车底盘选择

方案一：采用成品小车改装。优点是可节省底盘设计与车体结构的问题。缺点是成本高，同时需要在上面加控制、无线充电、循迹传感器等功能电路，增加质量的同时灵活性不足，对完成题目指标不利。

方案二：采用 PCB 自主设计底盘，将控制、无线充电、电源管理等电路均做到 PCB 上，同时 PCB 可安装小车电机、循迹传感器等小车必备功能模块。采用 PCB 底盘方式的优点是将电路部分与小车结构部分合二为一，具有灵活性高，质量轻的优点。缺点是对电路设计要求较高，难度较大。

综合以上两种方案，选择方案二。

2．电机选择

方案一：采用步进电机。优点是步进电机具有优秀的启停及反转控制、可以开环控制、运动位置可知。缺点是控制不当容易产生共振、难以运转到较高的转速、在体积、质量方面没有优势，能源利用率低；在该场景下，步进电机对超轻车体并不友好，难以选型。

方案二：采用直流无刷电机。优点是速度快、声音小、寿命长。缺点是控制复杂、需要专用驱动电路、难以满足低功耗的使用场景，并且对控制器要求较高，成本也较高。

方案三：采用直流减速电机。优点是启动与调速性能好、价格便宜、可供选择较多。缺点是发热大、寿命短、摩擦力大。

综合以上三种方案，选择方案三。选择运转时摩擦力较小（通过选型比较），噪声低，很小电流即可驱动，而且体积小、功率高的直流减速电机。

3．处理器选择

方案一：选择 MSP430G2553 作为主控芯片。优点是单片机具有超低功耗特点，低电源电压范围为 1.8～3.6V，具有直插封装便于插拔，体积小。缺点是 I/O 口数量较少，内部资源不多，但能满足题目要求。

方案二：选择 TM4C123G 等 ARM 处理器作为主控芯片，以 TM4C123GH6PM 为例，它具有最高主频 80MHz，256KB 闪存，8 个串口，2 个 PWM 模块，4 个 PWM 发生器，可以产生 16 路 PWM，6 个 16/32 位通用定时器，以及 6 个 32/64 位通用定时器。优点是满足各类传感与控制需要。缺点是功耗较高，焊接难度较大。

方案三：选择 TMS320F28027 等 DSP 处理器作为主控芯片。优点是处理器运算性能强大、指令周期较短，并且外设丰富，可以产生较高精度的 PWM。缺点是耗电量较大、焊接难度较大。

综合以上三种方案，选择方案一，以降低处理器的开发难度并减轻质量。

4．电机驱动电路选择

方案一：采用分立元件搭建电机驱动单管、半桥或 H 桥。优点是成本低、设计灵活、可提供的功率较大。缺点是需要选择合适的低压开关管及驱动电路，电路较为复杂。

方案二：采用专用电机驱动芯片，如 DRV8837、TB6612 等。优点是电路简单，集成度高。缺点是成本较高，需要选择低压、功率足够用的驱动芯片。

综合以上两种方案，选择方案二。选择驱动芯片的方式虽然成本相对较高，但降低了系统设计难度。相比单管驱动电路虽然相对损耗较大，但稳定性强。相比半桥或 H 桥，电路更简单。对于系统低压、小功率场景，这里选择可低电压工作的电机驱动芯片 DRV8837。

5．循迹传感器选择

方案一：采用 CCD 或 CMOS 摄像头。优点是可采集数据多，感受视野广，通过程序可高精度地识别黑色引导线（黑线）与黑色圆点。缺点是功耗较大，控制复杂，对处理器的处理能力有要求。

方案二：采用红外对管的方式来感知黑线与黑色圆点，原理是黑色吸收红外光，白色不吸收，通过判断反射回来的红外光多少来判断黑线信息。优点是电路简单，可在低压工作。缺点是可采集赛道信息少，但也满足题目要求。

（1）利用比较器比较光电管电压实现循迹。通过比较器直接处理传感器信号可以简化计算，但缺点是调试复杂且鲁棒性较差，容易出现意外情况。

（2）利用单片机采集光电管 ADC 处理后实现循迹。通过单片机采集数据并计算控制电机输出实现循迹，优点是便于调试、稳定性较好，但可能会增加功耗。

综合以上两种方案，选择方案二。选择红外对管循迹的方式有两种，可以使用单片机模拟端口采集红外接收管的电压来判断是否照射在黑线上，也可以通过比较器的方式，对接收管信号进行阈值判断，单片机只需判断比较器输出电压即可获知黑色信息。前者电路简单，阈值软件设定比较灵活；后者电路复杂，但程序简单，功耗相对较大。

6．无线充电接收电路选择

方案一：采用电源芯片进行恒压或恒功率方式对超级电容充电。优点是集成度高、系统耦合性小。缺点是需要设计专门的无线充电管理电路。

方案二：采用处理器以数字电源方式进行同步整流充电。优点是灵活性强，可实现大功率充电。缺点是处理器前期没有供电，还需要额外的充电电路进行辅助供电，这会造成系统耦合性强，实现难度较大。

综合以上两种方案，选择方案一，以降低无线充电的开发难度，另外，在电容充电时，可采用恒压模式且采用大压差充电方式，使充电功率始终达到最大值。

7．超级电容放电电路选择

方案一：采用升压电路。根据所使用的超级电容的容值，如果容值较大，充电电压较低（如 1～2V），则可以选择升压电路为小车系统供电。优点是采用同步整流的方式升压电路效率较高。缺点是低压的升压电路所能提供的电流一般较小，需要选择超低压的升压电路才可以使用超级电容所储存的能量。

方案二：采用降压电路。根据所使用的超级电容的容值，如果容值较小，充电电压较高（如 8V 以上），则可以选择降压电路为小车系统供电。优点是采用同步整流的方式降压电路效率较高，电流也较大。缺点是降压电路的输入电压要比输出电压高，到达放电电压之后不能工作，部分超级电容的能量不能完全释放。需要选择宽范围、低压差的同步整流降压电路。

方案三：采用升降压电路。根据所使用的超级电容的容值，如果容值适中，充电电压在 5V 左右，则降压与升压电路均不合适，可以选择升降压电路为小车供电。优点是采用升降压电路在同步整流的方式下不仅效率高，而且工作的输入电压范围相对较宽。缺点是需要选择合适的升降压芯片。

综合以上三种方案，考虑到所准备的芯片，选择方案三。采用具有升降压功能的 TPS63070 芯片为系统供电。TPS63070 芯片可以为超级电容提供电源解决方案，支持高达 2A 的输出电流。使用电池时，可以放电到 2V 以下。其内部降压/升压转换器基于一个使用同步整流的固定频率、脉宽调制（PWM）控制器来获得最高效率。在负载电流较低的情况下，该转换器会进入节能模式，以在宽负载电流范围内保持高效率。此外，其输出电压可通过外部电阻分频器进行编程，或者在内部芯片上固定。转换器可被禁用以最大限度地减少电池消耗。在关断期间，负载从电池上断开。

15.2.2　无线充电系统的设计

对于无线充电系统而言，其需要管理圆形引导线中 A、B、C、D 点（直径为 4cm 的黑色圆点）上无线充电装置的发射线圈，因此，它主要包括控制器选择（配套必要的人机接口）、无线充电发射选择、供电切换选择三部分。

1. 控制器选择

方案一：选择 MSP430F5529 作为主控芯片。优点是单片机具有超低功耗的特点，低电源电压范围为 1.8～3.6V，具有直插封装便于插拔，体积小。缺点是主频相对较低，无法产生高速高精度 PWM。

方案二：选择 TM4C123G 等 ARM 处理器作为主控芯片。优点是满足各类传感与控制的需要，PWM 资源丰富。缺点是功耗较高，焊接难度较大。

方案三：选择 TMS320F28027 等 DSP 处理器作为主控芯片。优点是处理器运算性能强大，指令周期较快，并且外设丰富，可以产生较高精度的 PWM。缺点是耗电量较大，焊接难度较大。

综合以上三种方案，考虑到与小车处理器一致，并且因为选择振荡器产生无线充电频率的方式不需要处理器输出高速、高精度 PWM，所以选择方案一，以降低处理器的程序难度。

2. 无线充电发射选择

方案一：采用专用无线充电芯片，如 bq500215、bq51221 等。优点是集成振荡器、协议等，性能稳定、效率高。缺点是电路较为复杂，焊接困难。

方案二：采用单片机输出频率外加驱动开关管的方式。优点是灵活性强，输出功率通过程序设置等。缺点是电路复杂，对处理器的性能与程序要求较高。

方案三：采用振荡器加驱动开关管电路的方式。优点是集成度高、系统耦合性小、成本也较低。缺点是不能用软件修改谐振频率，灵活性较低，需要硬件调节谐振。

综合以上三种方案，考虑到实现难易程度与芯片准备情况，选择方案三，采用 555 振荡器外接驱动电路方式实现无线充电的发射。

3. 供电切换选择

方案一：采用继电器对各充电发射端进行切换处理。优点是电路简单、切换可靠。缺点是需要额外的继电器驱动电路，继电器动作电压与电流有要求，功耗较大。

方案二：采用 MOS 开关对各充电发射端进行切换处理。优点是损耗小、电流大。缺点是需要设计 MOS 开关电路，电路相对复杂。

综合以上三种方案，考虑到功耗情况，选择方案二，采用 LM5050 芯片作为 MOS 开关电路，从而构成理想二极管，几乎实现零损耗供电切换。

15.3　系统硬件设计

15.3.1　无线充电电动小车硬件设计

对于无线充电电动小车而言，其硬件电路均设计在小车 PCB 底盘上。通过方案分析对比，列举主要的硬件电路如下。

1. 电机驱动电路

如图 15.3.1 所示，电机驱动芯片采用 DRV8837 芯片，它是一块内部集成 H 桥的低电压电机驱动芯片，最低可在 1.8V 工作，输出电流可达 1.8A。芯片超小封装，满足系统需求，系统使用两块 DRV8837 芯片实现两路电机的驱动，外加支撑从动轮，从而实现简易小车。

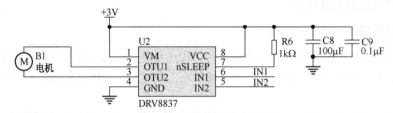

图 15.3.1　电机驱动电路

2. 红外传感电路

如图 15.3.2 所示，红外传感电路采用红外发射与接收一体管，其中接收管和电阻串联分压给单片机模拟采集端口。发射管照射在黑线上，红外光几乎被吸收，接收管几乎接收不到反射红外光，此时其等效电阻很大，近似开路，分压接近电源电压。发射管照射在白色部分，红外光几乎不被吸收，接收管接收到充足的反射红外光，此时其等效电阻很小，近似短路，分压接近地段电压。为充分感知黑线信息，系统中使用四路红外传感器，其间隔距离为 2.0cm。

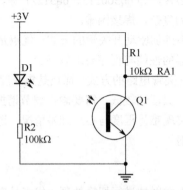

图 15.3.2　红外传感电路

3. 无线充电接收电路

如图 15.3.3 所示，接收线圈匹配电容谐振之后经全桥整流，然后由降压芯片 TPS54160 降压给超级电容供电。TPS54160 输入电压范围为 3.5～60V，具有内部 200mΩ 高侧金属氧化物半导体场效应晶体管（MOSFET），100kHz～2.5MHz 的开关频率，电流可达 1.5A。因为接收端收到的电压可达 20V，因此采用恒压模式且采用大压差充电方式（调整输出为 12V，超级电容无法充至此电压），使充电功率始终在最高点。充电指示灯连接到整流之后，可方便指示是否充电。

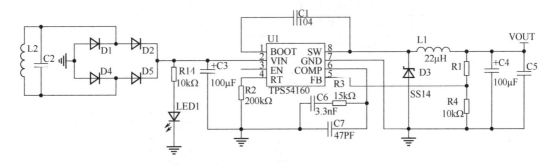

图 15.3.3　无线充电接收电路

4．超级电容放电管理电路

如图 15.3.4 所示，超级电容放电使用 TPS63070 芯片，固定输出 3V 给小车系统供电。其中 TPS63070 是具有 3.6A 开关电流的 2～16V 降压-升压转换器。效率可达 95%。

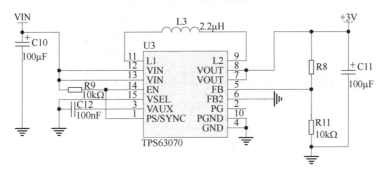

图 15.3.4　超级电容放电电路

15.3.2　无线充电系统硬件设计

对于无线充电系统而言，除其主控电路外，主要有无线充电发射电路与供电切换电路。通过方案分析对比，列举其硬件电路如下。

1．无线充电发射电路

如图 15.3.5 所示，LMC555 芯片产生振荡方波，经 MOS 的 TPS28225 芯片驱动半桥。其中发射线圈需要根据振荡频率进行谐振调整。这里采用 150kHz 振荡频率。TPS28225 芯片具有高速的 4A 吸入电流同步 MOS 驱动器，配合低压大功率 MOS 管，可提供高效的无线发射效率。系统中采用四路无线充电发射电路。

2．供电切换电路

如图 15.3.6 所示，供电切换电路使用 LM5050 芯片，它是高侧 MOS 开关控制器，配合低压大电流 MOS 可构成理想二极管，在四路无线供电电路切换时，几乎零损耗。

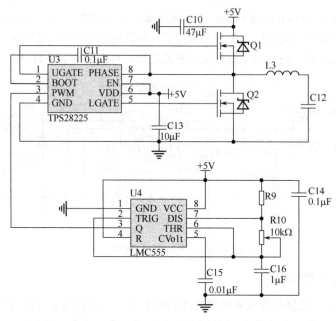

图 15.3.5　无线充电发射电路

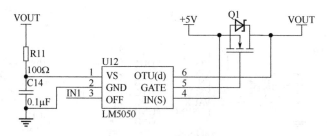

图 15.3.6　供电切换电路

15.4　系统软件设计

15.4.1　无线充电电动小车软件设计

　　循迹是指小车在白色地板上循黑线行走,由于黑线和白色地板对光线的反射系数不同,可以根据接收到的反射光的强弱来判断"道路"。设计的无线充电小车采取的是红外探测法:利用红外线在不同颜色的物体表面具有不同的反射性质的特点,在小车行驶过程中不断地向地面发射红外光,当红外光遇到白色地板时发生漫反射,反射光被装在小车上的接收管接收;如果遇到黑线则红外光被吸收,小车上的接收管几乎接收不到红外光。单片机以收到反射回来的红外光强度为依据来确定黑线的位置和小车的行走路线。

　　小车循迹示意图如图 15.4.1 所示,图中循迹传感器全部在一条直线上。由于传感器数量较少,这里不采用 PID 之类的控制算法,只使用最简单控制策略即可实现循迹。其中 XI 与 YI 为第一级方向控制传感器,X2 与 Y2 为第二级方向控制传感器,并且黑线同一边的两个传感器之间的宽度不得大于黑线的宽度。小车前进时,始终保持行走轨迹黑线在 X1 和 YI 这两个第一级传感器之间,当小车偏离黑线时,第一级传感器就能检测到黑线,把检测的信号送给小车控制系统,控制系统发出信号对小车轨迹予以纠正。若小车回到了正确轨道上，则小车直行；若小车由于惯性过大依旧偏离轨道，越出了第一级两个传感器的探测范围，这时第二级传感器感应到信息，再次对小车的运动进行纠正，使之回到正确轨道上去。第二级方向传感器是第一级的后备保护，从而提高了小车循迹的可靠性。

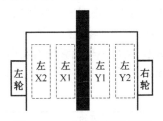

图 15.4.1　小车循迹示意图

　　小车进入循迹模式后，即开始不停地扫描与传感器连接的单片机端口，判定信号强弱（即对应黑线信息），进入判断处理程序，先确定 4 个探测器中的哪一个探测到了黑线，如果左面第一级传感器或左面第二级传感器探测到黑线，即小车左半部分压到黑线，车身向右偏出，则应使小车向左转：如果是右面第一级传感器或右面第二级传感器探测到了黑线，即车身右半部压住黑线，小车向左偏出，则应使小车向右转。在经过了方向调整后，小车再继续向前行走，并继续探测黑线重复上述动作。小车循迹流程图如图 15.4.2 所示。

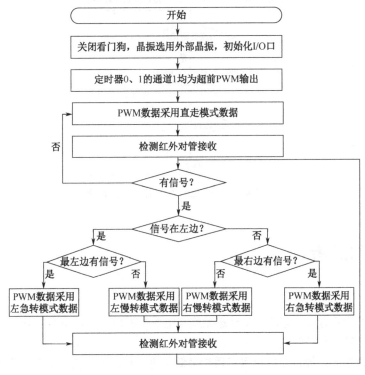

图 15.4.2　小车循迹流程图

　　因为第二级方向控制为第一级的后备，所以两个等级间的转向力度必须相互配合。第二级通常在超出第一级的控制范围的情况下发生作用，所以它必须保证小车回到正确轨道上来，通常第二级转向力度大于第一级，其大小通过改变单片机输出的占空比的大小来调整，具体数值在实地实验中调试得到。

　　检测 A、B、C、D 点（直径为4cm的黑色圆点）的判断依据是两个传感器接收到黑线数据，具体判断方法和黑线循迹类似，这里不做赘述。

15.4.2　无线充电系统软件设计

无线充电发射端需要具备的功能：可以实现对发射模块的控制，分时分别打开不同的发射模块；在动态充电的过程中分别对不同发射模块进行轮流打开和关闭控制。小车需要先在 A 点充电 1min，然后充电系统短暂地断开 A 点的供电，使得小车能够自动发车。在之后的循迹过程中，各个充电点对小车进行充电。循迹时长达到 3min 之后，切断所有充电点的电源供应。无线充电系统的软件流程图如图 15.4.3 所示。

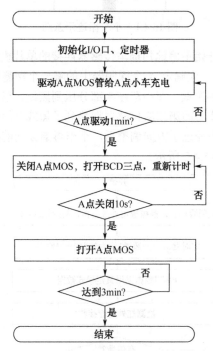

图 15.4.3　无线充电系统的软件流程图

15.5　小结与思考

根据上述所设计的方案，电动小车动态无线充电系统能满足题目所有的功能指标（经测试，可持续跑 80 余圈），但还有可以改进的空间，例如：

（1）在动态充电时，经过充电位置可适当降低车速，从而可以获得更多的充电能量；

（2）可以进一步设计小车系统结构，如选择性能更强的电机、更好的转向辅助结构，从而节约电能，提升所跑圈数；

（3）本章中未讨论无线充放电线圈。根据题目要求，可选择较大的发射与接收线圈，从而在赛道上可感应电能的范围更宽。

总之，采用不同的方案具有各自的优缺点，在竞赛时需要根据自身技术掌握情况与相关材料准备情况来选择。

参 考 文 献

[1]   Texas Instruments Incorporated. MSP430F552x, MSP430F551x Mixed-Signal Microcontrollers datasheet(Rev. N)[J]. http://www.ti.com/, 2020.

[2]   Texas Instruments Incorporated. MSP430x5xx and MSP430x6xx Family User's Guide(Rev. Q)[J]. http://www.ti.com/, 2020.

[3]   Texas Instruments Incorporated. MSP430F5529 Device Erratasheet(Rev. AC)[J]. http://www.ti. com/, 2020.

[4]   Texas Instruments Incorporated. MSP430F663x Mixed-Signal Microcontrollers datasheet（Rev. F）[J]. http://www.ti.com/, 2020.

[5]   Texas Instruments Incorporated. MSP430F6638 Device Erratasheet(Rev. AB)[J]. http://www. ti.com/, 2020.

[6]   任保宏，徐科军. MSP430 单片机原理与应用——MSP430F5xx/6xx 系列单片机入门、提高与开发[M]. 北京：电子工业出版社，2014.

[7]   王兆滨，马义德，孙文恒. MSP430 单片机原理与应用[M]. 北京：清华大学出版社，2017.

[8]   魏小龙，丁京柱，崔萌. MSP（MSP430/432）系列单片机设计进阶与工程实践[M]. 北京：北京航空航天大学出版社，2017.

[9]   沈建华，杨艳琴，王慈. MSP430 超低功耗单片机原理与应用[M]. 北京：清华大学出版社，2017.

反侵权盗版声明